U0236888

中国南方水土保持

主编 金志农

第二卷 南方地区主要侵蚀地水土保持

江西科学技术出版社

江西·南昌

林下水土流失

崩岗

滑坡

生态路沟

梯壁植草

废弃矿区种植的桉树

废弃矿区种植的类芦与鸭跖草

废弃矿区种植的香根草与鸭跖草

西昌巴汝乡熊家堡子滑坡

四川省雷波县环城路滑坡导致的大量松散堆积体

云南省小江蒋家沟泥石流输送大量的泥沙堆积在下游沟道

云南省东川蒋家沟泥石流堆积扇

泥石流冲毁下游农田造成局部的荒漠化和石漠化

元谋地层发育形成的冲沟和土林景观

倒塌的土柱

元谋组典型上层燥红土，下层变形土剖面

《中国南方水土保持》分卷编辑委员会

第二卷 南方地区主要侵蚀地水土保持

主　　编:张金池

副 主 编:(按姓氏拼音为序)

蔡丽平　林　杰　林金石　刘纪根　鲁向晖　史东梅

苏正安　王克勤　谢锦升　杨　洁　张平仓　钟　卫

各章作者:

第一章　史东梅　彭旭东　金慧芳

第二章　谢锦升　林伟盛　吕茂奎　熊小玲　黄　俊

第三章　杨　洁　段　剑

第四章　张金池　林　杰　贾赵辉　刘　鑫

第五章　王克勤　赵洋毅

第六章　林金石　蒋芳市　王志刚　张　越

第七章　钟　卫　胡凯衡　胡旭东　甯　岚

第八章　苏正安　周　涛　何周窈　王俊杰　王丽娟

第九章　刘纪根　丁文峰　程冬兵　孙宝洋　张平仓

第十章　蔡丽平　侯晓龙　吴鹏飞　马祥庆

附　录　鲁向晖

本卷统稿:鲁向晖　赵建民

中国南方水土保持

第二卷·南方地区主要侵蚀地水土保持

第一章

坡耕地

水土保持

第一节　坡耕地概况

一、坡耕地数量状况

据《全国坡耕地水土流失综合治理"十三五"专项建设方案》显示,我国坡耕地量大面广,现有坡耕地 2393 万 hm^2,涉及 30 个省(区、市)的 2187 个县(区、市、旗),主要分布区域如图 2-1-1 所示。全国坡耕地面积超过 66.67 万 hm^2 的省区有云南、四川、贵州、甘肃、陕西、山西、重庆、湖北、内蒙古、广西等 10 省(区、市),面积 1820 万 hm^2,占全国坡耕地总面积的 76.0%(国家发展和改革委员会等,2017)。

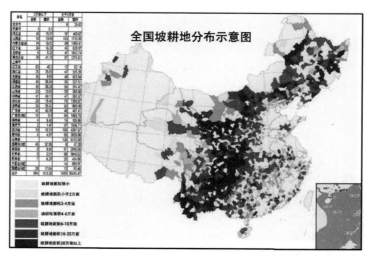

图 2-1-1　全国坡耕地分布示意图(国家发展和改革委员会等,2017)

坡耕地是我国南方山区重要的耕地资源,区内山高坡陡、河谷深切,陡坡耕地广泛分布。在我国南方重庆、四川、江西、广东、广西、贵州、云南、福建、安徽、海南、湖北、湖南、江苏、浙江、上海和西藏等 16 省(区、市),其坡耕地数量及其分布状况差异较大(表 2-1-1),上海市没有坡耕地分布。我国南方坡耕地面积超过 66.67 万 hm^2 的有云南、四川、贵州、重庆、湖北、广西等 6 个省(区、市),

面积 1820 万 hm^2，占全国坡耕地总面积的 48.4%，占南方 16 省（区、市）坡耕地面积的 84.2%；坡耕地面积大于 0.13 万 hm^2 的县有 917 个，其中 0.13 万 ~ 0.67 万 hm^2 的有 396 个县，大于 0.67 万 hm^2 的有 521 个县。南方红壤区和西南土石山区共有坡耕地 1467 万 hm^2，占全国坡耕地面积的 61.2%，同时坡耕地占该区耕地面积 31.2%，高于全国平均水平（20%），说明坡耕地在南方作为生产用地的重要地位（张平仓等，2017）。

表 2 - 1 - 1　南方各省（区、市）坡耕地数量分布状况

省（区、市）	耕地面积（万 hm^2）	坡耕地面积（万 hm^2）				涉及县数（个）			
		5°~15°	15°~25°	>25°	小计	<0.13 万 hm^2	0.13~0.67 万 hm^2	≥0.67 万 hm^2	小计
重庆	224	40	44	19	103	2	5	32	39
四川	595	146	114	25	285	13	44	121	178
江西	283	13	7	3	23	40	48	6	94
广东	288	29	4	1	34	41	29	17	87
广西	421	42	23	8	73	11	41	43	95
贵州	449	90	107	65	262	4	11	72	87
云南	608	116	159	66	341		20	106	126
福建	134	13	4	1	18	45	29	6	80
安徽	573	24	12	2	38	16	32	16	64
海南	73	6	1	0	7	4	11	4	19
湖北	467	45	30	19	94	20	24	51	95
湖南	379	41	18	2	61	26	48	34	108
江苏	477	6	1	0	7	63	11	1	75
浙江	192	11	9	3	23	35	37	10	82
上海	26	–	–	–	–	–	–	–	–
西藏	36	3	2	1	6	45	6	2	53
合计	5224	625	535	215	1375	365	396	521	1282

数据来源：国家发展和改革委员会、水利部（2017）。

从坡度分布看，南方各省（区、市）坡耕地以 15° 以下的缓坡耕地为主（表 2 - 1 - 2）。其中，5°~15° 坡耕地面积共 625 万 hm^2，占南方各省（区、市）坡耕地面积的 45.4%，占其耕地面积的 12.0%；15°~25° 坡耕地面积共 535 万 hm^2，占南方各省（区、市）坡耕地面积的 41.7%，占其耕地面积的 10.3%；大于

25°坡耕地面积共 215 万 hm²，占南方各省（区、市）坡耕地面积的 15.6%，占其耕地面积的 4.1%。

表 2-1-2　南方各省（区、市）坡耕地占本地区耕地的比重

省（区、市）	5°~15°坡耕地	15°~25°坡耕地	>25°坡耕地	小计
重庆	17.7	19.8	8.6	46.1
四川	24.5	19.2	4.3	48.0
江西	4.7	2.6	1.0	8.3
广东	10.1	1.5	0.2	11.7
广西	10.0	5.6	1.9	17.4
贵州	20.1	23.8	14.4	58.3
云南	19.0	26.2	10.9	56.1
福建	9.9	2.7	0.5	13.1
安徽	4.3	2.0	0.3	6.6
海南	8.4	1.7	0.0	10.1
湖北	9.6	6.5	4.1	20.2
湖南	10.7	4.7	0.6	16.0
江苏	1.2	0.2	0.1	1.5
浙江	5.6	4.9	1.8	12.3
上海	0.0	0.0	0.0	0.0
西藏	7.9	6.1	1.8	15.8
总计	163.7	127.5	50.5	341.7

数据来源：国家发展和改革委员会等（2017）。

二、坡耕地水土流失现状

（一）水土流失面积

根据水利部、中国科学院和中国工程院联合开展的中国水土流失与生态安全综合科学考察成果（水利部等，2010），坡耕地面积占全国水土流失总面积的 6.7%，尽管面积占比不大，但水土流失非常严重，年均土壤流失量 14.15 亿 t，占全国土壤流失总量（45 亿 t）的 1/3 左右。坡耕地较集中地区，其水土流失量一般可占该地区水土流失总量的 40%~60%，西南岩溶区、西南紫色土区一些坡耕地面积大、坡度较陡的地区可高达 70%~80%。

表 2-1-3 为南方各省（区、市）水土流失面积分布特征。可以看出，南方

各省(区、市)土壤侵蚀强度面积差异明显,其中上海市和海南省土壤侵蚀面积最小,四川省土壤侵蚀面积最大。南方 16 省(区、市)土壤侵蚀强度总体以轻度和中度侵蚀为主,其中轻度侵蚀面积占本地区总侵蚀面积的 33.9% 以上(重庆市),最高可到 69.9%(浙江省)。南方各省(区、市)坡耕地面积可占其本地区总侵蚀面积的 47.5% 以下,说明坡耕地作为水土流失主要策源地,是水土流失综合治理的重点。

表 2-1-3　南方各省(区、市)水土流失面积分布

省(区、市)	坡耕地面积(km²)	各级强度侵蚀面积(km²)					
		轻度	中度	强烈	极强烈	剧烈	小计
重庆	10320	10644	9520	5189	4356	1654	31363
四川	28520	54982	35963	15579	9753	4765	121042
江西	2353	14896	7558	3158	776	109	26497
广东	3387	8886	6925	3535	1629	330	21305
广西	7327	22633	14395	7371	4804	1334	50537
贵州	26233	27700	16356	6012	2960	2241	55269
云南	34080	44876	34764	15860	8963	5125	109588
福建	1753	6655	3215	1615	428	268	12181
安徽	3753	6925	4207	1953	660	154	13899
海南	740	1171	666	190	45	44	2116
湖北	9433	20732	10272	3637	1573	689	36903
湖南	6093	19615	8687	2515	1019	452	32288
江苏	713	2068	595	367	133	14	3177
浙江	2340	6929	2060	582	177	159	9907
上海	0	2	2	0	0	0	4
西藏	567	28650	23637	5929	2084	1302	61602
总计	137613	1383613	568870	386846	296654	313179	2949162

数据来源:《第一次全国水利普查成果丛书》编委会(2017)。

(二)水土流失特征

坡耕地水土流失具有以下特点。

1. 以水力侵蚀为主

据统计，全国约97%的坡耕地都分布在水力侵蚀区，剩下约2%的坡耕地分布在新疆北部的风沙区；约1%的坡耕地分布在西藏东部、青海西南部、四川西北部的冻融区。

2. 坡度越陡、坡长越长，水土流失越严重

据调查分析，5°～15°坡耕地土壤侵蚀模数为 1000～2500t/（km² · a），15°～25°为 3000～10000t/（km² · a），25°以上可高达 10000～25000t/（km² · a）。同时，坡耕地坡长越长，地表汇集径流速度和流量越大，水土流失也越严重。

3. 流失强度与耕作方式密切相关

坡耕地耕作方式不同，对微地形的扰动程度亦不同，产生的水土流失强度也不同。如顺坡垄作改成横坡垄作后，坡面径流方式发生变化，可增加降水就地入渗率，减少对坡面的径流冲刷。

第二节 坡耕地水土流失特征及影响因素

一、坡耕地坡面产流特征

坡面径流形成是降水与下垫面因素相互作用的结果，降水是产生径流的前提条件。雨水降落到地面，会经过截留、填洼、蓄渗等一系列"损耗"过程，未被"损耗"的水即以地表径流的形式顺坡面流动。在此过程中，若降雨强度大于土壤入渗速率，则会发生超渗产流，此种产流模式在南方地区较为少见；若降雨强度小于土壤入渗速率，土壤则会逐渐被雨水饱和，土壤包气带因不能继续容纳更多的水而产生地表径流，此种产流模式即为蓄满产流，此种产流模式在南方地区较为常见。根据径流成分不同，径流可划分为超渗产流、蓄满产流、壤中流和地下径流，各径流成分形成过程如图 2－1－2。

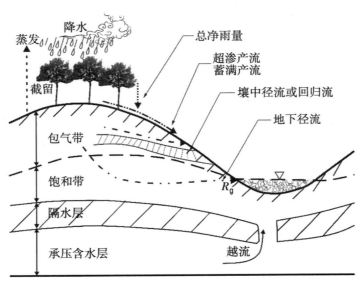

图 2-1-2 坡面径流形成概化示意

（一）坡面产流特征

1.紫色土坡耕地产流特征

紫色土为"上覆土壤、下伏岩石"的"二元岩土结构"。上覆土层浅薄，一般在 30~50cm，且含有较多的母质碎屑，土壤孔隙度大，渗透性强，但持水能力弱；下伏基岩层结构紧密，透水性差。紫色土的上述发育及结构特征，决定了其降雨产流具有如下特点（牛俊等，2010）。

（1）产流模式以蓄满产流为主

紫色土结构疏松、孔隙度大等特点决定了其具有很强的渗透性，据野外观测结果（陈一兵，1995），人工模拟降雨条件下，降雨强度为 70mm/h 时，降雨开始后 20min 内所有雨水可全部渗入土壤，而在双环有压渗透试验条件下，紫色土最大入渗速率可达 440mm/h。紫色土初始入渗速率很大，可能远大于70mm/h，且可以较长时间维持高渗透速率。可见，即使在较大降雨强度条件下，紫色土仍可较长时间保持高渗透性，从而易于发生蓄满产流。

（2）壤中流在坡地产流中占有一定比例

降水到达坡地后，一部分形成地表径流，另一部分渗入土壤，成为壤中流。降雨事件发生后，紫色土土壤层的强渗透性及其持蓄能力，使紫色土能够有效吸纳天然降雨，被吸收、入渗的部分水分在重力作用下沿土体内的大孔隙垂向运动，当入渗水体到达渗透性差的紫色泥（页）岩层后，下渗速度急剧减缓，来不及继续下渗的水便会沿岩土界面弱透水层侧向流动,最终以壤中流形式出流,这种出流形式在紫色土地区极为普遍。丁文峰等(2008)通过野外模拟降雨试验对紫色土坡耕地壤中流产流过程进行研究发现:壤中流对产流的贡献率随雨强增大总体减小,其在雨强 1.0mm/min、1.5mm/min、1.8mm/min 下的贡献率分别达 100%、30%、6%～34%。汪涛等(2008)在对自然降雨条件下紫色土坡耕地产流特征进行观测时发现,观测时段内壤中流平均流量占总径流量的比例较大,可达 53.05%。说明壤中流是紫色土坡耕地产流的重要途径,壤中流发育是紫色土坡耕地产流的显著特征。

徐佩等(2006)利用人工模拟降雨研究了紫色土坡耕地壤中流产流规律(图 2－1－3 和图 2－1－4),认为壤中流的产流特征主要表现为如下 4 个方面。①产流滞后。由于雨强超过了土壤的下渗能力,地表径流很快产生,此时没有观测到壤中流。随降雨进行,地表径流不断增加,当地表径流达到相对稳定的时刻,壤中流开始出现,随降雨过程进行,流量逐渐增加,并且在降雨停止后经过一段时间才达到峰值,然后逐渐下降。②壤中流流量比较小。在暴雨和小雨两种条件下,壤中流流量都小于地表径流量,在暴雨条件下壤中流峰值流量只为地表径流稳定流量的1%左右,在小雨条件下,壤中流流量仍然比较小,峰值流量仅 1ml/s,但是已经相当于地表径流的 40%。由于水分在土壤中运动阻力远大于水分在地表运动阻力,所以在多数降雨情况下,壤中流流量都小于地表径流流量。③壤中流流量变化比较缓慢,产流过程历时较长,壤中流流量过程线较地表径流更为平缓。④壤中流的产流过程存在明显的对称性。

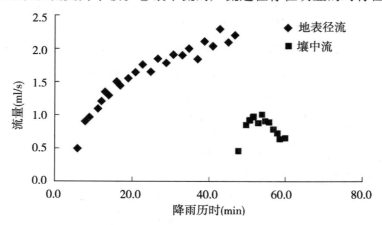

图 2－1－3　暴雨条件下壤中流与地表流的对比(徐佩等,2006)

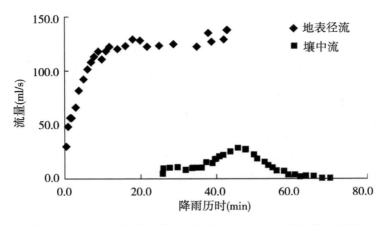

图2-1-4 小雨条件下壤中流与地表流的对比（徐佩等，2006）

2. 喀斯特坡耕地产流特征

喀斯特地区土层浅薄且成土速度慢，地表基岩裸露，土被不连续，加之长期强烈的岩溶作用造成地表、地下双层空间构造，降雨径流关系复杂，喀斯特坡耕地坡面产流主要包括地表径流和地下径流两种形式。

降雨在满足土壤下渗及裂隙等渗漏后，将在坡耕地坡面形成地表径流。其他条件相同，不同降雨强度条件下的径流率均随雨强的增大而增大，雨强为80mm/h 的径流率在产流过程中波动性最大；其他条件相同，不同孔（裂）隙度下径流率变化差异较大，孔（裂）隙度为5%的径流率最小；其他条件相同，径流率随坡度的增大表现出先增大后减小的趋势，其中坡度10°的径流率在产流过程中波动性最小，坡度20°的波动性最大；其他条件相同，径流率均随岩石裸露率增大而减小，但不同岩石裸露率下径流率变化差异较大（图2-1-5）。

地下径流是降雨在喀斯特坡耕地土壤及岩土界面等下渗后沿裂隙、管道等向岩溶地下空间系统形成的径流。其他条件相同，不同降雨强度条件下的径流率以雨强80mm/h 的最大，径流率随雨强的增大而波动性增强，雨强为30mm/h 和50mm/h 的径流率波动性最小；其他条件相同，不同孔（裂）隙度下径流率变化差异较小，其中孔（裂）隙度为5%的径流率最大；其他条件相同，不同坡度条件下径流率变化差异较大，坡度10°的径流率最大；其他条件相同，径流率随岩石裸露率增大而增大（图2-1-6）。

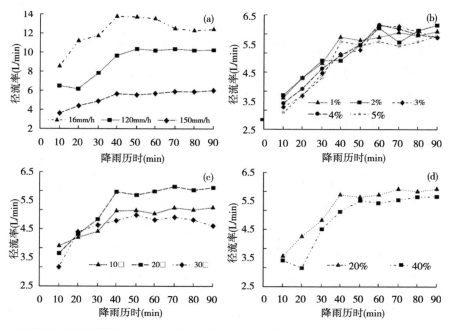

注：(a)坡度20°,岩石裸露率20%,孔(裂)隙度1%;(b)雨强80mm/h,坡度20°,岩石裸露率20%;
(c)雨强80mm/h,岩石裸露率20%,孔(裂)隙度1%;(d)雨强80mm/h,坡度20°,孔(裂)隙度1%。

图2-1-5 地表径流特征(胡奕等,2012)

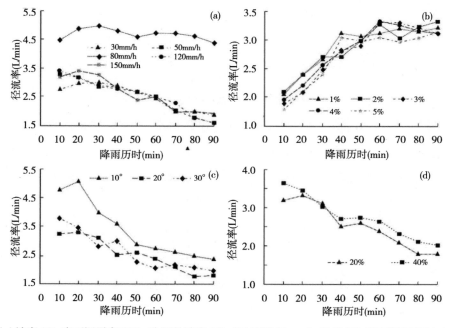

注：(a)坡度20°,岩石裸露率20%,孔(裂)隙度5%;(b)雨强80mm/h,坡度20°,岩石裸露率20%;
(c)雨强80mm/h,岩石裸露率20%,孔(裂)隙度5%;(d)雨强80mm/h,坡度20°,孔(裂)隙度5%。

图2-1-6 地下径流特征(胡奕等,2012)

3. 红壤坡耕地产流特征

受翻耕、作物生长和土体结构的影响,红壤坡耕地地表径流和壤中流具有特殊性,其不仅会影响坡面土壤、水分及养分的流失,而且是流域径流的重要组成部分,并直接影响到流域水文过程。郑海金等(2014)采用人工模拟降雨试验研究了红壤坡耕地典型旱作模式(花生常规种植)下的地表径流和壤中流过程及特征(图2-1-7):①降雨初期,雨水主要消耗于土面浸润和土层大孔隙的填充,所以从降雨开始至径流产生有一个明显的滞后时间,即初始产流时间或初损历时。②壤中流与地表径流产流过程差异显著。地表径流产流时间先于壤中流;地表径流率随降雨产流历时的变化表现为先增大后趋于稳定的趋势,而壤中流表现为持续增加的趋势;降雨停止后,地表径流量迅速减小直至停止产流,而壤中流产流时间延长,成为红壤坡耕地的唯一径流形式;受延续产流的影响,壤中流量所占比例较大。

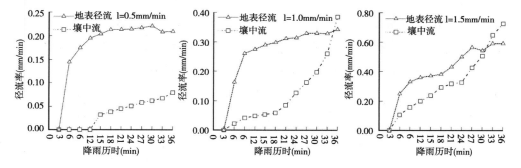

图2-1-7　地表和壤中流产流过程曲线(郑海金等,2014)

图2-1-8为地表、壤中流径流总量变化特征。在不考虑延续径流量时,壤中流量所占比例虽然总体小于地表径流所占比例,但仍然较为发育,3种雨强下壤中流占总径流量的16.34%～44.22%。实际上,降雨停止后,地表径流

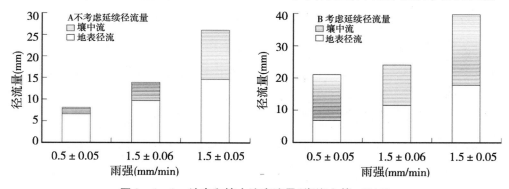

图2-1-8　地表和壤中流产流量(郑海金等,2014)

迅速停止产流,而壤中流产流时间延长。若考虑降雨停止后的延续产流量,壤中流量所占比例(52.26%~67.19%)大于地表径流量所占比例,是红壤坡耕地降雨径流的主要支出方式。

二、坡耕地坡面产沙特征

1. 紫色土坡耕地产沙特征

以蓄满产流为主、壤中流发育明显是紫色土坡耕地产流的 2 个显著特征,再加上紫色土母质碎屑与土壤颗粒共存等特点,共同决定了紫色土坡耕地土壤侵蚀实际上是土壤层的潜蚀过程。降雨事件发生后,地表不会立即产流,需经过一段时间的蓄渗,至土壤被饱和,当坡面有地表径流产生时,土层中已经蓄存了较多水分,土壤已被水较长时间浸润,土粒被分散,部分细小颗粒进入自由水(地表径流、壤中流)并随水运动,随降雨过程的继续,越来越多的细小颗粒随地表径流和壤中流流失,而粒径粗大的土壤颗粒则不会被水流带走。经过长时间的上述潜蚀作用后,土壤质地逐渐变粗,产生土壤粗骨沙化现象。

由于降雨强度变化,径流输沙率出现不规则波动过程(图2-1-9)。唐寅

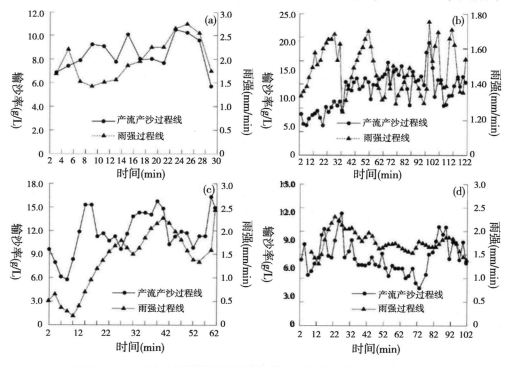

图2-1-9 4次典型模拟降雨雨强与输沙过程变化曲线(唐寅,2012)

等（2012）通过人工模拟降雨实验发现，降雨强度越大则输沙率越大，土壤侵蚀越剧烈，说明土壤侵蚀与降雨强度存在一致性。但是，当降雨强度到达波峰时，输沙率并未立即到达波峰，总是出现延后的趋势；当降雨强度到达波谷时，输沙率也未立即出现波谷，说明降雨强度对土壤侵蚀的影响是具有相应延迟的特性，这主要由于土壤侵蚀量受产流量和产沙量两个因素共同决定。

2. 喀斯特坡耕地产沙特征

喀斯特表层岩溶带孔隙和孔洞发育，易于径流入渗，地表径流系数小，溶蚀孔隙、裂隙、管道等发育使水土流失具有隐蔽性、土壤短距离丢失和地下漏失现象普遍存在（陈洪松等，2012；Dai et al.，2018）。彭旭东等（2017）通过人工模拟降雨实验研究了喀斯特坡耕地产沙特征（表2-1-4），发现小雨强下仅地下产沙，说明坡面土壤侵蚀以漏失形式发生；雨强为50mm/h时地表和地下产沙大致相等，说明土壤侵蚀是地下漏失和地表侵蚀并重；而雨强在70mm/h和90mm/h时地下产沙占总产沙量比重减小，说明土壤侵蚀以地表侵蚀为主，这表明喀斯特坡耕地的土壤侵蚀方式是一个从地下漏失到地表迁移的转变过程，且坡面产沙量总体以地表产沙为主（除地表未产沙外）。

表2-1-4 雨强和地下裂隙度对地表和地下产沙的影响

地下裂隙度	不同雨强下地表产沙量（g）					不同雨强下地下产沙量（g）				
	15（mm/h）	30（mm/h）	50（mm/h）	70（mm/h）	90（mm/h）	15（mm/h）	30（mm/h）	50（mm/h）	70（mm/h）	90（mm/h）
1	0.00	0.00	7.85	19.08	53.15	0.95	1.38	9.08	8.98	6.73
2	0.00	0.00	10.88	22.25	57.27	1.03	1.22	8.41	7.56	6.51
3	0.00	0.00	15.93	48.44	59.61	2.30	3.29	14.20	5.58	10.36
4	0.00	0.00	19.01	36.45	46.48	1.09	3.92	12.01	3.76	8.20
5	0.00	0.00	15.53	37.34	39.62	1.35	7.30	15.43	3.20	6.71

数据来源：彭旭东等（2017）。

雨强对喀斯特坡面地表产沙量影响较大，相同地下裂隙度条件下，地表产沙量均随雨强增大而增加，主要原因是随着雨强增大，雨滴对表层土壤的击溅能力增强，土壤更容易分散并随地表径流流失。而雨强对地下产沙影响不明显，主要因为雨强增大时，被降雨径流分散的土壤颗粒阻塞部分土壤孔隙，导致土壤渗透能力下降，同时裂隙产沙作为一种特殊的侵蚀形式，其运移过程十分复杂，可能与其土壤特性及裂隙结构等有关，进而雨强对地下产沙影响不明显。

地下裂隙度与地表、地下产沙量之间均无明显变化规律。

3. 红壤坡耕地产沙特征

基于野外径流小区定位观测结果表明（陈晓安等，2015），坡耕地不同措施下侵蚀产沙量从大到小依次为裸露地、顺坡耕作和顺坡＋植物篱、横坡耕作（图2-1-10）。与裸地对比，顺坡耕作、顺坡＋植物篱、横坡耕作泥沙相对减少73.49%、81.38%、95.47%（$P<0.05$）。顺坡＋植物篱侵蚀产沙与顺坡耕作侵蚀产沙没有显著差异，横坡耕作侵蚀产沙显著小于顺坡耕作、顺坡＋植物篱（$P<0.05$），横坡耕作相对传统的顺坡耕作减少泥沙达82.90%。

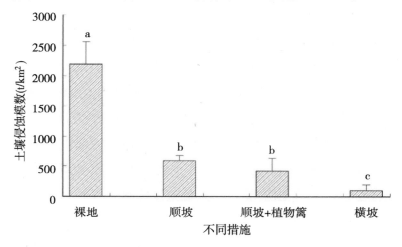

图2-1-10　红壤坡耕地土壤侵蚀模数（陈晓安等，2015）

由于植物覆盖增加和根系固土降低了土壤侵蚀产沙量，坡耕地种植农作物后，较相同翻耕处理的裸地具有明显减流作用。顺坡＋植物篱措施由于植物篱的拦挡其土壤侵蚀模数理论上应小于顺坡耕作，但可能由于该植物篱是2011年第1年种植，密度小，草篱减沙效益与传统的顺坡相比没有达到显著水平。各处理中，横坡耕作通过等高横垄的拦挡，减沙效益最为显著。

三、坡耕地养分流失特征

1. 紫色土坡耕地土壤养分流失特征

土壤养分流失途径有两个：一是溶解于水中随水流失；二是黏附于土壤颗粒，土粒被水冲刷侵蚀导致养分流失。以蓄满产流为主要产流模式的紫色土坡耕地，在降雨开始至产流之前，土壤层会被下渗水浸润一段时间，养分的溶解性决定其流失途径:易溶解于水的养分易随水流失,难溶解于水的养分则主要以颗粒态流失(蔡崇法等,1996)。氮(N)、磷(P)、钾(K)作为植物生长所必需的3种大量元素,是坡耕地施用最多的肥料,因而也是坡耕地养分流失的最主要成分。这3种养分元素中,N和K易溶,而P更容易被土壤固定,故N和K的流失以溶解态为主,而P流失则以颗粒态为主。研究表明,紫色土坡耕地N的主要流失载体是壤中流,通过壤中流流失的N最高可达总流失量的98.95%,P的主要流失载体是泥沙,降雨强度对P流失量影响明显,降雨强度增大,坡面侵蚀产沙量相应增大,P流失量也随之增加(林超文等,2008)。

2. 喀斯特坡耕地土壤养分流失特征

与非喀斯特区相比,具有特殊结构的喀斯特坡面将形成不同于非喀斯特区坡面土壤养分流失理论。喀斯特坡耕地土壤养分流失模拟降雨结果表明(彭旭东等,2018),喀斯特坡耕地土壤养分地表、地下径流流失浓度在产流初期浓度最高且随产流时间延长呈降低趋势,表现出明显的初期冲刷效应(图2-1-11)。无论在小雨强、中雨强还是大雨强条件下,喀斯特坡耕地地表和地下径流氮素输出浓度均远大于TK和TP流失浓度,在小雨强条件下,地下径流浓度在降雨初期可高达6mg/L,对其他雨强而言TN流失浓度始终高于1mg/L,说明喀斯特坡耕地氮素流失较钾素和磷素流失严重。

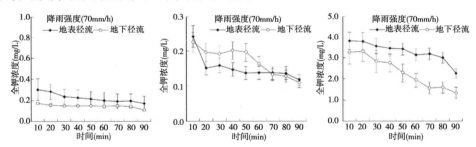

图2-1-11　土壤养分地表径流和地下径流流失浓度变化过程(彭旭东等,2018)

比较表2-1-5可知,泥沙养分浓度远大于径流养分浓度。在小雨强和中雨强条件下,地表、地下流失泥沙养分平均浓度相差不大,说明在雨强较小的情况下,通过泥沙流失的养分主要决定于其产沙量的大小。喀斯特地区坡耕地地表、地下流失同时存在的情况下,养分流失不仅受单一因子的影响,各养分流失过程还受地表和地下径流泥沙分配的影响,这与非喀斯特区明显不同。

表2-1-5　不同雨强下泥沙养分平均浓度

类型	雨强	全钾（g/kg）	速效钾（mg/kg）	全磷（g/kg）	速效磷（mg/kg）	全氮（g/kg）	碱解氮（mg/kg）
地表泥沙	小雨	8.98a	145.71b	0.56c	14.51b	12.60ab	207.626a
	中雨	7.24b	161.14a	0.71±ab	11.20c	12.92a	173.51b
	大雨	6.56c	123.82c	0.76a	17.31a	12.71ab	155.51bc
地下泥沙	小雨	6.83c	165.60b	0.43c	12.73b	10.86a	173.60ab
	中雨	7.79a	175.13b	0.770a	14.51b	8.99ab	178.538a
	大雨	7.28ab	545.20a	0.76ab	22.91a	7.59b	158.00b

数据来源：彭旭东等（2018）。

3.红壤坡耕地土壤养分流失特征

赣北第四纪红壤区野外径流小区定位观测试验数据表明（表2-1-6），不同措施下地表径流携带的氮素流失中有机氮在0.0423～0.4183kg/hm²，占径流中总氮的63.04%～81%；无机氮的流失在0.0248～0.0981kg/hm²，仅占径流中总氮19%～36.96%，表明坡耕地径流中氮素的流失主要以有机氮流失为主。

表2-1-6　不同处理下地表径流中氮磷流失量

不同措施	总氮（kg/hm²）	无机氮及其组成（kg/hm²）			有机氮（kg/hm²）	占总氮比例（%）		全磷（kg/hm²）
		氨氮	硝态氮	总计		有机氮	无机氮	
裸地	0.5164	0.0917	0.0064	0.0981	0.4183	81.00	19.00	0.0022
顺坡	0.1449	0.0476	0.00262	0.0502	0.0947	65.36	34.64	0.00087
顺坡+植物篱	0.1857	0.0519	0.0040	0.0559	0.1298	69.90	30.10	0.0010
横坡	0.0671	0.0234	0.0014	0.0248	0.0423	63.04	36.96	0.00037

数据来源：陈晓安等（2015）。

不同措施下泥沙携带的氮磷流失表现出明显差异（表2-1-7）。总体而言，泥沙携带全氮、全磷流失量从裸地、顺坡、顺坡+植物篱、横坡耕作依次减小。坡耕地中泥沙携带的全氮、全磷、碱解氮、速效磷的流失与泥沙流失量关系密切，泥沙携带的全氮、全磷、碱解氮、速效磷的流失量表现为对照裸地最高，横坡耕作最小；与传统的顺坡耕作相比，横坡耕作泥沙携带的全氮、全磷、碱解氮、速效磷分别相对减少93.89%、89.33%、92.36%、94.74%；坡耕地中磷的流失主要以泥沙结合态流失。

表 2 - 1 - 7　不同措施下泥沙携带的氮磷流失

不同措施	全氮（kg/hm²）	全磷（kg/hm²）	碱解氮（kg/hm²）	速效磷（kg/hm²）
裸地	12.756	7.474	0.830	0.172
顺坡	8.707	2.964	0.370	0.063
顺坡 + 植物篱	3.836	1.536	0.141	0.027
横坡	0.532	0.316	0.028	0.003

数据来源：陈晓安等（2015）。

四、坡耕地水土流失的影响因素

南方坡耕地水土流失是内因和外因综合作用的产物。其中,外因包括自然因素和人为因素,决定水土流失发生发展的自然因素主要有降雨、地形地貌及作物等,而人为因素主要表现为人为耕作方式。各因素对于水土流失的影响各不相同,但是又相互制约、相互影响。自然因素是水土流失发生的基础和潜在因素,而人为不合理的耕作方式是造成水土加速流失的主导因素。内因主要指土壤的特性,即土壤的抗侵蚀性能,其水土流失机制具体表现在于一定降雨条件下,相对较高的土壤入渗性,使得相当一部分降雨或地表径流因壤中流的形成而转入地表以下,从而削减了地表径流的形成（张平仓等, 2017）。

（一）降雨因素

降雨是土壤侵蚀及养分流失发生的主要驱动力之一。降雨诸要素包括降雨量、降雨强度、降雨类型、降雨历时、雨滴大小及其下降速度等,它们都与水土流失有着密切的关系。降雨强度是影响土壤侵蚀的重要降雨特征之一,在降雨过程中,降雨强度的变化对土壤产沙量有很大的影响,降雨强度通过对土壤表面的击溅作用、影响地表产流过程等影响着坡面土壤侵蚀的发生和发展过程。

1. 紫色土坡耕地

唐寅（2012）通过人工模拟降雨实验发现（表 2 - 1 - 8）,当降雨强度增大,产流总量、产沙总量及径流泥沙含量均增大。当雨强不断增大时,降雨速度加快,在相同降雨时间内降雨量增大,逐渐超过土壤的实际入渗能力,导致地表径流形成;同时土壤含水率逐渐饱和,更多的降雨变成地表径流;降雨强度越大,雨滴动能和终极速度越大,对表层土壤稳定性破坏越大,因此土壤侵蚀量越大。

表2-1-8　不同雨强下的产流产沙指标变化特征

坡度 (°)	降雨 历时 (min)	次降 雨量 (mm)	平均 雨强 (mm/min)	I5	I10	I15	I30	径流量 (L)	泥沙量 (g)	径流 系数	径流泥 沙含量 (g/L)
20	60	120.0	2.0	2.45	2.31	2.23	2.09	120.70	1294.70	0.79	11.33
20	60	83.4	1.4	2.21	2.14	2.05	1.82	70.98	900.32	0.73	10.71
20	60	101.2	1.7	2.35	2.26	2.21	1.97	185.00	1276.80	0.67	10.94

数据来源:唐寅(2012)。

在一次降雨过程中,产沙量和产流量与雨强之间存在一定的相关性。3种不同坡度的径流量和产沙量与雨强均表现为幂函数关系(表2-1-9)。分析幂函数($y = ax^b$)的特性,当坡度为10°时,径流量与雨强回归方程的参数$a > 0$,$b > 1$,说明径流量随雨强的增大而增大,且增大速率较快。当坡度为15°和20°时,径流量与雨强回归方程的参数$a > 0, 0 < b < 1$,说明径流量随雨强的增大而增大,但是增加速度较10°要慢。当雨强为1时,产流量随坡度的增加而增加,到20°时,产流量最大。3种不同坡度的土壤侵蚀量与雨强的回归方程均为$a > 0$和$0 < b < 1$,表明土壤侵蚀量随雨强的增大而增大。

表2-1-9　产流产沙与降雨强度回归分析

项目	坡度(°)	回归方程	相关系数	显著性水平
产流量	10	$R = 0.5875x1.099$	0.9693	0.0247
	15	$R = 0.8716x0.354$	0.8054	0.1671
	20	$R = 0.9015x0.392$	0.9611	0.0236
产沙量	10	$R = 6.9178x0.4932$	0.9921	0.0071
	15	$R = 8.7468x0.3751$	0.9925	0.006
	20	$R = 9.1448x0.5475$	0.9914	0.0012

数据来源:唐寅(2012)。

雨强是影响壤中流的重要因素,相同条件下强降雨有利于壤中流的形成。雨强和壤中流有较好的相关性,随雨强增大,壤中流的发生概率也变大。在小雨强条件下,产生壤中流的概率很小,不到10%,而在高强度降雨下,发生壤中流的概率增大到57%(表2-1-10)。说明雨强是影响壤中流的重要因素,相同条件下强降雨有利于壤中流的出现。

表2－1－10 不同雨强下壤中流的产生概率

雨强(mm/h)	19.61	37.32	53.95	74.02	111.69
壤中流发生概率(%)	8	20	31	41	57

数据来源:徐佩等(2006)。

雨强对壤中流的峰值流量有明显影响(图2－1－12)。首先,随雨强增大,峰值流量显著增加。在19.61mm/h降雨下峰值流量仅为0.29ml/s,当雨强增大到111.69mm/h后,峰值流量增加到2.78ml/s,增幅接近10倍。其次,雨强对壤中流的产流过程也存在显著影响。在小雨条件下,壤中流的产流过程表现出平缓上升又平缓下降的过程。当雨强增大后,产流过程线逐渐变得陡峭。第三,对于壤中流的起始产流时间,雨强的影响并不明显,表明小雨可能更早出现壤中流,也可能最晚出现壤中流;而大雨条件下壤中流出现的时间居中。

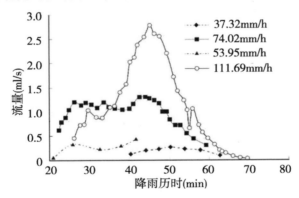

图2－1－12 雨强对壤中流产流过程的影响(徐佩等,2006)

2. 喀斯特坡耕地

图2－1－13为不同雨强下喀斯特坡耕地地表和地下径流产流过程,可以看出,不同雨强下的径流泥沙输出过程差异较大。在小雨强(50mm/h)下,坡面产流主要以地下产流为主。在中雨强(70mm/h)条件下,坡面产流仍以地下径流为主,但地下径流量明显高于地表径流,且二者均高于小雨强。与小雨强和中雨强不同,在大雨强(90mm/h)下,坡面产流则呈地表和地下径流并重,地表径流量总体上大于地下径流量。综上,喀斯特坡耕地产流过程受雨强影响很大,中小雨强下产流方式以地下径流为主,且地下径流量与地表径流量之间的差异随雨强增大而越明显;大雨强下产流出现转变,其以地表和地下径流并重且地表径流略高于地下径流。

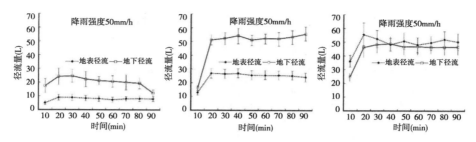

图2-1-13 不同雨强下地表径流和地下径流产流过程（彭旭东，2018）

图2-1-14为不同雨强下地表和地下产沙过程。可以看出,喀斯特坡耕地坡面产沙过程明显不同于其产流过程。在小雨强条件下,产沙方式是地表泥沙量和地下泥沙量并重,即土壤侵蚀为地表侵蚀和地下漏失并重。中雨强和大雨强条件下,坡面产沙方式主要以地表产沙为主,表明喀斯特坡耕地土壤侵蚀方式是一个随雨强变化而变化的过程,大雨强（大暴雨）下主要以地表侵蚀的形式发生。

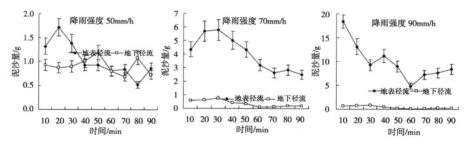

图2-1-14 不同雨强下地表径流和地下径流产沙过程（彭旭东，2018）

表2-1-11为不同雨强下地表径流和地下径流输出特征。可以看出,地表径流总量随雨强增大而增大,大雨强条件下的地表径流量可为小雨强的6.3倍,地表平均流量和泥沙含量均随雨强增加呈相同的变化趋势,说明雨强是土壤侵蚀产生的重要影响因子;而地下径流各指标随雨强变化关系不明显。总体而言,在小雨强和中雨强条件下,坡面产流主要以地下径流为主,小雨强下的地下径流系数达到0.50,而地表径流系数仅为0.43,本实验中泥沙流失主要以地表侵蚀为主,地下漏失所占比例较小。

表 2 - 1 - 11　不同雨强下地表径流和地下径流输出特征

雨强	地表径流				地下径流			
	产流总量 (L)	径流系数 (%)	平均流量 (L/min)	泥沙含量 (g)	产流总量 (L)	径流系数 (%)	平均流量 (L/min)	泥沙含量 (g)
小雨	70.2	0.43	7.80	9.29	181.8	0.50	20.20	8.17
中雨	214.7	0.27	23.85	36.26	433.8	0.67	48.20	3.48
大雨	442.8	0.52	49.20	88.64	398.7	0.44	44.30	3.84

数据来源:彭旭东(2018)。

3. 红壤坡耕地

降雨影响红壤坡耕地地表径流和壤中流产流。地表径流和壤中流产流开始时间随着降雨强度的增大而减小,壤中流开始产流时间滞后于地表径流,当雨强从 30mm/h 增加到 60mm/h,壤中流比地表径流产流滞后时间迅速增大,随着雨强继续增大,壤中流比地表径流产流滞后时间趋于稳定;当雨强从 30mm/h 到 90mm/h,随着雨强的增大,地表径流初始径流强度和稳定径流强度都增大,并且累计径流量与累计降雨量曲线斜率不断增大;壤中流径流强度随开始产流时间先增大后减小,随着降雨强度的增大壤中流初始径流强度增大,而壤中流峰值无明显差异,壤中流由开始产流到峰值径流强度增加速度随着雨强增大而增大,60mm/h 降雨与 90mm/h 降雨雨停后壤中流衰减曲线一致(图 2 - 1 - 15)。降雨时间影响壤中流过程线,降雨时间足够长壤中流径流强度才能达到最大稳定值。

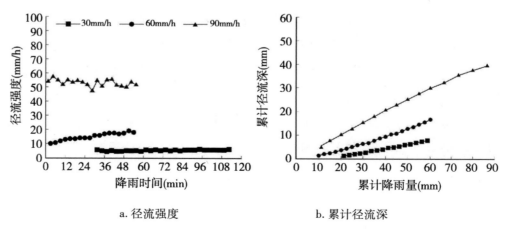

a. 径流强度　　　　　　　　　　b. 累计径流深

图 2 - 1 - 15　不同降雨强度下地表产流过程(陈晓安等, 2017)

不同雨强下壤中流径流强度在初始产流时小,随着降雨历时增加径流强度增大,产流过程曲线均存在明显的峰值(图2-1-16),坡耕地特殊的土体结构影响壤中流的产生,造成红壤坡耕地壤中流峰值高,30mm/h、60mm/h雨强下壤中流的径流峰值超过其地表径流稳定最大值。可见,降雨强度影响壤中流的发育,降雨时间、土壤容重、土体厚度影响壤中流过程线,降雨时间影响到壤中流产流能否产生、出现后能否达到峰值及达到峰值后的稳定时间,土壤容重、土体厚度影响到饱和土体的稳定入渗率,影响到壤中流峰值出现的时间、峰值径流大小。

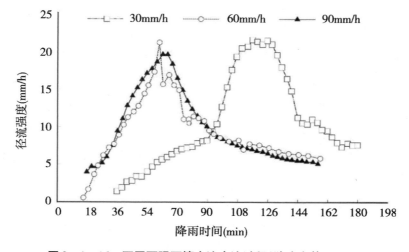

图2-1-16 不同雨强下壤中流产流过程(陈晓安等,2017)

雨强对泥沙量稳定出现的时间几乎没有影响(图2-1-17),而对流失量有较大影响。大雨强泥沙流失量在经历急剧上升和缓慢增加后开始下降,42min

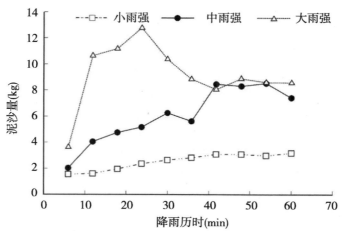

图2-1-17 不同降雨时段的泥沙产量变化规律(聂小东等,2013)

后进入稳定阶段,中雨强和小雨强泥沙流失量经历较缓的上升过程后直接进入稳定状态。这一现象的出现可能与不同侵蚀强度下降雨对土壤的不同作用有关。因此,在坡度相同的情况下,降雨强度主要通过两种途径对泥沙迁移产生影响:①通过影响雨滴初始动能,对坡面土壤产生不同强度的扰动作用,产生不同深度的扰动层。②通过影响降雨在入渗量和坡面径流量之间的分配,对径流的剥蚀搬运能力产生作用,进而影响泥沙迁移。

(二) 地形因素

坡度及坡长是在地形地貌中的具体表现。坡度对土壤侵蚀的影响主要表现为,坡度影响着降雨入渗的时间,对坡面的入渗产流特征具有明显的效应。在产流情况下,坡度与径流的速度有关,进而影响到坡面表层土壤颗粒起动、侵蚀方式和径流的挟沙能力。坡耕地土壤侵蚀与坡度和地形部位有关,坡耕地土壤侵蚀量在山坡中、上部是侵蚀最为强烈的地带,而在坡顶侵蚀较弱,在坡下有土壤堆积。土壤侵蚀强度在流域分布呈现上游 > 中游 > 下游;土壤侵蚀强度沿坡面分布呈现出较弱—强—弱的变化趋势,存在明显的侵蚀强弱交替变化规律。

1. 紫色土坡耕地

坡度是影响坡面产汇流的关键因素之一,坡度对径流深的影响主要是通过影响坡面受雨面积和入渗来实现的(唐寅等, 2012)。试验选取坡长为2m,坡度分别为10°、15°、20°和25°,降雨历时为60min,研究紫色丘陵区不同坡度下紫色土坡面产流产沙特征(表2 - 1 - 12),发现在坡度较小时,随着坡度增加径流量增大,当坡度达到22.83°时径流量达到最大值,而后随坡度增加产流量反而减小,即在坡度为22.83°时出现了产流的临界值。

表 2 - 1 - 12　一定降雨强度和历时下不同坡度的径流产沙量

降雨场次	坡度 (°)	时间 (min)	次降雨量 (mm)	平均雨强 (mm/min)	产流量 (L)	产沙量 (g)	平均输沙率 (g/L)
WS - 09 - 21	10	60	82.5	1.4	89.30	1366.62	15.30
WS - 09 - 28	15	60	89.9	1.5	95.90	946.78	9.91
WS - 09 - 29	15	60	90.9	1.5	116.30	1500.16	12.90
WS - 09 - 28、29 平均	15	60	90.3	1.5	100.37	1271.19	12.70

降雨场次	坡度 (°)	时间 (min)	次降雨量 (mm)	平均雨强 (mm/min)	产流量 (L)	产沙量 (g)	平均输沙率 (g/L)
WS-09-31	20	60	83.4	1.4	70.98	900.32	12.68
WS-09-34	20	60	82.7	1.4	149.10	959.42	6.43
WS-09-31、 34 平均	20	60	83.0	1.4	110.04	929.87	9.555
WS-09-35	25	58	123.8	2.1	122.22	1321.42	10.81

数据来源:唐寅(2012)。

不同雨强条件下,紫色丘陵区坡耕地土壤侵蚀对坡度的响应特征不同(表2-1-13)。随着坡度增大侵蚀量有明显的增大,当坡度增大到24.7°左右,随着坡度增加,坡面小区土壤流失量开始减少,也即紫色土坡耕地土壤侵蚀的临界值应该在24.7°左右。

壤中流是垂直入渗导致水分在相对不透水层上累积所致,但是坡度也是壤中流产生的重要条件。由表2-1-13可见,裸地条件下5°小区是唯一产生壤中流的小区,而农地和顺坡垄作实验中,各个坡度都能够产生壤中流,在顺坡垄作条件下,陡坡产生壤中流的概率超过了缓坡。这说明坡度对壤中流的影响是复杂的。一方面坡度影响水分垂直入渗,已有学者对此进行了探讨,但是结论存在差异(Singer et al.,1982),另一方面坡度为侧向流的流动提供了重力势能差。

表2-1-13 坡度对壤中流的影响

地表处理	平直裸地	平直农地	顺坡垄作
5°小区壤中流出现概率(%)	60	83	67
10°小区壤中流出现概率(%)	0	33	17
15°小区壤中流出现概率(%)	0	33	67
20°小区壤中流出现概率(%)	0	33	67
25°小区壤中流出现概率(%)	0	17	50

数据来源:徐佩等(2006)。

2. 喀斯特坡耕地

喀斯特坡耕地水土流失模拟降雨实验结果表明(伏文兵等,2015),在其他条件相同的情况下,随着坡度增大,地表产流总量增大,地表产沙总量呈先增加后减小的变化,其在坡度为20°时达到最大(645.83g);地下孔(裂)隙累积流量随着坡度的增加呈减小的变化,而地下孔(裂)隙累计产沙量则呈降低的变化,与地表产流产沙相比,地下孔(裂)隙产流产沙相对稳定。坡度较小,土壤下渗水分相对较多,地下孔(裂)隙流与土壤的作用加剧,造成土壤地下漏失严重,但是随着坡度的增大,降水的下渗量相对稳定,地下孔(裂)隙流产流量相差不大,地下孔(裂)隙流侵蚀产沙量也相对较小(表2-1-14)。

表2-1-14　不同坡度条件下产流产沙特征

坡度(°)	地表产流总量(L)	地表产沙总量(g)	地下产流总量(L)	地下产沙总量(g)
10	329.75	495.51	225.05	141.66
15	391.90	577.79	208.80	129.92
20	455.20	645.83	192.80	125.20
25	460.05	602.05	160.05	107.08

注:降雨强度80mm/h,降雨历时90min,孔(裂)隙度5%。数据来源:伏文兵等(2015)。

3.红壤坡耕地

坡度影响红壤坡耕地地表径流和壤中流产流。基于人工模拟降雨试验对红壤坡耕地地表径流及壤中流研究发现,随着坡度的增大地表径流稳定时间呈减小趋势(图2-1-18);地表产流稳定值是先增大后减小,存在临界坡度。地表总产流量从5°到20°,呈先增大后减小,在10°时最大。由于红壤坡耕地土槽模拟试验随着坡度增大受雨面积减小,土壤入渗速率减小,双重因素的影响下导致地表产流量从5°到20°出现先增大后减小的趋势。

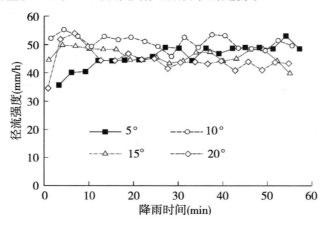

图2-1-18　不同坡度下地表产流过程(陈晓安等,2017)

不同坡度下壤中流过程曲线表现出明显的单峰(图2-1-19),从5°到20°,壤中流达到峰值时间分别为66.61min、65.67min、65.08min、62.08min,即随着坡度的增大,达到峰值时间不断减小;壤中流峰值径流强度从5°到20°分别为33.77mm/h、19.56mm/h、14.67mm/h、14.17mm/h,即随着坡度的增大峰值不断减小;在壤中流达到峰值前,从5°到20°随着坡度的增大壤中流径流强度增加速度减缓,峰值后从5°到20°表现出随坡度增大衰减速度存在减小的趋势,即坡度越小壤中流增加速度越快,峰值过后减小的速度亦快。随着坡度增大受雨面积不断减小,土壤水平入渗面不断减小,因此,随着坡度增大壤中流峰值不断减小。

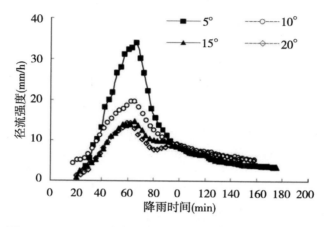

图 2-1-19　不同坡度下壤中流产流过程(陈晓安等,2017)

(三)耕种因素

坡耕地水土流失不同于其他土地利用类型下的水土流失,坡耕地作物不同生长期其植被覆盖度差异很大,同时不同生长期土壤受农事扰动程度不一样。因此,坡耕地水土流失受耕种影响差异很大。

1.种植模式

(1)紫色土坡耕地

紫色土坡耕地不同种植模式中(表2-1-15),植物篱及堆置在篱底的茎叶截断连续坡面,使篱带间坡度变缓,土壤颗粒在篱前淤积,与小麦—玉米—番薯单一粮食作物平作比较,柚—皇竹草植物篱复合的径流量和侵蚀量分别降低了80.7%和96.5%;与小麦—花生粮经作物平作相比,小麦—花生—柚复合垄作和小麦—花生—柚复合平作都呈现出不同程度的减小,其中垄作变坡面汇流为垄沟分散截流,而农林复合截留了降雨,发达的根系穿插、固持土体,减小了地表径流的冲刷。

表 2 - 1 - 15　紫色土坡耕地不同种植模式下水土流失特征

小区规格	种植模式	径流量（m³/hm²）	侵蚀量（t/hm²）
	小麦—花生—柚复合垄作	46.23	0.1942
20m×5m,15°	小麦—花生—柚复合平作	100.24	0.6205
	小麦—花生粮经作物平作	135.4	0.9721
	柚—皇竹草植物篱复合	37.5	0.1093
12m×5m,25°	小麦—玉米—番薯单一粮食作物平作	331.98	3.1176

注:地点为重庆万州,观测时间为 2013 年 4 月 18 日—9 月 19 日。

数据来源:廖晓勇等(2005)。

表 2 - 1 - 16 是紫色土坡耕地紫花苜蓿和拟金茅(俗称蓑草)植物篱模式下年径流深及土壤侵蚀量。可以看出,植物篱可以显著减少径流量和泥沙流失量,8 年共减少泥沙 165.4 ~ 177.4t/hm²,相当于保住了约 1.36cm 厚的表土(按土壤容重 1.3g/cm³ 折算),这对于土层浅薄、水土流失严重的紫色土具有非常重要的意义。在栽种植物篱的第二年,径流减少 64.6% ~ 70.1%,泥沙减少 79.1% ~ 85.5%,说明植物篱控制水土流失的效果不仅好,而且见效快。

表 2 - 1 - 16　紫色土坡耕地紫花苜蓿和拟金茅植物篱模式下径流深及侵蚀产沙量

时间	无植物篱		等高种植 3 带紫花苜蓿篱		等高种植 3 带拟金茅篱	
	径流深（mm）	产沙量（t/hm²）	径流深（mm）	产沙量（t/hm²）	径流深（mm）	产沙量（t/hm²）
1998	69.3	58.8	20.7	8.5	24.5	12.3
1999	67.6	47.3	11.6	0.8	16.4	3.1
2000	58.5	42.2	9.7	0.6	15.3	2.3
2001	156.2	35.1	25.6	2.1	29.7	6.2
2002	11.8	1.2	2.8	0.2	3.6	0.1
2003	13.3	0.5	3.9	0.1	3.8	0.2
2004	16.6	0.3	6.4	0.2	8	0.2
2005	16.2	4.8	4.6	0.3	5.1	0.4
合计	409.5	190.2	85.3	12.8	106.4	24.8

数据来源:林超文等(2008)。

表 2 - 1 - 17 为紫色土坡耕地新银合欢和香根草植物篱种植模式下的产流

产沙量。2010年所有植物篱小区的总产沙量均较对照大,其减沙率均为负值;2011年所有植物篱小区的总产沙量均较对照小,其减沙率均为正值。表明植物篱的保土减沙效应与植物篱的种植年限有很大关系,种植年限对蓄水减流效应有一定积极的影响。初期,植物篱的保土减沙效应较弱,甚至出现产沙量较对照小区大,但随着植物的生长,植物篱对泥沙的拦截作用渐趋明显。

表2-1-17　遂宁市紫色土坡耕地新银合欢和香根草植物篱模式下产流产沙量

小区规格	种植模式	径流量（m³）		减流率（%）		产沙量（kg）		减沙率（%）	
		2010年	2011年	2010年	2011年	2010年	2011年	2010年	2011年
20m×5m,10°	新银合欢植物篱	4.38	2.73	-0.92	12.78	1.83	1.78	-11.64	25.60
	对照无植物篱	4.34	3.13			1.64	2.39		
	香根草植物篱	4.60	2.68	-5.65	14.38	2.02	1.76	-23.34	26.35
12m×5m,15°	对照无植物篱	7.16	3.50			3.30	3.76		
	香根草植物篱	8.02	3.22	-12.01	8.00	3.72	3.03	-12.73	19.48

数据来源:湛芸(2013)。

（2）喀斯特坡耕地

喀斯特坡耕地不同种植模式的水土流失程度不同（表2-1-18）。农民传统耕作方式的水土流失量较大,3年平均土壤侵蚀量达到26.3t/hm²,年平均地表径流量达到2659.7t/hm²,侵蚀强度达到全国水蚀强度分级标准的Ⅲ级,即中度侵蚀。紫花苜蓿—玉米、分带轮作较农民习惯减少地表径流10.4%～39.3%,减少土壤侵蚀21.3%～59.3%。玉米间作紫花苜蓿较分带轮作减少地表径流32.2%,减少土壤侵蚀48.3%;较农民习惯减少地表径流39.3%,减少土壤侵蚀59.3%。可见,玉米间作紫花苜蓿是一种较好的水土保持措施。

表2-1-18　喀斯特坡耕地不同种植模式对水土流失的影响

不同模式	年均地表径流（t/hm²）	与对照相比（%）	年均土壤侵蚀（t/hm²）	与对照相比（%）
紫花苜蓿—玉米	1614.8	-39.3	10.7	-59.3
分带轮作	2382.7	-10.4	20.7	-21.3
农民习惯（对照）	2659.7	—	26.3	—

注:数据为2005—2007年3年,年均降水量达901mm。数据来源:朱青等(2012)。

贵州省松桃县木寨河喀斯特小流域农作物耕作小区水土流失量不管是顺坡还是横坡均远大于其他种植措施小区,这表明坡面耕作活动是诱发水土流失的主要人为因素之一,而坡面耕作措施中横坡耕作方式对土壤侵蚀的影响又较顺坡耕作的影响小。水土流失总量按天然林、水保林、经果林、灌木林、撂荒(3年)、撂荒(5年)、农作物(顺坡)以及农作物(横坡)的顺序依次为44g、155g、250g、209g、181g、142g、2508g及938g(李瑞等,2015)。

(3)红壤坡耕地

红壤坡耕地不同植物篱模式径流小区年径流量和泥沙流失量差异明显,径流流失量大小顺序为:顺坡农作 > 水平草带 > 休闲 > 水平沟 > 等高农作 > 等高土埂(表2-1-19),以顺坡农作径流流失量最高,等高土埂最低。泥沙流失量大小顺序为:顺坡农作 > 水平草带 > 水平沟 > 等高农作 > 休闲 > 等高土埂,以顺坡农作泥沙流失量最高,等高土埂最低。与顺坡农作相比,水平草带处理能减少径流流失 32.33%,能减少泥沙流失量 45.88%;休闲地能减少径流流失42.8%,能减少泥沙流失量 85.02%;水平沟能减少径流流失 45.64%,能减少泥沙流失量 63%;等高农作能减少径流流失 56.33%,能减少泥沙流失量83.7%;等高土埂能减少径流流失 70.2%,能减少泥沙流失量 91.04%。

表2-1-19 兰溪市红壤坡耕地不同种植模式下产流产沙量

作物	种植模式	径流量	泥沙量t/ (km²·a)	备注
—	休闲	76.5	74.9	草本植被,植被状况良好
	等高土埂	39.9	44.8	每隔5m设土埂,宽60cm,高30cm
油菜—大豆轮作 (小区规格为20m× 10m,15°)	水平草带(百喜草)	90.5	270.7	每隔5m设草带种植区,1m宽
	水平沟	72.7	185	每隔5m设水沟,宽50cm,深30cm
	顺坡耕作	133.7	500.1	对照
	等高耕作	58.4	81.6	每隔5m设一等高坡面

注:数据为2000年全年。数据来源:袁东海等(2001)。

红壤坡耕地黄花菜双行、黄花菜单行、麦冬双行、麦冬黄花菜、麦冬单行处理7次自然降雨的累计土壤流失量与裸坡相比分别减少了57.40%、29.94%、65.78%、66.00%和44.37%(表2-1-20),径流量较裸坡分别减少了38.00%、19.17%、39.44%、43.72%、34.59%。结果表明,双行种植在减少土壤流失量上的效果比单行种植更显著。双行种植的各处理在降低径流方面效果则相近,且优于单行种植。

表 2 - 1 - 20   诸暨市红壤坡耕地不同植物篱模式下产流产沙量

作物	种植模式	径流量（L）	泥沙量（g）
篱间不种植作物，同时全坡控制杂草生长（小区规格为 10m × 1.5m，20°）	麦冬单行植物篱	1278.50	1516.67
	黄花菜单行植物篱	1579.81	1909.83
	麦冬双行植物篱	1100.09	927.00
	黄花菜双行植物篱	1211.80	1161.23
	麦冬黄花菜双行植物篱	1183.62	932.86
	裸坡面（对照）	1954.58	2726.28

注：2010 年 7 场降雨，累计雨量为 328.65mm。数据来源：邹岳阳（2012）。

2. 作物类型

（1）紫色土坡耕地

紫色土坡耕地横坡垄作小麦—玉米—番薯在不同坡度下的产流产沙量如表 2 - 1 - 21 所示，随着坡度的增大，径流量和泥沙流失量均不断增大，其年均径流量在 294.72 ~ 716.35m³/hm²，年均侵蚀量在 1.59 ~ 10.07t/hm²。黄成龙等（2015）通过人工模拟降雨实验研究了紫色土坡耕地横坡垄作玉米在生长期下的产流产沙量，在 1.5mm/min 雨强下，15°坡面（小区规格为 4m × 8m）种植下径流量和泥沙量分别为 97.01L 和 1416.35g，20°分别（小区规格为 4m × 8m）为 119.22L 和 2243.72g。

表 2 - 1 - 21   遂宁市紫色土坡耕地横坡垄作小麦—玉米—番薯下产流产沙量

作物	小区规格	年均径流量（m³/hm²）	年均泥沙量（t/hm²）
小春种植小麦，大春种植玉米和番薯	9.52m × 7.0m，5°	294.72	1.59
	9.52m × 7.0m，10°	391.95	3.15
	9.52m × 7.0m，15°	561.00	5.17
	9.52m × 7.0m，20°	656.25	6.94
	9.52m × 7.0m，25°	716.35	10.07

数据来源：林立金等（2007）。

（2）喀斯特坡耕地

通过野外径流小区（小区规格 5m × 20m，坡度 15°）观测，喀斯特黄壤坡耕地（贵州平坝县）玉米单作下（株行距 0.1m × 0.6m）的年均泥沙量为 1436.59g。黔中地区石灰土坡耕地上玉米单作下的平均次径流深和年泥沙量分别为 2.3mm 和 395.79t/hm²，菜地的分别为 1.1mm 和 18.79t/hm²。

表 2-1-22 为喀斯特坡耕地农作物（玉米、马铃薯、荞麦）与混播草地在不同次降雨下的地表径流和土壤侵蚀量。在降雨量较小（12.4mm 和 21mm）时，混播草地的地表径流量最小，明显低于玉米地。当降雨量达 40mm 时，混播草地的地表径流量明显低于玉米地、马铃薯地和荞麦地，地表径流量分别减少了 367%、86%、66%。

表 2-1-22　丘北县喀斯特石灰土坡耕地农作物与混播草地的地表径流和土壤侵蚀量

其他处理	作物	次降雨量（mm）	地表径流量（L/hm²）	泥沙量（kg/hm²）
玉米和马铃薯沿等高线条播	玉米	12.4	1220	117
		21	8070	207
		40	12908	270
		73.4	22270	593
	马铃薯	12.4	12.4	497
		21	53	21
		40	3337	120
		73.4	40	5170
小穴点播种植	荞麦	12.4	853	93
		21	4037	103
		40	4603	123
		73.4	9493	320
混合种子撒播	混播牧草	12.4	340	10
		21	1743	23
		40	2777	67
		73.4	4860	100

注：小区规格为 5m×20m，25°。数据来源：吴文荣等（2005）。

（3）红壤坡耕地

红壤坡耕地在作物生育期内各处理间径流总量差异不明显，大豆—玉米间作处理的径流总量最少，较玉米、大豆、裸地处理分别减少 23.01%、19.40%、29.40%，生长期内各处理间土壤流失总量差异明显，大豆—玉米间作处理较玉米、大豆、裸地处理分别减少了 32.52%、29.00%、47.21%（表 2-1-23）。红壤坡耕地从 4 月种植苎麻和花生至 7 月底收获，期间苎麻和花生小区（小区规格 18m×11.5m，坡度 10°，均为顺坡种植）分别共产生径流量 9471 和 19183m³/（hm²·a），产生泥沙 4011 和 32326t/（hm²·a），无论是地表拦蓄径流量还是泥沙侵蚀量，苎麻处理都优于花生处理。

表 2 - 1 - 23　不同作物生长期内径流量和土壤侵蚀量

处理	大豆	玉米	大豆—玉米间作	裸地
径流总量（m³/hm²）	1163.17	1217.67	937.54	1327.98
土壤流失总量（t/hm²）	39.52	41.58	28.06	53.15

注：各小区坡度 10°，坡长 10m，宽 4m 和坡度 30°，坡长 6m，宽 4m。

数据来源：陈小强（2015）。

3. 作物覆盖度

（1）紫色土坡耕地

唐寅等（2010）利用天然降雨径流小区观测发现紫色丘陵区小麦年作物覆盖度因子值为 0.4345，番薯年作物覆盖度因子值为 0.3864，小麦/番薯年作物覆盖度因子值为 0.4037；作物覆盖度因子值不同表明不同农作物对坡耕地土壤的防护作用不同，作物覆盖度因子值的年内变化特征表明农作物对坡耕地土壤的防护作用是随着农作物的生长发育而逐渐改变，合理选择农作物种类对水土保持有明显的作用。

（2）喀斯特坡耕地

秦旭梅（2017）设计实验土槽（长 73cm × 宽 46cm × 深 26cm）观测自然降雨条件下喀斯特坡耕地不同作物覆盖下的土壤侵蚀量，发现裸地明显大于菜地大于草地，这是由于草地冠层对降雨的再分配，消减雨滴能量、拦截径流，并且植物根系能够增强土壤抗蚀性，减少泥沙流失。菜地则受人为影响较重，种植蔬菜，翻耕土壤，使得土层疏松，容易发生侵蚀。但是 3 种作物覆盖条件下，地下漏失泥沙量、泥沙浓度及土壤侵蚀量却相差不大，表明在本次实验中地表作物类型对地下漏失泥沙的影响较小。

（3）红壤坡耕地

范洪杰等（2014）以红壤缓坡旱地为对象，研究稻草覆盖和香根草篱对水土流失及花生产量的影响，发现不同处理产生的径流量大小依次为：对照 > 稻草覆盖、草篱 > 草篱 + 稻草覆盖，其中后者水土保持效果最好，与对照相比，其径流量显著减少了 47.1% ~ 79.8%（$P < 0.05$），土壤侵蚀量显著减少了 79.2% ~ 99.5%。稻草覆盖一方面可以遮阴散热，涵养水分，减少水分蒸发；另一方面由于其覆盖在地表，可以降低雨滴打击，削弱对土壤的击溅侵蚀和对土壤结构的破坏，防止溅散的土粒堵塞土壤孔隙，增加雨水入渗速率，从而减少径

流量,因此可以起到良好的水土保持效果。

4. 耕作方式

耕作方式是影响坡耕地水土流失的重要因素。在坡耕地特别是缓坡地上推行合理的水土保持耕作方式,能拦截地面径流,减少土壤冲刷。野外径流小区连续3年的自然降雨观测结果表明,紫色土坡耕地在有作物覆盖下,不同耕作方式的水土流失强度为顺坡垄作 > 坡地种植 > 等高垄作 > 横垄加垱 > 横坡梯沟。顺坡薯垄的年均水土流失量最大,径流量和冲刷量分别为2378m^3/hm^2及74.0t/hm^2(吕甚悟等,1996)。坡耕地在相同雨强条件下(林超文等,2007),平作的地表径流量是顺坡垄作的1.8倍,是横坡垄作的25倍,平作的泥沙量是顺坡垄作的1.9倍,横坡垄作在小雨强条件下不产生土壤侵蚀。与顺坡垄作相比,横坡垄作在中、小雨强(1.741和0.972mm/min)条件下控制地表径流和土壤侵蚀的效果较好;但在大雨强(2.255mm/min)条件下,其控蚀效果较好(减少土壤侵蚀16.3%)而控径流效果较差(减少径流2.5%)。在强降雨条件下聚土免耕耕作制的产沙强度明显较常规种植小,但当土壤达到饱和后聚土免耕的径流强度与常规耕作制的差异较小,聚土免耕防治径流流失是有限的(刘刚才等,2002)。

红壤坡耕地天然降雨径流小区动态监测结果表明(袁东海等,2001),与顺坡耕作相比,休闲处理能减少径流流失42.8%,减少泥沙流失量85.0%;等高土埂处理能减少径流流失70.2%,减少泥沙流失量95.0%;水平草带能减少径流流失32.3%,减少泥沙流失量45.9%;水平沟处理能减少径流流失45.6%,减少泥沙流失量63%;等高农作能减少径流流失56.3%,减少泥沙流失量87.7%。蔡强国等(1994)在研究红壤坡耕地土壤侵蚀时认为横厢耕作是一种在陡坡耕地上较好的水土保持措施。刘立光等(1991)在研究坡地耕种方式对水土流失的影响发现,沿等高线种植、间作和浅耕以及沿等高线种植与浅耕结合能极显著或显著减少水、土、养分流失量。

(四) 土壤因素

土壤物理性质特别是土壤抗蚀性、土壤抗冲性及土壤透水性等对坡耕地水土流失具有重要影响。

1. 土壤抗冲性

土壤抗冲性是指土壤抵抗地表径流对其进行机械破坏和搬运的能力。大多数学者以抗冲系数或抗冲指数来表征抗冲性的大小,其中常用的是以冲走1g土所需的时间来表示;另一种常用的为冲走1g干土所需的水量和时间的乘积来表示。这两种抗冲性能评价指标运用较广泛,主要与冲走的土重和时间关系密切。另外,也有学者以单位径流所产生的土壤侵蚀量作为评价土壤抗冲性的指标,其反映了降雨强度的作用(周维等,2006)。

陈晏等(2007)通过原状土冲刷试验研究了紫色土丘陵区不同土地利用类型下土壤抗冲性特征,发现紫色土园地、农林混作耕地、传统农耕地紫色土土壤抗冲性指数大小依次为 0.99min/g、0.92min/g、0.70min/g。石灰岩、灰质白云岩、长石石英砂岩、白云岩发育的土壤的抗冲性大小依次为:3.15L/(min·g)、3.81L/(min·g)、2.61L/(min·g)和2.96L/(min·g),4 种岩性发育的土壤中,灰质白云岩发育的土壤抗冲性最强,长石石英砂岩发育的土壤抗冲性最弱(赵洋毅等,2007)。侯春镁等(2017)采用原状土抗冲刷槽法研究了云南玉溪澄江尖山河小流域坡耕地土壤抗冲性指数大小为 3.24g/L。

2. 土壤抗蚀性

土壤抗蚀性反映土壤抵抗水(包括降水和径流)的分散及悬浮能力大小,不仅受土壤类型、气候、地形等自然因子的影响,还受土地利用类型,即土壤的管理方式和植被覆盖等人为活动的影响。一般而言,土壤细黏粒含量越高,结构性颗粒指数越高,土壤的抗蚀性越强。大于 0.25mm 和大于 0.5mm 水稳性团聚体含量、结构体破坏率能较好地衡量土壤抗蚀性能,水稳性团聚体含量越高,结构体破坏率越小,水稳性指数越高,土壤抗蚀性能越强。土壤有机质是水稳性团聚体的主要胶结剂,能够促进土壤中团粒结构的形成,增加土壤的疏松性、通气性和透水性,而水稳性团聚体能改善土壤结构,而且被水浸湿后不易解体,具有较高的稳定性,对于提高土壤的抗蚀能力具有重要作用。紫色土、石灰土和红壤 3 种土壤类型的土壤抗蚀性指标详见表 2-1-24。

表 2-1-24　土壤抗蚀性指标

抗蚀性指标	紫色土 (传统农耕地)	石灰土 (传统坡耕地)	红壤 (裸坡耕地)
>0.25mm 水稳性团聚体含量(%)	54.38	32.65	51.25
>0.5mm 水稳性团聚体含量(%)	40.83	-	41.83
结构体破坏率(%)	43.07	63.57	44.12

抗蚀性指标	紫色土 （传统农耕地）	石灰土 （传统坡耕地）	红壤 （裸坡耕地）
团聚度（%）	20.16	40.73	62.9
团聚状况（%）	8.35	12.17	37.31
有机质（%）	1.12	4.13	1.42
<0.01mm 颗粒含量（%）	34.98/41.42	45.07	—
<0.001mm 颗粒含量（%）	3.65/12.44	19.74	28.25
水稳性指数	0.469	0.373	—

3. 土壤渗透性

土壤入渗性能与坡面地表径流和土壤侵蚀程度密切相关,直接关系到坡耕地耕层土壤质量生产性能及退化程度。重庆合川、江西兴国、云南楚雄 3 个紫色土坡耕地样点的土壤稳定入渗率、平均入渗率均随着入渗时间持续呈下降变化,但入渗速率存在明显差异性,总体表现为云南楚雄 > 重庆合川 > 江西兴国（丁文斌等,2017）。不同地点坡耕地耕层土壤初始入渗在垂直深度变化均表现为 0~20cm 耕作层要显著大于 20~40cm 心土层和 40~60cm 底土层,即降雨初期水分可在 0~20cm 耕作层迅速入渗,难以形成地表径流,只有当降雨强度超过初始入渗量才会产流。

岩溶地区（中梁山岩溶槽谷区）果园和旱地表层土壤稳定入渗率分别为 9.25mm/min 和 0.46mm/min,在同一剖面上,入渗能力随土层深度而衰减,即表层土壤稳定入渗速率（7.16mm/min）均大于下层（0.46mm/min）,旱地地表下层存在明显的阻滞层（张治伟等,2010）。

红壤耕层土壤入渗能力随土层深度的增加而降低,不同土层之间土壤入渗能力存在差异,耕作层土壤初始入渗率和稳定入渗率显著高于心土层、底土层,耕作层土壤稳定入渗率在 5.88~10.88mm/min 变化,心土层、底土层土壤稳定入渗率分别在 0.19~6.44mm/min、0.55~2.03mm/min 变化。

第三节　坡耕地水土流失防治措施

一、坡耕地水土流失防治原理

坡耕地是南方重要的耕地资源,也是水土流失和泥沙策源地;南方山区坡耕地土壤侵蚀以面蚀为主。针对我国南方坡耕地数量多、坡度大、水土流失严重的特点,如何在"排水保土"原理基础上,调控坡面径流(张平仓等,2017),协调地表水库与"土壤水库"关系,是南方坡耕地水土流失防治的关键环节,也是实现坡耕地水土资源持续利用和土地生产力稳定的重要途径。在坡耕地水土流失治理方面,合理布置各种水土保持措施,能拦截地表径流,减少土壤冲刷,为农业生产实现保水、保土、保肥目标。根据我国水土保持措施相关研究(唐克丽,2004;王礼先等,2005;刘宝元,2013),水土保持农业技术措施可划分为以改变微地形为主的蓄水保墒技术,以提高土壤抗蚀力为主的保护性耕作技术和以增加植物被覆为主的栽培技术3类(吴发启,2003)。南方坡耕地水土流失防治措施可分为工程措施和农林复合经营措施两大类,详见表2-1-25;紫色土坡耕地水土保持以"保土排水"为目标,可实施改善坡耕地微地形的聚土免耕、植物篱技术,减少坡面土壤流失量并降低坡耕地季节性干旱危险性,从而保持稳定的土地生产力(史东梅,2010)。

二、水土保持工程措施

水土保持工程措施是指通过改变一定范围内(有限尺度)小地形(如梯田工程等平整土地的措施),拦蓄地表径流,增加降雨入渗,改善农业生产条件,充分利用光、温、水、土资源,建立良性生态环境,减少或防止土壤侵蚀而采取的措施(吴发启,2003)。水土保持工程措施能防治水土流失,保护和合理利用水土资源修筑的设施,是水土保持综合治理措施的重要组成部分。南方坡耕地主要工程措施及设计标准如表2-1-26所示。

表2-1-25　坡耕地水土保持措施分类

种类	措施	适用条件	设计关键参数	水土保持作用
工程措施				
梯田工程	土坎水平梯田	5°~25°的坡耕地,土层深厚,年降雨量小	田面坡度、田面净宽、田坎高度、田面坡度	平整土地,改变微地形,减缓地表径流流速,携沙能力降低,土壤入渗能力增加,蓄水保土效果增加
	石坎水平梯田	5°~25°的坡耕地,石多土薄,降雨量大	内坡比、外坡比、田埂高度	
	坡式梯田	坡度为10°以下的坡耕地	田埂顶宽、田埂高度、外坡比、内坡比	
	隔坡梯田	年降雨量300~400mm,坡度15°以上	水平田面宽度与隔坡垂直投影宽度、田面宽度比	
坡面水系工程	截水(洪)沟	在梯地上部与荒山交界的地方,与排水沟相连,排水沟与作业道相结合。	断面底宽、断面深度、截水沟容量、土挡高度、内坡比、外坡比	拦截坡面径流,保护边坡表土,防止坡脚受径流冲刷
	排水沟	坡面截水沟的两端或较低的一端;土质排水沟需设置跌水	按10年一遇24h最大暴雨设计:沟底宽0.3~0.5m,沟深0.4~0.6m,内坡比1:1,外坡比1:1.5	排除截水沟不能容纳的地表径流
	蓄水池	在洪水汇流的坡面或平地的低凹处	按10年一遇24h最大暴雨设计:长7m,宽3.5m,深2.3m,蓄水量50~100m³	具有防渗作用,季节性干旱时节为作用提供灌溉用水
	沉沙池	水内的含沙量符合水质要求并与下游渠道接沙能力相适应的水池	长2~4m,宽1~2m,深1.5~2m	拦截泥沙,保护坡耕地土壤,减少泥沙淤积
田间道路工程	植物护路	坡度≤25°的坡耕地	—	调控地表径流,固持土壤

种类	措施	适用条件	设计关键参数	水土保持作用
		农林复合经营措施		
耕作技术	等高耕作	(1)坡度<25°的坡耕地 (2)耕作方向应与等高线呈1%~2%比降	土地坡度,坡长	增加水分入渗与保蓄能力,调控地表径流
	顺坡耕作	坡度小于20°的坡耕地	土地坡度,坡长	
	等高垄作	坡度<20°的坡耕地 沟垄应与等高线呈1%~2%比降	土地坡度,坡长	改善微地形的保护性耕作措施
	顺坡垄作	(1)坡度<20°的坡耕地 (2)年降水量300mm以上	土地坡度,坡长	
保护性耕作技术	免耕	(1)坡耕地 (2)用除草剂	—	
	深翻耕	(1)土壤含水率15%~22% (2)深松深度0.35~0.5m,3~5年深松一次	土壤含水率,深松深度	改变土壤物理性质的保护性耕作措施
	少耕覆盖（留茬）	(1)坡耕地 (2)平地	秸秆长度	

续表

种类	措施	适用条件	设计关键参数	水土保持作用
作物栽培技术	轮作	两年三熟制或一年二熟	栽培适宜农作物，合理轮作的作用，轮作休闲方式	有利于均衡利用土壤养分；能有效地改善土壤的理化性质，调节土壤肥力；能活化土壤，防止土壤板结
	间(套)作	结合必要的水土保持耕作措施	选择适宜的农作物	增加土壤表层覆盖面积，提高作物产量，改良土壤
	等高带状间轮作	坡耕地至少要2年生或4年生草带3条以上	选择适宜的农作物	能改善通风透光条件，提高光能的利用率；能增加边行优势，发挥边际效应；可以充分利用生长季节，延长光合时间，发挥了作物的丰产性能
	草田轮作(绿肥)	轮作年限2~8年，适用于一年一熟	轮作年限，熟制	能地增加土壤有机质，提高土壤肥力；能改善土壤的物理化学性状；透气，保水保肥力强，调节水、肥、气、热的性能好，能有效改善生态环境
农林复合技术	植物篱	坡度≤25°的坡耕地	树种选择	分散地表径流，降低流速，土壤入渗性能增加
	生物埂	5°~15°的坡耕地，地块较完整的坡耕地	坡度，埂高，埂间距	涵养水体，固土抗蚀，土壤入渗性能增加

续表

种类	措施	适用条件	设计关键参数	水土保持作用
	有机肥	结合秋耕施肥，结合休闲耕作施肥，结合播种施肥	普遍适用，施用量 15～30t/hm²，连续 3 年；结合秋耕施肥、休闲耕作施肥或播种施肥	扩大农田系统内的物质循环，提高系统内有机质的积累和分解，提高养分的输入与输出之间的平衡水平
	化肥	化肥施用量要适当，要与土壤水分相适应	施用量、施用时期	
土壤改良与培肥技术	秸秆还田	年降水量在 500mm 以上和一定灌溉条件	施用量、耕理深度、施用时期	
	蓄水聚肥改土耕作法	沿等高线根据作物生长适宜的生长沟	生长沟的宽度、深度	
	土壤改良剂（生物炭等）	根据土壤的立地条件，进行合理添加	施用量	

表 2-1-26　坡耕地主要工程措施及设计标准

水土保持措施	布置方式	设计标准				水土保持效应
土坎水平梯田	5°~25°的坡耕地，沿高线布设，根据当地降雨量及设计标准进行布设	田面坡度(°)	田面净宽(m)	田坎高度(m)	田坎坡度(°)	(1) 地表径流量减少15%~80%；(2) 流失泥沙量减少5%~73%；有机质增加4%~35%，全氮增加5%~20%；(3) 全磷增加4%~30%；(4) 农作物产量增加10%~60%
		5~10	10~15	0.7~1.8	90~80	
		10~15	7~8	1.2~2.2	85~76	
		15~20	6~7	1.6~2.5	75~71	
		20~25	5~10	1.8~2.7	70~66	
石坎水平梯田	5°~25°的坡耕地，石多土薄，降雨量大，沿等高线布设，根据当地降雨量及设计标准进行布设	内坡比	外坡比	田坎高度(m)	田埂高度(m)	
		1:0.1	1:0.1~1:0.25	1.2~2.5	0.3~0.5	
坡式梯田	沿坡面沿等高线布设，根据当地降雨量及设计标准计算进行布设	内坡比	外坡比	田埂顶宽(m)	田埂高度(m)	
		1:0.5	1:1	0.3~0.4	0.5~0.6	
隔坡梯田	在坡面沿等高线布设，根据当地降雨量及设计水平田面宽度与隔坡垂直投影宽度比计算进行布设	1:1~1:3		田面宽度(m) 5~10		

续表

水土保持措施	布置方式	设计标准	水土保持效应
截水沟	在坡面沿等高线布设,排水型截水沟布设应等高线取1%～2%的比降	间隔5～10,土挡高度0.2～0.3,沟底宽0.3～0.5m,沟深0.4～0.6m,内坡比1:1,外坡比1:1.5	(1)地表径流量减少15%～80%;
排水沟	布设在截水沟两端或底端	断面底宽度≤0.40m,断面底深度≤0.40m,内坡1:1.0～1:1.5	(2)流失泥沙量减少5%～76.4%;有机质增加4%～32%,全氮增加5%～30%;
蓄水池	布设在坡面水汇流低凹处,并与截排水沟形成水系网络	10年一遇24h最大暴雨设计;蓄水池容量55m³,净池长7m,净宽3.5m,净深2.3m,地下蓄水池蓄水深度≤10m	(3)全磷增加4%～25%;
沉沙池	布设在设置不同尺寸沟渠交汇处,出水口以及蓄水池进口之前	沉沙池为矩形,宽1～2m,长2～4m,深1.5～2m	(4)农作物产量增5%～60%

（一）梯田工程

梯田是山区、丘陵区常见的一种基本农田,梯田工程可明显改变坡耕地的坡度、坡长及坡型,有效拦蓄降雨,增加土壤水分入渗,是一种有效的水土保持措施和耕地类型。

1.梯田的分类

（1）梯田按断面形式划分

梯田按断面形式可划分为阶台式梯田和波浪式梯田,其中包括水平梯田、坡式梯田、隔坡梯田(图2-1-20)

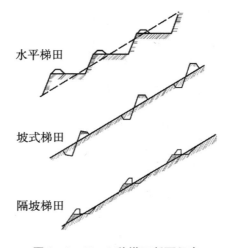

水平梯田

坡式梯田

隔坡梯田

图2-1-20 3种梯田断面示意

水平梯田适用于水稻、果树等,可将小于25°的坡耕地改造为水平梯田。坡式梯田是顺坡每隔一定间距、沿等高线修筑地埂,逐年耕翻、径流淤积加高地埂,使得坡度减缓,是水平梯田的一种过渡形式。隔坡梯田是在相邻两个水平台阶之间隔一段斜坡的梯田,从斜坡流失的水土可拦截径流在水平台阶,有利于农作物生长;斜坡段则种草、经济林间作,小于25°的坡耕地适宜修筑隔坡梯田,作为水平梯田的过渡期。

（2）梯田按田坎建筑材料划分

梯田按田坎建筑材料分为土坎梯田、石坎梯田、植物坎梯田。土坎梯田适合年降雨少,土层厚的地区;石坎梯田适合石多土薄,降水量多的土石山区。针对南方坡耕地水土流失特点,宜用土坎水平梯田、石坎水平梯田、坡式水平梯田、隔坡梯田工程治理坡耕地水土流失。

2.梯田断面设计

梯田断面设计是在不同条件下确定梯田最优断面,关键确定适当的田面宽度和埂坎坡度。水平梯田土层厚度在0.30~0.50m,无石块、石砾分布,土层厚度应满足作物根系生长要求;对于5°~15°坡耕地,田面宽度为3~5m,对应田坎(埂)高度1~3m;15°~25°坡耕地,田面宽度为1~3m,对应田坎(埂)高度2~5m。

田坎(埂):土坎高度一般不宜超过2m,石坎高度一般不宜超过5m;土质田埂呈梯形,顶宽0.20~0.30m、底宽0.35~0.50m,埂高以0.20~0.30m为宜。

(二)坡面水系工程

坡面水系工程是指在坡面上修建的以拦、蓄、引水土为主的蓄水池、沉沙函、排洪沟等小型水利工程,也是南方坡耕地水土流失防治的重要措施之一。坡面水系工程主要为"三沟",即截水(洪)沟、蓄水沟、排水沟。在降雨量较大地区,坡面水系工程可有效拦截坡面径流,防止坡面冲刷,还具有滞洪、沉沙、抗旱作用。坡面水系布局要根据"高水、高蓄、高用"和"蓄、引、用、排"相结合的原则,科学配置各种坡面水系工程设施,系统地拦蓄和引导坡面径流,从而减少坡面水土流失,保护水土资源。

1.截水(洪)沟

截水(洪)沟是保护坡耕地不受来自坡面或山坡上方的地面径流冲刷的水土保持工程措施,如图2-1-21所示。截水(洪)沟作用是拦截坡面径流,保护坡耕地表土,防止坡耕地受上方径流冲刷。截水(洪)沟基本沿等高线布设,与

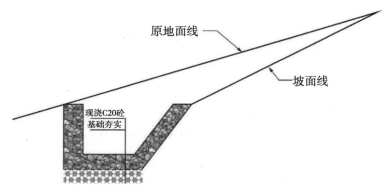

图2-1-21　截水沟示意

等高线之间的比降在 1% ~ 2%；当截水沟比降较大时，应在沟中每隔 5 ~ 10m 修筑一高 0.20 ~ 0.30m 的挡水坎。

截水（洪）沟排水端应与坡面排水沟相接，并在连接处做好防冲措施。截水沟布置在坡耕地上部与荒山交界的地方，与排水沟相连，排水沟与作业道相结合。截水（洪）沟要与蓄水池相连，并连接坡脚水塘或附近小溪。截水（洪）沟断面规格设计是以保证在设计频率暴雨情况下，工程稳定、坡面径流不引起土壤流失为原则。

2. 排水沟

排水沟是将截水沟处汇集的水引向农田、蓄水池，用以排除截水沟不能容纳的地表径流的小型工程措施（图 2 - 1 - 22）。梯田田面排水标准宜采用 5 ~ 10 年一遇，1 日暴雨 3 日排至作物耐淹水深。当梯田区上方有较大面积的汇水坡面、地表径流可能威胁梯田区安全时，应在坡地与梯田交界处布设截水沟、排水沟工程。坡耕地排水沟一般布设在坡面截水沟的两端或较低一端，用以排除截水沟不能容纳的地表径流，排水沟的终端应连接天然排水道或下（上）山道路一侧或两侧的排水沟，将多余的地表径流安全排出梯田区。

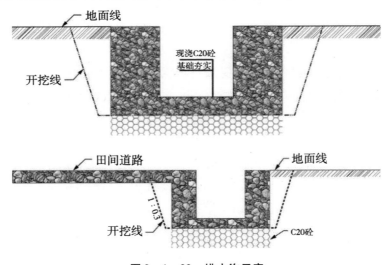

图 2 - 1 - 22 排水沟示意

3. 蓄水池

蓄水池是拦蓄坡面地表径流，防止水土流失，充分利用降雨，满足人畜饮水及农作物用水而修建的小型蓄水工程（图 2 - 1 - 23）。蓄水池可分为圆形、方形等，蓄水池容积一般为 50 ~ 200m³。根据建筑材料，蓄水池可分为土池、三合土池、浆砌石池、砖砌池和钢筋混凝土池等类型。蓄水池一般布设在汇流的坡面或平地的低凹处,也可布设在排灌渠旁边,并与沟渠串联形成网络。

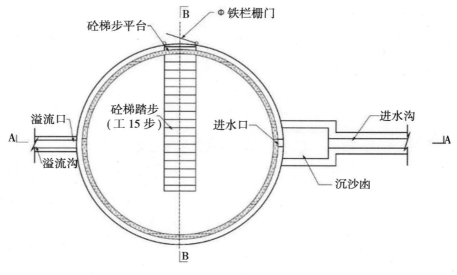

图 2 - 1 - 23　蓄水池示意

蓄水池的建设可以取经验值,以 10 年一遇 24h 最大暴雨设计;净池长 7m,净宽 3.50m,净深 2.30m,净蓄水量 55m³,具体位置视地形而定。通常用条石浆砌,M10 砂浆沟缝、抹面,池底作防渗处理。池壁衬砌的厚度一般不小于 0.3m。根据坡耕地水源条件和经济技术水平,布设地下取水和地面水引、蓄、提等工程,做到蓄、引、提、集相结合,合理配置各类水源工程。充分利用地形修建塘堰(坝)、小型拦河坝(闸)、蓄水池和水窖工程,因地制宜地拦蓄雨水。

(三) 田间道路工程

田间道路是为了满足农业物资运输、农业耕作和其他农业生产活动的道路(图 2 - 1 - 24)。南方山丘区耕地 70%以上是坡耕地,田间道路设计标准低,目前以土质路面为主;绝大多数道路两侧无排水措施,土质路面表层碾压作用容易导致超渗产流,加上两侧农田径流汇入道路,加剧了农田土质道路的冲刷,形成沟壑,影响农业生产。因此,实施"坡耕地山水林田路统一规划,综合治理",将水土流失治理与农业措施相结合,有效地降低水土流失。

田间道路工程是由上山路和作业路组成。上山路一般以单个耕作区为单元设置,比降在 15%以下时,从坡脚上山顺沟缘布设上山路;当比降在 15%以上(暴雨多发区为 9%以上)时,上山路按 S 形或环绕山丘布设。田间道路工程应采取植物护路,在道路适当位置设置植物区。作业路在耕作区内布设,路的一端或两端与上山路相连。根据梯田布局、田面宽度和耕作需要,可每隔3~5个台面规划一条生产路。生产路由0.4~1.0m宽的土质路变为1.2~2.0m水泥路,田间道路由3.5~5.5m宽的土质路变为3.5~5.5m,并配合合理的植物区,使得整个农村田间道路工程标准明显提高。

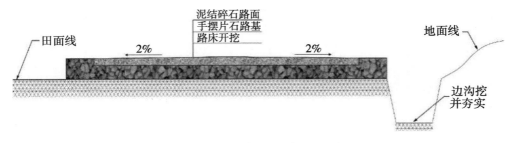

图2-1-24 田间机耕道路示意

三、水土保持农业复合经营措施

水土保持农业复合经营措施对坡耕地水土流失的影响,主要体现在以下四个方面:一是改变微地形的措施,实现对地表径流的形成进行调控,主要有等高耕作、等高垄作、蓄水聚肥改土耕作等。二是增加地面植被覆盖的措施,植被覆盖实现对耕层土壤的保护,主要有草田轮作、深翻耕、间作、套种、等高带状间轮作等。三是增加土壤入渗、提高土壤抗蚀性能的措施,保证坡耕地土壤养分循环的收支平衡,主要有增施有机肥、土壤改良剂、合理施加化肥、秸秆还田等。四是减少土壤水分蒸发的措施,实现对耕层土壤水分的保护,主要有少耕覆盖(留茬)等。

(一)水土保持耕作技术

水土保持耕作技术是通过改变坡耕地土壤物理性质,增加土壤水分入渗、提高土壤抗蚀性能、减轻土壤冲刷的技术。常用的耕作技术措施有等高耕作、免耕、深翻耕,主要耕作技术的布置方式、设计标准及效应见表2-1-27。

表 2－1－27　水土保持耕作技术的布置及设计标准

措施类型	布置方式	设计标准	水土保持效应
等高耕作	沿等高线方向开沟播种,沿坡面向下每隔一定距离修筑土埂;坡度<25°	土埂高度0.40~0.50m,埂间距0.08~0.15m	(1)地表径流量减少15%~75%； (2)流失泥沙量减少5%~40%； (3)有机质增加4%~35%,全氮增加5%~91%,全磷增加4%~86%； (4)农作物产量增加10%~35%
顺坡耕作	坡耕地上沿等高线进行耕犁	－	(1)地表径流量增加0~30%； (2)流失泥沙量增加5%~20%； (3)有机质减少4%~35%,全氮减少5%~87%,全磷减少4%~22%； (4)农作物产量增加10%~35%
等高垄作	布设于在川、台、塬、坝地和坡度较小的缓坡地沿等高线进行布设	垄距0.70~0.90m行距0.80m,垄沟比降有一定斜度(1/200~1/100),沟深0.20~0.25m	(1)地表径流量减少15%~55%； (2)流失泥沙量减少5%~35%； (3)有机质增加4%~40%,全氮增加5%~77%,全磷增加4%~80%； (4)农作物产量增加10%~40%
免耕	－	免耕播种机开沟0.06~0.07m宽,0.02~0.04m深	(1)地表径流量减少15%~40%； (2)流失泥沙量减少5%~40%； (3)有机质增加4%~35%,全氮减少5%~87%,全磷减少4%~90%； (4)农作物产量增加10%~35%
深翻耕	布设在坡度<15°的坡耕地	深松深度0.30~0.45m,作业行数:单行,2年深松一次或者3~5年深松一次	(1)地表径流量减少15%~30%； (2)流失泥沙量减少5%~85%； (3)有机质增加3%~40%,全氮减少5%~24%,全磷减少4%~38%； (4)农作物产量增加10%~40%
少耕覆盖(留茬)	布设在坡度<15°的坡耕地	实行耙茬少耕1~2年,翻耕或深松1年的轮耕制代替连年翻耕	(1)地表径流量减少5%~40%； (2)流失泥沙量减少5%~20%； (3)有机质增加3%~45%,全氮减少5%~30%,全磷减少4%~35%； (4)农作物产量增加10%~45%

1. 等高耕作

等高耕作又称横坡耕作技术,是坡耕地实施其他水土保持耕作措施的基础;其作用机制主要是通过改变土壤微地形,能够较好地对雨水径流形成拦截效应,使地表径流分散,从而影响降雨过程中水分转化与土壤侵蚀过程,滞后产流时间;增加土壤水分入渗率,减少水土流失,具有保水、保土、保肥等综合作用,有利于农作物生长发育,从而达到稳产目标。等高耕作就是指沿等高线垂直于坡面倾向,利用犁沟、耧沟、锄沟进行耕作和种植(如图 2 - 1 - 25 所示),与传统顺坡种植相比,等高耕作可分别减少 20% 的径流和 42% 的土壤侵蚀,从而降低土壤侵蚀速率。

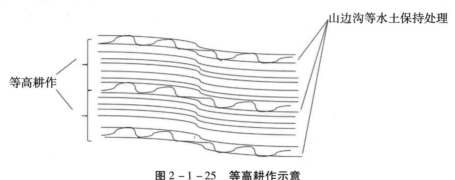

图 2 - 1 - 25　等高耕作示意

2. 免耕

免耕是一种保护性耕作技术,指农作物播前不用犁、耙整理土地,直接在茬地上播种,播后作物生育期间不使用农具进行土壤管理的耕作方法;农作物收获后用残茬覆盖至少 30% 土壤表面的一种耕作方式。免耕还具有省能源、省机械、省时间,提高土壤耕性、增加土壤有机质含量、增加土壤水稳性团粒结构的数量、增加土壤蓄水量和提高水分利用效率、减少土壤风蚀和水蚀、提高土壤的生产能力等诸多优点。免耕措施包括 3 种类型:①覆盖耕作。播种前翻动土壤,使用的耕作机具包括深松机、中耕机、圆盘耙、平耙、切茬机。药物或中耕除草。②垄耕。除施肥外,从收获到播种不翻动土壤。种子播在垄台的种床上,用平耙、圆盘开沟机、小犁或清垄机开床。残茬留于垄间表面,药物或中耕除草,中耕时重新成垄。③不耕。除施肥外,从收获到播种不翻动土壤。主要以药物控制杂草,非紧迫时不中耕除草。

3. 深翻耕

深翻耕是使用犁等农具将土壤铲起、松碎并翻转土壤的耕作措施,是坡耕地建立蓄水用墒型机械耕作制度的有效方式之一,深松耕法是随着少耕、免耕法而发展起来的一种代替传统耕作犁翻的土壤耕作方法。深翻耕措施能疏松坡耕地耕层,利于纳雨贮水,促进养分转化和作物根系伸展;能将地表的作物残茬、肥料、杂草、病菌孢子、害虫卵块等埋入深土层,提高坡耕地播种质量,抑制病、虫、杂草生长繁育。深翻耕一般在夏、秋两季进行,深耕0.20~0.25m,在土层深厚的地方深耕可达0.30~0.40m。坡耕地采用只松不翻或上翻下松的机械深翻耕,其主要目的是打破犁底层、加深耕层、耕种结合,创造良好的土壤结构并改善土壤的水、肥、气、热关系,从而减轻地表径流对土壤的冲刷作用,解决了翻、耙、耱、压等多次作业破坏土壤结构而引起的水土流失。土壤深翻耕,同时可使土壤病原菌与秸秆中的病残体被埋入0.55m深土中,有效地减轻了枯黄萎病的发病率。

(二)栽培技术

水土保持典型栽培技术包括轮作、间作、套作,横坡种植法、秸秆覆盖、地膜覆盖、绿肥等,表2-1-28为坡耕地主要栽培技术的布置及设计标准。

表2-1-28　主要栽培技术的布置及设计标准

措施类型	布置方式	设计标准	水土保持效应
轮、间、套作	布设在坡度<25°的坡耕地	小麦/大豆—芝麻、油菜/花生—荞麦、玉米—大豆/番薯/麦类、烟草—小麦/油菜/绿肥	(1)地表径流量减少5%~40%; (2)流失泥沙量减少5%~35%; (3)有机质增加3%~30%,全氮减少5%~25%,全磷减少4%~40%; (4)农作物产量增加13%~60%
等高带状间轮作	布设在坡度<25°的坡耕地	"目"字形种植。等高开"横行""横带"的横坡等高沟垄两端加挡埂的种植措施	(1)地表径流量减少5%~30%; (2)流失泥沙量减少0~30%; (3)有机质增加3%~25%,全氮减少5%~20%,全磷减少4%~35%; (4)农作物产量增加13%~80%
草田轮作(绿肥)	布设在坡度<25°的坡耕地	3年轮作制中,种1~3季绿肥或豆科作物。或冬种绿肥,每年≥3.33万t/hm²。3年2~3次	(1)地表径流量减少5%~35%; (2)流失泥沙量减少5%~30%; (3)有机质增加3%~50%,全氮增加5%~20%,全磷增加4%~30%; (4)农作物产量增加5%~80%

1. 等高带状间轮作

等高带状间轮作是指两种或两种以上的作物,各按一定宽度(幅宽)呈条带状相间种植。实际上它是间作、套种的发展,它与间作、套种的主要区别在于:在带状种植中,不同种类的作物不是单行进行相间种植,而是同一种作物是以两行或两行以上种植在一起,形成同一种作物的"带"与另一种作物的"带"

进行相间种植,按生长期的不同进行种植,这种作物"带",有比较固定的行数、行距和带(幅)宽。等高带状间轮作意义为:①改善通风透光条件,提高光能的利用率。②能增加边行优势,发挥边际效应。③可以充分利用土地,使用地与养地相结合。④可以充分利用生长季节、延长光合时间,发挥作物的丰产性能。在生产中的小麦与玉米带田,常用6~8行小麦(幅宽:0.90~1.20m)与2~4行玉米(幅宽:0.80~1.60m)的带状种植;小麦与大豆带田:小麦4~6行(幅宽:0.60~0.90m)与大豆2~3行(幅宽:0.60~1.20m)的带状种植等。

2. 轮/间/套作

(1)轮作

轮作一般指在同一块田地上有顺序地在季节间和年度间轮换种植不同作物的种植方式。在同一块地上,按照季节、一定年限,轮换种植几种性质不同的作物。通常的轮作作物搭配为:玉米/小麦—番薯。轮作的意义主要有:①有利于均衡利用土壤养分。②能有效地改善土壤的理化性质,调节土壤肥力。③能活化土壤,防止土壤板结。如将易使土壤板结的"高粱、谷子、向日葵"等作物与易使土壤疏松的"豆类、麦类、土豆"等作物轮作,可改善土壤结构。

(2)间作

间作是指把几种作物在一块地上按照一定的行、株距和占地的宽窄比例,在同一时期进行的种植方式。主要操作方法为将几种作物相间种植,即一行A一行B,人们常将高的喜阳植物与矮的喜阴植物间种。如,在大豆或花生地里均匀地点种蓖麻;在玉米地里间种花生或大豆。生产中,也有将早熟与晚熟;直根与须根等不同作物搭配种植的。如"林粮间作、薯类与豆类间作、粮豆间作及小麦与豌豆间作"等。间作的意义主要有:①能充分利用地力、空间和光能,达到一季多收,高产高效。②可以地养地,既能增产又能培肥地力,有利于持续增产。③巧妙间作,还可以抑制病虫害的发生。作物间作示意图如2-1-26。

(3)套种

套种是指一年内,在同一块土地上,在前一茬作物收获之前,把后一种作物播种或移栽进去的种植方式。其主要特点是:两种作物生育期不同、播种期不同、收获期也有先有后。例如:小麦与玉米套种、小麦与大豆套种、豌豆与玉米套种等。套种的意义主要有:①能充分利用生长季节,变一收为两收或变两收为三收。②能克服秋赶夏、夏赶秋的恶性循环,实现麦秋两增产。③实行套种,提高了复种指数,延长了用地的时间。

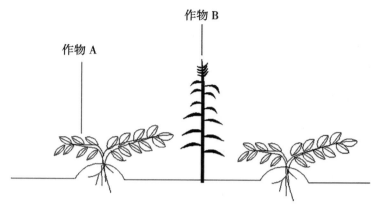

图 2 - 1 - 26 作物间作示意图

3. 草田轮作(绿肥)

草田轮作是一项经济有效的增产技术,是增产的中心环节,是提高作物群体光能利用的主要措施之一。实行间套作或带状种植后,改变了作物的群体结构,创造了边行优势,使作物的通风透光条件良好。因此,草田轮作增产效果明显。绿肥是指用绿色植物体制成的肥料。在我国的种植业中,中低产田、冬闲田普遍存在,大量宜草土地没有利用,土壤退化、水土流失严重;农作物种植过程中的肥料施用不合理,造成养分大量流失,成为水体的重要污染源。解决这些问题有一个非常适用、简便的方法,就是种植利用绿肥作物。

(三)农林复合技术

农林复合技术是为了改善农田小气候和保证农作物丰产、稳产而营造的防护林。在林带影响下,其周围一定范围内形成特殊的小气候环境,能降低风速,调节温度,增加大气湿度和土壤湿度,拦截地表径流,调节地下水位。农林复合林技术主要造林树(品)种、主要农林复合林类型区的农田林网设计、主要农林间作模式设计、农林复合林技术造林整地规格及应用条件、农林复合林技术主要造林树(品)种适宜密度等内容。农林复合技术是为了防止自然灾害,改善坡耕地土地质量和小气候,创造有利于坡耕地农业生产和牲畜生长的环境。其目的就是要改善环境、保护农田、提高农业生产产量,如植物篱、生物埂(韦杰等,2018)。

1. 植物篱

植物篱是依据生态经济原则选择种植物种,并根据坡耕地的坡度、岩性(母质)和侵蚀强度等进行等高种植的一种农田间作技术,其基本功能是改善该系统的水热条件,抑制杂草生长,控制水土流失,提高坡地生产能力,达到坡耕地利用的生态、经济的良性循环及可持续利用。等高植物篱农林复合技术,表现为在坡耕地坡面沿等高线布设乔、灌、草相结合的植物篱带,形成农作物与植物相间种植的坡面空间格局,如图 2-1-27 所示。

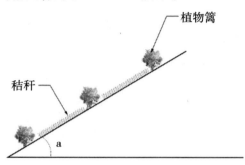

图 2-1-27 植物篱示意图

植物篱根据不同标准,有多种类型划分方法。按种植坡地部位差异有(等高)植物篱与地埂篱;按作用或功能差异,分为(等高)固氮型植物篱、牧草型植物篱、水保型植物篱、经济型植物篱;按篱植物种类不同,分为灌木篱(由灌木或耐修剪的乔木树种组成)、草篱(由多年生草本植物组成)、草灌混合篱(由一行灌木篱和数行草篱组成);按构成植物篱物种的多寡可分为单一型植物篱与复合型植物篱;按植物篱生长环境不同,分为农耕地植物篱、路埂植物篱、林地植物篱。植物篱高度 <1.5m,最大不超过 2m,宽度 0.5~1m,带间距 5~8m,双行植物篱带,行距 0.4m,株距 0.1m。这项技术不仅能够降低坡耕地径流峰速,还能延缓坡面产流时间,改善土壤理化性质,增加土壤肥力,从而提高坡耕地土地生产力和农民经济收入。

2. 生物埂

生物埂作为坡耕地常见水土保持农业措施,是在梯田埂坎上种植乔木、灌木或草本植物而形成的一种农林复合系统,图 2-1-28 为典型生物埂布设示意(汪三树,2013)。生物埂能有效防止坡耕地田面和埂坎的垮塌,减少水土流失,提高坡耕地生产力,有效提高埂坎资源利用率,改善农业生产环境。

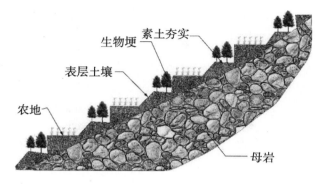

图2-1-28　生物埂剖面示意图

生物埂作为一种复合农林措施,具有明显的固埂效益和经济效益,是一种兼经济效益与生态效益的绿色篱笆,对土壤孔隙结构改良效果明显,提高了土壤渗透性能,能提高土壤水库库容,蓄水效应明显,对防御坡耕地季节性干旱成效显著。坡耕地生物埂的根系盘结作用和残根败叶可增加土壤抗冲抗剪能力,可避免暴雨直接打击地面,拦截泥沙养分,固土保土效应显著,当生物埂土壤含水量在15%~25%变化时,可使生物埂的有效土壤水分和抗剪强度达到最佳状态,表现出很好的蓄水保土性能。

（四）土壤培肥技术

土壤培肥技术是通过人为施加土壤缺乏的养分肥料,从而提高土壤生产力的农业管理活动。表2-1-29为坡耕地主要土壤培肥技术的布置及设计标准。

表2-1-29　主要土壤培肥技术的布置及设计标准

措施类型	布置方式	设计标准	水土保持效应
增施有机肥	布设在坡度<25°的坡耕地	有机肥施用量15000~30000kg/hm²,连续3年	（1）地表径流量减少5%~30%； （2）流失泥沙量减少5%~30%； （3）有机质增加3%~45%,全氮增加5%~20%,全磷增加4%~35%； （4）农作物产量增加13%~80%
化肥	布设在坡度<25°的坡耕地	化肥施用量要适当,要与土壤水分相适应	（1）地表径流量减少5%~40%； （2）流失泥沙量减少5%~35%； （3）有机质增加3%~45%,全氮增加5%~20%,全磷增加4%~35%； （4）农作物产量增加13%~79%

措施类型	布置方式	设计标准	水土保持效应
秸秆还田	布设在坡度<25°的坡耕地	秸秆长度0.02~0.15m,还田深度0.05~0.25m,每年≥6000 kg/hm²,连续3年	(1)地表径流量减少5%~30%; (2)流失泥沙量减少5%~30%; (3)有机质增加3%~45%,全氮增加5%~25%,全磷减小4%~40%; (4)农作物产量增加13%~80%
蓄水聚肥改土耕作法	布设在坡度<25°的坡耕地	沿等高线将宽0.65m、深1.65m条带上的土壤	(1)地表径流量减少5%~30%; (2)流失泥沙量减少5%~30%; (3)有机质增加3%~50%,全氮增加5%~30%,全磷增加4%~35%; (4)农作物产量增加10%~60%
土壤改良剂（生物炭等）	布设在坡度<25°的坡耕地	施用量15~40t/hm²,最佳施用量为1.5%~2.5%,且不超过5%	(1)地表径流量减少5%~30%; (2)流失泥沙量减少5%~30%; (3)有机质增加3%~45%,全氮增加5%~25%,全磷增加4%~30%; (4)农作物产量增加13%~80%

1. 有机肥配施

有机肥料通常指来源于有机物及其副产品所形成的肥料,如厩肥、秸秆肥、绿肥、棉籽饼、海肥、腐殖酸、沼气渣、沼液、血粉、鱼渣、污水淤泥等。有机肥可以分为:农业废弃物(秸秆、豆粕、棉粕等)、畜禽粪便(鸡、牛、羊、马、兔粪等)、工业废弃物(酒糟、醋糟、木薯渣、糖渣、糠醛渣等)、生活垃圾(餐厨余垃圾等)、城市污泥(河道淤泥、下水道淤泥等)。

坡耕地由于地块坡度大、土层浅薄、土壤养分易流失,增施有机肥和化肥可以提高农作物产量,具体措施为:①有机肥料与化肥配合,有机肥与农家肥或根茬混合,配合氮化肥或复合肥,一起做基肥使用。②氮磷配合,坡耕地水土流失区有机质、氮、磷含量很低,因此应在增加有机肥时需要增加氮磷肥的配合使用。③施肥期和施肥法在施肥时间上强调早施肥,可做基肥或者种肥,因为作物生长早期对磷肥的吸收率要高于后期。

2. 秸秆还田

秸秆还田是把麦秸、玉米秸和水稻秸秆等直接或堆积腐熟后施入土壤中的一种保护性耕作技术方法。秸秆中含有大量新鲜有机物料,在归还于农田之后,经过一段时间的腐解作用,就可以转化成农作物生长所需要的有机质和速效养分,同时改善土壤结构。

秸秆还田分为秸秆粉碎翻压还田、秸秆覆盖还田、堆沤还田、焚烧还田、过腹还田五大类。其关键技术环节有:①秸秆还田一般作基肥用。因为其养分释放慢,晚了当季作物无法吸收利用。②秸秆还田数量要适中。一般秸秆还田量每亩折干草 150~250kg 为宜,在数量较多时应配合相应耕作措施并增施适量氮肥。③秸秆施用要均匀。如果不匀,则厚处很难耕翻入土,使田面高低不平,易造成作物生长不齐、出苗不匀等现象。④适量深施速效氮肥以调节适宜的碳氮比。秸秆还田时增施氮肥显得尤为重要,它可以起到加速秸秆快速腐解及保证农作物苗期生长旺盛的双重功效。

3. 生物炭土壤改良剂

生物炭原料来源广泛,成本低廉,具有多孔、比表面积大、吸附能力强、碳稳定性强等特点,是一种经济、环境友好型的土壤改良剂,在土壤培肥、温室气体减排方面表现出巨大潜力,具有较高生态经济效益。生物炭提高坡耕地农业生产效益,其意义在于:①生物炭含有较高的养分,促进作物生长。②生物炭能降低水分、养分的淋失,且温度越高,其固持效果越好。③生物炭有利于土壤团聚体的形成,提高坡耕地土壤稳定性。④要重视生物炭与化肥的互作效应。

大量研究表明,施用生物炭可明显改善土壤理化性质、提高土壤养分含量、减少地表径流及土壤侵蚀、提高土壤生产力。生物炭可降低土壤容重,粉砂土壤容重从 $1.52g/cm^3$ 至 $1.33g/cm^3$;生物炭施用可增加土壤入渗,减少地表径流,使土壤田间持水量提高 15.1%、表层土壤饱和导水率增加 45%;施加生物炭可以增加土壤有机碳含量和矿质养分含量,改善土壤阳离子或阴离子交换量,提高土壤保肥能力;生物炭可不同程度地提高酸性土壤 pH 值;生物炭同时对许多作物生长和产量有促进作用,对小麦、水稻、玉米、向日葵等作物生物量及产量的增产幅度为 13%~112%,在酸性土壤中以 $10t \cdot hm^{-2}$ 标准施用生物炭可使小麦株高提高 30%~40%,在玉米生长期施加生物炭可使玉米株高和茎粗分别比对照增加 4.31~13.13cm 和 0.04~0.18cm。

第四节 坡耕地水土流失治理模式

一、坡耕地水土流失治理模式实施原则及模式分类

（一）坡耕地水土流失治理模式实施原则

坡耕地水土流失治理模式实施应以改造坡耕地、兴修水平梯田为重点，以调控坡面径流为核心，以治理保护和开发利用水土资源为基础，结合生物措施和保土耕作措施，开展综合治理。坡耕地水土保持型生态农业模式构建目标是通过工程保护措施和生态保障体系组装的综合治理技术体系恢复及保护生态环境，进而促进生态经济结构的优化协调与发展，其内涵即以强化降水就地拦蓄，防止水土流失为中心，以合理利用土地资源为前提，以合理建设坡耕地、恢复植被、发展经济林和养殖业为主导措施，建立坡耕地水土保持型生态农业体系，实现农林牧综合发展和生态经济良性循环。

坚持坡耕地水土流失综合治理与特色产业发展、提高农业综合生产能力相结合。坡耕地水土流失治理模式主体结构是经济→生态→经济→生态经济，或生态→经济→生态→生态经济。其实质在于农业气候资源的高效组合与利用，坡耕地生态农业发展模式的探索、研究与优化将是坡地水土保持型生态农业建设的重点。坡耕地水土流失综合治理运用系统工程方法，在全面规划基础上构建坡耕地立体生态布局，合理确定农林牧各业用地比例并布设各项水土保持设施，使生物措施、工程措施有机结合，工程上以土地综合整治为主，修建水平梯田、截水沟、水头埂，实现山、水、田、林、路综合治理，坝、库、渠综合建设，生物结构建设以林草为主，用材林、经济林和牧草相结合，力求农、林、牧、副共同发展，从坡到沟、从上游到下游形成完整的水土保持生态群防体系，起到控制水土流失和发展坡耕地生态农业的协同作用。坡耕地水土流失治理模式可参照水土保持型生态农业模式构建，其构建技术路线见图 2 - 1 - 29（卢喜平等，2006；

吴发启等，2012）。

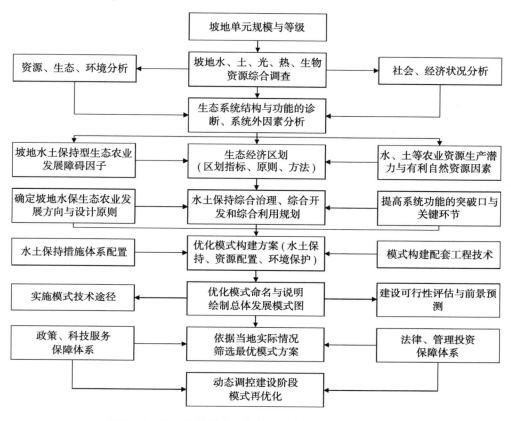

图2-1-29　坡耕地水土保持型生态农业模式构建路线

水土保持型生态农业的技术体系构成与广义的生态农业完全相同，主要包括生态农业结构生态合理化和系统生态功能强化两大系列，可概括化为图2-1-30和图2-1-31（吴发启等，2012），水土保持型生态农业包括产业结构合理性，具体内容有农、林、牧土地利用构成合理性，内部结构合理性，农田种群结构合理性，劳动力利用合理性。

坡耕地水土保持型生态农业是指在水土流失极易发生的坡地上建立的一种以保持水土为中心的生态农业，并以坡耕地为基本尺度单元，以恢复生态经济系统的良性循环为中心，以水土保持为手段，形成高效农业生态系统，以实现生态效益、经济效益和社会效益有机统一为目标的一种新型农业发展模式。坡耕地水土流失治理模式坚持综合治理与经济效益相结合，使得坡耕地环境建设、资源利用、经济增长服务于综合治理的目标；保持坡耕地农业生产系统的生态平衡和稳定，使坡地生态系统具有持续稳定高效的生产力。坡耕地水土流失综合治理模式的实施,将流域内适合坡改梯的坡耕地建设成为梯田,配套相应的交通和灌溉等基础设施,改善了流域的生态环境,为流域内的种植业产业结构调整创造了条件。

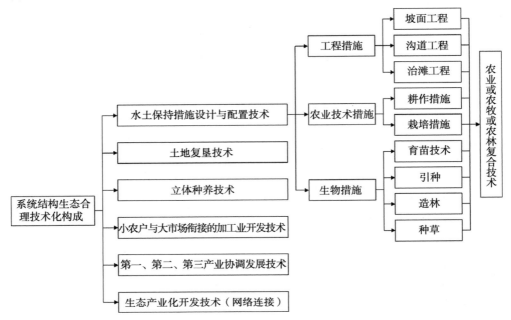

图 2-1-30　水土保持型生态农业结构生态合理化技术构成

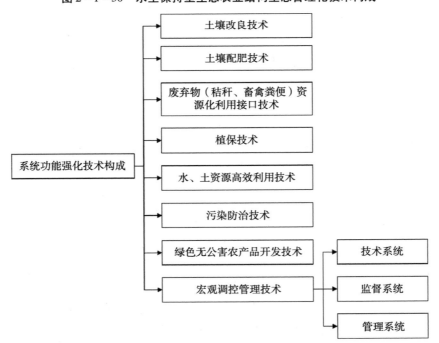

图 2-1-31　水土保持型生态农业系统功能强化技术构成示意

（二）坡耕地水土流失综合治理模式

坡耕地水土流失综合治理模式实质上是一种水土保持型生态农业模式。根据模式主要的生态、经济、环境保护功能,南方坡耕地水土流失综合治理模式按照功能可分为农业生产型、循环利用型、生态修复型、产业开发型4种,其具体模式、适用区域及关键技术环节见表2-1-30所示。

表2-1-30　坡耕地水土流失综合治理模式分类

功能	模式	适宜区域	构建技术环节
农业生产型	坡改梯+坡面水系模式	西南紫色土区、南方红壤区、南方喀斯特区	坡耕地坡改梯工程配套坡面蓄排水等小型水利措施
	大横坡+小顺坡模式	西南紫色土区	在坡面地块上、下缘及横向修建地埂,地埂上、下侧分别开挖边沟和背沟,连接边沟背沟形成排水网渠
	水平梯田+植物护埂模式	西南紫色土区、南方红壤区	修筑水平梯田及田埂,埂坎选择适宜植物栽种形成生物埂
	立体农林复合型模式	西南紫色土区、南方喀斯特区	以农田水利建设为基础,发展立体农林复合型生态农业,砌坎造田、修建山塘、修建人畜饮水池;在山体中上部布置乔灌草立体结构
循环利用型	生态果园复合循环模式	西南紫色土区、南方红壤区	果园套种牧草,种植生态草,引入水保工程措施如削坡和鱼鳞坑等
	农业生态系统优化模式	西南紫色土区、南方红壤区	加强农田基本建设,促进区域生态系统的良性循环,调整产业结构,加大管理力度
	节水农业模式	南方喀斯特区	推广节水农业,修建小水窖工程、管道灌溉工程
生态修复型	生态林草复合治理模式	西南紫色土区、南方红壤区	构建"草—灌—乔"生态林草模式,治理强侵蚀山地水土流失,形成区域性生态林草模式
	地表草被合理覆盖模式	西南紫色土区、南方红壤区	选择适宜草种通过人工建植草场和合理补植
	退耕还林还草模式	西南紫色土区、南方红壤区、南方喀斯特区	坡耕地退耕后,植树种草,改变土地利用结构,恢复植被,营造生态林地和经济林地

功能	模式	适宜区域	构建技术环节
生态修复型	小流域综合治理型模式	西南紫色土区、南方红壤区、南方喀斯特区	治理水土流失、恢复破坏的生态环境,建立林—草—粮—果、畜禽、加工的产业系统
产业开发型	观光型农业生态旅游模式	西南紫色土区、南方红壤区、南方喀斯特区	生态农业模式与旅游相结合结合,发展生态旅游业,控制农业耕作产生的水土流失
	牧农结合型模式	西南紫色土区、南方喀斯特区	在适于牧草生长的温和湿热区,以草养畜、以畜养农,发展农牧产品深加工业,为整治生态环境提供了条件
	生态水产养殖模式	西南紫色土区、南方红壤区、南方喀斯特区	以沼气为能源、沼液为鱼饲料、沼渣为农作物和蔬菜的有机肥料,建立良性循环的生态水产养殖业,有效提高水产品的品质和产量

二、坡耕地水土流失主要治理模式

(一)"坡改梯 + 坡面水系"模式

1. 模式

"坡改梯 + 坡面水系"是改善农业生产条件、防治坡耕地水土流失的重要模式(如图 2 - 1 - 32)。坡改梯工程可以增加地表径流入渗,提高耕地的保肥能力,同时有效减少土地耕作的劳动力支出和土壤流失。坡面水系工程是水土流失综合治理过程中以控制水土流失和改善生态环境、农业生产条件为目的,在一定范围的坡耕地上建立起来的池、渠、涵配套,蓄、排、灌结合的微型水利工程组合体,是山区农业的重要基础设施。坡改梯和坡面水系工程的有机结合,可截短坡面流水线,分段拦截地面径流,防止坡面冲刷,发挥滞洪、沉沙、保护坡面水土资源,促进农作物生长,实现坡耕地资源的可持续利用。坡改梯工程应配套坡面水系工程和生产道路,特别要有效解决坡改梯后的灌溉水源问题,并与发展当地主导产业紧密结合起来,以有效地提高坡改梯工程生产效益和促进群众增收。

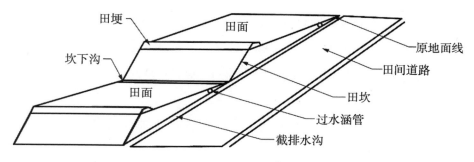

图 2-1-32 "坡改梯+坡面水系"模式

根据典型小流域坡耕地治理情况,坡改梯试点工程布局应优先选择坡度较缓(10°~20°)、集中连片、近水近村近路的地块进行规模治理。调查发现10°以下的旱地大多数已被整治成坡式梯田或台地,立地条件相对较好、治理难度较小的坡耕地主要集中在10°~20°,并且分布地块也相对集中连片。在梯坎类型方面,川中丘陵区宜土坎梯田和石坎梯田相结合,金沙江下游、怒江中游应以土坎梯田为主,贵州石漠化地区应以石坎梯田为主。

2. 配套技术

"坡改梯+坡面水系"模式主要是将坡度为5°~25°的坡耕地改为梯地,田面纵、横平整,坡面坡度降到5°以内,土层厚度在0.6m以上、耕层厚度0.2m以上,坡改梯埂坎不易垮塌,埂顶宽≥0.3m,埂面高于土面≥0.2m,配套截排水沟道以形成完整的坡面水系。坡改梯与坡面水系有机结合的"坡改梯+坡面水系"模式,可做到小雨能拦蓄、暴雨能排泄、泥不下山、水不乱流,最终形成"地边有埂、耕作有道、引水有管、灌溉有渠、排洪有沟、蓄水有池、沉沙有凼"的坡面空间格局和"能拦能蓄、能排能灌"的水土流失综合防治体系。

3. 模式效应

"坡改梯+坡面水系"模式控制坡耕地水土流失效果明显。长江流域的三峡库区、川中丘陵区、云贵高原区,一方面各典型区域重点小流域坡耕地数量明显减少,水土流失得到有效控制;另一方面各小流域基本农田、林草地面积和小型水利水保设施数量增加,以玉米种植为主,烟草、大豆种植为辅,并积极发展特色农业。小流域治理后培育的水果、蚕桑、茶叶、药材、加工等产业,改变了农村单一的种养业结构,初步实现了种、养、加各业协调发展,出现了大批专业大户和各种治理典型,促进了农民脱贫致富和集体经济的壮大。

据调查实施"坡改梯+坡面水系"嘉陵江流域688条、金沙江流域303条小流域水土流失面积共计减少了 13158.93km²，比治理前减少了 65% 以上，平均土壤侵蚀模数由治理前的 5279t/(km²·a) 下降到 3565t/(km²·a)；贵州大方的洗线沟小流域年均侵蚀量由 2093t 降至 1700t，降幅达 18.78%；云南宣威的发图小流域年均侵蚀量由 470t 降至 11t，降幅达 76.60%。表 2-1-31 为邓嘉农等(2011)对长江上游各典型区域重点小流域陡坡耕地实施"坡改梯 + 坡面水系"治理模式前后的生态经济效益调查。

表 2-1-31　长江上游各典型区域重点小流域陡坡耕地生态经济效益调查

小流域	主要作物	"坡改梯 + 坡面水系"前					"坡改梯 + 坡面水系"后				
		平均坡度 (°)	产量 (kg/ hm²)	土层厚度 (m)	年均侵蚀量 (t)	耐旱时间 (d)	平均坡度 (°)	产量 (kg/ hm²)	土层厚度 (m)	年均侵蚀量 (t)	耐旱时间 (d)
岩江溪	玉米、花生	24.0	4500	0.2~0.5	3120.0	30	9	6750	0.4~0.6	410.0	50
白安河	玉米	10.5	3525	0.3~0.5	393.0	15	3	4755	0.5~0.7	137.5	33
洗线沟	玉米	17.0	4500	0.3~0.5	2093.0	30	<5	6180	0.50	1700.0	35
松树	玉米	24.0	5100	0.3~0.5	3345.0	30	5~8	6450	0.5~0.7	2980.0	35
响坝河	万寿菊	5.0~8.0	25500	0.25	3145.9	12	4	37500	0.40	445.9	25
发图	玉米	8.0~15.0	4800	0.35	470.0	17	5	6300	0.55	110.0	30
大地沟	玉米、大豆	15.0~25.0	1500	0.30	5000.0	10	<5	2700	0.50	250.0	15

（二）"水平梯田 + 植物护埂"模式

1. 模式

"水平梯田 + 植物护埂"模式指在修筑水平梯田时配置田埂，并选择适宜植物栽种在田埂上。由于水平梯田埂坎完全处于裸露状态且埂坎占地宽度大，为地表径流集中冲刷地带；如不加防护，则易冲刷垮塌，引起坡耕地次生水土流失现象。坡耕地可采取工程措施与植物措施相结合的途径，在坡耕地埂坎上种植适宜植物，"水平梯田 + 植物护埂"模式既可充分发挥其保土、保水、保肥的作用，又具有投入少，生态效益和经济效益显著的特点，为一种有效合理的水土流失治理模式。

2. 配套技术

"水平梯田+植物护埂"模式是在坡度为5°~8°、土层较厚坡耕地修筑水平梯田,在梯田布局上,根据不同项目的地理位置、立地条件,梯田田块沿等高线布设,大弯就势,小弯取直;对项目区少数地形有起伏的地块划分顺应总的地势。在工程区内修建生产道路,由坡脚进入坡面内,其纵向坡度控制在15%以内;为保护梯田不受坡面径流冲刷,在坡面上部与梯田交界处修筑截水沟;在梯田附近水电条件较好地方可发展节水灌溉。本模式配套技术的布设要点如下。

(1)田间生产道路

项目区道路设计以方便田间生产运输和少占耕地为原则,一般沿地块边界布置;对于较长的地块,为便于生产和耕作,生产道路可布在地块中间,路面宽0.6~2.0m,比降不超过15%;与干路相衔接,形成完整的农村道路网。

(2)截水沟

布设在梯田上部坡面上,以拦蓄坡面径流和保护梯田安全为原则,采用围埝蓄水式截水沟工程拦蓄坡面径流,形成完整的地表径流利用体系。截水沟开口宽0.8m,深0.6m,间距1.0m,将开挖土方堆放到截水沟下方,并把堆土培成高0.5m,顶宽0.4m,内坡比1:0.75,外坡比1:1的土埝,以防径流冲刷。

(3)护埂植物带

在水平梯田地埂上种植草木护埂护田,种植位置为梯田地坎外侧坡面,种植方式为穴播;在截水沟埝上种植植物护埂,宜选用适应当地乡土植物种类。

3. 模式效应

(1)固土护埂、蓄水效益

埂坎栽培植物后,其茎叶可以遮挡降雨,避免暴雨直接打击地面;植物株间粗糙,能阻缓径流,拦截泥沙;其根系发达,能稳固盘结土壤;其残根败叶和枯茎留在地面和地下,可增加土壤有机质,改善土壤理化性质,增强土壤的抗蚀能力。据测算,护埂措施每年可减少土壤侵蚀2798.7t/km^2,土壤含水量提高7.4%,平均增加蓄水629.69m^3/hm^2。

(2)改良土壤、小气候效应

据测定,埂坎植物使土壤全氮含量增加31.3%,水解氮增加38.6%,有机质增加47.5%,容重减少12.0%;埂坎植物形成体系后,可降低风速32%,增加空气相对湿度 17.2%,降低干热风危害,提高作物产量。

（3）社会经济效益

种植具有经济效益的护埂植物能提高区域社会经济效益。如花椒果实含花椒油,为常用调味品;种子榨油,供食用或制肥皂、油漆等。桑树的树叶可以作为养蚕的主要饲料,而桑树的果实为桑葚,其含糖量非常高、味甜多汁,具有抗氧化、降血糖的功效,为"药食同源"的农产品。

（三）"等高植物篱"模式

1. 模式

等高植物篱模式是农林复合经营的重要形式之一,其主要形式是在坡面沿等高线布设密植灌木或灌化乔木以及灌草结合的植物篱带,带间种植农作物。植物篱—农作物带状结构能有效拦蓄沙土、渗透水流且保护植物篱形成的土,并获得最大的坡面利用空间。"等高植物篱"模式在坡耕地上沿等高线方向密植灌木、乔木以及灌草结合的植物篱带,在篱带间种植作物以减缓径流,减少水土流失,这种等高植物篱能阻挡坡面侵蚀过程中由上坡搬运下来的固体物质,使之停留于篱笆的上侧,经过数年,上下篱笆之间的地面自然形成梯田。植物篱空间结构包括水平结构和垂直结构,模式布局如图 2-1-33。

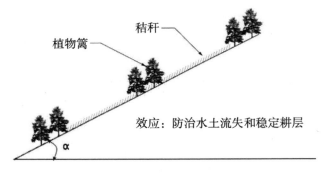

秸秆

植物篱

效应：防治水土流失和稳定耕层

α

图 2-1-33　等高植物篱模式

2. 配套技术

"等高植物篱"模式在坡耕地上沿等高线方向密植灌木、乔木以及灌草结合的植物篱带,在篱带间种植作物以减缓径流,减少水土流失。

植物篱对降低坡度有明显作用,且篱笆植物发达的主根可深达 2m,须、侧根密集于表层土壤,对固持浅层土体滑动有明显的效果。死根可提供有机质,活根提供分泌物作为土粒团聚的胶结剂,促进土粒的团聚,增强土壤保水保肥能力,且刈草后可提供覆盖材料,亦可培肥土壤,进而改善土壤理化性质,降低径流率,而叶片阻断雨滴直接打击地表,减少溅蚀。

3. 模式效应

与其他水土流失治理模式(如梯田)投入相比,等高植物篱笆模式的投入较低。它不仅可以有效控制水土流失,而且可发挥增强土壤肥力、促进养分循环以及抑制杂草生长等作用,是山丘区水土保持生态环境建设广泛采用的一种治理模式,其效应特点为:①控制水土流失,使坡地逐步梯化。等高植物篱种植模式能有效地保持水土,控制水土流失,而且随着种植年限的增加,其作用逐渐增强。其次,等高植物篱种植模式能使坡耕地逐步梯化。②改善土壤理化性状,提高土地生产潜力。等高植物篱能明显改善土壤渗透性能和通气状况,并能降低土壤容重和改善土壤结构,提高降水渗透深度、渗透速度和渗透系数,使降水很快地渗入土壤内,从而提高土壤水分蓄持能力。③坡耕地农业生产潜力随篱笆种植年限而增加。④植物篱笆自身的经济效益,采用的篱笆植物是有较高经济价值的品种,其自身经济效益非常明显。

三、坡耕地治理典型案例分析

(一)紫色土坡耕地治理案例

1. 主要问题

我国紫色土(主要为耕地)资源共 2198.8 万 hm^2,其中旱地 1889.1 万 hm^2,水田 309.7 万 hm^2,以四川盆地分布最为集中,可占全国的 51.28%,紫色土具有成土作用迅速、耕性和土壤生产力高的特点;但也同时具有侵蚀性高、抗旱性差、土壤退化严重的特点(何毓蓉,2003)。紫色土坡耕地是该地区受人为活动扰动强度较大的土地利用类型,在当地农业自然环境和长期农业耕作活动中形成了多样化的耕作制度,具有垦殖指数及复种指数高、水土流失严重的特点(刘刚才等,2002;苏正安等,2018)。重庆紫色土坡耕地水土流失和与此密切相关的旱(春旱、夏旱、伏旱等)、洪(水、土、肥流失)等农业生产问题特别突出,是当地农业持续发展的主要障碍因素;其次当地降雨量大且存在明显季节性干旱现象,坡耕地农业生产需要同时解决排水和蓄水的要求,土壤保水能力和土层深度直接关系坡耕地蓄排标准(史东梅,2010)。

2. 模式及技术

"坡改梯 + 坡面水系"模式对坡耕地进行治理后,一方面长江流域各典型区域重点小流域坡耕地数量明显减少,水土流失得到了有效控制。另一方面,各小流域基本农田、林草地面积和小型水利水保设施数量增加,以玉米种植为主,烟草、大豆种植为辅,并积极发展特色农业,增加了农民经济收入,提高了农户对水土流失综合治理的参与度。

坡改梯设计遵循"因地制宜、安全省工、讲求实效"的原则,坎埂放线力求做到"水平等高、大弯就势、小弯取直、高切低垫、分段求平",坎埂材料采取"就地取材、有石用石,有土用土"的原则进行砌筑。坡面水系工程主要为沿山沟、排洪沟、蓄水池和沉沙凼 4 种,在坡面横向梯级布设沿山沟、排洪沟、引水沟,过水断面 0.3m × 0.3m、0.4m × 0.4m 或 0.5m × 0.5m;在纵向沟尾段处和坡陡处设置沉沙池或消力设施,沉沙池容积 3m³。梯田边沟分段布设微型水池,容积 4 ~ 20m³。坡顶布设蓄水池作为调节池,容积 100 ~ 300m³,蓄水池中的水从 0.3m⁴ × 10⁴m 以内的小型水库引入路、沟、渠、池的数量据地块面积、需水量和地形等因素确定,从而形成"地边有埂,耕作有道,引水有管,灌溉有渠,排洪有沟,蓄水有池,沉沙有凼"的坡面空间格局和"能拦能蓄、能排能灌"的坡耕地水土流失综合防治体系。

3. 模式效应分析

"坡式梯田 + 水系配套"治理模式既可拦泥蓄水、减少水土流失,又可改变地形条件、增厚土层,有利于培肥地力,提高作物单产,实现农业增产增收,是适合长江上游陡坡耕地治理的有效模式。表 2 - 1 - 32 为重庆市开县竹溪镇移民生态村小流域坡耕地实施"坡改梯 + 坡面水系"治理模式前后的生态、经济效益(廖晓勇等, 2004)。

表2-1-32 重庆市"坡改梯＋坡面水系"治理模式生态、经济效益调查

| 地块 | 生态效益 | | | | | | 经济效益 | | | | | |
| | "坡改梯＋坡面水系"治理模式前 | | | "坡改梯＋坡面水系"治理模式后 | | | "坡改梯＋坡面水系"治理模式前 | | | "坡改梯＋坡面水系"治理模式后 | | |
	面积（m²）	坡度（°）	土层厚度（m）	面积（m²）	坡度（°）	土层厚度（m）	年总费用（元）	年总收益（元）	土地产出率（元/m²）	年总费用（元）	年总收益（元）	土地产出率（元/m²）
I	1034	28	0.32	1388	5	0.58	560	718	0.69	985	1660	1.20
II	1426	24	0.38	1734	2	0.72	782	1025	0.72	782	2065	1.19
III	1468	20	0.34	1586	3	0.77	815	1132	0.77	815	4135	2.61

（二）红壤坡耕地治理案例

1. 主要问题

红壤坡耕地是南方经济作物及粮食作物的重要基地。南方红壤区降雨量充沛但雨热不同季，"春蚀秋旱"干湿交替明显，一方面降雨没有得到有效拦蓄，产生大量地表径流，造成红壤坡耕地严重水土流失和养分流失，使土壤有机质含量降低、土壤质量严重退化；另一方面人为不合理的耕作、施肥等活动，加剧了土壤障碍形成，使坡耕地农作物产量不断降低；坡耕地水土流失所产生的大量泥沙、农药、化肥等残存污染物使部分江河湖泊受到严重污染，直接威胁区域防洪和饮水安全。

红壤坡耕地水土流失造成地力整体衰退，迫使对坡耕地机械、肥料等各项投入不断增加，这使得红壤坡耕地土层变薄、下垫面性质发生改变，保水保肥性能降低，严重破坏了坡耕地资源持续利用。在红壤坡耕地水土流失综合治理中，一方面要防止降雨径流对坡耕地的冲刷，另一方面要缓解因季节性干旱导致的土壤水分不足，因此治理模式应充分利用分流、汇流贮用的工程技术；如坡耕地上中下部和两侧统一规划田间道路体系，在田间主干道两侧修筑排水沟，同时在坡耕地低凹汇集面修建蓄水池等贮用工程，由此形成一套完整的坡耕地坡面聚排水网络体系。

2. 模式及技术

"等高植物篱"模式在浙江兰溪市布设黄花菜等高植物篱，采用移栽方式，每穴两株，株距为10cm，百喜草等高植物篱采用条播，带宽为15cm，在西南紫色土区栽种紫花苜蓿、香根草、狗牙根和百喜草植物篱，株距×行距为30cm×

35cm，紫花苜蓿高 35～50cm，盖度达左右 85％ 左右；百喜草高 10～20cm，盖度达 80％ 左右；香根草高 80～110cm，盖度达 87％ 左右；狗牙根高 2～10cm，盖度达 90％ 左右。而植物篱的带间距根据坡度进行确定，中等坡度，带间距取 6～8m，占地损失为 11％～15％，陆坡地带间距取 2～3m，占地损失为 25％～33％在坡度为 14° 的坡耕地上种植 4 年的香根草、百喜草等可形成高度平均为 50cm 的植物梯度。

等高植物篱是国内外广泛采用的坡耕地改良和利用模式，具有造价低廉、操作简单的特点，此外植物篱本身还能提供有经济价值的农产品；固氮植物篱还能提高坡耕地土壤肥力，可减少带间农作物病虫害发生和减缓病虫害传播速率，可在坡耕地治理中大力推广等高植物篱。等高植物篱模式的技术环节在于配置适宜的植物种类、布设适宜带间距。

3. 模式效应分析

"等高植物篱"模式可有效地削减坡面径流泥沙、改善土壤物理性质，提高土壤养分含量，具有很好的水土流失防治效应。经济植物篱（如黄花菜植物篱）虽占用一定耕地，减少了玉米播种面积，但"经济植物篱＋玉米"模式的纯收入较农民传统种植方式的收入增加 8546～8628 元/hm²，增长幅度为263.28％～265.70％。此外，经济植物篱种植简单，投入不大，在一些急需控制水土流失地区，可迅速大规模地建设水土保持型农地。表 2－1－33 为重庆市开县竹溪镇移民生态村小流域坡耕地实施"等高植物篱"模式前后与传统模式的水土保持生态效应（田茂洁等，2005）。

表 2－1－33　"等高植物篱"模式与传统模式效益对比

模式	地表径流（mm）	土壤侵蚀量（t/km²）	有机质流失（kg/km²）	全氮流失（kg/km²）	有效钾流失（kg/km²）	土壤容重（g/cm³）	土壤导水率（mm/h）
传统模式	399	14000	519600	29600	26600	1.59	35.1
等高植物篱	201	2300	94600	4700	3400	1.38	68.8

第二章

林地水土保持

第一节 林地水土流失概况

一、概述

林地是用于培育、恢复和发展森林植被的土地,它根据土地的覆盖和利用状况来划定,包括乔木林地、竹林地、灌木林地、疏林地、未成林造林地、苗圃地、迹地和宜林地(国家林业和草原局,2019)。

根据《中国统计年鉴(2020)》,我国南方地区 16 省(区、市)现有林业用地面积 16561.36 万 hm²,占全国林业用地面积 50.82%;森林面积 13920.22 万 hm²,占全国森林面积 63.15%;其中人工林面积 5009.07 万 hm²,占全国人工林面积 62.59%;平均森林覆盖率为 43.61%,是全国平均水平的 189.93%;活力木总蓄积量为 114.148685 亿 m³,占全国活力木蓄积量 60.06%;森林蓄积量为 105.995042 亿 m³,占全国森林蓄积量 60.36%。南方各省(区、市)森林基本情况如表 2－2－1 所示。

南方地区地势西高东低,地貌类型复杂多样。属热带亚热带季风气候,高温多雨,年降雨量高达 1400~2000mm。这种复杂的地形和气候条件下,南方大部分林地均存在水土流失风险。人工林在采伐、造林和抚育管理等过程中容易造成严重的水土流失,是导致林地水土流失的主要途径,尤其是每年新增加的幼林地,占林地水土流失的较大部分。如果按人工林面积(表 2－2－1)估算林地潜在水土流失面积,那么南方地区林地潜在水土流失面积可达 5009.07 万 hm²。

表 2－2－1　南方各省森林基本情况

省 (区、市)	林业用地面积 (万 hm²)	森林面积 (万 hm²)	其中人工林面积 (万 hm²)	森林覆盖率 (%)	活力木总蓄积量 (万 m³)	森林蓄积量 (万 m³)
安徽	449.33	395.85	232.91	28.65	26145.10	22186.55
福建	924.40	811.58	385.59	66.80	79711.29	72937.63
广东	1080.29	945.98	615.51	53.52	50063.49	46755.09

省（区、市）	林业用地面积（万 hm²）	森林面积（万 hm²）	其中人工林面积（万 hm²）	森林覆盖率（%）	活力木总蓄积量（万 m³）	森林蓄积量（万 m³）
广西	1629.50	1429.65	733.53	60.17	74433.24	67752.45
贵州	927.96	771.03	315.45	43.77	44464.57	39182.90
海南	217.50	194.49	140.40	57.36	16347.14	15340.15
湖北	876.09	736.27	197.42	39.61	39579.82	36507.91
湖南	1257.59	1052.58	501.51	49.69	46141.03	40715.73
江苏	174.98	155.99	150.83	15.20	9609.62	7044.48
江西	1079.90	1021.02	368.70	61.16	57564.29	50665.83
上海	10.19	8.90	8.90	14.04	664.32	449.59
四川	2454.52	1839.77	502.22	38.03	197201.77	186099.00
西藏	1798.19	1490.99	7.84	12.14	230519.15	228254.42
云南	2599.44	2106.16	507.68	55.04	213244.99	197265.84
浙江	659.77	604.99	244.65	59.43	31384.86	28114.67
重庆	421.71	354.97	95.93	43.11	24412.17	20678.18
合计	16561.36	13920.22	5009.07	43.61	1141486.85	1059950.42

资料来源：中国统计局（2020）。

二、林地水土流失

森林生态系统的土地是林地发育而来的，森林生态系统是以乔木为主体的生物群落及非生物环境综合组成的生态系统。森林生态系统具有三个显著的特征——森林植被多层的结构、深厚的枯枝落叶层和庞大的地下根系，从而起到立体的水土保持防护作用。主要体现在：林冠和林下植被层的截留作用、枯枝落叶层的截留与阻滞作用、根系层的改土与固土作用（团聚作用）、土壤层的水分储存作用等。尽管森林具有良好的水土保持防护效应，但退化林地和不合理的森林经营同样也是水土流失的多发区。在森林经营过程中，不合理的经营活动将导致土壤板结、土壤流失、河岸缓冲功能丧失，致使径流改变、河床淤积、水栖息地环境丧失、引起严重的水土流失、增加洪灾等自然灾害危险（国家林业局，2013）。因此，在林地经营过程中迫切需要采取有效的途径，使林地能够恢复到具备森林生态系统的三大水土保持功能。

林地开发利用是我国近年农村经济发展的重要内容之一，林地开发引起的林地水土流失问题日渐突出。在我国南方地区,部分地区森林覆盖率虽高,但仍存在严重水土流失。例如,我国南方红壤区森林覆盖率平均达到52.87%,但林下地表的植被覆盖度较低,林下水土流失问题仍很严重,"远看绿油油,近看水土流"现象成了南方红壤丘陵区林地水土流失的一个鲜明特点(图2-2-1)。其中,福建省长汀县2009年林地(含荒草地)水土流失面积268.96km²,占全县水土流失面积的83.4%。林下水土流失不仅破坏人类赖以生存的生态环境,而且阻碍广大农村经济的可持续发展,已成为我国南方水土保持关注的热点和焦点之一(何绍浪等,2017)。

图2-2-1　林下水土流失(谢锦升　摄)

林下水土流失是我国南方林地水土流失的主要表现形式(何圣嘉等,2011)。自20世纪80年代以来,南方红壤丘陵区营造和恢复了大面积的用材林(如杉木林、马尾松林等),但水土流失面积的减幅与森林覆盖面积的增幅极不相称。南方红壤丘陵林下水土流失产生的原因主要包括三个方面:一是林下缺少草本和灌木的覆盖,林地土壤的裸露程度较高;二是因为人为干扰,近些年来,虽然随着一些林业部门森林防护措施的落实,乱垦滥伐等现象得到了较好的控制,但当地农民出于日常生活所需的燃料需求,诸如劈枝、搂除林下凋落物、收获林下植被层等人为干扰仍时有发生;三是南方红壤丘陵区地形起伏大、降雨侵蚀力和土壤可蚀性高(何圣嘉等,2011)。正因这三个主要因素的影响,加之南方地区受亚热带季风气候控制,降雨量大且集中,因此林下水土流失严重。而且尽管森林覆盖面积不断增加,水土流失面积并没有明显减少,这应该是林下水土流失尚未得到控制和治理的原因。

此外,我国南方林地水土流失还普遍存在由于不合理的采伐、炼山、造林、幼林抚育管理等发育形成的林分。众所周知,采伐林木、修筑集材道及集材过程中均会对土壤产生不同程度干扰,使表层土壤裸露,土壤变紧实,降低土壤稳定性,并在采伐迹地上产生明显的冲沟,使土壤侵蚀呈增加趋势。不同采集方式和采伐周期对地表也会产生不同程度的扰动(地被物受轻微扰动或完全丧失表土层)。通过火烧来清理迹地上的采伐剩余物是我国南方林区和其他一些地区如美国西南部、澳大利亚等通用的林地清理方式之一,我国称为炼山。由于彻底使矿质土壤裸露,受火烧后土壤有机质受损,胶体团聚能力减弱,水稳性团聚体含量下降,土壤大孔隙常被灰分或炭粒所阻塞,土壤通气性能减弱,渗透能力和抗蚀性能下降。用火清理林地后,土壤侵蚀量的大小与降雨侵蚀力、土壤抗蚀性、坡度、火烧强度及火后所采取的林业或农业耕作措施有关。此外,造林以及在幼林抚育过程中对土壤频繁的干扰,使得土壤表面疏松,一旦降雨,必然造成严重的水土流失。据相关研究报道显示,杉木炼山造林到幼林郁闭6年中,炼山林地的水和土流失量分别达8767.32m³/hm²和38.004t/hm²,其中以炼山后头两年的流失量最为严重,两年的流失量占了6年流失总量的59.07%和92.34%,林地前两年的侵蚀量均超过了本地区土壤的允许侵蚀量(马祥庆等,1997;Xu et al.,2019)。

(一)林地水土流失形式

我国南方林区水土流失形式主要表现为水力侵蚀和重力侵蚀,其中,水力侵蚀包括溅蚀、面蚀、沟蚀等。

1.溅蚀

溅蚀主要发生在森林采伐后和造林初期缺乏植被覆盖时,降雨发生时对裸露地表的直接击打,对地表土壤产生极大的冲刷,从而导致水土流失的产生,另外溅蚀还发生在森林缺乏林下植被和枯枝落叶层覆盖的退化林地。林冠除了对降雨具有截留作用外,还具有汇聚降雨雨滴的功能,增加了天然降雨中可能不存在的粗大雨滴,增加了降雨动能,从而显著增加了对林地的击溅,对水土流失产生直接的影响。

2. 面蚀

面蚀是南方林地水土流失最常见的一种侵蚀形式。在没有植被覆盖的无林地或采伐后尚未造林的采伐迹地,常形成层状面蚀。退化的森林由于林下植被分布不均,林下植被不能及时恢复,常形成鳞片状面蚀,幼林抚育过程中也常是引起鳞片状面蚀的主要原因。在粗晶花岗岩发育的红壤上,由于石英砂砾含量高,当人为反复干扰引起粉粒和黏粒被水流带走后,石英砂砾常留在地表,形成砂砾化面蚀。当林地采伐后或炼山后如未及时造林,在南方强大的暴雨侵蚀下,容易形成细沟状面蚀,严重的甚至形成浅沟侵蚀。通常,面蚀所引起的林地地表变化是渐进的,初期不易为人们察觉,但它对地力减退的影响程度十分惊人,涉及的林地面积也最大。

3. 沟蚀

沟蚀是集中的线状水流对地表进行的侵蚀,切入地面形成侵蚀沟的一种水土流失形式(图2-2-2)。

图2-2-2　沟蚀(江森华　摄)

林地的沟蚀通常发生在坡面水流汇集处,特别是南方山地丘陵区由于降雨量大,长期作用形成的地形比较破碎复杂,在林木采伐后坡面径流汇集处容易形成浅沟侵蚀。另外,在森林采伐时,通常需要修建集材道便于运输木材,强烈的干扰不仅导致路面发生强烈的面蚀,而且是浅沟发育最为强烈的地段。

4. 崩岗

　　崩岗侵蚀是我国南方热带及亚热带地区侵蚀强度最大,危害最为严重的一种侵蚀类型,被喻为"生态溃疡"(图 2 - 2 - 3)。由于崩岗可由坡面侵蚀沟发育而来,而坡面林木可通过改变下垫面微观格局,促进土壤中水稳性大团聚体的形成,提高土壤的抗蚀和抗冲能力,同时降低地面径流量和流速,抑制坡面侵蚀沟及崩岗发育。因此,林木生长对于控制崩岗侵蚀发生起着至关重要的作用。南方红壤区由于具备较好的水、热、肥及光照条件,在无人为干扰条件下,自然植被长势较好。但当原有林木遭到人为破坏后,在强降雨作用下,坡面可发育侵蚀沟,乃至崩岗。因而,有学者认为人为改变地表状态是崩岗侵蚀发生的主导因素(冯明汉等, 2009)。

图 2 - 2 - 3　崩岗(江森华　摄)

　　崩岗地貌是我国特有的地貌形态,主要发育于华南和东南热带和亚热带湿润季风气候区。当前我国南方地区崩岗分布范围涉及湖北、湖南、江西、安徽、福建、广东、广西等 7 个省(区)的 70 个地(市)、362 个县(市、区),总面积 48. 34 万 km^2(图 2 - 2 - 4)。地理位置在东经 106°49′ ~ 120°27′、北纬 21°01′ ~ 32°05′的范围之内。涉及总人口 16200 万人、农村总人口 10743 万人,农村劳动力5098 万人。此外,从崩岗数量分布情况看,崩岗数量最多的是广东省(占崩岗总数的 45.1%),其次为江西省(占 20.1%)、广西壮族自治区(占 11.6%)、福建省(占10.9%)、湖南省(占10.8%)、湖北省(占1%)及安徽省(占0.5%)(张萍等,2007;冯明汉等,2009)。

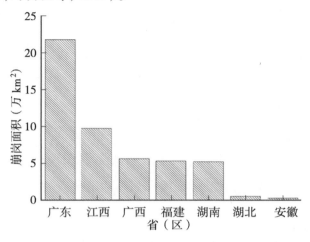

图2-2-4　我国南方各省(区)的崩岗面积分布情况

5.重力侵蚀

南方山区坡度通常比较陡峭,经常发生泻溜、落石、崩塌和滑坡等重力侵蚀现象。泻溜是指由于长时间降雨或暴雨,表层土壤或土石体物质内聚力降低,在重力作用下沿坡面下泻的现象。常发生在黏重的土壤中,特别是滑移面比较薄的山坡上;即使是在林地也会发生,人工林尤其是幼林地在长时间暴雨后最为常见的林地类型。当岩土体风化严重时,黏结力比较差,在雨后经常发生崩塌或落石现象,尤其是暴雨或台风暴雨后最为常见。滑坡的发生主要是地质条件的影响,即使是森林覆盖良好的地方也很难避免,而森林的采伐或破坏加剧了滑坡的发生(图2-2-5)。

图2-2-5　滑坡(江淼华　摄)

（二）林地水土流失现状

中国南方区域受地形气候影响，如夏季高温暴雨集中，土壤风化程度高、可侵蚀性极强，地形以山地丘陵为主，地形破碎，坡度大，母岩抗蚀力弱，同时该区人口密度大，土地人为开发力度强，破坏程度高，水土流失极其严重。

据水利部监测结果，我国南方红壤区水土流失面积共计 13.12 万 hm^2，占土地总面积的 15.06%，其中轻度侵蚀、中度侵蚀、强度以上侵蚀分别占红壤区面积的 7.03%、5.56%、2.47%。即，轻度和中度侵蚀面积占我国南方红壤区总水土流失面积的 83.54%，而强度以上水土流失面积占红壤区总流失面积的 16.46%。其中，赣南、湘西、湘赣、闽粤东部等的山地丘陵区水土流失相对更为严重。我国 2005 年对南方红壤区（粤、琼、赣、浙、闽、皖、鄂、湘等 8 省）水土流失与生态安全的综合科学考察结果表明，南方红壤区水土流失状况总的趋势是：整体好转，局部恶化（梁音等，2008a；林福兴等，2014）。具体表现为：水土流失总面积减少，但局部区域加重；中度水土流失面积减少，但轻度或重度水土流失面积变化各异；已有水土流失面积显著减少，但新增水土流失面积不断增加。因此，我国南方红壤区水土流失仍处于边治理边破坏的困局，今后治理任务仍然十分艰巨。下面以一些典型的南方森林为例阐述南方森林水土流失的现状。

1. 松树林

我国南方典型的松树林主要为马尾松和湿地松。20 世纪 80 年代初我国南方马尾松林面积已达到 14.2 万 km^2，在全国针叶林中占首位，是最具代表性的森林类型之一。在自然和人为扰动等影响下，20 世纪 90 年代末，近 1/4 的马尾松林群落存在着不同程度的水土流失，形成了许多名副其实的"小老头松"。马尾松林下水土流失主要发生在飞播造林和人工挖穴造林的低山丘陵区，以中、幼龄马尾松为主。由于飞播地的立地条件较差，林下植被稀少或缺乏，加之南方降雨量大且集中，因此极易形成水土流失，其侵蚀强度一般在中度以上，土壤侵蚀模数较正常林地高出 1169.7t/（km^2·a）以上。以福建省长汀县为例，河田生态园和三洲乡 20 多年的马尾松林林木高仅 2.5~3.0m，林地年均土壤侵蚀模数分别达到 4800t/km^2 和 4300t/km^2，是南方红壤丘陵区年土壤容许流失量（500t/km^2）的 9 倍左右，土壤侵蚀强度属于中度；而宁化淮土和方田乡"小老头松"的植被覆盖度仅 10%,年均土壤侵蚀模数达 9031t/km^2,水力侵蚀强度为强烈到极强烈之间(何绍浪等,2017)。

2. 杉木林

杉木是重要的商品用材树种,分布在南方 16 省(区、市)。目前,南方 9 省(区)杉木林面积占全国杉木林总面积的 93.1%(何绍浪等,2017)。大面积营造杉木林在带来经济效益的同时也加剧了林地的水土流失。杉木林下水土流失以纯林为主,其整地方式又以全垦挖穴或火烧炼山后挖穴较常见。南方雨量充沛,常有大雨、暴雨出现,容易造成地表径流侵蚀和养分流失,水土流失大多发生在幼龄林内,并呈季节性分布。杉木幼林地水土流失随降雨侵蚀力增大而增加,通过炼山后营造的杉木林林地水土流失随降雨的年分布特点而呈明显的季节性变化,雨季为严重水土流失期,雨季后期为中度水土流失期,旱季为轻度水土流失期。

3. 桉树林

目前,全国桉树人工林面积有 2.6 万 km^2 以上,80% 分布在广西、广东、海南、福建、江西、湖南等省(区),是南方地区发展最为迅速的人工林。据研究表明,2 ~ 6 年生的桉树纯林林地年土壤侵蚀模数为 1382 ~ 2308t/km^2,年均土壤侵蚀模数为 1845t/km^2,属于轻度侵蚀。桉树林地水土流失主要发生在造林初期,以幼林为主。炼山后种植桉树第一年,在无任何管护措施情况下土壤侵蚀量达 35000t/km^2,土壤侵蚀强度为剧烈;第二年土壤侵蚀量为 650t/km^2,属轻度侵蚀。与荒地相比,桉树人工林种植 4 年内土壤侵蚀量增加了 18.9% ~ 146.2%,土壤侵蚀量随桉树的生长呈逐年降低的变化趋势。广东小良水土保持试验站的研究发现,桉树林下土壤孔隙度小、结构致密、持水量低,平均径流侵蚀率为 1.725t/(km^2·mm),是混交林的 2.8 倍,林下水土流失较为严重(王会利等,2012;中国林学会,2016)。

4. 竹林

毛竹林是我国种植面积最大的竹林,是大部分农村地区的主要经济收入来源。由于毛竹株冠较高,雨水拦截率低,加之频繁的经营措施(如砍伐、浅锄浅耕、全面整地复垦等),造成林下植被严重破坏,表土裸露,导致严重的林下水土流失现象。此外,在竹林的经营过程中,为了提高竹子产量,大量使用速效氮肥和化学除草剂,极大降低了林下植被多样性,导致土壤板结、水源涵养能力低下,严重降低了竹林的水土保持功能,加剧了竹林水土流失。

总体而言,我国南方区域特有自然地理环境(如降雨量大,多暴雨;风化程度高,风化壳抗蚀性差;地形破碎,坡度变化大等)和强烈的人为干扰共同导致了严重的土壤侵蚀和水土流失,使南方地区成为我国水土流失范围最广,严重程度仅次于黄土高原的地区。

(三)林地水土流失危害

林地水土流失是人类不合理利用森林资源的重要表现,具有很大的危害性,具体表现有以下几方面。

1. 降低土壤肥力,林地生产力退化

土壤流失可使大量肥沃的林地表层土壤丧失。据统计,我国每年流失土壤约50亿t,损失氮、磷、钾元素4000多万t。森林采伐后,裸露坡地一经暴雨冲刷,使富含腐殖质的表层土壤流失,造成土壤肥力下降。据实验分析,当表层腐殖质含量为2%~3%时,如果流失土层1cm,那么每年每平方千米的地上就要流失腐殖质200t,同时带走6~15t的氮、10~15t的磷和20~30t的硫。由于长期严重的土壤侵蚀,土壤粗砂粒风化层出露,养分含量极低。据调查,中度面蚀红壤表土(0~15cm)有机质含量1.22%,全氮含量0.064%,全磷含量0.0132%;浅沟蚀表土有机质含量0.635%,全氮含量0.028%,全磷含量0.0045%。由于土壤异常"旱瘠",植物难以生长,一般轻度流失山地,植被主要为马尾松和草类,覆盖度20%~40%;中度流失山地,只有稀疏马尾松及耐旱瘠的野古草、岗松等草类,覆盖度10%~20%;强度流失山地的马尾松生长极差,年高生长量仅为5~28cm,成为"老头松",十几年才长高1m左右,覆盖度5%(刘芳,2010;李素珍等,2015)。

2. 降低水源涵养能力,淤积水库和河道,加剧水旱灾害

由于森林植被遭到破坏,极大地削弱生态系统的功能,水源涵养功能极低,雨不能蓄,旱不能抗,每逢雨季,山洪暴发,破堤决口,大片良田受沙压变为沙坝,同时汇入河道的泥沙量增大,当夹带泥沙的河水径流中,下游河床、水库、河道,流速降低,使泥沙逐渐沉降淤积,使得水库淤浅而减小容量,河道阻塞而缩短通航里程,严重影响水利工程和航运事业。如福建省长汀县河田镇有9条小流域属汀江一级支流,由于长期大面积水土流失,每年有大量泥沙淤塞河道。

朱溪河、八十里河等河床一般高出田面1～1.5m,朱溪河流域最高处的冷水坑高出田面2.7m。汀江干流也淤积严重,据民国期间修订的县志记载,长汀至上杭,通过汀江船载量2500kg,仅2.5d可到达,现已不能通航。由于大面积山地丘陵裸露,缺乏植被的有效保护,环境退化亦很严重,并由此引发频繁的洪涝灾害。大面积的水土流失造成大量泥沙淤塞河道,河床高出田面,成为地上"悬河",且缺乏森林植被对降雨的调节作用,径流汇集速度快,每年汛期洪涝灾害严重,大片农田受淹,水冲沙压,良田变沙坝,肥田变瘦地;而旱季河道干涸,受旱面积逐年扩大,损失巨大(兰在田等,1990;邓淑珍等,2009)。

3.导致森林生物多样性下降

水土流失恶化生态环境首先表现在影响生物多样性。在森林生态系统中,土壤是维护生态平衡的重要条件。当土地因被侵蚀而失去土壤时,土地就会变成荒漠。土壤是植物的载体,给植物以养分和水分,失去土壤的土地也就无法再生植物。有研究表明,在长汀河田实验样方中,1994年调查时发现植物种类不超过50种,而经过10年的治理,在同样的样方中调查出(2002—2004年调查)植物种类超过300种(肖海燕等,2005)。植被多样性是生态系统的结构特征,与生态系统的功能有着密不可分的关系,植被多样性低是退化生态系统的特征之一。长期的土壤侵蚀使植被退化严重,生物种类减少,特别是严重退化生态系统,植物仅剩余极耐旱耐瘠薄的几个种类,动物极少见,微生物数量和总数相当低。如河田原来称为柳村,境内森林茂密,而现在河田山上以稀疏的马尾松"老头松"为主,仅村边可见有小面积的阔叶林(风水林)。山地林草覆盖度极低,光山秃岭面积不断扩大,植被种类主要是马尾松及耐瘠薄的野古草、岗松等草本植物,生物多样性极低。据调查,河田严重侵蚀地植物Shannon – Wie-ner指数仅为0.83,均匀度0.60(谢锦升等,2000;水利部,2010)。

4.导致森林生态系统服务功能下降,引发生态危机

生态危机是人与自然矛盾尖锐化的表现。因人口的增加,生态环境的承载压力急剧增加,局部地区已出现了突破生态环境承载容量的现象。人类盲目的生产活动造成对自然资源掠夺式开发,其结果是土地退化和沙尘暴、水灾旱灾等频发;而水土流失则是导致这些现象产生的重要诱因。水土流失在造成土地退化、植被破坏的同时,也导致河流湖泊萎缩、野生动物栖息地减少、生物群落结构和自然环境遭受破坏、生物繁殖率和存活率降低,甚至威胁到种群的生存,

极大地破坏了生态环境,影响了生态系统的稳定和安全。

小气候环境恶劣。由于大面积山地裸露,地面热量辐射强烈,气温升高,蒸发量增大,致使小气候转向干热化。据长汀水土保持站测定,河田侵蚀山地平均气温比城关高 0.9℃(按海拔高度计算两地温度相差应为 0.25~0.3℃),地表温度高达 76.6℃。

5. 影响林区社会经济发展,加剧区域贫困

生态环境恶化,家庭贫困。水土流失是我国生态环境恶化的主要特征,是贫困的根源。尤其是在水土流失严重地区,地力下降,产量下降,形成"越穷越垦,越垦越穷"的恶性循环。林地水土流失导致暴雨产生的洪水、泥石流、滑坡等冲垮房屋,损毁农田,恶化生态环境,制约社会经济的发展。水土流失不仅使土地失去土壤资源,降低当地的土地生产力,造成生态环境恶化等问题,而且也会对下游地区造成类似的影响。河流上游的洪涝灾害及水污染问题会使下游地区也遭受严重影响,从而造成上下游地区关系紧张,影响社会和谐。由于山地水土流失,土地干旱贫瘠,森林牧草生长不良。因此,木料、燃料、饲料、肥料俱缺,尤其以缺柴对群众生活影响最大。严重的水土流失,造成生态环境恶化,限制了当地工副业的生产门路,形成单一的农业生产方式。

第二节　林地水土流失特征及成因

一、南方林地水土流失特征

通常,林地水土流失多发生在森林采伐后,这是因为森林采伐以后,经常需要采取林地清理、整地、造林以及幼林的抚育管理,这期间由于失去了森林植被的覆盖,幼林也尚未郁闭,在南方降雨量多、降雨强度大的气候条件下,常常导致严重的林地水土流失。用材林达到采伐年限后一般要再次经历采伐、清林、整地、造林、抚育、郁闭到成熟的一个循环,水土流失的变化随之发生变化。

南方林地水土流失主要有以下几个特征。

1. 造林初期是水土流失的关键期

林地造林初期林冠郁闭度低,无法有效抵挡雨水击溅,加上造林初期整地对土壤的扰动,幼树林根系又不够发达,因此造林初期很容易造成水土流失。因此,造林初期的选择往往非常关键,一定要选择在非暴雨季节造林(完全没降雨也无法提供林木基本的生长需求)。因为一旦在造林初期碰到持续性的强降雨,水土流失很容易就会发生。

2. 林地水土流失主要发生在森林采伐后到幼林郁闭前

我国南方森林采伐常采用皆伐,皆伐破坏林地土壤结构,土壤也会裸露,常引起水土流失,但如果采伐剩余物保留在林地,水土流失比较轻微,土壤出露部分以面蚀为主,总体与未采伐林地的差别比较小。如果采取火烧清除采伐剩余物(南方常称为"炼山"),失去了采伐剩余物的保护,土壤完全裸露,林地水土流失显著增加,主要还是面蚀为主。整地进一步扰乱了土壤,破坏土壤结构,如果未及时造林,显著加剧水土流失,特别是全垦整地。造林后水土流失将逐渐下降,特别是幼林地杂草生长很快,覆盖地表后显著降低水土流失。幼林地每年均要进行抚育管理,在此期间如果降雨,又将增加水土流失。幼林郁闭后,抚育管理基本停止,水土流失趋于轻微。而幼林郁闭后到成熟林期间,除了森林抚育间伐期间导致水土流失外,一般不会再发生水土流失。

3. 林地水土流失的动态变化快

成熟林经采伐、清林、整地、造林、抚育、郁闭后水土流失很轻微,到成熟达到最大功能,然后再次经历一个循环。这个循环与轮伐期直接相关,短轮伐期的树种经历周期短,比如桉树。延长轮伐期可以减少水土流失。但南方地区由于大面积的经济林存在,出于经济考虑,轮伐期往往低于北方地区,这也是南方林地水土流失较大,且动态变化快的主要因素。

4. 水土流失形式多样,但以重力侵蚀和面蚀为主

南方地区林地普遍位于山高、坡陡地带,加之南方地区降雨量大,常常伴随有大雨或暴雨发生。且林地地质常常伴有不透水面,降雨使得林地透水面和不透水面发生分离的现象,最终导致滑坡的产生(滑坡和崩岗的情形见图2-2-6)。在南方地区,营林过程也是最可能产生滑坡的阶段。例如,天然林转变为人工林的过程包括采伐、清林(包括炼山)、整地、造林,这一过程最主要的变化是导致土壤裸露,而且炼山、整地、造林还导致土壤结构破坏。因此在暴雨发生时,雨水直接击溅、冲刷在裸露、结构遭破坏的土壤上,水流就会带走大量土壤。此时由于人工林根系不发达,不能很好包住土壤,当暴雨持续发生,带走表层大量土壤后,底层土壤裸露,当下坡位土壤无法支撑上坡位土壤后,滑坡就会形成。南方地区由于雨水集中,暴雨时有发生,因此滑坡发生的概率也比较大。此外,面蚀也是林地水土流失的主要表现形式。

图 2 - 2 - 6   福建顺昌林地滑坡和崩岗(江森华　摄)

5. 水土流失量变化较大

林地水土流失量大小取决于采伐剩余物是否保留以及降雨量。采伐剩余物保留的林地,水土流失量较小;火烧清除采伐剩余物的林地,林地水土流失量和降雨量成正比,降雨越大,水土流失越多;而整地进一步扰乱了土壤,破坏土壤结构,如果未及时造林,将显著加剧水土流失,特别是全垦整地。

二、幼林地、森林集材道以及疏林地水土流失规律

(一)幼林地水土流失规律

幼林地是林地水土流失的主要代表。因为造林初期是林地水土流失的关键期,由于缺乏高郁闭度的冠层直接抵挡雨水击溅,加上造林初期整地对土壤的扰动,幼树林根系结构复杂程度低,说明造林初期很容易造成水土流失。因此造林初期的选择往往非常关键,一定要选择在非暴雨季节造林。

南方地区成熟林经采伐、炼山、造林等一系列过程后形成幼林地。在这一系列的措施中,每一个环节都会造成林地水土流失。幼林地水土流失主要有以下几个特征。

1. 林地不同采伐剩余物处理方式的水土流失规律

炼山造成林地地表裸露,造成水土流失,整地又进一步增加了林地的破土面,改变了林地原有坡形,使林地水土流失加剧。由于我国南方地区降雨量较大,又属于季节性干旱,夏季较长时间的干旱后,强降雨极易导致土壤侵蚀。

(1)水土流失

从杉木炼山造林到幼林郁闭 6 年期间,炼山林地的水、土流失量分别达 8767.32m³/hm² 和 38.004m³/hm²,其中以炼山后头两年的流失量最为严重,两年的流失量分别占 6 年流失总量的 59.07% 和 92.34%,林地前两年的侵蚀量均超过了本地区土壤的允许侵蚀量(马祥庆等,1996)。由此可见,炼山林地水土流失的危险期主要集中在造林后头两年,该时期是防治水土流失的关键。相反,不炼山林地 6 年的水和土流失量分别为 2801.89m³/hm² 和 1.934m³/hm²。随着杉木幼林郁闭,两种清理方式林地的水土流失差异逐渐缩小,径流系数在第六年基本趋于一致,说明火烧清理采伐迹地持续时间虽短,但它对杉木幼林生态系统的影响却是长期的(马祥庆等,1996)。

(2)养分流失

在杉木造林后 6 年中,林地有机质、全氮、全磷、全钾的流失量分别达同水土流失一样,炼山林地的各项养分流失量也主要发生在炼山后头两年,其两年的养分流失量均占了 6 年流失总量的 60% 以上,其中以有机质和全钾的流失量最为严重,分别为 82.48% 和 82.04%。同时炼山林地的速效养分也大量流失,6 年中速效养分(氮、磷、钾)流失量达 92.125kg/hm²(马祥庆等,1996)。不炼山林地 6 年中养分流失量较少,其中有机质、全氮、全磷、全钾的流失量仅分别为 136.06kg/hm²、6.095kg/hm²、1.682kg/hm²、77.91kg/hm²。目前我国每年杉木造林达 13 万 hm²,如此大面积炼山也就造成相当大的养分流失量。大量的养分流失,必然引起林地肥力下降。因此,炼山是导致杉木连栽地力下降的一个重要原因(马祥庆等,1996;杨玉盛,1998)。

(3)林地产流

在炼山后 3 年中,林地径流开始时间相比不炼山林地提前了 5～15min,径流洪峰出现时间提前 3～15min,其最大和平均径流量是不炼山林地的 2～4 倍,第 4 年后两种清理方式林地的产流过程差异逐年缩小,这与杉木幼林郁闭及不炼山林地采伐剩余物的分解有关(杨玉盛,1998)。不炼山林地采伐剩余物的覆盖,避免了雨滴溅蚀造成的土壤孔隙堵塞,同时采伐剩余物具有较大持水量,马尾松采伐剩余物达 87t/hm²,其最大持水量可达 27.79t/hm²。采伐剩余物截留降雨,分散径流,降低流速,增加入渗,从而推迟了径流形成及洪峰出现时间,也导致其水土流失大大减少。

此外,Xu et al. (2019)通过对三明市梅列区陈大国有林场不同营林方式过程中幼林地植被覆盖度、地表径流和土壤侵蚀量进行了连续 4 年的野外定位观测研究发现,人促更新幼林覆盖度相对高于杉木和米槠人工林幼林,从而导致两种人工幼林地表径流量和泥沙量均显著高于米槠人促更新幼林(表 2-2-2)。

表 2-2-2 不同营林方式过程中植被覆盖、地表径流和土壤侵蚀量的变化

年份	降雨次数	年降雨量(mm)	植被覆盖率(%)			地表径流量(mm)			土壤侵蚀量(t/hm²)		
			米槠人促幼林	杉木人工幼林	米槠人工幼林	米槠人促幼林	杉木人工幼林	米槠人工幼林	米槠人促幼林	杉木人工幼林	米槠人工幼林
2012	53	1666	75 (9)	22 (11)	17 (9)	59.0 (16.0)	140.0 (36.0)	206.0 (76.0)	1.32 (1.03)	29.0 (27.0)	22.0 (12.0)
2013	39	1571	94 (1)	58 (13)	40 (10)	26.0 (9.0)	82.0 (32.0)	129.0 (33.0)	0.08 (0.03)	4.0 (4.2)	10.0 (5.0)
2014	51	1472	95 (1)	74 (12)	51 (9)	22.0 (6.0)	55.0 (25.0)	138.0 (92.0)	0.09 (0.03)	0.8 (0.9)	1.6 (1.3)
2015	40	1550	95 (1)	94 (1)	67 (8)	17.0 (5.0)	44.0 (17.0)	76.0 (32.0)	0.04 (0.01)	0.3 (0.3)	1.0 (0.8)

资料来源:Xu et al. (2019)。

2. 林地不同整地方式的水土流失规律

(1)水土流失

不同整地方式林地 5 年的土壤流失量表现(图 2-2-7)为全垦>带垦>穴垦,全垦分别是带垦和穴垦的 1.25 倍和 1.68 倍,分别达到 36.671t/hm²、29.367t/hm²、21.883t/hm²。5 年中 3 种整地方式林地的土壤侵蚀量仅在第 1 年超过本地区土壤的允许侵蚀量(10t/hm²)。随着林分生长郁闭,3 种整地方式林地的土壤侵蚀量呈逐年递减趋势,不同整地方式林地土壤侵蚀量差异逐渐缩小,至第 5 年基本趋于一致。同时全垦、带垦、穴垦林地前 2 年的土壤流失,分别占了 5 年流失总量的 92.51%、93.89% 和 92.83%,因此,造林后前两年是

防治造林地水土流失的关键时期(马祥庆等,1996;杨玉盛,1998)。

整地主要是通过翻动土壤改变林地原有坡形,使地表的径流过程发生变化,为降雨直接冲刷泥沙提供了条件,从而引起林地的水土流失发生。不同整地方式林地水土流失差异原因,一方面是不同整地方式林地破土面不同,破土面大小表现为:全垦 > 带垦 > 穴垦;另一方面不同整地方式对林地地形的改变程度不同,全垦基本上保持林地原有坡形,带垦则把部分斜坡变成了梯形,穴垦只是把局部地段变成台地,这两方面综合影响的结果导致了林地土壤侵蚀量排序为:全垦 > 带垦 > 穴垦。可见杉木穴垦整地破土面少,具有比全垦和带垦更好的水土保持效果,杉木世行贷款造林规范中要求采用穴状整地是具有科学根据的。在坡度较大的砂岩母质林地上采用带垦整地的水土流失防治效果不明显,当林地产生超渗径流时,其水土流失反而急剧增大。

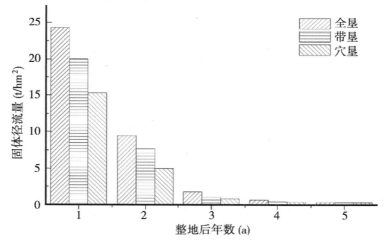

图2-2-7　不同整地方式下固体径流量随时间的变化(马祥庆等,1996)

（2）养分流失

全垦、带垦及穴垦林地5年有机质流失量分别为1233.570kg/hm²、982.312kg/hm²和703.677kg/hm²,全氮流失量分别为41.539kg/hm²、35.110kg/hm²和25.303kg/hm²,全磷的流失量分别为8.336kg/hm²、6.758kg/hm²和5.975kg/hm²,3种整地方式林地的各项养分流失量均表现为:全垦 > 带垦 > 穴垦,5年中林地各项养分流失均随杉木幼林生长呈逐年递减趋势,表现出与林地固体径流相同的规律。可见,在我国南方山区不合理的整地方式引起了林地严重水、土、肥流失;频繁的整地干扰必然影响到林地土壤肥力的恢复,进而影响到杉木人工林的生产力,因此选择合理的整地方式和时间是减少林地水、土、肥流失的关键(表2-2-3;马祥庆等,1996;杨玉盛,1998)。

林地大量有机质流失将进一步导致林地表层土壤团聚体含量及其稳定性下降。整地造林5年后,不同整地方式林地0~10cm土层>0.25mm水稳性团聚体含量表现为:不整地>穴垦>带垦>全垦,而表征土壤抗蚀性能的结构体破坏率则表现为:全垦>带垦>穴垦>不整地,但差异幅度不大,全垦林地结构体破坏率比不整地林地提高6.45%,整地后林地土壤结构体破坏率增大,说明整地后林地土壤抗蚀性能下降,不利于林地的水土保持(马祥庆等,1996;杨玉盛,1998)。

表2-2-3　整地方式对杉木林地水土流失的影响

整地年数	1(kg/hm²)			2(kg/hm²)			3(kg/hm²)		
整地方式	全垦	带垦	穴垦	全垦	带垦	穴垦	全垦	带垦	穴垦
有机质	868.2	677.4	486.0	288.4	252.4	173.5	51.10	31.93	26.29
全氮	28.71	24.11	17.91	10.13	9.082	5.748	1.764	1.141	0.942
全磷	5.767	4.637	3.786	2.018	1.748	1.160	0.369	0.225	0.177
全钾	335.6	269.2	189.4	123.7	99.22	60.96	23.14	13.97	10.37
水解性氮	3.625	2.878	2.278	1.245	1.068	0.706	0.230	0.144	0.118
速效磷	0.498	0.401	0.272	0.190	0.153	0.092	0.027	0.020	0.015
速效钾	20.82	16.75	13.15	7.640	6.334	4.296	1.402	0.838	0.728

整地年数	4(kg/hm²)			5(kg/hm²)			合计(kg/hm²)		
整地方式	全垦	带垦	穴垦	全垦	带垦	穴垦	全垦	带垦	穴垦
有机质	17.18	11.96	11.86	8.709	8.626	8.976	1233.6	982.3	703.7
全氮	0.609	0.466	0.396	0.329	0.310	0.303	41.54	35.11	25.30
全磷	0.121	0.088	0.792	0.061	0.060	0.060	8.336	6.758	5.975
全钾	7.419	5.556	4.708	3.869	3.674	3.674	493.7	391.7	269.1
水解性氮	0.071	0.054	0.049	0.035	0.034	0.034	5.206	4.178	3.185
速效磷	0.009	0.007	0.006	0.005	0.005	0.005	0.729	0.586	0.390
速效钾	0.463	0.341	0.317	0.268	0.250	0.247	30.59	24.52	18.74

资料来源:马祥庆等(2000)。

（3）林木生长

5年生杉木生长表现为:全垦>带垦>穴垦,5年生全垦杉木树高可分别比带垦、穴垦提高3.18%和5.34%,胸径分别提高4.83%和12.63%,5年生带垦杉木树高、胸径可分别比穴垦杉木提高 2.09% 和 7.44%。不同整地方式林地杉木生长差异幅度不大，不同整地方式杉木树高连年生长量在前 3 年均呈逐年递增趋势，不同整地方式造林当年杉木生长差异不明显，但造林后第二及第三年不同整地方式杉木生长差异加大，表现为全垦 > 带垦 > 穴垦。可见，虽然全垦整地水土流失高于带垦及穴垦林地，但全垦较大程度地松动土壤对杉木生长仍有一定促进作用。第四年后 3 种整地方式杉木树高及胸径连年生长量逐年递减，不同整地方式杉木生长差异逐年缩小。可见，整地方式对杉木幼林生长的影响在造林后前 4 年比较明显，持续期短，随后因杉木生长，整地的影响逐渐减小，说明在砂质母质林地上进行不同整地对杉木生长的影响不大，整地效果不明显，但整地成本差异极大。因此，在砂质母岩林地上进行杉木造林不必过分强调整地规格，以减少林地水土流失，节约整地成本，提高整地投资效果（马祥庆等，1996；杨玉盛，1998）。

3. 林地不同抚育方式的水土流失规律

（1）水土流失

幼林抚育方式对林地水土流失的影响较大。不同抚育方式林地 5 年土壤侵蚀量均表现为扩穴连带抚育（98.695t/hm²）> 块状抚育（92.587t/hm²）> 不抚育（4.066t/hm²）；块状抚育可比扩穴连带抚育减少 6.19% 的土壤侵蚀量，但目前造林中采用扩穴连带抚育仍造成较大的水土流失，建议今后造林采用块状抚育取代扩穴连带抚育（马祥庆等，1996；杨玉盛，1998）。

块状抚育林地第 1 年液态和固态流失量分别为 2369.878m³/hm² 和 56.29t/hm²，扩穴连带抚育林地分别为 2411.839m³/hm² 和 57.432t/hm²，造林当年两种抚育方式林地的水土流失差异不明显，但均超过了水利部颁发的中度侵蚀标准（20~25t/hm²）。不炼山不抚育林地第 1 年的液体及固体径流很少，仅为 703.714m³/hm² 和 0.484t/hm²，但第 2 年两种抚育方式林地水土流失差异明显扩大，扩穴连带抚育林地第 2 年的固体径流量达 29.972t/hm²，分别是块状抚育和不抚育林地的 1.13 倍和 30.84 倍。随杉木幼林郁闭，3 种抚育方式林地的水土流失量均呈逐年递减趋势，第 3 年后 3 种抚育方式林地水土流失差异逐年缩小，至第 5 年仍未达到一致。3 种抚育方式林地水土流失量 5 年中均表现为：扩穴连带抚育 > 块状抚育 > 不抚育，其中块状抚育林地可比扩穴连带抚育林地减少 6.19% 的土壤侵蚀。另外，世界银行贷款国家造林规范中也要求杉木造林采用扩穴连带抚育。因此,在坡度较大且易发生土壤侵蚀的花岗岩母质林地上,采用扩穴连带抚育在雨季初期的确能起到一定的水土保持效果;但在雨季中后期,降雨超过林地渗透能力时,由于扩穴连带抚育破土面大,易造成林地更严重的水土流失。因此,杉木造林应根据各地的具体情况,因地制宜选用适宜的幼林抚育方式,尽量减少抚育方式对林地的不利影响(马祥庆等, 1999;张顺恒, 1999)。

杉木造林 5 年后,扩穴连带抚育和块状抚育林地表层 <0.001mm 黏粒分别比不抚育林地下降7.67%和4.78%, >0.01mm 物理性砂粒分别增加11.6%和6.01%;不同抚育方式林地 >0.01mm 物理性砂粒大小排序为:扩穴连带抚育 > 块状抚育 > 不抚育。粒级 <0.005mm 是土壤侵蚀的高峰粒级,说明在石砾较多且坡度较大的花岗岩林地上进行杉木幼林抚育,松动了土壤,引起林地严重水土流失,地表径流冲刷带走了土体中较多的黏粒,使表土层砂粒相对增多,导致林地表层土壤砂质化。

林地表层 >0.25mm 水稳性团聚体含量表现为:不抚育林地 > 块状抚育林地 > 扩穴连带抚育林地。随抚育破土面的增大,林地 >1mm 大粒级的水稳性团聚体比例相对增加,而 1～0.25mm 粒级的水稳性团聚体比例呈下降趋势。扩穴连带和块状抚育林地 >0.25mm 水稳性团聚体组成差异不大,但分别比不抚育林地下降了 4.01%和2.72%。林地结构体破坏率则表现为:扩穴连带抚育林地 > 块状抚育林地 > 不抚育林地,说明抚育破土面大的林地土壤抗蚀性变差,这与林地有机质及黏粒的大量流失有关。

(2)水分物理性质

不同抚育方式对杉木幼林地水分物理性质影响不明显。与不抚育林地相比,抚育林地水分物理性质指标略有变差,不同抚育方式林地表层土壤容重表现为:块状抚育 > 扩穴连带抚育 > 不抚育;总孔隙度则表现为:不抚育 > 扩穴连带抚育 > 块状抚育,但差异幅度很小。杉木造林后 3 年中的 6 次扩穴连带抚育在一定程度上改善了林地的水分物理性质,故其林地水分物理性质略好于块状抚育,但由于扩穴连带抚育松动土壤,引起了比块状抚育林地更大的水土流失,因此两种抚育方式的林地水分物理性质指标差异不明显。

(3)土壤肥力

扩穴连带抚育、块状抚育和不抚育林地 5 年内有机质的流失量分别达

1829.244kghm^2、1694.395kghm^2、69.063kghm^2,全氮流失量分别为 115.037kg/hm^2、107.002kg/hm^2、4.453kg/hm^2。林地各项养分的流失均表现为:扩穴连带抚育 > 块状抚育 > 不抚育,但其单位固体径流和液体径流中的养分浓度明显不同,前两种抚育方式林地 5 年液体径流中带走的有机质和养分(氮、磷、钾)分别为 0.215kg/m^3 和 0.164kg/m^3,而固体径流带走的有机质和养分(氮、磷、钾)则达 18.421kg/t 和 14.077kg/t,这说明在南方杉木幼林地水土流失防治中,保土比保水更重要。建议今后在坡度较大易发生侵蚀的林地上进行杉木造林可采用块状抚育代替扩穴连带抚育。

（4）林木生长

5 年生扩穴连带抚育杉木树高和胸径分别可比块状抚育杉木提高 3.16% 和 7.98%,两种抚育方式杉木树高连年生长量在造林后前 3 年均呈逐年增加趋势,但扩穴连带抚育杉木的递增速度明显高于块状抚育杉木,第 3 年后两林分树高连年生长量开始呈下降趋势,胸径连年生长量仍呈逐年增加趋势。5 年中扩穴连带抚育杉木树高和胸径连年生长量均高于块状抚育杉木,随杉木生长,两林分树高、胸径连年生长量差异逐年缩小,块状抚育杉木树高和胸径连年生长量有可能赶上扩穴连带抚育杉木,因此抚育对杉木幼林生长的短期促进作用不明显,抚育方式对杉木生长的长期影响还有待于继续观测(马祥庆等,1999;张顺恒,1999)。

（二）森林集材道的水土流失规律

森林集材道是林地水土流失地的主要策源地。森林采伐作业中,修建的集运材道路系统对林地土壤产生了严重破坏,包括对表层土壤的破坏和土壤的压实。地被物的破坏使矿质土壤直接暴露于压紧和雨水的溅击作用下,这两种作用可使表层土壤结构破坏发生板结。该结构的变化有时虽然仅几毫米,但足以改变水分入渗的速度,导致地表径流和侵蚀。土壤板结的情况在集材道上最为严重。以拖拉机集材道为例,集材道压实后,土壤的透水性降低 92%,细微孔隙减少 53%,土壤容重增大 35%。拖拉机在集材道上反复通过将在集材道上留下许多车辙,雨后积聚于车辙中的水就软化土壤,拖拉机每经过一次就使车辙更深一些。由于道路的渗水速度和孔隙度分别降低,再遇雨,地表的径流速度将加快,原来的车辙会被冲刷成条条小沟,产生水土流失。压实的土壤,径流量为林地的 6 倍,集材道压实严重的,需 18 年才能恢复原有的透水性(赵康,1997)。

(三)疏林地的水土流失规律

疏林地是指树木郁闭度大于或等于 10% 及小于 20% 的林地。顾名思义,疏林地由于郁闭度不足,灌木层植物不够丰富,地表凋落物不足,根系不能完全固持土壤。当降雨时,林冠层和灌木层不能很好地抵挡住雨水,使得雨水可以击溅到土壤,进而造成水土流失。加之南方地区山高坡陡、土层脆弱,降雨量大且集中,造成雨季地表径流增大,冲刷表层土壤,因此南方地区疏林地的林下水土流失普遍比较严重。

Xu et al.(2019)通过长期的野外定位观测结果发现,人工幼林地(稀疏林)泥沙量随着植被覆盖度的增加而减少(图 2 - 2 - 8)。而且该研究利用非线性径流和侵蚀响应表明,当植被覆盖度小于 40%,降雨量大于 80mm 时,土壤侵蚀风险极高。因此,这项研究表明,在我国南方地区,在营林过程中将收获的采伐剩余物压成条状或保持植被覆盖率大于 40% 是缓解营林过程中土地退化和水土流失的良好管理措施(Xu et al.,2019)。

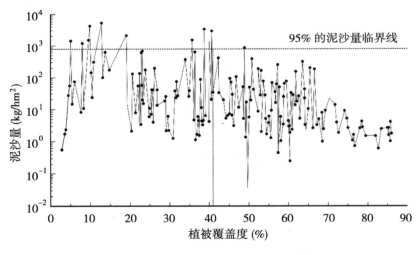

图 2 - 2 - 8　林地泥沙量随植被覆盖度的变化趋势(引自 Xu et al.,2019)

1. 乔木层稀疏造成水土流失

最典型的乔木层稀疏是退化地的稀疏林。由于过去植被造林未按适地适树原则,种植树木,加上整地,抚育失时,形成大面积的"小老头"林。这些"小老头"林,由于长期失管,土壤贫瘠,林木生长迟缓,甚至不生长,因而地力不断衰退,林下植被未能生长,地面上只剩"光杆"树木,造成雨季地表径流增大,冲刷表层土壤,水土流失日趋严重。

次生马尾松纯林地,林冠结构稀薄,在自然降雨条件下难以发挥林地的水土保持功能。纯林地产流系数高达50%～60%,是林地植被恢复小区的2.0～2.5倍;林冠郁闭度从7%增至24%,不但没有减轻林地水土流失量,反而加剧了林地土壤侵蚀,年侵蚀模数在2700～6000t/(km²·a),属于中度或强烈侵蚀。

次生马尾松纯林地实施百喜草和胡枝子覆盖地表,可以将林地侵蚀强度降低为轻度或中度侵蚀。植被恢复的水土保持效益与林冠结构和地表覆盖度相关,在24%郁闭度下进行植被恢复时的水土保持效益较好,当地表覆盖度为30%～35%时,百喜草和胡枝子的年保水效益为50%～60%,年固土效益为65%～70%(王朋,1992)。

不同植被恢复模式的水土保持功能受降雨类型的影响不同。纯林小区产流随雨量的变化速率高于灌草恢复小区,而土壤流失量受土壤浅薄化等因素的影响呈速率减小的凹形曲线变化;百喜草蓄水效益中雨至暴雨段为增加趋势,而大暴雨时下降明显,固土效益在林冠郁闭度7%时与蓄水效益变化一致,其他两种郁闭度下呈下降趋势,且在大暴雨时下降十分剧烈。胡枝子蓄水效益变化复杂,没有一致性规律,而拦沙效益则随雨量的增加而减小(王朋,1992)。

2. 灌木层、草本层稀疏造成水土流失

林下植被作为森林生态系统的一个重要组成部分,在防止雨滴击溅和径流冲刷地表土壤,改善土壤理化性质等方面具有重要作用。

结合联合国粮食及农业组织及国内对灌木和草本的说明,将林下植被定义为:生长在林木冠层以下的灌木、草本及苔藓类植物的总称。其组成包含3个层次:灌木层,即高度大于0.5m且成熟时高度不超过5m的无明显主干的多年生木本植物(包括攀援植物);草本层,即所有的非木本植被及0.5m以下的木质植被;苔藓层,即陆生的苔藓植物和地衣。

林下植被匮乏一方面体现在红壤退化严重,土壤生产力低,植被生长缓慢甚至无法生长,使得大量林地出现"空中绿化"现象;另一方面说明部分树种具有化感作用,比如马尾松、桉树等的皮、叶和根系会分泌含有抑制其他生物生长的水溶性或挥发性物质。有学者发现桉树林下化感作用明显,化感作用最强区域为5～10倍胸径范围,其中含羞草、山芝麻和桃金娘对化感作用较为敏感。

马尾松根系分泌物造成其林下植物群落组成单一及分布稀疏,主要表现为抑制周边植物种子的萌发及幼苗生长(何绍浪, 2017)。

三、林地水土流失成因

林地水土流失的成因主要有自然因素、人为因素以及林地退化。人为因素是导致林地水土流失的最重要的因素,这也是区别于其他类型水土流失成因的主要因素。

(一)人为因素

1. 森林采伐

森林采伐是人类经营森林资源的重要手段,也是根据森林生长发育过程和人类的经济需要而进行的营林措施。近年来,在国际上逐渐摆脱了以单一木材生产为目的的经营,而把森林作为一个生态系统来经营,其经营目的更为广泛和深入,涉及促进林木生长发育,改善林分组成,有利更新恢复,动植物多样性的维护和合理开发利用,以及环境与美学效益等。与此同时,森林采伐作业作为生态系统的外界干扰之一,又潜藏着对森林生态环境的负面影响,其中最为严重的是由采伐作业引起的林地水土流失。苏益(1988)对采伐作业后,山地表土层的变化情况进行了观测。在坡度为 25°～40° 的山地,采运作业 4 年后,表土层的变化情况如下:采伐作业后由于水土流失,山地表土层明显变薄。变化最大的为 A_0 层,变化率为 40%～50%,其次为 $A_0 + A$ 层,变化率为 23%～25%;最小的为 $A + B$ 层为 13%。大批有生产能力的土壤的流失,必将给森林的更新和恢复带来极大的困难。水土流失也使区域内地表有效水质恶化,河流、湖泊淤积,加剧了水资源危机,也使野生动植物的生境变差,生物多样性锐减(赵康, 1997)。

森林采伐导致林地水土流失的成因主要表现在以下几个方面。

(1)林冠对天然降雨的截留作用,以及对采伐方式和采伐强度的影响

在降雨过程中,雨滴对裸露的土壤表现出直接的侵蚀破坏作用;而郁闭的森林,枝叶繁茂,林冠相接,减缓了雨水的冲击,使林地土壤免受暴雨的直接打击,削弱了雨滴对土壤的击溅作用,减轻了土壤的侵蚀,延长了产生地表径流的过程。一般情况,在降雨强度中等(10～20mm/h),由于森林的存在,林冠可以

截留降雨量的 15% ~30%,然后再蒸发到大气中(赵康,1997)。

若仅考虑与森林采伐作业有关的因素,林冠对降雨的截留作用主要受郁闭度和林冠结构的影响,林冠的层次越复杂,郁闭度越大,截留作用越显著。无论什么采伐方式,最终都会使林冠层发生变化,无疑将使林冠截留降水量和林内植被蓄水作用发生变化。相关研究显示,不同坡度,不同的采伐方式及采伐强度产生的林地径流量不同。采伐强度越大,径流越大;同一采伐方式,坡度越陡,径流越大。因此,在坡度较大的地段,为了减少水土流失,应尽可能地降低采伐强度(张金池,2011)。

(2)林地土壤的渗水、蓄水作用,以及森林采集作业对土壤的扰动和破坏

森林采伐作业以及随后的集运材作业,伐区清理作业都会使林地土壤的物理性质发生改变,总的趋势是,容重、比重增加,孔隙度减小。采伐后,林地土壤物理性能的恶化,使采伐迹地的持水能力和渗透率大幅度下降,排水能力则大幅度提高。林地土壤渗水能力的下降和排水能力的增强,使降雨中地面径流大幅度增加,除易产生水土流失外,还易因暴雨引起下游河流发生洪水,造成更大面积的水土流失。

森林采伐作业引起土壤物理性质恶化的主要原因是:①森林采伐后,由于温度、光照以及共生关系的改变促进了土壤有机物的迅速分解。土壤有机物的分解对 pH 及互换性酸度也有影响,使两者均有所减少;因地表受到破坏,土壤表层的裸露,土壤有机物的迅速分解等复合作用,土壤的物理性质发生了改变。②森林采伐作业中,人畜、机械或木材在林地运行,以及修建的集运材道路系统和装车场等土木工程对林地土壤产生了破坏。破坏的主要形式是表层土壤的破裂,以及土壤的压实。③森林土壤中有大量动物群落和微生物群落活动,它们对营养循环和保持土壤的孔隙度很有益处,数量有限的土壤微生物研究表明,森林采伐后,立地条件受到干扰,某些真菌、细菌和节肢动物群的数量大为减少。

2.林地清理、整地、造林

林地的清理最常用的方式是炼山。炼山是我国南方林区造林的重要环节,但炼山引起的生态问题已日益引起人们的关注。特别是炼山导致山体土壤裸露,而且炼山过程中,高温导致表层土壤疏松。此时,降雨直接冲刷土壤,极易引发水土流失。

研究表明,炼山造成了严重的水土流失。炼山第一年的径流量和泥沙冲刷量分别达 2743.3 m³/hm² 和 24.8 t/hm²,分别是不炼山林地的 11 倍和 88 倍;炼山后 3 年,有机质、全氮、全磷、全钾的流水量分别达 989.35 kg/hm²、27.05 kg/hm²、9.08 kg/hm²、462.91 kg/hm²,分别为不炼山林地的 10 倍、9 倍、11 倍和 8 倍(杨玉盛,1998;张顺恒,1999)。

炼山造成林地地表裸露,造成水土流失,整地又进一步增加了林地的破土面,改变了林地原有坡形,使林地水土流失加剧。

不同整地方式通过不同方式松动土壤,导致了林地水土流失的较大差异(全垦、带垦、穴垦)。3 种整地方式中,以穴垦整地林地水土流失量最小,5 年土壤流失量为 21.883 t/hm²;带垦其次,为 29.367 t/hm²;全垦最大,达 36.671 t/hm²,分别是穴垦、带垦的 1.68 倍和 1.25 倍(张顺恒,1999;马祥庆等,2000)。

造林模式对水土流失的产生具有重要的影响,不同造林模式林地水土流失差异较大。例如,有研究发现林地 5 年的水土肥流失量均表现为:传统模式 > 世行模式 > 生态型模式,其中杉木世行造林模式可比传统模式造林地减少6.60% 的水、6.08% 的土壤、10.26% 的有机质和 10.36% 的养分流失量,可见世行造林模式采用"品"字形配置种植点和扩穴连带抚育比正方形配置种植点和全锄抚育的传统造林模式具有更好的水土保持效果。但其水保效果远不如生态型模式,生态型模式可比传统模式减少 37.80% 的土壤侵蚀量。随着杉木幼林郁闭,3 种造林模式林地水土流失呈递减趋势,但前 2 年的水土流失(除生态型模式外)均超过了水利部颁布的中度侵蚀标准(20~25 t/hm²)(马祥庆等,1999;张顺恒,1999)。

3. 抚育管理

幼林抚育主要目的在于减少灌草对土壤水分、养分和阳光的争夺,以促进目的幼树生长、提高幼树成活率、加速幼林郁闭,是人工林经营过程中的重要一环。幼苗的生长曾一度被认为是评价抚育技术的单一指标,因而以往的林学家开展了较多抚育方式对幼树生长的相关研究,以期能确定最适幼树生长的抚育方式。但另一方面,抚育引起的土壤团粒结构的破坏和地表覆盖度的减少则造成幼林地较为严重的水土流失,反而降低了地力和生产力,而这一过程往往被忽视。抚育管理引发的水土流失主要表现如下。

（1）幼林抚育对径流量的影响

抚育前，人工幼林的产流量是次生林的 2.4 ~ 6.0 倍，平均为 4.1 倍；抚育后，人工幼林的产流量是次生林的 4.4 ~ 14.7 倍，平均为 7.2 倍。幼林抚育显著增加了人工幼林和次生林产流量之间的差异。

（2）幼林抚育对泥沙量的影响

据胥超等人（2016）的研究表明，米槠人工林幼林抚育后的泥沙流失量是抚育前的 1.7 ~ 9.8 倍，平均为 4.2 倍，除 2012 年 7 月 18 日的抚育对产沙量无显著影响之外，其余均达极显著水平（$P < 0.01$）。而抚育前和抚育后的降雨并未引起米槠次生林内泥沙量流失的差异。

抚育前，米槠人工幼林泥沙流失量是米槠次生林的 2.3 ~ 18.7 倍，平均为 7.0 倍。抚育后，米槠人工幼林泥沙流失量是米槠次生林的 3.2 ~ 24.8 倍，平均为 17.6 倍。相比次生林内的自然侵蚀，抚育极大加剧了幼林地的土壤侵蚀。

（3）幼林抚育对水土流失的影响

相关研究显示，抚育后每单位降雨所引起的泥沙流失量是抚育前的 9.8 倍，抚育前后泥沙流失量的相对倍数差异达到最大。抚育后水土流失严重程度受抚育方式、抚育季节、抚育后地表覆盖度、降雨等诸多因素的影响。抚育方式的不同决定了对幼林地干扰的强度。根据抚育时干扰强度和抚育面积（全面/带状/块状）的不同，抚育方式可分为全面刀抚、全面松土除草、全面刀抚加局部松土除草、全垦抚育、带状抚育、块状抚育。不同的抚育方式因所施加的干扰强度不同导致水土流失量的差异。

降雨是影响幼林抚育后水土流失的关键外在营力。南方林区在幼林郁闭前通常每年安排 2 次幼林抚育，分别在 4 月底至 5 月初和 8 月底至 9 月初。此时正值南方大、暴雨频发季节，若是抚育过后恰逢暴雨或连续降雨，则会极大地加剧幼林地水土流失量。

南方林区山高坡陡，雨量充沛，多数地区土壤为花岗岩发育的酸性红壤，土壤胶结能力弱，抗蚀性差，因而在自然状态下该区本就极易形成水土流失。人工林经营过程中的抚育管理，减少了幼林地的地表覆盖，破坏了土壤的团粒结构，若抚育后又恰逢大雨，则会愈加加剧幼林地水土流失，最终导致土壤肥力的大量流失。但是幼林抚育又是维持幼苗快速健康生长必不可少的管理措施。因此，在进行幼林抚育的同时应尽可能降低水土流失，对于改善传统的林业生产技术具有十分重要的意义。

4. 人为破坏

我国农业生产方式处于不发达水平。人们为满足基本的生存需要不得不毁林开荒、陡坡开垦,破坏了原有植被,加之又缺乏水保措施,严重的水土流失成为必然结果;而且由于农村人口剧增,能源日益短缺,农民迫于生活所需,乱砍滥伐、流失区打枝、搂除枯枝落叶、割除林下植被等现象日益突出,加速了森林资源的破坏进程,也加大了水土流失的危险性;这不仅直接减少了土壤有机物料和养分的输入量,还改变了林地地表覆盖度,影响土壤温湿度和土壤有机质矿化,进而影响土壤养分积累,导致土壤贫瘠,加剧了林地土壤侵蚀和养分流失。林下植被的存在可以极大地减少林地地表径流的产生,减少水土和养分流失。例如 Jiang et al. (2019)研究发现,由于杉木人工林林冠郁闭度相对较小,其林内穿透雨高于米槠次生林,但两种林分的地表径流相差较小,其原因主要是杉木人工林林下植被覆盖度高于米槠次生林,因此杉木人工林林下植被截留显著高于米槠次生林,分别为 221mm 和 91mm(图 2-2-9)。

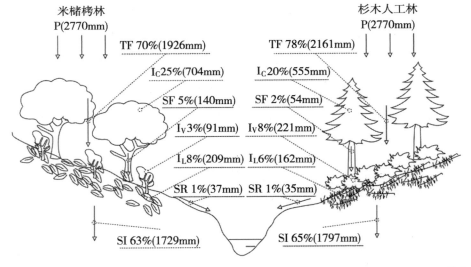

注:P－降雨;TF－穿透雨;SF－树干径流;Ic－林冠截留;Iv－林下植被截留;I$_L$－凋落物截留;SR－地表径流;SI－土壤渗透。

图 2-2-9 米槠次生林和杉木人工林林内降雨分配特征和地表径流的产生

(引自 Jiang et al. ,2019)

(二)自然因素

林地水土流失的自然因素主要包括降雨(尤其是降雨强度)、地形(坡度、坡型和坡位)、土壤类型和地质(母岩)等。

1. 降雨

降雨是林地水土流失产生的因素之一。降雨要素包括降雨量、降雨强度、降雨类型、降雨历时等,这些要素对林地水土流失的产生具有密切的关系,其中降雨强度是影响林地水土流失的最重要的降雨要素。一般而言,降雨强度越大,水土流失量越大。例如,付林池等(2014)对不同降雨强度下米槠次生林和杉木人工林地表径流的研究发现,随着降雨强度增加,米槠次生林和杉木人工林的地表径流量均线性增加(表2-2-4)。

表2-2-4 不同降雨强度对米槠次生林和杉木人工林地表径流的影响

降雨强度	降雨量(mm)	地表径流量(m^3/hm^2)	
		米槠次生成熟林	杉木人工成熟林
小雨	7.0	3.20(0.38)	2.18(0.57)
中雨	12.1	3.68(0.57)	3.47(1.14)
大雨	45.0	6.70(6.52)	6.52(1.49)
暴雨	79.6	10.01(4.96)	8.92(4.48)

注:括号内表示标准差。资料来源:付林池等(2014)。

2. 地形

地形因素主要包括坡度、坡型、坡位和坡长等要素。坡度是影响林地产沙产流的要素之一,主要是因为坡度影响着降雨的入渗率和入渗时间。一般而言,林地坡度越大,水土流失量也越大。地形因素对于幼林地水土流失的影响尤为重大,由于造林初期对土壤结构和地表覆盖的影响,坡度较大的情况下,幼林地的水土流失将远大于成熟林。

3. 土壤

不同土壤类型林地水土流失存在显著的差异。我国南方大部分土壤都是花岗岩发育的红壤,红壤极易产生水土流失现象。花岗岩发育的土壤容易引起滑坡、崩岗等典型的土壤侵蚀现象。土壤密度、孔隙度影响土壤持水力和渗透性,也是评价土壤侵蚀的重要指标。此外,土壤团聚体组成及其稳定性也是影响南方林地水土流失的重要因子。

4. 植被

植被包括森林、灌丛、草地和农作物,它们防止水土流失的作用主要包括对降雨动能的消减作用、保水作用和抗侵蚀作用。当植物地下根系生物量超过130~150g/m²时,可避免短时期内产生土壤侵蚀。植被类型、林龄以及植群落结构的差异均会对水土流失产生不同的作用(王利民等,2016)。

植被能够改善表层土壤结构、物理化学性质及微地形,增加有机质和团聚体稳定性,降低容重和渗透阻力,这些性质的改变会进一步影响坡地产流机制。林木茎叶截留降雨、根系固结土壤和阻碍径流传递,从而降低水土流失,这些对防治水土流失非常重要。然而防治效果与植被结构密切相关,层次结构较好的植被比单层植被更能保护土壤,减轻水蚀程度,而个体性乔木防治水土流失的效果并不理想。随着植被结构的破坏或植被的退化,土壤结构随之破坏,发生水土流失的概率增加。因此,林地土壤质量的退化以及长期人为干扰,这是导致南方林区水土流失的另一重要成因。

有研究通过对比米槠人促更新林和杉木人工林土壤理化性质和林地土壤退化指数的分析发现,米槠人促更新林不同土层深度土壤有机质含量均高于杉木人工林,其中米槠人促更新林表层土壤有机质比杉木人工林高出15.6%,而土壤容重则低于米槠人工林(表2-2-5)。土壤退化指数的结果表明米槠人促更新林土壤质量显著高于杉木人工林,杉木人工林退化指数为36%(邓旺灶,2011)。

表2-2-5　米槠人促更新林和杉木人工林不同土层深度土壤有机质和容重

土层深度	有机质含量(g/kg)		容重(g/cm³)	
(cm)	米槠人促林	杉木人工林	米槠人促林	杉木人工林
0~10	48.82±3.32	41.18±2.36	1.16±0.10	1.32±0.21
10~20	25.88±2.30	23.88±1.56	1.26±0.08	1.34±0.21
20~40	19.83±1.03	17.08±1.65	1.45±0.07	1.42±0.12
40~60	14.16±2.03	11.52±1.12	1.49±0.06	1.45±0.08
60~80	10.77±1.11	7.34±1.14	1.42±0.07	1.47±0.04
80~100	9.39±0.96	6.93±1.26	1.45±0.06	1.50±0.04

资料来源:邓旺灶(2011)。

第三节　林地水土流失防治措施

一、改变采伐和集材方式

(一)改变采伐方式

生态型森林采伐是以森林生态学为基础,以保护森林生态环境和实现森林资源永续利用为前提和目的,合理收获林木资源的一项经营措施或活动。森林是一种生物群落,具有再生性。当森林林木个体达到成熟时,如果不进行采伐利用,将逐渐衰老、枯朽和死亡。因此,为了充分利用木材,促进森林更新,对成熟林必须进行采伐,这是发展林业,实现森林永续利用的重要环节。然而,过去许多不合理的采伐和营林措施给森林生态环境带来重大的负面影响。合理的森林采伐,既要收获木材,发挥森林的经济效益,又要维护森林的生态环境,发挥森林的生态效益和社会效益。为此,生态型森林采伐应满足下述要求(郑秀云等,2002):①经济、合理地收获木材和林产品,满足国民经济和人民生活需要,尽可能发挥森林的经济效益。②减少幼树、幼苗的损害和地表破坏,维护森林的生态环境,保护森林的生态平衡。③改善林分环境,促进林木生长发育,提高单位面积收获量。④充分利用木材,提高木材生产率,提高企业经济效益。⑤要有利于森林资源永续利用和林业的可持续发展。

此外,伐木技术对于防治水土流失也有很大的影响,好的伐木技术应具备以下几个要求(广兴宾等,2002):①控制树倒方向,减少伐木时对母树、幼树、保留树的砸伤,克服倒向紊乱及横竖交叉等现象,为打枝、造材、集材创造条件。②降低伐根。③规定范围内的所有伐倒木,包括病腐木、秃头木以及价值较低的树种。④技术打枝。

(二)改变集材方式

目前常见的集材方式主要有3种,即拖拉机集材、滑道集材和索道集材(邱仁辉等,1998;孙玉忠,2013)。不同的集材方式,对采伐迹地水土流失的影响不同(孙玉忠,2013)。拖拉机集材对采伐迹地水土流失的影响最大,滑道集材次之,索道集材最小,因此合理地选择集材方式可以有效防治水土流失。

首先,我国林区使用的集材拖拉机绝大多数是履带式。在集材过程中,由于沉重的机体和庞大的木材在地面上碾压与拖动,林地土壤被压实,通过的次数愈多,压实愈严重,特别是集材主道。若遇到降雨,尤其是降大暴雨,因集材道的透水速度降低,地表径流速度加快,原来的车辙会被冲刷成小沟,随着地表不断沿集材道流下,集材道的车辙逐渐由小沟变成大沟,引起水土流失。

其次,滑道集材是利用自然坡度,借助木材本身所具有的势能来完成木材集运的一种集材方式。滑道对森林生态环境的影响,主要表现在修建滑道和滑道集材对林地地表形成的破坏。修建滑道对林地造成的破坏与滑道类型和长度有关。修建土滑道和木、竹滑道时,需要挖掘土壤和植被,造成大量枯落物的流失。塑料滑道因其架在地表面上,不需要挖动地面土壤,一般不破坏地表。随着滑道长度的增加,滑道对林地造成的破坏也增大。土滑道集材时,木材在运动中对滑道两侧及滑道底部产生撞击,使滑道加宽加深,带走部分土壤并对滑道上的土壤产生压实作用,使集材道上土壤的结构性能明显下降。因开挖集材道与木材在滑道运行时的冲击,造成采伐迹地大量枯落物和表土被移走。此外,土滑道集材后,若遇暴雨则极易冲刷成沟痕造成水土流失。

最后,架空索道集材根据木材的运动状态可分为全悬式和半悬式。在全悬式索道集材中,木材不与地面接触,侧向集中时因在同一地面只通过2~3趟木材,所以也不会因侧向集材而造成水土流失;半悬式索道集材时,木材的一端与地面接触,带动一些土壤、砾石和地被物,遇大或暴雨后,集材线路下受扰动的疏松的地表层(即腐殖层和含有腐殖质及无机质的土壤层)会有少量的土壤被冲走,但由于半悬式索道线路通常选在无岩石裸露、土质厚度20cm以上地带,集材区宽度控制在80~120m的范围内,集材时间避开雨季,故所造成的水土流失一般都很小。

二、林区集材道水土流失防治措施

选择最优的集材方式,可以有效地防止水土流失。任何一种集材方式都有其优点、缺点及适用范围。选择集材方式时，要本着技术上可行，经济上合理，有利于森林更新、森林保护和森林生态平衡，便于管理和安全作业，因地因林制宜，选择生态型的集材方式（广兴宾等，2002）。集材应尽量选用对土壤破坏小的集材方式，如架空索道或畜力集材，有条件的情况下，可发展气球、飞艇或直升机集材。用拖拉机集材时，尽量采用履带式拖拉机，轮式拖拉机应选用特宽轮胎，减少对地面的破坏。道路经常产生沟蚀，是泥沙的重要策源地，林区集材道要有水土保持措施。以拖拉机集材为例（商旭东，2012），具体做法有以下几种。

1. 路堤边坡防护

在路堤上下坡位，保留几排树不砍伐用以防止水土流失；此外还可以利用采伐剩余物，如较粗的树枝作为材料来保护路堤边坡；还可以采取种草防护措施。

2. 路面排水设计

（1）路基排水

路基排水设置有边沟、排水沟、截水沟、平台截水沟、急流槽和蒸发池。

（2）路面排水

路面排水的方式有分散排水和集中排水，挖方路段和填方边坡高度<2.5m，采用分散排水方式，路面水通过路拱横坡排除。当有超高排水时，在中央分隔带设横向开口明槽，使雨水流向下半幅路面排出。

三、合理的林地清理与整地措施

不同的林地清理和整地措施对林地水土流失的影响较大。前文已经讲述，林地的水土流失量表现为全垦＞灌草坡＞带垦＞穴垦。所以单纯从水土保持角度出发，选择水土流失量最小的整地措施是最有效的。但是从不同整地措施对林木生长的效果上看，林木的生长量以全垦整地的林木生长量最大，穴垦次之，带垦最小。因此，要从综合的角度（如林木效益）选择合理的整地措施。

选择合理的林地清理方式对防治水土流失具有较好的效果。因为林木每年凋落的大量的枯枝落叶，在水文生态效益和保土功能方面起着十分重要的作用。乔木林地的枯落物贮量在 $10 \sim 60t/hm^2$，枯落物的吸水率为其干重的 $2 \sim 3$

倍,吸持水量在 1~5mm,甚至可达 10mm 左右;枯落物抑制土壤水分蒸发的作用随着土壤水分的提高和枯落物层的加厚而提高;具有枯落物的地面糙率为农地的 5.1~5.7 倍,枯枝落叶阻滞径流流速的效应,随枯枝落叶层厚度的增加而增大,林地的汇流时间是荒坡的 1.8~7.7 倍;1cm 枯落物可减少溅蚀 80%~97%,2cm 厚的枯落物可基本消除溅蚀产生;当林地具有 1~3cm 厚的枯落物时,即可完全消除土壤侵蚀的产生,无枯落物覆盖较有枯落物覆盖的山杨林地地表径流增加 2.66 倍,土壤侵蚀量增加 9.15 倍。因此,保存林地枯落物是增强林地水土保持作用的关键措施(杨玉盛等,2000)。有研究显示,不同的林地清理方式造成水土流失量差异显著(表 2-2-6;赵秀海等,1996)。

表 2-2-6   不同林地清理方式的水土流失量

迹地清理方式	年径流量(m³/hm²)	土壤侵蚀量(kg/hm²)
不清理	152.82	194.50
带堆法	235.58	324.34
火烧法	1721.43	15793.51

资料来源:赵秀海等(1996)。

相反,我国南方林区和其他一些国家或地区,如美国西南部、澳大利亚等常常采用火来清理迹地上的采伐剩余物,我国称之为炼山。东南亚及热带雨林地区刀耕火种亦曾经较为盛行。由于彻底使矿质土壤裸露,受火烧后土壤有机质受损,胶体团聚能力减弱,水稳性团聚体含量下降,土壤大孔隙常被灰分或炭粒所阻塞,土壤通气性能减弱,渗透能力和抗蚀性能下降。用火清理林地后,土壤侵蚀量的大小与降雨侵蚀力、土壤抗蚀性、坡度、火烧强度及火后所采取的林业或农业耕作措施有关。因此,未来应尽量减少火烧来清理林地的营林措施。目前扒带造林逐渐得到了推广,是一种能够有效降低造林初期水土流失的重要林地清理措施。这种方式主要是指在造林前,先将地上采伐剩余物扒成带状,将扒出的空地进行挖穴造林,这样带状排列的采伐剩余物能够有效阻拦泥沙,减少水土流失。

四、幼林地抚育管理措施的改进

杉木作为我国南方重要的人工林树种,通常在郁闭之前可安排 2~3 次幼林抚育,第 1 次在 4 月底至 5 月初,第 2 次在 8 月底至 9 月初。由于杉木幼树根系生长能力十分有限,全面除草松土对杉木幼林生长促进作用不大,而抚育季节又恰逢南方雨季,若遇暴雨或大雨,则必然产生超渗径流,从而造成严重的水土流失。例如,胥超等(2016)研究发现,抚育管理显著增加了米槠人工幼林地表径流量和泥沙量,抚育后的径流量和泥沙量分别是抚育前的1.7~2.5倍和2.2~9.8倍(图2-2-10)。米槠人工幼林的产流量和产沙量均高于米槠人工促更新林,说明干扰程度较小的人工促更新方式能够减少幼林期林地水土流失量,而人工造林初期的定期抚育措施会显著增加林地水土流失量。

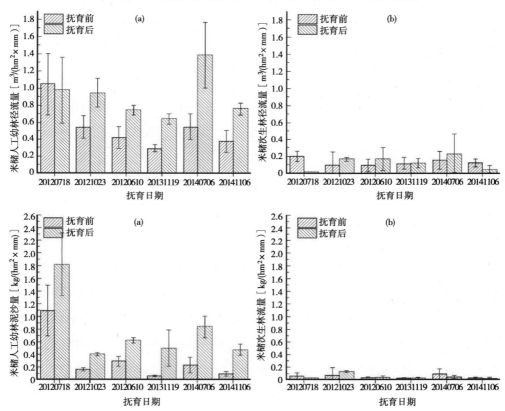

图2-2-10 米槠人工幼林(a)和米槠次生成熟林(b)抚育前后地表径流量和泥沙量

(引自胥超等,2016)

为了减少人工造林后幼林林地水土流失(特别是炼山后第1年),应根据具体情况,结合杉木年生长发育规律,适当调整抚育时间,借鉴农业上的"少耕法",改变幼林抚育时间、方式和强度等。如幼林第1次抚育时只在杉苗基部培土压萌及拔除对幼林生长有威胁的杂草,最大限度降低幼林地的破土面,增加其盖度。若幼林地杂草丛生,严重威胁杉木幼苗的生长,则应采取相应的除草措施,如化学除草或除草不松土,并把杂草适当堆积成带和撒铺在幼林地,使幼林地表土保持相对稳定状态,以减少幼林期林地水土流失(杨玉盛等,2000)。

五、林下套种和增加林下植被覆盖

为了减少营林过程中水土流失,过去研究者们开展了大量的相关研究。相关研究表明,采伐迹地火烧清理后幼林地面裸露,往往导致侵蚀和土壤肥力下降,而增加地面覆盖则是控制侵蚀的主要措施之一。合适的林农复合经营在控制土壤侵蚀,改善土壤肥力,提高土地生产力等方面起着重要的作用。

例如,杉木幼林期间作大豆和花生,前期林地土壤流失量大于未间作处理,但后者的年总侵蚀量达 72.6t/hm²,分别是间作的 3.1 倍和 2.1 倍,间作大豆和花生的养分流失量亦分别比未间作的少 50% ~70.6%。因此,说明在炼山后营造杉木幼林期,应及时采取间作绿肥覆盖地表措施,这样可减少杉木幼林地 17% ~53% 的土壤流失量(杨玉盛等,2000)。

此外,对天然林皆伐后单种木薯、黑胡椒和咖啡混作,第 1 层为槟榔、椰子,第 2 层为咖啡、木薯、黑胡椒、小豆冠的复合经营系统进行的土壤侵蚀研究,结果表明,单作(木薯)的年土壤侵蚀量高达 120t/hm²,农作物混作年侵蚀量为 3~8t/hm²,而农林复合系统年侵蚀量仅为 0.2~2 t/hm²,与当地天然林群落的侵蚀量相近,而且该系统对土壤肥力恢复十分有利;用周围林地修剪物覆盖的玉米地水土保持效果最好,其侵蚀量不到单种玉米处理的 10%,所有重要养分损失量也相应地减少;草层的控制侵蚀作用远不如林木枯枝落叶的覆盖;常规耕作下的 2 年土壤侵蚀量平均为 8.75t/hm²,绿篱间作下为 0.95t/hm²,免耕为 0.02t/hm²,径流量和养分损失量呈现同样的特点;未间作绿篱的玉米地的年土壤侵蚀量为 23~28t/hm²,而间植墨西哥丁香绿篱后降到 13t/hm²(杨玉盛等,2000)。

虽然间作能够有效降低水土流失和养分损失,但不合理的林地间作亦会加剧幼林地的水土流失,从而导致幼林地地力下降。据安徽省黄山茶林场调查,在坡度 30°的杉木幼林地连续套种玉米 3 年后,导致每公顷林地的平均土壤损失量 111m³。我国的林农复合经营模式繁多,但人们对其水土保持和土壤肥力保持等方面的研究则较为薄弱,因此应加大对该方面研究力度,以期筛选出结构合理、效益优良,特别是水土保持作用效果较好,适合各地推广的林农复合经营的优化模式(杨玉盛等,2000)。

六、低效林改造

在我国南方大面积"小老头树"是制约水土流失控制的重要因素,因此改善林地生境,提高"小老头树"生长是控制水土流失的重要途径之一。改造"小老头树"可以很有效地抑制水土流失。具体方法有以下几种(韩继忠,1982;谢锦升等,2001)。

1. 间伐修枝

对于因造林密度大,而又未能适时抚育间苗的,可采用间伐修枝办法,伐去低劣的弯曲木、多杈木、生长弱的被压木、有碍林分卫生的枯立木、病虫害木。疏开稠密处的林木后,林木营养面积增大,生长条件得以改善,其树高和直径增长一般能提高两倍以上。对于无明显主干、丛枝如扫帚的林木,为了恢复其主干顶梢生长势,应适当疏剪侧枝,以减少营养物质的消耗。

2. 整地方式

根据不同坡度采取相应的整地方式,15°以下缓坡采用全垦,保留原有"小老头林",每公顷采用5.25t垃圾(含有机质0.72%,速效磷1636mg/kg,速效钾365mg/kg,碱解氮325mg/kg)作为基肥,7.5kg钙镁磷,1.5t垃圾和7.5kg尿素作拌种肥,用11.25kg尿素分作3次追肥。按一定比例播撒马唐、金色狗尾草、圆果雀稗、多花木兰等近20个品种的草种。

3. 整修水保蓄水工程

在斜坡林地,对原有造林整地的蓄水工程如鱼鳞坑、水平沟、反坡梯田等,为林木创造良好的生长条件。对没有蓄水工程的斜坡林地,可沿等高线补挖蓄水沟和在沟沿下侧修筑土埂,以便拦截径流,增加林地的土壤、水分与养分。

4. 间种灌木和绿肥植物

在"小老头"林林内行间,栽植紫穗槐、胡枝子、酸刺等改土灌木或野豌豆、斜茎黄芪(又名沙打旺)、毛苕子等绿肥植物,是提高林地土壤肥力的有效措施之一。因为这些灌木或绿肥植物具有很好的固氮功能,可聚集大量含氮量高的枝叶,能形成良好的腐殖质层,既能提高地力,又能拦蓄径流,减少地面蒸发,增多土壤水分,还有利于林木自然整枝和扶植干形。

5. 平茬复壮

对于具有萌芽特性的树种,因管理不当而失去主梢,并呈丛状生长的"小老头林",可在早春树液萌动前或晚秋树液停止活动后,在近地表处平茬,截去弯曲树干或丛生萌条。平茬后及时摘芽定干,选留一根健壮的萌条作为主干,加以精心抚育保护,促使其旺盛生长。

6. 更替树种

对于树种选择不当形成的"小老头林",应更换树种重新造林,并要切实做到良种壮苗、细致整地、密度适当、精细栽植和加强管理。目前采用的树种更替改造方式,有一次性更替和逐渐更替两种。一次性更替是对原有林木一次全面伐除,重新造林,这种方式在多风沙及水土流失严重地区不宜采用;逐渐更替是暂时利用原有林木的保护作用,待更替树种不需要保护或已具有保水固土能力时,再全部或局部伐除原有树种。

第四节 林地水土流失治理模式

一、幼林地复合农林业经营模式

(一)复合农林业经营模式

农林复合经营模式在我国已有悠久的历史,我国农林复合的起源可以追溯公元前一世纪的《氾胜之书》记载着林(桑)粮(黍)间作的生产结构形式。北魏的《齐民要术》中记载了桑豆间作的经验。杉木作为我国南方重要的林木用材,其中南方杉木中心产区采用的炼山、稀植、间作的混农作业制度在明代晚期开始盛行。清代初的《农书》记载了一个农、林、渔、畜有机结合的立体种植方式。从 20 世纪 60 年代以来,我国在长江中下游防护林体系等生态环境建设中,应用了许多农林复合经营模式。如 20 世纪 60 年代的桐粮间作,70 年代海南、云南的林—胶—茶模式,80年代江苏的林—农—渔复合经营系统,90年代后期退耕还林工程中的林药间作、林草间作等典型经营模式,这些经营模式有效地改善了生态环境并提高了农民收入,达到了很好的土地利用效果。

自20世纪80年代以来,黄秉维院士就呼吁在全国推广应用复合农林业经营,农林复合经营系统是指在同一土地管理单元上,人为地把多年生木本植物(乔木、灌木、竹等)同其他栽培植物(如农作物、药用植物、经济作物、牧草等)和(或)家畜动物等安排在一起,并采取统一或短期相同的时空配置及先进的经营管理等技术措施,该系统的不同组分之间存在着生态学和经济学方面的相互作用。它是解决我国农耕地减少,防治水土流失,有利于生态环境保护,保证农业可持续发展的重要技术措施。而幼林地复合农林业经营则是在林中新造林地块幼苗的行距间隔的土地上种植农作物、牧草,是林农复合经营的传统模式。这种模式适应于树木生长前期,这时林木郁闭度较小,适当间作可增加粮食、牧草产量,又保护林木生长,减少水土流失。并且在对农作物的施肥等管理同时,也加强了对苗木的抚育管理,做到了以耕代抚,可谓一举两得。合适的林农复合经营在控制土壤侵蚀,改善土壤肥力,提高土地生产力等方面起着重要的作用(李文华,2003)。

(二)典型案例

农林复合经营能够起到很好的水土保持作用,能够大幅度降低土壤侵蚀状况发生的频率,提高涵养水源和涵养山林的作用。太阳镇是浙江省临安市(今临安区)农业大镇,位于临安市天目溪流域省级现代农业综合区内,谷地形态多为山谷盆地,素有"九山半水半分田"之称,属于亚热带季风性气候,夏季高温多雨,大量的降水导致该地区很容易出现水土流失的情况。在该地区实行了农林复合经营之后,有效降低了降雨对当地生态环境的破坏。因为种植的树木可以起到拦截雨水的作用,还可以使雨滴降落的方式发生变化,让降落到地面的雨水受到地表枯萎树叶和低矮作物的缓冲作用,从而降低雨水的冲击力及其带来的侵蚀作用(杨玉盛等,2000)。地表枯烂的树叶及柔软植被等能够吸收一定的水分,从而起到调节地表和地下径流的作用,有效控制林地水土流失。近年来,太阳镇由于实施了农林复合经营,水土流失面积减少的速度是很可观的,证明了农林复合经营对于水土流失现象的改善作用较为显著,值得继续推广和普及。

长期以来,新造幼林地水土流失严重及林业投资回收周期长是限制闽北山区林业发展的主要因子。解决该问题的有效途径之一是将林农牧等有机结合,合理种植,使植被迅速覆盖林地,合理经营,以短养长,创造良好的生态经济效益。为此,1995—1997年在研究闽北山区农林复合经营模式基础上,优选配置2种具有较好生态经济效益的农林复合经营生态模式,为合理经营林地,保护地力,改善和保护生态环境提供了理论依据。研究发现,该地农林复合经营生态模式林地水土流失量大大低于对照纯林地;对于该地区"杉木—百喜草—黄花菜"生态模式而言,由于百喜草为匍状草本,巨根群强大,一般造林当年9—10月即可覆盖林地约60%,且翌年恢复生长快,4—5月即可覆盖林地的60%～70%,因而水土流失量低。种植第1年的"杉木—胡枝—食用菌"生态模式,水和土壤流失量分别为对照的50.8%和46.3%,第3年分别降为对照的29.6%和20.3%。种植第1年的"杉木—百喜草—黄花菜"生态模式,水和土壤流失量分别为对照的34.8%和32.7%,第3年分别为对照的18.7%和8.6%。闽北山区"杉木—胡枝—食用菌"和"杉木—百喜草—黄花菜"这两种农林复合经营生态模式,将农林牧有机相结合,合理配置,立体种植(李全胜等,1998)。以耕作代抚育,以短养长,合理经营林地,保护地力,创造良好的生态环境。

有研究者发现,种植2～6年的桉树纯林林地年土壤侵蚀模数为1382～2308t/km²,年均土壤侵蚀模数为1845t/km²。然而,王会利等(2012)研究表明,桉树+木薯复合经营模式与桉树纯林相比,年径流量减少33.91%～38.71%,年土壤侵蚀量减少58.31%～94.74%,不仅提高了林地利用率,而且有效地控制了林下水土流失。

上述案例表明,农林复合经营生态模式可以极大减少土壤侵蚀量,有效防止水土流失。

二、人工促进天然更新(近自然经营模式)

(一)人工促进天然林更新(近自然经营模式)

人工促进天然更新(人促更新)是指天然林砍伐之后,让其砍伐迹地内的植被自然萌发,3～5年内对其中的树木进行人为定株,即砍去株型不好,长势较差,密度过大的植株,而对萌发情况不好或者密度太小的区域进行补栽。人促更新能够显著降低森林砍伐和人工造林过程所引起的水土流失。

（二）典型案例

福建省安溪竹园国有林场对福建柏进行的人工促进更新试验表明:人工造林,破坏林地的原有植被和土壤的表土层,极易造成水土流失,致使土壤肥力下降。人促更新是一种优胜劣汰,适者生存的自然选优,林木生长整齐,林木优生,适应性强。病虫害少,抗风害较强,后期生长较快,林木生长不亚于人工造林。人促更新保护了原生植被和土壤的表土层,增加了林下地面植被,可减少水土流失与地表的蒸发,保护林地环境,创造林木与自然和谐,实现林地可持续经营,生态效益保持不被经营破坏。

有研究者选择了福建顺昌国有林场不同年龄(21年、31年、49年)的人促更新米槠林为研究对象(林开淼等,2014),研究了3个林分的土壤养分分布情况,发现人促更新时间越长,土壤中不同形态磷也越高(表2-2-7),人促更新49年后土壤有效磷显著高于21年和31年的人促更新林(图2-2-11)。众所周知,有效磷是我国南方土壤最缺乏的养分,土壤中磷的有效性直接影响着植物的生长和发育,而植被生长受限会直接影响地表覆盖,最终影响林地水土保持功能。

表2-2-7　不同年龄人促更新米槠林土壤无机磷含量

林龄 （a）	树脂磷 （mg/kg）	碳酸氢钠无机磷（mg/kg）	氢氧化钠无机磷（mg/kg）	稀盐酸无机磷（mg/kg）	浓盐酸无机磷（mg/kg）	总无机磷（mg/kg）
21	9.02(0.46)	3.03(0.58)	16.44(2.98)	2.04(0.32)	142.4(5.3)	237.5(10.3)
31	6.89(0.61)	3.53(0.16)	26.80(1.42)	2.44(0.05)	139.3(9.6)	238.8(17.5)
49	11.60(0.96)	3.84(0.13)	33.12(2.49)	2.78(0.54)	134.1(4.2)	251.9(5.9)

注:数据引自林开淼等(2014)。

有研究者对鄂西南山地常绿落叶阔叶混交林采伐迹地不同更新方式对林地土壤肥力的影响的研究发现,在山地常绿落叶阔叶混交林采伐迹地更新时,应尽量减少对林地的人为破坏,提倡采用人促更新的方式培育阔叶混交林,以发挥阔叶混交林在自我培肥土壤和持续维持地力方面的作用,快速培育优质阔叶用材林或生态防护林。对现有的人工更新的针叶纯林要采取择伐或块状皆伐以及套种阔叶树种等措施,增加物种多样性,减少水土流失,增加土壤孔隙度,改良土壤结构(谢耀坚,2006)。

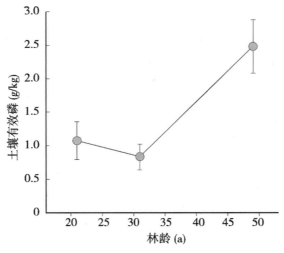

图 2 – 2 – 11　不同林龄人工促进更新米槠林土壤有效磷含量

资料来源:数据引自林开森等(2014)

三、林下植被恢复模式

(一)林下植被恢复模式

20 世纪 80 年代初期,我国开展了大面积的生态恢复、植树造林、治理水土流失等工作。在我国南方主要以马尾松或其他经济林木如桉树等为主的单一树种造林。人工林的迅速发展在一定程度上缓解和满足了人类的需求,减缓了对天然林的破坏速度,对生态环境的保护起到了非常重要的作用。经过多年的治理,南方红壤区的森林覆盖率已达到 50% 以上。然而,由于早期造林主要考虑木材的蓄积和经济价值,没有统筹考虑生态环境效益,采取砍除全部地表植被,放火烧山炼山,实行"剃头挖心"的全垦整地方式,使保持水土十分重要的草、灌植被遭受毁灭性破坏。目前,我国南方地区大多数森林林下仍存在大面积裸露地,普遍缺少灌木或草本植物覆盖(李钢等,2012)。

众所周知,林下植被作为森林生态系统的一个重要组成部分,在防止雨滴击溅和径流冲刷地表土壤,改善土壤理化性质,防治水土流失以及生态恢复中具有重要的地位。在水土流失严重的地区,如何恢复植被是其生态环境建设中最大的问题。林下植被的恢复一方面可以保持水土,另一方面可以防止养分流失、提高土壤固氮。目前南方红壤区存在大面积的马尾松林、油茶林、各类园地以及近年发展迅猛的桉树林,这些地表缺乏覆盖的次生纯林地上存在突出的林下水土流失问题。林下水土流失在花岗岩红壤区水土流失中所占比例大,产生的危害也日益突出。植树造林只是恢复了生态系统上层结构,今后还必须重视下层植被的恢复与重建。林上和林下植被同时恢复是控制南方红壤侵蚀区林地水土流失的根本途径。

(二)典型案例

李钢等(2012)在江西省赣县次生马尾松林的研究发现,次生马尾松纯林地林冠结构稀薄,在自然降雨条件下难以发挥林地的水土保持功能。试验区次生马尾松纯林地实施百喜草和胡枝子覆盖地表可以将林地侵蚀强度降低为轻度或中度侵蚀。植被恢复的水土保持效益与林冠结构和地表覆盖度相关,在24%郁闭度下进行植被恢复时的水土保持效益较好,当地表覆盖度为30%～35%时,百喜草和胡枝子的年保水效益为50%～60%,年固土效益为65%～70%。

通过对福建省长汀县河田镇马尾松林下植被芒萁去除的实验研究发现,随着去除时间的延长,林下土壤裸露,多为沙粒为主(图2-2-12)。这主要是因为林下植被的去除后,缺乏覆盖,雨水的不断冲刷,导致细颗粒土壤流失。林下植被的去除还引起土壤保肥能力的降低,根据前期的结果发现:缺乏林下植被覆盖的土壤氮保持能力显著低于有林下植被覆盖的土壤,林下植被去除导致土壤保氮能力降低了34%～83%(聂阳意等,2018)。

图2-2-12　林下植被去除对比

四、等高草灌带治理模式

(一)治理思路

在水土流失区治理实践中,如何采取工程措施与植物措施的有机结合,拦蓄地表径流和增加近地表覆盖,是解决强烈及更严重的水土流失坡地治理的重大技术问题。在强度侵蚀区,由于植被稀少而地表裸露,坡面径流冲刷强烈,通过布设坡面工程如等高水平沟可以截短坡长,削减径流冲刷力,同时能有效拦截坡面径流泥沙,促进水分入渗及有机质等养分沉积,改善沟内土壤水分及养分状况,为植物生长创造有利条件。而沟内植物的生长反过来能更好地保护坡面工程,促进径流泥沙的拦蓄沉积,因而结合坡面工程营造水土保持林可以取得良好的植被恢复与蓄水保土效果,是强度侵蚀区水土流失治理的新思路。造林时采用等高水平沟整地种植生态林草,由于沟深,容积大,能够拦蓄较多的地表径流,沟壁有一定的遮阴作用,改变了沟内土壤的光照条件,可以降低沟内的土壤水分蒸发,沟内的乔、灌、草快速覆盖地表,形成一条条水平生长的茂密等高草灌带,能有效地削减坡面径流泥沙,控制水土流失。地表灌草层密切影响水土流失量,因为灌草层具有减少雨水冲刷、过滤泥沙、涵养水源、提高土壤抗侵蚀性能等作用,在水土保持中起到重要作用(陈志彪等,2013)。

(二)典型案例

2000—2005年,福建省长汀县在以河田为中心的强度水土流失区,提出坡面工程与生物措施相结合的等高草灌带技术,应用等高草灌带技术种植生态林草2440hm^2,占水土流失治理总面积的5.9%。等高水平沟具有省工易行的特点,在拦截径流和蓄水保土等方面也具有较好功效。在强烈及以上侵蚀山地的坡面,沿等高线挖水平沟,水平沟的断面挖成梯形,按"品"字形排列,且植苗播种前需要施基肥。在沟内种植水土保持草灌,用宽叶雀稗种籽,灌木以胡枝子为主。沟间挖穴种植乔木和灌木,乔木以乡土树种为主,如木荷、杨梅、枫香、鳍蒴锥(又名闽粤栲)等,挖穴种植。由于等高水平沟保水保肥能力强,有效地改善了沟内土壤水分及养分状况,为植物生长创造了有利条件,植被生长良好,裸露地表得到快速覆盖,治理区土壤肥力、小气候、生物群落、生物多样性、植被生长量都向良性发展,生态效益明显(岳辉等,2007)。

福建省宁化县采用草灌乔多层次三位一体的模式对生态公益林进行治理，对林下水土流失严重地区，沿等高线布置草灌带，同时进行大量施肥和补植，快速恢复地表植被，截断坡面径流，增强地表抗蚀能力，当年植被覆盖率能达15%左右，第2年能达40%~60%，第3年普遍能达到85%以上。

福建省长汀县三洲乡石官坳山场原为中强度水土流失区，平均坡度约21°，2001年采用等高草灌带技术种植木荷、枫香、胡枝子及宽叶雀稗等进行治理。据2005年1至12月的径流小区测定，治理区土壤侵蚀模数降至438t/（km²·a），与未治理的对照区相比降幅达91%，土壤侵蚀模数低于500t/（km²·a）的土壤容许流失量，达到无明显侵蚀水平，径流系数减至0.27，与对照区相比减少了48%，表明等高草灌带能有效地削减坡面径流泥沙，蓄水保土效果显著（岳辉等，2007）。

五、"老头松"低产林改造模式

（一）"小老头松"低产林改造模式

马尾松在我国南方红壤区分布较广，然而该地区水土流失问题十分严重，土壤的严重侵蚀退化，导致土壤结构的改变、肥力和水源涵养性能的下降，使马尾松林地生境恶化，制约着马尾松林生态系统的发展，导致许多山区马尾松长势极为缓慢。例如，有些地区25年树龄的马尾松高度不到1.5m，成为名副其实的"小老头松"。加之该地区树种单一化，树种结构搭配不合理，人为破坏等因素，使得大面积"小老头松"针叶林地土壤侵蚀与土壤退化形势在短时间内难以逆转，恢复的难度极大。

（二）典型案例

福建省长汀县十多年在生态公益林中"老头松"的治理经验表明，植被快速覆盖模式可明显改善土壤机械组成，土壤微团聚体、物理结构性状都有不同程度的改良。由长汀水保站与福建省水保站联合监测成果得知，治理3年后植被覆盖度可达到70%以上，土壤侵蚀模数下降至中轻度以下。自20世纪80年代以来，长汀、安溪等很多地区对这种"小老头松"林进行了改造，采取整地、混交以及种草促树等措施，使很多"小老头松"出现"返老还童"生长迅速，每年抽梢达70~120cm。上述事例说明，在侵蚀劣地上重建植被，首先必须解决土壤的旱瘠这一障碍因素；同时，要注重林下植被的建设。目前已在原有"白砂岗""红砂岗"上重建植被的水土保持示范区，均较好地解决了土壤旱痔和地被植物问题。较为成功的"小老头"马尾松改造模式主要有：以草促树模式，如草类（类芦、香根草、宽叶雀稗或当地杂草）+水平沟+施用基肥（长汀河田、安溪官桥）；混交林模式，如木荷+胡枝子+草类+水平沟+施用基肥（长汀河田）。1983年春，长汀县水保站在极强度水土流失的水东坊试验场的5年生马尾松林中混植了豆科的紫穗槐、刺槐、黄檀、胡枝子等乔、灌木树种，并依不同类型分别设置标准地，之后每年7月进行生长调查。研究发现混交豆科乔灌后，马尾松的生长明显加快，且林地植被覆盖度大大增加（>90%）。植被覆盖度的增加，大大减少了雨滴对土壤的直接击溅侵蚀，延长了径流形成时间，增加了雨水下渗量，使林地土壤侵蚀得到有效的控制（马志阳等，2008）。

福建省永定县（今永定区）林地土壤侵蚀区主要由水蚀作用所形成，其明显特征是表土层流失殆尽，土壤有机质含量低于1%，天然马尾松长势极差，成为"小老头松"，但均有一定的株数，采取工程措施与生物措施相结合，草灌乔共同配置的方法，用不同处理进行治理，除大穴乔灌混交处理由于混交密度过小，树种选择不适当造成影响差异不明显外，其他几种治理措施处理区的"小老头松"抽梢量都极显著或显著大于未治理区。各种措施间因工程措施、树种配比、混交形式和密度不同，对"小老头松"抽梢影响程度也不同，混交了草木的措施比其他措施影响更为显著，同时各年间抽梢量差异极显著或显著，且逐年增大。因此，针对永定县水土流失的林地大多尚保存有一定株数的"小老头松"，采取工程措施与生物措施相结合，草灌乔一起上，以草促林的方法，特别是台地乔灌草措施，对促进"小老头松"抽梢生长，改善植被状况以及提高土壤肥力、治理水土流失，是行之有效的方法（吴汉明，1992）。

六、退耕还林模式

（一）退耕还林模式

退耕还林就是从保护和改善生态环境出发，将易造成水土流失的坡耕地有计划、有步骤地停止耕种，按照适地适树的原则，因地制宜地植树造林，恢复森林植被。退耕还林工程建设包括两个方面的内容：一是坡耕地退耕还林；二是宜林荒山荒地造林。因为水土流失不仅与森林植被有关,而且同不合理的农业耕作方法及其他方面也有很大关系;水土流失不单发生在荒山荒坡上,更大量地发生在耕地上,加上我国南方地区雨水多,山高坡陡,水土流失严重,因此在南方地区对坡耕地的退耕还林的综合治理就显得尤为重要(黄晓莹,2016)。

(二)典型案例

广西自 2001 年实施退耕还林工程以来,已累计建成工程营造林 106.3 万 hm²。退耕还林工程的实施,使广西直接增加的森林面积(已成林面积)88 万 hm²,使全区森林覆盖率提高了 3.7%。随着工程建设的推进,如何科学有效地评价工程的生态效益已成为当今政府部门迫切关注的问题。胡东东(2015)在以广西平果任豆模式、平果尾叶桉模式、东兰板栗模式、东兰香椿模式、兴宾尾叶桉模式、兴宾任豆模式 6 种模式为研究对象,并应用森林生态学、生态林业等理论对退耕区域物种多样性、生物量、土壤理化性质、地表径流水质及退耕后所取得的效益进行研究。结果表明:①实施退耕还林后,退耕地林下植被得到了很好的恢复,植被覆盖度达到 80% 以上。不同退耕模式林下 Margalef 指数、Simpson 指数及 Shannon – Wiener 指数均存在显著差异,灌木层 Simpson 指数、Shannon – Wiener 指数均大于草本层。且植被 Simpson 指数及 Shannon – Wiener 指数都较对照组未退耕地高。同时,退耕地林下灌草生物量也大于对照组。②实施退耕还林后,退耕地的土壤结构得到了一定的改善,土壤容重较对照组未退耕地高,但土壤的孔隙度、最大持水量、田间持水量都较对照组的小,这是由于对照组受到人为耕作的影响。土壤有机质、全氮、全磷、全钾、水解氮、速效磷和速效钾含量总体上都较对照组高,说明退耕还林后能有效地改善土壤肥力。③实施退耕还林后,退耕地的水土流失也得到了有效控制,林地蓄水、固土能力得到了加强,各退耕模式的径流量和泥沙量都远小于对照组。同时,林地地表径流水水质也得到了一定的改善,水中的总氮、总磷和重金属含量较对照组低。④以效用价值论为理论依据,并采用"替代工程法""机会成本法"等方法,算出平果县、东兰县、兴宾区各模式产生的生态价值总额达到 1.16×10^{10} 元,其中保护水资源价值、固碳释氧价值、生物多样性价值、净化环境价值、保育土壤价值分别占生态总价值的 40%、33%、13%、10%、4%,生态效益主要体现在保护水资源和固碳释氧两方面。

第三章

经果林地

水土保持

第一节　经果林地水土流失概况

一、经果林概况

我国南方红壤丘陵区广布于南方的 16 个省（区、市），总面积 218 万 km^2，约占全国土地总面积的 22.7%。该区水热资源丰富，区位条件优越，非常适宜经果林的生长，是我国热带亚热带经济林果、粮食及经济作物生产的重要基地。但由于南方红壤丘陵区山高坡陡、降雨集中、土壤抗蚀性差，加之受贫困、人口压力和历史因素等影响，因此红壤区大面积土地正遭受严重的水土流失，并成为南方红壤侵蚀的典型代表。

经果林作为重要的水土资源开发性治理措施之一，具有经营周期短、经济效益高等优势，在农业人口众多的丘陵地区或山区，由于耕地少、坡耕地所占比重很大，发展经果林成为这些地区广大农民增收致富的主要经济来源，经果林产业日益成为红壤山丘区的重要支柱产业（朱丽琴等，2019），尤其在丘陵山区极大促进了区域经济发展，改善人民生活，成为农民脱贫致富和振兴农村经济的支柱产业，对推动绿色增长，维护国家生态和粮油安全，具有十分重要的意义。

各级政府及林业主管部门自 80 年代后期开始，结合消灭荒山和进行山区林业综合开发，积极引导和鼓励当地群众发展经果林，经过几十年的努力，取得了巨大的成绩，经果林面积成倍增加。但在开发经营过程中，相关人员多把重点放在为获得稳产高产而实施的经营管理当中，包括施肥培肥、施药抗病、灌溉抗旱、间作套种、修剪疏果等，而对于开发初期的土地整理过程、方式及其造成的影响和后果关注不够，尤其是对果园水土流失与土地生产力衰退缺乏重视，致使生态环境遭受破坏，造成的水土流失与次生危害演变为区域性重大环境问题，严重威胁区域防洪安全、粮食安全、生态安全。适宜该区域的经济林果有甜橙、柑橘、油茶、茶叶、板栗、荔枝、龙眼、香蕉、柚子等。

脐橙属芸香科柑橘属植物甜橙的一类栽培品种,是我国南方多省重要的经济林种。脐橙最早的品种华盛顿脐橙是 1870 年由巴西的有核塞来他甜橙的枝变而来,20 世纪初引入中国。中国脐橙的主要产区是江西、重庆、湖北、湖南和四川等地。江西赣南脐橙已成为我国国家地理标志产品,脐橙种植面积世界第一,年产量世界第三,是全国最大的脐橙主产地。截至 2017 年,赣州全市脐橙种植面积 10.27 万 hm^2、产量 124 万 t,实现脐橙产业集群总产值 118 亿元,帮助 25 万种植户和 70 万果农增收致富(舒畅,2019)。重庆奉节地区是我国四大脐橙主产区之一,种植总面积为 2.13 万 hm^2,2017 年总产量 30 万 t,产值 26.25 亿元(苏俊,2019)。截至 2017 年,湖北秭归脐橙种植面积达 201 万公顷,产量 40.48 万 t,产值过亿元的村 3 个,0.5 亿元以上的村 12 个(向静等,2018)。

油茶为山茶科木本油料植物,是我国特有的木本食用油料树种,产区主要分布在湖南、江西、福建、湖北、浙江、广西、广东等省(区、市)。油茶树寿命长、适应性强,丘陵、山地、沟边、路旁均能生长。油茶不仅能绿化荒山,保持水土,同时具有显著的经济效益、生态效益和良好的社会效益。全国现有栽培面积约 $400 \times 10^4 hm^2$,比 1949 年纯增加面积 $134 \times 10^4 hm^2$,增幅 33%。油茶栽培面积在 $6667 hm^2$ 以上的县有 150 个。按省(区、市)划分,其中湖南 $160 \times 10^4 hm^2$,江西 $100 \times 10^4 hm^2$,广西 $43.4 \times 10^4 hm^2$,这 3 省(区)合计栽培面积 $303.4 \times 10^4 hm^2$,占全国总面积的 75.8%。其他栽培面积较集中的省(市)依次是:贵州、福建、广东、浙江、重庆、湖北、四川、云南。全国常年产茶油约 $1.2 \times 10^8 kg$,比 1949 年增长 3 倍,上述 3 省区占总茶油产量的 83%,单产也较高。

二、经果林地水土流失成因及危害

(一)经果林地水土流失成因

经果林作为水土保持林草措施之一,在一定程度上能够拦截降雨,增加降雨就地入渗,减少径流冲刷地表,控制水土流失。但近年来,随着社会经济发展、人口密度增加和农林产业结构调整,南方红壤低山丘陵区经果林种植模式和种植面积发生了巨大变化。随着茶叶价格上涨,福建省大面积的茶园开发加剧了山地水土流失(陈小英,2009)。彭小博(2017)发现锥栗园经过长期的清耕措施,林地水土流失严重,导致了林地土壤养分失衡,地力衰退。在江西省西南部,大量低山丘陵地区被开发,由于经果林缺乏水土保持措施,水土流失严重(张维玲等,2012)。

在经果林建设中,人们片面追求经济增长,缺乏环境保护观念,在大规模经果林开发建设过程中对地表土壤扰动强烈,破坏原有地貌和原生植被,降低土壤抗侵蚀能力,使经果林成为该区水土流失的主要策源地(Barton et al., 2004)。再则由于该区水热条件优越,生物生产潜力大,土壤本身及其与水、岩、气、生物圈之间的物质循环及交换过程较其他区域更为强烈,受干扰后生态环境退化迅速,使得林果业大规模开发与生态环境保护的矛盾日益凸显。经果林开发具有双面性,科学合理的种植具有保持水土的功能,但在开发建设过程中如果不注重水土流失防护、无序生产经营等,则会导致更为严重的水土流失。在经果林开发过程中产生的水土流失的主要成因有以下几方面。

1. 山顶、山脊或陡坡开垦种植

地形因素对土壤侵蚀的影响是通过坡度、坡长、沟壑密度等对侵蚀产生作用。经果林多在丘陵山坡上进行,山坡坡度的变化可影响雨滴对地表的冲刷能力,进而影响坡面径流量和流速。地表径流产生的能量是径流质量和流速的函数,而径流量的大小和流速主要取决于径流深与地面坡度。大量研究表明,在一定坡度范围内侵蚀量随坡度的增加而增加,当坡度达到一定值时,侵蚀量反而呈减小趋势,即存在临界坡度;坡长对侵蚀的影响较为复杂,主要随降雨径流状况而变化。当坡度一定时,坡长越长,其接受降雨的面积越大,使之径流量越大,水将有较大的重力位能,当其转化为动能时能量也大,其冲刷力也就增大。付兴涛等(2009)研究坡长对低丘缓坡胡柚经济林地坡面侵蚀产流过程的影响规律,发现经济林地坡面径流量随坡长呈每隔有规律的起伏变化,在坡面栽植经济林时,沿坡长按每隔的规律进行布局,能有效减缓坡面径流的产生;何绍兰等(2004)研究不同坡度下幼龄柑橘园水土流失特征,发现当坡度在0°~5°时,柑橘园地表径流量差异不大,坡度超过5°以后地表径流量便会大幅度增加,而且径流中的泥沙含量也呈随坡度增大而增加的趋势,表明水土流失与果园土面坡度直接相关。因此,凡坡度大于25°的坡地不宜开垦,能有效降低水土流失强度。

2. 建园标准低，破坏原有植被，导致土壤裸露

植被是抑制水土流失发生的主要自然因素，表现在两个方面：一是植被对降雨侵蚀力的影响；二是植物根系及枯枝落叶层对入渗和径流的影响，只有当降雨强度超越了植被枝叶拦截能力时方可产生水土流失，植被的防蚀能力随着植被盖度的增加而增加，水土流失相应减少。

在果园建设中，大面积扰动地表土壤，破坏原生植被，松散表土裸露，坡长较长，坡面径流紊乱，极大地减弱了土壤的抗侵蚀能力。尽管建园修筑了梯田台地，但建园标准低，台面呈顺坡倾斜，梯埂台窄，前无埂，后无沟，梯壁无植被保护，拦沙蓄水等水土保持设施不配套，每遇大雨容易崩塌和滑坡，造成严重水土流失。据统计，随着坡地规模化开发和机械化作业技术推广，每年新增水土流失面积约 2 万 hm^2（龚洁，2007），因此充分合理地开发山地丘陵资源已成为解决该区人地矛盾的关键。

3. 经果林开发缺乏统筹规划

不注重因地制宜的开发原则，科学布局，统筹规划，盲目跟从，强行大面积连片建园，种植单一品种的果树，使区域经果林开发上出现物种单一，影响了生态系统的平衡，由此引发多种灾害的发生。同时没有针对南方红壤低山丘陵区水土资源空间匹配特点、不同侵蚀退化生态系统特征和生态功能提升的需求，加强空间配置。未结合区域资源特色和生态产业发展需求，以优化水土保持措施的空间布局和生态功能提升为目标，构建结构和功能优化的坡地经济林果开发水土流失治理技术。

4. 幼林经果林水土流失

由于建园标准低，地表和梯壁植被稀少，果树幼林期冠幅小，植被覆盖度低，地表层土壤松散，抵抗降雨径流击溅和冲刷能力差，遇降雨或径流冲刷土壤势必发生溅蚀和流失。对新垦果园而言，由于下垫面植被遭受破坏，且经人工翻耕后，水土流失更为严重。有研究表明，坡度为 5°的幼龄茶园，年土壤侵蚀量可达 49.6t/hm^2，而当坡度为 20°时，能达到 170t/hm^2（王晓萍，1990）。

5. 经果林管理水平低

在经果林开发建设中，缺乏因地制宜，科学布局，合理布设水土保持措施，传统清耕和粗放的果园土壤管理模式，使果园水土流失严重，生态环境恶化，以及盲目投入、大肥大水、滥用农药等，使得果品农药残留超标，水土流失和面源

污染问题突出,既严重影响了区域社会经济发展,又破坏了区域生态环境。

(二)经果林水土流失危害

随着社会经济发展,近年低山丘陵区林果业开发力度加大,无序开发与无保护性开发造成了严重的水土流失,成为该区坡地水土流失新的增长点(Liang et al., 2010; Zheng et al., 2008)。根据水利部、中国科学院、中国工程院联合开展的《中国水土流失与生态安全综合科学考察报告(2010)》,南方红壤丘陵区平均侵蚀模数为 3419.8t/(km² · a)。与黄土高原区相比较小,但该区土体及其岩石风化层厚度仅为黄土厚度的 2% ~10%。因此,红壤丘陵区土壤"相对流失量"更大,承载侵蚀本底浅薄。据梁音等(2008)研究,该区目前有2.3 万 km² 土地面积,土层厚度在 10cm 以下,按每年 1cm 的侵蚀速度,10 年内很可能将土层流失殆尽,成为无法耕作的光石山,潜在危险性极大。从宏观尺度看,红壤丘陵区水土流失多呈斑点状分布,集中连片分布较少,在 1:400 万的全国土壤侵蚀图上基本是空白,这种分布特点掩盖了水土流失的真实情况。此外,水土流失是一个渐变过程,在这个过程中人们意识不到或者不易发觉它的危害性,具有隐蔽性,尤其在南方经果林的开发生产中,人们往往因为植树(经济林木)建园掩盖了对水土流失认识和关注,特别是该陡坡耕地的表土,每年侵蚀深度 1cm 左右,对于有限的十几到几十厘米的耕作层来说,抗蚀年限很小。

受人口密度大、人类活动频繁、自然降雨量大、不合理开发利用(过量施肥、大肥大水、滥用农药)等因素影响,南方红壤区经果林地水土流失及面源污染问题异常严重,造成土壤、地下水体污染等生态环境问题,加剧了人口和土地资源的矛盾,导致农业产量低而不稳,农民收入长期在低水平徘徊,严重影响南方特色林果产业的发展和壮大。经果林地水土流失危害突出表现为以下几个方面。

1. 表土丧失,地力退化

南方经果林木大多种植在山地丘陵区,该区具有丰富的降水资源,加之不合理的开发利用,在经果林开发生产过程中,表土资源丧失,侵蚀严重,土层变薄,土壤肥力下降,水源涵养能力降低,土地生产力退化,最终影响经果林木的生长发育以及果品品质与产量。据梁音等(2008)调查结果表明,1984—2004年期间红壤丘陵区耕地面积减少了 2.32 万 hm²,其中多数地区因水土流失导致耕地减少的比例在 10% 左右,全区每年因水土流失而带走的氮、磷、钾总量约为 128 万 t。侵蚀红壤的有机质含量大多低于 5g/kg,水解氮大多低于 50mg/kg,速效磷大多低于 5mg/kg,导致考察区内土壤数量减少、质量恶化,土地生产力降低。

2. 泥沙下泄,危害农田河库

经果林开发建设,如无有效的水土保持措施,必将产生水土流失,下泄泥沙殃及山下农田,严重影响了农业生产和农民收入。泥沙进入河道、湖泊和水库,抬高河床,影响行洪、航运。泥沙淤积湖库,降低湖库调蓄洪能力,加剧了洪涝灾害发生。据调查,由于泥沙淤积,福建、江西等省的内河航运缩短了 1/4。福建省淤积报废的山塘和水库总库容达 1550 万 m³ 以上,被泥沙淤塞的大小渠道长达 1.53 万 km,大大削弱了输水、灌溉与发电能力。广东省韩江上游梅江被泥沙淤高的河道达 379 段,1980—1985 年支流五华河、宁江河床已高出田面 0.5～1.0m,成为地上河。湖南省长 5km 以上的河流 5431 条,其中约 10% 的河流淤积特别严重,有的已成为地上悬河(梁音等,2008b)。

3. 面源污染突出,水质恶化凸显

径流和泥沙是面源污染的重要载体,在经果林生产经营下,超量农药、化肥的施用,致使面源污染问题凸显,伴随着径流和泥沙下泄的面源污染物(土壤养分与重金属等)对江河湖库水质的影响越来越大,特别是对饮用水水源地水质安全构成了严重威胁。据调查,经果林经营过程中,按照每棵树每年施复合肥 2 次、1 次施肥 1kg 计算,每 1 万 hm² 经果林每年化肥施用量折纯氮 400 余 t、磷 60 余 t、钾 30 余 t;随径流进入河道量按照总施用量的 5% 计,每年进入河道的残留化肥折纯氮 20t/万 hm²、磷 3t/万 hm²、钾 1.5t/万 hm²(尚润阳等,2015)。

4. 生态环境恶化,抗御灾害能力脆弱

不合理且未经保护开发种植经果林不仅对水土资源、农业生产及防洪危害严重,同时大面积全区域种植单一林种的经果林,其单一性导致了生态系统的脆弱性,对病害虫害的抵御能力低,一旦发生病虫害将是一场毁灭性灾害,严重制约当地农村经济可持续发展。

第二节　经果林地水土流失特征及影响因素

南方红壤低山丘陵区是我国重要的名、优、特农林产品供给基地，长期以来，受人口密度大、人类活动频繁、自然降雨量大且季节分布不均、不合理开发利用等因素影响，坡地土地资源退化，水力侵蚀严重，成为我国南方水土流失的主要策源地（Barton et al. , 2004；段剑等，2017；宋江平等，2018）。尤其近年来，农林产业结构调整，大规模经果林开发成为红壤区坡地水土流失新的增长点，亟待研发治理技术助力坡地生态—生产功能协同提升（Liang et al. , 2010；Zheng et al. , 2008；杨洁等，2012；史志华等，2018）。探明经果林地水土流失特征及其演变规律，对于揭示经果林地土壤侵蚀机制及其有效防治具有重要意义（杨洁，2011；汪邦稳等，2013）。本节以江西水土保持生态科技园（燕沟小流域）为研究区域，通过连续野外定位观测，研究柑橘经果林地水土流失特征及其影响因素，为南方红壤区经果林地水土流失防治提供理论支撑。

一、经果林地水土流失特征

（一）降雨特征

降水是水力侵蚀最基本的影响因子，也是水力侵蚀的源动力。在我国南方红壤区，降水的主要形式为降雨，降雨是引起水土流失的重要影响因子，属于重点研究范畴。描述降雨特征的指标主要有降水量、降雨强度、降雨历时、降雨动能、降雨过程等。其中降雨量、降雨强度、降雨历时是研究侵蚀性降雨的三大降雨要素。分析研究区降雨分布特征是研究水土流失特征及过程的重要环节。

1.降雨分布特征

（1）年际变化

2001—2010 年降雨观测资料显示（图 2 - 3 - 1），研究区共降雨 1508 场次，历时 8128.6h，降雨总量 13115.7mm，平均雨强 1.74mm/h。研究区最大降雨出现在 2002 年,达 1809mm,占多年降雨总量的 13.8%。降雨量最小的年份是 2006 年,仅 1000mm,占多年降雨总量的 7.6%。总体看来,研究区降雨资源丰富,年际降雨量分配不甚均匀,年际间有丰水年和枯水年。

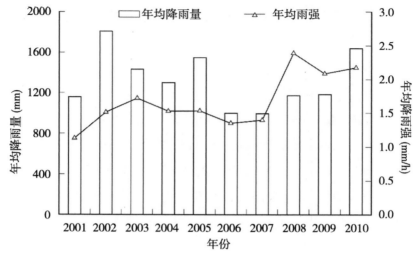

图 2 - 3 - 1 降雨年际变化特征

(2)年内变化

进一步分析降雨统计资料月分布动态规律,如图 2 - 3 - 2 所示,降雨年内月季节性分布不均,特征曲线呈双峰型,降雨第一峰值在 4 月份,第二峰值在 8 月份,9 月份、10 月份、11 月份、12 月份、1 月份降雨量显著减小。试验区降雨过程主要集中在汛期 3—8 月,2001—2010 年这 6 个月的平均总降雨量占总年降雨量的 70.8%,这表明降雨年内分布不均,雨季洪涝灾害频发,旱季影响经济作物产量和生活用水,对农业生产和人民生活极为不利。

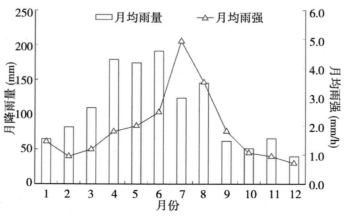

图 2 - 3 - 2 降雨年内变化特征

2. 降雨雨型分布特征

根据研究区 10 年观测资料统计分析（表 2 - 3 - 1，图 2 - 3 - 3），小雨雨型出现最为频繁，降雨场次占总场次的 75.1%；其次为中雨，占总场次的 15.8%，这两种雨型的降雨量分别为 2959mm、3834mm，分别占总降雨量的 22.5% 和 29.1%。大雨、暴雨、大暴雨、特大暴雨共 140 场次，占总降雨场次的 19.9%；降雨量为 6378mm，占总降雨量的 48.4%。可见，虽然小雨雨型出现的场次最多，但是其降雨量不足总降雨量的 1/3，降雨量主要集中在中雨和大雨两种雨型，占到了总降雨量的 56.3%，再加上暴雨、大暴雨和特大暴雨降雨量可达总降雨量的 77.5%，计算发现暴雨的平均雨强最大，其次为大雨、中雨和大暴雨，虽然中雨、大雨、暴雨、大暴雨的降雨频次明显小于小雨，但其降雨量却是小雨的近 4 倍，而且其平均雨强是小雨的数倍，对降雨造成的土壤侵蚀影响极大。

表 2 - 3 - 1　试验区降雨等级分配表

降雨指标	小雨	中雨	大雨	暴雨	大暴雨	特大暴雨	合计
降雨场次	1152	242	104	30	5	1	1534
占总量（%）	75.1	15.8	6.8	2.0	0.3	0.1	100.0
降雨量（mm）	2959	3834	3585	1880	659	253	13170
占总量（%）	22.5	29.1	27.2	14.3	5.0	1.9	100.0
平均雨强（mm/h^1）	0.83	1.82	2.82	3.57	1.75	0.44	—

注：国家气象局颁布的降雨等级划分标准。

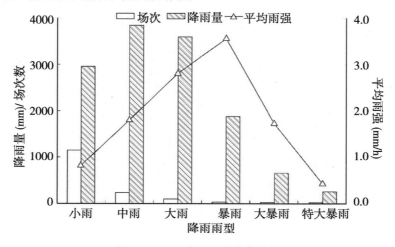

图 2 - 3 - 3　降雨雨型分布特征

（二）经果林地径流特征

1. 林冠截留特征

研究期间共观测了43场柑橘林地林冠截流后的降雨分配特征（表2-3-2）。结果表明,43场降雨的平均降雨量为20.07mm,其中平均穿透降雨量为9.15mm,平均树干茎流量为4.72mm,平均林冠截留量为6.20mm,穿透降雨、树干茎流和林冠截留分别占林外大气降雨量的44.72%、25.67%和29.61%,以穿透降雨所占的比例最大。据试验观测,柑橘树株内郁闭度为0.4~0.6,这可能是导致林冠截留率较低的主要原因。

表2-3-2　经果林地林冠截流特征

时间	降雨量（mm）	树干茎流量（mm）	穿透雨量（mm）	林冠截留量（mm）	林冠截留率（%）
2009.10.18	0.9	0.19	0.00	0.71	78.67
2009.10.19	1.9	0.35	0.14	1.41	74.24
2009.10.27	7.7	3.14	2.72	1.84	23.91
2009.11.01	2.2	0.72	0.45	1.03	46.82
2009.11.09	19.0	5.78	7.87	5.35	28.16
2009.11.11	11.4	5.68	1.75	3.97	34.79
2009.11.15	24.5	6.83	9.13	8.54	34.86
2009.12.08	7.5	4.07	1.80	1.63	21.79
2009.12.14	11.0	6.94	2.08	1.98	18.02
2010.01.30	14.1	6.54	4.04	3.52	24.97
2010.03.13	25.0	6.14	14.11	4.76	19.03
2010.03.14	11.5	2.48	7.04	1.99	17.28
2010.03.23	38.3	11.00	24.73	2.57	6.71
2010.03.24	7.5	1.92	4.68	0.90	12.00
2010.03.30	11.5	2.83	7.15	1.52	13.22
2010.04.01	18.6	4.52	12.24	1.84	9.89
2010.04.01	8.8	1.98	5.18	1.64	18.64
2010.04.01	3.1	0.55	1.78	0.77	24.84
2010.04.05	12.3	2.96	8.19	1.15	9.35
2010.04.06	5.1	0.90	2.72	1.48	29.02
2010.04.11	62.5	14.23	43.38	4.89	7.82

时间	降雨量 （mm）	树干茎流量 （mm）	穿透雨量 （mm）	林冠截留量 （mm）	林冠截留率 （%）
2010.04.12	12.6	2.77	8.28	1.55	12.30
2010.04.14	55.9	14.26	39.74	1.90	3.40
2010.04.17	13.3	2.90	9.14	1.26	9.47
2010.04.18	3.7	0.79	2.38	0.53	14.3
2010.04.19	6.4	1.52	3.91	0.97	15.16
2010.04.21	22.3	3.94	15.19	3.17	14.22
1010.04.25	10.0	1.99	5.71	2.30	23.00
2010.05.4	28.8	4.68	20.30	3.82	13.26
2010.05.8	34.5	7.12	17.71	9.67	28.03
2010.05.13	74.6	12.44	34.29	27.87	37.36
2010.05.16	4.9	1.16	2.46	1.28	26.12
2010.05.16	7.6	2.04	3.75	1.81	23.82
2010.05.17	18.9	4.68	10.97	3.25	17.20
2010.05.17	8.3	1.96	3.72	2.62	31.57
2010.05.18	19.7	4.12	8.10	7.48	37.97
2010.05.21	24	6.83	9.39	7.78	32.42
2010.05.27	35.5	6.11	8.13	21.26	59.89
2010.06.7	28.8	5.25	5.86	17.69	61.42
2010.06.8	43.3	8.92	5.22	29.16	67.34
2010.06.17	41.8	8.46	6.81	26.53	63.47
2010.06.19	39.5	6.84	5.49	27.17	68.78
2010.07.20	24.3	4.26	5.79	14.25	58.64

　　图2-3-4为经果林地林冠截留特征值与降雨量的相关分析结果,可以看出降雨量与穿透降雨量、树干茎流量、林冠截留量具有显著的正相关线性关系（$P<0.01$）。从散点的分布情况也可以得出,当降雨量低于20mm时,降雨量与林冠截留量二者的相关性更强。说明林冠的截留能力存在一个最大值,即容许最大截留量,或林冠截留容量。研究期间43场降雨下平均林冠截留率为29.61%,但变异较大,相关分析后发现,二者不存在相关性。但进一步分析发现,按照降雨量从小到大排序后,在降雨量很小或降雨起始阶段,林冠层截留率较大,随着降雨量增大,林冠截留率逐渐减小,当降雨量大于10mm后,规律性

比较差。因此,本研究把降雨量以 10mm 为界限,分成两部分分别分析林冠截留率与林外降雨量之间的相关性。结果表明,当降雨量 < 10mm 时,二者之间呈线性负相关($P < 0.05$),当降雨量 > 10mm 时,二者之间的相关性不显著。

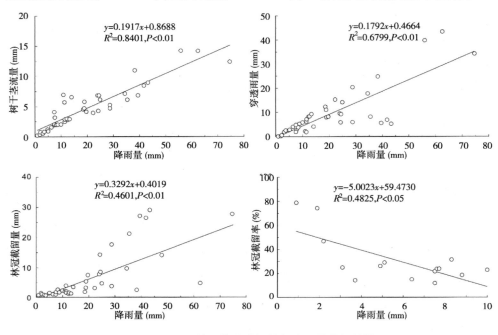

图 2 - 3 - 4　林冠截流特征值与降雨量的相关性

2. 林下枯落物持水特征

利用浸水法测得的不同时刻柑橘树枯落物持水率的变化如图 2 - 3 - 5 所示。可以看出,枯落物持水率随浸水时间的延长而增大,在开始时枯落物持水率增长较快,这个阶段一般在 2h 以内,尤其是在 0.5h 以内增幅最快;随着时间的延长,枯落物持水率增幅趋缓,大约在 18h 时枯落物持水率达到饱和,基本稳定而不再增加。因此,本试验得到柑橘树枯落物的最大持水率为 325.73% ,即为枯落物自身干重的 3.26 倍。该研究结果与国内外相关研究结论基本一致。如饶良懿等(2005)统计分析指出,枯落物持水量可达到自身干重的 2 ~ 4 倍,各种森林枯枝落叶的最大持水率平均为 309.54% 。相关分析表明,持水率与浸水时间之间显著相关($P < 0.01$),且呈对数函数关系($R^2 = 0.892$)。

枯落物持水率不同时刻的变化是枯落物在不同时刻吸水速率变化的结果。枯落物吸水速率的时间进程(图 2 - 3 - 5)表明,枯落物瞬时吸水速率随浸水时间延长而减小,并且与浸水时间呈负幂数关系($P < 0.01$)。枯落物瞬时吸水速

率随时间变化是由于枯落物本身水势（含水率）的高低决定的，当风干枯落物刚被浸入水中时，枯落物表面水势很低，其与浸水环境水势差最大，这导致瞬时吸水速率较高，随着枯落物不断吸水，水势差减小，枯落物的吸水能力逐渐变弱，瞬时吸水速率也逐渐变缓，并最终停止吸水。

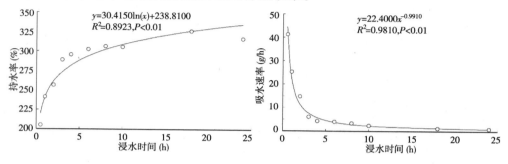

图 2-3-5　持水率和吸水速率随浸泡时间的变化图

另外，由于枯落物的最大持水量和最大持水率是在完全浸水的情况下测得的，而在实际坡地中，落到山坡的凋落物层的降水，一部分被它拦截，一部分透过孔隙很快渗入土壤中去，所以最大持水量和最大持水率一般只能反映枯落物层持水能力的大小，而不能真实反映枯落物层对降雨的拦截作用。天然降雨条件下研究枯落物对降水的实际拦截情况还需要综合考虑净雨强（降雨穿过冠层后到达枯落物时的雨强）、枯落物含水率、样地的微地形以及土壤的渗透特性等。如高人等（2002）的研究结论表明，枯落物截留量随林内雨量的增加而增加，呈显著的线性关系；枯落物截留率在低的林内雨量级时随林内雨量增加下降较快，以后随林内雨量增大而逐渐减少，最后趋于某一定值，枯落物截留达到饱和。

3. 坡面地表径流特征

根据野外定位观测试验资料（图 2-3-6），发现柑橘经果林地各年度的径流量有所不同，总体上 2002 年地表径流量最大，2010 年次之；2009 年地表径流量最小，地表径流量年际变化规律基本与降雨量一致。统计分析结果表明，降雨量与地表径流量具有极显著正相关关系（$P < 0.01$）。进一步分析柑橘经果林地地表径流月分布特征（图 2-3-6），发现汛期（4—9 月）径流深占年径流深的 86.3%，主汛期（4—6 月）径流深占年径流深的 46.2%，占汛期的 53.3%。说明汛期是经果林地地表产流的主要时期，其中以主汛期为主。

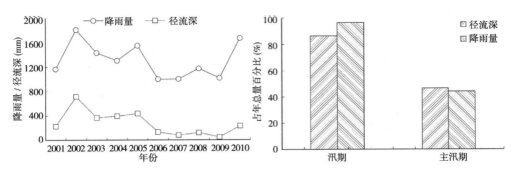

图 2 - 3 - 6　经果林地径流年际和年内分布特征

(三)经果林地土壤侵蚀特征

试验观测期间,柑橘经果林地土壤侵蚀年际变化,总体上呈下降趋势(图 2 - 3 - 7),以经果林开发初期土壤侵蚀量最大,即 2001 年经果林土壤侵蚀量为 8284.6t/km²,在 2002—2003 年土壤侵蚀量急剧下降,至 2005 年后,土壤侵蚀趋于相对稳定状态,与地表径流的年际变化规律不一致的是,土壤侵蚀量的年际变化规律与降雨量不一致。以上说明经果林地开发主要以开发初期土壤侵蚀最为严重,是防治的重点时期。进一步分析土壤侵蚀年内变化规律,发现汛期(4—6 月)的土壤侵蚀量占年侵蚀量的 96.5%。因此,从年内分布看,汛期也是经果林地土壤侵蚀防治的重点时期。

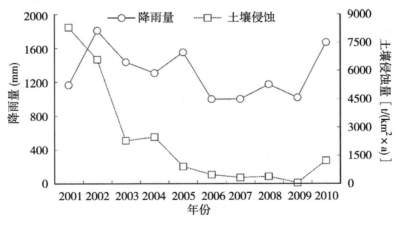

图 2 - 3 - 7　经果林地地表侵蚀特征

(四)与其他土地利用类型比较

1. 地表径流特征差异

根据不同土地利用类型的多年次降雨地表径流观测结果(图 2 - 3 - 8),可知裸地地表径流最大,次降雨平均地表径流深为 59.85mm;种植一年生农作物的坡耕地次之,次降雨平均地表径流深为40.70mm;其次是经果林地,平均地表径流深为37.33mm;种植多年生农作物的坡耕地和草地最小,平均地表径流深分别为6.31mm和6.01mm。与种植一年生农作物的坡耕地相比较,经果林地的地表径流深下降8.3%,两者差异不显著($P > 0.05$);种植多年生农作物坡耕地和草地的地表径流量分别下降84.5%、85.5%。

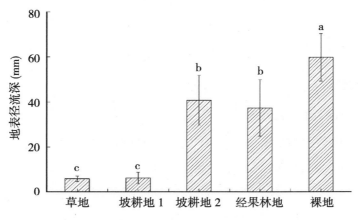

图 2-3-8　不同土地利用类型地表径流特征差异

(注:草地,百喜草;坡耕地1,种植苎麻多年生作物;坡耕地2,种植大豆一年生作物;经果林地,柑橘;不同小写字母表示在 $P < 0.05$ 下差异显著)

2. 土壤侵蚀特征差异

图 2-3-9 为不同土地利用类型下多年观测的地表土壤侵蚀特征,发现土壤侵蚀的变化规律与地表径流不完全一致,土壤侵蚀量以种植一年生作物的坡

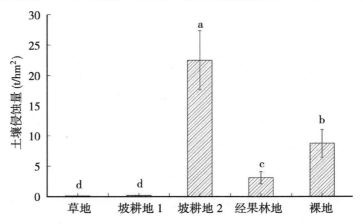

(注:草地,百喜草;坡耕地1:种植苎麻多年生作物;坡耕地2,种植大豆一年生作物;经果林地,柑橘;不同小写字母表示在 $P < 0.05$ 下差异显著)

图 2-3-9　不同土地利用类型地表侵蚀特征差异

耕地最大,次降雨平均土壤侵蚀量为 22.50t/hm²;裸地次之,平均土壤侵蚀量为 8.76t/hm²;其次为经果林地,平均土壤侵蚀量为 3.06t/hm²;种植多年生作物的坡耕地和草地最小,平均土壤侵蚀量分别为 0.12t/hm² 和 0.02t/hm²。与一年生作物坡耕地相比,经果林地、多年生作物坡耕地和草地的土壤侵蚀量均显著下降($P < 0.01$),下降比例分别为 86.4%、99.5%、99.9%。

二、经果林地水土流失影响因素

(一)降雨

1. 降雨对坡面产流的影响

降雨是红壤坡面地表径流产生的主要来源,降雨要素对径流的形成必将产生重要的影响。对次降雨地表径流与降雨因素之间的关系进行了回归分析(表2-3-3)。从一元回归来看,地表径流量随雨量、雨强、历时增大而增大,与降雨量相关性最高,与雨强的相关性次之,与降雨历时的相关性最差。说明降雨量显著影响径流量,降雨量越大,径流量越大;而雨强对径流量的影响程度不如降雨对径流量的影响程度显著。

表2-3-3　降雨要素与地表径流量的回归结果表

关系	方程	R	$df.$	F	$Sig. F$
雨量(P)与径流量(Q)	$Q = 0.0256 \times P^{1.6161}$	0.717	56	59.28	0.000
雨强(I)与径流量(Q)	$Q = 3.0352 + 3.9887 \times \ln I$	0.499	56	18.59	0.000
降雨历时(T)与径流量(Q)	$Q = 5.8727 + 0.0028 \times T$	0.175	57	1.80	0.185

降雨是引起土壤侵蚀的主要动力因子。但并不是所有降雨都能产生土壤侵蚀,在所有降雨中,只有部分降雨发生地表径流,进而引起土壤侵蚀,发生真正意义上的土壤流失,这部分降雨称为侵蚀性降雨(王万忠,1984;Wischmeier et al.,1958)。将发生侵蚀和不发生侵蚀的降雨区分开来的某种降雨参数的临界值,称为侵蚀性降雨标准,包括降雨量和降雨强度(谢云,2000;Zhu et al.,2011)。自然降雨中小降雨非常多,而绝大部分小降雨很难产生侵蚀,侵蚀降雨标准的确定,将会大大减少计算降雨侵蚀力的工作量,并提高土壤侵蚀的预报精度(Xie et al.,2002),同时为提高降雨资料的实用性,指导区域水土流失的科学防治发挥重要的实践意义。

Wishmeier（1978）根据雨量大小拟定了侵蚀性降雨标准,一次降雨量如小于 12.7mm,则将该次降雨从侵蚀力计算中剔除,但若该次降雨的 15min 雨量超过 6.4mm,则仍将这次降雨计算在内。Rappet al.（1972）在坦桑尼亚,Morgan（1980）在马来西亚\Hudson（1981）在津巴布韦研究得到的侵蚀性降雨雨强标准均为 25mm/h。

我国学者对侵蚀性降雨也做了大量研究,王万忠等（1983）在西北黄土地区求得 20°无覆盖雨量标准为 8.1mm,在 28°人工草地覆盖度大于 65% 时其值为 10.9mm,刺槐林地（覆盖度为 70%）标准为 14.6mm,并指出覆盖不同侵蚀性降雨标准不同。江忠善等（1988）根据黄土地区降雨径流资料,拟定了该地区侵蚀性降雨标准为 10.0mm。张宪奎（1992）、杨子生（1999）用王万忠的方法分别建立了黑龙江及云南滇东北山区的基本雨量标准,分别为 9.8mm 和 9.2mm;赵富海等（1994）在研究张家口降雨侵蚀力时,确定该地区的侵蚀性降雨标准为次降雨量大于 12.5mm 或最大时段雨强大于 8mm/h。谢云（2000）利用黄河流域子洲径流实验站的资料通过分析得出黄土高原坡面侵蚀的侵蚀性降雨雨量标准是 12.0mm,平均雨强标准 0.04mm/min,最大 30min 雨强标准 0.25mm/min,其中最大 30min 雨强作为侵蚀性降雨的标准要优于降雨量和平均雨强。

综上,不同学者因不同地区、不同的下垫面条件得出的侵蚀性降雨标准差异很大,为此,本章利用试验区多年观测降雨径流泥沙资料,分析南方红壤区不同下垫面条件侵蚀性降雨雨量标准、最大 30min 雨强标准。将样本值单场降雨雨量按从大到小的顺序排列,然后用经验频率计算公式求得相应雨量或雨强的经验频率值,并在频率格纸上绘出频率曲线,从曲线上查得频率值为 80%（取 80% 主要是为消除特异性降雨样本）时的雨量即为侵蚀性降雨基本雨量标准值,所采用的经验频率公式如下:

$$P = \frac{m}{n+1} \times 100\%$$ 式 2 - 3 - 1

式中:P 为经验频率值;m 为某次降雨量或者平均雨强的序列号;n 为序列的样本总数。

采用目前较为成熟的 80% 经验频率统计分析方法,点绘出雨量 P - Ⅲ 型频率曲线,从曲线上分别查出频率为 80% 所对应雨量值即为侵蚀性降雨的基本雨量。采用上述方法,求出不同措施处理小区的侵蚀性降雨标准,详见表 2 - 3 - 4。

可知不同的下垫面条件下侵蚀性降雨标准差异很大,不同类型措施的雨量标准从小到大的顺序为裸地 9.8mm、耕作措施 10.4mm、梯田 11.3mm、林草措施 14.7mm;不同类型措施的最大 30min 雨强标准从小到大的顺序为裸地 5mm/h、耕作措施 5.4mm/h、林草措施 5.7mm/h、梯田 6.4mm/h;同一类措施,不同的措施间侵蚀性降雨标准亦表现出一定的差异性,林草措施间的雨量标准是全园覆盖小于带状覆盖,最大 30min 雨强标准则表现出带状覆盖小于全园覆盖,耕作措施间的雨量标准是横坡、顺坡耕作差异不大,都明显大于清耕,最大 30min 雨强标准表现出清耕 < 顺坡耕作 < 横坡耕作,梯田间的雨量和最大 30min 雨强标准都是普通水平梯田总体上小于梯壁植草梯田。

表 2-3-4 经果林地不同水土保持措施下侵蚀性降雨标准

措施	措施类型	样本数(个)	降雨量(mm)	最大 30min 雨强(mm/h)
裸地对照	地表裸露	114	9.8	5.0
	平均	114	9.8	5.0
林草措施	柑橘 + 百喜草全园覆盖	74	10.7	6.2
	柑橘 + 百喜草带状覆盖	46	20.1	5.4
	柑橘 + 百喜草带状覆盖 + 套种大豆萝卜	59	13.8	5.4
	柑橘 + 阔叶雀稗全园覆盖	64	15.1	6.0
	柑橘 + 狗牙根全园覆盖	71	12.3	5.6
	柑橘 + 狗牙根带状覆盖	58	16.0	5.4
	平均		14.7	5.7
耕作措施	柑橘净耕	114	9.8	5.0
	柑橘 + 顺坡套种大豆萝卜	105	10.7	5.5
	柑橘 + 横坡套种大豆萝卜	108	10.6	5.7
	平均		10.4	5.4
梯田	柑橘 + 水平梯田	107	10.7	5.6
	柑橘 + 水平梯田 + 梯壁植草	82	10.7	6.5
	柑橘 + 前埂后沟水平梯田 + 梯壁植草	73	11.7	6.0
	柑橘 + 内斜式梯田 + 梯壁植草	76	12.1	6.3
	柑橘 + 外斜式梯田 + 梯壁植草	76	11.6	7.7
	平均		11.3	6.4

2.降雨对坡面产沙的影响

（1）降雨侵蚀力

以地表完全裸露对照发生轻微及其以上等级的降雨（雨强至少24h没有降雨）作为统计样本，采用目前较为成熟的80%经验频率统计分析方法，得出侵蚀性降雨的基本雨量标准值为9.8mm，平均雨强标准值为0.756mm/h。令$P = 9.8mm$，$I = 0.756mm/h$，分别在$P \sim P_Q$及$I \sim P_Q$关系曲线查得P_Q值均为99.9%，说明雨量≥9.8mm、雨强≥0.756mm/h的降雨所引起的土壤流失量占总流失量的99.9%。此外，通过降雨单因子和复合因子回归分析和相关性检验，确定降雨侵蚀力R值的最佳算法为：

$$R = \sum E \times I_{30}$$

式中：R为降雨侵蚀力，MJ·mm/(h·hm^2)；

$\sum E$为一次降雨总动能，MJ/hm^2，I_{30}为最大降雨强度，mm/h

根据此公式和侵蚀性降雨标准，分别推求次降雨侵蚀力R_s、月降雨侵蚀力R_m和年降雨侵蚀力R_a。

由图2-3-10可知，试验区的降雨侵蚀力整体呈现出年际变化大的规律。降雨侵蚀力值最大的2002年达到6649.21MJ·mm/(h·hm^2)，而最小的年只有2001年只有2685.05MJ·mm/(h·hm^2)。降雨侵蚀力与降雨量的年际变化基本一致，即降雨量最大的年份也是2002年，而最小的年份为2001年。作为土壤侵蚀动力的R值，其作用于土壤的最直接结果就是造成土壤流失，且值越大，土壤流失量也就越大。这就要求我们在制定研究区的土壤侵蚀工作计划时，应根据每年的实际情况，采取相应的保护措施来防止水土流失。

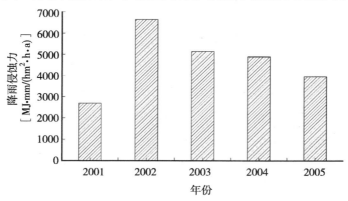

图2-3-10　试验区观测期内降雨侵蚀力年度分配图

从降雨侵蚀力的月均分布来看（图2-3-11），侵蚀力的产生主要集中在

4—9 月份,这 6 个月的月均降雨侵蚀力分别为 691.95MJ·mm/(hm²·h)、840.07MJ·mm/(hm²·h)、614.56MJ·mm/(hm²·h)、735.40MJ·mm/(hm²·h)、911.91MJ·mm/(hm²·h) 和 389.18MJ·mm/(hm²·h),依次占年均降雨侵蚀力的 14.85%、18.03%、13.19%、15.78%、19.57% 和 8.35%,累计百分比为 89.77%。但我们也从以上分析中可以看出,这几个月降雨侵蚀力所占总侵蚀力比例要比月降雨量所占总降雨量的比例高得多,这说明该地区 4—9 月份的降雨具有强度高、雨滴动能大的特点,故使得降雨侵蚀力占年降雨侵蚀力的百分率大于同时间内降雨占全年降雨的百分率。

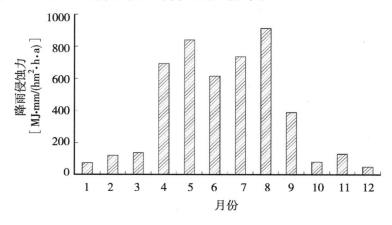

图 2-3-11　试验区观测期内月均侵蚀性降雨侵蚀力分配图

　　根据本研究采取的降雨类型划分标准和本试验区内的侵蚀性降雨标准,小雨不计入侵蚀性降雨类型。因此,将试验区年观测期内的降雨侵蚀力按中雨到特大暴雨 5 种降雨类型进行分类统计,结果见表 2-3-5。从降雨侵蚀力的雨型分布来看,暴雨产生的侵蚀力最大,为 7485.78MJ·mm/(hm²·h),占总降雨侵蚀力的 32.13%;其次为大暴雨,占总侵蚀力的 28.32%;再次为特大暴雨,占 27.15%;最后为中雨,仅占 1.58%。我们还可以看出,试验区特大暴雨频次最低,仅为 10.00%,低于大雨(34.21%)和中雨(11.05%),但其降雨侵蚀力却远大于中雨和大雨。同时也可以看出,占总降雨场次 34.21% 的大雨产生的侵蚀力却仅为总侵蚀力的 10.82%,说明大雨的侵蚀力较小;占总降雨场次 54.74% 的大雨、大暴雨和特大暴雨产生的 R 值占总 R 值的 87.60%,是产生水土流失的主要降雨类型。

表 2-3-5　红壤坡地降雨侵蚀因子 R 值随雨型的变化

年份	中雨		大雨		暴雨		大暴雨		特大暴雨		合计	
	场次	R 值*	场次	R 值	场次	R 值	场次	R 值	场次	R 值	场次	R 值
2001	6	86.86	10	349.61	12	1189.32	2	676.08	3	383.18	33	2685.05
2002	7	103.21	16	637.71	16	2451.29	5	729.95	5	2727.05	49	6649.21
2003	3	25.51	15	744.93	11	1619.14	4	693.23	4	2049.94	37	5132.75
2004	3	73.35	10	342.62	9	1128.61	5	2478.31	5	860.67	32	4883.56
2005	2	78.30	14	446.93	13	1097.42	8	2021.88	2	304.24	39	3948.77
合计	21	367.23	65	2521.80	61	7485.78	24	6599.45	19	6325.08	190	23299.34

*注:R 值的单位为 MJ·mm/(hm²·h)

（2）降雨因子对泥沙流失量的影响

降雨是水土流失发生的主要原动力。在地表条件相同的情况下,降雨对水土流失的影响与降雨量、降雨强度、降雨动能、前期降雨、降雨类型等有关。这里以地表裸露和柑橘果园径流小区为研究对象,分析降雨因子对泥沙迁移的影响（表 2-3-6）。结果表明,试验径流小区的泥沙流失量与降雨量、最大 30min 雨强、降雨动能和径流量具有极显著正相关关系（$P < 0.01$）。从相关系数看,泥沙流失量与最大 30min 雨强的相关性最高,其次为降雨动能、径流量,以降雨量最小。因此,总体上采用最大 30min 雨强和降雨动能,能较好地预测试验区泥沙流失量,这也在一定程度上说明了采用降雨侵蚀力值的科学性。

表 2-3-6　泥沙流失量与降雨参数和降雨径流的相关分析结果

径流小区	当次次降雨			前期降雨		地表径流
	与降雨量相关系数	与最大 30min 雨强相关系数	与降雨动能相关系数	与前期降雨量相关系数	与前期降雨雨强相关系数	与径流量相关系数
地表裸露	0.357**	0.659**	0.501**	0.254	0.076	0.411**
柑橘果园	0.333**	0.551**	0.453**	0.204	0.087	0.361**

注:** 指在 0.01 水平下显著。

（二）地形

1. 地形对经果林地产流的影响

地形是水土流失的重要因子,一方面地形影响着水土流失过程,另一方面水土流失造成的地表土壤剥离、搬运和沉积过程重塑着地形,从而形成新的侵蚀地形。梯田是坡地经果林开发中常用的工程整地措施,具有较好的蓄水保土效益。改造坡耕地,建设高质量水平梯田,是控制红壤丘陵区坡地农林开发的水土流失,实现当地农业生产可持续发展的重要措施。

图2-3-12为不同地形下经果林地径流侵蚀特征,可以看出梯田经果林小区观测期内的地表径流明显小于坡面经果林小区,多年次降雨观测资料表明,坡面经果林小区的次降雨地表径流深为11.75mm,梯田经果林小区的次降雨地表径流深为1.57mm,经果林地形由坡面改成梯田后,能有效减少地表径流,减流效益可达86.60%。

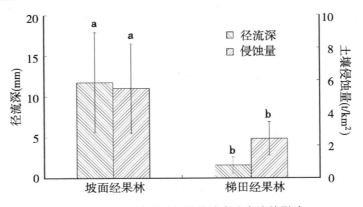

图2-3-12 地形对经果林地产流产沙的影响

在以上研究结果的基础上,通过对试验区典型次降雨资料整理及径流数据统计,选取不同雨型的次降雨进行比较,分析不同地形条件下经果林产流特征(表2-3-7),可以看出不同降雨雨型下梯田经果林的地表产流量都显著小于坡面经果林。以坡面经果林为对照,特大暴雨条件下梯田经果林的减流率最高(93.24%),其次为大暴雨和暴雨,中雨条件下的减流率最小(59.29%)。以上说明,地形对经果林产流的作用效应受降雨雨型的影响。

表2-3-7 不同降雨雨型下地形对经果林产流特征的影响

雨型	降雨量(mm)	径流量(mm)		减流率(%)
		坡面经果林	梯田经果林	
中雨	15.4±3.3	1.18±0.23	0.48±0.11	59.29±1.69
大雨	31.7±1.6	5.61±2.46	1.05±0.05	65.46±12.71
暴雨	45.7±24.0	10.07±1.36	1.63±0.78	83.15±9.99
大暴雨	75.6±39.2	18.47±2.74	3.13±1.87	82.84±0.76
特大暴雨	247.1±6.9	23.42±3.20	1.58±0.17	93.24±0.20

2.地形对经果林地产沙的影响

由图2-3-12可知,梯田经果林小区观测期内的地表土壤侵蚀量明显小于坡面经果林小区,多年次降雨观测资料表明,坡面经果林小区的次降雨土壤侵蚀量为5.504t/km²,梯田经果林小区的次降雨土壤侵蚀量为2.426t/km²,说明经果林地形由坡面改成梯田后,能显著降低地表土壤侵蚀,减沙效益可达55.92%。

进一步对试验区典型次降雨资料整理及径流数据统计,选取不同雨型的次降雨进行比较,分析不同地形条件下经果林产沙特征(表2-3-8),可以看出不同降雨雨型下梯田经果林的土壤侵蚀量都显著小于坡面经果林。以坡面经果林为对照,特大暴雨和大暴雨条件下梯田经果林的减沙率最高(99.50%和99.70%),其次为暴雨,中雨条件下的减沙率最小(11.81%)。以上说明,地形对经果林产沙的作用效应也受降雨雨型的影响。

表2-3-8　不同降雨雨型下地形对经果林产沙特征的影响

| 雨型 | 降雨量(mm) | 侵蚀量(t/km²) | | 减沙率(%) |
		坡面经果林	梯田经果林	
中雨	15.4±3.3	0.85±0.07	0.75±0.07	11.81±0.98
大雨	31.7±1.6	2.75±1.90	2.50±1.83	17.41±5.78
暴雨	45.7±24.0	17.55±10.39	7.95±2.18	51.58±9.55
大暴雨	75.6±39.2	145.10±28.43	0.48±0.40	99.70±0.22
特大暴雨	247.1±6.9	108.95±67.81	0.45±0.04	99.50±0.27

(三)林下植被

1.林下植被对经果林地产流的影响

林下水土流失是南方红壤丘陵区一种典型的水力侵蚀现象,不仅造成林地土壤质量下降,影响经果林地生产力,而且破坏了当地生态环境,阻碍了区域经济发展。由于人们过度追求经果林地的经济利益而忽视了林下水土保持生态功能,许多经果林下裸露,林下水土流失较为严重。

图2-3-13为经果林林下有无植被的地表产流产沙特征,可以看出经果林下植被的存在明显降低了地表产流量,多年次降雨观测资料表明,林下裸露经果林小区的次降雨地表径流深为11.75mm,林下生草后的次降雨地表径流深为1.10mm,说明经果林下有植被存在,能有效减少地表径流,减流效益可达

90.64%。进一步分析试验区经果林下不同次降雨雨型—径流—侵蚀特征（表2-3-9），可以看出不同降雨雨型下林下生草经果林的地表产流量都显著小于林下裸露经果林。以坡面经果林为对照，特大暴雨条件下梯田经果林的减流率最高（95.01%），其次为大暴雨、暴雨和大雨（81.05%～87.50%），中雨条件下的减流率最小（68.10%）。

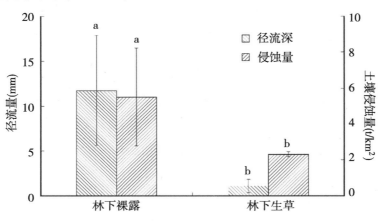

图2-3-13　林下植被对经果林地产流产沙特征的影响

表2-3-9　不同降雨雨型下林下植被对经果林产流特征的影响

雨型	降雨量（mm）	径流量（mm）		减流率（%）
		林下裸露	林下生草	
中雨	15.4±3.3	1.18±0.23	0.38±0.08	68.10±0.40
大雨	31.7±1.6	5.61±2.46	0.56±0.02	81.05±18.03
暴雨	45.7±24.0	10.07±1.36	1.12±0.64	88.35±7.89
大暴雨	75.6±39.2	18.47±2.74	2.27±1.02	87.50±0.67
特大暴雨	247.1±6.9	23.42±3.20	1.17±0.17	95.01±0.04

2. 林下植被对经果林地产沙的影响

由图2-3-13可知，林下生草经果林小区观测期内的地表土壤侵蚀量明显小于林下裸露经果林小区，多年次降雨观测资料表明，林下裸露经果林小区的次降雨土壤侵蚀量为5.504t/km²，林下生草后经果林小区的次降雨土壤侵蚀量为2.300t/km²，说明经果林林下生草后，能显著降低地表土壤侵蚀，减沙效益可达58.21%。

进一步对试验区典型次降雨资料整理及径流数据统计，选取不同雨型的次降雨进行比较，分析林下有无植被条件下经果林产沙特征（表2-3-10），可以看出不同降雨雨型下林下生草经果林的土壤侵蚀量都显著小于林下裸露经果林。以林下裸露经果林为对照,不同降雨雨型下林下生草减沙率介于88.20% ~99.72%。以上说明,林下生草能在一定程度上削减降雨雨型对经果林地坡面产沙的影响。

表2-3-10　不同降雨雨型下林下植被对经果林产沙特征的影响

雨型	降雨量(mm)	侵蚀量(t/km²)		减沙率(%)
		林下裸露	林下生草	
中雨	15.4 ± 3.3	0.85 ± 0.07	0.0.10 ± 0.03	88.20 ± 0.98
大雨	31.7 ± 1.6	2.75 ± 1.90	0.10 ± 0.02	91.82 ± 4.63
暴雨	45.7 ± 24.0	17.55 ± 10.39	0.20 ± 0.14	98.91 ± 0.16
大暴雨	75.6 ± 39.2	145.10 ± 28.43	0.40 ± 0.10	99.72 ± 0.06
特大暴雨	247.1 ± 6.9	108.95 ± 67.81	0.35 ± 0.07	99.63 ± 0.17

第三节　经果林地水土流失防治措施

一、经果林地水土保持工程措施

水土保持工程措施主要为防治水土流失、蓄水保土和充分利用水土资源而修建的工程设施。主要作用是改变地形,蓄水保土,建设旱涝保收、高产稳产的经果林地,提高果园农业生产。主要包括坡改梯工程、坡面水系工程和沉砂池等。

(一)坡改梯

1. 技术概况

坡面是产流产沙的最小单元。坡面治理工程措施的主要目的是:消除或减缓地面坡度,截短径流流线,削减径流冲刷动力,强化降水就地入渗与拦蓄、保持水土资源,改善坡耕地生产条件,为作物的稳产、高产和生态环境建设创造条件。坡面治理工程措施的设计与配置受气象(降水、日照时数、风、空气湿度、温度)、土壤物理性状(质地、容重、入渗率等)、地形地貌、灌溉条件(水资源储量开发利用潜力)、种植作物和人口密度等因素的影响。因此,坡面治理工程措施的类型有明显的产业特征。

梯田是我国劳动人民智慧的结晶,把坡地修成水平梯田对控制水土流失和发展山区农业生产起到了重要作用。我国梯田修筑历史悠久,且以类型多、分布广而闻名于世。"梯田"最早出现南宋范成大的《骖鸾录》中,"出庙三十里,至仰山,缘山腹乔松之磴甚危,岭阪上皆禾田,层层而上至顶,名曰梯田"这段文字表明梯田修筑在山坡,修筑形式为阶梯状,同时反映出是由山脚到山顶,大面积相连成片。梯田是沿等高线修筑,用于种植作物的田块,也是一种古老的水土保持工程措施。梯田可以改变地形坡度,拦蓄雨水,增加土壤水分,防治土壤流失,达到保水、保土、保肥目的。梯田不仅历史悠久,而且广泛分布于世界各地,由于各地的耕作习惯和利用方式不同,它的分类方法有很多。

按梯田的断面形态来分,可分为水平梯田、反坡梯田、坡式梯田和隔坡式梯田等(如图2-3-14所示)。水平梯田又可分为蓄水式水平梯田和排水式水平梯田,它们的区别主要在有无沟埂。水平梯田是中国最传统、最常见的梯田。反坡梯田,即梯田田面向内侧倾斜3°~5°,构成浅三角形,以利保持水土。反坡梯田发源于美国,适用于降雨量小的地区。坡式梯田是在坡地上沿等高线构筑挡水拦泥土埂,埂间仍维持原有坡面不动,借雨水冲刷和逐年耕翻,使埂间坡面渐渐变平,最终成为水平梯田。坡式梯田适用于坡度较为平缓的地区。

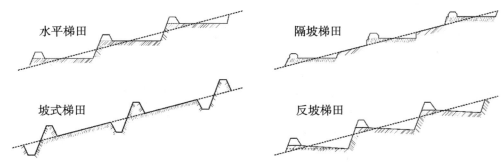

图2-3-14　不同形式梯田断面示意图

我国南方山地丘陵区经果林地使用最为频繁的土坎旱作梯田,分别是理水保土型的前埂后沟水平梯田和内斜式梯田,梯壁种植草本植物以保护梯田的稳定,防止水土流失和面源污染。根据植物具有拦截、吸附和富集径流泥沙中残留的化肥、农药等有害元素的特性,有目的地选择植物品种,对面源污染输出起到阻控作用。梯田的断面设计,一要适应机耕和灌溉要求;二是要保证安全与稳定;三是要挖填土方平衡。通常根据土质和地形坡度选定田坎高和侧坡(指田坎边坡),然后计算田面宽度,也可根据地面坡度、机耕和灌溉需要先定田面宽,然后计算田埂高,具体设计可参照表2-3-11。

表2-3-11 红壤区水平梯田断面尺寸参考数值表

地面坡度 θ(°)	田面宽度 B(m)	田坎高度 H(m)	梯坎坡度 α(°)
1~5	5~10	0.2~0.5	90~85
5~10	4~5	0.3~0.9	90~80
10~15	3~4	0.6~1.1	85~75

资料来源:孙波(2011b)。

2.技术效益

(1)减流效益

分析试验区多年径流数据(表2-3-12),可知果园净耕多年平均径流深249.03mm,实现梯田整地措施后,地表径流量明显减小,依次为柑橘净耕 > 普通水平梯田 > 外斜式梯田 + 梯壁植草 > 内斜式梯田 + 梯壁植草 > 水平梯田 + 梯壁植草 > 前埂后沟梯田 + 梯壁植草。上述分析说明,梯田工程措施具有明显的减流作用,不同梯田工程平均减流效益为77.3%;不同梯田间径流深亦有差异,不同梯田工程的减流效益表现为前埂后沟梯田 + 梯壁植草最大,水平梯田 + 梯壁植草与内斜式梯田 + 梯壁植草减流效益几乎相同,并列第二,外斜式梯田 + 梯壁植草减流效益第三,普通水平梯田减流效益最小,有梯壁植草梯田比无梯壁植草梯田减流效益平均高32.4%。

表2-3-12 径流小区经果林不同整地方式的减流蓄水效益

措施	径流深(mm)	减流效益(%)
坡地净耕	249.0	—
水平梯田	96.3	61.4
水平梯田 + 梯壁植草	48.9	80.4
外斜式梯田 + 梯壁植草	60.4	75.7
内斜式梯田 + 梯壁植草	44.4	82.2
前埂后沟水平梯田 + 梯壁植草	32.6	87.0

通过上述可知梯田工程在径流小区尺度减流效益明显,大坡面尺度梯田多年径流数据分析结果(图2-3-15),发现实施梯田整地措施后,坡面径流深由

15.3mm 减少到 10.2mm，保水效益为 33.3%，水平梯田 + 梯壁植草 + 草沟坡面径流深仅 1.5mm，保水效益高达 90.3%。上述分析表明，梯田 + 梯壁植草 + 草沟整治后，第一年就能实现很好的减流蓄水效果，无论在小尺度的径流小区，还是在野外自然大坡面梯田整地都具有很好的减流蓄水效果，特别是梯田工程配合梯壁植草后保水效果更加显著。

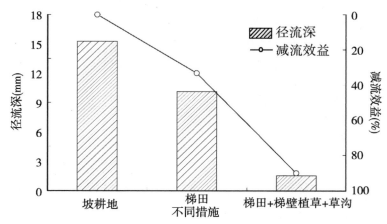

图 2 - 3 - 15　坡面经果林不同整地措施的减流蓄水效益

分析果园坡地净耕径流深与前埂后沟梯壁植草梯田减流效益的关系（图 2 - 3 - 16），发现次降雨径流深较小时，蓄水减流效益波动较大，随着径流深的增大，蓄水减流效益波动减小；当原坡面径流深小于 3mm 时，前埂后沟梯壁植草梯田次降雨减流效益与径流深无明显关系，径流深大于 3mm 以后，梯田措施的蓄水减流效益整体上随径流深的增大而增大，平均减流效益大于 70%，说明梯田工程遇到暴雨后仍然具有较好的蓄水减流效益。

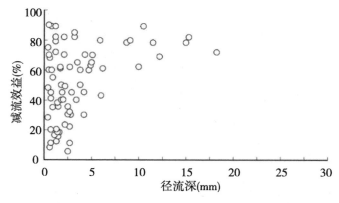

图 2 - 3 - 16　前埂后沟 + 梯壁植草梯田减流效益与坡地净耕径流深的关系

（2）产沙效益

分析野外长期定位观测资料（表 2 - 3 - 13），发现坡地净耕多年平均土壤侵蚀量高达 2294.92t/km²，实施不同梯田措施后，土壤侵蚀明显减小，普通水平梯田减沙效果最小，仅有 667.7t/km²，但仍远小于坡地净耕小区，保土效益达到 70.9%；含梯壁植草的梯田侵蚀程度都远远小于普通水平梯田，说明梯壁植草有利于减少土壤侵蚀，特别是减少梯壁侵蚀保护梯壁。梯田工程微地貌的处理差异，其保土效益表现出外斜式梯田 + 梯壁植草 < 水平梯田 + 梯壁植草 < 内斜式梯田 + 梯壁植草 < 前埂后沟水平梯田 + 梯壁植草，前埂后沟水平梯田 + 梯壁植草的梯田保土效益最好。

表 2 - 3 - 13　径流小区经果林不同整地方式的减沙保土效益

措施	单位面积土壤侵蚀量（t/km²）	保土效益（%）
坡地净耕	2294.92	
水平梯田	667.74	70.9
水平梯田 + 梯壁植草	24.51	98.9
外斜式梯田 + 梯壁植草	37.46	98.4
内斜式梯田 + 梯壁植草	15.24	99.3
前埂后沟水平梯田 + 梯壁植草	8.89	99.6

通过上述可知梯田工程在径流小区尺度减流效益明显，大坡面尺度梯田多年侵蚀产沙数据分析结果（图 2 - 3 - 17），发现坡地净耕土壤侵蚀量为 12.26t/km²，

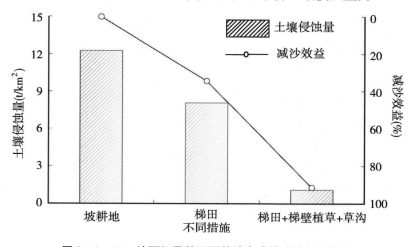

图 2 - 3 - 17　坡面经果林不同整地方式的减沙保土效益

实施梯田工程措施后坡面侵蚀减少到 $8.03t/km^2$,保土效益为 34.5%,水平梯田＋梯壁植草＋草沟坡面单位面积土壤侵蚀量最少仅 $1.05t/km^2$,保土效益高达 91.4%。说明梯田＋梯壁植草＋草沟整治后,第一年能实现很好的减沙固土效果,无论在小尺度的径流小区,还是在野外自然大坡面梯田都具有很好的减少土壤侵蚀的效果,特别是梯田工程配合梯壁植草后保土效果更加显著。

　　分析果园坡地净耕径流深与前埂后沟梯壁植草梯田减沙效益关系(图 2 – 3 – 18),可知坡地净耕径流深与水土保持梯田工程减沙效益密切相关,当原坡面径流深小于 3mm 时,前埂后沟梯壁植草梯田次降雨减沙效益波动较大,减沙效益在 80% 以下的占 25.49%;径流深大于 3mm 以后,梯田工程的蓄水减沙效益在 80% 以下的仅一场,占 3.57%,并且整体上随径流深的增大减沙效益而增大。上述分析说明,水土保持梯田工程随着径流深越大减沙效益越明显,即在降雨量大的情况下水土保持梯田工程的减沙效益越显著。

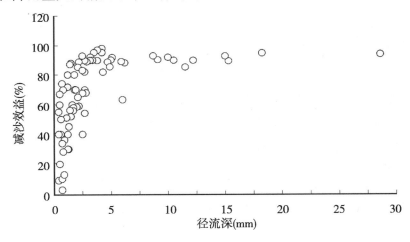

图 2 – 3 – 18　前埂后沟＋梯壁植草梯田的减沙效益与坡地净耕径流深的关系

(二)坡面水系工程

　　坡面是产流产沙的源头,也是江河湖库水沙及污染物来源的末梢。坡面水土流失严重,不仅流入江河湖库的泥沙增多,而且降雨径流汇流速度加快,直泄而下,造成洪涝灾害,威胁人们的生命财产安全。坡面径流是水土流失的主导因素,是陆地表土产生位移和搬运的主要动力。坡面径流是除去土壤渗透、地表蒸发和植物吸收外,沿着坡面流动水体,而坡面径流的大小及其流速,是影响水土流失过程的决定因素。科学地分散或聚集坡面径流,减弱或消除径流的冲刷动能,是防治水土流失的重要措施。

坡面水系工程,是指为防止坡面径流引起水土流失而布设的拦、引、蓄、灌、排等工程设施。在坡地上修建截洪沟拦截山洪,聚集坡面径流使其朝着人们所希望的方向运动,使分散紊乱的坡面径流有序化,从而达到削弱和转化径流能量,降低洪涝灾害的危害,防止水土流失。坡面水系工程的功能是旱能灌、涝能蓄。根据地形条件和土地利用类型,因地制宜,统筹兼顾,科学布设,选择生态、环保型的水土保持技术,加强集水系统和灌溉系统的一体化建设,把坡面紊乱、无序的径流汇集成有序、可利用的水资源;遇强降雨,疏导洪水,滞留削峰,防止洪涝灾害发生。拦、引、蓄、灌、排坡面水系工程设计:坡面水系工程以拦、引、蓄、灌、排为目的,由生态路沟、生态草沟、前埂后沟、蓄水池、沉沙池等构成。

1. 生态路沟

(1)技术概况

生态路沟是为防水土流失截短坡长,阻断坡面径流而修筑的坡面工程。生态路沟是指路沟上铺设有草被层,生态路沟内侧沿坡壁方向种植拦截泥沙的植物篱,坡壁与水平面存在一定夹角,实现生态路沟面壁植被生态化处理。集道路和水沟功能于一身的草路称为生态路沟(图2-3-19)。生态路沟主要由工程部分和生物部分组成,工程部分主要包括路、沟体等,生物部分主要包括路面、沟两内侧的植物及沿生态路沟水平方向种植的植物篱。生态路沟的建设密度应即能满足道路需要,又可满足排水功能,生态路沟比传统路、沟处理可节省耕作面积。一般建成与纵坡平行等宽分布,其纵向剖面如图2-3-20所示。根据多年试验观测经验,生态路沟是一种有效的坡面治理水土保持技术,既可排水又可作为农耕道路,尤其它的内斜式断面对径流泥沙的拦截作用效果明显。

图2-3-19 生态路沟(宋月君 摄)

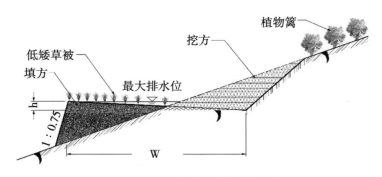

图 2 - 3 - 20　生态路沟纵向剖面图

生态路沟沿着等高线修建内斜式的宽浅路沟,一般沟长以 100m 为限,单向排水,沟长超过 100m 时可作双向排水或集中于中间排水,因而在两端或中间应有纵向的排水总沟;生态路沟的内斜坡降以 1% 为准,最大不超过 1.5%,其出水口必须与纵向排水沟相连接;两个相邻生态路沟的垂直间距可按公式计算决定,一般间隔在 15 ~ 30m。生态路沟坡壁内侧与水平面呈 45°夹角,宽度(W)为 200cm,内斜高(h)10cm,沿路沟方向比降 i 参考 GB 50288—1999、SL/T 246—1999 中的排水沟设计比降(见图 2 - 3 - 21)。

图 2 - 3 - 21　生态路沟横向剖面图

(2)技术效益

图 2 - 3 - 22 为生态路沟对经果林地产流产沙的影响,可知不同试验处理下地表产流和土壤侵蚀量差异显著,设置生态路沟处理下地表径流深为 112.68mm,

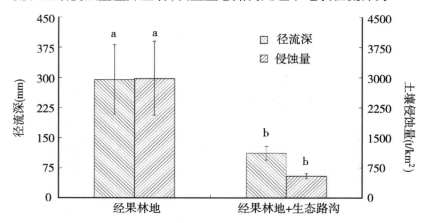

图 2 - 3 - 22　生态路沟对经果林地产流产沙的影响

土壤侵蚀量为 543.37t/km²,与经果林地相比较,生态路沟的减流和减沙效益分别为 61.86% 和 81.78%。说明生态路沟具有明显的减流作用,主要通过截短坡长减缓流速,减少径流功率,增加入渗,降低径流侵蚀力,从而降低地表产流产沙。

2. 生态草沟

(1)技术概况

生态草沟是美国水土保持局所推行的最主要的排水方法,已广泛应用多年,主要应用于缓坡地。江西省水保院杨洁等在坡度 12° 的坡地上做了草沟试验,得出草沟在一定的坡度可以安全排水,并且通过对土沟、混凝土沟及草沟的试验对比,得出草沟用于排水最为生态。

建造技术:草沟在 12° 的坡地上,草沟沟宽为 2m,排水沟断面呈抛物线形,抛物线公式为:

$$H = 0.075 \times b^2 \qquad 式 2 - 3 - 2$$

式中,H 为水沟深度,m;b 为水沟宽度,m。其结构如图 2 - 3 - 23。廖绵濬等(2004)提出了不同坡度和尺寸对应的草沟工程量(表 2 - 3 - 14)。

草沟按设计草籽量将草籽平均撒播于沟道内,为提高成活率,播种季节为春秋季,草籽选择耐淹品种。播种后覆 2cm 厚表土。目前常见的为假俭草、狗牙根等。

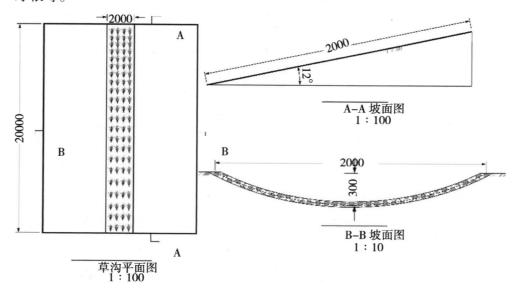

图 2 - 3 - 23　生态草沟示意图

表 2 - 3 - 14 不同坡度和尺寸对应的草沟工程量

草沟比降 i	弧形沟开口宽度(m)	弧形沟深(m)	设计流量(Q/m³·s)	土方量(m³/m)
0.017	0.5	0.075	0.0246	0.025
	1.0	0.150	0.0985	0.100
	1.5	0.225	0.2215	0.230
	2.0	0.300	0.3900	0.399
0.035	0.5	0.075	0.0246	0.025
	1.0	0.150	0.0985	0.100
	1.5	0.225	0.2215	0.230
	2.0	0.300	0.3900	0.399
0.052	0.5	0.075	0.0246	0.025
	1.0	0.150	0.0985	0.100
	1.5	0.225	0.2215	0.230
	2.0	0.300	0.3900	0.399

（2）技术效益

①生态草沟对径流流速的影响:表 2 - 3 - 15 为冲刷流量 $3.11m^3/h$、$2.82m^3/h$

表 2 - 3 - 15 不同排水沟各断面径流流速

流量 (m³/h)	排水沟	不同断面径流流速(m/s)									
		1	2	3	4	5	6	7	8	9	10
3.11	混凝土沟	1.12	1.12	1.11	1.11	1.03	1.10	1.18	1.10	1.11	0.97
	草沟	0.26	0.22	0.21	0.22	0.30	0.35	0.28	0.31	0.29	0.14
	土沟	0.41	0.51	0.40	0.60	0.45	0.47	0.62	0.52	0.57	0.73
2.82	混凝土沟	1.12	1.12	1.11	1.11	1.03	1.10	1.18	1.10	1.11	0.97
	草沟	0.26	0.22	0.21	0.22	0.30	0.35	0.28	0.31	0.29	0.14
	土沟	0.41	0.51	0.40	0.60	0.45	0.47	0.62	0.52	0.57	0.73

下不同排水沟断面流速的变化值,可以看出草沟中各断面的流速最小,土沟次之,混凝土沟内径流的流速最大。这是由于径流在草沟内形成绕流增加了沿程水头损失,径流的每条流束与草根发生碰撞延缓了水流前进的速度;土沟内水流有入渗和搬运泥沙的过程,在泥沙遭到侵蚀的过程中,沟面形成细沟,水流也会形成绕流;混凝土沟表面光滑、水流稳定,流速都维持一定范围内,变化很小。土沟内流速变化波动最大,这是径流对土沟侵蚀作用的结果;随着侵蚀沟断面的变化,流速大小也发生变化,不同断面急流、缓流转换较快,加剧径流对沟面

的冲刷,导致流速波动更大;草沟的流速变换波动较小,一方面由于草被的覆盖度较均匀,二者当草沟内流量达到一定程度时,草顺着水流倒向径流的流向,形成稳定的流态。因此,草沟能显著降低地表径流流速。

②生态草沟对径流水深的影响:冲刷流量为$3.11m^3/h$、$2.82m^3/h$下不同排水沟各断面径流水深的变化值见表2-3-16,可以看出在不同流量下各断面径流深为草沟>土沟>混凝土沟;草沟和土沟由于水流的入渗,径流深先下降然后又上升;草沟内的草对水流有壅水作用,土沟由于坡面的不平整以及冲刷产生的侵蚀细沟使沟内的径流深都要大于混凝土沟。当流量增大时,每条沟道水深都增加,增加最多的是草沟;若是增加的流量使得径流没有淹没草茎的高度,那么随着流量的增大,草沟内的草对径流深的影响较之土沟和混凝土沟的大;当径流淹没草茎的高度,则对径流深没有影响。因此,草沟能显著增加径流深。

表2-3-16　不同排水沟各断面径流水深

流量 (m^3/h)	排水沟	不同断面径流深(mm)									
		1	2	3	4	5	6	7	8	9	10
3.11	混凝土沟	9	9	8	12	13	11	14	14	11	13
	草沟	42	30	38	35	27	24	23	27	39	21
	土沟	20	11	24	14	15	24	19	21	18	16
2.82	混凝土沟	6	7	9	11	12	11	7	9	7	6
	草沟	29	23	20	27	25	25	26	23	32	15
	土沟	16	11	18	18	17	21	16	16	13	13

③生态草沟对径流流态的影响:雷诺数Re的物理意义是液体表征惯性力与黏滞力的比值。计算式采用:

$$Re = \frac{Vh}{v} \qquad 式2-3-3$$

式中,V:断面平均流速cm/s;h:断面水深cm;v:运动黏滞系数cm^2/s。运动黏滞系数取值为4℃(用温度计测量沟道内径流的温度)下的值。

弗汝德数Fr的物理意义是水流的惯性力和重力两种作用的对比关系。计算式采用:

$$Fr = \frac{V}{\sqrt{g \times h}} \qquad 式2-3-4$$

式中 g 为重力加速度 m/s^2。

通过对流速和径流深的测量计算出 $3.11m^3/h$ 和 $2.82m^3/h$ 流量下每条排水沟不同断面的雷若数的变化,如图 2 - 3 - 24 所示。从图可以看出,3 条沟在 $3.11m^3/h$ 和 $2.82m^3/h$ 流量的冲刷下雷诺数 $Re > 2000$,说明都属于紊流。混凝土沟的雷诺数最大,草沟的最小;在流量增大的情况下 3 条沟的雷诺数也随着增大;沟道内随着流量的增大水流互相扰动和混掺的机会也增大,雷诺数也就会变大;由于草沟和土沟的坡面不平整和对水流阻碍等原因减少了径流表征惯性力,而混凝土沟坡面平整对水流的阻碍小,水流在大流量下呈现出紊流,从而使得 3 条沟的雷诺数混凝土沟 > 土沟 > 草沟。在同一流量下不同的断面上草沟的雷诺数较稳定而土沟和混凝土沟变化幅度较大,是因为草沟的覆盖度均匀且延缓了水流的流速使雷诺数维持在一个稳定的小范围内。

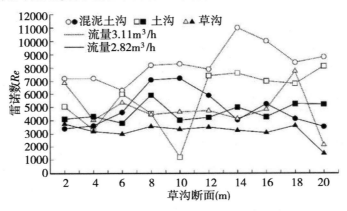

图 2 - 3 - 24　不同冲刷流量下不同排水沟雷诺数 Re 值

由图 2 - 3 - 25 可以看出,在两个流量下草沟径流的弗汝德数 $Fr < 1$,说明草沟中水流的惯性力作用小于重力作用,重力对水流起主导作用,水流处于缓流状态;混凝土沟水流 $Fr > 1$,说明沟道水流的惯性力作用大于重力的作用,惯性力对水流起主导作用,水流处于急流状态;土沟内的水流处于缓流与急流的交替状态。从图 2 - 3 - 25 可以清晰地看出沟道内弗汝德数混凝土沟 > 土沟 > 草沟。由于草沟内草对水流形成了阻碍,土沟表面的不平整增加了下垫面的粗糙率延缓了水流的速度,使得弗汝德数比混凝土沟的小并且变化较平稳,增幅小。所以草沟具有明显的稳定流态的效果。

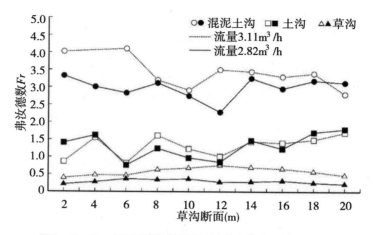

图 2 - 3 - 25　不同冲刷流量下不同排水沟弗汝德数 Fr 值

④生态草沟对径流阻延的影响：在试验过程中待流量稳定后用秒表测定不同沟道径流起止时间，经过测定：在流量为 3.11m³/h 时混凝土沟、草沟、土沟的起止时间分别为 16 秒 10、1 分 33 秒 90、22 秒 40；在流量为 2.82m³/h 时混凝土沟、草沟、土沟的起止时间分别为 19 秒 19、2 分 13 秒 01、24 秒 10；对比可以发现草沟对径流的阻碍和延缓流速的能力最强；混凝土沟径流起止时间最短，沟内流速最快；草沟具有很好的储备蓄水能力。

对于阻力系数的计算，运用 Darcy - Weisbach 阻力系数和曼宁阻力糙率公式来描述径流流过路面对水流的阻滞作用：

$$f = \frac{8 \times g \times h \times J}{V^2} \qquad 式 2 - 3 - 5$$

式中：f 表示 Darcy - Weisbach 阻力系数；g 表示重力加速度 m/s²；h 表示径流深 m；J 表示水流能坡，近似为坡度的正切值；V 表示平均流速 m/s。

$$n = \frac{\sqrt[3]{h^2}}{V} \times \sqrt{J} \qquad 式 2 - 3 - 6$$

式中：n 表示曼宁糙率系数。

通过公式 2 - 3 - 5 和 2 - 3 - 6 计算得到不同排水沟各断面 Darcy - Weisbach 阻力系数值（表 2 - 3 - 17），发现草沟的 Darcy - Weisbach 阻力系数值最大，混凝土沟最小；说明草沟对水流的阻碍最大，土沟其次，混凝土沟最小。所以草沟对径流有着明显的阻延作用。

表2-3-17 不同排水沟断面 Darcy-weisbach 阻力系数值

流量 （m³/h）	排水沟	断面号									
		1	2	3	4	5	6	7	8	9	10
3.11	混凝土沟	0.12	0.12	0.11	0.16	0.21	0.15	0.17	0.19	0.15	0.23
	草沟	10.63	10.11	13.92	11.75	5.06	3.36	4.96	4.66	7.66	17.48
	土沟	1.98	0.66	2.50	0.63	1.24	1.76	0.84	1.31	0.93	0.51
2.82	混凝土沟	0.14	0.20	0.23	0.17	0.22	0.32	0.19	0.19	0.15	0.16
	草沟	12.98	8.37	6.70	13.32	10.66	8.96	13.30	9.64	16.64	25.27
	土沟	1.44	0.51	3.22	1.23	2.03	3.08	0.81	1.36	0.58	0.52

⑤生态草沟减沙固土效益：试验过程中，对土沟和草沟的泥沙进行测定，分析结果见表2-3-18，可知土沟的泥沙侵蚀量远远大于草沟；径流对土壤的剥蚀率与水流的剪切力有关；水流的剪切力是水流速度和深度的函数，特别是水流的速度直接影响水流的冲刷能力；水流的速度越大，对土壤的侵蚀能力越强，产沙率越高；草沟的雷诺数比土沟小，说明草沟的水体对土壤的分离能力小于土沟；草沟的弗汝德数也小于土沟，草沟内的水流属于缓流，土沟内的水流属于急流，急流流态下的水流含有更高的能量更易剥离土壤的颗粒，所以土沟的泥沙侵蚀量要远远大于草沟。从 Darcy-weisbach 阻力系数值可以看出草沟的阻力系数也远大于土沟，在流量、坡度相同的情况下，阻力系数越大，水流克服阻力所消耗的能量则越多，则水流用于侵蚀的能量越少。所以草沟具有明显的减沙效益。

表2-3-18 冲刷流量为3.11m³/h 下土沟和草沟泥沙含量

时间（min）	5	10	15	20	25	30	35	40	45	50	55	60
土沟（g/L）	16.54	15.44	16.73	13.42	12.11	9.67	1.18	8.61	21.32	26.32	25.58	33.41
草沟（g/L）	0.98	0.16	0.17	0.15	0.12	0.11	0.09	0.05	0.03	0.01	0.01	0.01

3. 前埂后沟

（1）技术概况

根据原坡面情况，修建前埂后沟式梯田，既能达到良好的水土保持效果，又能控制修建成本。这是因为田面构筑前地埂，可以更好地拦蓄上部坡面径流，减少冲刷；而开挖坎下沟，可以拦蓄上方降雨径流，增加入渗，起到缓解冲刷、拦截和排导径流的作用。"前埂后沟"基本要素包括田面、田坎、田埂和排水沟，梯田田边应有蓄水埂，梯田内侧应有排水沟，以保证梯田的安全。

在断面规格要素中,田面宽度是主要要素,其他断面要素可由田面宽度来确定。田面宽度大小的确定,应当考虑三个方面的条件:一是原地面坡度,坡度越大,梯田断面规格应越小;二是田间作业的农机具,机耕作业要求田面规格大,人工耕作的田面可小些;三是经费投资,投资经费充足,可修建大规格梯田,反之修建小规格梯田。总之,修建梯田采用的断面规格,要综合考虑多种因素,选择断面规格的目标是梯田安全、田间作业方便、节省投资等。江西红壤梯田断面的设计,应当因地制宜,结合蓄排灌,追求低造价、用途广和安全稳定,综合考虑各项技术经济指标。根据红壤丘陵区农民的经验,旱作梯田(包括大田作物、果园茶地),以窄条、低坎为宜,田面内斜,即修筑反坡梯田,反坡不应太大,以免田面渍水,田面内侧可开挖截流排水沟。这种梯田随地形变化而定型,工程量小,造价低,小雨能蓄,大雨能排,安全稳定,管理方便,种植旱粮、经作、果茶等均宜。

（2）技术效益

由表2-3-19可知,在不同的降雨强度下水土保持措施减沙保土效益表现出不同的规律,随着最大30min雨强的增大,不同的梯田措施下减沙保土效益都表现出增大的趋势,梯田措施在高雨强下表现出非常好的减沙保土效益;在不同雨强条件下,有梯壁植草的梯田的减沙保土效益都大于普通水平梯田减沙保土效益。

表2-3-19　不同雨强下梯田措施的减沙效益

最大30min雨强（mm/h）	减沙效益（%）			
	坡面梯田	水平梯田	水平梯田+梯壁植草	水平梯田+梯壁植草+前埂后沟
20	—	−25.5%	88.7%	88.7%
20~40	—	28.7%	97.2%	97.2%
40~60	—	71.6%	99.6%	99.6%
60	—	83.8%	99.6%	99.7%

4.蓄水池

（1）技术概况

蓄水池是以拦蓄地表径流为主修建的蓄水工程,其主要功能是拦蓄地表径流,充分和合理利用自然降雨或泉水,就近供经济林灌溉使用。南方经果林地蓄水池形状通常有圆形池和矩形池等,池口或敞开或封闭。蓄水池一般布设在坡面水汇流的低凹处,并与排水沟、沉砂池形成水系网络。规划布设时应尽量考虑少占地,且来水充足、蓄引方便(如选在坡地中部,便于自流灌溉)、造价低、基础稳固等因素。梯田工程中的蓄水池应结合台地、灌溉渠系和农耕道路进行合理规划。蓄水池的配套设施主要有引水渠、排水沟、沉砂池、进水和取水设施(放水管或梯步)等。值得注意的是蓄水池必须做好池体防渗处理,基于南方的气候条件和土壤特点,坡面经果林地多采用浆砌石、砖砌或钢筋混凝土蓄水池,其防渗条件好,坚实耐用。

蓄水池设计根据《水土保持综合治理 技术规范 小型蓄排引水工程治理技术》(GB/T 16453.4—2008)相关要求进行设计。设计标准:防御暴雨标准采用10年一遇24h最大降雨量。南方低山丘陵区也可采用10年一遇6h或12h最大降雨设计标准。蓄水池容量结合实际确定,一般布设在坡面水汇流低凹处(坡中和坡下),并与截排水沟形成水系网络。典型设计断面见图2-3-26。

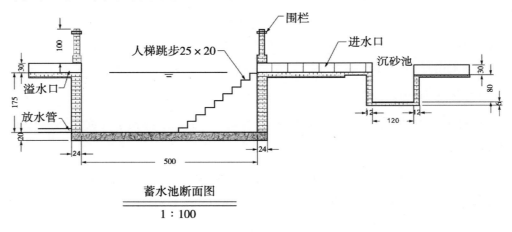

蓄水池断面图
1:100

图2-3-26 蓄水池—沉砂池典型设计断面图

说明:①本图尺寸均以厘米计。②图中未尽事宜在施工中加以补充完整。

(2)技术效益

南方红壤区季节性降水不均匀,在坡地上设置蓄水池可以蓄积雨期的降水,用于干旱时灌溉。生态路沟和蓄水池相结合使用,可以充分利用生态路沟的导排水功能将地表径流引入蓄水池。在上坡、中坡、下坡各布设1个蓄水池,通过对蓄水池年蓄水观测数据分析(图2-3-27),1—4月份蓄水池蓄水量不断增大,4月底时蓄水池蓄满溢流,4—6月份降雨充沛,未出现旱情,一直未灌溉,蓄水池蓄满,该时间段未增加蓄水量,7月总灌溉量达48.1m³,起到很好的缓解旱情作用,灌溉后蓄水池水量减少,7 月中旬至 7 月 31 日期间降雨继续蓄入蓄水池,仅半个月时间蓄积 28m³ 地表径流,8 月 7 日出现干旱,继续抽灌,灌溉量达 6.1m³,9 月 3 日降雨出现蓄满溢流,9 月中旬至 10 月份进行不间断抽灌,灌溉量达 16.9m³,保证了经济作物的正常生长,通过全年的蓄水和灌溉情况分析认为,1800m² 试验区全年蓄水量高达 110.5m³,相当于降雨产生 61.4mm的径流深。

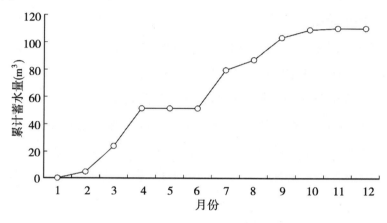

图 2 - 3 - 27　蓄水池蓄水量月累积变化趋势

5. 优化配置

在以上坡面水系关键技术的基础上,以江西水土保持生态科技园为研究示范基地,建设成了高山集雨异地灌溉模式和低山丘陵集雨自灌模式两种坡面水系工程配置模式(图 2 - 3 - 28),在正常年份可通过集蓄的雨水实现自流灌溉,在特别干旱年份可进行提水灌溉。

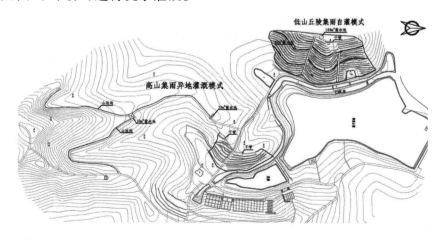

图 2 - 3 - 28　高山集雨异地灌溉模式和低山丘陵集雨自灌模式的总体布置图

（1）高山集雨异地灌溉模式的坡面水系工程优化配置

高山集雨异地灌溉模式的坡面水系工程涉及的水土保持技术有乔灌草、生态路沟和前埂后沟水平台地等措施，乔灌草林地具有涵养和净化水源的功能，所以在该坡面水系工程模式中配置在集雨区；山边沟具有集拦截坡面径流、净化水源、提供农路生产于一体的功能，所以作为引流系统，在集雨区下部按等高配置拦截集雨面的径流并引到蓄水池中。前埂后沟水平台地具有拦蓄径流的特点，所以为提高坡面水系工程的拦蓄水的利用率，前埂后沟水平台地配置在灌溉区。该模式下的 2 个 30m³ 的蓄水池按照距离最近原则布设在集雨面下方和灌溉区上方，每个蓄水池进水口前安置沉砂池。

（2）低山丘陵集雨自灌模式的坡面水系工程优化配置

低山丘陵集雨自灌模式的坡面水系工程涉及的水土保持技术有草路、草沟、前埂后沟水平台地、梯壁植草等措施。根据前埂后沟水平台地的特点，充分利用其水土保持功能，利用其台面作为集雨面，利用其砍下沟作为引流系统，同时，为了进一步涵养和净化水源，对水平台地的梯壁进行梯壁植草配置，砍下沟进行草沟配置，同时沿农路配置草沟。该模式配备了 1 个 100m³ 的蓄水池，配置在该区的最高点，为极端干旱的气候条件下提水灌溉使用；4 个 20m³ 的蓄水池，均匀分布在集雨面区，并同时配置在地形的鞍部，以最大程度的提高雨水利用率；每个蓄水池进水口安置沉砂池。

（3）效益分析

坡面水系工程建成后不仅直接产生经济效益，同时也带来生态效益，以地表裸露小区为对照，若该系统能运行 10 年，则蓄水、拦泥、截污量见表 2－3－20。

表 2－3－20　不同雨水集蓄模式运行期的蓄水、拦沙、截污量

模式	蓄水量（m³）	拦泥量（t）	截污量（kg）		
			总氮	总磷	有机质
高山集雨异地灌溉模式	71940.57	676.24	2226.27	203.74	13524.83
低山丘陵集雨自灌模式	49459.14	464.92	1349.08	140.64	9298.32
总量	121399.7	1141.16	3575.35	344.38	22823.15

利用影子工程法、市场价值法和劳动成本法对上表蓄积的水量、拦截的泥沙量、截留的养分量进行防洪价值、涵养水源价值、保持土壤肥力价值、固持土壤价值和减轻泥沙淤积价值进行估算。

①防洪价值的估算（欧阳志云等，1999）：

$$E_w = T_w \times r_w \qquad 式2-3-7$$

式中，E_w 为防洪价值，元；T_w 为蓄积的水量，m^3；r_w 为修建单位体积水库造价，元/m^3（修建容水量为 $1m^3$ 的水库费用为 0.67 元）。

②涵养水源价值估算：

$$E_h = T_w \times (\theta_g r_g + \theta_n r_n) \qquad 式2-3-8$$

式中，E_h 为涵养水源价值，元；θ_g 为工业用水的比例；θ_n 为农业用水的比例；r_g 为工业用水水价，元；r_n 为农业用水水价，元。参考《2009 年江西省水资源公报》，江西省农业用水比例为 65.6%，工业用水比例为 11.2%。全省平均工业用水水价为 1.50 元/m^3，农业用水价格为 0.2 元/m^3。

③保持土壤肥力价值估算（鲁绍伟等，2005）：

$$E_f = G_N P_N + G_P P_P \qquad 式2-3-9$$

式中，E_f 为保持土壤肥力价值，元；C_N、C_P 为硫酸铵化肥和过磷酸钙化肥的量，t；P_N、P_P 为氮、磷的价格，元。化肥硫酸铵、过磷酸钙格分别为 850 元/t、550 元/t（青岛润祥化工有限公司）。

④固持土壤价值估算（吴岚等，2007）：此方面价值是从农业收益方面估算固持下来的土壤带来的价值。计算公式为：

$$E_{gt} = \frac{T_{gt}}{0.1\rho} \times r_{gt} \qquad 式2-3-10$$

式中，E_{gt} 为固持土壤价值，元；T_{gt} 为泥沙量，t；ρ 为土壤容重，1.2t/m^3；r_{gt} 为农业平均收益，元。农业平均收益为 1.875 万元/hm^2。

⑤减轻泥沙淤积价值估算：采用劳力成本法，即假设未采取任何水土保持措施时，淤积在河道中的泥沙采用人工清淤，其所需的费用表示采取该措施后所带来的价值。计算公式为：

$$E_n = T_n \times r_n \qquad 式2-3-11$$

式中，E_n 为减轻泥沙淤积价值，元；T_n 为减小泥沙淤积量，t；r_n 为人工清淤费用，元。T_n 与措施的有效面积、河道泥沙淤积百分比以及侵蚀模数成正比。土壤侵蚀流失的泥沙淤积于水库、江河、湖泊，造成水库、江河、湖泊蓄水量下降，在一定程度上增加了干旱、洪涝灾害发生的机会。因此，也可根据蓄水成本计算淤积损失价值。将拦蓄泥沙量换算成体积,据有关研究表明,中国水库的库容工程费为 0.67 元/m³。

⑥固碳制氧价值(姜东涛,2005):

$$E_{c(o)} = A \times (F_c \times P_c + F_o \times P_o) \qquad 式 2-3-12$$

式中,$E_{c(o)}$ 为固碳制氧价值,元;A 为林地覆盖面积,hm²;F_c、F_o 分别为林地单位面积的固碳能力和制氧能力,t/hm²;P_c、P_o 为固碳和制氧价值,元/t。林地制氧能力为 2.1t/(hm²·a),林地固碳能力为 2.9t/(hm²·a);工业用养价格 1800 元/t(上海通辉特种气体有限公司),固碳价值 859.5 元/t。

利用以上计算方法,对各坡面水系工程的蓄水量、拦泥量和截污量的效益进行计算得出表 2-3-21。从表中可以看出,示范区 10 年产生生态效益达到 39.76 万元。单位面积每年生态收益 9940 元/hm²。实施坡面水系工程的示范区 4hm²,10 年总收益达到 112.6 万元,每年单位面积收益 2.815 万元/hm²,比江西省 2010 年农业单位面积平均收益高近 2 万元/hm²。

表 2-3-21 不同雨水集蓄模式蓄水拦沙截污和固碳制氧效益

模式	防洪价值(万元)	涵养水源价值(万元)	肥力价值(万元)	固土价值(万元)	减轻泥沙淤积价值(万元)	固碳制氧价值(万元)	合计(万元)
高山集雨异地灌溉模式	4.82	2.15	3.72	1.15	0.61		
						18.82	39.76
低山丘陵集雨自灌模式	3.31	1.48	2.48	0.79	0.42		

二、经果林地水土保持植物措施

(一)梯壁植草

1. 技术概况

梯田修筑历史悠久,且普遍分布于世界各地,尤其是在地少人多的第三世界国家的山地丘陵地区。但在梯田梯壁的构造方面争议很大,一些学者主张就地取材利用修梯田中的碎石子和土壤修筑梯壁,认为将梯壁砌石更为安定,但因维护以及生态效益不佳而成败各异。而土筑梯壁,其自然生长杂草或小灌木,则须管理作业,费工也不少,而且崩塌现象更为严重。

鉴于此，一些水土保持专家提出梯壁植草的方式，认为梯壁植草（图2-3-29）可以维护梯壁稳定，利于梯壁生产覆盖、堆肥材料或饲料，借覆盖梯壁抑制杂草发生以节省除草工。廖绵浚（1990）研究得出不同草种对梯壁维护效果不一样，以密生地面的百喜草、台湾雀稗有较佳的养护效果；黄俊德（1970）提出外斜式梯田梯壁种植百喜草后，水土流失可获适当控制，且短期内即可淤平。张雁（2005）研究认为梯壁植草能迅速地覆盖梯壁表面，特别是诸如百喜草类固土护坡能力强的草种，能够快速达到蓄水保土的作用，还有利于培肥地力，从而提高产量，增加收入。目前，壁植草技术在国内外已得到广泛的推广应用（方少文等，2011；郑海金等，2012）。在梯壁植草有两种形式，一种是上沿等高线条带种植，另外一种是梯壁上播满草，草种一般选择当地乡土本草如狗牙根等。

由于江西降水多，暴雨频发，坡面径流大，为保证梯田安全，修建反坡梯田需要配套一定的蓄排工程。一般梯面每隔20~30m布置一道与梯面等高线垂直正交的排水沟，通过沉沙池排入蓄水池、塘库或自然沟道，排水沟按10年一遇24h最大降雨标准设计，采用U形渠衬砌，蓄水池、沉沙池均采用混凝土或块石砌筑。此外，还需要修建从坡脚到坡顶、从村庄到田间道路。道路一般宽1~3m，比降不超过15%。在地面坡度超过15%的地方，道路采用"S"形盘绕而上，减小路面最大比降。在稍缓梯壁采取草种横向撒播、适时浇水管护，较陡梯壁采用扦插种植，立地条件较差的实行客土移植的方式。

图2-3-29　梯壁植草（段剑　摄）

2.技术效益

图 2 - 3 - 30 为梯壁植草对经果林地产流产沙的影响,可知不同试验处理下地表产流和土壤侵蚀量差异显著,梯壁进行植草(百喜草)处理后地表径流深为 96.26mm,土壤侵蚀量为 667.74t/km²,与水平梯田经果林地相比较,梯壁植草梯田的减流和减沙效益分别为 49.23% 和 96.33%。以上说明梯壁植草能够显著降低水土流失量,土壤侵蚀降低幅度明显高于地表径流。这是由于梯壁植草,一方面可以保护梯壁表面不受雨水等外营力对梯壁的冲刷,另一方面草种侧根互相缠绕,将根际土壤固结为一整体,增强了土体的稳定性,同时垂直根系的浅层土层锚固到深处较稳定的土层,更增加了土体的稳定性。

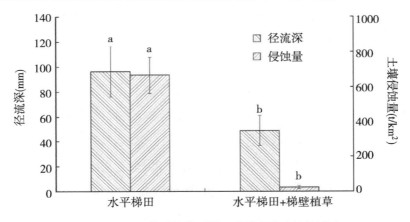

图 2 - 3 - 30　梯壁植草对梯田果园产流产沙的影响

(二)林下植草

1.技术概况

林下植草是经果林防止水土流失的重要措施之一(图 2 - 3 - 31)。林下植草不仅可以保护水土,涵养水源,还可以调节小气候,减轻或防止环境污染,改善生态环境,保护生物多样性。如林下种植牧草或绿肥植物还可获得饲料和肥料等附加经济价值。由经果林形成的林分,枝叶重叠,树冠相接,像一把伞,承接雨水。据观测,林冠截留降雨一般为 15% ~ 40%,截留的雨水除一小部分蒸发到大气中外,其余大部分经过枝叶一次或几次截留以后,改变了雨水落地的方式,起到一定的水土保持作用(杨洁,2011)。由于林木树冠距地表有一定高度,林冠截留的降雨进一步分配,部分随枝干下流,另一部分从叶片滴落。由于降雨经树冠截留,雨滴往往在叶面聚集形成较大的雨滴击溅,破坏土壤结构,土壤颗粒产生位移,发生一定的土壤侵蚀。林下植草,近地表覆盖,草本植物茎叶繁茂,增加降雨截留和空间分配次数,进一步减弱降雨动能,避免雨滴对地表的溅蚀,同时还减少林下的径流量和径流速度,使降雨时间和产流时间滞后,增加入渗,缩短地表土壤侵蚀过程和强度。

图2-3-31　果园林下生草(段剑　摄)

草本植物繁茂的茎叶,可产生丰富的枯落物,给土壤聚积大量的有机质。草本的根系也能增加土壤的氮、磷、钾养分,尤其是豆科牧草的根系具有根瘤菌,能固定客气中的氮素。此外,草本植物在减弱径流过程中,将径流携带的泥沙过滤沉积,也能增加土壤肥力。研究表明,种植牧草可使土壤有机质含量增加10%～20%。草本植物的枯落物和腐根,经微生物分解后,形成土壤腐殖质,加之密集的根系交织成网,促进土壤团粒结构的形成,增加土壤的吸水、保水和透气性,改善土壤理化性质。

经果林地种草选择草种是重要环节,因根据气候、土壤等生境特点按照适地适草的原则,同时兼顾用途和管理成本。一般种植材料为种子、茎条或草皮,考虑成本多采用撒播、条播。林下种植方式有条带种草和全园植草。条带种植是在林木行间或株间呈条带状植草。全园植草是在林下撒播草种,全园以生草覆盖。

2. 技术效益

不同果园生草措施下水土流失特征统计结果表明(图2-3-32),果园净耕(柑橘)地表径流量最大,最小的是柑橘+百喜草(全园)处理,比清耕处理降低了80.8%;与果园净耕相比,柑橘+百喜草带和柑橘+香根草地表径流分别降低18.2%、29.92%。从土壤侵蚀的角度看,与果园清耕处理相比,柑橘+百喜草(全园)、柑橘+百喜草带和柑橘+香根草处理土壤侵蚀量均呈显著性下降,下降比例分别为96.0%、67.8%、38.4%。说明果园百喜草全面覆盖是最佳水土保持措施,原因是果园林下植被覆盖率高于其他处理,能有效减弱降雨对土壤的冲击力。以上说明,果园生草有助于提高林下植被覆盖度,能有效控制经果林地水土流失。

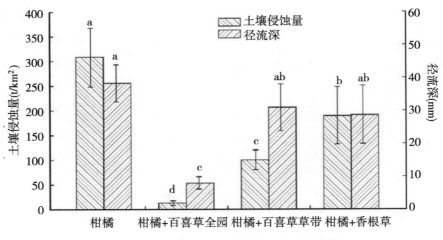

图2-3-32　不同果园生草措施下水土流失特征

(注:不同小写字母表示不同措施间差异显著,$P < 0.05$)

(三)农林复合

农林复合经营是指在同一土地经营单元上,按照生态经济学的原理,将林农牧副渔等多种产业相结合,实行多物种共栖、多层次配置、多时序组合、物质多级循环利用的高效生产体系,是世界各地农业实践中一种古老而有效的土地利用方式(李文华,1994),具有为社会提供粮食、饲料和其他林副产品的功能优势。同时借助于提高土地肥力,控制土壤侵蚀,改善农田和牧场小气候的潜在势能,来保障自然资源的可持续生产力。我国地理学家黄秉维先生自20世纪80年代就呼吁在中国推广应用农林业,认为这是一项解决人地矛盾、防治水土流失的重要技术措施。

农林复合是构成经果林水土保持措施的重要组成部分,是经果林地农林在时间、空间上的有机配置,集防治水土流失、果业、经济作物、生态环境的保护和建设以及发展经济多功能效益为一体的综合生态系统。农林复合生态系统在我国有着悠久的历史和多种多样的类型。我国红壤地区水热条件优越,生物循环活跃、动植物资源丰富多样,加上较多的山、丘、岗等土地资源和比较紧张的人地关系,从客观和主观两个方面促进了农林复合生态系统的发展。目前主要类型有丘陵岗地农林复合生态系统、果粮间作类型、林胶茶复合系统和桑基鱼塘系统等。

1. 技术概况

根据红壤区的特点和不同坡位土壤理化性质差异,因地制宜,合理规划,变沟谷型农业为立体开发型农业,变单一农作物为农林果草综合配置,强调规模和连片,以挖掘其资源潜力。主要有顶林、腰果、谷农垂直立体布局和间、套、混作地块立体布局(何园球等,2015)。

(1)顶林、腰果、谷农垂直立体布局

对于丘岗地来说,从丘顶到坡麓,可分为流失段、过渡段和积累段。丘岗中上部土壤薄、旱、瘦,应以林为主,包括用材林、薪炭林和水保林,如马尾松、木荷、胡枝子等;丘岗中下部土壤为过渡段,应发展高效且能吸收深土层水肥的经果经作,如中华猕猴桃、板栗、甜柿、柑橘、无花果、枇杷、绿茶、中药材、花生、油菜等;坡麓土层厚、肥、润,宜种水肥条件要求较高的粮食、蔬菜和饲料,如水稻、玉米等。实行垂直立体种植,遵循着生态学的基本原理,并能取得短中长期的效益。

(2)间、套、混作地块立体布局

对于每个层段来说,作物布局应从提高土壤水肥利用率、充分利用地力、增加经济效益及改善生态小环境出发,实行地块立体农业布局,如农林混作、果农间作、农(果)肥间套作、不同作物间套作等耕作方式,使高矮、生育期、营养需求不同的植物形成适生互补的共生群落,增加生物产量和生态、经济效益。

套种作物的选择,应具备生态群落和生长环境的相互协调和互补,例如,高秆与低秆作物、深根与浅根作物、早熟与晚熟作物、密生与疏生作物、喜光与喜阴作物,以及禾本科与豆科作物的优化组合与合理配置,并等高种植,尤其在雨季,作物生长最为繁茂,覆盖率达75%以上,以取得最大的水土保持效益。南方红壤区在经果林幼苗期一般套种大豆、萝卜、西瓜等作物(图2-3-33)。江西省水土保持科学研究院研究表明,相比柑橘净耕,在柑橘小区内春季横坡套种大豆、秋季横坡套种萝卜后,年均径流量减少40.73%,年均泥沙量减少24.42%。

图 2 - 3 - 33　经果林下套种大豆(或萝卜)(段剑　摄)

2. 技术效益

农林复合经营是一种新型的土地利用方式,在综合考虑社会、经济和生态因素的前提下,将乔木和灌木有机结合于农牧生产系统中,具有为社会提供粮食、饲料和其他林副产品的功能优势。同时借助于提高土地肥力,控制土壤侵蚀,改善农田和牧场小气候的潜在势能,来保障自然资源的可持续生产力(Li et al.,2014;何园球等,2015)。结合江西省现有果树和农作物开发重心,以裸地为对照,研究分析果园净耕(柑橘)、农地(花生)、草地(百喜草)、果(柑橘)农(花生)复合、果(柑橘)草(百喜草)复合等不同利用方式对水土流失的影响,筛选红壤侵蚀区坡耕地水保效益最佳的农林复合系统经营模式。

分析不同农林复合系统的地表产流产沙特征(图 2 - 3 - 34),发现与裸地相比,其他处理地表产流量显著减小,草地的地表产流量最小,占裸地的 13.9%;果园处理和农地处理地表径流差异不明显,分别是裸地的 33.7%、32.9%;果农、

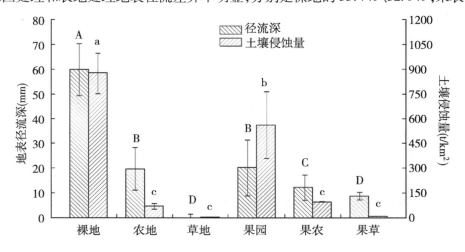

图 2 - 3 - 34　不同农林复合系统水土流失特征

(注:不同大小写字母表示不同农林复合系统在地表径流和土壤侵蚀量上差异显著,$P < 0.05$)

果草的地表产流量分别是裸地的 20.4% 和 14.6% 。结果表明,植被覆盖能起到减少地表径流的作用,不同农林复合系统经营模式中,草地、果农、果草模式均有着较好的减流蓄水效益。在土壤侵蚀方面,草地能减少 99.6% 的土壤侵蚀量;其他处理与裸地相比,土壤侵蚀量均显著减少,降低幅度为 35.8% ~ 99.3% 。草地和果草模式两处理差异不明显。

选取日降雨量分别为 21.73mm、68.53mm、94.00mm、168.00mm 的次降雨,分析不同降雨量下农林复合经营的地表产流产沙量(表 2-3-22),可知不同农林复合经营的地表产流量与日降雨量的响应各异,当日降雨量为 21.73mm 时,草地、果农、果草地表产流量显著低于裸地、果园、农地,当日降雨量为 68.53mm 和 94.00mm 时,裸地、果园、农地地表产流量无显著差异,但显著高于草地、果农、果草,而草地、果农、果草地表产流差异不明显;当日降雨量为 168.00mm 时,各处理间地表径流量无明显差异。土壤侵蚀量与日降雨量的关系也存在相同的趋势。说明不同农林复合系统的水土流失特征差异主要来源于中至大雨。

表 2-3-22　不同降雨条件下农林复合系统水土流失特征

降雨量(mm)	裸地	农地	草地	果园	果农	果草
地表径流量(m³/hm²)						
21.73	9.37 a	7.28 b	7.49 b	3.19 cd	3.85 c	2.45 d
68.53	25.71 a	23.82 ab	19.53 ab	10.09 c	17.22 bc	13.46 c
94.00	29.35 a	21.28ab	26.37 ab	17.44 c	19.46 c	16.01 c
168.00	47.12 a	47.06 a	44.52 a	36.64 ab	41.98 a	30.72 ab
土壤侵蚀量(kg/hm²)						
21.73	77.30 a	42.27 b	23.44 c	27.10 c	32.48 bc	27.75 c
68.53	185.85 a	143.87 ab	110.62 ab	74.87 b	125.44 ab	96.35 b
94.00	288.58 a	258.22 ab	152.87 bc	109.05 c	193.73 abc	120.55 c
168.00	1498.26 a	1242.76 b	837.03 d	642.06 f	923.72 c	721.29 e

注:不同小写字母表示同一降雨量下不同农林复合系统存在显著差异,$P < 0.05$ 。

(四)植草农路

1.技术概况

农路是农业经营中基础设施建设的重要组成部分。近几十年来,在南方红壤丘陵区,为了满足农业生产、经济建设活动和资源开发等对山地丘陵区交通的需求,坡地道路被大量修建。由农业开发自然形成的土质道路,缺乏任何保护措施,不仅侵蚀强度大(Luce et al.,2001;Rijsdijk et al.,2007),其侵蚀模数可达$(5 \sim 10) \times 10^5 t/(km^2 \cdot a)$(郑世清等,1994;2004),而且不利交通,如遇大、暴雨还可能被冲毁;而硬化农路如水泥路、卵石路,不但破坏了农路生物多样性,并且增加了经济成本;植草农路(图2-3-35)既能达到增加土路保护措施,又不阻碍通行,而且无须投入太多费用。

通过对坡地道路侵蚀及其影响因素的分析研究,发现道路侵蚀的主要动力为汇集在坡面的径流,以及由于边坡的失稳,且坡长与累计冲刷量,以及径流量与冲刷量均呈正相关,因此解决道路防蚀问题关键在于减少路面径流的汇集,保持边坡稳定。故对于坡地道路防蚀措施的配置,要以增加降水径流就地拦蓄入渗、合理引排多余雨洪资源为核心,贯彻"上拦、下护、路蓄、合理引排"的方针,综合配套实施(郑世清等,1994)。

图2-3-35　假俭草和结缕草植草农路(段剑　摄)

(1)植草农路体系组成

根据上述原则,提出经果林植草农路防护体系的具体水土保持措施:①坡上坡下修筑前埂后沟+梯壁植草式反坡梯田等工程措施与植物措施,坡顶设置截水沟,拦蓄雨水,防止上坡雨水冲刷道路。②稍具拱形的路面分散上坡径流,并植草,增加路面土壤抗冲性。③路堤路堑植草灌,并在路堑顶部修筑排水沟,防止雨水冲刷。④道路两侧开挖宽型浅沟,或修建植草生态沟,并在路旁修建蓄水池、沉砂池和排灌沟渠,通过沟渠将道路部分径流引入蓄水池内,集蓄雨水,发展节水灌溉;一部分降雨径流逐段分散在路边坡下面,通过边坡植物与工程措施拦截。⑤当道路穿过梯田、台地时,选择有利地势将道路径流直接引排到农田、果园内,减少路面径流汇集冲刷,利用雨水发展农业。

（2）适宜植草农路草种

选择植草农路草种时应符合以下原则：①生长速度快。②植株低矮，根系发达，网络状，具有强的无性繁殖能力。③喜阳耐践踏，耐瘠薄，抗逆再生能力强。④栽种简单易成活。⑤外观叶硬、细、革质、蜡质，自由水含量低，纤维素含量高（对路面而言，茎矮化、柔韧性强）。⑥进行组合时，考虑地面部分、地下部分空间与时间互补性（郑科等，2001）。

在充分考虑植物抗旱性的基础上，通过对道路适生植物资源及植物抗旱性研究，在江西省水土流失区初步选定适应路面种植的草种有：狗牙根、假俭草、结缕草等草种。可采取全面植草路面，即采用不同抗旱性的代表种，以超旱生、强旱生为主，进行全面种植或栽植；此外，还可采用镶嵌植草道路，即按不同的几何形式用土石、混凝土铺设路面。在铺设的空地种植草本植物，形成软、硬相间的道路防护。

2. 技术效益

（1）水土保持效益分析

通过野外人工降雨模拟试验，选择经果林地研究区内四种典型农路（裸露土路、泥结石路、植草道路和碎石道路），对比分析了不同路面在两种雨强条件下的产流产沙量，分析不同农路对水土保持的影响。

由表 2-3-23 可知，从径流量来看，在 3.0mm/min 降雨条件下，与裸露土

表 2-3-23　不同类型农路减流效益

降雨强度（mm/min）	道路类型	编号	平均径流量（L）	平均径流系数（%）	减流效益（%）	
					径流量	径流系数
3.0±0.1	裸露土路	LLTL	20.50 b	69.0 b	--	--
	泥结石路	NJSL	20.01 b	71.7 b	-2.4	3.9
	植草道路	ZCDL	17.61 b	65.2 b	-14.1	-5.5
	碎石道路	SSDL	25.34 a	90.8 a	23.6	31.6
4.0±0.2	裸露土路	LLTL	29.4 b	93.3 a	--	--
	泥结石路	NJSL	30.7 b	92.2 a	4.4	-1.2
	植草道路	ZCDL	27.4 b	78.2 b	-6.8	-16.2
	碎石道路	SSDL	34.0 a	94.4 a	15.6	1.2

注：用 LSD 方法检验显著性，$\alpha=0.05$ 时，不同小写字母表示不同处理下平均径流量和径流系数差异显著。

质路面相比,植草道路减少径流量的效益最大,为 14.1%;泥结石路次之,为 2.4%;而碎石道路产流量明显大于裸露土路;在 4.0mm/min 降雨条件下,与裸露土质路面相比,植草道路减少径流量的效益最大,为 6.8%;泥结石路、碎石道路产流量大于裸露土路。从径流系数来看,与径流量相似,虽然泥结石路和植草道路具有一定的减流效果,但并不甚理想,泥结石路在 4.0mm/min 下减流效益仅为 1.2%;而植草道路的减流效益也仅为 5.5%～16.2%。

在表 2－3－24 中可以看出,从输沙率来看,与裸露土质路面相比,植草道路减沙效益最大,为 96.7%～98.6%;泥结石路次之,为 69.8%～82.0%;碎石道路最小,也达 54.4%～62.3%。从含沙率来看,与裸露土质路面相比,植草道路减沙效益最大,为 98.0%～98.8%;泥结石路次之,为 73.1%～87.7%;碎石道路最小,也达 40.6%～73.4%。分析中还可以发现,泥结石道路和植草道路具有明显的减沙效益,最低也可达 40% 左右,大部分在 70% 以上。

表 2－3－24　不同类型农路减沙效益

降雨强度（mm/min）	道路类型	编号	平均输沙率 [g/(m²·min)]	平均含沙率 (g/L)	减沙效益（%）	
					输沙率	含沙率
3.0±0.1	泥结石路	NJSL	3.29 c	0.90 c	-82.0	-87.7
	裸露土路	LLTL	18.23 a	7.31 a	－ －	－ －
	植草道路	ZCDL	0.61 d	0.09 d	-96.7	-98.8
	碎石道路	SSDL	8.31 b	4.34 b	-54.4	-40.6
4.0±0.2	泥结石路	NJSL	3.33 b	0.80 b	-69.8	-73.1
	裸露土路	LLTL	11.03 a	2.97 a	－ －	－ －
	植草道路	ZCDL	0.15 c	0.06 c	-98.6	-98.0
	碎石道路	SSDL	4.16 b	0.79 b	-62.3	-73.4

注:用 LSD 方法检验显著性,$\alpha = 0.05$ 时,不同小写字母表示不同处理下平均输沙率和含沙率差异显著。

（2）修筑维护费用分析

坡地农路主要用于农业生产,通行的车辆稀少且以小型农用车、架子车为主。因此对坡地农路进行硬化显得不太实惠,而且会加重农民的经济负担。所以,土路成为现行的主要坡地农路,但它是农业开发中自然形成的土路,无任何保护措施,存在诸多弊端,如下雨天泥泞不堪根本不能行走,如遇大、暴雨即有可能被冲毁,有一部分坡地土路还用于排水等,都会给人们生产生活带来不便,甚至会造成人命财产的损失。农路路面植草对其自身和内外环境的影响,在一定程度上可以缓解这些问题,即路面植草能迅速地覆盖土路表面,达到蓄水保土的作用,且不影响通行。

　　研究区在坡地农业建设中,基于省工经营,对农路进行统一规划,对农用车流量大、人畜践踏频繁的地方,铺设碎石道路,即采用土路上铺厚度将近20cm的砾石,用重型车辆碾压而成;对农用车流量略小、人畜践踏不甚频繁的地方,采用泥结石路,即把卵石(块石)撒于修筑的土路上,面积占到30%~50%,然后条播处理过的百喜草种,几个月后覆盖度可达50%~70%;对农用车流量小、人畜践踏少的地方,采用植草土路,百喜草覆盖度达100%;其余为裸露土路,并占总道路面积的30%以上。研究中分别调查这4种农路的修筑与投工的费用(以2010年价格为标准),结果见表2-3-25。

表2-3-25　不同类型道路修建费用

项目	裸露土路(元/km)	碎石道路(元/km)	泥结石路(元/km)	植草道路(元/km)
路基平整	1026	769.5	769.5	1026
路基填土	3600	2700	2700	3600
素土夯实	7002	5251.5	5251.5	7002
铺碎石/块石路面		15453	15303	
条播种草			240	240
总费用	11628	24174	24265	11868
备注	素土夯实20cm,路面宽3m	素土夯实15cm,其上铺5cm厚碎石,路面宽3m	块石占路面40%,路面宽3m,条播种草,草籽用量80kg/hm²	素土夯实20cm,路面宽3m,条播种草,草籽用量80kg/hm²

　　修建1km的各种类型的农路费用依次是裸露土路11628元、碎石道路24174元、植草泥结石路24265元和植草土路11868元,裸露土路最为低廉,植草泥结石路费用最高。这是因为所用的材料不同产生的差价,进一步影响到人工修筑费用。

　　调查结果还表明,道路种草后每千米种草投资为240元,仅为碎石路面和泥结石路面铺碎石(块石)费的1.6%;从总的投资来看,植草土路每千米的投资仅为石子路(碎石路和泥结石路)的49%左右,比石子路面有显著经济优势。每千米植草土路费用仅比对照路高2.1%,如果在修土路期间就采用撒播法种植百喜草,省去育种、铺草和整理旧路路面等费用,种草费用将会更低,可被群众接受。

每年根据道路侵蚀情况,逐段测量道路侵蚀后形成的沟痕、洞穴,测算土方量后进行修补。多年统计结果表明,植草道路后每年每千米维修需土方量和维修费用分别为22.61m³和45.22元,比裸露土路减少69.29%。实践证明,路面种草后5年内不去维修仍可通行,这和裸露土路年年维修形成明显对比(曹世雄,2005,2006)。

三、经果林地保土耕作措施

(一)秸秆覆盖

1.技术概况

经果林地地表覆盖主要包括杂草刈割覆盖和秸秆覆盖(图2-3-36)。这项技术保持了土壤孔隙度,使孔径分布均匀,有较高的渗透能力和持水能力,可把降水保存在耕层内,而覆盖在地表的覆盖物又可减少水分蒸发,在干旱时土壤深层的水容易因毛细管作用向上输送,提高作物对土壤水分的利用率。同时,生物覆盖物还田还可以增加有机质积累,其对提高土壤肥力,增加土壤微生物,提高土壤酶活性和蓄水抗旱均有很大作用。南方红壤地区普遍存在着酸、黏、瘦、旱等障碍因子,加上土地利用过程中管理或经营措施不当,土地退化严重。因此,通过生物覆盖措施加速培肥和改良土壤对于提高旱地农业产量具有重要意义。

图2-3-36 经果林地秸秆覆盖(段剑 摄)

干旱季节用稻草等作物秸秆或铁芒萁、白茅等枯草,在地面覆盖厚度15~

25cm，最好进行全园覆盖，如覆盖材料较少则进行作物根系覆盖，覆盖后撒少量土压实。覆盖3~4年后可将秸秆翻入地下，同时再进行新一轮覆盖。本项技术适用于半湿润、半干旱、干旱地区，不适于透气性差的粘土质坡耕地和排水不良的坡耕地。

2. 技术效益

图2-3-37为试验区观测期间不同覆被类型下次降雨地表径流与坡面侵蚀特征，发现地表裸露、生草覆盖和秸秆覆盖坡面平均地表径流系数分别为13.79%、1.49%、1.73%；坡面平均土壤侵蚀量分别为24.20t/hm²、0.03t/hm²、0.05t/hm²。以上可知，生草覆盖和秸秆覆盖，能有效减少地表径流和土壤侵蚀，地表径流系数分别为地表裸露的10.80%和12.55%，两者无显著性差异，土壤侵蚀量分别为地表裸露的0.12%、0.21%。

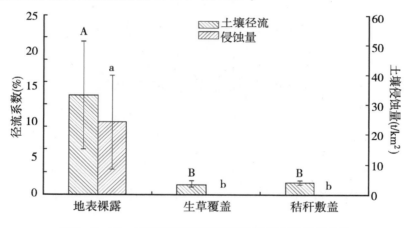

图2-3-37 不同覆被类型下坡面径流及侵蚀特征差异

（注：不同大小字母表示不同覆被类型在地表径流和土壤侵蚀量上差异显著，P<0.05）

（二）保土耕种

1. 技术概况

耕作调控技术通过改变微地形，调节坡耕地径流的聚集与分散，从而改善土壤环境，减少水土流失。等高耕作是我国最普遍的水土保持耕作技术，也叫横坡耕作，即沿等高线方向用犁开沟播种，利用犁沟、耧沟、锄沟阻滞径流，增大拦蓄和入渗能力，是坡耕地保持水土最基本的耕作技术。一般情况下，地表径流均顺坡而下。在坡耕地上，如果只考虑耕作方便，采取顺坡耕作，就会使地表径流顺犁沟集中，加大水土流失。反之，如果采取横坡耕作，即沿等高线耕作

（图2-3-38），增加了地面的糙率，则每条犁沟和每一行作物都具有拦蓄地表径流和减少土壤冲刷的效果，为作物提供充足的水资源，改善作物的生长环境，增加作物产量。

图2-3-38　经果林下横坡套种（汪邦稳　摄）

2. 技术效益

表2-3-26为经果林下不同套种方式水土流失特征，可知果园顺坡套种年均径流深比果园清耕略高，果园横坡套种、农林草复合系统减流效益分别为33.7%、76.4%。年均土壤侵蚀模数从大到小依次为：顺坡套种＞果园净耕＞横坡套种＞农林草复合系统，顺坡套种年侵蚀模数是果园清耕的2.85倍，与果园净耕相比，横坡套种、农林草复合系统减沙效益分别为24.4%、98.5%。以上说明，果园横坡套种和农林草复合系统都有明显减流减沙作用，又能增加果园经济附加价值。

表2-3-26　经果林下不同耕作方式水土流失特征

耕作措施	径流深（mm）	年均土壤侵蚀模数[$t/(km^2 \cdot a)$]
净耕	104.05	432.84
顺坡套种	110.18	1231.87
横坡套种	68.94	327.14
农林草复合	24.56	6.54

第四节　主要经果林地水土流失治理模式

一、赣南脐橙园水土流失治理模式

(一)模式概述

赣南脐橙园水土流失治理模式是以"顶林—腰果—底谷(养殖)"立体结构为基本框架,结合"前埂后沟 + 梯壁植草 + 反坡梯田"坡面工程优化配置技术集合而成。"顶林—腰果—底谷(养殖)"立体治理模式是基于南方红壤区雨、热资源丰沛,时空分布不均衡的特点,针对山地丘陵水土流失区的治理而创建的集水源涵养、土壤保护、光热充分利用于一体的立体开发模式。

"顶林"是指山丘的顶部进行树木种植和封山育林,营造水土保持林,拦截降雨径流,增加土壤入渗,提高土壤含水量,提升土壤水库库容,主要是通过营造水土保持林保育林下土壤,实现对降雨径流的二次分配,改善降雨径流时空分布的不均匀性,提高水资源的利用率。通过山顶水土保持林的营造,改善当地的生态环境,山顶营造的水土保持林还可增加下垫面糙度,降低径流速度,减小地表径流流量,削弱径流的冲刷能力,从而减少水土流失。并利用山边沟、草沟、草路等水土保持技术构建坡面集雨引流系统,为"腰果"提供雨水资源。

"腰果"是指山腰种果,在顶林(山顶戴帽)的基础上,基于山腰地形地貌特点,开发为经济果木林生产用地。坡面构筑"反坡梯田 + 前埂后沟 + 梯壁植草"种植柑橘、脐橙、柚、油茶等经济果木林,同时依据地形地貌特点,修筑坡面水系工程引水沟道、沉砂池—蓄水池,利用"反坡梯田 + 前埂后沟 + 梯壁植草"中的坎下沟及营造的生态沟渠把"顶林"及坡面的雨水径流引蓄到蓄水池中,形成自流灌溉与滴灌相结合的灌溉系统,保障经果林生产之需。同时腰果的废弃果物为"底谷(养殖)"提供有机肥和饲料来源。

"底谷(养殖)"是指在山腰下部开发水平梯田种植粮食作物、经济作物或修建山塘进行禽畜及鱼类养殖,发展生态农业或渔业。"底谷"是指山底坡度平缓或地势低洼处,是径流的汇集区域,水热光丰沛,可营造水平梯田种植水稻或旱地作物,也可开挖山塘养殖畜禽和渔业。山腰经果林地残烂果实(作物)可以用于喂养禽畜,也可收集沤化处理成有机肥。同时,山底山塘为灌溉提供了充足的水源,结合提灌技术,在极为干旱季节用山塘蓄集的雨水资源灌溉山腰果园。

(二)关键技术

1. 总体布局

收集调查治理区自然环境数据,主要包括气象、植被、土壤、地形地貌等数据。气象数据包括多年的年、月、日降水量、径流量,日照时数,最高气温,最低气温,平均气温等;植被数据包括当地的植被类型、植被结构和植被盖度等;土壤数据包括土壤类型、土壤诊断层、土壤理化性质等;地形地貌数据包括地貌类型、地形图等。在此基础上分析治理区降雨资源及年内分布、径流资源及年内分布、土壤层厚度及分布、土壤入渗、土壤水库、日照时数、坡度、坡向和海拔分布等,确定治理区自然条件资源。依据对治理区水土气热资源条件的分析,从山顶到沟谷实现对顶林、腰果和底谷优化布局,确定顶林、腰果和底谷的面积和分布。同时根据治理区水、土、气、热条件和顶林、腰果及底谷的对位配置和面积分布,结合当地区域开发规划,选择适生的物种。

2. 坡面工程

由于南方红壤区降水资源相对丰富,但季节性分布不均。因此,修建梯田主要考虑排蓄功能,一是最大程度地蓄集雨水,增加土壤水库容量;二是注重排水功能,能把洪涝时的雨水径流快速有序排走。根据多年的科学研究,实践证明前埂后沟+梯壁植草式反坡梯田对降雨径流具有良好的蓄排功能。

赣南脐橙水土保持综合治理模式的坡面关键技术是"前埂后沟+梯壁植草+反坡梯田"(图2-3-39),该模式的坡面工程优化配置技术主要是结合坡地开发的坡改梯工程,设置内斜式梯面(即梯面外高内低,略成逆坡),以降低地面坡度和缩短坡长,而梯面内斜,可增加蓄水、减少径流;梯面上种经济果木林(脐橙、柑橘、桃、梨等),幼林地可间种大豆、花生、萝卜、瓜类、薯类、矮化玉米等农作物,一方面增加梯面植被覆盖度,减少水土流失;另一方面提高土地利用效率,增加农民收入。构筑坎下沟、前地埂,并在地埂、梯壁上全部种植混合草籽进行防护处理,坎下沟可拦蓄上部坡面径流,减少冲刷,坎下沟可以拦蓄上方降雨径流,增加入渗,而梯壁植草可维护梯壁稳定,防止水、土、肥流失。若考虑到培肥地力和巩固水土保持效果因素,也可以在梯埂和坎下沟边种植一些绿肥或经济作物,如猪屎豆、黄花菜等。

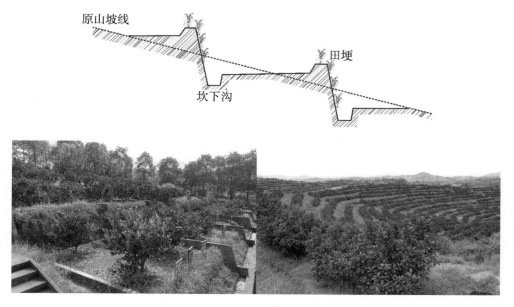

图2-3-39　前埂后沟+梯壁植草+反坡梯田式果园(汪邦稳　摄)

该技术核心部分为前埂后沟、梯壁植草、反坡梯田,具体技术详见本章第三节。田面内斜3°~5°以内(反坡);田边应有蓄水埂,高0.3~0.5m,顶宽0.3~0.5m,外坡坡率与梯壁一致;田面内侧应开挖截流排水沟,沟内每隔5~10m设一横土垱(竹节沟);梯壁植草。小雨能蓄,大雨能排,安全稳定,管理方便,非常适宜种植经济果树。防御暴雨标准一般采用10年一遇24h最大降雨量。

3. 坡面水系

由于南方降水多,暴雨频发,坡面径流大,为保证梯田安全,修建反坡梯田需要配套一定的蓄排工程。坡面水系工程分为集雨系统、引流系统、蓄水系统和灌排系统。每个系统要用相应的水土保持技术构建,例如,集雨系统的水土保持技术包括用作集雨面的乔灌草植物优化配置和前埂后沟梯壁植草水平梯田;引水系统的水土保持技术包括生态路渠、山边沟、草沟和草路等技术;蓄水系统水土保持技术包括埋入式蓄水池、沉沙池和山塘等。截水沟、水平竹节沟、排水沟、沉砂池、蓄水池以及坡脚山塘等相连,形成完整的坡面水系工程。截排水沟与田间生产道路、沉沙、蓄水工程同时规划,并以田间生产道路为骨架,合理布设截排水沟,实现路沟结合。田块内横向排水主要通过坎下沟和山边沟实现,再汇于道路两侧的纵向排水沟集中排出。排水沟应与地块外现有沟渠或天然水系衔接。

截水沟布置在梯田、水土保持经果林坡面上方与其他地块等交接的地方,沿坡面等高线布置,当坡长较长时,设多级截水沟。在进行坡面经果林开发时,注意山顶戴帽区域与山腰种果区域连接处应布设截水沟。截排沟渠的比降应视其截、排、用水去处(蓄水池或天然冲沟及用水地块)的位置而定。排水沟布置在截水沟两端或低端连接沉砂池、蓄水池。蓄水池一般布设在坡面水汇流低凹处,并与截排水沟形成水系网络。沉砂池主要设置在不同尺寸的沟渠交汇处、出水口以及蓄水池进水口之前,以及在较长的沟渠中段、末端及蓄水池进口处,主要在于沉降截排水沟携带的泥沙及杂物。在坡度较大的地块中部,不同尺寸沟渠连接的地方,沟渠首末高差较大,为使截排水沟满足坡降要求,采用沉沙池作为承接。沉降沟设置在沟渠中段可起到跌水消能的作用,同时可减小沟渠的坡降,保证上下沟渠满足坡降要求,使排水顺畅。

(三)措施配置

"山顶戴帽(植树)、山腰种果(配合坡面水系工程)、山脚养殖(种桑养蚕、养鱼等)、沟底拦沙(筑拦沙坝)"立体开发治理模式的总体对位配置措施如下:山顶和山上水热条件较差土,土壤薄、旱、瘦,以营林为主,包括用材林、薪炭林和水保林,如马尾松、湿地松、木荷、胡枝子等,增大植被覆盖率,达到绿化荒山、涵养水源、保护环境的作用;山腰选择各方面条件好、集中成片进行坡耕地改造,结合农业结构调整,发展果树、药材等经济价值高、综合效益好、适销对路的优质农产品,如中华猕猴桃、板栗、甜柿、柑橘、油茶、无花果、枇杷、绿茶、中药材、花生、油菜等,达到既保护环境,又发展生态经济的作用;山脚土层厚、肥、润,宜种对水肥条件要求较高的粮食、蔬菜和饲料,如水稻、玉米等或发展猪、鱼等养殖业;沟底采取工程措施,筑坝拦沙。

1. 顶林配置

"顶林"水土保持林选择和配置主要根据地形、小地貌、土壤侵蚀程度来确定。"顶林"面积分布主要由地形破碎程度、坡度大小,以及整个模式配置的水量平衡、土地利用率来确定。25°以上且地形破碎的坡面都应作为顶林的面积,同时,考虑水量平衡和土地利用率,顶林的面积不宜超过整个坡面面积的1/2,但不应小于整个坡面面积的1/3,具体面积大小应根据地形、雨热、土壤条件进行计算。

2. 腰果配置

"腰果"关键技术主要是台地类型、果树的选择以及面积分布。南方降水资源相对丰富,但季节性分布不均。因此,修建台地主要考虑排蓄功能,一是最大程度的蓄集雨水,增加土壤水库容量;二是注重排水功能,能把洪涝时的雨水径流快速有序排走。根据多年的科学研究和水土保持经验,实践证明"反坡梯田 + 前埂后沟 + 梯壁植草"对降雨径流具有良好的蓄排功能。因此,江西省的"腰果"台地应选择"反坡梯田 + 前埂后沟 + 梯壁植草"模式。果树的选择主要根据当地的经济发展方向和气候条件确定,如赣南选择脐橙、柚等,赣中选择南丰蜜橘、椪柑、早熟柚等,赣西选择新余蜜橘、高安方柿、奉新猕猴桃和大果形枇杷等,赣北选择早熟梨、温州蜜柑早熟品种和特早熟品种等,赣东选择冬枣、杨梅、油茶等,形成"南橘北梨、东枣西桃"的发展格局。"腰果"面积的分布应根据地形条件和"顶林"的面积,通过水量平衡和土地利用及生产力计算确定。

3. 底谷(养殖)配置

"底谷(养殖)"关键技术主要是"底谷"和"养殖"的选择以及布局和规模的确定,"底谷"和"养殖"的选择主要根据当地经济的发展方向,以及项目区的地形条件。地势低洼、雨水宜集难排,应该发展山塘、鱼禽养殖;地势平坦,雨水蓄排畅通,宜选择种植谷物与养猪结合。规模的确定主要根据项目区地处的面积和自然资源条件,通过土地承载力计算。

(四)应用情况

结合国家水土保持重点建设工程项目,分别在江西省赣县枧田小流域和于都燕溪小流域对顶林—腰果—底谷(养殖)治理模式进行了推广应用,均取得了显著的综合治理效益,在社会上起到了很好的示范作用。

1. 赣县枧田小流域

（1）小流域概况

赣县枧田小流域位于平江下游，流域土地总面积 45. 47km²，海拔 100 ~ 400m。小流域属亚热带季风湿润气候，无霜期为 285d。境内太阳年辐射总量为 111kcal/cm²，年均日照时数 1902h。多年平均降雨量 1476mm，季节分配很不均匀，形成明显的雨季和旱季，每年 4—6 月份降水量最大，约占全年降水量的 50%，而且以大雨、暴雨形式出现，易形成洪涝灾害；8—10 月份高温少雨，降水量占全年降水的 30% 以下，伏旱、秋旱现象严重。流域内土壤母质以第四纪红色黏土、泥灰岩、红砂岩、千枚岩、石英砂岩和花岗岩风化物为主，肥力较低。

（2）应用成效

该模式在赣县枧田小流域推广面积为 17. 36km²，通过该模式的推广实施，推广区的水土流失综合治理程度达到 93.6%，水土保持减沙效率达到 76%，植被覆盖度得到了显著提高，达到 75.8%，土地利用率达到了 92.7%，农业生产条件有了明显改善，当地农民的生活条件得到了改善和进一步的提高，治理效果见图 2 - 3 - 40。

图 2 - 3 - 40　赣县枧田小流域（顶林—腰果—养殖模式）（汪邦稳　摄）

2. 于都县燕溪小流域

（1）小流域概况

于都县燕溪小流域占地面积 42. 80km²，地貌类型以低山丘陵为主，局部为河谷平地；流域海拔高度在 200 ~ 600m，相对高度多为 20 ~ 200m，最高海拔为 695. 8m。流域地处亚热带湿润季风气候区，多年平均气温为 19. 2℃，多年平均蒸发量 1538. 9mm，无霜期 299d；年日照时数为 1812. 6h，太阳总辐射量为 110. 6kcal/cm²，≥10℃ 的积温为 6012℃；多年平均降水量为 1498mm，降水年内分配不均,主要集中在4—7月,约占全年降水量的48%,且多以暴雨形式出现。小流域内成土母质以花岗岩类风化物为主,由花岗岩风化物发育而成的红壤,具有自然肥力较低、酸性偏强的特点。

（2）应用效益

该模式在于都县燕溪小流域推广面积达13.33km²。推广实施后,推广区的水土流失综合治理程度达到86.4%,水土保持减沙效率达到78.9%,植被覆盖度得到了显著提高,达到81.2%,土地利用率达到了85.2%,农业生产条件有了明显改善,土地生产力显著提高,大大推动和促进了农村产业结构的调整,带动农民脱贫致富,治理效果见图2-3-41。

图2-3-41　于都燕溪小流域(顶林—腰果—底谷模式)(汪邦稳　摄)

二、油茶园水土流失治理模式

(一)模式概述

油茶林是我国种植范围最广的木本实用型经济林,具有耐寒的特点,适应性强,可在荒地荒坡种植。油茶林水土流失治理是一项综合性的工程,需要生物、工程和农业措施的相互作用才能更好治理水土流失现状。其关键在于对油茶林的利用率,合理地培育、科学地利用植被,结合地势特点提高油茶林的蓄水能力。在生态环境有保障的同时发展经济,达到良性循环。

油茶耐瘠薄性强,为了"不与粮争地",油茶多栽植于丘陵山区,由于丰富的降雨资源和丘陵山地的地形,加之在油茶经济林建设中,人们片面追求经济效益,缺乏环境保护观念,极易造成经济林水土流失严重。目前生产中较多采用"鱼鳞坑+山边沟""坡改梯+草覆盖""套种复合经营"等方式,进行油茶林水土流失综合治理。

在发展油茶经济,改善区域生态环境过程中,合理利用水土资源,结合农业产业结构调整,建立以油茶林为主,其他生物种群为辅的多元化结构,使经济效益与生态环境效益协同提升。复合经营的种类选择、经营措施及技术方法以不妨碍油茶生产,维护地力,保持水土和持续生产为原则(王正秋,2003)。

油茶复合经营模式主要有:油茶—生草、油茶—花生、油茶—大豆以及林下养殖模式。研究表明油茶种养模式能显著提高根际土壤中有效磷含量,其中间种大豆的效果最佳(周乃富等,2016)。林下养鸡和林下种草显著提高油茶林地根际和非根际土壤中全磷含量。林下种植黑麦草刈割后经微生物分解可向土壤中补充磷素,提高土壤磷含量,因此可以在磷素缺乏的林地选择林下种草模式能够很好地改善土壤磷素缺乏状况。林下养鸡由于鸡粪的输入,能显著提高林地土壤全磷含量,使根际土壤中 $Al-P$ 和 $Fe-P$ 占全磷的比例下降。总之,油茶林地间种经济作物或养殖动物不仅可以提高油茶园的经济效益,还可有效改善土壤环境。

(二)关键技术

1.坡面整治工程

油茶林坡面整地工程宜根据坡面大小、地形变化、土层深浅和土壤类型,采取蓄水保土的坡面整治工程。总体整治规划原则是,地形比较一致的丘陵山地可采用等高梯田、台地或条带的整地方式。地形较为复杂,土层较浅,土壤贫瘠,可采用鱼鳞坑整地方式。种植台面应采用内斜式即外侧稍高于内侧,一方面可滞留地表径流,增加径流入渗,提高水资源利用率;另一方面,内斜式可一定程度减少泥沙输出,防止水土流失。

为了提高土地蓄水保土能力,在坡地上修筑梯田是我国第一位的水土保持措施(唐克丽,2004)。油茶造林整地常采用内斜式梯田、等高带状整地和竹节沟。

(1)水平梯田整地

采用挖掘机沿等高线水平带状整地,带面宽 3.5m,带间边坡 0.5m,每带栽植 2 行,株距 3m,造林密度 1650 株/hm²。

(2)带状锄草整地

全面劈草、除灌、清杂,沿等高线水平带状锄草,带宽 1.5m,株行距 2m × 3m,穴规格 60cm × 50cm × 40cm,造林密度 1650 株/hm²(郑长瑞,2013)。

（3）水平竹节沟整地

规格为长方形，长1.2m，宽0.4m，深0.4m。整地时间为9—10月，挖完穴后，条沟的一边（0.3m）施放生物有机肥1kg作基肥，平地面返穴，长0.5m，其他不返穴，有利水土保持和抗旱。对于需要打穴的条面，进行林地清理，保留山脚、山顶和条带之间的林草，因为油茶幼年期耐阴，等新造油茶成林会影响采光而砍掉（肖端等，2011）。

（4）鱼鳞坑整地

该整地方式主要适用于坡度比较大或者局部比较陡峭的林地。根据设计规划的密度，在较陡的坡面上沿等高线自上而下地挖半月形坑，呈"品"字形排列。鱼鳞坑具有一定蓄水能力，在坑内栽植经果林木，可保土保水保肥。坡度越大的地方，坑的规格应当越小，这样可以减少动土面，减轻水土流失。鱼鳞坑规格有大小两种：大鱼鳞坑长径0.8～1.5m，短径0.5～0.8m，坑面水平或稍向内倾斜。坑内取土在下沿作成弧状土埂，高0.2～0.3m。小鱼鳞坑长径0.6～1.0m，短径略小于长径。规格大的鱼鳞坑适用于坡度较缓的坡地，规格小的鱼鳞坑适用于地形破碎、坡度较陡的坡地。

2. 农林复合经营

长期以来，广大林农为增加油茶幼林的早期收益，普遍在油茶幼林中实行2～3年套种，套种作物如花生、大豆等1年生经济作物，以及各种林下中药材（庄瑞林，1988）。油茶幼林套种，在油茶幼林增加林农经济收益的同时，又能增加油茶林下植被覆盖度，控制幼林期水土流失，因此在油茶产区被认为是一项有效的农林复合经营方式，被广泛采用。

（1）林—药复合经营

油茶与肉桂、厚朴、杜仲、桔梗、黄栀子、草珊瑚等中药材间种，既可以增加林农的收入，达到"以短养长、长短结合"的目的，又能改善生态环境（曾桂清等，2011）。黄栀子是很好的中药材，其生长快，能迅速覆盖立地，能很好地保护林地水土不流失，还具有结果早的特点，栽后2年结果，其果、枝、叶、根皆可入药，还是天然色素的最佳原材料，具有广阔的市场前景。房用等（2006）研究表明林木栽种后2～3年未形成树冠，荫蔽度低，可合理套种茎秆低矮、株型瘦小、喜阳的中药材品种，可减少土壤养分流失，抑制杂草生长，增加效益。随着油茶树体的长大，已形成较荫蔽的环境条件，可种植一些喜阴的中药材（王瑞等，2012）。

（2）林—农作物复合经营

套种农作物可有效减轻油茶幼林地表径流量，但土壤侵蚀量会因人为耕作活动增加而略有上升（虞木奎等，1999；周国逸等，2000）。因此，套种的农作物宜选择匍匐于地表或矮秆的豆科植物，且早春生长较快，能快速地覆盖地表，才能有较好的水土保持效果。研究表明，4年生油茶幼林套种豆科植物和花生后的最大土壤侵蚀模数为341.3t/（km²·a），远低于我国南方红壤丘陵区土壤轻度侵蚀的侵蚀模数500t/（km²·a），属于无明显侵蚀类型（李纪元等，2008）。但与相邻地区的杉木幼林相比，油茶幼林无论套种与否，其径流量与土壤侵蚀量均明显偏高（盛炜彤，1999）。

油茶幼林不论套种与否，水土流失均存在明显的季节性变化，且与降雨量密切相关。在早春至梅雨期结束期，地表径流量及土壤侵蚀量均占全年的85%以上。这跟南方的降雨分布特征完全吻合，且中、大、暴雨多集中在此期间。这也是一年中水土流失的高峰期。因此油茶幼林下套种耕作管理尽可能避开此时期或减轻抚育强度。套种作物虽然减轻了地表径流，但要尽量降低土壤的耕作强度与频次，才能保持减轻水土流失的效果。否则将有可能加剧水土流失，得不偿失。

（三）应用情况

结合国家水土保持重点建设工程项目，在江西省于都县燕溪小流域对油茶林水土流失综合治理模式进行了推广应用，取得了显著的综合治理效益，在社会上起到了很好的示范作用。

该模式在于都县燕溪小流域推广面积达70hm²。推广实施后，推广区的水土流失综合治理程度达到89.5%，水土保持减沙效率达到85.6%，植被覆盖度得到了显著提高，达到87.4%，当地林农经济收入明显增加，治理效果见图2-3-42。

图2-3-42　油茶林开发水土流失治理效果（张利超、汪邦稳　摄）

第四章

矿山水土保持

第一节 矿山水土流失概况

一、矿山资源概况

我国幅员辽阔,东濒太平洋,属太平洋成矿域外侧的一部分;西依帕米尔高原,西南为世界屋脊的青藏高原,为特提斯—喜马拉雅成矿域之东边部分,隔喜马拉雅山与印度次大陆相望;北邻蒙古高原,是中亚成矿域的一部分。从成矿角度看,世界三大成矿域都进入中国境内,所以矿产资源丰富,矿产种类较为齐全。

中南地区以有色金属居优势,湖南和赣南的钨、湘中的锑、湘南和湘西的铅和锌以及赣东北的铜矿在全国均负盛名。能源方面,水力蕴藏丰富,占全国的13.8%。煤则集中于河南省。西南地区以金属矿产如铁、锰、铜、锡、铅、锌等,在国内均具一定地位,并有盐、磷等非金属。水力蕴藏量占全国的68%。黔、滇、川邻界地区有相当规模的煤田,其中贵州为富煤省,居南方各省前列。川、黔两省还富天然气。

(一)矿山资源类型

(1)矿区类型

矿区类型按照矿产资源类型进行分类可以分为金属资源类型矿区和非金属资源类型矿区。其中金属包括有色金属、黑色金属、贵重金属、稀有金属、稀土元素、放射金属、稀散金属资源类型矿区。有色金属资源类型包括铜矿、铅锌矿、铝土矿、镍矿、钨矿、菱镁矿、钴矿、锡矿、钼矿、锑矿;黑色金属资源类型包括铁矿、锰矿、铬矿、钒矿、钛矿;贵重金属资源类型包括金矿、银矿、铂族金属;稀有金属资源类型包括锂矿、铍矿、铌矿、钽矿、锶矿;放射金属资源类型包括铀矿、钍矿;稀散金属资源类型包括镓矿、铟矿、铊矿、锗矿、硒矿、碲矿、铼矿、镉矿。非金属资源类型矿区则包括金刚石矿、钾盐矿、磷矿、高岭土矿、膨润土矿、硅藻土、重晶石、硅灰石、石墨矿、石膏矿、萤石矿、滑石矿、盐矿、耐火黏土、硼矿等类型。

南方矿区地形以丘陵为主,矿产资源,特别是有色金属矿产储量丰富,铜矿排在世界第七,其中江西铜储量位居全国榜首,西藏次之,云南、安徽、湖北等省的铜储量也均在 300 万 t 以上。铅锌矿排在世界第四,其中云南铅和锌的储量位居全国榜首;广东、江西、湖南、四川的铅储量也很丰富。铝土矿排名世界第七,山西铝资源最多,贵州、广西次之。锡矿也排在世界前列,以广西、云南两省(区)储量最多。钨矿和锰矿的分布也都以南方为主。除此之外,华南褶皱带萤石、硫成矿区是我国最大的萤石成矿带(夏学惠,2013)。相较于北方,中国煤炭资源南方分布较少(黎江峰,2018)。见表 2 - 4 - 1。

表 2 - 4 - 1　南方矿区主要矿产类型

矿产资源类型	世界排名	主要分布	占全国比例(%)
铜矿	7	江西	20.8
		西藏	15
铅锌矿	4	云南	17(铅);21.8(锌)
铝土矿	7	山西	41
		贵州、广西、河南	17
锡矿		广西	32.9
		云南	31.4

(2)矿区分布

中国的锡产量占全世界的 30% 以上,累计探明储量为 560.37 万 t,广西是中国锡产量最大的省份,主要是广西壮族自治区大厂、珊珊、水岩锡矿。广西也是铟锡矿资源最丰富的地区之一,保有储量居全国第一,南丹大厂矿区保有金属储量 70 余万 t,是广西最大的锡矿床。除此之外,还有云南省东川,湖南省香花岭、红旗岭、野鸡尾等锡矿。云南个旧锡超大型矿床,是世界著名的锡都。

中国的铜矿主要分布在南方地区,主要集中于以下地区:江西德兴、九江—瑞昌、永平;安徽安庆—铜陵;湖北大冶—阳新;云南东川、新平;西藏玉龙和福建紫金山。就成矿空间而言,探明储量相对集中于江西、西藏、云南、甘肃、安徽5 省(区),合计占全国的总储量的 58%。西藏的铜矿资源潜力有望达到全国1/3 以上,目前我国的铜储量已占同年世界储量基础的 12.1% ,列世界第 3 位,

居智利和美国之后。(见表2-4-2)

表2-4-2　南方锡矿、铜矿及稀散金属矿数据一览

矿产资源类型		总储量	主要分布	主要分布地区储量	占全国比例(%)
锡矿		560.37万t	广西	70余万t	
铜矿			江西		
			西藏		
			云南		58
			甘肃		
			安徽		
稀散金属矿	锗		广东、云南、吉林、四川		80
	镓		广西、贵州		
	铟		云南、广西		
	铊		云南		90
	硒		广东、江西、甘肃		94

南方矿区分布着全国大部分锰矿,其中已探明的锰矿区主要有:福建连城锰矿;湖南湘潭、玛瑙山、响涛园等锰矿;广东小带、新椿等锰矿;广西八一、下雷、荔浦等锰矿;四川高燕和轿顶山锰矿;贵州遵义锰矿。广西是全国锰矿最多的地方,大新县下雷锰矿是全国最大的锰矿床。

南部地区所占铁矿数量较多,大型和超大型铁矿区主要有:海南石碌铁矿、四川攀枝花—西昌钒钛磁铁矿、云南滇中铁矿区、云南大勐龙铁矿等等。

中国是世界上锑矿资源最为丰富的国家。锑总保有储量278万t,居世界第1位。锑矿的储量占世界的40%。有锑产地111处。分布于全国18个省(区),广西锑储量为最多,约占全国的41.3%.

钨矿是我国的优势矿产资源(刘壮壮等,2014)。江西作为全国最重要的钨矿资源开采地,部分钨矿到目前的开采年龄已有上百年的历史,根据2013年的资料显示,江西省国有钨矿资源的消耗量已经达到了60万t左右。除原有湖南柿竹园等地的钨多金属超大型矿床外,南方其他省份钨矿量也极为丰富,例如,福建省行洛坑;湖南省柿竹园、新田岭;广东省锯板坑、莲花山。

我国银矿以江西银储量为最多,占全国的15.5%;其次为云南、广西、湖北等省(区)银资源亦较丰富。银矿成矿的一个重要特点,就是80%的银是与其他金属,特别是与铜、铅、锌等有色金属矿产共生或伴生在一起。我国重要的银

矿区有江西贵溪冷水坑、广东凡口、湖北竹山等。

铌矿分布在15个省（区），在南部地区，湖北占24%，排名全国第二；其次为广东、江西、四川、湖南、广西、福建，以及云南、浙江等。砂矿储量广东占99.4%，其次是江苏、湖南；褐钇铌矿储量主要分布在湖南、广西、广东、云南。

中国锶矿资源丰富，$SrSO_4$总保有储量3290万t。南方省（区、市）有湖北、重庆、四川等。锶矿矿床类型主要有沉积型、沉积改造型和火山热液型。成矿时代以新生代为主，中生代次之。

我国用于生产锆的矿物是锆英石。南部地区用于生产锆的滨海砂矿床分布于海南、广东、福建沿海地区。其中大型锆矿床分布在广东海丰、海南万宁等地。

南方稀土资源分布的地区有江西赣南、广东粤北、四川凉山、湖南、广西、云南、贵州、福建、浙江、湖北等省（区）。稀土资源形成北、南、东、西的分布格局，并具有北轻南重的分布特点。中国是世界稀土资源储量大国，不但储量丰富，且还具有矿种和稀土元素齐全、稀土品位高及矿点分布合理等优势。

非金属矿产指除金属矿产、能源矿产和水以外的各种可供利用的矿物和岩石。它是人类最早使用并最有开发应用前景的一类矿产资源。长期以来，非金属矿产是人类物质生活、科技进步、经济建设中不可缺少的原料，是建材、冶金、化工、轻工等传统产业重要的原辅材料。人类历史就是从用石头做工具开始的，漫长的"石器时代"反映了非金属矿产在人类社会早期历史中所起的决定性作用。其种类繁多，迄今已达200余种。非金属矿产是我国开采矿种最多、开采量最大的一类矿产。我国现在已经开发利用130多种非金属矿产，其中石墨、滑石、菱镁矿、萤石、重晶石等十多种矿产的储量居于世界的前列。

主要萤石矿区有江西德安、浙江武义、湖南柿竹园、贵州大厂等。矿床类型比较齐全，以热液充填型、沉积改造型为主，伟晶岩型等类型不具重要意义。萤石矿主要形成于古生代和中生代，以中生代燕山期为最重要。

耐火黏土资源丰富。总保有储量矿石21亿t。探明储量的矿区有327处，分布于全国各地。湖北地区耐火黏土矿较多。按成因矿床可分沉积型和风化残余型（如广东飞天燕耐火黏土矿）两大类型，以沉积型为主，储量占95%以上。耐火黏土主要成矿期为古生代，中生代、新生代次之。

伴生硫储量江西（德兴铜矿和永平铜矿等）第一。自然硫主要产于广东云浮硫铁矿、安徽新桥等矿区均为重要的硫铁矿。矿床类型有沉积型、沉积变质型、火山岩型、夕卡岩型和热液型几种。

26个省(区)有磷矿产出。西南部地区,不仅磷矿多量大,而且质量最佳,该地区共有磷矿产地121处,保有储量66.77亿t,占全国总储量的44%,其中P_2O_5大于30%的富矿探明储量为9.7亿t,占全国富矿总储量的86%。中南部地区,共有磷矿产地159处,保有储量51.49亿t,占全国总储量的33%,P_2O_5大于30%的富矿保有储量仅为1.3亿t。

滑石矿资源比较丰富,以江西滑石矿最多,占全国的30%;广西等地(区)次之。滑石矿矿床类型主要有碳酸盐岩型,如江西于都等产地,以碳酸盐岩型为最重要,占全国储量的55%。成矿时代主要为前寒武纪,古生代、中生代次之。

15个省(区)有石棉矿产出,探明储量的矿区有45处,总保有储量矿物9061万t,居世界第3位。四川较多。我国石棉矿床的成因类型主要有超基性岩型和碳酸盐岩型两类,前者规模大,储量占全国的93%。

宝玉石矿品种繁多。广东的南方玉、福建的寿山石、浙江的青田石和鸡血石、湖北的绿松石等古代就已开采并驰名中外。在海南、江苏等地还产有蓝宝石矿。我国宝玉石地质工作程度较差。我国宝玉石矿有多种矿床类型,以伟晶岩型、热液交代型和风化残积—冲积型矿为重要,岩浆型、变质型、夕卡岩型次之。宝玉石成矿时间跨度较大,自前寒武纪直至第四纪均有宝玉石矿形成。

玻璃硅质原料资源非常丰富,石英砂以海南为最多。主要矿区有福建东山、广西北海、海南文昌等地硅质原料矿。就矿床成因类型分,以沉积变质石英岩、沉积石英砂岩和海相沉积石英砂为主,热液型石英脉不具重要意义。玻璃硅质原料自太古宙到新生代均有形成。

在全国21个省(区)208个矿区探明有高岭土矿,矿石总保有储量14.3亿t,居世界第7位。从地区分布看,广东最多,占全国储量的30.8%;福建、广西、江西探明储量也较多;香港特别行政区亦有高岭土矿产地。我国主要高岭土矿区有广东茂名、福建龙岩、江西贵溪、江苏吴县和湖南鸲醴陵等。矿床类型有风化壳型、热液蚀变型和沉积型3种,以风化壳型矿床为最重要,如广东、福建的高岭土矿区。成矿时代主要为新生代和中生代后期,晚古生代也有矿床形成。

23个省(区)皆有膨润土矿产出。探明储量的矿区有86处,矿石总保有储量24.6亿t,居世界第1位。地区分布上以广西为多,占全国储量的26.1%。矿床类型可分沉积型、热液型和残积型3种,以沉积(含火山沉积)型为最重要,储量占全国储量的70%以上。成矿时代主要为中、新生代。在晚古生代也有少量矿床形成。就矿石成分看,钠基膨润土和钙基膨润土在总储量中分别占约27%和31%。

大理石亦为商业名称,是泛指具有装饰功能、可加工成建筑石材或工艺品的天然碳酸盐类岩石,如大理岩、白云岩、石灰岩等。中国大理石品种繁多,资源丰富,全国26个省(区)皆有产出。探明储量的矿区有123处,矿石总保有储量10亿 m³,以广东储量最多,占16.6%。我国主要大理石矿区有江苏宜兴和赣榆、湖北黄石、四川宝兴及广东英德大理石矿等。大理石矿成因类型有区域变质型。沉积型和接触变质型3类,以区域变质型为主,储量占全国总储量的50%以上。大理石矿自太古宙至中生代均有形成,以太古宙和元古宙为主,古生代、中生代次之。

(3)矿区水土流失现状

矿业活动,特别是露天开采,大量破坏了植被和山坡土体,产生的废石、废渣等松散物质极易促使矿山地区水土流失。据统计,我国冶金露天矿每年排弃废石量约5亿t。通过对收集到的2000年以来水利部批复的55个金属矿项目水土保持方案和水土保持设施验收资料进行统计分析,得知其中的露天矿生产期年排土量最大的达1575万 m³,平均为1000万 m³(孔东莲等,2019)。据对全国1173家大中型矿山调查,产生水土流失及土地沙化所破坏的面积分别为1706.7hm² 及743.5hm²,土壤侵蚀强度剧烈,平均侵蚀模数5000~15000t/(km²·a)(姜培曦等,2008)。矿山企业开采经验的缺乏和环境保护意识的不足,导致塌陷区面积占比大,一般塌陷区面积是矿区范围的110%~120%(孔东莲等,2019)。

（二）水土流失区及影响区的划分

因采掘工业及电力等行业生产活动占用土地约33万 hm²,仅矿业生产每年就新增废弃地4.6万 hm²。在我国人口众多,人均耕地不足1hm²,每年人口以1500万人增加情况下,致使人地矛盾不断加剧。矿山开采造成的占用土地、破坏土地有5种情况,即露采矿区、采空塌陷区、尾矿区、废弃矿区、裸露岩壁。

（1）露采矿区

露天开采时，必须把矿层上的覆盖层剥离并搬走，因此地表植被和土层被完全破坏。采出矿层后，在采掘场地形成地面坑洼、岩石裸露的景观，或成为水坑。挖损是露天采矿破坏土地最直接的形式，它对土地资源的破坏是毁灭性的。

在矿产采选过程中，产生大量的剥离土、废石（煤矸石）和尾矿等固体废弃物，这些废弃物的堆放埋压了原来具有一定生产力的土地，代之以废弃物堆积的裸露地。按照废弃物的不同，主要有剥离物的压占、尾矿的压占和矸石的压占。

剥离物压占土地排土场。露天采矿剥离物包括土壤、岩石和岩石风化物，一般石多土少。在剥离和堆放时经过机械的扰动后，原土体的结构及层序受到了破坏，堆占地表的不再是土壤层，而是贫瘠的土石混合物。即使表土超前剥离，排土作业结束后覆盖在排土场的表面，在机械施工下，也不可能保持原来的层序，土体结构依然受到破坏。

（2）采空塌陷区

地下开采时，矿产资源被大量采出后，岩体原有的平衡状况受到破坏，上层将依次发生冒落、断裂、弯曲等移动变形，最终波及地表，在采空区的上方造成大面积的塌陷，形成一个比开采面积大得多的下沉盆地。该下沉盆地内的土地将发生一系列变化，造成土地生产力的下降或完全丧失。

在下沉盆地的外围，地表被拉伸变形产生裂缝。裂缝造成耕地漏肥、漏水，农作物减产，这种情况在丘陵山区表现更为严重。在陕西渭河煤田，采空区上方出现暂时裂缝（闭合裂缝），在采空区的外缘出现永久裂缝（张开裂缝），前者裂缝宽2m，裂缝步距一般5~10m；后者裂缝宽35~60m，裂深5~15m。裂缝影响了农田的耕作、土壤的保墒和农田灌溉，农田一般减产20%~30%。

地面倾斜是地表下沉后形成的破坏类型。地表塌陷使下沉盆地的内、外边原来的水平耕地变为坡地，增加了水土流失，对作物的生长带来不利影响。这种情况在丘陵山区和平原地区都存在，但在丘陵山区更为严重。据调查，在山西因采煤塌陷造成的坡地及地面裂隙，使旱地减产20%~30%，水浇地产量少50%以上。若遇干旱年份减产更为严重，如霍州十里铺万亩灌区，小麦单产由3750kg/hm^{2}减少到750kg/hm^{2}左右。

（3）尾矿区

尾矿是矿石经过磨碎，将有用矿物选出后所排弃的残渣，其物理性能与粉沙土相似。冶金矿山的尾矿量大，压占土地也较多，尾矿不仅养分含量低，而且某些有害物质的含量高，这两方面都不利于植物的生长。

（4）废弃矿区

南方矿产资源丰富，随着矿业的迅速发展，矿产资源日益枯竭，因资源枯竭而被废弃的矿山越来越多。据相关资料显示，我国现有国营矿山企业8000多个，个体矿山23万多个，如此大规模的矿山开采对我国土地和环境的破坏十分惊人。据介绍（央广网，2016），目前我国仍有220万 hm^2 损毁土地面积没有得到有效治理。大量的矿业废弃地引发了一系列社会、经济和生态环境问题，制约了城镇可持续发展。矿区废弃地进行生态恢复和重建、实现废弃地价值再生、带动资源型城市的经济复苏、实现区域的可持续发展迫在眉睫。

（5）裸露岩壁

石灰岩建材矿山是国内分布最广、数量最多的矿山，多分布在灰岩裸露的山区，采矿后的掌子面内常存在崩塌、落石等地质灾害。其中，广西凤山县城区石灰岩矿山因其分布、开采方式、诱发的地质环境问题等具有典型性和代表性。在县城建城区范围内分布多处石灰岩废弃老矿山，其中一处矿山在2008年11月23日发生崩塌地质灾害，崩塌总体积约2.1万 m^3，造成了6人死亡，6人受伤，16间房间被掩埋，3间民房损坏。由于这些矿山位于县城边的省道旁，崩塌、落石等地质灾害严重威胁道路交通和周边的居民建筑物的安全。2010年，凤山和乐业一起成功申报了世界岩溶地质公园，利用此契机发展旅游经济，对于凤山这个国家级贫困县具有重要的战略意义，然而，区内的石灰岩矿山破坏了优美的生态景观和地形地貌景观，将限制地质公园的发展。消除矿山地质灾害的风险，确保公园旅游区的安全，并通过治理工程恢复矿山的景观，是一项亟待解决的问题。

二、矿区水土流失的危害

矿区水土流失是由于人为扰动地表或堆置固体废弃物而造成的水土资源的破坏和损失，是以人类活动为外营力而产生的一种特殊的水土流失类型。露天开采方式不仅对地表破坏严重,还将产生大量的水土流失,造成水体污染、植被破坏、弃渣危害。矿区的水土流失会携带走大量土壤及其营养物质,会对矿区的原有土地、复垦土地以及附近的农田造成破坏,降低土壤肥力,甚至侵蚀大量山坡土地和耕作农地,形成侵蚀沟,破坏土地完整性,使土地面积锐减,造成严重的经济损失。具体有以下几个方面。

(1)土层变薄,裸地增多

矿山的开发使得原本的土地具有了松散型及不完整性,土壤水分大量散失,土体的机械组成混杂不一,降低原地表土壤的抗蚀力,加速侵蚀。对生态结构的完整性造成破坏,造成绿色植被植物和树木覆盖面积的减少,使生态链的完整性以及平衡性造成损坏,植被的破坏又会进一步加剧水土流失,形成恶性循环。这样导致了尾矿库、排土场的物质排放不均匀,加之各区域的排水系统不够完善,增加了水蚀、崩塌、滑坡等严重侵蚀形式的发生。

(2)恶化土壤,土地生产力下降

矿山水土流失会将原本富含肥力和有机质、颗粒细腻的高品质表土层带走,同时流失的还有植被生长必需的氮、磷、钾等养分,由此造成植被生长过程中的营养不良,甚至死亡。目前江西每年土壤流失总量相当于 $8333hm^2$ 万亩耕地被毁,损失养分折合有机质和无机肥共 425 万 t。其中,仅无机肥损失量就相当于江西省 3 年的所需总量。据报道(新华网,2006),江西省累计治理水土流失面积 389.87 万 hm^2,尽管政府做了很大努力,但水土流失仍造成大量土地退化、耕地减少,人口与土地资源的矛盾仍在加剧。

(3)江、河水库淤积,降低通航和抗灾能力

矿区水土流失对带走原有土地的土壤,矿区的泥砂随水土流失排入河道、湖泊、水库等,造成河床抬高,河道淤塞,甚至直接影响河道的行洪和蓄洪能力,湖泊、水库、水电站库区淤塞,失去调节洪水作用,更会威胁到下游安全。地表径流会裹挟泥沙物质涌入下游,在流速缓慢的河段形成河床沉积,并逐步抬升河床,形成严重威胁人民生命财产安全的地上河等,降低了河流的通航运输能力。泥沙排入农田,会引起农田沙化,矿区的重金属物质也会随水土流失进入下游造成重金属污染。

(4)恶化生态环境,自然灾害加剧

矿山的水土流失最为直观的就是大面积的山林受到了破坏,扰动和破坏天

然草地植被,降低原有土地水土保持功能,极易造成地表水土流失。露天开采最为直接,表土层以及上层岩石层被剥离,植被遭到直接的毁坏,地下开采破坏地下的地层结构,形成采空区、塌陷区等潜在威胁,整体生态平衡被打破。

鄱阳湖流域重金属污染区域主要分布在德兴铅锌和铜钼矿区德兴河下游至与乐安河交汇处、德兴河与大坞河周边地区、部分煤矿区,汞(Hg)含量高的地区主要集中在德兴铜钼和铅锌矿区,铬(Cr)含量高的地区主要为德兴铜钼矿山局部地区。太湖流域也因开山采石而曾对生态造成很大伤害,2004年在苏州市吴中区矿区西侧曾发生过严重的地面塌陷灾害,两户居民房被拆除,周围约8户居民住宅出现不同程度的开裂现象。究其原因,是矿区凹陷式开采导致地下水径流活动加剧,而矿区处于岩溶地面塌陷易发区,矿区虽早已停产废弃。长期大规模不规则的开山采石活动,山体已被挖得四分五裂,地面支离破碎,形成形形色色、大大小小的矿坑和残弃的小山包。秀美的青山已是断岩残坡,百孔千疮,一片狼藉,山上原有植被毁之殆尽,到处岩石裸露,危岩四伏。大部分被开采山坡坡角接近垂直,甚至倒悬,表土剥离、植被毁坏,引发了区域性森林退化、水土流失,在汛期暴雨季节,诱发山体滑坡和崩塌等地质灾害,严重威胁到周边居民的生命财产安全。堆放了大量尾矿和剥离土层,晴天尘土飞扬,雨天泥水四溢,污水流向太湖,直接造成了对太湖水质的污染。

矿区水土流失造成的大量泥沙进入河道,致使河水变浑,水质变差,更会直接造成一些地方的农田灌溉出现困难,与此同时由于地表径流携带走的泥沙中含有大量的金属及氮、磷、钾等元素,会对下游地表水体和地下水体造成重金属污染以及水体富营养化。鄱阳湖沉积物已受重金属的污染,除 Cr 外,沉积物中 Cu、Zn、Pb 和 Cd 四种重金属含量平均值均明显高于其相应土壤背景值,对水质和水生生物的生长都有巨大危害(梁越等,2013)。抚河南昌段底泥不但重金属含量严重超标,而且其形态分布以可交换态(S1)、碳酸盐结合态(S2)、铁锰氧化物结合态(S3)为主,在环境迁移中,如溶解、沉淀和吸附等表现出较大的毒性,易被植物所吸收,对食物链构成重大威胁。抚河底泥只能在脱水干化后,用于城市绿化施肥,或用于非果树的林业(刘小真等,2008)。而在洞庭湖流域,湖南省益阳市石煤矿山环境污染和生态破坏问题十分突出,严重威胁洞庭湖及长江生态环境安全,调查发现,部分在产石煤矿山环境违法问题突出,如益阳市某公司露天开采石煤,长期偷排,污染严重。由于该公司废水处理站长期超标排放,附近池塘水体总镉浓度 1.6mg/L,超过地表水 Ⅲ 类标准 319 倍。另外,该公司矿区已开采区域形成一个露天矿坑,未做任何防渗漏处理,水中总镉浓度 8.0mg/L、总锌浓度 65mg/L,分别超过煤炭工业排放标准 79 倍和 31.5 倍,对地下水及周边环境构成严重威胁(搜狐网,2019)。

(5)引发地质灾害和改变矿区小气候

矿区的开采开发,在不同程度上都会引起矿区地质地貌的变化,在一定程度上改变原有地质情况,使当地地质环境变得异常脆弱。矿山水土流失更会引发泥石流、滑坡、崩塌等次生地质灾害,对原本脆弱的矿区地质结构造成破坏,形成类似地下空洞、采空区之类的地质现象,造成潜在的地质灾害,严重威胁人民生命财产安全,造成巨大的经济损失。更严重的甚至有可能会影响矿区当地的局地小气候环境,完全改变当地生态环境。如云南东川铜矿区由于历史上伐木烧炭炼钢,毁坏了大面积森林,致使生态环境恶化,泥石流灾害频繁发生。1967 年、1973 年、1978 年和 1984 年相继发生不同规模的山体崩塌,尤以 1978 年发生的崩塌损失最为惨重,由山体崩塌产生的泥石流冲毁农田 3153hm^2,冲毁和淤埋上村生产队住房 37 户,冲坏水沟 9 条,经济损失达 1161 万元(杜玉龙等,2010)。

(6)扬沙天气增多,威胁当地生产生活

细小的矿渣颗粒以及散土石在风力作用下,尤其是在当地强劲大风的作用下成为局部风沙源地,促进扬沙天气的形成。同时排土场排弃的大量的矿粉灰,这些矿粉灰中有害成分较多,由风携带的矿粉灰进入周围区域,造成土壤和水体污染,影响植物生长。矿粉灰经风吹蚀落在附近草场植被叶面上,会影响植物的光合作用,不利于农作物的生长,对当地农业生产会产生不利影响。矿山水土流失也曾造成一些重大安全事件,如信宜紫金矿业有限公司在未经批准的情形下,擅自建设银岩锡矿高旗岭尾矿库坝(杨奕萍,2011)。

第二节 矿山水土流失形成因素

一、水土流失特征

水土流失是由水、重力和风等外营力引起的水土资源破坏和损失。地形、地质和气候条件是造成矿山水土流失的自然因素。人为活动,包括矿石开采、加工到运输各环节都可能造成严重的水土流失,矿山水土流失的人为因素存在于矿山生产的全过程(张金池,2011)。矿山水土流失种类复杂,特征鲜明(付景春等,2007)。

1. 固体废弃物多且组分复杂

矿山的开采必然会在生产过程中产生大量的固体废弃物,废弃物又以岩石、矿渣为主(李晓玮等,2011)。由于矿产资源的种类繁多,所以固体废弃物的类型以及组分也相应繁多且复杂。不同的组分会导致不同类型的环境污染问题。颗粒细小的矿渣会产生风扬尘土污染;煤矸石会自燃等等。废弃物组分越复杂,水土流失的种类也越复杂,治理流失的方法也越复杂(王文涛等,2014)。

2. 大面积地表塌陷和山体崩塌

采矿不仅严重破坏地貌植被,而且扰动深层土壤甚至基岩,深者可达几十米至几百米,导致深层储水结构破坏,地表水渗漏,使水源系统遭到破坏,引起地表沉陷,加剧了水土流失(关红,2014)。矿山的开发开采对于原本自然山体的破坏与伤害极大,首先不管是露天开采还是地下开采都会破坏大面积的地表层,其次采矿会对矿山的地下地质结构造成一定程度的影响与破坏,地下开采形成的采空区若控制不好会最终形成塌陷区,致使地表局部岩体发生位移、塌陷,形成大面积地表陷落和山体崩塌隐患。

3. 水土流失类型复杂

矿区是一个集生产、生活为一体的小型社区,矿区的组成部分多且复杂,包括排土场、尾矿场、塌陷区、采空区以及矿区配套的生活场所等。每个不同的组成部分又有着其独特之处,其水土流失特点也各不相同,风蚀、水蚀、沟蚀、面蚀都有发生(陈发光, 2017)。

4. 诱发性水土流失发生频率大

矿区开发过程中的水土流失是众所周知的,因此几乎所有的矿区都有着一定的水土保持措施,然而这些措施只能够防止那些看得见的水土流失现象,而潜在的水土流失则很难防止。随着矿井开采工作的推进,会形成较大面积的地下采空区,导致地表大面积沉陷,诱发或加剧水蚀、风蚀、重力侵蚀;另外,矿井排水可能对矿区及附近的地表河流、浅层地下水造成影响和破坏,加剧土地沙化和植被退化等,这其中尤其是矿山开采中排弃场排弃的表土、废料可能引发滑坡等灾害性事故,发生场所较多且频率较高。

5. 水土流失呈点、线、面形式,生态环境恶化

矿山的水土流失呈现点、线、面的层次性,从每一个矿口到尾矿库、排土场、矿区生活区等的点状分布,到矿石产品的运输路线、油气管道的线路、生活生产用水的输水管道等的线状分布,再到最后大范围甚至整个矿区的面状分布。因此矿山的水土流失形势相当严峻,需要从多方位、全角度地进行分析与治理,稍有不慎会造成生态环境的急剧恶化。

6. 水土流失时间跨度大

矿区的水土流失现象几乎伴随矿山开发的整个进程,从矿山开发的前期勘探、找矿,到矿山开采的相应基础生活生产设施建设,因施工难度的不同,通常为几个月到几年不等,最后到矿区的整体持续开发与维护,通常时间跨度更大,生产运行期时间少则几年,多则十几年,甚至几十年。每一环节都有着或多或少的水土流失现象,而如此长的时间周期,更加加重了水土流失的严重程度。

7. 水、土污染加剧,破坏流域生态系统健康

水土污染主要分为水污染和土壤污染两类。其中,水污染由于矿山开采活动中的采矿废水和选矿废水沿沟道、河流等径流过程中部分下渗,沟道河道内水体遭受污染。采矿生产过程中,露天开采或地下开采疏干排水和废石淋溶水都含有较高的悬浮物、硝基化合物及重金属等。选矿废水经浓缩池和尾矿库澄

清沉降后,悬浮固体的含量会大幅度减少,但重金属的含量往往居高不下。特别是化学方法选矿时,选矿水中一般均含有一定浓度的选矿药剂,有些药剂又属于生物难于降解的有机化合物。加之矿区下游附属工厂等产生的废水进行的重金属离子叠加,矿区下游水体污染更甚,其污染物主要为铜、铅、砷、镉等重金属离子。

土壤污染主要由两大原因造成,一是土壤重金属含量的本底值较高,矿区土壤中本来就含有相较于其他地区更高的重金属量。二是矿区采矿产生的粉尘及废石渣堆淋滤水对土壤中的重金属离子产生的叠加效应,使得土壤污染程度进一步加剧。另外,某些含酸性废水的金属矿山不仅造成土壤重金属污染,而且往往导致土壤的盐渍化,致使矿区土地肥力下降,功能衰退。酸性水对土地的污染破坏之大,往往比露天开采本身占用土地的危害还要大。这类由于水污染导致的土地污染在南方矿区普遍存在,尤其是金属矿区(沈渭寿等,2004)。

不管是水污染还是土壤污染,它们的危害都不是局部的,都会伴随着流域中水流、降雨等的发展,造成更大面积的污染,甚至破坏整个流域的生态系统健康(杨与靖,2019)。

二、水土流失形成因素

矿山的水土流失是由于人为扰动地表或堆置固体废弃物而造成的水土资源的破坏和损失,是以人类活动为外营力而产生的一种特殊的水土流失类型。我国的矿产资源开采主要采用地下开采和露天开采两种方式,地下开采相对对于地表破坏较少,产生的水土流失量也较少。而露天开采过程中,植被不断被破坏,矿山土层、石层等长期裸露,经过长期外营力作用,造成土质疏松、地表土稀薄和岩石风化等现象,引起自身对水土保持能力的下降。同时,采矿人员为降低生产成本,采用手工、爆破等不合理方式进行破坏性挖掘,开采过程中产生的废土、废矿渣常常随处堆放,未做任何的防护措施,对矿区附近的自然环境破坏较大,加之缺少水土保持措施,每遇强降水,极易造成水土流失、滑坡和泥石流等次生地质灾害,导致水土流失情况愈发严重(王英鉴等,2016)。

矿山不同影响区水土流失形成因素分析如下。

（一）露采矿区

在矿区开采过程中形成的采坑、台阶和露天沟道等总称为露天采矿场。露天开采因其开采的难度较小，投入成本较低，成为分布最为广泛的一种开采方式。露天采矿场出现于各类矿产资源的开采工程中，如全国各地的绝大多数采石场都以露天开采为主，如福建的紫金山铜矿、江西的德兴铜矿露天开采场、贵州的瓮福磷矿英坪矿段露天采矿场等。

露天采矿场引起和加剧原地面水土流失的因素主要包括自然和人为因素。自然因素是潜在的，人为因素是造成水土流失、土壤侵蚀加速发展的主导因素，主要表现在以下几个方面。

1. 地表植被遭到了破坏与扰动

众所周知，植被对于降水截流、防止地面积溅侵蚀和地表径流等有着显著作用，地表植被的破坏使得雨水直接冲刷土表，缺少植被的保护，土壤的水土保持能力进一步丧失，水土流失现象愈发严重。常伴有泥石流、滑坡甚至崩塌现象的发生。

2. 土壤的可蚀性增强

原本地表植被覆盖度较高，土壤具有较强的抗蚀能力，但经过露天开采，植被破坏，缺少了植被的保护，土壤抗蚀能力显著降低。同时，植被的减少在一定程度上降低了土壤的团聚体含量，土质更加松散，更易受到侵蚀。

3. 地质结构的改变

露天开采过程中，挖掘机械的使用会破坏原本的土壤和地质结构，像露天采石场的开采过程中甚至会使用到炸药，炸药的使用不但破坏了表层的地质结构，爆破产生的破坏力甚至会对深层地质结构造成严重破坏，造成更多的地下孔隙，稳定性降低，易发生滑坡、崩塌等灾害。

（二）采空塌陷区

采矿塌陷破坏了地表形态，导致土壤养分和有机物因坡度增大而加速流失，肥力大幅下降。同时导致基础设施受损被毁，生产环境逐步恶化。

塌陷区共有两个大类，一类是采空塌陷，另一类是岩溶塌陷。采空塌陷是由于矿区的地下开采，将地下矿层大面积采空后，地表失去了原有承载力，导致原有平衡状态被打破，地表发生弯曲或塌陷。岩溶塌陷由于矿产开发过程中当地水文条件产生了变化,地下水的运用,将地下松散的土层颗粒土壤运移走,从而形成了潜在的地下土壤孔洞,孔洞逐步发展,最终形成塌陷。采空塌陷的人类活动影响明显,其可预测性以及相应的应对措施相对较强,而岩溶塌陷其隐秘性和不可预测性相较强。

塌陷区的水土流失形成因素相对比较简单,可以分为以下两个大类。

1. 稳定塌陷区

此种类型的塌陷区已完全塌陷,整体结构相对比较稳定,不易再次发生塌陷等地质灾害,但是此种类型的塌陷区土层被破坏,植物无法正常生长,甚至有些区域存在着积水,生境恶劣,缺少植物的保护,水土流失现象常有发生。

2. 不稳定塌陷区

不稳定塌陷区是一种介于正常地面与稳定塌陷区之间的潜在塌陷区域,该类型的塌陷区结构不稳定,有些区域还存在地下空洞,水分散失迅速,还常伴有泥石流等地质灾害发生。

(三)尾矿区

选矿作业中,分选过程的产物中有用目标组分含量较低的,且无法用于生产的部分称为尾矿,用于摆放尾矿的场地称之为尾矿场。

在众多的尾矿场中,有一类最为特殊的尾矿场—矸石场(矸石山),矸石是采煤和洗煤过程中排放的固体废物,是一种在成煤过程中与煤层伴生含碳量较低且比煤坚硬的黑灰色岩石,用于堆放矸石的尾矿场称之为矸石场或矸石山。

尾矿场的水土流失成因与排土场水土流失成因有许多共通之处,但也有其特殊性。

1. 机械组成单一,持水能力差

尾矿颗粒一般都十分细小且机械组成松散,极易受到自然或人为扰动的影响。当表层干燥时容易受到自然侵蚀力的干扰,易受风力干扰产生风扬,甚至是沙尘暴,当出现降水时,易发生水蚀,甚至产生泥石流滑坡等,是水土流失发生的重灾区。机械组成比较单一,颗粒间孔隙较多且孔隙度较大,导致无法固持水分,降水时水分从孔隙流失,有限的营养物质也随水流失,不利于植物生长。

2. 昼夜温差大,立地条件贫瘠

尾矿的比热容较小,白天温度较高,而当夜晚时,温度又很低,如此的昼夜温差极不利于植物的生长。尾矿为采矿废渣,其 pH 值都呈酸性或碱性,也不利于植被恢复。尾矿场有些区域甚至存在有过量的重金属,存在重金属超标问题,极度的贫瘠。矸石是一种特殊的尾矿,在短期内风化,但风化层仅 10cm,矸石风化物比土壤颗粒粗,易渗透,不易蒸发;风化物为灰黑色,易于吸热,矸石场增温快速,矸石自然风化过程会变酸,最终 pH 达到 5 左右。这样的立地条件极不利于植物生长。

(四)废弃矿区

废弃矿区是排放土壤等废弃物的场所,又称废石场,是矿山开采过程中将矿石层以上的土层、岩石层以及低品位的矿石作为剥离物、排弃物集中排放的场所。废弃矿区是一种巨型人工松散堆垫体,存在严重的安全隐患。废弃矿区失稳会引发矿山土场灾害和重大工程安全事故,不仅影响到矿山的正常生产,也将使矿山蒙受巨大的经济损失。

废弃矿区是一种由于人为活动和人工堆叠而成的人造堆砌物,相较于自然的山体,其本身就带有一定的不稳定性,是矿区产生水土流失主要发源地之一。探究其水土流失的形成因素,主要表现在以下几个方面。

1. 破坏植被,形成裸露面

废弃矿区形成的裸露面有两类,一类是由于废弃矿区堆放而造成的原场地的植被破坏,堆砌后的堆砌体裸露;另一类是由于废弃矿区堆砌体堆砌过高以及堆砌体结构的不稳定形成的堆砌体滑坡,滑坡造成堆砌物的运移并覆盖原有地面,覆盖植物或造成植物的死亡等,形成地表裸露。

2. 降低土壤的抗蚀能力

废弃矿区原本的场地由于有着植被的保护和较少的人为干扰,所以土壤更多地保持了自然状态,结构也更加紧密,不易受到侵蚀。但是废弃矿区的建设使得原本的土层结构发生了变化,堆砌体结构松散,堆叠在原场地上便改变了原有的土层松散状况,固结能力自然降低,更易受到雨水等的侵蚀,水土流失现象也更易发生。

3. 人工再塑地貌地面坡度，加剧土壤侵蚀

废弃矿区的建设本身就是一种人工对于原有地形地貌的改变，为了节省占地面积，自然废弃矿区的建设就会向高处发展，但是高度不会无限制的增长，到达一定的高度后便会发生倾倒，形成坡面，且坡面倾斜程度很大，更利于水蚀的发生，土壤侵蚀进一步加剧。

4. 蓄水能力差，透水现象严重

废弃矿区大多为采矿产生的废渣，废渣中又以矿石废渣为主，这样的废弃矿区，孔隙多且大，透水性极强，完全无法起到蓄水作用，虽然废渣中存在少量土层废弃物，但这少量的土壤起不到任何作用，很快便会随水流走。

（五）裸露岩壁

裸露岩壁区一是开山采石对山体的破坏形成的裸露山体，对城市景观破坏较大，裸露山体高度从 5～50m 不等，多为不规则的裸岩坡面，坡度大，交通不便，无土壤覆盖，岩石裂缝少，植被生态恢复难度很大。二是由于公路、渠道、水库建设等工程对山体的破坏所形成的边坡，这类裸露山体坡面短，坡度较小，局部有残留土壤，岩石裂缝多，比较容易恢复植物生态。裸露山体主要分布于城市出口，这些裸露山体严重破坏了地表结构，不仅影响生态景观，同时也极大破坏了城市的生态环境，极易引发生态环境恶化。

（六）复垦场地

复垦场地是在已挖掘的露天采场和排土场上，在空间上限制与清除露天采矿工程对环境的有害影响，创造条件以便利用预先从矿山土地上采集（剥离）的沃土尽快恢复被破坏的土地，也可从别处运来沃土用于破坏土地的恢复，使破坏的矿区恢复正常生产，将采矿的负面影响降到最低。复垦土地的土壤以及其结构都不是原生的，大多为后期人工修复，在结构上不够坚实，覆土层土质疏松，孔洞较多。降水随孔洞流失，或在土表裹挟土壤一并流失，形成地表径流甚至泥石流，造成严重的地表侵蚀。此外，植物的生长需要一定的时间，而复垦土地上种植的植物显然无法直接并完全实现对于复垦土地的防护作用，植物根系尚未成熟，无法起到固持水土的作用，水土流失现象仍持续发生。

第三节　矿山水土流失防治措施

一、露采矿区水土保持措施

(一)露采区地形修复

地形修复是露采矿山工程治理的基本形式,其目的是促使边坡稳定并能同周边地形景观相协调,同时为生态恢复工程提供植生基础。地形修复主要手段有刷方减载、回填压脚和注浆加固等(杨翠霞,2014)。

1. 刷方减载

一般包括边坡后缘减载,表层滑体或变形体的清除、削坡降低坡度以及设置马道等(官治立,2017)。刷方减载对于边坡稳定系数的提高值可以作为设计依据。当开挖高度大时,宜沿边坡倾向设置多级马道,沿马道应设横向排水沟。边坡开挖设计时,应确定纵向排水沟位置,并且与治理区总体排水系统衔接。刷方减载后形成的边坡高度大于8m时,开挖必须采用分段开挖,边开挖边护坡。护坡之后才允许开挖至下一个工作平台,严禁一次开挖到底。根据岩土体实际情况,分段工作高度宜3~8m。边坡高度大于8m时,宜采用喷锚网、钢筋砼格构等护坡。如果高边坡设有马道,坡顶开口线与马道之间,马道与坡脚之间,也可采用格构护坡。边坡高度小于8m时,可以一次开挖到底,采用浆砌块石挡墙等护坡。土质边坡一般应削坡至45°以下。当边坡高度超过10m时,须设马道放坡,马道宽2.0~3.0m。岩质边坡高度超过20m时,须设马道放坡,马道宽1.5~3.0m。为了减少超挖及对边坡的扰动,机械开挖必须预留0.5~1.0m保护层,人工开挖至设计位置。

2. 回填压脚

采用土石等材料堆填边坡前缘,以增加边坡抗滑能力,提高其稳定性(黄立明,2015)。当边坡剪出口位于地表水位之下,且地形较为平坦时,回填压脚将具有提高边坡稳定性、保护库岸、增加土地和处理弃渣等综合功效。回填体经过专门设计，其对于边坡稳定系数的提高值可作为工程设计依据；未经专门设计的回填体，其对于安全系数的提高值不得作为设计依据，但可作为安全储备加以考虑。回填压脚填料宜采用碎石土，碎石土碎石粒径小于8cm，碎石土中碎石含量30%～80%。碎石土最优含水量需做现场碾压试验，含水量与最优含水量误差小于3%。碎石土应分层碾压，每30～40cm为一层，无法碾压时必须夯实，距表层0～80cm处填料压实度≥93，距表层80cm以上填料压实度＞90。

3. 注浆加固

可作为边坡加固和滑带改良的一种技术。通过对滑带压力注浆，从而提高其抗剪强度及滑体稳定性（张伟杰，2014）。滑带改良后，边坡的安全系数评价应采用抗剪断标准。注浆通过钻孔进行，钻孔深度取决于堆积体的厚度以及所要求的地基承载力，一般以提高地基承载力为目的的灌浆深度可小于15m，以提高滑带抗剪强度为目的的灌浆应穿过滑带至少3m。钻孔应呈梅花状分布，孔间距为注浆半径的2/3。注浆半径应通过现场试验确定，宜为1.0～3.0m。钻孔采用机械回转或潜孔锤钻进，严禁采用泥浆护壁，土体直干钻，岩体可采用清水或空气钻进。钻孔设计孔径为90～130mm，宜用130mm开孔。若岩土体空隙大时，可改用水泥砂浆。砂为天然砂或人工沙，要求有机物含量不大于3%，SO_3含量宜小于1%。

（二）露采区边坡复绿

1. 露采区边坡复绿技术

目前，国内外边坡复绿技术种类繁多，为了更好地开展边坡复绿技术，应开展复绿效果的调查和评价方法研究工作。在充分调查梳理国内外边坡复绿技术的基础上，结合我国边坡特点，根据工程形式，总体上将边坡复绿技术分为9种：覆土种植、喷播、类壤土基质绿化、生态袋、坑（槽）式、孔（穴）式、台阶法、悬挂法及复合复绿技术（阮诗昆，2014）。其中一些复绿技术又可根据工艺类型等分为若干种具体的复绿技术。

（1）覆土种植技术

覆土种植技术是一种直接在边坡上覆盖耕植土并种植植被的技术，可以是撒播草种或树种，也可以直接种植成苗。该技术适用于坡度较缓的边坡，施工工艺简单，成本低，植被选择多样且成活率高。

（2）喷播复绿技术

喷播复绿技术是利用喷射机将搅拌均匀的混合材料喷射到边坡上的一种复绿方法。该技术具有适用范围广、施工效率高、绿化效果较快、植被覆盖度高等优点。喷播复绿技术不适用于坡度大于55°的边坡，植被多以草灌木为主，不适合乔木的生长，养护费较高。按照施工工艺不同又可细分为挂网喷播法、普通喷播法、液压喷播法以及厚层基材喷播法等。不管名称如何，该技术的核心是基质的配置应针对岩性和植被等基质组成不同而不同。

①挂网喷播：挂网喷播是利用特制喷混机械将土壤、有机质、保水剂、黏合剂和种子等混合后喷射到岩面上，在岩壁表面形成喷播层，营造一个既能让植物生长发育而种植基质又不被冲刷的稳定结构，保证草种迅速萌芽和生长。一般喷播厚度在 10～20cm。这种技术目前已比较成熟，可适用于坡度较陡的岩质边坡，成本适中，出苗快、整齐、均匀，视觉效果好。

②普通喷播：该技术同挂网喷播技术原理，差别是无须在坡面上挂网。适用于坡度较缓的边坡，成本较低。

③液压喷播：液压喷播是利用流体原理把优选出的草种子、肥料、纤维覆盖物、黏着剂、保水剂、着色剂等与水按一定比例混合成喷浆，通过液压喷播机直接喷射到整治区域建植植被的高效植被恢复技术。液压喷播具有播种均匀、效率高、适合不同立地条件、科技含量高等优点，主要缺点是成本高、许多喷浆材料大多依靠进口。

④厚层基材喷播：厚层基材喷播是采用混凝土喷浆机把基材与植物种子的混合物按照设计厚度均匀喷射到坡面上的边坡绿化技术。该方法的优点是护坡整体稳定性好，缺点是不适宜坡度大于50°的高陡及光滑岩质边坡，对坡面平整度要求高，工程造价较高。

厚层基材分层喷播法是在"网格喷播法"的基础上应运而生的。与网格喷播法相比，该方法是将基材分三层喷射，每一层的基材物质结构均不同，因而整体基材较厚。具体来说，三层基材物质结构从底层到表层分别为种植土、多孔混凝土、木质纤维及植物种子。总的来看，厚层基材分层喷射法与网格喷播法非常相似，只是其牢固程度相对更高，持续时间也更长，但它仍不能作为一种持久覆绿的方法。

（3）类壤土基质绿化技术

类壤土基质绿化技术的核心是利用工程学与植物学原理,通过仿生技术快速模拟出自然界中适合植物生长的高性能壤土基质结构(张波等,2018)。类壤土基质绿化技术模拟的土层结构主要有两层,分别是腐殖质层(全风化层)和淋溶层(强风化层)。该结构稳定,具有丰富的腐殖质、矿物质、空气、水、有机物等。这些物质以固态、气态和液态的形式存在于土壤基质中,互相联系,互相制约,为植物提供必需的生长条件,给高陡边坡上植物生长提供了最有利的立地条件,兼具生物防护作用。具有重塑土层结构、控制乔灌木生长比例、有效的侵蚀控制性能、广泛的地形适应性、优良的持水性和渗水性、100% 生物可降解等优势,技术成熟,成本适中,出苗快,效果好。

（4）生态袋(毯)复绿技术

该技术是将植物种子和土壤基质等按一定比例播散在袋子、无纺布、孔网等中间,形成一种特制产品的方法。该方法可适用于各类坡度较陡的边坡,施工效率高、复绿见效快、受施工季节限制少,性能稳定。缺点是成本较高。按施工工艺又包括生态袋、植生袋、生态毯、三维植被网等(刘泽,2012)。

①生态袋:生态袋技术是指将包含种植土和植物种子的生态袋分层错缝码砌于坡面,通过其内植物种子生长覆盖从而达到覆绿效果的一种生态护坡技术,可结合加筋技术提高其护坡功能。生态袋由聚丙烯(PP)或聚酯纤维(PET)双面熨烫针刺无纺布加工而成。生态袋只透水不透土,对植物友善,植物能通过袋体自由生长。根系进入工程基础土壤中,形成袋体与主体坡面间的再次稳固作用,时间越长,越加牢固,更进一步实现了建造稳定性永久边坡的目的,降低了边坡防护的维护费用,实现了生态防护与恢复。理论上,生态袋由于其自身内锁结构以及加筋网片的张拉,可适用于任意坡度的边坡工程。而实际工程中,它通常用于坡比 1:1～1:0.75 的边坡,只在较低的边坡的护坡工程中有近垂直的应用。

②植生袋:植生袋技术同生态袋原理。差别在于袋子形态不同,在具体施工时以垂向布置并结合锚杆固定提供护坡功能。优缺点与生态袋类似。

③生态毯(植生带):生态毯是将植物种子按一定比例均匀地播散在两层无纺布中间,然后将尼龙防护网、植物纤维、绿化物料等密植在一起而形成一种特制的产品。绿化时,只需将生态毯覆盖在边坡表面,适量喷水即可长出草坪

或其他灌木。该技术方法的优点是精确定量、性能稳定、出苗齐、成坪快、自然解体、腐烂后化为肥料、施工操作简便。缺点是不适用坡度较大的边坡,对材料要求较高,成本较高。

④三维植被网技术:三维植被网是以热塑性树脂为原料,采用科学配方,经挤出、拉伸焊接、收缩等一系列工艺制成的两层或多层表面呈凸凹不平网袋状结构孔网。三维植被网可使植物根系、网、泥土三者形成一个牢固的整体,从而起到固土蓄水的作用,有效地防止水土流失。三维植被网技术具有见效快、施工季节受限少、固土性能好、边坡植被保湿效果好等优点。缺点是施工及苗期管理难度大,工程造价较高。

⑤草皮铺植技术:草皮铺植技术是较常用的一种护坡技术,是将培育的生长优良健壮的草坪,用平板或起草坪机铲起,运至需要绿化的坡面,按照一定的大小规格重新铺植,是坡面迅速形成草坪的护坡绿化技术。该技术具有成坪时间短、护坡见效快、施工季节限制少和前期管理难度大的特点。

(5)坑(槽)式复绿技术

该技术是利用较大的边坡原始微地形或通过人工爆破、刻槽等手段在边坡上创造可供植物生长的空间并覆土种植的方法。可适用于不同坡度边坡,施工效率高、植物选型丰富且成活率高。施工存在安全风险。按施工工艺又包括鱼鳞坑法、燕窝巢法、刻槽复绿技术和植生槽法。

①鱼鳞坑法:鱼鳞穴法是利用陡壁上较大的石缝,经小面积定向爆破形成鱼鳞状洞穴,然后在洞穴中放入栽种了植物的填土竹筐。该技术的优点是苗木成品率较高,植物选型丰富(徐国钢等,2016)。缺点是施工部位局限性较大、植被覆盖率较低、对于高陡边坡施工难度大,工程造价较高。

②燕窝巢法:燕窝巢法是采用爆破、开凿等手段在石壁上开挖一定规格的巢穴,然后向巢穴中添加客土,并种植适宜的植物(赵思宇,2014)。该方法具有绿化效果快、成活率高、养护简单等优点,缺点是施工难度大、成本高,易造成人员伤亡;另外爆破产生的废石堆又面临清理问题。

③刻槽复绿技术:在较陡立的岩质边坡上,按一定高度、宽度和深度刻槽,其内覆土及种植,以提高高陡边坡岩面绿化效果。该技术的优点是施工机械化程度高,效率高,可充分利用地形地貌进行合理布置。缺点是不适用于坡度大于70°的岩质高陡边坡,对边坡要求高,施工难度大,对爆破施工的技术要求较

高,施工风险大,成本较高。

④植生槽法:植生槽法是利用石壁的微地形,将石壁上的凹陷处人工修整成水平种植槽,然后在槽内种植攀援性强的藤本植物(兰锥德,2017)。

（6）孔（穴）式复绿技术

该方法是利用边坡缝隙或利用钻机打孔人为创造植物生长空间,并填入基质或覆土种植植物的方法。该方法可用于坡度大于70°的高陡岩质边坡,植物选型丰富,成活率高且持久性好,成本低。不足之处是复绿见效稍慢(高云峰等,2019)。

①裂隙营养杯法（"容器苗"法）:该方法是用电钻在石壁的裂隙处打一定直径和深度的洞,将直径相同的装满营养基质的塑料多孔杯插入圆洞中,然后在洞内播撒种子或栽种小苗。该方法适用于干旱地区,有利于植物根系扎入石缝中。

②见缝插针法:见缝插针法是利用石壁缝隙、不规则的小平台及凹凸等微地形,必要时进行适当的人工修整,从而见缝插针地回填土种植适宜植物。

③裂缝填塞肥土法:该方法是用细嘴泵向石壁上较大的裂缝中打入混有种子的基质,从而实现岩壁绿化。

（7）台阶（坡率）复绿技术

该方法通过调整、控制边坡坡率和采取爆破等措施改造边坡形态并覆土种植的一种复绿方法(裴愉林等,2006)。该方法植被选型丰富且成活率高,复绿效果好。不适用于高陡岩质边坡,费用较高,有一定局限性。按施工工艺又分为续坡法和梯级台阶法。

①续坡法:对于破损山体有足够腹地的破损山体,通过回填渣土和种植土方式造出能保证安全的坡的一种复绿方法。该方法施工效率高、植物选型丰富且成活率高。施工成本较高,且有一定的局限性。

②梯级台阶法（削坡平台法）:梯级台阶法是利用边坡上原有平台或采用逐级爆破等方法将岩壁掌子面改造成阶梯形,在台阶外侧砌墙,并添加客土、肥料,植树种草。该方法施工难度大,费用高,有一定局限性。

（8）悬挂式复绿技术

该方法是利用支架或钢筋笼创造植物生长空间,并覆土种植,使植物悬挂在边坡上的一种复绿方法(张孝科等,2007)。该方法可适用于坡度大于70°的岩质高陡边坡,施工效率高。养护管理要求高,复绿效果不持久,成本高。按施工工艺又可分为飘台法和石壁挂笼法等。

①飘台法:飘台法是在石壁上打孔灌浆,用钢架支起一个个飘台,并在飘台中填土种植适宜的植物。该方法主要适用于陡峭岩壁。

②石壁挂笼法:该方法是将行李箱般大小的钢筋笼安装在石壁上,在笼内添加客土确保植物成活。主要适用于陡峭的、无法进行爆破的岩壁。

（9）复合复绿技术

该方法是指通过栽植藤本植物、格构等方法与上述方法结合,或者至少两个上述复绿技术相结合的复绿技术(金平伟等,2014)。该技术具有适用范围广,复绿效果快,稳定性好等优点。不足是多数复合复绿技术施工复杂、成本较高。一些典型复合复绿技术如藤本垂直复绿技术、格构植草复绿技术、钢筋框格悬梁技术、骨架护坡复绿技术、格宾网箱复绿技术、生态袋(带格构)与挂网喷播复合技术。

①藤本垂直复绿技术:利用藤本植物的攀援特性,进行边坡的垂直绿化。将藤本植物与覆土种植、生态袋、坑(槽)法、孔(穴)法及悬挂法等覆绿技术相结合,提高覆绿效果。

②格构植草绿化技术:该方法先在边坡上建造格构,然后在格构内填土并种植适宜的植物,既实现了边坡绿化又起到了稳定边坡坡体的作用。该技术适用于坡度较陡、坡体岩土均匀且较坚硬的边坡,不适合坡度大于55°的边坡。该技术的优点是用现浇混凝土板进行加固,布置灵活、格构形式多样、截面调整方便、与坡面密贴、可随坡就势等。

③钢筋框格悬梁法:该方法是用锚杆将一定规格的悬梁和框格连接成整体,并固定在边坡上,然后向悬梁框格内添加客土、种子及肥料等材料(侯俊伟等,2019)。

④骨架护坡复绿技术:在浆砌片石或钢筋混凝土框架护坡的区域,结合铺植草皮、三维植被网、土工格栅、喷播植草、栽植苗木等方法进行边坡植被恢复(李成等,2016)。该技术的优点是可用于坡度较陡、浅层稳定性较差的岩质边坡,并通过整治增强边坡的稳定性。缺点是施工难度大,周期长,成本高。

⑤格宾网箱技术:该技术是将植物种子和基质按照一定比例充填在特制格宾网箱中的一种复绿技术(朱宏伟等,2015)。格宾是将低碳钢丝经机器编制而成的双绞合六边形金属网格组合的工程构件。该方法可适用于坡度大于70°的边坡,实施效率高,稳定性好,复绿效果美观。不足之处是不适用于坡度较大

的边坡,成本较高。

露采区边坡复绿技术的对比参见表2－4－3。

表2－4－3　露采区边坡复绿技术对比

序号	复绿技术	适用条件	优缺点	绿化效果	植被覆盖度及多样性
1	覆土种植技术	土质和岩质边坡;坡度<25°	优点:适用区域广,施工机械化程度高,施工季节限制少,植被选型丰富。 缺点:仅用于较缓的边坡	植被选型丰富,绿化效果快,成林效果明显,植物成活率高且生长持久,与周边环境协调性好	植被覆盖度高;植物多样性好
2	喷播复绿技术	土质和岩质边坡;喷播坡度<55°;边坡稳定性需好	优点:施工机械化程度高、效率高、护坡整体稳定性好。 缺点:对坡面平整度要求高,一般喷播技术的植物选型多以草本为主后期养护需求高	苗快、整齐、均匀,视觉效果好,绿化效果快。一般喷播缺少大规格的乔灌木,影响坡面植物群落的自然整体效果	一般喷播技术短期植被盖度高,长时间植被覆盖度降低;植物多样性一般
3	类壤土基质绿化技术	土质和岩质边坡;坡度<80°;可用于高陡边坡;边坡稳定性需好	优点:施工机械化程度高、效率高、护坡整体稳定性好、乔灌木生长良好、植被选型丰富、养护需求不高、后期可免养护。 缺点:对坡面平整度要求高	苗快、整齐、均匀,视觉效果好,绿化效果快。乔灌木搭配丰富,边坡上可形成良性的生态系统	植物覆盖度高;植物多样性好
4	生态袋(毯)复绿技术	土质和岩质边坡;缓坡陡坡均可;可用于坡度>70°的陡坡;边坡不宜过高	优点:施工效率高、复绿见效快、受施工季节限制少,性能稳定。 缺点:成本较高,后期养护需求较高,不宜用于高边坡	植草效果好,草种出苗率高,绿化效果快、与周边环境的协调性较好	植物覆盖度较高;植物多样性适中

序号	复绿技术	适用条件	优缺点	绿化效果	植被覆盖度及多样性
5	坑（槽）式复绿技术	土质和岩质边坡；坡度＜70°；边坡稳定性需好	优点：施工机械化程度高，效率高，苗木成活率高，植物选型丰富，可根据坡面特征合理布置。缺点：施工难度较大，风险较高，人工痕迹明显	植被群落丰富，绿化效果长久稳定，见效较慢	植被覆盖度不高；植物多样性好
6	孔（穴）式复绿技术	土质和岩质边坡；可用于坡度＞70°高陡岩质边坡；岩体稳定性要好	优点：施工机械化程度高，效率高，植被选型丰富，养护管理要求不高，成本低。缺点：苗木前期培养要求高，绿化见效慢	乔灌藤木搭配丰富，景观可塑性	短期内植被覆盖度不高；植物多样性好
7	台阶式复绿技术	土质和岩质；坡度＜55°	优点：机械化程度高，效率高，植物选型丰富，成活率高。缺点：工程量较大，受地大小限制，存在施工风险	乔、灌、草及藤本植物搭配多样，景观层次性好，效果美观且长久稳定	植被覆盖度不高；植物多样性好
8	悬挂式复绿技术	岩质边坡；多适用于坡度＞70°的高陡边坡；边坡稳定性要好	优点：施工机械化程度高，效率高。缺点：养护管理要求高，若要绿化持久，必须人工定期更换植物	复绿效果见效快，可用多种草本植物搭配，也可适当选择灌木，景观效果多样	植被覆盖度低；植物多样性差
9	复合复绿技术	土质和岩质边坡；缓坡陡坡均可；边坡不宜过高	优点：适用性广，施工形式多样，可按需求组合，植被选型丰富。缺点：施工复杂，部分施工难度大。成本高	乔、灌、草及藤本植物搭配，有助于增进与周边环境的融合，还可根据需要融入景观效果。景观可塑性强	植被覆盖度高；植物多样性较好

2. 露采区绿化植物种选择

用于矿山生态治理绿化的植物必要考虑能耐受地形陡峻、表面结构脆弱等恶劣条件并与准备建立的植被生长基础——基质层相适宜的品种（赵方莹等，2013）。不仅要具有防止水土流失（抗侵蚀）、加固边坡的作用，同时具有在特定的生长环境中能容易且长期持续生长，有利于生态系统的恢复和景观的美化及维持自然生态环境的功能。植物种类选择应遵循以下原则：①适应当地的气候条件。②不同矿区特殊生境，应以乡土树种为主。③适应当地的土壤条件（水分、pH、土壤性质等）。④抗逆性强（包括抗旱、热、寒、贫瘠、病虫等）。⑤地上部分较矮，根系发达，生长迅速，能在短期内覆盖坡面。⑥越年生或多年生。⑦适应粗放管理，能产生适量种子。

（1）推荐的草本植物

①黑麦草：茎直立，具有细弱的根状茎，须根稠密。抗寒、抗霜而不耐热，耐湿而不耐干旱，也不耐瘠薄。

②高羊茅：多年生丛生型草本，质地粗糙，须根发达，入土很深。有强的抗热性。较抗寒，耐阴耐湿又较抗旱，耐刈割、耐践踏，被践踏后再生力强。耐酸碱能力强，适应性广泛，抗病性强。

③结缕草：茎叶密集，株体低矮。属深根性植物。适应性强，喜光、抗旱、耐高温、耐瘠薄和抗寒，但不耐阴。阳光越足，生长越好。具有很强的抗病虫害的能力和极强的耐践踏、耐修剪能力。结缕草与杂草竞争力强，容易形成单一平整美观的草坪，并且具有一定韧度和弹性。

④狗牙根：具细韧的须根和根茎。喜光稍耐阴，耐践踏，草层厚密，弹性好，再生力强，刈割后其地上部残茬能继续生长，切断的匍匐枝也能重新生根成活。

⑤紫花苜蓿：主根粗大，入土很深，根茎发达。喜温暖半干旱气候，耐寒力强。抗旱力很强。对土壤要求不严格，沙土均可生长。有的品种耐热力较强，喜光不耐阴。

⑥金鸡菊：多年生草本，花金黄，花期5～11月。不择土壤，繁衍扩展快。

⑦秋英（俗称波斯菊）：一年生草本，花朵轻盈秀美，有粉红、白色。花期自春至秋，络绎不绝。自播能力强。

⑧蛇目菊：二年生草本植物。基部光滑，上部多分枝，株高60～80cm。花期5至11月。性喜阳光充足，耐寒力强，耐干旱，耐瘠薄，不择土壤，肥沃土壤

易徒长倒伏,凉爽季节生长较佳。自播能力强。

⑨花菱草:罂粟科多年生草本植物,株型铺散或直立、多汁,株高 30 ~ 60cm,全株被白粉,呈灰绿色。叶基生为主,茎上叶互生,多回三出羽状深裂,状似柏叶,裂片线形至长圆形。花期春季到夏初,花色以橙黄为主。耐寒力较强,喜寒冷干燥气候、不耐湿热,常秋后再萌发。

⑩诸葛菜(俗称二月兰):具有较强的耐寒性、耐阴性。花色蓝,早春开花,花期较长,一般可以从春季持续到 6 月。生长强健,种子自播能力强,成片应用可以保持全年绿色。

⑪紫茉莉:别名烟脂花、夜晚花、地雷花。叶对生,卵状—心形。夏季开花,花萼漏斗状,有紫、红、白、黄等色。

⑫欧亚香花芥:新引进的品种,原产欧洲南部到西伯利亚。十字花科多年生草本,花形、花色与诸葛菜(俗称二月兰)十分相似。花期为 4 ~ 6 月,花序大且花量多,成片景观十分夺目。全光或半阴条件生长,自播能力强。

(2)推荐的灌木植物

①紫穗槐:喜光喜湿,耐干旱,耐瘠薄,耐碱性土,耐寒,也耐阴,是抗性较强的植物。耐修剪,管理粗放,可以通过控制株高来增加萌生枝和扩大覆盖面积。

②迎春:喜光,稍耐阴,抗旱力强,不择土壤而以排水良好的中性沙质土最宜。浅根性,萌蘖力强。

③大叶黄杨:喜温暖湿润和阳光充足环境。适应性强,耐寒,耐干旱、瘠薄和半阴,极耐修剪。生长适宜温度为 18 ~ 25℃,冬季温度不低于 10℃。以肥沃、疏松的沙质壤土为宜。

④马棘:喜光,耐干旱、贫瘠土壤,耐水湿。发芽快,生长强健,高 1.0 ~ 1.5m,花淡红或紫红色。

⑤胡枝子:茎直立、粗壮,高 lm 以上,多分枝。羽状三出复叶,顶生小叶较大,倒卵形或圆卵形。总状花序,腋生,花有紫、白二色。荚果倒卵形,疏生柔毛。耐阴、耐旱、耐寒、耐贫瘠。根系发达,再生性强。

⑥伞房决明:半常绿花灌木,高 1.5 ~ 2m,花期长(夏秋季开花)花金黄色,开花繁茂,生长旺盛。生长快,适应性强,黄河以南地区可露地越冬。

⑦锦鸡儿:又称金雀花,豆科锦鸡儿属落叶灌木。枝细长,开展,有棱。托叶针刺状。偶数羽状复叶互生,小叶 4 枚,成远离的 2 对,倒卵形,叶端圆而微

凹。花单生,红黄色,蝶形花,花期4～5月。

（3）推荐的藤本植物

①地锦（俗称爬山虎）：枝条粗壮,卷须短,多分枝,顶端有吸盘。叶互生,生长强健,对土壤适应能力强,多攀援于岩石、大树或墙壁上。叶层层密布,能起到良好的覆盖作用,并且入秋叶色变红,十分美观。主要通过种子和扦插繁殖。

②常春油麻藤：大型常绿木质藤本,喜光,生长快且强健,攀援能力较强,可达十多米。地面覆盖能力也十分出色。叶革质光亮,花期4～5月,蓝紫色花序大而美丽,如串串风铃。主要通过种子和扦插繁殖,种子大且种皮十分坚硬,需特殊处理才能发芽,一般不直接喷播。

③络石：常绿藤本,既可攀援也可匍匐地面,枝叶细密。在全光或荫蔽条件下均能健康生长,对土壤要求不严,我国绝大部分山间、荒地都有野生分布。花白色,花期夏季。主要为扦插繁殖。

④薜荔：常绿藤本,在全光或荫蔽条件下均能健康生长,对土壤要求不严。垂直攀援能力强,生长强佳。主要为扦插繁殖。

二、采空塌陷区水土保持措施

地下矿产资源的开采引发的地面塌陷已成为严重制约矿区可持续发展的重要因素,其主要表现形式有塌陷盆地、塌陷坑、地裂缝、滑坡崩塌等,并引发环境污染和道路改线以及居民地和水系的变化。地面塌陷毁坏城乡各种建筑、交通设施和农田,威胁人民生命财产安全,影响经济建设,造成严重的经济损失（杨显华等, 2018）。

（一）采空区处理方法

对于矿山地下开采遗留的采空区,处理方法通常有封闭、崩落、加固和充填四大类。加固法处理采空区主要在采空区土方修建公路、隧道等工程时应用较多。由于成本较高,技术难度大,所以目前在矿山的开采阶段应用较少。在具体的采空区处理过程中,由于各个矿山存在的采空区数量、其所处位置、形态特征不一样,必须针对各采空区的特点和条件,分别采取相应的处理方法（WANG Y et al., 2011）。有时采用两类方法联合处理,如采用加固法与充填法联合、崩落法与充填法联合等;有时由同一类方法衍生出一系列子方法,如充填法可分为千石充填法、尾砂充填法、胶结充填法等(REN G et al., 2013)。

1. 崩落法

崩落围岩处理采空区的实质:用崩落围岩充填空区或形成缓冲保护岩石垫层,以防止上部大量岩石突然崩落时,气浪冲击和机械冲击巷道、设备和人生的危害;缓和应力集中,减少岩石的支撑压力。

崩落围岩又分为自然崩落和强制崩落两种。从理论上讲,任何一种岩石崩落,当它达到极限暴露面积时,应能自然崩落,但是由于岩体并非理想弹性体,往往还未达到极限暴露面积以前,因为地质构造原因,围岩某部位就可能发生破坏,形成自然崩落。当围岩无构造破坏,整体性好且非常稳固时,需要在其中布置工程进行强制崩落处理采空区。爆破的部位根据矿体的厚度和倾角确定。崩落岩石厚度一般以满足缓冲保护垫层的需要,达5mm以上为宜(ZHAO X H et al., 2011)。崩落的方法一般采用深孔爆破或药室爆破(崩落露天边坡或极坚硬岩石)。

在崩落围岩时,为减少冲击气浪的危害,对离地表较近的采空区或已与地表相通的相邻采空区,应提前与地表或与上述采空区崩透,形成"天窗"。强制放顶工作一般与矿柱回采同时进行,且要求矿柱超前爆破。如不进行回采矿柱,则必须崩落所有支撑矿(岩)柱,以保证强制崩落围岩的效果。

(1)地表强制崩落法处理采空区

该方法是利用采空区上方预先钻凿的中深孔或大孔,采用垂直倒漏斗爆破技术,将采空区上方中的岩石崩落,充填并消除采空区(陈方镇,2017)。

原理是在采空区的正上方采用垂直倒漏斗爆破技术,对采空区进行处理。处理要点有:第一,从采空区位置全部钻凿好直径为150mm左右的炮眼,其深度直接与采空区穿透,然后用带绳木块对所有炮眼进行堵塞,装入孔内导爆索和炸药后,再装填一定长度的隔离矿砂,采用孔内分层爆破,直到采空区上方岩石完全崩落或填满采空区;第二,在采空区中央,采用多次爆破方法形成天井,以此为自由面和中心,在采空区上方钻凿大孔,然后侧向崩矿,将崩落矿岩填入采空区。

此类方法具有效果好、经济、处理快速等特点,但缺点是在采空区上方进行凿岩,爆破作业时安全性差,易于卡钻等。Vertical Crater Retreat Mining Method

法地表强制崩落法适用于采空区距离地表较浅,且采空区范围不大的情况;而大深逆向爆破多次成井侧向崩落法适用于距离地表深度大,边界不清,范围较大的采空区处理。

（2）井下崩落矿柱处理采空区

井下崩落矿柱方法是在原有的采空区中,在矿柱的适当位置开凿硐室,利用原有的巷道,在矿柱中钻凿深孔爆破处理采空区,分为垂直深孔方法与水平深孔方法两种(段瑜,2005)。

2. 充填法处理采空区

对于那些在其上部存在露天采场或有建筑物的采空区,地表绝对不允许大面积塌陷(郭炜晨,2016),因此,崩落处理采空区的方法不可行,至于对采空区用锚索或锚杆进行加固,也只是一种临时措施,要彻底根除采空区带来的安全隐患,比较可行的手段只能是"充填",即用充填料(废石、尾砂)充填采空区。用充填料支撑围岩,可以减缓或阻止围岩的变形,以保持其相对的稳定,因为充填材料可对矿柱施以侧向力,有助于提高其强度。常用的充填法有:干石充填法、尾砂充填法、胶结充填法。

充填法是利用地表中露天剥离的废石、开采废石或选矿尾砂作为主要充填骨料,建立充填系统,然后通过采空区的钻孔、天井或充填管道将充填料自流(或加压)充填至井下采空区。

用充填法处理采空区,一方面要求对采空区的位置、大小以及与相邻采空区的所有通道了解清楚,以便对采空区进行封闭,加设隔离墙,进行充填脱水或防止充填料流失;另一方面,采空区中必须能有钻孔、巷道或天井相通,以便充填料能直接进入采空区,达到密实、充填采空区的目的。

充填法用于采空区处理,具有效果好、见效快、充填密实等优点,但是充填法存在施工难度大、成本高、作业安全性差等缺点,在采用充填法处理采空区时,一方面要从安全生产的角度;另一方面要从经济的角度加以考虑,选用合理的充填材料和研究经济可行的工艺技术。

3. 封闭处理采空区

随着采空区面积不断扩大,岩体应力的集中,有一个从量变逐渐发展到质变的过程。当集中应力尚未达到极限值时,矿石与围岩处于相对稳定状态。如果在此之前结束整个矿体的回采工作,而采空区即使冒落也不会带来灾难,可将采空区封闭,任其存在或冒落(王海君,2013)。这是一种最经济又简便的采空区处理方法,但其使用条件比较严格,可用于下列两种情况:①矿石与围岩极稳固,矿体厚度与延伸不大,埋藏不深,地表允许崩落。②埋藏较深的分散孤立的盲采空区,离主要矿体或主要生产区较远,采空区上部无作业区。在封堵采空区时,要在采空区附近通往生产区的巷道中,构筑一定厚度的隔墙,使采空区中围岩崩落所产生的冲击气浪不至造成危害。因此,构造充分的缓冲层厚度或通往采空区的通道封堵长度是采用封闭法处理采空区的关键。

4.采空区处理的辅助手段

建立地压监测系统是采空区处理的主要辅助手段之一。井下采空区发生大的地压活动之前,一般都有一定的征兆,如地音、地震强度的变化等,通过对这些变化的监控,可以对地压活动进行一定程度的预报。因此,为配合对采空区的治理,掌握采场稳定性安全动态,应该对采空区围岩采取一定的现场监测手段。目前监测手段较多,但是较为常用的有岩体声发射监测定位仪、水准测量、多点位移计、压力计、断面收敛测量以及光应力计等监测手段。

(二)地下采空塌陷区的生态修复

1.地下采空塌陷区地貌修复

(1)填平整地

采用推土机等设备整平塌陷区,并从外部运输土石、煤矸石、粉煤灰等可允许利用的填平物质进行填平复垦,包括煤矸石充填复垦和粉煤灰充填复垦两种方法(武强等,2017)。

①煤矸石充填复垦:矸石山既占地又污染环境。利用煤矸石作为充填材料,既可使采煤破坏的土地得到恢复,又能减少矸石占地。

②粉煤灰充填复垦:利用电厂的废弃物——粉煤灰充填沉陷区复垦土地,可以化“两害”(沉陷区、粉煤灰)为“三利”(对电厂、煤矿、农民有利)。

具体的复垦方法有 5 种,说明如下。

第一种,平地和修建梯田复垦。对积水沉陷区、潜水位较低的边坡地带,可采取平整土地、改造成梯田的方法复垦利用。梯田的水平宽度和梯坎高度,应根据地面坡度陡缓、土层薄厚、工程量大小、作物种类、耕种机械化程度综合考虑确定。田间坡度的大小和坡向,应根据原始坡度的大小、有无灌溉条件、复垦土地用途来决定。

第二种，输排法复垦。开挖排水渠道，将沉陷区浅积水引入河流、湖泊、坑塘、水库等，作为蓄水用，使沉陷水淹地重新得到耕种。

第三种，深挖垫浅复垦。运用人工或机械方法，将局部积水或季节性积水沉陷区域挖深，使之适合养鱼、蓄水灌溉等，用挖出的泥土充填开采沉陷较小的地区，使其成为可种植的耕地。

第四种，积水区综合利用。对地面大面积积水和积水深度很大的沉陷区，科学地综合利用，发展网箱养鱼、围栏养鱼、蓄洪作灌溉水源、建造水上公园等。

第五种，固体微生物复垦。煤矸石添加适量微生物活化剂，经过一个植物生长期（约6个月）就可建立起稳固的植物生长层，形成熟化的土壤（武强，2017）。

通常，对较小较浅的采坑进行充填在经济上是可行的，通过充填使得塌陷区与周围的景观特征一致。塌陷区充填后为了有利于植被恢复，通常在上层用表土充填，使用表土的优势是：表土通常含有"种子库"，有以前生长的所有植物种包括先锋植物和顶级植物种；通过提供有相同起源地的种子，表层土壤的利用也可以帮助保护遗传多样性；表土含有大量的微生物，许多依赖表土上原来生存的植物：从质地、持水能力和不含对植物有毒或生长抑制剂方面，是很好的生长介质。表土的利用特别有益于恢复自然植被群落。在恢复项目中，通常通过播种和植苗，构建植被的植物种不超过10个。然而，表土可能含有50个或更多的植物种，能够造成快速的植物多样性建植，而不必要等待未采矿区域植物种的缓慢扩散。

（2）土壤改良

根据不同立地条件，针对采矿塌陷区的土壤及覆盖土壤中存在的问题，采用施肥、中和、微生物、绿肥等方法进行土壤改良，实现土壤孔隙结构合理，肥力达到恢复植被对土地条件的要求（郭炜晨，2016；王海君，2013；武强，2017）。

有许多措施可以改善土壤特性，包括：加石灰提高土壤pH，改善土壤的团粒结构；加石膏肥料或硫，降低土壤pH；添加有机质如肥料、污泥、堆肥或绿肥改善土壤特性和持水能力；施肥，包括添加植物生长所需的重要营养物质和营养元素。用于农业和生产性林业的土地，由于对地面生长的植物进行重复收获，消耗了土壤中的营养物质和一些植物需要的重要元素，就需要不断进行土壤施肥。对自然植被群落,营养的循环是通过植物的死亡和分解过程自然循环,随后进入土壤用于植物再生长的营养物质。

2. 地下采空塌陷区植被修复

塌陷区充填后用于植被恢复的,通常通过覆盖措施促进植被的恢复。地表覆盖可以吸收雨滴的影响,减少地表径流;遮阴地表并降低地面温度;有助于土壤保持水分,分解后可以为植物提供营养物质;对有些土壤生物可以提供食物和住所,有时适宜无脊椎动物的生存,分解的有机质可以融入表土层。

然而,应该认识到营养物质(特别是土壤氮素营养)在覆盖物质分解的时候是有损耗的。因此,重要的是要施入足够的肥料,使得覆盖物质对氮素的消耗不影响植被的生存和生长(ZHAO X H et al.,2011;陈方镇,2017)。

(1)修复技术

①客土覆盖技术。土质条件是植物生长最关键的因素,在废弃矿区之所以植物难以定植主要是表土层被移走后土壤变为生土,甚至是含重金属的"毒土",而客土覆盖技术是将结构良好、养分充足的异地熟土覆盖于待修复的矿区废弃地表面,直接改良废弃地土壤的理化性质,因此其修复效果显著。但是,异地熟土土源少、转移熟土工程量大、费用高、管理也不便等,该技术只能在极少数条件允许的矿区适用。

②土壤改良技术。土壤改良技术的本质是通过物理或者化学的方式改善废弃矿区土壤物理或者化学性质。比如,针对过于紧实的土壤,可以进行挖松等工程措施改善;土壤过酸则可以通过添加石灰提高 pH,过碱则可以投加硫酸亚铁适当降低 pH;针对大部分矿山缺乏有机质、氮、磷等营养元素,则可以针对性地施加化肥。但是,不管通过物理还是化学方法改良土壤,都需要投入大量人力、物力,较难管理,效果难以持续。

③丛枝菌根真菌与植物修复技术。植被修复有修复面积广、不易造成二次环境破坏且效果持续等优点,被认为是矿区生态恢复的关键。但是,由于矿区恶劣的立地条件,即使通过土壤改良,一般植物也难以生长,植被恢复的速度差强人意。丛枝菌根真菌是广泛存在于土壤生态系统中的一类由植物根系与菌根真菌形成的共生体,几乎能与陆地上 80% 以上高等植物形成丛枝菌根共生体。在这种共生关系中,丛枝菌根真菌利用宿主植物的光合产物来满足自身生长繁殖需要的同时,提高宿主植物逆境中的生存能力。丛枝菌根真菌的优良特

性对废弃矿区的生态恢复有显著的作用效果。

（2）植物选择措施

在塌陷区充填后恢复植被的前期，通常通过播种覆盖植物（土壤改良植物），来达到保护土壤减少雨水的侵蚀，保持土壤水分（短期土壤侵蚀控制）；保护土壤不受热胁迫，减低腐殖质的分解速度；通过水分和光照的限制减少杂草生长；提高土壤有机质含量和改善土壤结构；增加土壤肥力等目标。

当恢复土地计划用于农业土地的时候，通常种植禾谷类和豆类草作为覆盖植物。在建植自然植被时，通常种植当地的先锋植物种，特别是具有攀援和扩展能力地占据生长地面积小的植物种。然而，有时很难发现有易获得充足种子的植物种，或者对其发芽习性和要求懂得很少时，有时需要引入外来植物种。

覆盖植物的主要要求是：种子应该容易获得；种子应该能够快速发芽；植物种能够在当地气候条件下和土壤环境中长期生存；植物种植后在最初的生长季节应该能够提供完全地面覆盖；引入的植物种在今后不会成为潜在的"杂草"；建植的植物最好不需要进行补充灌溉。之所以优先选择先锋植物种，是因为它们能够抑制其他植物种通过演替而侵入。许多植物种是一年生的，每年会持续繁殖，直到有多年生的植物种定植生长。最好播种豆科植物，除了用于覆盖地面控制土壤侵蚀和固氮外，这些植物也可以提供绿肥，通常采用翻耕将其埋入表层土壤中，这样可以改善表层土壤的结构和肥力状况。

对于目标植被的建植而言，如果塌陷区恢复规划的目标是恢复自然植被，则适宜栽种的大多数植物种，应该是邻近区域的本地种。这些植物的种子可以通过人工收集，直接进行播种或在苗圃进行育苗。对种子不容易收集的或者种子有休眠期不易萌发的植物，有时可以采挖自然条件下的幼苗，通过盆栽培养后移栽到恢复区。在恢复区需要建植自然植被时，引入外来植物种通常是比较矛盾的事。这是因为许多引入的外来植物种有可能造成大范围严重的生态危害。外来种在其自然栖息地的种群是自然机制控制其种群，而离开其自然栖息地，许多种的繁殖受到当地植物种的竞争。然而，在适宜引入植物种快速繁殖的情况下，本地自然植物群落不容易形成。在这种情况，可考虑使用外来植物种。外来植物的引入需要充分考虑其特性和要求以及在引入区域的长期生存能力。豆科植物通常用于矿山塌陷区的恢复，可以作为很好的覆盖植物。有些可以做绿篱。由于豆科植物有固氮特性，大多数植被群落中如果包含有豆科植物都可获得好处(兰锥德,2017;NISHIDA H et al.,2018)。草本植物也用于许多恢复植被群落的建植。大多数草本植物都有良好的固土能力,其种子也为许多昆虫、鸟类和小哺乳动物提供了食物。很清楚,如果当地有比较好的草种,就应该优先选择。然而,有时使用当地草种很难快速覆盖地表,这时就可以考虑选择使用外来适宜的草种。

(3)恢复目标

恢复的通常目标是产生与采矿前相似的生物多样性。然而,由于存在许多限制,这只能是一个长期目标。在热带森林,森林群落处于或接近顶级状态,有相对低的植物多样性。采伐后形成的次生林,通常有较高的生物多样性。混交林群落有最大的多样性,有不同的土壤类型和林相,有不同的演替阶段。在评估恢复的成效时,植物种的多样性在最初的几年不是特别重要。重要的是每年植物种和动物种增加的数量。有些昆虫甚至可以在新建植的植被区定居,特别是邻近区有自然植被的时候。然而,恢复区达到未干扰自然区域的动物群落状况需要许多年。而且,建植的重要性与是否增加生物多样性无关。

在自然植被的情况下可能需要几十年的发育,接受标准是可选择的,证明正在进行演替过程,可形成可持续的生态系统。在有些情况下,达到一项或多项规定的接受标准,才能认为是恢复成功,通常是恢复的维护时期结束或转移给土地所有者的时期。接受的标准应该客观,容易衡量和可以复制。保证仔细考虑了接受标准的选择,当标准是不适当的或不充分的,可能意味着最终的恢复没有实现其目标。对农业系统而言,接受的标准应该基于衡量当地的农业实践的产量和质量。每年的变化也应该考虑。例如,作物产量应该与当年当地的产量进行比较,接受的标准应该是"当地相同季节平均产量的90%"。

对自然植被群落而言,参照当地的植被群落也是重要的。然而,将恢复4年的植被群落与邻近区域快到达顶级群落的植被进行比较是不适宜的和有误导作用的。可接受的方式是比较有相同演替阶段的自然植被群落。在实际操作过程中这是可能的,例如,在山区的降雨季节通常出现滑坡地,这里的植被年限相对较短。但是,这不总是可行的。而且需要认识到,从邻近区域的侵入定居在$1hm^2$皆伐的森林迹地要比$50hm^2$恢复区的中心更快。

通常对恢复区应该监测下列指标:除了恢复规定种植的种外还出现了其他植物种;抑制覆盖植物种(如果使用的话);恢复植物种成功繁殖包括开花结籽

并能够发芽;植被结构的发育,即具有不同的层次结构;出现了林冠树种的幼苗;出现了动物群,特别是昆虫如蚁群,在营养循环中有重要作用,同时能够吸引较高级别的捕食者。

(4)植物的后期管护

为了在恢复的早期阶段实现可接受的地面覆盖,补充种植和各种维护处理是需要的。在植物种植后的萌发和建植期是恢复最脆弱的阶段。这时期的大雨能够侵蚀种子区的土壤和种子,不得不选择重新种植。覆盖以及其他临时性的土壤固定措施能够减少这种风险,但是不能完全消除这种风险。对林冠树种(包括顶级植物种)而言,通常需要进行补植,它们在最初建植的几年需要遮阴。

通常情况下需要对塌陷区恢复进行监测,以发现恢复区的裸露斑块。裸露斑块区的成因通常有:种子播种时在表土中分布不均匀;表土层中存在酸性物质;播种后土壤侵蚀严重。在最初建植后植物死亡的情况下就需要进行后续处理,这可能是植物有毒物质(包括酸性物质)渗漏引起的,有时干旱也可造成植物失水死亡。石灰石可用于中和小面积的酸性土壤。在季节性干旱区域,在植被建植后第一个干季通常需要进行灌溉。

在植被建植时期,其他类型的维护可能包括杂草控制、建立围栏防止牲畜和野生动物的危害。对用于农业或园林作物栽培的土地,由于重复种植和收获都需要进行维护,维护成为正常的行为而不受恢复土地建植系统的影响。然而,在自然植被建植的区域,重要的是自我维持,因为植被在最初建植几年后就不需要维护了(DECK O,2003)。

自然恢复指采矿塌陷区不受人类的任何干预而进行的恢复。自然过程(如风化、侵蚀、沉积、植物演替和动物的侵入)终将造成整个受塌陷干扰区域植被群落的发育,虽然完全恢复需要的时期是几个世纪甚至上千年。有许多历史采矿塌陷区通过自然过程恢复,现在已经很难看见曾经发生的采矿活动。

3. 地下采空塌陷区水环境治理

如果采矿塌陷区处于年降水量较多或地下水位较浅的区域时,最容易形成塌陷区积水。为了减少水体污染,必须重视塌陷区水体的修复。重金属污染是水体污染中最为严重的一种污染,利用植物去除污染物的植物修复技术是目前比较主流的一种技术。

藻类净化重金属废水的能力主要表现在对重金属具有很强的吸附力。利用藻类去除重金属离子的研究已有大量报道。褐藻对 An 的吸收量达 400mg/g,在一定条件下绿藻对 Cu、Pb、La、Cd、Hg 等重金属离子的去除率达 80% ~ 90%。马尾藻、鼠尾藻对重金属的吸附虽然不及绿海藻,但仍具有较好的去除能力,对 Cu、Zn、Pb、Hg 等重金属的去除率都在 70% 以上。绿藻在吸附重金属离子(例 Cu)的同时,具有协同去除印染废水颜色的作用,成为很好的脱色剂。人们还利用藻类植物的转基因技术把 MT 基因转移到蓝藻上,提高了蓝藻对 Cd 的结合去除能力。这种转基因技术主要是利用毒性金属离子与半胱氨酸的巯基结合,转变为无害的蛋白结合形式,从而使植物机体对金属离子表现出抗性。藻类对铅有很高的忍耐力,小球藻在铅含量 100mg/L 时,仍有良好的存活能力。用干燥、磨碎后的绿藻和小球藻吸附重金属,吸附铅的最高浓度可达 90%。由此可见,藻类经过筛洗、培养,能去除特定金属离子,是解决金属污染的一种有效手段(徐翀等,2015)。

草本植物净化重金属废水的应用已有很多报道。凤眼莲是国际上公认和常用的一种治理污染的水生漂浮植物,它具有生长迅速,既能耐低温、又能耐高温的特点,能迅速、大量地富集废水中镉、铅、汞、镍、银、钴、锶等多种重金属。凤眼莲对放射性核素具有选择性吸收的特点,而且吸收迅速,对 ^{60}Co 和 ^{65}Zn 的吸收率分别高达 97% 和 80%,并能较长时间保持在植物体内。香蒲是多年沼生、水生或湿生的草本植物,在我国资源丰富,南北分布广泛。虽然在我国的环境治理中应用还不多,在欧美等西方国家已有广泛应用。香蒲对重金属有明显的吸收作用,是一种净化含锌、镉等重金属废水的优良植物。它们对铅、锌和镉的去除能力分别为 90%、87% 和 84%,对铜、铁、铝也有不同程度去除。中国应用较早的草本植物是芦苇。目前,芦苇床人工湿地在我国不仅用于乳制品废水的处理,还应用于铁矿排放的酸性重金属废水的处理。

采用木本植物作为人工湿地的植被用来处理污染水体,由于具有净化效果好、处理量大、受气候影响小、不易造成二次污染等优点,越来越受到人们的青睐。胡焕斌等(1997)试验结果表明:芦苇和池杉两种植物对重金属铅和镉都有较强富集能力,木本植物池杉比草本植物芦苇具有更好的净化效果。木本植物对重金属具有较强耐性,也被研究证实。旱柳幼树能在 50mg/kg 的镉污染土壤中生长,加杨幼苗对汞的富集浓度达到 233.77mg/kg,植物体内的耐受阈值为 95～100mg/kg。红树能将大量的汞吸收储藏在植物体内,汞浓度达到 1mg/kg 时仍能正常生长。萱麻草可以净化稻田中的汞,其净化效率高达 41%(凌珑,2019)。以木本植物为主体的重金属污水整治技术,能切断有毒有害物质进入人体和家畜的食物链,避免了二次污染,是一种理想的环境修复方法。

三、尾矿区水土保持措施

尾矿废弃地作为矿业废弃地的一种,一般由废弃的水库改成或在环山的谷底堆筑尾矿坝构成。尾矿废弃地是一种典型的退化生态系统,一般有着严酷的基质条件,如无真正意义上的土壤、尾矿颗粒较细、结构过于松散、孔隙率大、保水能力差、无土壤团粒结构、养分贫乏、严重重金属污染以及生物多样性较低等,这不仅给尾矿废弃地的生态恢复带来巨大困难,同时也给周边环境和人类带来污染和危害,因此对它的治理和生态恢复已成为一个热点和难点(卢慧中等,2015)。

(一)土壤改良技术

尾矿库的土壤改良是建立在对尾矿基质的理化性质分析的基础之上。对于尾矿的基质呈酸性的,改良时一般用石灰掺合剂;对呈碱性基质的尾矿,改良时常用石膏、氯化钙等作调节剂。具体的施量要根据尾矿基质的酸碱含量来定。尾矿基质一般含有有毒的重金属元素,对植物生长不利,因此必须对其进行改良(施春婷,2012)。改良一般采用铺盖隔离层的方法。隔离层是覆盖在尾矿上的能与重金属反应使其沉淀的物质,如石灰、硅酸钙、炉灰、钢渣、粉煤灰等含硫物质,可以使重金属生成硫化物沉淀,降低重金属的扩散(刘慧军等,2012)。

隔离层完成后应在其上覆盖土壤,覆盖土层的厚度要根据尾矿成分以及尾矿库土地再利用方向而定。土源丰富的条件下,一般覆土厚度应在 0.5m 以上。尾矿含有毒有害、放射性成分时,应视其废弃物中含量水平,确定隔离层设置的必要性、层厚、材质等,并尽可能深度覆盖。以农业利用为主,其覆土的厚度相对要厚些,厚度为 50～100cm;以林草利用为主,改良基质绿化环境为目的,其覆土的厚度相对薄些,厚度为 5～30cm 不等。对不要求快速恢复植被的尾矿甚至可以不覆土而直接种植。针对尾矿基质养分瘠薄、机械组成单一等不利条件,普遍采用覆土和施有机肥相结合的方法。此外,也可施生活垃圾、锯末等。有些尾矿库没有按上述方法改良,而是采用将尾矿与土壤混合,混合的深度和比例与混后的利用目的有关。如果目的只是为植物生长提供较好的基质条件,则混合的深度可以较浅,土壤与尾矿的比例可以较小,具体深度和比例可以通过简单试验获得,并无具体标准;如果要在混合改良后的尾矿上种植农作物或果树,则混合比例和深度要加大。

(二)植被恢复技术

1. 植物品种的选择

尾矿库植物种筛选的原则有改地适树、改树适地两种。改地适树即改良尾矿基质中对植物生长不利的理化性质,以达到使植物能在尾矿上生长的目的;改树适地是指通过选择生命力强,生长迅速,耐性强的乡土植物或引入外来植物种来适应尾矿基质的不良特性,并对尾矿起到一定的改良作用(黑泽文等,2019)。对于以林草为利用方向的尾矿,采用改树适地的原则;对于以农业、果园利用为方向的尾矿,采用改地适树的原则。因为具有一定经济效益的农作物和果树涉及其可食性问题,所以要尽量改良尾矿基质,保证农作物和果品的可食性(杨期和等,2012;张变华等,2019)。此外,由于不同的农作物或果树对不同的金属吸收、运输、转化的差异及不同种类金属在植物体内不同部位积累的差异,在具体的物种选择中,还应该考虑选择那些食用部分有害金属含量符合食用标准的农作物或果树,以免有害金属通过食物链对人体造成危害。

2. 植物的种植技术

尾矿库植物的种植方法大体与排土场上植被的种植方法类似。有种子直播,也有实生苗的穴植。种子直播又分条播和穴播。条播是在尾矿上挖沟撒播,适用于种子较小的植物;穴播是挖坑点播,适用于种子较大的植物种。实生苗的穴植一般采用1～2年生实生苗,具体栽植时,可采用带土球栽植,也可在穴内施有机肥,还有的直接采用营养杯栽植(李彪,2012)。一般草本、灌木适用于直播,而乔木适用于实生苗穴植。

（三）尾矿库生态恢复的类型

1.无覆土恢复

在土源缺乏的矿区，从外地取土来覆盖尾砂，会导致取土处土地的破坏，因此，这类尾矿库可以采用无覆土，直接植树绿化来恢复尾矿库（安俊珍等，2013）。但是，如果尾砂中所含的重金属离子浓度超标，则必须进行深度的土壤改良或尽量种植不参与食物链循环的林木。无覆土直接种植，可节省覆土的工程量，节省投资，但可选择的植物种类将有所限制（黄艳红，2013）。此时，应选择耐瘠薄、抗性强的植物种，而且田间管理方面也需采取更多的措施。由于尾砂保水能力差，为了满足作物生长的需要，在水源缺乏的地区或旱季，可对其进行喷灌、滴灌和雾灌。由于尾砂保肥能力差，施肥宜采用少量多次（董亚辉等，2013）。

2.覆土恢复

在有土源的矿区，在平整后的尾矿库上覆盖土层，进行林农业的恢复。对于尾砂中含有超标重金属离子的尾矿库，进行生态恢复时，除了进行必要的改良外，还要根据条件覆盖表土，一般覆盖0.5m以上。南方地区土源缺乏，最好将表土剥离单独存放，待尾矿疏干，改良后，将剥离表土覆盖其上。

（四）矸石场修复

煤矸石是煤炭开采和洗选加工过程中产生的固体废弃物，是各种工业废渣中排放量最大、占地最多、污染环境较为严重的固体废弃物（李伟，2014）。大量的煤矸石不断堆积形成的矸石山，不仅直接占压土地，而且容易引发严重的土壤污染，威胁植被生长。同时在风化自燃过程中释放大量有毒气体和有害烟尘，造成矿区大气、水体及自然景观的污染，严重危害煤矿区的生态环境，影响人们的生活、生产和身心健康。有时还会引发一系列的社会问题，造成的经济损失难以估量。在煤矸石堆积地上恢复植被，建立稳定、高效的矸石地人工植被群落，是治理矸石地对生态环境的破坏与污染，恢复土地生产力，为人民生产和生活、动植物的生存提供良好的生态环境条件的根本途径（滕应，2003）。

1.矸石山的自然修复

矸石山的植被自然恢复是很缓慢的过程，有些植物种缓慢侵入和定居，在这种过程中，有许多因素影响着矸石山生态系统的变化。通常矸石山植物的演替受土壤 pH、养分、物理性质的影响（岳军伟等，2013）。另外，当地的气候条件尤其是降雨量也是重要的影响因子。通常，堆置年限较短的矸石山植被盖度小，密度低，随着废弃年限的增加，植被盖度、密度和生物量都呈上升趋势，但要想完全靠自然恢复来覆盖矸石山是一个相当长的过程。

2. 边坡稳定技术

由于不同的地形地质条件，矸石山进行绿化前，需要进行一系列的边坡稳定工程措施。水平阶整地，降低矸石山的相对高度，稳定坡面。在堆放矸石山时层层堆放且及时平整压实，沟底砌筑拦渣坝，以防坍塌。

3. 土壤改良技术

根据煤矸石山表面风化程度的不同，在种植之前，应采取适当的覆土措施，按覆土的厚度不同，可分为无覆土直接种植、薄覆土和厚覆土（杨尽，2010）。对风化程度好的煤矸石，一般采用无覆土直接种植，仅需适当整地即可；对于风化程度稍好，表现为煤矸石山表面酸度过大、含盐量高、表层温度过高时，需要覆土 35cm 后才能进行种植，薄层覆土栽植植被的根系能够深入到矸石深层吸收水分和养分，有利于植物的成活和发育；对于没有风化或风化程度极低的煤矸石山，即矸石山表面全为不易风化的白矸，大块的岩石不能保肥、保水，必须覆土 50cm 以上后再进行种植，厚覆土虽然可以让植被在短期内迅速生长发育，但由于需要的土方量增加，且运输距离较远，从而提高了复垦投资，所以难以推广。客土覆土在一定程度上改变了矸石山土壤机械组成结构，大孔隙减少，降低了矸石山过高温度和日较差，降低了地面温度，有利于植物的成活和尽快实现矸石山生态恢复（袁耀等，2015）。

矸石山土壤养分贫乏，除钾元素以外，其他植物生长必需的元素都特别贫乏，改良土壤理化性质的技术措施主要有：传统的方法施肥，增施有机肥、氮肥和磷肥；有机肥改善土壤理化性质，改善土壤孔隙度结构；生物措施改良土壤，比如利用微生物技术提高植物抗性，利用植物对某些重金属元素的固化来达到降低污染的作用等等。通过上述措施，改良矸石山土壤性质，使矸石山植被恢复能够快速实现（张艳，2014）。

4. 植物种的选择

矿业废弃地生境异常极端，不具备正常土壤的基本结构和肥力，其至土壤生物（包括微生物）也不复存在。在这种条件极端的裸地上，植物的自然生长定居和生态系统的原生演替过程极其缓慢。据中国学者研究认为,在没有外来干扰的天然状态条件下,土层经过 100 年才增加 10mm;据国外学者研究表明,废弃场露天煤矿地上出现木本植物定居,最快要 5 年之后,再经过 20—50 年,这些树木的冠层盖度可达 14% ~ 15%(李彪,2012;吴建平等,2016)。对于毒性极高的废弃地,自然建立良好的植被环境往往需要几百年甚至千年以上,所以仅仅依靠自然恢复能力实现矸石山的生境改变是不现实的,人工植被恢复非常有必要。在地形整治完工以后,就应快速恢复植被,从而可有效地控制水土流失,改善矿山生态环境,同时恢复土地的生产力。由于废弃地自然生态条件较差,仅靠自然恢复植被达到生态平衡,是一个非常缓慢的过程,需要很长时间,并且植物种数也很少,不能达到防风固土、土地复原的作用。重建植被的主要目标不仅是恢复植被的生态环境,而且是一个高水平的,融合了环境、经济、生态效益的,比原始生态环境更高层次、更高水平、人地协调可持续发展的生态系统。植被建设的基本原则是因地制宜,因害设防,宜林则林,宜草则草。合理选择树种,合理优化配置复垦土地,保护和改善生态环境,形成草灌乔、带片网相结合的植物生态结构(万广越,2017)。

植物选择的原则是:①所选植物应具有耐干旱、耐高温灼热、耐贫瘠、耐盐和抗污染的特点。②所选植物应速具有生长迅速、根系发达及改土作用强的特点。③所选植物以乡土先锋植物为主,采用乔灌草混交的模式进行造林。

豆科植物由于其特殊的固氮作用,能较快地适应和改良严酷的立地条件,被认为是矸石山复垦的先锋植物种,如刺槐、合欢、锦鸡儿、胡枝子、紫花苜蓿、草木樨、斜茎黄芪(又名沙打旺)、小冠花等被广泛应用。其他植物种如杨树、白榆、火炬树、楝树、臭椿、油松、杜松、云杉、侧柏、沙棘等,也被用于矸石山复垦。

5. 抚育管理

栽植之后的抚育管理也很重要,加强抚育管理,定期进行灌溉和施肥。特别是在夏天蒸发比较强烈,及时灌溉非常重要。定期地进行修枝,修枝强度不易过大,应保留较大的树冠,是林木则应提早郁闭,刺槐之类的高大乔木,修枝高度以 1/3 最佳,3 年生以下不宜进行修枝,但应该适时剪去竞争枝。间伐强度不宜过大,不造成骤然透光、杂草丛生,影响林木生长。在造林后的前 3 ~ 4 年,不宜进行间伐(邢树文等,2019)。4 年以后在能逐步对速生的刺槐进行间伐,两次间伐间隔时间以 4~5 年为宜。加强管理,在间伐前应该做好调查,事先做好标记,避免间伐过度,破坏林分种群平衡。

四、废弃矿区的水土保持生态重建案例

(一)南京幕府山矿区废弃地水土保持生态重建

幕府山位于南京市主城区北部长江之滨,沿长江南岸呈带状分布,蕴藏着丰富、优质的石灰岩层和白云岩层,由于历史上人为的影响和长期无序开采矿石,导致该地区的地质结构和植被受到很大的破坏,生态环境破坏严重。

绵延 6km 的幕府山,是古都金陵的天然屏障,是融"山水城林"于一体的南京古都特色的集中体现,历来以山峰翠、峭壁险、燕矶秀、古洞幽而著称于世。由于多年乱开乱采,幕府山的山体残缺不全,植被和沿江优美的自然景观府山南侧的纬一路,是南京市南来北往车辆的交通要道;幕府山又毗邻长江,每天有大量过往货轮和客轮,因而该山是从江中观赏滨江风貌的主要对象。由于幕府山的乱采乱挖,昔日蜿蜒连绵的青山绿水已多处成为千疮百孔的荒山秃岭,山体已显得残缺不全,优美的自然景观大块大块地被肢解和蚕食,山体的连续性遭受严重破坏,其整体的观赏性已大打折扣,严重损害了南京市的形象。

幕府山地区分布有 9 个采矿场(现在均已停止采矿),采矿区面积为 0.6km²,采矿后的山体残缺不全并形成大量的裸露岩石和碎石残渣,疏松的碎石残渣堆积物胶结性差,抗蚀能力弱,风蚀、水蚀交替发生,水土流失严重,目前水土流失面积 0.4km²,占采矿区面积的 66%,土壤侵蚀模数高的达 86193t/(km²·a)。

部分废弃的采石场,还未曾得以整治,已被用作垃圾堆场。大量未经处理的垃圾在此带来了新的环境污染,使本地区的环境进一步恶化,也给今后的整治工作增加了新的难度。

根据试验工作中的成熟技术和手段,实施幕府山矿区的环境地质整治和恢复工程,使该地区真正成为青山绿水、环境优美的滨江风光带。

根据幕府山矿区废弃地的地形特点,将幕府山矿区废弃地分为 3 种类型:类型 Ⅰ 为坡度大于 40°裸崖;类型 Ⅱ 坡度为 25°~40°的废弃物堆场;类型 Ⅲ 为坡度小于 25°采矿废弃地(刘国华,2004)。

不同类型的矿区废弃地依据其形成原因、坡度、立地条件不同,在植被恢复

时对基质的处理方法和整理方法也不同,同时,根据废弃地类型以"适地适树"为原则确定植物配置模式,同时注重植物配置的景观。

1. Ⅰ类型废弃地

该类废弃地特点是坡度大于40°,崖体稳定,没有土壤,自然条件恶劣,对景观的影响大。为了改善基质,为植物生长创造条件,根据岩体的情况采取3种方法:一是先打台阶,再在边缘砌护墙(见图2-4-1);二是打台阶时,在裸岩上留有护墙;三是对于坡度很大的陡崖,打鱼鳞坑,然后在坑内填上土壤,填土深度40~60cm。为确保水分供应,在崖顶部建立水池,以浇灌植物。

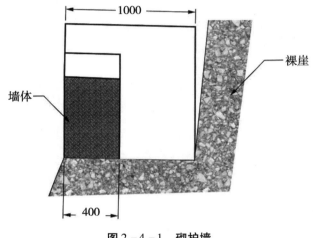

图2-4-1 砌护墙

在矿区废弃地坡度大于40°以上的裸崖植被恢复中,还应考虑在岩壁固定镀锌网,再将混有灌、草种子和胶结剂的基质土壤喷在岩壁上以恢复植被等措施。

根据不同的部位进行块状配置植物配置模式(见表2-4-4),树种以灌木和藤本植物为主,通过上爬、下挂的方式,以加快岩壁覆绿。

表2-4-4 Ⅰ类型废弃地植被配置模式

裸崖部位	植物名称	种植穴规格(m)	苗木规格
	石楠	0.5×0.5	20~30cm(冠径)
下部	迎春	0.5×0.5	1~2年生苗
	地锦(俗称爬山虎)	0.5×0.5	1~2年生苗

裸崖部位	植物名称	种植穴规格（m）	苗木规格
崖壁（中部）	迎春	0.5×0.5	1~2年生苗
	地锦（俗称爬山虎）	0.5×0.5	1~2年生苗
	凌霄	0.5×0.5	1~2年生苗
	火棘	0.5×0.5	20~30cm（冠径）
上部	大叶女贞	0.5×0.5	3~5cm（地径）
	迎春	0.5×0.5	1~2年生苗

2. Ⅱ类型废弃地

该类废弃地的特点是坡度在25°~40°,以碎矿石为主,有少量的土壤,基质疏松,水土流失严重,有一定的肥力和保水能力,采用鱼鳞坑整地。

该类型废弃地的植物配置模式采用了两种方法,即火棘和石楠的顺坡行状混交及石楠和香根草的沿等高线行状混交(见表2-4-5)。

表2-4-5　Ⅱ类型废弃地植物配置模式

植物名称	种植穴规格（cm）	苗木规格	配置方式
火棘	40×40	20~30cm冠	顺坡行状混交
石楠	40×40	20~30cm冠	
石楠	40×40	20~30cm冠	沿等高线行状混交
香根草	40×40	20~30cm冠	

3. Ⅲ类型废弃地

该类废弃地坡度较缓,属采矿过程中使用过的土地,土壤板结,透气性差,使用玄武湖隧道工程的余土进行复土,复土厚度40~60cm,然后整地挖穴。在绿化实施过程中,在山体较为平缓(坡度小于25°)地域,主要采取了全面覆土的方法,不仅丰富了山体的植物种类,促进了山体绿化的可持续发展,而且也提高了绿化的景观效果。Ⅲ类型废弃地采用块状混交的方式进行植物配置(见表2-4-6)。

表2-4-6　Ⅲ类型废弃地植物配置模式

树种	面积（m²）	株数（株）	株行距（m）
石楠	10309.2	8520	1.1×1.1
红花檵木	4100	4100	1×1

树种	面积（m²）	株数（株）	株行距（m）
桂花	1091.25	485	1.5×1.5
意杨	3037.5	1350	1.5×1.5
雪松	7650	3400	1.5×1.5
栾树	8175	1308	2.5×2.5
火棘	6526.5	2400	1.25×1.2
女贞	6862.5	4392	1.25×1.25
金叶女贞	1500	1500	1×1
紫叶李	3750	600	2.5×2.5
桃树	437.5	280	1.25×1.25
金丝桃	8945.31	11450	1.25×1.25
枫香	6222	1400	2×2
金丝柳	1312.5	210	2.5×2.5
洒金柏	3000	3000	1×1

历经十余年恢复重建，幕府山的绿化以及整个山体的生态环境已经得到了明显的改善。当时，通过"轮胎固土植树""凿石开槽填土植树"等办法，如今，幕府山上绝大多数山头又恢复了绿树成荫。

总结南京市幕府山水土保持生态恢复，可以得到如下几个方面的经验：

一是由于长期的开采矿石，现有植被都是次生植被以及部分人工种植的植被，其中构树适应性强，占了大多数，属先锋树种。矿区治理后使矿山废弃地形成大片植被，生物量总计约 56.53 万 t。Ⅰ 类型矿区废弃地种植植物的成活率都比较高，达 84% 以上，基本上能够满足要求，而生长势则以灌木树种为好，藤本植物较差，影响景观效果。Ⅱ 类型裸崖上经固定轮胎和覆土后，矿区废弃地的藤本、灌木、草本植物生长均良好。在坡度太大，超过 60° 的地方，轮胎固定土壤的作用较差，土壤随雨水流失，植物死亡。Ⅲ 类型废弃地未进行基质改良，矿区废弃地的植被恢复效果，火棘与石楠顺坡行状混交配置，火棘与石楠的成活率均高，景观效果也好，但在种植初期的两年内，水土流失严重，形成明显的侵蚀沟。石楠与香根草沿等高线行间混交配置，对废弃地的水土保持效果良好，香根草的成活率和生长势均表现良好，而石楠的成活率较差，也影响了景观效果。值得指出的是，就目前所植树种中，均以城市景观绿化树种为主，今后应加上地方先锋树种,加快废弃地的植被恢复过程。

二是在早期的恢复过程中多采用乡土树种,有利于植物的适应及生长,但人工群落构建模式单一。大面积种植乔木,林内结构层次不利于形成稳定的植物群落;有些林下缺乏地被植物覆盖,在陡坡地段易造成水土流失。裸崖绿化没有达到理想状态。在陡台的坡面上,依旧存在有许多处裸露岩石的情况。在部分地段采用的轮胎固土,初期效果显著,然而经过一段时间后,部分轮胎裸露,加之植物没有完全生长覆盖,远观依稀看见裸露的山体以及悬挂着的轮胎。

三是利用城市建筑余土对矿山废弃地采掘面的覆盖来改良土壤,效果明显,不仅能增加土壤有机质、增强土壤抗侵蚀性,为人工恢复植被提供有利条件,而且解决了城市建筑余土的出路问题,这对于城市郊区的采石场、采矿场的废弃地改造土壤改良,是一种有效的方法。

四是矿山废弃地治理工程实施后,这里的投资环境已明显改善,投资效益迅速地凸现出来,从而推动主城区的综合发展;旅游服务设施的建设变得没有后顾之忧,景观游览区的开发和景观保护区的修建也顺理成章,滨江风光带的风貌将由蓝图变为现实;生态环境的恢复不仅改变了周围居民的生存环境,也为南京主城区环境保护做出应有的贡献。

五是矿山废弃地治理工程实施后生物积蓄与贮碳能力、调节小气候能力、固碳释氧能力、优化空气质量能力、枯落物蓄积状况及蓄水能力、土壤质量和水肥蓄积能力均有不同程度的改善。

(二)福建尤溪梅仙铅锌矿区废弃地水土保持生态重建

金属矿山是我国重要的基础产业,在国民经济和社会发展中占有极其重要的地位。有色金属矿业活动是重金属释放进入生态环境的重要途径,通过采矿、选矿和冶炼3种方式进入周围环境的铅、锌通量分别达1.62Mt和3.32Mt,约分别占铅、锌累计采出量的24.39%和26.36%。

1. 生态环境破坏状况

福建尤溪铅锌矿区铅锌异常丰富、矿(化)点遍布广,有大量的民营、个体采矿者在该区域范围内进行试探性的探矿和采矿活动,铅锌矿资源的开发利用存在着采富弃贫、资源浪费等不合理现象(郭世鸿,2014;黄莹,2014;王学礼,2008)。

采矿区以及周边选矿厂与尾矿库的修建中,将树木砍光,草地铲除,侵占了大面积土地,而且破坏了植被和生态环境。除露天采掘直接破坏大量土地外,据调查统计,矿区自 20 世纪 80 年代以来的矿山开采中,已经形成了几十处的废石渣土堆,各废弃矿渣沿附近坡面及低洼沟谷任意排放堆积,导致约有 17 万 m^2 的山地植被遭到不同程度的破坏,堆积废石渣土量约 180 万 m^3,其坡脚农田大多荒废,破坏农田约 33.3 hm^2,主要集中在坪寨、谢坑、南洋、经通等村。还有一些退役期矿山闭坑后,尤其那些个体矿硐,未进行土地复垦与重新绿化工作,影响了生态环境与自然景观。

铅锌采矿废水含有 Cl^-、SO_4^{2-}、HCO_3^-、Na^+、K^+、Ca^{2+}、Mg^{2+} 等许多离子以及重金属元素等。由于铅锌矿中含有较高的硫分,易氧化分解,形成酸性水溶液,因此采矿废水一般为酸性水,pH 在 2~5,在降雨期间形成酸性水外排。据监测资料显示,某些企业采矿废水总铅浓度严重超标,最高可达 2.7mg/L,废水均排入尤溪河,使得地表水浑浊,该河水质下降,严重地影响当地群众的正常生产、生活用水。

该地区水文地质条件较复杂,铅锌矿开采过程中需要疏排干地下水,有时还要采取深降强排措施,极大地改变原有的地质地貌条件,使地下水含量以及储水结构发生变化,导致地下水位下降,同时地下水的补、排条件也因之发生改变,致使地下水平衡失调。同时大量废弃矿渣的无序堆放,引发水土流失,造成地表溪沟、河床不断淤积,引起地表水系的变化,使水源枯竭、河库淤塞,防洪功能丧失。

由于该地区采矿活动频繁,采矿业主无规划采挖,不稳定的废石渣土堆容易发生塌方、滑坡、泥石流等地质灾害,地下开采形成的采空区产生地面塌陷等地质灾害,如图 2-4-2 所示。

2. 生态重建

梅仙铅锌矿开采历史久远,区内矿山开采形成矿硐数百处,废渣土无序堆放,人为地改变了原有的地质环境条件,潜在的地质灾害隐患及水土流失严重,生活饮用和农田灌溉的水资源遭到严重破坏,直接威胁下游几个村的人民生命财产安全,梅仙铅锌矿矿山地质环境保护和防治刻不容缓,关系到广大人民的根本利益,同时也关系到当地经济的可持续发展。

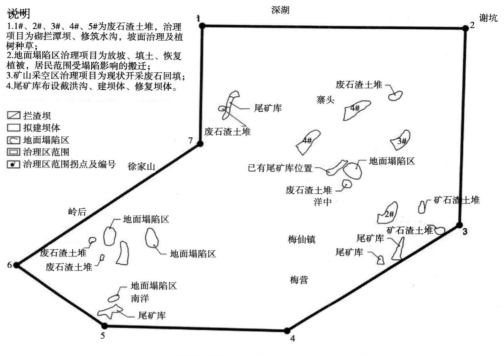

说明
1.1#、2#、3#、4#、5#为废石渣土堆,治理
项目为砌拦潭坝、修筑水沟,坡面治理及植
树种草;
2.地面塌陷区治理项目为放坡、填土、恢复
植被,居民范围受塌陷影响的搬迁;
3.矿山采空区治理项目为现状开采废石回填;
4.尾矿库布设截洪沟、建坝体、修复坝体。

▨ 拦渣坝
▢ 拟建坝体
▣ 地面塌陷区
▤ 治理区范围
▣ 治理区范围拐点及编号

图2-4-2 尤溪梅仙铅锌矿矿山地质环境治理平面布置示意图

（1）工程措施

对处于不稳定状态的尾矿库坝及其截洪系统,应进一步加固坝体以及采取相应的支护及截排水措施,防止造成严重的水土流失,确保下游村镇、农田和水利设施的安全。对目前堆渣量大且相对不稳定的废渣堆,采取在废渣土堆下部周界坡脚设置拦渣坝,防止滑坡、泥石流的发生,上部周界外侧设置截洪排水沟,防止暴雨冲蚀废渣土堆。为增加废渣土堆的稳定性,要进行多梯级台阶式坡面减载整治,有效减少坡度,防止产生滑塌而引发泥石流,在此基础上,对坡面进行适当覆土,植树种草,防治坡面径流面蚀。对年久失修,出现垮塌的南洋、关兜等尾矿库坝进行重新修复,防止造成严重的水土流失,确保下游农田和水利的安全。对处于不稳定状态的尾矿库截洪系统,除了修复坝体外,还需采取相应的支护及截排水措施。为防止丁家山、坪寨、经通等采空区地面塌陷进一步扩大,对塌陷区及其影响的范围内采取台阶式放坡覆土、填埋陷坑的工程治理措施。由于地面塌陷造成房屋发生错落、墙体出现裂缝,治理难度较大,且工程治理的成本大于搬迁成本。为防止因疏排地下水而引起矿山水系平衡的破坏,保护地下水资源,并消除或减轻因疏排地下水引起生态地质环境问题,要有针对性地采取相应的防渗工程措施。

（2）生态措施

矿山生态环境保护工作除了工程措施外，还要加强生态绿化工作。比如对废矿石集中堆放的地方，要用石砌围栏予以挡护，并重新加以绿化；对退役期矿山进行闭坑复垦与重新绿化；对退役期尾矿库及其周围区域也认真实施绿化。需注意的是在采用生物工程措施进行复垦绿化时，应对土壤结构、地形地貌、景观生态进行优化设计，对物种选择、配置及种植方式进行优化整合，优先考虑选择种植耐重金属的树种或草种。土地复垦是采空区地面沉陷、排土场、尾矿库以及闭坑后露天采场治理的最佳途径，不仅可改善矿山环境，还可恢复大量土地，因而复垦具有深远的社会效益、环境效益和经济效益。

（3）采用先进科学技术提高矿山生态保护水平

树立正确的可持续发展观，采取防治结合的方针，积极开展矿山地质环境调查研究，通过科学管理和工程技术手段开展积极有效的防治，运用新的矿山开采技术和尾矿资源化利用途径，确保矿山地质环境。通过采用新工艺、新技术，改进工艺流程，更新、改造旧设备，以减少矿山采、选、冶生产过程中产生的各种污染物。采用采（选）矿—排土（尾）—造地—复垦一体化技术。认真进行矿山生态环境保护的科学研究，着重研究开发矿产资源开发过程中引起的生态环境变化及其防治技术、矿业"三废"的处理和废弃物回收与综合利用技术以及先进的采、选技术和加工利用技术，切实提高矿山生态保护水平。

（4）加大矿山生态环境保护宣传力度

充分利用大量的有关资源节约、环境保护以及环保法规的宣传教育等活动，增强广大民众尤其是矿业开发者和管理者的环境保护意识与可持续发展意识，使他们充分认识到节约矿产资源、保护矿区生态环境是关系到矿区每个人的切身利益和子孙后代的福祉的大事，要时刻关注矿山生态与环境保护工作。

第四节 矿山水土流失治理模式

由于地采的投资大、风险高等劣势,许多金属矿已由地下开采转向露天开采(陈晶晶等,2019)。但这一转化期间,地采遗留下来的采空区,就成了露天矿安全高效开采的重中之重。

据国务院安委会办公室下发的《金属非金属地下矿山采空区事故隐患治理工作方案》统计,我国金属非金属地下矿山采空区总量大,分布范围广。据初步统计,至2015年底,全国金属非金属地下矿山共有采空区12.8亿 m^3 ,分布于全国28个省(区、市)(刘海林等,2018)。下面通过两个案例分析,说明矿山采空区的水土流失治理模式。

一、大宝山露采矿山采空区治理模式

(一)大宝山矿区采空区概况

20世纪80年代末,大宝山矿周围存在私人矿权,形成多家开采局面,众多井下矿窿深入大宝山矿区中心地带。为此,20世纪90年代中期,大宝山矿为保护矿区深部矿体,亦采用井下开拓方式开采深部矿体,从而导致矿区形成大量的已知采空区和不明采空区,成为露天采场的头号危险源,尤其是私人开采遗留的不明采空区。采空区的安全隐患在很大程度上制约了矿山生产。

大宝山矿露天采矿区地处广东省韶关市曲江区沙溪镇,占地面积约3.5 km^2 (陈光木等,2018),边坡高30~120m,为台阶形,坡体曾经因矿窿采空区塌陷,造成临时边坡局部地段出现变形开裂现象。露天采场开挖至637m标高,现已揭露了部分采空区,但是大量的采空区主要分布在637m标高以下,所以未来生产面临愈来愈多中大型采空区。

目前,采空区事故隐患治理存在突出问题:一是采空区为诱发重特大事故的重要因素,易引发透水、坍塌、冒顶片帮等多种形式的灾害,往往造成大量的人员伤亡和财产损失;二是采空区事故隐患治理不及时,部分矿山企业忽视采空区治理,特别是历史遗留采空区得不到及时处理;三是中小型矿山采空区管理不到位,专业技术力量薄弱,不按设计施工或无设计施工,矿柱留设不规范,造成采空区重叠、交错现象比较普遍,严重威胁矿山安全生产;四是采空区安全问题已经成为影响一些地方经济发展和社会和谐的重要因素。

(二)采空区的处理

采空区治理包含采空区预防和采空区处理,预防是长期的,处理相对时间较短。采空区的处理应先采用探测技术确定采空区的实际赋存情况,再结合工程实践经验,提出有效的爆破治理方案,从而达到安全处理采空区的目的(白羽,2018;曹建立等,2019;贾海波等,2018;吕明伟等,2018;喻鸿等,2018;张俊英等,2013)。

1.采空区的钻探

(1)不明采空区的钻探

以台阶矿量图为依据,同时参考现场揭露矿体、现场冒烟、渗水以及沉陷等异常情况。图2-4-3为某台阶铅矿体赋存的分布,为防止赋存矿体区域遗留采空区,在矿体区域设计3个钻孔,以确认采空区的存在。

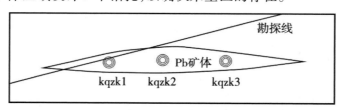

图2-4-3 台阶铅矿体赋存分布

(2)已知采空区变化的钻探

已知采空区随着暴露时间的增长,围岩应力发生变化,部分采空区出现严重片邦、冒顶,此变化在采空区范围重复发生,直至空区处于稳定状态。这种变化导致了空区平面面积变大,空区顶、底部标高上移。为了解空区变化情况,在生产过程中必须实施超前钻探,摸清空区变化情况。此类空区钻探孔,一般布置在空区中心位置,图2-4-4为某空区钻探布置图。

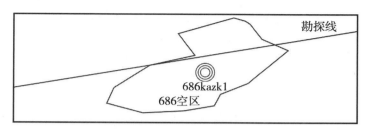

图 2 - 4 - 4   已知采空区钻探布置

2. 采空区扫描

2009 年,为了获取采空区参数,通过对国内外复杂采空区定位技术调研和技术咨询,大宝山矿引进先进的三维激光探测系统(C - ALS)。一旦通过钻探发现采空区,则立即实施扫描,获取空区参数,为制定采空区处理方案提供依据。图 2 - 4 - 5 为采空区扫描后的空间立体图。通过三维激光扫描系统,可以掌握采空区体积、跨度及顶板厚度等具体参数,为采空区稳定性分析及处理提供可靠依据。

图 2 - 4 - 5   采空区三维扫描

3. 采空区安全防护

采空区探测后,便可制定采空区处理方案。但是采空区处理必须满足一定的条件,不能立即处理的采空区将长期存在,意味着危险源一直存在。因此,必须采取措施,对采空区加强预防管理,确保安全。

(1)保安层的确定

根据采空区工程地质及形状大小等实际情况,考虑保安层自重和露天采矿时采空区顶部作业的设备(1 台 WK4 电铲、2 台贝拉斯汽车及 1 台 KQ150 潜孔钻),从最安全、保守的角度考虑,选取最终保安层厚度,如表 2 - 4 - 7 所示。

表2－4－7　保安层厚度计算分析结果

理论计算方法采空区跨度（m）	10m	15m	20m	25m	30m	35m	40m	45m	50m
夕卡岩	7.0	10.0	13.5	16.0	19.0	23.0	27.0	31.0	36.0
硅化岩	7.0	10.0	13.5	16.0	19.0	23.0	27.0	31.0	36.0
次英安斑岩	7.0	10.0	13.5	16.0	20.0	24.0	28.5	33.5	38.5
硫铁矿	10.0	15.0	19.0	23.0	27.0	31.0	34.0	37.0	41.0
褐铁矿	16.0	23.5	30.0	36.5	43.0	48.5	54.0	59.0	64.0

从表2－4－7得出不同岩性留设保安层厚度与采空区跨度关系如图2－4－6。

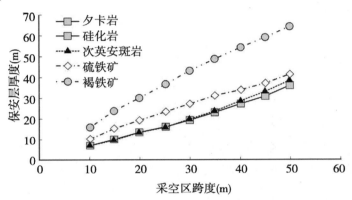

图2－4－6　不同岩层保安层厚度推荐值

不同岩层留设保安层厚度与采空区跨度关系如下：

夕卡岩、硅化岩：$h = 0.71b - 1.02$；

次英安斑岩：$h = 0.782b - 2.23$；

硫铁矿：$h = 0.76b + 3.53$；

褐铁矿：$h = 1.195b + 5.76$。

实践证明，在岩层不被破坏的环境下，各保安层计算结果满足安全条件的需要。但是，在塌方体采矿形成的采空区，上述公式并不适用。因此，遇到塌方区域下部存在采空区，不能以常规方法来预防，必须马上采取另外的措施，确保安全。

（2）采空区塌方范围的确定

一般来说，采空区塌方很大程度上局限于其位于井下的范围，但是由于地层十分复杂，如果采空区上方岩层及周围岩石较破碎，则塌方范围一定大于井下范围。通常以井下采空区三分之二高度作为基准标高,以碎石自然安息角40°为角度,从采空区选定基准点画直线,直线与露天线相交,所有的交点连接形成的面,便是露天预防采空区塌方的范围。若岩层之上还有表土,则在岩层与表土层接触点,以土壤自然安息角30°为角度,以相同的做法另外绘图,得出的图形才最终确定为露天采场预防采空区的范围。

(3)采空区塌方安全高度的确定

采空区塌方是非常复杂的地层运动,很难确定其何时会塌方。但是,如果采空区各参数十分明确,则可以计算其塌方后对露天采场是否有影响。如果塌方后,产生的碎落体恰好可以充填采空区,则塌方就不会影响到露天的生产。实践证明,一些采空区爆破后,爆破体在充满采空区的同时,还剩下多余的碎块形成爆堆。根据大宝山矿岩石膨胀情况,松散系数选取在 1.4~1.6 较合适,通过体积计算,可以计算出安全高度。

(4)微地震系统监测采空区塌方

为有效预防采空区塌方产生安全事故,大宝山矿引进目前最先进的微震监测系统,对采空区密集区域进行重点监测。其原理为:采集岩层破裂所产生的微震事件,对破裂地点进行准确定位,提前对可能出现的采空区塌方进行预测预报。同时微震监测系统可收集采场范围内的所有声波信号,包括打钻、放炮、机械震动等,因此对民采作业形成的不明采空区的判断有重要指导意义。图 2-4-7、图 2-4-8 为微震监测采集的部分波形图。

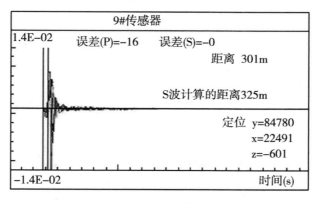

图 2-4-7　采场爆破波形

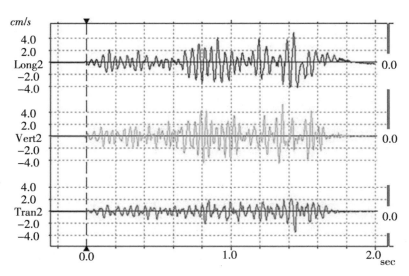

图 2 - 4 - 8   岩体爆破微震事件波形

4. 采空区的处理

开采方式不同,则采空区处理亦不同。目前可用于露天矿山采空区处理的方法主要有以下几种。

(1)爆破强制崩落方法

采取爆破强制采空区崩落使崩落体充填采空区,比较灵活,也节约成本,为目前大宝山矿处理采空区的主要方法。

(2)爆破诱导崩落方法

在采空区十分危险、采空区上方无法实施穿爆作业的前提下,则采取此种处理方法。做法是,于采空区边缘安全位置设计若干排加强炮孔,利用采空区边邦作为自由面,加大药量实施爆破,使采空区暴露面积扩大达到空区自然垮塌目的。此法已取得 3 次成功实践。

(3)爆破一次成井块石充填方法

爆破一次成井(VCR 法)块石充填法具有充填效率高、施工周期短、破碎与运输成本低等优点,该方案中心技术是爆破一次成井(VCR 法)技术。该技术在国内外广泛应用,有较成熟的经验,多应用于 20～50m 的一次成井。

(4)小孔径充填孔碎石充填方法

采用 220～300mm 地质钻机施工充填孔,采用碎石对采空区进行充填,该方法充填效率较低,相对成本较高,但充填效果明显。此外,露天采场采空区处理亦采用封闭处理。通常,采空区位于开采境界边缘,距离作业场所比较远,即使采空区发生塌方,亦影响不到生产安全。在此种情况下,采取将采空区塌方影响范围警戒的方式,对采空区进行封闭处理,禁止人员、设备通过,达到安全目的。

大宝山矿目前采空区处理主要为结合台阶爆破,对采空区实施强制崩落,采空区空间立体分布如图2-4-9所示。强制崩落采空区处理方法成本低,易操作,但存在如下缺点(喻鸿等,2018)。

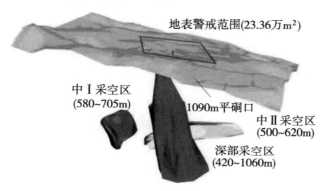

图2-4-9　采空区空间立体分布

第一处理现场必须满足爆破条件,必须存在3个自由面,即存在空区顶板自由面、层面上部自由面和层面侧面自由面。通常,在采空区安全的情况下,空区爆破处理缺少侧面自由面,导致采空区顶板没有立即塌陷而是经过很长时间才突然塌陷或逐步塌陷,现场根本达不到处理目的;反过来,当采空区达到处理条件时,采空区已经处于危险状态,此时作业近似于违章,安全得不到保障。如此,空区的安全与生产发生了明显冲突,很大程度上,影响了生产的推进。

第二爆破处理后,爆区下部的采空区难以探测。根据现场设备能力情况,在松散体区域,钻机几乎不能钻进,这在很大程度上阻碍了空区的探测工作,也给生产带来很大的安全威胁。

(三)治理效果

大宝山矿采空区分布情况极为复杂,为数众多,形状多样,大部分采空区隐埋的位置和标高不确定,且井下仍存在民采作为,采空区处于动态过程状态,严重威胁矿山安全生产,如何进行有效的处理是迫在眉睫的大事。矿山经过多年摸索,积极引进国内外先进经验及设备,总结出了一套详尽且行之有效的采空区处理方法,通过采空区钻探、三维激光扫描、采空区稳定性分析、稳定性微震监测及采空区处理,成功解决了困扰大宝山矿的采空区问题,确保了矿山安全生产。

二、长汀稀土矿区废弃地的水土流失与防治对策

矿山资源开采促进社会经济和工业生产的发展,随着社会的发展脚步加快,人类生产生活对矿产资源的需求正在飞速增加,甚至供不应求(翁炳霖,2018)。据 2012 年国务院新闻办发布的《中国的稀土状况与政策》白皮书报道(国务院新闻办,2012):我国的稀土储量为 1859 万 t,约占世界总储量的 23%,是世界稀土资源最为丰富的国家,同时也承担着世界 90% 以上的市场需求。稀土广泛应用于工业、农业、林业和畜牧业等领域。近年来,由于监管不到位、非法开采、工艺落后、"三废"排放等原因,导致矿区周边水体和土壤稀土金属、重金属和浸矿剂污染比较严重(游露,2018)。

(一)长汀稀土矿区概况

福建省长汀县地处福建省西部山区(E116°00′45″~116°39′20″,N25°18′40″~26°02′05″),全县总面积 3089.9km^2。气候类型属亚热带季风气候,灾害性天气较多,年平均气温 18.3℃,年降水量 1500mm,汀江横贯其境内的中西部且地处武夷山脉南段,武夷山脉在其境内支脉纵横交错延伸,形成东、西、北三面高,中南部低,地势自北向南倾斜,全县境内地形复杂,山地丘陵地貌且以低山为主,低山、丘陵占全县总面积的 71.11%,地势陡峭。

长汀县属于老、边、穷山区,唯有稀土资源丰富。长汀是福建省稀土资源储量最多、稀土产业发展最早的县。长汀稀土属于南方离子型稀土,为中钇富铕型,稀土元素配分独特齐全(见表 2-4-8)。长汀的稀土是呈离子吸附于风化花岗岩的黏土矿物中,易被电解质交换而转入溶液,不需破碎,直接浸取即可获得混合稀土氧化物。矿山稀土品位一般为 600~800g/t,高者可达 2000g/t。另外,长汀稀土的放射性元素含量低,钍(Th)小于 0.0012%,铀(U)约为0.0005% 均为微量,不会发生放射性污染。

表 2 - 4 - 8　长汀稀土分配表

稀土配分(元素名称)	元素含量(%)	稀土配分(元素名称)	元素含量(%)
La_2O_3	20.93	CeO_2	1.83
Pr_6O_{11}	5.56	Nd_2O_3	20.45
Sm_2O_3	5.00	Eu_2O_3	0.93
Gd_2O_3	5.63	Tb_4O_7	0.82
Dy_2O_3	5.03	HO_2O_3	0.94
Er_2O_3	2.37	Tm_2O_3	0.30
Yb_2O_3	2.11	Lu_2O_3	0.30
Y_2O_3	27.79		

　　早在 1985 年,江西 909 地质队就在长汀的河田、三洲、濯田等乡镇先后发现有南方离子型稀土资源。此后经闽西地质大队和县地质大队对县域内 $570km^2$ 的稀土矿化区进行调查推算,长汀县域内稀土蕴藏量达到 13.2 万 t,探明河田镇的南塘矿区和马坑垅矿区的稀土储量为 1.88 万 t,占全省稀土探明储量的 60%(涂宏章等,2002;周伟东等,2016)。

(二)生态环境破坏现状

1. 矿区地形地貌破坏严重

　　堆浸法不需要钢筋、水泥或混凝土,方法简单,成本低,近十几年长汀绝大部分采用简易堆浸法开采稀土。根据池浸的基本原理,在选定矿区内挖多个 $400m^2$ 大池,底部铺设引流浸析液用的 PVC 管及大量塑料布。在稀土矿开发及闭坑后,地表植被被剥除,山头被削平,沟谷被弃土或流砂充填,改变了原始地形地貌,形成了大面积裸露采场。尾砂随水土流失下泄,掩埋(淤积)下游农田、水库、河流,致使土壤退化、河床抬升、河流改道,形成荒漠化(刘云等,2015)。

2. 形成滑坡、泥石流

　　稀土尾矿堆积松散,容易形成局部小型滑坡。在暴雨情况下,堆积尾矿是形成泥石(水)流的物质来源。原地浸矿因开挖注液,致使山坡土体达饱和状态,大大增加了土体重力,在土体重力作用和矿液在风化层下部渗流的共同作用下,容易导致滑坡灾害发生。

3.破坏含水层

不论池浸、堆浸工艺,还是原地浸矿,都不能避免浸矿液渗漏进入地下含水层。浸矿液呈酸性,并溶淅了部分重金属离子,威胁周边饮用、灌溉用水及流域水源安全。

在福建省长汀县,由于不合理的开采稀土矿,地表植被遭到严重破坏后,在自然环境的作用下,土壤侵蚀极其严重,形成了大面积的严重退化生态系统。严重的土壤侵蚀引起一系列负面的生态环境效应,如水土与养分流失、地表干热化程度加大、堵塞河流等等,严地影响当地社会和经济的发展。同时,稀土矿开采后,形成了疏松的土层结构和裸露的地表景观,在自然环境与人类活动等多因素的综合影响下,特别是强酸性雨水的冲刷作用下,土壤中滞留的稀土再一次释放出来,进入农田生态系统中,并最终通过食物链危害当地人群的健康(李小飞,2013)。

(三)治理措施

1.污染控制措施

(1)浸出过程污染控制

原地浸矿工艺是现今最为环保的离子型稀土矿开采工艺,但该法直接将硫酸铵浸矿剂注入矿体中,对地下水和地表水造成安全隐患,因此,需要对浸出过程采取如下几点措施(罗才贵等,2014)。

①采取清污分流和人工防渗假底措施。前者是指对原地浸矿采场的收液系统和地表汇水进行清污分流,目的是从源头上控制雨水等地表汇水进入母液系统;后者是指原地浸矿采场所有收液巷道、水平监控孔、水平集液孔、集液沟的底板均采用水泥砂浆构筑人工防渗假底,目的是从源头上控制母液进入地下水和地表水环境。

②建立三级监控收液系统。为了最大限度地减少稀土矿区周边水体和土壤的污染,可采用三级监控收液系统收集母液,其中第一级为收液巷道监控收液系统,第二级为水平孔监控收液系统,第三级为垂直孔监控收液系统。经三级监控收液系统收液后,母液收集率可达92%以上。

③采取地下水长期监测措施。建立由原地浸矿采场地下水长期动态观测网、母液处理车间地下水长期动态观测网和矿区下游地下水长期动态观测网组

成的矿区地下水长期动态观测网,以掌握原地浸矿区域及周边地下水的水质变化情况,并针对不同变化采取相应的措施。

（2）废水处理

稀土被提取后,会产生大量的氨氮废水,为避免污染,也必须对其进行处理。氨氮废水的处理方法主要有吹脱法、离子交换法、折点氯化法等。吹脱法是在汽提塔中将废水调节至碱性,然后通入空气或蒸汽,通过气液接触将废水中的游离氨吹脱至大气中。该法可应用于离子型稀土矿开采过程中所产生的高浓度氨氮废水的处理。离子交换法是利用沸石的吸附作用和离子交换作用将废水中的氨氮除去。该法一般适用于氨氮浓度较低的废水处理,当 NH_4^+ 离子浓度较高时,使用该法会因频繁更换再生离子交换膜而使过程难以持续进行。折点氯化法具有处理效果稳定、不受水温影响、投资较少等优点,但存在加氯量大、费用高的不足(对于 NH_4^+ 浓度为 100mg/L 的废水,处理 1kg $NH_4^+ - N$ 需 37.6 元),且处理过程中会产酸,需要添加等量的碱来进行中和。此法适用于低浓度氨氮废水的处理。

2. 工程治理措施

稀土矿开采完毕后,矿区的生态环境较为恶劣,须对稀土废弃地进行土地整理、建设排水系统和采用其他工程措施,为后期植被恢复创造条件。土地整理的基本要求为:①与矿区总体规划相结合,以利于矿区土地的最终利用。②保障坡面稳定性,避免造成坡体失稳。③形成适宜的坡度和微地形,以适应后期植被恢复施工作业的要求,提高植株成活率。④与矿区排水系统的建设等相结合。土地整理需要与排水系统工程相配合,而排水系统工程的设计应结合地形地貌,合理布局排水管道。既要满足后期植被生长对水分的需求,又要避免遭遇长时间、高强度降雨时,稀土矿区出现大面积的洪涝灾害,要能够经受住梅雨季节的考验,避免山体坡和泥石流等地质灾害的发生。

长汀县矿区废弃矿区通过土坡修建挡土墙,沟口修建拦渣坝,并且根据地形,将取土区和堆渣区整平为一块块的梯田。挡土墙工程的主要作用首先在于直接减少矿渣的侵害面积,保护矿区下游地块不受矿渣影响;其次,它减缓了水流速度,使水流所挟泥沙沉降,从而减少下游泥沙的含量,同时水流又能从溢洪道上排除。应该注意到由于水流所挟带的大量泥沙,造成拦沙墙内库容减少,因此须经常加以维护以期达到最大的沟谷工程效益。

3. 生态修复技术

经过工程治理后,稀土矿废弃地的边坡趋于稳定,排水系统趋于完善,立地条件趋于好转,但要从根本上遏制矿区生态环境的恶化,逐步恢复其开采前的土壤质地和结构,甚至还原为开采前的自然景观,则需要运用一系列的生态修复技术,包括土壤改良技术、植被恢复技术等。

(1)土壤改良

稀土矿在开采后生态系统遭到十分严重的破坏,形成了极端的生境条件,影响植物的生长和覆盖,其主要的环境胁迫因子是土壤基质质地和结构不良,酸性强,持水保肥性能差,有机质及氮、磷、钾含量极低或十分不平衡,重金属尤其是稀土含量过高等。因此,稀土矿废弃地的生态修复首先要解决的问题就是矿区土壤基质的改良。土壤改良的措施可以概括为以下两个方面。

①物理改良措施。主要指表土保护利用和客土覆盖措施。表土保护利用是在稀土矿开采前,将表层(30cm)和亚层(30~60cm)土壤取走加以保存,并尽量避免其结构遭到破坏,减少其养分流失,待矿区生态修复时将其返回原地加以利用。客土覆盖是将结构良好、养分充足的异地熟土覆盖于待修复的稀土矿废弃地表面,直接改良废弃地土壤的理化性质;建议尽可能利用城市生活污泥或建筑工程的剥离表土,这样既可实现废物的再利用,又可减少土地侵占。

②化学改良措施。包括提高土壤肥力、降低重金属毒性、调节土壤 pH 等方法。稀土矿区土壤贫瘠,通过多次少量施加钾肥、磷肥等速效化肥和施用人畜粪便等缓释有机肥,可以改善土壤的养分状况,提高土壤的持水保肥性能,并可以利用有机质的螯合或络合作用降低重金属离子的毒性;通过施加碳酸钙或硫酸钙,可以利用 Ca^{2+} 对重金属的拮抗作用,减少重金属被植物吸收的量,保障植物健康生长;通过施加熟石灰、碳酸钙等碱性物质,可以提高土壤的 pH。

(2)植被恢复

植被恢复是实现稀土矿废弃地生态修复的重要途径,也是控制稀土矿区土壤侵蚀的重要方式。资料显示,未进行植被恢复的离子型稀土矿尾矿堆上的土壤侵蚀模数为原状植被条件下的 50 倍。由于即便实施了上述土壤改良措施,稀土矿废弃地的立地条件仍然较差,难以让一般植物直接定居,而且客土覆盖措施工程量大、费用高,难以大面积实施,因此,筛选出适应稀土矿区恶劣生境的耐性植物就成为决定植被恢复能否成功的关键问题。适应性植物的筛选应遵循如下原则和经验：

①乡土植物。尽可能选择当地的乡土植物种类，这样既适应当地的生态环境，又可避免外来生物的入侵。对于水土流失较快的区域，治理初期要选择生长快、萌芽力强的多年生草灌，如芒（俗称芭茅）、百喜草、茶杆竹、山鸡椒（俗称山苍子）、火棘等，它们可在边坡稳定化过程中发挥重要作用。

②土壤基质改良植物。选择对矿区土壤基质有改良作用的植物种类，如种植具有固氮能力的胡枝子、葛藤等豆科植物，既能改善土壤的质地、结构，又可增加土壤的养分。

③重金属和稀土元素富集植物。选择能够超富集重金属和稀土元素的植物，如铁芒其能降低表层土壤的游离金属浓度，避免游离金属离子对其他植物种类生长的影响，从而为更多的植物物种在矿区定居提供较好的生境条件，进而形成较为稳定的植物群落。

在对福建长汀稀土废矿区进行植被恢复的过程中，在平坦地段选择种植速生、耐寒、耐瘠薄、耐干旱、吸收 NH_4^+ 能力强、根幅生长量较大的优良无性系桉树，其年生长量可达 4m 以上；在边坡地区选择种植复合型的草本植被，包括根系发达、耐旱性强、株丛高大的香根草、类芦等禾本科草本植物和具有固土力强、匍匐生长速度快、吸收 NH_4^+ 能力强等优点的鸭跖草，其中禾本科植物可为鸭跖草提供较为有利的生境，而鸭跖草则可降低土壤中碱解氮的浓度，这样各自发挥优势，达到了良好的护坡效果。

废弃矿区平坦的台地，可选择胡枝子、巴西豇豆、饭豆、印度豇豆等为主栽地被植物。这些豆科植物适应性强、固氮力高、生长快，如能以沼液为主要肥源，可快速在裸露的地表形成茂密的植被覆盖，从而大幅度提升土壤肥力，为主栽乔木树种的持续丰产提供保证。

4.政策措施

依法许可新开采的矿区，应该推广符合环境保护的生产工艺。小池浸矿和大池堆浸皆需要搬山运动，都有造成水土流失的可能。因此，应该禁止和取缔池浸工艺，推广对破坏地貌、损害植被较小的原地浸矿工艺（罗学升，2004）。

对于非法采矿，违反《中华人民共和国水土保持法》第十八条规定，造成水土流失的行为，可以根据《中华人民共和国水土保持法》第三十六条和《中华人民共和国水土保持法实施条例》第三十条的规定进行处罚。

福建省人民政府对稀土资源战略价值的认识,对保护稀土资源高度重视,多年以前就做出了"稀土深加工未开展之前,宁愿不开发稀土矿山"的科学战略决策。对稀土矿进行"五统一"管理,将宝贵的资源集中管起来,10多年来只颁发了6本开采证,其中龙岩拥有5本,三明拥有1本,从而避免了乱采乱挖的无序开发(庄志刚,2013)。

(四)废弃矿区治理效果

1.植被恢复状况

(1)桉树生长状况

桉树是需氮量较高的植物(图2-4-10),但桉树种植的第1年,氮肥的用量非常少,即表明土壤中NH_4^+可满足其生长需要。第2年开始灌施沼液后,不需施用氮肥,只需补充少量磷钾肥即可(简丽华,2012)。

图2-4-10 废弃矿区种植的桉树

(2)边坡地段香根草、鸭跖草生长状况

香根草与鸭跖草混交种植条件下,两者生长均较快,仅6个月就可覆盖稀土废矿区裸露的地表。因此,采用香根草与鸭跖草混交模式治理稀土废矿区边坡效果较好(图2-4-11,图2-4-12)。鸭跖草较不耐寒,但其萌生小苗的能力强,从而保持鸭跖草的不断繁衍生长。

图 2 - 4 - 11　废弃矿区种植的类芦与鸭跖草

图 2 - 4 - 12　废弃矿区种植的香根草与鸭跖草

　　桉树林下套种草、灌植物 3 个月即可覆盖地表,其中以宽叶雀稗长势最好。印度豇豆虽为一年生豆科绿肥植物,可以在豇豆收获后,将藤蔓从根蔸处剪断后作为绿肥埋在林地内,再把印度豇豆的根蔸用土覆盖起来,翌年春季扒开根蔸土堆,让根蔸重新萌发新芽,第 2 年印度豇豆的藤蔓生长量将超过前 1 年的生长量。林地经 2 年的治理,可基本形成稳定的乔、灌、草混交植被群落。

　　稀土废矿区经过 3 年乔灌草绿化模式的修复,地表植被覆盖率达到 95%,植物长势好,植物种类多样丰富。地表植被越丰富,枯落物越多,土壤表层有机质越多,全氮、碱解氮、有效磷、速效钾的含量也相应增加,从而土壤成分得到改善(王友生等, 2015)。

　　长汀稀土矿废弃地植被恢复后土壤肥力得到明显提高,不同植被恢复模式之间存在显著差异,其中"宽叶雀稗+胡枝子+木荷+枫香+山杜英"是长汀稀土矿取土场较好的植被恢复模式;"宽叶雀稗+胡枝子+木荷+枫香+大桉"模式对废弃堆浸池土壤肥力改良效果较好。宽叶雀稗作为草种适合在废矿区种植,能够充分利用废矿区的NH_4^+,对废矿区快速绿化具有重要意义(兰思仁等,2013)。

2. 水土流失治理状况

据1985年遥感普查数据,长汀县水土流失面积达$9.75hm^2$,占全县面积的比例高达31.5%,严重影响当地的社会经济可持续发展,当时的水土流失区处于"山光、水浊、田瘦、人穷"的不利局面。经过20多年坚持不懈的治理,特别是近十年的有效治理,如今水土流失区的生态环境大为改善,从昔日的"水土流失冠军"变为"水土流失治理典范"。全县累计治理水土流失面积7.85万hm^2,治理区植被覆盖率由15%~35%提高到65%~91%,土壤侵蚀模数由8580t/($km^2·a$)下降到438~605t/($km^2·a$),径流系数由0.52下降到0.27~0.35,含沙量由$0.35kg/m^3$下降到$0.17kg/m^3$,年增加保水6526.4万m^3、保土128.47万t。随着治理区生态环境的不断改善,当地农业生产条件明显改善,特色农业产业迅速发展,农民人均纯收入不断提高。三洲镇因地制宜地发展杨梅产业,全镇杨梅种植面积有800多hm^2,年产量3000余t,杨梅产值高达5000多万元,还带动了周边的河田、濯田等乡镇杨梅种植业发展,成为远近闻名的"海西杨梅之乡"。成功的治理使得长汀水土流失治理区发生天翻地覆的变化,如今的长汀已从昔日的"火焰山"转变为"花果山"(杨时桐,2007)。

（五）小结

在长汀水土流失治理的实践中,总结出大量行之有效的治理方法与技术,其中包括植物品种的选择、植物品种的科学配置、各种植物的栽植技术等,在稀土矿废矿区的治理中可以灵活地应用(杨时桐,2007)。

水土流失是人类活动的综合结果(林松锦,2014)。水土流失治理工作,一定要从生态视角和经济层面统筹谋划,标本兼治,通过多策并举转变农村经济发展方式和农民的生产生活方式,最终实现水土流失治理的生态效益与经济效益、社会效益相统一。大力发展"水保经济",让山头绿起来、企业带起来、农民富起来,即可减少因农事生产对生态环境造成破坏,又有助于推动农村剩余劳动力转移,更为县域经济转型实现可持续发展提供了契机和保障,从根本上巩固水土流失治理的成果。

第五章

石漠化地区
水土保持

第一节　石漠化概况

一、石漠化的概念

石漠化概念是 20 世纪 90 年代提出的,亦称"石化""石山化""岩漠化",是目前较被认同的名词,对其概念也有较一致的理解。石漠化是指在湿润地区,碳酸盐岩发育的喀斯特(Karst)脆弱生态环境下,由于人为干扰造成植被持续退化乃至丧失,导致水土资源流失、土地生产力下降、基岩大面积裸露于地表(或砾石堆积)而呈现类似荒漠景观的土地退化过程(王德炉等,2004)。石漠化为我国西南地区特有,是在脆弱的喀斯特地貌基础上形成的一种生态退化现象。我国西南岩溶石山区生态环境十分脆弱,极易被人类活动破坏。不合理的人为活动参与岩溶自然过程,造成植被退化、水土资源流失,导致岩石大面积裸露或堆积地表,而呈现出类似荒漠景观的土地退化现象(朱震达等,1996)。严重的地方只见一片白花花的石头,不见片土,有的地方甚至连沙漠都不如。石漠化的形成是在喀斯特地区,由于人为活动的干扰造成植被破坏,导致水土流失、基岩裸露的一种土地退化。

二、石漠化的分布与危害

(一)石漠化的分布

1.石漠化土地现状

依据 2018 年《中国·岩溶地区石漠化状况公报》(国家林业和草原局,2018),截至 2016 年底,岩溶地区石漠化土地总面积为 1007 万 hm^2,占岩溶面积的 22.3%,占区域国土面积的 9.4%,涉及湖北、湖南、广东、广西、重庆、四川、贵州和云南 8 个省(区、市)457 个县(市、区)。

（1）按省分布状况

贵州省石漠化土地面积最大，为 247 万 hm² ，占石漠化土地总面积的 24.5% ；其他依次为：云南、广西、湖南、湖北、重庆、四川和广东，面积分别为 235.2 万 hm² 、153.3 万 hm² 、125.1 万 hm² 、96.2 万 hm² 、77.3 万 hm² 、67 万 hm² 和 5.9 万 hm² ，分别占石漠化土地总面积的 23.4% 、15.2% 、12.4% 、9.5% 、7.7% 、6.7% 和 0.6% （图 2－5－1、图 2－5－2）。

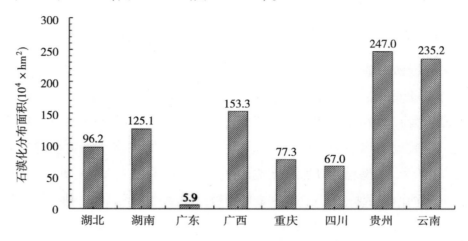

图 2－5－1　各省（区、市）石漠化土地面积（国家林业和草原局，2018）

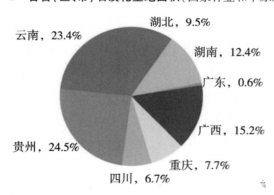

图 2－5－2　各省（区、市）石漠化土地面积比例（国家林业和草原局，2018）

（2）按流域分布状况

长江流域石漠化土地面积为 599.3 万 hm² ，占石漠化土地总面积的 59.5% ；珠江流域石漠化土地面积为 343.8 万 hm² ，占 34.1% ；红河流域石漠化土地面积为 45.9 万 hm² ，占 4.6% ；怒江流域石漠化土地面积为 12.3 万 hm² ，占 1.2% ；澜沧江流域石漠化土地面积为 5.7 万 hm² ，占 0.6% （图 2－5－3）。

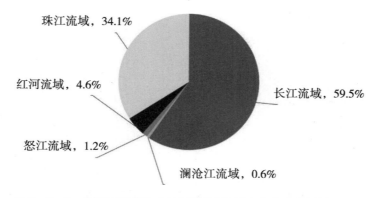

图 2 - 5 - 3　各流域石漠化土地面积比例（国家林业和草原局,2018）

（3）按程度分布状况

轻度石漠化土地面积为 391.3 万 hm^2,占石漠化土地总面积的 38.8%;中度石漠化土地面积为 432.6 万 hm^2,占 43%;重度石漠化土地面积为 166.2 万 hm^2,占 16.5%;极重度石漠化土地面积为 16.9 万 hm^2,占 1.7%(图 2 - 5 - 4)。

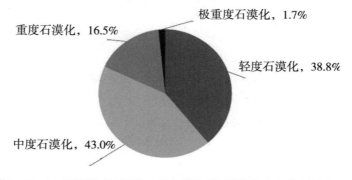

图 2 - 5 - 4　不同程度石漠化土地面积比例（国家林业和草原局,2018）

2. 潜在石漠化土地现状

截至 2016 年底,岩溶地区潜在石漠化土地总面积为 1466.9 万 hm^2,占岩溶面积的 32.4%,占区域国土面积的 13.6%,涉及湖北、湖南、广东、广西、重庆、四川、贵州和云南 8 个省(区、市)463 个县(市、区)。

（1）按省分布状况

贵州省潜在石漠化土地面积最大,为 363.8 万 hm^2,占潜在石漠化土地总面积的 24.8%;其他依次为广西、湖北、云南、湖南、重庆、四川和广东,面积分别为 267.0 万 hm^2、249.2 万 hm^2、204.2 万 hm^2、163.4 万 hm^2、94.9 万 hm^2、82.1 万 hm^2 和 42.3 万 hm^2,分别占 18.2%、17.0%、13.9%、11.1%、6.5%、5.6% 和 2.9%(图 2 - 5 - 5,图 2 - 5 - 6)。

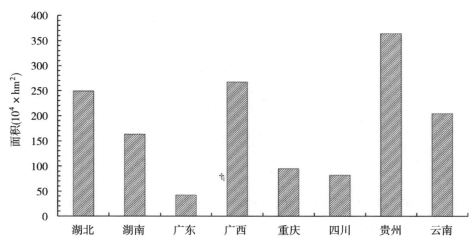

图 2 - 5 - 5　各省(区、市)潜在石漠化土地面积(国家林业和草原局,2018)

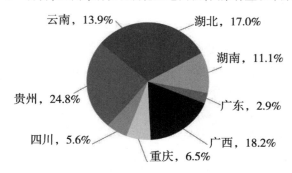

图 2 - 5 - 6　各省(区、市)潜在石漠化土地面积比例(国家林业和草原局,2018)

(2)按流域分布状况

长江流域潜在石漠化土地面积最大,为 931.1 万 hm²,占潜在石漠化土地总面积的 63.5%;珠江流域潜在石漠化土地面积为 474.7 万 hm²,占 32.4%;红河流域潜在石漠化土地面积为 32.4 万 hm²,占 2.2%;怒江流域潜在石漠化土地面积为 13.8 万 hm²,占 0.9%;澜沧江流域潜在石漠化土地面积为 14.9 万 hm²,占 1%(图 2 - 5 - 7)。

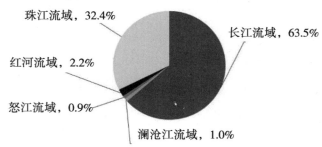

图 2 - 5 - 7　各流域潜在石漠化土地面积比例(国家林业和草原局,2018)

3.石漠化土地动态变化

据监测显示,截至 2016 年底,岩溶地区有石漠化面积 1007 万 hm²,与 2011年相比,岩溶地区石漠化土地总面积净减少 193.2 万 hm²,减少了 16.1%,年均减少 38.6 万 hm²,年均缩减率为 3.45%。

(1)各省石漠化土地动态变化

与 2011 年相比,8 省(区、市)石漠化土地面积均为净减少。其中,贵州减少 55.4 万 hm²、云南减少 48.8 万 hm²、广西减少 39.3 万 hm²、湖南减少 17.9 万hm²、湖北减少 12.9 万 hm²、重庆减少 12.3 万 hm²、四川减少 6.2 万 hm²、广东减少 0.4 万 hm²;面积减少率分别为 18.3%、17.2%、20.4%、12.5%、11.9%、13.7%、8.5%、6.8%(图 2 - 5 - 8)。

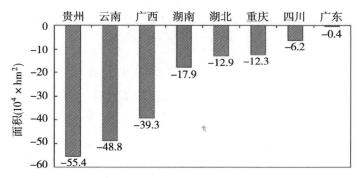

图 2 - 5 - 8　各省(区、市)石漠化面积动态变化(国家林业和草原局,2018)

(2)不同程度的石漠化土地动态变化

与 2011 年相比,各石漠化程度的土地面积均出现减少,轻度石漠化减少 40.3万 hm²,减少了 9.3%;中度减少 86.2 万 hm²,减少了 16.6%;重度减少 51.6 万hm²,减少了 23.7%;极重度减少 15.1 万 hm²,减少了 47.1%(图 2 - 5 - 9)。

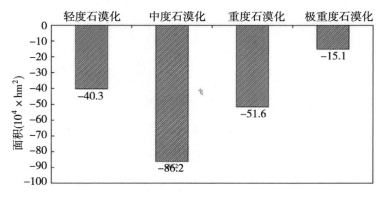

图 2 - 5 - 9　石漠化程度动态变化(国家林业和草原局,2018)

（3）重点区域石漠化土地动态变化

《中国·岩溶地区石漠化状况公报》（国家林业和草原局，2018）选择了石漠化土地分布广、对生态环境和社会经济发展影响大、社会关注度高的毕节地区、三峡库区、珠江中上游百色、河池地区、湘西武陵山区、曲靖珠江源区以及截至2016年底的石漠化面积变动显著的滇桂黔石漠化集中分布特殊困难地区作为重点研究区域，其动态变化情况如下。

①毕节地区：2016年石漠化土地面积为49.7万hm^2，比2011年净减少10.2万hm^2，减少17.0%，年均缩减率3.7%；与上个监测期（截至2011年底）年均缩减率1.4%相比，高2.3%。

②三峡库区：2016年石漠化土地面积为56.3万hm^2，比2011年净减少10.4万hm^2，减少15.6%，年均缩减率为3.3%；与上个监测期年均缩减率0.7%相比，高2.6%。

③珠江上游百色、河池地区：2016年石漠化土地面积为93.0万hm^2，比2011年净减少22.6万hm^2，减少19.6%，年均缩减率为4.3%；与上个监测期年均缩减率3.5%相比，高0.8%。

④湘西武陵山区：2016年石漠化土地面积为20.8万hm^2，比2011年净减少3.9万公顷，减少15.8%，年均缩减率为3.4%；与上个监测期年均缩减率2.4%相比，高1.0%。

⑤曲靖珠江源区：2016年石漠化土地面积为6.9万hm^2，比2011年净减少1.9万hm^2，减少21.4%，年均缩减率为4.7%，由上个监测期因干旱导致的扩展转为本期的石漠化面积缩减。

⑥滇桂黔石漠化特殊困难地区：2016年石漠化土地面积为264.8万hm^2，比2011年净减少63.2万hm^2，减少19.3%，年均缩减率为4.2%；与上个监测期年均缩减率1.7%相比，高2.5%。

4. 潜在石漠化土地动态变化

与2011年相比，潜在石漠化土地面积增加135.1万hm^2，增加了10.1%，年均增加27万hm^2（主要为石漠化土地治理后演变的）。从潜在石漠化面积变化情况来看，各省（区、市）均有所增加，其中贵州省增加面积最大，为38.3万hm^2，占潜在石漠化土地面积增加量的28.3%；其他依次为广西37.6万hm^2，占27.8%；云南27.1万hm^2，占20%；湖北11.4万hm^2，占8.4%；重庆7.8万hm^2，占

5.8%；湖南 6.9 万 hm²，占 5.2%；四川 5.3 万 hm²，占 3.9%；广东 0.7 万 hm²，占 0.6%（图 2 - 5 - 10）。

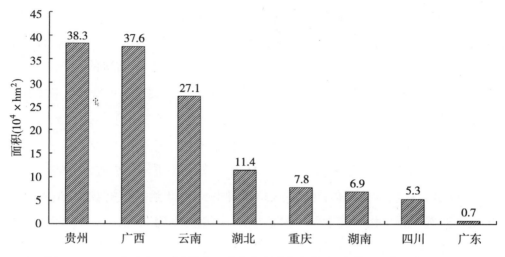

图 2 - 5 - 10　各省（区、市）潜在石漠化面积动态变化（国家林业和草原局，2018）

（二）石漠化的危害

石漠化引起资源流失、生态环境破坏、生存条件恶化、抵御自然灾害能力变差以及社会经济的落后，石漠化已经成为喀斯特地区最大的生态问题（宋维峰，2007）。

1. 土壤物理化学性质恶化

森林环境的丧失、物种的减少破坏了生物小循环，整个生态系统处于无补充的完全输出状态。土壤的容重增大、坚实度增加，而孔隙度降低、土壤结构恶化、有机质含量大幅度降低。地表枯落物层也逐渐减少直至消失，这种现象在石漠化地区使地表水与地下水之间的良性循环向着恶性循环转变，水分贮量大大减少，散失速度加快，系统向干旱生境退化。有研究发现，在石漠化发展过程中，土壤有机质淋失量不断增加，从而导致其他养分物质含量和阳离子交换量减少，肥力下降，生产力降低。例如，云南通海盆地每年土壤侵蚀量 28 万 t，其中每年因此而流失的有机质、总氮、总磷分别为 5698t、345.8t 和 354.2t（王宇，2005）。

2. 生态环境日益恶化

石漠化导致水土流失加速，土层变薄变瘦，基岩大量裸露，土壤肥力下降，作物单位面积产量降低。地表水源涵养能力的降低造成井泉干涸、河溪径流减少,加剧了人畜的饮水困难。地表涵养水分能力的降低,还导致旱涝灾害频繁发生。例如,云南省岩溶地区治理开发协会提供的资料显示,云南省1950~1985年的36年中,较大的洪涝有15次,大旱14次,平均每2~3年出现1次;最近十余年来,常出现三年两头大旱或连续干旱或先旱后涝。大旱大涝最严重的地方几乎都是喀斯特石漠化集中地区。昭通、曲靖、文山、红河等云南石漠化集中地区的大灾发生频繁,已由原来的14年1次上升到现在的3年1次(郭云周等,2001)。

3. 农业生态系统结构失调,可耕土地逐步减少

随着人口增长、土地稀缺,导致森林覆盖率急速下降,造成严重的水土流失,农业生态环境日益恶化,形成"人口增加→陡坡开荒→植被减少、退化→水土流失加重→石漠化→贫困"的恶性循环。西南喀斯特石漠化正是由于脆弱的生态经济系统遭受长期破坏,造成系统结构失调、功能降低的结果(王世杰,2002)。石漠化还造成了可利用耕地减少,如云南砚山县红甸乡、莲花乡,2000年与1975年对比,岩溶分布区原有耕地面积减少了10%左右(王宇,2005)。

4. 毁坏生态景观,破坏生物多样性

由于石漠化的发展,造成生态系统内种群数量下降,植被结构简化,如云南石林县国道附近,原来层次复杂的常绿阔叶林变成了层次简单的华山松林,林中病虫害不断。据样方调查,云南红河哈尼族彝族自治州石漠化地区的铁橡栎林变成了稀树灌木草丛,林中原有50余个物种,石漠化发生后仅有10余个物种存在。乔木层消失,灌木层树种减少,草本层变成了以黄茅、黄背草、硬秆子草等耐干热的禾本科草类为主的层次。变叶翅子树也仅存百株左右。栖息地的丧失使林中的动物种类越来越少。生态系统逆向演替使地表呈现出类似荒漠化景观(李乡旺等,2018)。

5. 危及社会安定,影响国土安全

石漠化不但影响着长江、珠江的安全,还影响着国际河流红河、澜沧江、怒江的安全。广西红水河20世纪80年代同50年代相比,输沙量增加了1倍,达每年6652万t(舒丽等,2011)。河水泥沙含量已达1.41kg/m³,在高峰期已超过黄河的含沙量。据《中国绿色时报》2006年报道称,持续不断的大量泥沙淤积正成为制约沿河水电工程发挥综合效能的障碍,并降低泄洪能力,直接威胁下游珠江三角洲地区和港澳特区的生态安全(国家林业局,2006)。云南红河、

澜沧江及怒江是国际河流,严重的水土流失还影响到下游东南亚国家的生态安全。

上述的喀斯特石漠化所带来危害的各个方面相互影响,相互作用,将导致人口—自然环境—社会经济之间恶性互动。当然,随着珠江和长江防护林工程、天然林保护工程、退耕还林工程、石漠化治理工程的实施,石漠化进程已得到了遏制。

第二节　石漠化特征及成因

一、石漠化类型及水土流失特征

(一)石漠化类型及程度等级

石漠化发展程度,按照土壤侵蚀状况、植被覆盖度和植物种类、地形等因子,西南岩溶石山地区可分为不同石漠化类型和程度等级(表2-5-1)。

石漠化程度	岩石裸露程度(%)	植被土被覆盖率(%)	特征与利用
无石漠化	<10	>70	乔灌草植被、土层厚且连续,宜农林牧
潜在石漠化	10~30	>60	灌乔草植被、土层较厚且连续,宜林牧
轻度石漠化	30~50	30~60	乔草+灌草、土被不连续,宜林牧
中度石漠化	50~70	10~30	疏草+疏灌、土潜薄且散布,自然恢复
强度石漠化	>70	<10	疏草、土零星分布,难利用

资料来源:宋同清(2015)。

1.无石漠化

无土壤侵蚀或者土壤流失不明显,具有连片的林、灌、草植被或土被(>70%),较低的基岩裸露率,较厚的土层厚度(>20cm)和较缓的坡度(<15°)。一般包括成片的负地形、平地、缓坡梯田和梯土、覆盖度高的林地以及特

殊的地类如水体、城镇,以及地形较为平缓或土层较厚的地区,如黔中、黔北。在半喀斯特地区,由于土层普遍相对深厚,植被较好,坡度平缓,这类地区生态环境不属脆弱型,人地矛盾不突出。

2. 潜在石漠化

土壤流失不太明显,植被、土被覆盖度较大,可达50%～70%。分布有两种情况:在纯碳酸盐岩石分布区这种等级一般植被覆盖度较大,但平均土层厚度薄,在20cm以下,坡度一般大于20°,并受到人为破坏的威胁;不纯碳酸盐岩石分布区则往往有着较低的植被覆盖度和较高的土被覆盖度,水土流失威胁大。纯碳酸盐岩石分布区由于植被尚有较大覆盖度,景观外貌不具"石漠"的特征。但是,由于植被以下基岩裸露率达50%以上,且土层平均厚度薄,往往在20cm以下。坡度大(20°以上),生境干燥、缺水、易旱,植被以岩生性、旱生性的藤刺灌丛类植被为主。

3. 轻度石漠化

坡度在15°以上,土壤侵蚀较明显,植被结构简单,以稀疏的灌草丛为主,覆盖度在35%～50%;土被覆盖率低,一般在30%以下。纯碳酸盐岩石分布区一般植被覆盖度高于土被覆盖度,按其成因可分为开垦成因的和非开垦成因的(如乱砍滥伐、毁林毁草等)。前者曾经土层稍厚,但坡度陡、水土侵蚀动力强,开垦后演化为石质山地速度快。

4. 中度石漠化

石漠化特征明显,土壤侵蚀明显,基岩裸露率高达70%以上,土被覆盖度在20%以下。植被覆盖度(或植被加土被覆盖度在20%～35%),平均土层厚度不足10cm。这种等级大部分产生于纯碳酸盐岩石峰丛洼地或峰林地貌上。通常,在离村寨较近山头最容易受到过分樵采而演化为这类土地。

5. 强度石漠化

它是几个等级中石漠化强度最高的部分。石质荒漠化表现明显,土壤侵蚀表现为甚至无土可流。基岩裸露面积大,在80%～90%,土被覆盖度在20%～10%,坡度陡,以低结构灌草丛为主的植被覆盖度也低于20%,是石漠化过程接近顶级的等级,农用价值丧失。

（二）石漠化地区的水土流失特征

不同等级类别的石漠化的土壤流失程度存在差异,所造成水土流失特征则明显不同(张信宝等,2007),不同等级类别石漠化区域土壤流失程度见表 2 - 5 - 2。据已有研究表明(凡非得,2011),西南喀斯特地区无明显水土流失面积为 75.48 万 km^2,占西南喀斯特地区总面积的 70.21%;轻度水土流失区面积为 15.48 万 km^2,占西南喀斯特地区总面积的 14.40%;中度水土流失区面积为 12.32 万 km^2,占西南喀斯特地区总面积的 11.46%;强度水土流失区面积为 3.62 万 km^2,占西南喀斯特地区总面积的 3.37%,主要分布在鄂西北、鄂西南、渝北、渝东南、黔东北、黔西北、川西南、滇东北及滇西地区。极强度和剧烈水土流失区总面积约为 0.61 万 km^2,占西南喀斯特地区总面积的 0.56%,主要集中分布在湖北省竹山县和竹溪县交界的潭口河流域;重庆北部的巫溪、奉节、城口,重庆东南部的酉阳、沿河南部、彭水西北部、武隆东部;贵州毕节地区;川西南的牛日河流域、川滇金沙江干热河谷及云南的小江流域。

表 2 - 5 - 2 不同石漠化等级的土壤流失程度特征

石漠化程度 A_{h1} + 地面物质组成类型 A_h	土壤流失程度 A（土地等级降低级别）				
	无土壤流失（0）	轻度土壤流失（1）	中度土壤流失（2）	严重土壤流失（3）	极严重土壤流失（4）
无石漠化土质坡地（A_{h1} = 0 ~ 30%,A_h < 20）	无土壤流失的无石漠化土质坡地				
无石漠化土质为主坡地（A_{h1} = 0 ~ 30%,A_h = 20% ~40%）	无土壤流失的无石漠化土质为主坡地	轻度土壤流失的无石漠化土质为主坡地			
无石漠化土石质坡地（A_{h1} = 0 ~ 30%,A_h = 40% ~60%）	无土壤流失的无石漠化土石质坡地	轻度土壤流失的无石漠化土石质坡地	中度土壤流失的无石漠化土石质坡地		
无石漠化石质为主坡地（A_{h1} = 0 ~ 30%,A_h = 60% ~80%）	无土壤流失的无石漠化土质坡地	轻度土壤流失的无石漠化石质坡地	中度土壤流失的无石漠化石质为主坡地	严重土壤流失的无石漠化石质为主坡地	

石漠化程度 A_{h1} + 地面物质组成类型 A_h	土壤流失程度 A（土地等级降低级别）				
	无土壤流失（0）	轻度土壤流失（1）	中度土壤流失（2）	严重土壤流失（3）	极严重土壤流失（4）
无石漠化石质坡地（A_{h1} = 0 ~ 30%，A_h = 80% ~ 100%）	无土壤流失的无石漠化石质坡地	轻度土壤流失的无石漠化石质坡地	中度土壤流失的无石漠化石质坡地	严重土壤流失的无石漠化石质坡地	极严重土壤流失的无石漠化石质坡地
轻度石漠化土质为主坡地（A_{h1} = 30% ~ 50%，A_h = 20% ~ 40%）	无土壤流失的轻度石漠化土质为主坡地	轻度土壤流失的轻度石漠化土质为主坡地			
轻度石漠化土石质坡地（A_{h1} = 30% ~ 50%，A_h = 40% ~ 60%）	无土壤流失的轻度石漠化土石质坡地	轻度土壤流失的轻度石漠化土石质坡地	中度土壤流失的轻度石漠化土石质坡地		
轻度石漠化石质为主坡地（A_{h1} = 30% ~ 50%，A_h = 60% ~ 80%）	无土壤流失的轻度石漠化石质为主坡地	轻度土壤流失的轻度石漠化石质为主坡地	中度土壤流失的轻度石漠化石质为主坡地	严重土壤流失的轻度石漠化石质为主坡地	
轻度石漠化石质坡地（A_{h1} = 30% ~ 50%，A_h = 80% ~ 100%）	无土壤流失的轻度石漠化石质坡地	轻度土壤流失的轻度石漠化石质坡地	中度土壤流失的轻度石漠化石质坡地	严重土壤流失的轻度石漠化石质坡地	极严重土壤流失的轻度石漠化石质坡地
中度石漠化土石质坡地（A_{h1} = 50% ~ 70%，A_h = 40% ~ 60%）	无土壤流失的中度石漠化土石质坡地	轻度土壤流失的中度石漠化土石质坡地	中度土壤流失的中度石漠化土石质坡地		
中度石漠化石质为主坡地（A_{h1} = 50% ~70%，A_h = 60% ~ 80%）	无土壤流失的中度石漠化石质为主坡地	轻度土壤流失的中度石漠化石质为主坡地	中度土壤流失的中度石漠化石质为主坡地	严重土壤流失的中度石漠化石质为主坡地	
强度石漠化石质为主坡地（A_{h1} = 50% ~70%，A_h = 60% ~ 80%）	无土壤流失的强度石漠化石质为主坡地	轻度土壤流失的强度石漠化石质为主坡地	中度土壤流失的强度石漠化石质为主坡地	严重土壤流失的强度石漠化石质为主坡地	

石漠化程度 A_{h1} + 地面物质组成类型 A_h	土壤流失程度 A(土地等级降低级别)				
	无土壤流失（0）	轻度土壤流失（1）	中度土壤流失（2）	严重土壤流失（3）	极严重土壤流失（4）
中度石漠化石质坡地（A_{h1} = 50% ~70% , A_h = 80% ~100%）	无严重土壤流失的中度石漠化石质坡地	轻度土壤流失的中度石漠化石质坡地	中度土壤流失的中度石漠化石质坡地	严重土壤流失的中度石漠化石质坡地	极严重土壤流失的中度石漠化石质坡地
强度石漠化石质坡地（A_{h1} > 70% , A_h = 80% ~100%）	无土壤流失的强度石漠化石质坡地	轻度土壤流失的强度石漠化石质坡地	中度土壤流失的强度石漠化石质坡地	严重土壤流失的强度石漠化石质坡地	极严重土壤流失的强度石漠化石质坡地

资料来源:张信宝等(2007)。

在喀斯特石漠化土石山区,因地下水系发育,其水土流失的主要表现形式为:降水在坡面形成地表地下双层、垂直于水平双向径流,携带泥沙首先进入地下裂隙空间、管道及地下河,然后出露地表,汇入地下河(宋同清,2015)。西南喀斯特土壤侵蚀以水蚀为主,水利部颁布的《土壤侵蚀分类分级标准(SL 190—2007)》规定南方土石山区容许流失量500t/($km^2 \cdot a$),中国科学院环江喀斯特试验站2006—2010年,5年的定位观测表明:年降水量高达1300~2000mm,无论平水年还是丰水年,不同利用方式坡面次降水径流系数 <5% ,地表产流很少,降水几乎全部入渗(宋同清,2015)。陈洪松等(2012)研究发现:石漠化地区不同土地利用方式,坡面地表侵蚀产沙模数虽有较大差异,但土壤侵蚀强度以微度(<30t/$km^2 \cdot a$)为主(表2-5-3)。然而,西南喀斯特地区因特殊的气候和自然地理环境,区域内的水土流失总体仍较严重。多数学者大量研究表明,区域内虽然地表径流较小,但地表漏水严重,地面渗入系数0.3以上的面积占总面积的89% ,其中,渗入系数0.3 ~0.6的占69% ,0.6 ~0.9占20% ,首先到达地面的降水90%迅速渗入地下,每年剥蚀表土层0.3cm(袁道先,1995;袁道先,1999;何腾兵,2000;宋同清,2015)。

表 2-5-3 2006—2010 年不同土地利用方式坡面地表侵蚀产沙模数变化特征

区号	利用方式/植被类型	产沙模数[t/(km²·a)]					
		2006 年	2007 年	2008 年	2009 年	2010 年	平均
1	火烧迹地		15.6	22.0	6.4	6.5	12.6
2	轻度退化区	0.5	1.4	0.3	0.6	0.0	0.6
3	中度退化区	5.3	10.8	24.0	25.0	8.7	14.8
4	重度退化区	1.9	2.7	1.1	0.63	0.1	1.3
5	植被封育区	3.3	3.1	2.3	2.1	1.5	2.5
6	经济林	54.7	38.3	15.8	4.1	1.5	22.9
7	落叶果树	21.9	16.2	8.8	6.6	3.6	11.4
8	木本饲料区	3.8	4.7	3.8	0.5	0.1	2.6
9	坡耕地	6.3	12.5	18.2	21.1	77.8	27.2
10	草本饲料区	4.9	6.3	8.4	1.1	2.3	4.6
11	落叶乔木林		8.6	3.5	1.1	1.0	3.6
12	常绿乔木林		7.9	4.6	1.1	0.5	3.5
13	落叶常绿混交林		5.6	8.3	1.5	0.8	4.0

资料来源:陈洪松等(2012)。

二、石漠化的成因

喀斯特地区的石漠化发生主要由自然和人为两方面的因素所引起(苏维词等,1995;任海,2005;李生等,2009;宋同清,2015)。

(一)自然因素

1.气候

气候是喀斯特形成、演化的背景,是重要的喀斯特生态系统的驱动力。喀斯特地区的气候雨热状况不均和季节性干旱明显,当气温>15℃时,喀斯特地区岩溶作用随着气温升高而增强(袁道先,1993;曹建华,2005)。其中,潜在、轻度石漠化与气温呈现正相关,相关系数分别为 0.82 和 0.7(杨青青,2010)。加上降雨集中在温度较高的 4—9 月,雨水充沛且强大,土壤侵蚀性强,气温和降雨的综合作用导致喀斯特地区土壤流失与漏失严重,从而促进石漠化形成。

喀斯特地区平均年降水量大,但分布不均,春雨少而迟,不足年总量的26%,秋雨不足年总量的 16%,此时日照强,蒸发量大,降水量仅为蒸发量的

38%~50%,极易形成季节性干旱,全年出现干旱现象的平均频率为45%左右(周游游等,2003)。6—8月降水量占全年降水量的60%以上,且多以暴雨的形式出现,实测24h最大降水量达395.5mm,又加上西南喀斯特地区坡耕地面积大,雨季时正值农作物播种及生长阶段,作物不能将疏松的土壤很好地覆盖,导致坡耕地的水、土、肥随着降雨形成的地表径流流失和地下漏失,加剧了水土流失和土地石漠化的发生。

2. 水文地质

我国南方岩溶石山地区范围广大,地质构造、水文地质条件复杂。丰沛的降雨和炎热的气候造就了强烈发育的岩溶,受地质构造及可溶性岩层化学成分、岩性结构的影响,构成具有一定规律但又十分复杂的地下岩溶含水系统,资源分布不均。岩溶发育受大的地质构造控制的规律明显,可划分为一级隆起带裸露岩溶分布区、一级沉降带边缘褶皱控制岩溶分布区和断陷盆地岩溶分布区(童立强等,2013;熊康宁,2002;张殿发等,2001)。

(1)动力潜能和物质基础

在古环境岩溶过程中,自晚震旦纪到三叠纪晚期,发育了四大碳酸盐岩沉积构造,纯碳酸盐岩底层构成了喀斯特石漠化的物质基础,强烈的地质运动塑造了陡峻而破碎的喀斯特地貌景观,由此而产生了较大的地表切割度和地形坡度,为形成类型多样的地貌结构提供了水土流失和石漠化的动力潜能(张殿发等,2001;翁金桃,1995)。

(2)地形地貌

石漠化的发生发展与喀斯特微地貌特别是地形坡度有着十分密切的关系,据国家林业局2004—2005年监测数据,西南喀斯特石漠化主要发生于坡度较大的坡面上,发生在16°以上坡面的石漠化面积高达11万km²,占石漠化土地总面积的84.9%。不同石漠化程度的石漠化发生率随坡度等级(1~8坡度等级依次为0°~3°,3°~8°,8°~15°,15°~25°,25°~35°,35°~45°,45°~60°和60°~88°)的升高而升高,任一坡度石漠化的发生率均为:轻度石漠化>中度石漠化>潜在石漠化>强度石漠化(杨青青,2010)。

王明章等(2005)对贵州石漠化分布的相关研究中发现,发生在喀斯特丘陵中的石漠化面积最大(丘陵区的坡度一般为2级坡度,即3°~8°),达8146.01km²,占贵州省石漠化总面积的25.08%;其次是发生在峰林洼地中的石漠化,面积为 7609.13km²,占 23.43%;峰丛洼地中石漠化面积为 6631.30km²,占 20.42%;喀斯特山地中的石漠化面积为 4705.43km²,占 14.49%。这 4 种地貌类型中的石漠化面积占到了整个贵州石漠化总面积的 83% 以上。喀斯特槽谷、喀斯特平原和喀斯特峡谷中的石漠化面积分别为 2581.09km²、1624.40km² 和 1181.33km²,分别占 7.95%、5.00% 和 3.64%。

高峰丛洼地—中峰丛洼地—峰林谷地是喀斯特溶蚀作用逐渐深入的 3 种地貌,高峰丛洼地的山峰溶蚀程度低,基座粘连在一起;中峰丛洼地进一步被溶蚀;峰林谷地是溶蚀的后期阶段(宋同清,2015)。杨青青(2010)研究指出,随着溶蚀作用的逐步深入,高峰丛洼地区、中峰丛洼地区、峰林谷地区 3 种地貌区的石漠化发生率逐渐降低。溶蚀程度较高的峰林谷地,石漠化发生率较低,更适宜农耕和人类居住。

(3)岩性

西南喀斯特地区地层的岩性以灰岩为主,不同岩组不同程度地混有砂页岩等其他岩性岩石。把这些岩组按照碳酸盐岩含量分成 4 组,分别为连续性灰岩、灰岩夹碎屑岩、灰岩与白云岩混合组合、灰岩与碎屑岩互层组合。按照碳酸盐岩的分类体系(李瑞玲等,2003),连续性灰岩、灰岩与白云岩混合组合属于连续性碳酸盐岩,含量 >90%;灰岩夹碎屑岩属于碳酸盐岩夹碎屑岩组合,含量 70% ~90%;灰岩与碎屑岩互层组合属于碳酸盐岩与碎屑岩互层,含量 30% ~70%。碳酸盐岩含量越高,石漠化发生率越高,分布在连续性灰岩区域的石漠化面积最大,在各个等级石漠化中的比例均大于 68%;灰岩夹碎屑岩次之;灰岩与白云岩混合组合更少;灰岩与碎屑岩互层组合岩性的石漠化面积很少。4 组石漠化发生率分别为 25.42%、24.81%、20.56% 和 1.25%。强度石漠化中,前 3 组的比例依次为 75%、8% 和 16%。中度石漠化中,发生在灰岩夹碎屑岩岩性上的石漠化比例较大,为 25%(杨青青,2010)。

(4)水文二维结构

丰富的降水和高温加速了碳酸盐岩的溶蚀,形成了众多的溶洞、溶沟、溶隙、漏斗、地下河和溶水洞,地表水和地下水水文二维结构明显。从岩溶区的土壤结构看,碳酸盐岩的母岩与土壤之间缺少土壤剖面 C 层,土壤与岩石之间呈明显的刚性接触,两者之间的亲和力和黏着力差,一旦遇上大雨,极易产生水土流失和块体滑移(曹建华等,2004)。因此,西南喀斯特地区地表径流虽小,但地表漏水严重,地面溶入系数 0.3 以上的面积占总面积的 89%。其中,渗入系数 0.3 ~ 0.6 的占 69%、0.6 ~ 0.9 占 20%。首先到达地面的降水 90% 迅速渗入地下,每年剥蚀表土层 0.3cm,水土流失相当严重(袁道先,1995;袁道先,1999;何腾兵,2000)。

3. 土壤

西南喀斯特高温多雨,年平均气温在 15℃ 以上,向南逐渐增高到 20 ~ 24℃(广西和云南南部),10℃ 积温在 5000 ~ 8000℃。年平均日照数一般为 1200 ~ 1600h,往南高达 1800 ~ 2000h,且年际变化不大。年日照百分率为 25% ~ 42%。年降水量为 1000 ~ 1600mm,最高达 1800 ~ 2000mm,年均相对湿度为 75% ~ 80%,具有水热同期的分布特点,但降水的时空分布极不均匀。碳酸盐岩溶蚀性强,90% 的溶蚀物随水流失,又加上岩石中 Si、As、Fe 等成土元素含量低,成土速率缓慢,年成土模数平均值为 $50t/km^2$,形成 1cm 厚土壤需 2000 ~ 3000 年,是其他类型母岩成土时间的 10 倍,土层浅薄且不连续,可耕地不足 10%,裸露石山面积占总土地面积的 40% 以上,极易形成石漠化景观(蒋忠诚等,1999;袁道先,1995)。

4. 植被

喀斯特独特的地质积累和气候条件决定了其适生植物具有嗜钙性、耐旱性和石生性特点,环境容量低导致物种多样性低、系统结构简单、植被覆盖低、生物量少。例如,喀斯特顶极群落常绿阔叶林群落的平均冠幅为 1.81m,平均胸径为 6.11cm,平均树高为 4.5m(彭晚霞,2009)。树木矮小,绿色生物量仅为 $131.42t/hm^2$(宋同清等,2008),远低于同生态位的非喀斯特森林,不及沙漠边缘或泰加林($150t/hm^2$)(杨汉奎,1994)。

(二)人为因素

喀斯特地区在石漠化形成过程中,人地矛盾尖锐和农业生产方式落后等原因也是重要因素。人为因素形成的土地石漠化高达 963.6 万 hm^2,占石漠化土地的 74.3%(宋同清,2015)。

1. 人地矛盾尖锐

随着人口的增加,西南岩溶地区人地矛盾越来越突出,当地群众为了解决温饱问题,往往通过毁林毁草开垦耕地的方式来增加粮食生产。开垦范围从平缓坡扩展到斜陡坡、从山脚扩展到山顶、从土层深厚扩展到土层瘠薄、从基岩裸露度小扩展到基岩裸露度高的岩溶土地。许多不具备开垦和耕种条件的陡坡地也被开垦为农地。据熊康宁（2002）研究，贵州从 1949 年到 1985 年，全省毁林毁草开垦面积达 60 万 hm²，有的区域 35°以下土地基本遭开垦。另据广西百色市调查显示，该市岩溶地区历年来毁林开荒面积达 7.6 万 hm²，其中坡度在 25°以上的就达 5.7 万 hm²。百色市石漠化坡耕地面积已经达到 4.8 万 hm²，占广西全区石漠化坡耕地面积的 42.7%。在这些毁林开垦的耕地中，1994—1999 年间新开垦的就有 2.27 万 hm²。由于过度开垦导致的石漠化土地面积达 144.66 万 hm²，占人为因素形成的石漠化土地面积的 15.1%（宋同清，2015）。

20 世纪以来，西南岩溶地区先后出现几次大规模砍伐森林资源，导致森林面积大幅度减少。乱砍滥伐导致大面积的森林资源受到严重破坏，使地表失去了生态保护屏障，加速了水土流失和土地石漠化的进程。因乱砍滥伐形成的石漠化土地面积达 129.67 万 hm²，占人为因素形成的石漠化土地面积的 13.4%（宋同清，2015）。此外，石漠化地区由于自由放牧，破坏林草植被和土壤结构，导致土壤抗侵蚀能力减弱，加剧土地石漠化。在当前的城镇化建设、社会经济发展过程中，由于工矿工程建设、非法开矿等造成生态破坏、土地石漠化的现象也比较突出。由于在这些工矿工程建设中缺乏科学规划以及技术落后、资金不足、监督管理和保护不到位等原因，随意开采挖掘、加工和乱堆乱放废弃的碎石等现象较普遍，导致林草植被遭到破坏，表土流失殆尽，基岩裸露，形成石漠化土地。

2. 农业生产方式落后

岩溶地区经济相对落后，农村能源种类单一，砍柴割草是岩溶地区农民群众的主要能源来源。往往是砍完乔木砍灌木，砍完灌木割草本与藤本，有的甚至连树蔸都被挖掉。由于过度樵采，致使许多地区的林草植被受到大面积的破坏。据云南省广南县 2000 年调查统计，全县薪材年消耗 51 万 m³，占森林资源总消耗的 82.0%，且仍以 9000m³/a 的速度递增。按每公顷薪材产量 8m³ 计算，相当于每年破坏林地 6.4 万 hm²，已成为云南省广南县石漠化扩展的主要原因。特别是在一些缺煤、少电等燃料匮乏的地区，樵采是植被破坏的重要原因。如贵州农村平均每年消耗薪柴达 2000 万 t，其中过度樵采占 79.4%（屠玉麟，1994）。因过度樵采西南地区形成的石漠化土地面积达 302.6 万 hm²，占人为因素形成的石漠化土地面积的 31.4%（宋同清，2015）。

西南岩溶地区农业生产一直未走出传统的"刀耕火种"、陡坡耕种、广种薄收的方式。特别是农业生产中缺乏必要的水保措施和科学的耕种技术，在当地丰富降雨的作用下，有限的土壤极易被雨水冲刷而流失，表土层逐渐丧失，生产力逐年下降，直至丧失基本的耕种价值，形成石漠化土地。由于不合理耕作方式导致的石漠化土地面积为 204.04 万 hm^2，占人为因素形成的石漠化土地面积的 21.2%（宋同清，2015）。

第三节　石漠化防治措施

石漠化形成的根本原因就是由于植被遭到破坏，产生水土流失，造成岩石裸露。因此，石漠化防治的根本措施就是植被的恢复技术措施。恢复植被是石漠化治理的关键环节，同时，植被覆盖率的高低也直观地反映了石漠化治理的成效（熊康宁等，2012）。大部分石漠化地区应以人工恢复植被为主，通过重点发展生态经济型林、草业，即通过人工种树、种草进行植被恢复（王荣等，2011）。这样可以提高植被覆盖率，防止石漠化扩大，改善和重建石漠化地区的良性生态系统。同时，还可以增加农民的收入，调动农民治理石漠化的积极性。由于存在不同程度类型的石漠化，以植被恢复为主要内容的石漠化治理措施应各有不同，造林方式可采用：封山育林、人工造林、人工促进封山育林（王克勤等，2019）。石漠化防治措施还应针对不同程度的石漠化等级同时结合不同地区的各种农、林业生态工程建设，并与政府有计划地控制人口增长、生态移民和政策扶持等相结合的手段，有效地防止石漠化的发生和发展（张锦林，2003；张俊佩等，2008；王克勤等，2019）。

一、轻度石漠化治理

喀斯特发育的轻度石漠化区仍属落后的传统农业地区，目前人口密集，人类经济活动频繁,农民的温饱主要依赖于对土地的开发利用,对环境的压力大,人地矛盾非常突出。这些地区由于农业生产活动的不合理性和未能采取有效的水土保持措施,轻度石漠化已具有进一步发展的趋势。一些地方的农民在耕作时,为省力方便,往往顺坡种植,使地表径流流速加快,土壤冲刷力度增大。在交通条件差的地方,为解决能源或照明无节制地砍伐林灌,自然植被遭到严重破坏,水土流失加剧。同时,由于开矿、修路、城乡建设等掠夺式地利用土地资源,使森林、草地进一步减少,恶化了生态环境,更加快了石漠化发展的速度。因此,轻度石漠化区要治理、预防并重,主要通过加大农田基本建设,主攻中低产田土壤改造,合理开发非耕地资源,发展生态农业,并建立资源节约型经济体系,改变高消耗资源粗放型发展生产模式。

(一)退耕还林,加强中低产田改造

首先要采取的措施是不宜作为耕地的土地必须退耕还林还草。为弥补耕地不足,粮食生产面积减少,要加大农田基本建设,主攻中产田土改造,提高巩固高产田土,有计划地改造低产田土。因为中产田土增产潜力大,所占耕地比重高,投资回报综合效益好。高产田土因占耕地比重小,在现有的经济投入和科技投入情况下将很快达到上限,对喀斯特地区总产量增加的潜力有限,而且还可能出现回报递减。低产田土因"先天性的缺陷"(坡大、土薄、低质、易旱、水利条件差等),生产潜力也有限,且投入大,回报率低,经济效益差,不宜作为重点投入改造的对象,应有计划地改造,一些生产力极低不宜耕种的低产田,应列为退耕还林的对象。

其次,实施以改土为龙头的配水、配肥、良种、良法栽培系列组装配套技术,包括中低产田土改良、培肥的科技措施及种植配套技术示范推广。采取坡改梯工程与生物措施相结合的方式,对梯化土进行培肥,如开展绿肥及有机肥培肥技术示范,促进土壤中现有微生物种群及其物理化学性质改善;大力推广良种选育与引进技术,包括水稻良种良法栽培高产技术示范推广、玉米良种良法栽培丰产技术示范推广、饲料用粮品种选择及丰产技术示范推广等。

(二)合理利用非耕地资源

喀斯特地区耕地稀缺、破碎、瘠薄,但非耕地资源却相对丰富。合理利用部分非耕地资源,可缓解喀斯特地区耕地过度利用、土壤瘠薄、水土流失加剧等不利局面。合理利用非耕地资源是传统农业的拓展和延伸，是外延式扩大再生产，既可以容纳大量农村劳动力，对农民又有着强大的吸引力，农民能广泛参与，致富覆盖面很大。荒山地区还可以种茶、栽桑、建果园，发展草场畜牧业，建成一批具有一定规模的"四园三场"（即茶园、桑园、果园、药园和林场、牧场、渔场）。开发产品兴办加工业、运销业、发展中介服务，可以加速农村分工分业的进程。另外，在利用非耕地资源中，应注意过度垦殖的问题，保护好已有植被，避免由于过度利用而造成新的水土流失和石漠化的发生。

（三）加强生态农业建设

喀斯特地区是以坡地为主的山区，在发展农、林、牧各业生产中，应注重安排农、林、牧业用地比例，并选择对控制水土流失、防止石漠化发生、保护生态环境作用大的一些生产模式。因此，在进行水土保持与石漠化治理的过程中应走生态农业的道路，建立组分多样、结构合理、功能齐全、优势明显的农林复合经营生态经济系统。把发展山区特色农业生态经济与控制山区水土流失和治理石漠化有机地结合起来，达到农业经济发展和生态环境保护平衡发展。

对本区的轻度石漠化治理应大力推行混农林业复合型综合治理模式，主要包括立体农林复合型、林果药为主的林业先导型、林牧结合型、农林牧结合型、农林牧渔结合型等模式。构成"林以山为本，山以林为依，水以林为源，粮以水为本"的农业生态系统。把农、林、牧各业生产纳入到区域生态系统建设的整体中来考虑，着眼于发挥农业生态系统保护环境的整体功能。

结合流域治理重点和区域的经济效益，在流域下游以旱作及栽植果树、药材为主，中游营造速生丰产林、薪炭林、果药林等经济林为主，上游山顶分水岭地带以水源涵养林为主。利用树冠截流降水，使水分下渗，表层带蓄水，延长汇流时间，庇护林地减少坡面土壤冲刷，并合理配置小型水利水保工程。实施坡改梯工程和配套拦山排洪沟及蓄水、灌溉工程。在沟谷配套谷坊、沉沙地、护提等工程。按照山上山下相结合的原则，从山顶至山脚，从沟头到沟尾，从上游到下游，自上而下，因害设防。把山地作为一个整体实施"五子登科"（山上植树造林戴帽子，山腰种经济林、地埂种草拴带子，陡坡地种植牧草或绿肥铺毯子，山下庭院经济多种经营抓票子，基本农田集约经营收谷子）式的立体生态农业建设措施。

同时充分利用和改造谷地、洼地和山坡下部质量较高的耕地,搞好坡改梯、砌墙保土为主的农田基本建设,宜以粮或经济作物的耕作业为主,但要合理利用水资源,兴修水利工程。在农田较集中的山脚"椅子"处修建塘堰和家庭水池,形成小水窖网。选址要高于农田,利用降水时积蓄雨水,干旱时灌溉农田,增加保收耕地,提高粮食自给水平。在塘堰中喂养鱼、鸭,这样既能调蓄灌溉,又有明显经济效益,提高农户对塘堰管理和维护的积极性。要合理修建塘堰下方梯田的灌排渠,一般由上田向下田灌排。单独的梯田应修水泥沟,减少灌排过程中水渗漏等损失。坝子中的水田可相互灌排,要考虑灌排中带走肥力、田埂漏水等问题。总而言之,要形成一个山体之中农—林—牧紧密结合,互相支持和保护,具有良好的生态、经济和社会效益的景观生态系统。

(四)建立资源节约型经济体系

喀斯特石漠化地区自然资源破坏重、水土资源尤为宝贵。在石漠化治理中对所建立的各种农林复合经营模式必须采用高新科学技术,走"高产、优质、高效、低耗"的道路,促进资源节约型农林复合经营治理模式的发展。建立节地、节水为中心的集约化农业生产体系和建立节能、节材为中心的节约型生产、生活体系。尽可能地合理利用有限的水土资源,以提高资源利用效率,促进能量转化和物质循环。

1. 土地资源合理利用与配套节土耕作

改变传统落后的耕作方式,结合科教兴农,引入农业高新技术,大力提高科技含量,全面推广优良品种、绿肥免耕、横坡聚垄、合理密植、地膜覆盖、营养坨移栽和套种轮作等技术措施,以增强地表覆盖、土壤肥力和保水能力。采用宽窄行为主规范化种植,采用两段育秧、地膜育秧和温室育秧等实用技术。旱地耕作采用地膜玉米营养袋育苗定向移栽,实行小麦、烟草、马铃薯、玉米等套种轮作。

2. 水资源合理利用与配套节水农业

根据表层喀斯特水贮存特性,按水资源特点,因地制宜,修建水窖、水池蓄集雨水;修建水库和提水工程合理利用地表水;设法利用喀斯特地下水和上层滞水,解决人畜饮水问题。可实施旱坡地林、灌、草及农作物丰产配水水源工程和采取配套的节水灌溉技术。例如,贵州恒德绿色工程有限责任公司研究开发的"爆破植树法与吊袋引滴灌溉"技术,设计简单、农民易用,在喀斯特山地的节水技术达到很高程度。可试验推广浅灌节水农业技术,如水稻浅灌,旱地窝灌、滴灌等。例如,花江地区分别采取房顶集雨—水窖蓄水、坡面集雨—水池(窖)蓄水、喀斯特暂时性管道型泉口建水池蓄水,以及虹吸抽取喀斯特表层管道水等工程措施,充分利用了水资源,对控制水土流失,防止石漠化发生起到了积极辅助作用。

3. 节柴与能源合理利用

喀斯特地区农村"柴杆型"单一生活能源结构,也是该地区石漠化发生的一个诱因。解决农村燃料问题,减少用柴,保护森林植被,确保退耕还林还草还得上,是水土保持、防治石漠化的一个重要措施。应在喀斯特地区大力发展沼气,加大沼气池建设的力度,发展农村沼气解决农民烧柴问题,应推广以煤代柴、以电代柴和使用节柴、节能灶。在居住地集中地区可发展专业化的集体大沼气池,改变以往烧毁农作物秸秆的做法。用沼气取代柴草,结合改厕、改圈,粪肥入池,既解决农村的燃料问题,又改善环境卫生。沼气加上柴油还可以用于发电,可增加农村电力能源,减轻为了获得能源而对植被的破坏。

二、中度石漠化治理

中度石漠化地区一方面喀斯特发育典型,形成峡谷、山沟、陡坡,造成自然冲刷强度大,成为天然的脆弱环境;另一方面目前仍在开发利用中,人们通过对林灌山地放火炼山的方式来开垦土地,荒地上失去地表植物的根固,引起水土流失,土壤贫瘠、产量不高。坡耕地数量的增加,对解决山区群众的温饱发挥了重要作用。但是,过度垦殖确实是加剧水土流失和石漠化的重要原因之一。例如,陡坡开垦和顺坡开垦多数时间没有农作物遮挡、截留降水,一旦下雨就会冲刷流失,造成水土流失、形成石漠化,甚至导致泥石流、山体滑坡等。本着"治灾在于治水,治水在于治源,治源在于治山,治山在于育林"的原则。治山治水并重,以治山为本。因此,中度石漠化区要通过控制人口增长数量以及加大劳务输出减小人口压力,加大实施坡改梯工程、改善农业生产条件等措施的力度,在满足群众温饱的基础上,确保退耕还林还草"退得下、还得上、保得住、管得好、效益高",达到生态环境改善、实现石漠化逆转的目的。

（一）控制人口增长

喀斯特地区随着人口的增长，生存压力增大，人口剧增引起的环境压力是喀斯特区生态环境恶化的根本原因。在中度石漠化地区大都人口过多，人类活动频繁是造成中度石漠化的主要原因。根据目前土地承载力超负荷运行的现实，有效控制人口增长，避免人口过多超过环境承载力，是首先要采取的措施之一。结合小城镇建设，引导农民发展第二产业和第三产业，可以较大程度地减轻喀斯特地区人口对环境的压力，缓解人地矛盾、人粮矛盾。开展转岗就业培训，尽量让每个人都有一技之长，从事第三产业。

（二）坡改梯工程

在喀斯特发育的中度石漠化区，坡耕地的人地矛盾更为突出。人多耕地少、坡地多平地少、旱土多稻田少、中低产田（土）多稳产高产基本农田少，水土流失和石漠化日趋严重。坡改梯是治理水土流失和基本农田建设的一项有效工程措施。通过坡改梯，把原来的坡耕地特别是乱石旮旯地改成了水平梯土或缓坡梯土，使长期跑土、跑水、跑肥的"三跑地"变成保土、保水、保肥的"三保地"，为逐步建成旱涝保收、稳产高产的基本农田，实施退耕还林（草）奠定基础。进行坡改梯时要有科技指导、统一规划，因地制宜地把宜耕坡地有计划地进行坡改梯，不宜耕坡地则要坚决退耕还林（草）。改变顺坡开垦的做法，沿等高线搞石埂坡改梯或土坎坡改梯，集中连片等高步埂，把工程措施与生物措施有机地结合起来，抠土炸石、埋石造地、砌埂保土。喀斯特石漠化地区单纯用工程措施搞坡改梯，投资大、投劳多，初期效益差，对生态、植被的保护也带来一些不易解决的问题。因此，可采用石埂梯化与生物梯化相结合，即用条带种植的办法，在坡地上每隔一定间距，沿等高线石埂梯化后，种植一带由灌木或多年生草本植物组成的栅篱生物墙，栽种茶叶，花椒等地埂植物，带间种植粮油作物，利用树林涵养水源，保持水土。生物梯化有利于土壤水分和养分的保蓄，且不打乱土层。即使在栅篱作物占去土地面积 10% 的情况下，其产量仍与传统种植相当。用作栅篱的植物香根草、桑树、茶树等，本身具有很高的经济价值和生态价值。

（三）退耕还林还草

对陡坡耕地实施退耕还林还草是恢复生态环境的关键措施和突破口。喀斯特发育的中度石漠化区多属旱坡耕地,还没有完全石漠化,保持有部分林灌,如不及时防治将演化为强度石漠化,必须坚决执行退耕还林,把坡度在25°以上的坡耕地坚决退下来还林还草,恢复植被十分重要。在退耕还林还草时,应坚持梯级化整地,沿等高线种植,切忌顺坡开畦种植。退耕还林初期,可在陡坡上搞林粮间作,即幼林时,间作粮食,成林后退耕。

(四)草地畜牧业

中度石漠化地区退耕必须还草,实行林草结合,发展草地畜牧业。植草比种树见效快,草的适宜性强,容易取得成功。例如,9月份播种的黑麦草,12月初就能全部覆盖地面,次年雨季到来时,覆盖度达到100%,能有效地控制水土和肥力流失,并涵养水分。同时又是发展畜牧业的经济原料,要在治理上加以利用。选苗要尽量选用适宜喀斯特环境的速生草(树)种,栽种高产豆科饲料来养兔等食豆草动物。

三、强度石漠化治理

强度石漠化区的石漠化已发展到相当严重的程度,石山多坝子少、水土流失严重,环境退化极为突出。人与环境的关系严重失调,形成了"贫困—掠夺资源—环境退化与恶化—进一步贫困"的恶性循环,成为喀斯特脆弱生态环境条件下区域极端贫困的典型代表。这样的生境缺乏人类生存的基本条件,一方水土养活不了一方人。为了解决强度石漠化地区的人与环境这个主要矛盾,首先应该对环境减压。因为本身已脆弱的生态系统现已不堪重压,才出现了濒于崩溃或已经崩溃的局面。要恢复它,就要首先减轻人口对这个地区的压力,减轻对这片资源的继续夺取,使它有办法喘息和恢复生机。

(一)环境移民

环境移民是指由于资源匮乏、生存环境恶劣、生活贫困,不具备现有生产力诸要素的合理结合,无法吸收大量剩余劳动力而引发的人口迁移。发展条件好、资源禀赋好、具有明显区位优势的中东部地区,已经在中国工业化的前期和中期阶段基本完成了绝对贫困问题的治理任务。

（二）封山育林

在强度石漠化地区由于基岩裸露大于80%，几乎无土无草，或有也是薄层的贫瘠土壤和稀疏的植被，所以必须封禁，进行有效的封山育林，防止人为活动和牲畜破坏，促进生物积累，促进森林植被的自然恢复，以扩大植被覆盖面积，阻止生态环境继续向不良方向发展。封山育林，以造为主，封、管、育相结合，可使植被演替速度快、质量高。培草可先于种树，使石山地的禾本科草坡植被类型或萌生灌丛植被类型直接向森林植被类型演替。在人为调控下形成适合于人们所需要的各种植物群落，这是恢复石灰岩山森林植被的一个迅速、有效的根本措施。

1. 规划和设计

要对封山育林区进行全面的规划和设计，制订出具体的封山措施、封山育林公约，成立管护组织和明确各自责任，制定相应的乡规民约和管理规章制度。通过设立封山育林区，进行有效的管理，在可能的条件下辅之以人工辅助补偿措施，促使生态环境自然恢复和植被正向演替加快进行。采取切实、有效、可行的封禁措施，如禁止割草、放牧、采伐、砍柴及其他一切不利于植物生长恢复的各种形式的人畜活动，来尽量减少人为活动的不良影响和干扰破坏，促进植被的自然恢复。

2. 划分封育类型

根据喀斯特环境特点、人为干扰方式、立地条件和繁殖体有无，要划分出主要封育类型，如稀疏灌丛草坡型、矮灌丛型、退耕还林类型（乔灌草立体型）等。采取自然恢复与人工促进恢复相结合的治理措施，注重林、灌、草的立体配置及混交林的营建，引入人工促进植被恢复技术。采取播（撒）种、造林、补植、植草等措施，对植被组成和结构进行改造，增加治理区域内的植物多样性或生物多样性，提高植被覆盖率和植被群落的生态功能，促使石漠化生态环境恢复的良性发展。

3. 林种和树种配置

喀斯特地区石多土壤少、水肥条件差、热量变幅大，可根据喀斯特岩山的发育特征、类型、气候、土壤、植被、高程、坡向等条件，从营造防护林（水源涵养林、水土保持林）出发，结合社会经济发展要求和局部小地形特点，进行林种和树种配置。遵循"适地适树"原则,选择耐干旱瘠薄、喜钙、岩生、速生、适应范围广、经济价值较高的树种、灌木和草本,如棕榈、杜仲、构树、鹅耳枥、慈竹、核桃、云南樟、刺槐、麻栎、侧柏、柏木、楸、酸枣、任豆、香椿、花椒、桉树、印楝、川楝、乌桕、喜树、板栗、竹类、柿、忍冬(金银花)、山葡萄、黄花蒿、葛藤等。

4. 因地制宜,育草育灌

喀斯特石山土壤极少,土层极薄,直接栽种林木很困难,而种草却容易成功。只要选择适宜的优良草种,按一定的技术种植,无论是何种土壤,还是裸露山地,坡度陡缓都能获得满意效果。所以,应先培育草类,进而培育灌木,通过较长时间的培育,自然能形成乔、灌、草相结合的植物群落。可采取增加封育年限(10~15年)的办法,先在坑洼缝隙残土中种植草灌,保护枯枝落叶层,待成活后再小规模地种植,以形成乔灌草结合的植物群落,达到循序渐进地恢复植被。陡坡开垦的石坑石窝中,存在少量的土壤,可直接栽种幼树苗。在一定时期辅以病虫害防治和抚育措施,保证植物的正常生长发育。一般在植树植草的当年或第二年不动土抚育,以后则根据植物的生长状况进行连续2~4年的抚育管理。抚育以扩穴抚育为主。

喀斯特石山植被封育还要考虑到水源涵养、水土保持的目的,在树种选择上要求乔、灌混生,根系发达、主根穿透力强、根系能直插岩石缝隙,能盘结土壤,能阻挡与吸收地表径流,达到固定土壤免遭各种侵蚀的目的。对种子和苗木要处理,在局部还应采用一些高新技术,如容器育苗、吸水剂、生根粉等。采用局部整地或穴状整地方式,"见缝插针",局部地点可采用爆破填土法造林。对株行距及整地规格不要求一致,密度依各区域的土被状况而定。

喀斯特地区由于土壤多存于岩隙、小凹地和小台地之中,零星分布,少有成片或断续片状分布。因此,整地不能强求统一,采用鱼鳞坑和保留的块状整地方式,石头露头多的地方应见缝插针地进行整地。但是,要保存好原生植被,有时往往在造林的同时原生植被被任意破坏,带状整地与全垦整地几乎将植被全部除掉,就连块状整地也以不让杂草、灌木与幼树争夺养分、水分为理由,将其铲净杀绝,这对植被的恢复非常不利。

在封山育林区要有专人守山看护,尤其对离村寨较近的地方,人类活动频繁,破坏作用较大,防止治理后遭破坏。避免"只治不防,等于白忙",造成重复浪费。在行人容易看到的地方,竖立封山育林牌,具体在每个小班入口或路边修建。

(三）生态保护区建设

喀斯特发育的强度石漠化景观仍然具有许多利用价值,包括科学价值、教育价值、探险价值、美学价值和土地利用价值。科学价值和教育价值指喀斯特研究的重要性,取决于景观的可接近程度,具有科技教学、地理实习、学术考察和探测技术训练等方面的意义。探险价值包括在洞穴探测、攀援陡崖、徒步旅行和登山活动等方面的重要性。美学价值主要是山奇、水秀、石美、洞异等方面的观光意义,如奇形怪状的岩洞等都有观赏价值。土地利用价值主要是指农牧业方面的利用,如水田、旱地、草地、荒野区等。结合喀斯特石漠化地区的实际,在有条件的强度石漠化地区可建立多功能的生态保护区。把强度石漠化地区的喀斯特景观价值与自然保护、科研教育、生态旅游、农牧业生产融为一体,相互交替、叠置,相互促进、制约,形成多目的、多层次、多级别的特殊的土地资源利用和环境保护形式,使保护、管理、利用等问题一并考虑,根据形态及其景观组合的差异,制订切实有效的方针、政策和措施实施保护。

1. 设施配置

任何喀斯特形态若不易接近,其价值便不能充分表现出来。配置造价低和独特的设施既有助于提高利用水平,也有利于促进保护能力。例如,通向峰丛山顶的小道明显会改变人们对全区喀斯特森林景观的整体印象,设立适当的信息中心,为游客提供各种资料,有利于人们了解喀斯特地区自然资源和环境脆弱状况,懂得如何自觉珍惜爱护。

2. 进出控制

除自然保护区外,实际上进出控制在地表是很难做到的,这与地下不同,最好是使行人较多的道路布局远离科研价值高的地段,尽量避免行人践踏。洞穴的进出控制可通过各种探洞俱乐部与土地拥有者的协调实施,最有效的控制是天然屏障如险急峡道、沉积堵塞或崩塌巨石。

3. 管理分区

保护与管理的好坏取决于能否处理好各种利用、外部影响和环境之间的矛盾。不同喀斯特环境的科研、文化、旅游及其他价值不尽相同。为此,按景观的不同属性及利用价值,在保护与管理中采用分级分区处理的措施。在科研价值不要求特别保护的地方可满足开发利用,以传统的种植业为主,如洼地和坡谷底部,可结合适当的旅游和探险活动;风景好、交通方便、科研价值不大或已作过全面深入研究工作的地区划为旅游区,人们对这个区域的进出受到管理(诸如门票及导游的控制),优先权是旅游和探险娱乐,结合适当的农牧业发展,但必须与保护相适应;若交通条件差,地形复杂,不便于旅游,但是野外娱乐生活(诸如探洞、登山、滑雪、攀崖等)好的地方,可升级为开放区,人们对这个区域的进出是自由的;对那些有科研价值或研究工作做得不深入的地方,其他条件再好,也只能设为限制区,对这个区域的出入必须经有关部门批准,主要为科研开放,结合适当的教学考察;在这种限制区,若科研价值极高,生态意义极大,具有较多的省级或国家级珍稀动植物,可视为禁止区,对这种区域的进出必须经特别批准,包括现在自然保护区的核心区。

第四节　石漠化主要治理模式

近年来在国家的主导下,综合考虑石漠化地区群众生产生活条件的改善及脱贫致富的需要,石漠化治理进行到了农、林、牧、副、水结合、山水林田湖草综合治理的阶段。由各级发展与改革委员会牵头,农林牧水部门参与石漠化综合治理工作。根据国家的部署,2006—2010年作为石漠化综合治理的试点阶段,2011年至今为综合治理全面铺开阶段。截至目前,针对西南喀斯特地区不同程度石漠化的防治,已形成了大量的优化配置综合治理模式(国家林业局防治荒漠化管理中心等,2012),主要有植被恢复模式、工程防治模式、生态旅游发展模式、生态移民治理模式以及综合治理模式等(熊康宁,1999;刘震,2003;刘映良,2005;赵志国,2013;肖华等,2014;胡培兴等,2015)。

一、植被恢复模式

国家林业和草原局以石漠化山地植被恢复为主，根据《喀斯特石漠化地区植被恢复技术规程》（LY/T 1840—2009），从宏观上指导了全国的石漠化山地治理工作（中国林业科学研究院亚热带林业研究所，2009）。石漠化山地治理首当其冲的是植被的修复，有了植被的恢复才有水土流失的遏制，植被修复就要考虑"适地适树、适地适草"，这是恢复西南喀斯特地区生态植被、遏制生态环境恶化的关键措施。

植被恢复治理模式可以实施在有潜在石漠化发生或轻度石漠化，或者中度石漠化，或者基岩裸露度高、土层瘠薄、自然条件极为恶劣的强度石漠化地区。针对区域林草植被盖度较低，又不具备实施大面积的人工造林更新条件的地区，根据岩溶生态系统的生态位原理与自然演替理论，充分地利用岩溶生境中各类有利小生境，如石缝、石沟、洼地等，采取合理措施发挥原生性自然植被的生长潜能，并在局部进行人工促进恢复，进一步丰富石漠化土地上的生物多样性，促进石漠化土地的自然修复，提高岩溶生态系统的生态功能，遏制石漠化土地的扩展。

（一）云南东部富源针阔混交林治理模式

1. 自然条件概况

该治理区位于云南省东部富源县，乌蒙山支脉纵贯全境，山地峡谷特征突出，地貌以中山山地为主，受块择河、黄泥河、丕德河、嘉河的强烈切割和地质内力的作用，山高谷深，坡陡流急，相对高差达 1638.3m，且岩溶地貌发育，石漠化分布较广。该地区属南温带山地季风半湿润气候，冬无严寒，夏无酷暑，降水丰沛，干湿分明，雨热同季，旱凉同期，年均气温 13.8℃，年均日照时数 1819.9h，无霜期长 240d，年均降水量 1093.7mm，但降水主要集中在 5—10 月，易引发洪水和泥石流。

2. 治理思路

选择乡土速生树种旱冬瓜，并根据不同海拔与立地条件状况，合理选择云南松、华山松与圆柏等针叶树种，营造针阔混交林，实现地表植被的快速覆盖，提高岩溶土地生态功能。

3. 主要技术措施

（1）树种选择

根据造林地块的海拔与立地条件状况，合理选择云南松、华山松与圆柏等针叶树种，与旱冬瓜营造混交林。

（2）整地

不进行林地清理。造林前实施预整地，整地时间为 3~5 月。采用穴状整地，呈品字形配置，整地规格为 30cm×30cm×30cm，造林株行距 2m×2m，初植密度为 167 株/666.67m²，其中旱冬瓜占 20%。对于基岩裸露度较大的造林地采用见缝插针的方法进行穴状整地，保证造林密度不低于合理造林密度，实现尽快覆盖。

（3）造林方法

采用营养袋植苗造林，先取掉营养袋，防止土体松散，栽植时做到"苗正、根舒、塘平、土实"，防止损伤根系。同时注重对原生林草植被的保护，对新造林地实行封山管护，促进石漠化山地植被群落的自然修复。

（4）造林时间

雨季，通常在 6—7 月阴雨天种植。

（5）抚育管护

造林后第 2~3 年，成活率在 85% 以下或存在缺苗现象时，选用 1 年生壮苗进行补植，同时进行扩塘、除草、防治病虫害等抚育措施。

4. 适宜推广区域

本模式适宜在滇东北中高山地区推广。

（二）云南易门县大阱流域旱冬瓜 + 车桑子混交林治理模式

1. 自然条件概况

大阱流域位于云南省易门县龙泉镇，地处易门县中部，地貌多为中山山地，沟谷错落，相对高差大，石漠化土地分布广，各程度石漠化交错分布，土壤多为山地红壤，地表植被稀少，水土流失严重。属亚热带气候，年均降水量 800mm，年均气温 16.8℃。

2. 治理思路

以影响生态环境的石漠化土地为治理重点，选择适应岩溶环境、速生的旱冬瓜与车桑子树种,对潜在石漠化和轻度石漠化土地实行"造、管"并举,不断扩大森林植被面积,遏制水土流失和石漠化扩展,实现生态、经济、社会效益统一协调发展。

3. 主要技术措施

(1)树种选择

选择适应性强、根系发达、水土保持功能好、具有一定经济效益的旱冬瓜为主要树种,同时混交一定比例的车桑子。

(2)整地

穴状整地,旱冬瓜整地规格 40cm×40cm×40cm,车桑子整地规格 20cm×20cm×20cm,"品"字形排列,整地时间为冬、春季造林前 1~3 个月。

(3)苗木

旱冬瓜苗木为容器苗,地径大于 0.15cm,苗高 25~40cm 为宜。

(4)栽植

块状不规则混交。旱冬瓜植苗造林,栽植时清除穴内杂物、打碎土块、回填表土、扶正苗木、压紧踏实、稍覆松土,覆土至苗木根际以上 3~5cm,要求做到根舒、苗正、深浅适宜。车桑子采用雨季直播造林。

(5)抚育管理

从造林当年开始,连续抚育 2 年,每年 1 次,以小块状松土除草为主,抚育规格 1m×1m,尽量保留株行距间的灌木、草本,避免因抚育不当而造成新的水土流失。防护林前 2 年追肥 2 次,每次施复合肥不少于 10kg/666.67m²。同时将新造林地块纳入封山育林范围,严防人畜破坏。

(6)配套措施

稳步推进坡改梯工程,加大水资源利用配套工程建设,合理修建防火公路,改善当地生产生活条件。积极开展节能宣传,在项目区整合其他项目资金,发展沼气池,推广节柴灶与其他替代能源,减轻居民生活能源对岩溶植被的压力。

4、适宜推广区域

本模式适宜在滇中乃至云南大部分地区潜在石漠化和轻度石漠化山地、重要水源涵养林地推广。

（三）湖南慈利夜叉泉流域马尾松＋枫香混交林治理模式

1. 自然条件概况

项目区位于慈利县中部零阳镇夜叉泉流域，属澧水一级小支流，面积 23.12km²。属亚热带湿润季风气候区，年降水量 1390.5mm，年均蒸发量 1410.7mm。海拔在 90～1050m，成土母岩为石灰岩，土壤为石灰土。基岩裸露程度大，石漠化现象严重，植被群落结构简单，森林覆盖率低。

2. 治理思路

根据石漠化土地特性，选择马尾松、枫香两种对土壤要求不严、能互利共生的树种，形成针阔混交林，实现地表较早覆盖，形成相对稳定的岩溶生态系统。

3. 主要技术措施

（1）造林地选择

选择灌丛地或宜林荒山荒地造林。

（2）树种选择

坚持"因地制宜、适地适树"原则，大力营造混交林，生态林树种以马尾松、枫香为主。

（3）整地

林地清理方式为带状清理或全面清理。在坡度为25°以上的造林地采取带状清理方式，即沿等高线方向带状割灌，带宽5m，带间距1m；在坡度小于25°的地方，可以采取全面清理造林地的方式。由于项目区造林地植被覆盖率小，基岩裸露度大，清理时应尽量保留原有乔木和灌木，禁止炼山。整地采用穴垦并要求表土还穴，"品"字形配置。穴坑规格为 40cm×40cm×40cm，整地时间为冬季，即造林前 1～2 个月。

（4）苗木

马尾松全部采用容器苗，造林苗木全部采用Ⅰ、Ⅱ级苗，其中Ⅰ级苗必须达到85%以上，严禁用不合格苗木造林。枫香苗采用裸根苗，并推广使用 GGR6 号植物生长调节剂浸根技术。

（5）栽植

设计为混交林，实行针叶树与阔叶树混交的，阔叶树的比例不小于30%。混交方式因地制宜可以为带状混交、行带状混交、行间混交、块状混交等。初植密度通常为 300 株/666.67m²。栽植工作宜在 1 月上旬至 3 月上旬之间。应做到随起随植,造林前将苗木采用 GGR6 号植物生长调节剂浸根处理,打好泥浆,栽植以雨天或阴天为好。采用穴植法植苗造林,栽植时做到苗正、根舒、深栽、压实。

(6)抚育管理

生态林造林后连续抚育 3 年,每年锄抚 1 次、刀抚 1 次,共计抚育 6 次,锄抚在每年的 5 月进行,刀抚在 9 月进行。经济林在造林后的前 3 年,采用兜抚方式,每年抚育两次,对于坡度较小的、带垦整地的造林地,采用间作矮秆作物的方式,实行以耕代抚。

4.适宜推广区域

本模式适宜在湖南省以石灰岩为主的地区推广。

(四)湖北丹江库区柏木 + 白花刺参混交型水保林治理模式

1.自然条件概况

模式区位于湖北丹江库区,石灰岩山地的原生植被被破坏后,基岩(地表)裸露,水土流失加剧,土层逐年变薄,普遍为白茅覆盖,杂灌难以生存,属生态系统十分脆弱的重度、极重度石漠化区域。

2.技术思路

针对当地土层浅薄、基岩裸露度大的实际,选用适宜当地生长的柏木造林,尽量保存林下原有灌木和草本或适当栽植灌木,恢复植被,并形成复层林相,提高防护效益,改善生态环境。

3.主要技术措施

(1)柏木造林

由于石漠化土地土层浅薄,肥力较低,雨量较少,大苗造林难以成活,宜用 1 年生柏木苗造林,采用鱼鳞坑整地,沿等高线布置,株行距为 2.0m × 3.0m,种植穴规格为 50cm × 50cm,造林做到根舒、苗正、深浅适宜,切忌窝根。

(2)灌木造林

石灰岩山地常见的杂灌树种有盐肤木、酸枣、刺槐、马桑等,在灌木稀少的地方采用人工栽植耐干旱瘠薄、易成活、固土能力强的白花刺参,株行距按 50cm × 50cm,以增加地面林被覆盖。

（3）配套措施

栽植柏木时尽量用客土造林,每穴加放约 25kg 客土。为了提高成活率,穴内应加入保水剂。

4.适宜推广区域

本模式适宜在丹江库区上游的汉江两岸以及石灰岩山地类似立地类型推广。

（五）贵州贞丰县花椒经济型生态林模式（顶坛模式）

1.自然条件概况

模式区位于贵州省贞丰县北盘江镇顶坛片区,属生态系统脆弱的岩溶地貌区,地处北盘江南岸的河谷地带,最低海拔 565m,最高海拔 1432m,地形自西南向东北倾斜,切割较强,耕地零星破碎,碳酸盐广泛分布,水源奇缺,气温时空分布不均,5—10 月降雨量占全年总降雨量的 83%,海拔 850m 以下为南亚热带干热河谷气候,海拔 900m 以上为中亚热带河谷气候。岩溶地貌特征明显,95% 的面积为石旮旯地,是贞丰县有名的高温石灰岩河谷地带。恶劣的环境,贫瘠的土地,治理前片区内 95% 的农户长期以来靠吃救济粮和返销粮度日,曾经有 17 户因无法度日而迁走他乡。1990 年以前,该片区人均粮食不足 100kg,人均经济收入不足 200 元,是全县最贫困的地区。

2.治理思路

1992 年,贞丰县提出"因时因地制宜,改善生态环境,依靠种粮稳农,种植花椒致富"的治理思路,决定在顶坛片区发展花椒生产。石灰岩土壤具有一定的肥力,但保水性差,土壤干燥。种植根系发达、枝繁叶茂、耐干旱的经济树种——花椒,能实现地表快速覆盖、达到涵养水源和保持水土功效;同时花椒是一种调味品,在贵州、四川、重庆深受欢迎、市场前景光明,能促进群众脱贫致富。

3.治理技术措施

（1）品种选择

选用当地叶花椒、普渡天胡荽（俗称小红袍）等优良品种,保证花椒品质。

（2）苗木

进行人工分段培育壮苗,选用 1 年生实生苗,苗木高度 40cm 以上可出圃。

（3）整地

采用鱼鳞坑整地或穴状整地，种植穴规格以 40cm × 40cm × 30cm 为宜，造林前 1 个月左右完成整地。

（4）造林技术

通常在雨季造林；栽植穴朝下坡外缘用石块砌成挡土墙；种植密度 80 株/666.67m²。

（5）抚育管理

造林后每年应进行松土、抚育、培土，以小块状为主，规格为 1m × 1m，第 2 年开始定期剪枝、施肥、防治病虫害，实行集约化经营。

（6）强化科技规范种植

科技应用和推广是提高产品产量和品质、提升产品市场竞争力、形成特色产业的关键。在培育过程中，及时引进优良品种或种源，推广先进的栽培技术，实现高产高效。

4. 适宜推广区域

本模式适宜在云南、贵州和广西等干热河谷花椒适栽的石漠化区域推广。

二、工程防治模式

工程防治治理模式针对轻、中度及以上程度的石漠化地区较为常用，比较典型的治理模式包括：贵州省沿河县磨刀溪小流域坡改梯土地整治、湖南省桑植县苦竹河小流域坡改梯整治和四川仁和小型水利水保工程治理等模式。

（一）贵州省沿河县磨刀溪小流域坡改梯土地整治

1. 自然条件概况

模式区位于贵州省东北部的沿河土家族自治县官舟水库大坝下游东岸，326 国道线上，西北面、东北面、西面分别与试点区鱼泉头、黄龙浸、官舟水库库区小流域相接，流域面积 12.16km²。流域内以石漠化坡耕地为主，达 800hm²，占流域土地总面积的 66.06%，但土地生产力低；林地 266hm²，占流域土地总面积的 18.59%，生态环境较差，水土流失严重，石漠化呈加剧扩展态势。

2. 治理思路

以建设高标准基本农田和绿化固土治理为目标，培育发展绿色产业，调整产业结构,开辟农村经济增收渠道,巩固治理成果,改善基本生产条件,提高资源利用率和承载力。

3. 主要技术措施

一是对25°以上的陡坡实施坡改梯,采取大弯就势,小弯取直,炸石抠土,岩石砌坎,回填泥土,进行坡土改造,有效提高土地利用价值,减少水土流失;二是对梯地边坎种植经济林果木与绿篱,提高区域植被盖度;三是配套建设小型水利水保设施,在生态茶园、坡改梯工程中,配套建设作业便道6km,小水池18口,沉沙池18口,引水渠0.6km,溪沟治理0.87km,提高区域土地生产力。

4. 适宜推广范围

该模式适宜在以轻度石漠化为主的区域推广应用。

(二)湖南省桑植县苦竹河小流域坡改梯整治

1. 自然条件概况

模式区位于桑植县利福塔镇,包括水洞、苦竹河、岩板等3个村,属岩溶槽谷地貌,总土地面积1667hm²,其中岩溶区面积1333hm²,占总土地面积的89%,年均日照时数为880~1340h,年均气温15.7℃,属中亚热带季风气候。区域内石漠化坡耕地多,水土流失严重,干旱洪涝灾害比较频繁,土地生产力低下。

2. 治理思路

梯田是山区提高综合生产能力、防止水土流失、提高植被覆盖率、改善生产生活条件的重要基础。坡改梯后可以减少水土流失,提高土壤保墒能力。

3. 主要技术措施

根据项目区地形,以规划的田间末级固定工程(农沟、农渠、农灌排、田间路、生产路)为界划分项目区内梯地。坡改梯从有利于组织灌排、尽可能减少土方工程量的角度进行布局。坡改梯最重要的几个指标有梯面宽度、土坎高度和土坎侧坡,在地面坡度确定的情况下,根据梯面宽度及坡改梯的坎侧坡度,计算出梯坎的高度。考虑到项目区整体坡度情况及水土流失防治要求,规划梯坎平均高度约为1.0m,梯坎侧坡度为70°。土地平整工艺按"表土剥离—土方调运—格田平整—表土回填—筑田坎、田埂—精细平整"的顺序进行。表土剥离区在完成土方挖运后,要对挖、填表面整平,再回填表土。筑田坎应与土地格田平整同时进行。筑田埂完成之后进行精细平整,精细平整要求田面高差在3cm

以内,坡度在 1/1000 以内。

4.适宜推广区域

该模式根据项目区的地形地貌及基岩裸露情况合理设计后,可在石漠化区域广泛推广应用。

(三) 四川仁和小型水利水保工程治理

1.自然条件概况

该模式位于四川省西南部攀枝花市仁和区,以山地地貌为主,山谷相间,山高谷深,属南亚热带半干旱季风气候,干雨季分明,气温年较差小,日较差大,年降雨量 700~900mm,年蒸发量 2009.4mm,雨季在 6—10 月,其余月份雨量较少,为干季;年均日照 2760h,无霜期 300d。年均水资源总量为 3.427 亿 m³,因多为高山河谷,岩溶地区渗漏严重,水资源流失快,利用率低,农业用水只能依靠河谷地表水资源,水资源季节性匮乏严重。

2.治理思路

确定水利方向为以蓄为主,提引结合,积极修建引水渠、拦沙谷坊、小水窖、沉沙池、蓄水池、管网等综合小型水利水保工程,削能截砂,拦截地表径流,减少水土流失,发展农业生产和农林经济;实施蓄灌配套,解决生产用水和部分人畜饮水。

3.主要技术措施

(1)科学规划布局

结合实施区地形条件,科学规划布局。在坡面集水沟较低一端和蓄水池的出水段以下布设灌溉(排水)沟,灌溉(排水)沟与坡面排水沟相接,沿等高线按 1%~2% 的比降布置,在连接处做好防冲措施,起到排灌沟和排洪沟的作用。在坡面局部低凹处,根据地形有利、岩性良好(无裂缝暗穴、砂砾层等)、施工方便等因素,布设小水窖、蓄水池、沉沙池等小型水利水保设施。沉沙池布设在蓄水池进水口的上游附近 3~5m 处。小水窖、蓄水池的分布与容量,根据坡面径流总量、蓄排关系和修建省工、使用方便等原则,因地制宜,合理确定,设计蓄水池容量 30~100m³ 等不同规格。水土流失严重的山沟,在基础坚硬无滑坡、泥石流地段布设拦沙谷坊。根据水窖和水池位置结合林地位置确定管网路线,管道路线沿线布置保证管路平直,以减小水头损失。

（2）按设计规范施工

将设施落实到山头地块，按设计规范施工。严格按规划、布置路线进行施工放样，按设计位置和尺寸进行开挖，预留足够施工面。引水渠道、小水窖、拦沙谷坊、蓄水池、沉沙池地基由于岩性变化较大，其压缩性具有不均匀性的特点，基础开挖至坚硬岩基上或在地基结构上采取石灰改土法，改土厚度不低于40cm，使土壤和石块混合充分并分层夯实，增强基础刚度，以避免基础不均匀沉降。

（3）按相关技术规范执行

砌筑、钢筋盘扎、混凝土浇筑等重要工艺流程严格按相关技术规范执行，符合行业设计施工规范。

4. 适宜推广的区域

适宜在金沙江干热河谷地区的石漠化区域推广。

三、生态旅游发展治理模式

生态旅游发展治理模式一般针对较为严重的强度石漠化地区较为常用，比较典型的治理模式包括：贵州省静西县事鸣池河小流域森林生态旅游发展、贵州省织金县裸结河小流域森林生态旅游发展和重庆市巫溪县乡村生态旅游产业发展等模式。

（一）贵州省静西县事鸣池河小流域森林生态旅游发展模式

1. 流域概况

该治理区位于贵州省的中部偏西北部静西县鸭池河，最高海拔1456m，最低海拔977m，相对高差479m。流域主要出露地层为中生界三叠系下统夜郎组、茅草铺组、中统狮子组和松子坎组。岩石为碳酸盐类的石灰岩、灰岩及其他灰岩残积物；地貌复杂多样，以低中山峡谷地貌类型为主。流域属亚热带温暖湿润型气候，全年平均气温14.8℃，多年平均降水量为1006mm，年平均相对湿度73%，无霜期310d。流域内主要成土母岩为碳酸盐类岩石，土壤为石灰土，土层较薄，土被不连贯，保水性能差。小流域有林地面积占比12.36%，森林覆盖率为30.42%。小流域岩溶土地面积3867hm²，石漠化土地面积3467hm²，占岩溶区面积的89.66%，水土流失严重，使土壤表层受到了严重破坏，石漠化呈现扩展态势。但是,小鸭河流域有丰富的"化屋基苗族民俗文化"、秀美的乌江自然风光等,旅游发展潜力巨大。

2. 治理思路

依托小流域内极具民族特色的"化屋基苗族民族风情园"和山水秀丽的乌江源百里画廊旅游风景区,将石漠化治理与打造乌江源化屋苗族风情旅游精品线有机结合起来,调整农村经济结构、促进农民增收。在石漠化耕地上种植既有观赏价值又具有经济效益的经济林木;在石山和半石山土地上种植具有水土保持功能的常青乔、灌、草、藤、花等植物,在景区范围内大量种植桃、李、藤蔓等观花,并对现有林地、灌木林地进行人工促进封山育林加以保护,既为景区增色添彩,又使石漠化得到有效治理,从而改善小流域生态环境。重点发展"农家乐",减少对石漠化土地的直接依赖,培育鸭池河小流域经济发展的新支撑点。

3. 主要技术措施

在土层浅薄且不具备人工造林的强度石漠化区域,通过利用灌、草、藤、林木的天然下种和萌芽能力,进行封禁培育,逐渐形成乔、灌、藤、草相结合的植物群落。采用全封方式,在封育期内禁止采樵、放牧、挖掘根蔸和树桩以及一切不利于林木繁育的人为活动。对封育地块缺苗少树的局部地段通过局部整地、砍灌、除草等手段以改善种子萌发条件;或补植补播目的树种,逐步实施定向培育;间苗、定株、除去过多萌芽条,促进幼树生长,促进成林更新速率。

在有一定土层厚度的中、轻度且具备人工造林的石漠化土地上,以"见土整地,见缝插针,适当密植"为原则,人工营造常绿植物藏柏和景观植物菜豆树、酸枣等,绿化美化环境。

在土层厚度大于40cm且坡度在5°~25°,石漠化程度以轻度石漠化为主的耕地上,上层种植与旅游区相点缀的桃、李、梨、樱桃、柑橘等经济林,下层种植矮秆经济作物和绿肥进行混农作业,实行以耕代抚,一方面可以促进农民增收,另一方面提供旅游观花观果资源。

同时,重点扶持以"农家乐"、生态观光等为依托的乡村游,加强旅游接待设施建设,强化村舍周边的生态环境与交通、接待设施,将乌江源化屋苗族风情旅游精品线打造成重要的旅游景点与休闲场所,加强农村经济结构调整。

4. 适宜推广区域

该模式适宜在旅游黄金线及具有旅游发展潜力的石漠化区域进行推广

应用。

（二）贵州省织金县裸结河小流域森林生态旅游发展模式

1.流域概况

模式区位于贵州省中西部的织金县官寨乡和纳雍乡境内，距县城24km，面积21.72km²。流域内出露地层为寒武系，岩石以白云岩为主。属亚热带季风性湿润气候，冬暖夏凉，无霜期长，雨量充沛、雨热同季。年均温15.5℃，无霜期268d。年日照时数1180h，年降水量1150mm，年平均蒸发670mm。植被以柳杉、松、柏等针叶混交林和黄荆、马桑、火棘等杂灌为主，森林覆盖率43.7%。流域内主要树种有柳杉、柏木、桃、梨等。小流域均为岩溶地貌，石漠化面积7333hm²，占流域土地总面积的34.02%，以轻度和中度石漠化为主。小流域内有国家级风景名胜区织金洞，旅游资源丰富，旅游业已成为区域的重要经济支柱。

2.治理思路

通过以经果林、生态防护林和生态畜牧业为重点的石漠化治理措施，把石漠化治理与织金洞景区环境绿化、景点建设相结合，从而达到保护和提升织金洞的旅游景观价值的目标，使国家级重点风景名胜区、国家级地质公园——织金洞景区的山更绿、水更清、天更蓝、空气更清新、环境更优美、生态安全更有保障。同时，促进区域经济结构调整，进一步促进乡村生态旅游业发展。

3.主要技术措施

根据地貌、岩性、坡度、土层厚度，按照地域差异，采用"综合因子—主导因子"法，以地貌（海拔）划分类型区，以岩性划分类型组，以坡度、地层厚划分立地类型。位处缓坡和斜坡，土壤为厚层土、中层土的立地类型，其立地质量较高，生产力较好，大力发展经济林。在山脚石漠化耕地采取林农、林草结合模式实施以李、桃、橘为主的经济林，一方面增加土地生产价值，另一方面提高景区观赏价值。位处陡坡和急坡，土壤为中层土、薄层土的立地类型，其立地质量较差，生产力较低，水土流失潜在危险较重，通过人工种植女贞、柏木等常绿树种，使封育区形成乔、灌、草的复层林分，提高生态功能。在山腰林地种植防护林，营造以桤木、柳杉为主的针阔混交林。位处陡坡和急坡，土壤为薄层土的立地类型，其立地质量较差，生产力较低，对此地段实施人工促进封山育林。同时，结合当地粮食生产安全需求,根据实地情况,结合选择土层厚、取石方便的轻、中度石漠化缓坡耕地进行坡改梯治理,并配套坡面水系工程。

4.适宜推广区域

适宜在具有开发潜力的旅游景区及周边进行推广应用。

(三)重庆市巫溪县乡村生态旅游产业发展模式

1.自然条件概况

模式区位于重庆市巫溪县白杨河流域,位于渝巫路沿线,涵盖菱角乡、凤凰镇全部及胜利乡、城厢镇大部分,塘坊乡的一小部分,属岩溶槽谷地貌,平均海拔高 850m,海拔最高达 1300m,年均气温 12.3℃,年均降雨量 1333mm。模式区土地面积 203.48km²,其中岩溶面积 183.1km²,石漠化面积高达 150km²,有人口35224 人。模式区内有地势险要的洪仙岩,高山休闲圣地鹰嘴岩等自然景观,具备发展生态旅游的自然景观资源。

2.治理思路

模式区处于县城至红池坝黄金旅游线路沿线,随着红池坝旅游条件的不断改善,模式区知名度不断提高。模式区特殊的地形构造和高海拔条件,为观光旅游的发展带来无限商机。在石漠化综合治理项目建设中,依托旅游产生的效应,充分结合旅游资源开发原则,在旅游缓冲区种植观光型树种,一方面满足旅游审美的需求,一方面改善石漠化地区土壤以及涵蓄水源。通过发展乡村旅游业,促进乡村经济结构调整,拓宽了农产品及土特产品的销售渠道,加速了当地的脱贫致富。

3.主要技术措施

结合旅游发展原则以及需要,在新城路沿线,种植银杏;县城周边栽植乌桕、枫树;洪仙岩、鹰嘴岩景点种植柏木、柳杉等常绿树种,在模式区周边形成景观特色鲜明的风景林,丰富模式区景观资源。此外,石漠化田间道路建设与村级道路建设相连接,既保障了田间耕作方便,又便于外运农产品;灌溉蓄水池、排水沟与农村饮水工程建设相结合,既保证了农田灌溉,又兼顾解决了农村饮水。在农田和农作物种植区周围修建蓄水池,缓解农作物灌溉难题。在改善石漠化区域条件的同时,现正在打造农家乐和景点接待中心,提高旅游接待能力与水平。

4. 适宜推广区域

该模式适宜在城市或重要风景资源周边的岩溶景观资源或人文资源有特色的区域进行推广。

四、生态移民治理模式

生态移民治理模式一般针对生态环境恶劣、不适宜生存的极重度石漠化区域较为常用,比较典型的治理模式包括:贵州省荔波县生态移民治理和广东乳源大桥生态移民治理等模式。

(一)贵州省荔波县生态移民治理模式

1. 自然条件概况

模式区位于贵州省黔南布依族苗族自治州东南部的荔波县,全县国土总面积 2431.8km²,有岩溶面积 2010.1km²,占总面积的 82.65%;石漠化面积达到 658.71km²,其中极重度面积 49.14km²,重度面积 87.78km²,石漠化问题突出;部分村寨因石漠化问题,缺土少水,失去了生存空间。

2. 治理思路

将石漠化区域生存环境恶劣或地质灾害频发区域的农民由政府组织集体搬迁,在县内土地较多、交通条件较好的乡镇修建移民新村,由所移入地村组无偿划出部分耕地及非耕地承包给移民耕种,确保移民生活得到保障。同时,对搬迁区域石漠化土地进行人工造林,并将全部林地纳入封山育林,加速植被的自然修复。

3. 主要技术措施与做法

(1)加强领导,健全组织机构

成立了以所在乡镇、村民委员会领导为成员的生态移民领导机构,组织制订移民方案与补偿政策。

(2)采取"一事一议"制

充分发挥基层党组织作用,听取当地群众意见,尊重群众意愿。

(3)多方筹集迁移资金

实行专账管理,充分发挥资金的效能。特别是对迁入地土地实施整治与改良,提高土地生产力,确保移民"迁得出、稳得住、不回迁"。

（4）整合资金

整合全县各部门相关资金，集中向生态移民迁入、迁出区域进行扶持，其中房屋建设由群众自建，政府给予补贴；公共基础设施由政府提供原材料购置资金，群众投工投劳方式建设，减少资金的开支。实现安置点各项基础设施较完善，服务功能较齐全，经济发展的潜力和空间较大，有利于搬迁户子女入学和群众就医，有利于第二、第三产业的发展。

（5）强化管理

强化技术监督管理，确保项目顺利推进。

4. 适宜推广区域

该模式适宜生态环境恶劣、不适宜生存的极重度石漠化区域推广。

（二）广东乳源大桥生态移民治理模式

1. 自然条件概况

乳源县大桥镇地处乳源西北部，被称作广东"西伯利亚寒极"，自然环境恶劣，石漠化严重，水源匮乏，"十年九旱"。加上大部分耕地尤其是旱地，分布于山顶、山腰、山脚的石山上，石中有地，地中有石，因而称"石花地"。石花地土层薄，非常怕旱，种植农作物产量不稳，产值不高。乳源县石漠化区域又是瑶族同胞的主要聚居地，当地农村生活能源主要依靠薪材，林草植被破坏严重，经济发展滞后。

2. 治理思路

为加快粤北地区生态脆弱地区建设，广东省委、省政府提出了生态移民与教育移民等解决瑶区、石漠化地区发展的新途径，结合社会主义新农村建设，将石漠化地区交通不便、生境恶劣的群众通过就近建立移民安置小区、投靠亲友等方式进行移民安置，同时，对原居住地耕地进行整理开发，发展高效经济作物，解决被迁移群众的后续产业与发展问题；对原有山林实施人工造林与封山育林，逐步改善生态环境。

3. 主要措施与做法

（1）建立移民统一安置小区

选择在大桥镇及原村屯周边就近建立移民统一安置小区，由政府负责水电、道路等基础设施建设，房屋建设适当给予补贴，保障被迁移群众有良好的生活环境。

（2）耕地整理

对原石漠化区域耕地进行整理，以"公司＋基地＋农户""支部＋协会"等形式，协会提供技术、公司提供资金，大力发展绿色食品生产，种植生态蔬菜、烟草等高效作物，后续发展得到保障。

（3）封山育林

对原有山林实施严格的封山育林措施，宜林荒山荒地实施人工造林，促进石漠化区域林草植被恢复，减少水土流失。

4. 适宜推广区域

该模式适宜交通不便、生态环境恶劣、经济发展滞后的强度石漠化区域推广。

五、综合型治理模式

综合型治理模式可以根据不同程度石漠化地区的特点，因地制宜地采取不同的综合利用方式发挥区域优势，治理石漠化。比较典型的模式有：湖北秭归县王家桥小流域"山上林地封顶＋山腰田果相间＋山下水系配套"综合治理模式、四川省华蓥市天池镇石漠化综合治理模式和广西恭城"养殖—沼气—种植"三位一体综合治理等模式。

（一）湖北秭归县王家桥小流域"山上林地封顶＋山腰田果相间＋山下水系配套"综合治理模式

1. 自然条件概况

湖北省秭归县王家桥小流域位于县城西北部，属长江一级支流良斗河流域。年降水量 1000mm，气候良好，交通方便，农业资源丰富。流域面积 1670hm²，其中水土流失面积 1240hm²，占流域面积的 74.3%。治理前 801hm² 的耕地中，坡耕地占 70%，荒山及裸岩面积占总面积的 28%。

2. 治理模式

根据该小流域的自然地理状况，采取"山上林地封顶、山腰田果相间、山下水系配套"的治理模式。

3. 方案实施

(1) 山上林地封顶

对山顶实施封禁治理,采取划定范围、制订制度、落实责任、专人管护等措施,靠大自然修复生态。流域内共建林场 4 个,封禁管护面积达 200hm²。对宜林荒坡营造水土保持林并进行稀林补植,选择耐贫瘠、生长快、根系发达、固土能力强的刺槐等先锋树种,进行乔灌混交。

(2) 山腰田果相间

①在 10°～15°的坡耕地,建设低坎等高的石砌水平梯田和土坎水平梯田,变"三跑地"为"三保田"。除传统的坡改梯外,还试验研究了植物活篱笆治理坡耕地的措施。②在 15°以上坡耕地大力发展以柑橘为主的经果林,海拔 600m 以下种植脐橙,海拔 600m 以上栽培板栗、茶叶、杜仲等;③对 25°～35°的陡坡耕地,采取挖大穴整地的方法营造经济林。

(3) 山下水系配套

①修建排洪沟、蓄水池等坡改梯配套工程。②兴修和整修引水渠、塘堰工程,确保排灌。③在沟壑因势修建谷坊和拦沙坝工程。

4. 模式效益

农业后劲明显增强,全流域基本达到了大旱库灌、小旱塘灌、灌排配套、旱涝保收的标准;产品生产迅速发展,多种经果林收入由 26.5 万元上升到 152.3 万元,人均增收 334 元,经济稳步上升;通过治理,林草植被度增加,坡面水系工程日趋完善,生态环境由恶性循环向良性循环转化,水土流失减少,流失程度大部分降低一、二个等级;人口环境容量和质量显著提高,国民经济总收入中,过去主要来源于粮食生产,现多种经营、工、副业收入占总收入的 61%,增加了 27%。

5. 适宜推广区域

该模式适宜在南方降雨较多的山丘地区推广。

(二)四川省华蓥市天池镇石漠化综合治理模式

1. 自然条件概况

四川省华蓥市天池镇位于华蓥山脉中段西缘天池湖流域,土地面积 3896.7hm²;属四川盆地亚热带湿润季风气候区,气候温和,雨量充沛,四季分明,年均气温16.9℃,年均降水1282mm,有效积温5315℃,无霜期280d,年均日照1240h;治理区内土壤多为冷沙黄泥和矿子黄泥,土壤呈微酸性,适宜多种植物生长,但土层瘠薄,保水、保肥能力差,石漠化严重,多为石旮旯地。

2. 治理思路

以改善治理区人民生产生活条件为出发点和落脚点,坚持治理与旅游开发相结合,与增加林草植被、改善生态环境与提高农户收入相结合,建立区域、类型两优化,生态、经济效益两提高的治理模式,提高治理效果;通过加强人工造林、封山育林,增加植被覆盖度,遏制水土流失,同时抓好蓄、引、排、灌等基础设施建设,提高治理区人民的生产生活水平,实现生态、经济、社会效益统一协调发展。

3. 主要技术措施

（1）树种选择

在土层瘠薄的荒坡,选择耐旱树种造林,主要种植窄冠刺槐、黄花槐等;对土层较深厚的地段主要种植优质桃、李、核桃等特色经果林,在环天池湖公路以外发展优质李,环天池湖公路以内及沈家梁子发展优质桃,峨凤庵发展优质核桃;在天池湖周及湖心月亮岛、沈家梁子周围的洪水水位线以上10m宽范围营建香樟、垂柳防护林带。

（2）栽植密度

各树种栽植密度见表2-5-4。

表2-5-4　选择树种造林设计表

造林树种	株行距（m）	造林密度（株/hm²）	整地规格（cm）	造林方法/时间	苗木类型/规格
优质桃	3×3	1110	穴状/60×60×60	人工植苗2~3月	嫁接苗/Ⅰ级
优质李	3×3	1110	穴状/60×60×60	人工植苗2~3月	嫁接苗/Ⅰ级
优质核桃	4×5	500	穴状/100×100×80	人工植苗2~3月	嫁接苗/Ⅰ级
香樟	3×3	1110	穴状/80×80×80	人工植苗2~3月	杆径4~6cm带土大苗
刺槐	2×2	2500	穴状/40×40×40	人工植苗2~3月	裸根苗/Ⅰ级
垂柳	3×3	1110	穴状/80×80×80	人工植苗/雨季	杆径4~6cm带土大苗
黄花槐	2×3	2500	穴状/40×40×40	人工植苗2~3月	裸根苗/Ⅰ级

（3）整地

根据造林地现状,主要穴状整地。整地时应尽可能地保留造林地上的原有植被。

（4）植苗造林

裸根苗造林为主。栽植时要保持苗木立直,栽植深度适宜,苗木根系伸展充分,填土一半后提苗踩实,再填土踩实,最后覆上虚土有利于排水、蓄水保墒。造林时间选在 2—3 月或 9—10 月。

（5）抚育管理

①幼林抚育:新造林连续抚育 3 年以上直至郁闭成林,主要包括除草、松土、培土、正苗等。每年抚育 2 次,第 1 次在 5—6 月,对幼苗进行窝抚,主要是松土施肥,铲除幼苗周围 80~100cm 范围内的杂草。第 2 次幼抚一般在 8—9 月进行砍抚,砍除幼苗地内的杂草、杂灌。

②施肥:经济林施用基肥,采用充分腐熟的有机肥,基肥要一次施足,在栽植前结合整地施于穴底,施肥时应当与土搅拌均匀,并回填盖 2~3cm 土壤,栽植时苗木根系不能与肥料接触,防止肥料烧苗。追肥根据根系分布特点,将肥料施在根系分布层内稍深、稍远处,诱导根系向深度、广度生长,形成强大根系,增强树体抗逆性。

③灌溉:灌溉的时间、次数、数量和方法,根据治理区气候条件、土壤水分状况及林木生长发育情况而定。

④护林防火:落实人员,加强巡山护林,防止人畜践踏和森林火灾发生。

⑤林业有害生物防治:加强监测预警,发生林业有害生物危害时,按林业有害生物防治相关技术标准进行除治。

（6）配套措施

实施封山育林,建设羊、牛圈舍,实施林下种草,减少草食牲畜对林草植被的破坏,修建蓄水池、沉沙池、截水沟、灌（排）渠、生产道路等小型水利水保工程,减少水土流失,提高土地生产力。

4.适宜推广区域

本模式适宜在华蓥山脉岩溶地区推广。

（三）广西恭城"养殖—沼气—种植"三位一体综合治理

1.自然条件概况

该治理区位于广西壮族自治区恭城瑶族自治县,境内以中山地貌为主,属中亚热带季风气候区,年平均降雨量 1460mm。全县岩溶石漠化面积

23400hm²,占全县土地面积的 10.95%。其中石漠化土地面积 19400hm²,潜在石漠化土地 6533hm²,分别占岩溶地区土地总面积的 16.8%、5.7%。全县石漠化土地中,轻度石漠化面积 410hm²,占 2.1%;中度石漠化面积 1600hm²,占 8.1%;重度石漠化面积 17467hm²,占 89.8%。

2. 治理思路

建设沼气池,利用秸秆和人畜粪便,获得清洁而便利的沼气能源;沼液可作肥料,用来种菜、种粮、种果,实现能源、畜牧、林果、粮食等生态农业综合发展;推行无公害标准化生产;充分利用产品优势,发展果汁、果酒和月柿加工等特色产业;依托"富裕生态家园"示范点和新农村建设,以人文景观和民族风情为主要内容,初步形成特色生态旅游产业。这种模式是依据"整体、协调、循环、再生"的原则,通过沼气把种植业、养殖业、加工业及旅游业有机地结合起来,充分发挥沼气的多功能和综合效益,变废为宝,既解决了农村能源问题,发展生态农业,又减少了森林的乱砍滥伐,减少了水土流失,使生态环境得到了根本性保护。

3. 主要技术措施

(1)"猪—沼—稻—果—鱼"应用形式

利用人畜粪便做原料生产沼气,以沼气作为生活燃料、照明和果品保鲜,或用沼气点灯诱虫蛾喂鱼;用沼渣作水稻等粮食作物和果树的基肥;沼液用于稻果浸种、水稻和果树的叶面及根外追肥,养鱼户还用沼渣养鱼。

(2)"猪—沼—稻—果—菜—蚯蚓"应用形式

以城镇近郊农户为主,主要利用居住地的经济区位优势,种植蘑菇等食用菌类或蔬菜供应城镇居民,有养殖技术的还饲养蚯蚓,用其饲喂猪、鸡、鸭。此种模式能形成较大能量流和物质流的良性循环。

(3)"猪—沼—果—稻—菜—加工"应用形式

除具有上述两种模式的综合利用方式外,还利用富余的沼气带动柴油机作动力加工,形成"种—养—加工"的良性循环。

(4)"牛(猪)—沼—果—林"应用形式

除具有上述模式综合利用特点外,农户主要用沼液浸树种、幼苗喷施,使树苗生长苗壮,提高成活率,增强病虫害抵御能力。

4. 适宜推广区域

该模式适宜在具备建设沼气池的所有石漠化区域推广应用。

第六章

崩岗侵蚀防治

第一节　崩岗侵蚀概况

崩岗侵蚀是我国南方红壤低山丘陵区生态危害最大的一种水土流失类型，被列为我国最严重的四大类沟蚀类型之一（黄土高原区沟壑、黑土区大沟、西南地区泥石流沟、南方红壤区崩岗沟）。根据《土壤学大辞典》（周健民等，2013）的定义，崩岗是指山坡土体或岩体风化壳在重力与水力综合作用下分离、崩塌和堆积的侵蚀现象。"崩"是指崩塌侵蚀方式，"岗"则指所形成的地貌形态，故崩岗一词具有发生和形态方面的双重含义。崩岗侵蚀在我国南方深厚花岗岩低山丘陵区十分普遍，具有侵蚀模数大、危害严重、治理难度大等特征。

一、崩岗形成与形态

（一）形成

学术界目前普遍认可崩岗是在重力与水力综合作用下形成的。崩岗的形成是重力与水力的侵蚀作用大于土体抗蚀力的结果，发生的主要条件是：①有疏松深厚的风化层作为侵蚀的物质基础。②以径流和重力作用为主要的侵蚀营力。③人为破坏活动是促发崩岗的主导因素。前两个是崩岗发生的潜在条件，破坏地面植被和地表物质组成的人为破坏活动是崩岗发生的诱发因素。因此，在具备崩岗发生的土层（岩性）与气候条件下，海拔 50～500m 的丘陵区是人类活动频繁的区域，也是崩岗集中发生的区域。

深厚的土层或风化母质层是崩岗发育的基础。我国南方花岗岩区，在温暖湿热的条件下生物化学作用强烈，形成的深厚风化壳一般可达 10～50m，其中最松散易蚀的是底层母质风化层，石英沙粒含量高，一旦侵蚀沟切透其上的表层和过渡层进入母质风化层，便会造成掏蚀和潜蚀加剧、基底不稳，导致其上覆盖层的倾斜和倒塌，在地表径流和重力的综合作用下，土体极易崩塌形成崩岗。第四纪红色黏土上发育的红壤，土层可达 10m 以上，也易发生崩岗。在页岩、紫色砂页岩、砂砾岩发育的丘陵山地也偶有发生,其他岩性发生较少。以湖南省为例,风化花岗岩发育的崩岗面积占全省崩岗总面积的58.08%,第四纪红土类的占14.22%,砂砾岩类的占13.17%,泥质岩类的占8.12%,其他岩类的占6.41%;福建省85%的崩岗都发育在花岗岩丘陵盆谷地(冯明汉等;2009)。

暴雨径流是崩岗发育的动力,南方崩岗主要发生在年降雨量1400~1600mm等雨量线的区域内,并且降雨量较降雨强度对崩岗侵蚀量的影响要大。气温是促进岩体本身机械崩解,降低抗蚀力、减少土体内聚力的必要条件。崩岗发生区域主要位于我国年均气温16℃等温线以南,严重发生区域位于我国年均气温18℃等温线以南。

总体而言,崩岗发生于热带、亚热带地区的花岗岩、砂砾岩、砂页岩、泥质页岩出露区,尤以发育于花岗岩的崩岗最为典型。

(二)发育

崩岗的发育大致可以分为以下三个阶段。

1. 深切活动期

以水蚀为主,由沟头跌水造成的冲刷下切力量,加上溯源沟蚀的作用,致使沟底加深,沟道加宽,沟岸陡壁形成,此时沟坡尚未出现堆积物质。

2. 崩塌活动期

侵蚀力逐渐由水力转化为重力,集水区的径流继续跌水,并不断入渗崩顶周围的裂隙和侵蚀沟,作为地下水保存起来,通过其潜蚀作用从崩底以下降泉的形式重新出露地面。与此同时,崩岗的溯源侵蚀、侧向侵蚀和下切侵蚀仍旧继续,土壤块体受重力发生断裂崩塌,崩顶不断向上和两边扩张逐渐接近分水岭,沟坡出现堆积锥,又被径流切割,崩壁越来越高,越来越陡。

3. 平衡趋稳期

崩顶发展到分水岭,集水坡面很小,水力冲刷作用变弱,重力崩塌仍然继续,但崩塌量已经大大减少,崩壁和沟岸坡度变缓,沟坡堆积量增大,崩岗发育趋向稳定,植被也逐渐恢复。

其中,第二阶段水土流失最为严重和危害最大,也是崩岗发育受外部影响最为复杂的阶段。

(三)形态

崩岗由集水盆、冲沟、扇形地三部分组成,集水盆是侵蚀发源区,主要由集水坡面、沟头、崩壁(沟壁、土墙)组成,冲沟是搬运区,扇形地为堆积区(图2-6-1)。崩岗的组成要素决定了崩岗的形态。

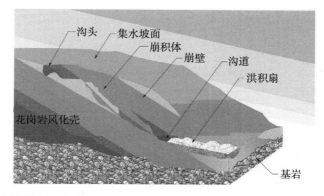

图2-6-1 崩岗的主要构成要素(引自:https://www.sohu.com/a/359325999_120057939)

崩岗按形态可分为瓢形崩岗、条形崩岗、叉形崩岗、爪形崩岗、箕形崩岗、弧形崩岗和混合型崩岗(图2-6-2)。根据长江水利委员会2005年12月的调查

瓢形崩岗条形崩岗

爪形崩岗弧形崩岗

混合型崩岗

图2-6-2 崩岗的主要形态类型(照片由邱铭和林金石提供,2019)

结果（孙波，2011b），在我国南方红壤区6省，弧形崩岗有3.85万个、瓢形崩岗有4.62万个、条形崩岗有4.83万个、爪形崩岗有1.80万个、混合型崩岗有5.03万个，分别占崩岗总数量的19.1%、23.0%、24.0%、8.9%、25.0%（表2-6-1）。

表2-6-1　调查的南方红壤区6省不同形态崩岗数量

省份	崩岗总数（个）	崩岗形态				
		弧形	瓢型	条形	爪型	混合型
湖北	2363	431	385	673	174	700
湖南	25838	6990	4683	8730	1183	4282
江西	48058	12833	14058	10784	3095	7255
安徽	1135	306	193	447	43	146
福建	8754	1976	1954	1624	831	2369
广东	115154	15965	24973	26043	12588	5585
合计	201302	38510	46246	48301	17914	50337
	百分比 19.1%	23.0%	24.0%	8.9%	25.0%	

数据来源：孙波（2011b）。

另外，崩岗按发展程度可分为活动型和稳定型。例如，牛德奎（1994）等人在对崩岗影响因子进行调查、综合分析的基础上把崩岗分为：发展型崩岗、剧烈型崩岗、缓和型崩岗、停止型崩岗。

按单个崩岗的规模可分为小型、中型和大型。常用的崩岗规模分级标准如下：大型崩岗，面积大于3000m²；中型崩岗，面积为1000~3000m²；小型崩岗，面积为60~1000m²。

二、崩岗侵蚀的现状与分布

（一）现状

根据长江水利委员会2005年12月的调查结果（孙波，2011b），崩岗侵蚀分布较为集中的地区涉及长江流域、珠江流域和东南沿海诸流域。从行政区域来看，集中分布于广东、江西、湖南、福建、广西、湖北、安徽七省（区）的丘陵区，涉及70个地（市）、331个县（市、区），共有大、中、小型崩岗20.13万个，大、中型崩岗数占65%（表2-6-2）；崩岗塌陷总面积达1113.6km²，其中大、中型崩岗塌陷面积高达96%（表2-6-3）。

表2-6-2　南方红壤区8省崩岗个数分布

省份	个数及占比	总数	大型	中型	小型
江西	个数	48058	15721	13556	18781
	占比（%）	100%	32.71%	28.21%	39.08%
福建	个数	8754	2426	310	6018
	占比（%）	100%	27.71%	3.54%	68.75%
浙江	个数	-	-	-	-
	占比（%）	-	-	-	-
广东	个数	115154	70651	19400	25103
	占比（%）	100%	61.35%	16.85%	21.80%
海南	个数	-	-	-	-
	占比（%）	-	-	-	-
湖南	个数	25838	2657	3965	19216
	占比（%）	100%	10.28%	15.35%	74.37%
湖北	个数	2363	119	482	1762
	占比（%）	100%	5.04%	20.40%	74.57%
安徽	个数	1135	396	355	384
	占比（%）	100%	34.89%	31.28%	33.83%
合计	个数	201302	91970	38068	71264
	占比（%）	100%	45.69%	18.91%	35.40%

数据来源：孙波（2011b）。

表2-6-3　南方红壤区8省崩岗塌陷面积

省份	合计（hm²）	大型（hm²）	中型（hm²）	小型（hm²）
江西	20674.80	15410.5	2694.29	2570.01
福建	2603.00	1897.62	45.56	659.82
浙江	-	-	-	-
广东	83450.9	79448.78	3741.33	260.79
海南	-	-	-	-
湖南	3739.39	2412.04	661.93	665.42
湖北	537.43	394.38	73.09	69.96
安徽	355.93	134.31	61.16	160.46
合计	111361.5	99697.63	7277.36	4386.46
	100%	89.53%	6.53%	3.94%

数据来源：孙波（2011b）。

从崩岗数量分布情况看,崩岗数量最多的是广东省(占崩岗总数的45.1%),其次为江西省(占20.1%)、广西壮族自治区(占11.6%)、福建省(占10.9%)、湖南省(占10.8%)、湖北省(占1%)及安徽省(只占近0.5%)。崩岗面积和防治面积最大的是广东省,其崩岗面积占崩岗总面积的67.83%,防治面积占总防治面积的45.9%。

崩岗侵蚀量巨大,根据阮伏水(2003)在福建安溪官桥5个崩岗沟对侵蚀量的观测结果(表2-6-4),再结合江西赣县典型崩岗区调查结果(陈晓安等,2013a),在分析长江水利委员会调查崩岗的类型、大小、数量的基础上(李双喜等,2013),对南方红壤区崩岗沟壑区的侵蚀总量进行了估算。结果表明,红壤区崩岗沟壑区面积为11.14万hm²,在70~120年的时间里,崩岗侵蚀共产生92.9亿t泥沙,平均每年的产沙量约为6723.9万t,其中广东、江西、湖南和福建分别占总产沙量76.9%、17.5%、2.8%和1.9%,4个省合计已经超过了99%。按照上述6省的年产沙总量来计算,这11.14万hm²的崩岗沟壑区,平均土壤侵蚀模数高达5.90万t/(km²·a),这个侵蚀模数是国标中剧烈侵蚀标准的4倍左右。另据江西省崩岗典型调查数据显示(梁音等,2009),单个崩岗的年土壤侵蚀量为3万~35万t,平均土壤侵蚀量为12.4万t/a,其中面积最大的崩岗分布在安吉县万福乡炯村老山白沟,面积为63.00hm²,年均土壤侵蚀量高达12.0万t。另据福建安溪县水保站调查测算,崩岗区年土壤侵蚀模数可达3万~5万t/(km²·a),纯崩岗的侵蚀模数最高达15万t/(km²·a)。湖南省桂东县从1996年以来,新增崩岗6538个,产沙量高达280万m³/a(梁音等,2009)。

表2-6-4　福建安溪官桥长垄崩岗沟小流域实测产沙量

崩岗沟(小流域)编号	集水面积(m²)	沟壑面积(m²)	崩岗沟个数(个)	观测区内集水区土壤侵蚀量(t)	集水区年土壤侵蚀模数(t/km²)	沟壑区年产沙模数(t/km²)	观测时间
1	700.6	498	1	145.2	68405	95049	1993.1~1995.12
2	5072	4447	1	1058.1	69538	78906	1993.1~1995.12
3	242500	73963	23	20985.0	21634	67512	1991.1~1994.12
4	113400	29484	11	4457.07	26202	89394	1993.6~1994.12
5	31300	10016	4	1608.38	34257	98554	1993.6~1994.12

数据来源:阮伏水(2003)。

同时,崩岗侵蚀具有发展速度快、突发性强的特点,因而比一般水土流失更具威胁性,有时一场暴雨就可扩大崩岗侵蚀面积2倍左右,溯源推进2~10m以上,崩岗沟头前进的速度非常迅速。据江西南康龙回部分崩岗沟头的测定结果,沟头前进的速度0.8~1.5m/a,最快的可达6m/a(梁音等,2009)。崩岗导致山体破碎,严重破坏了宝贵的土地资源,群众形象地称为"烂山头"。

（二）分布

崩岗侵蚀较严重的地区主要分布在我国南方的广东、广西、海南、福建、江西、安徽、湖南、湖北8省(区)(图2-6-3),涉及长江流域、珠江流域和东南沿海诸流域。从地质上来看,崩岗主要分布在花岗岩区,第四纪红色黏土区也常有分布,页岩、紫色砂页岩、砂砾岩偶有分布,其他岩性分布较少。从地形地貌上来看,崩岗主要分布在南岭山脉、武夷山脉、戴云山丘陵地貌。

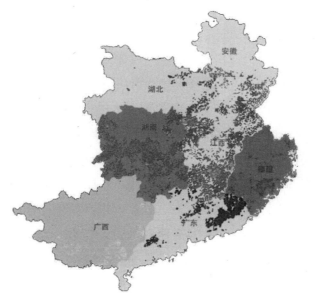

图2-6-3　我国南方崩岗分布示意图

从地形地貌上看,崩岗侵蚀很少在高海拔的山区,主要发生在海拔150~250m、相对高度50~150m的花岗岩风化红壤丘陵山地上,且多分布在山脚和山腰下部的坡面上,例如,广东省五华县、德庆县,福建省安溪县、长汀县,江西省赣县区、兴国县、宁都县、南康区和湖南省桂东县等地的严重崩岗侵蚀区,均发生在相对高差不足40~80m的低丘地貌单元上,在这一高差范围内,土壤几乎完全由残积红土组成。

崩岗侵蚀一般是从山麓或山腰开始,进而发展到山坡以上,崩岗的深度和宽度一般在 5m 以上,有的崩岗深达数十米,面积达数公顷。有的崩岗上从分水岭、下至山脚,沟深一般高十几米,有的高达数百米。在科考中发现,有的崩岗已经越过了分水岭,崩到了山脊线的另一面,比如福建安溪的崩岗。

崩岗侵蚀所产生的沟谷多且深,地表支离破碎。严重的崩岗侵蚀区,崩岗面积沟壑区的面积可达到坡面面积的 50% 以上,崩岗密度可达 380 个/km^2,有的高达 600 ~ 700 个/km^2,使土地支离破碎。例如,广东省五华县崩岗侵蚀面积为 190km^2,占流失总面积的 33.5%,共有大小崩岗 22117 个,每平方千米大约有 116 个崩岗,形成崩岗群。在这些崩岗中,深宽 10m 以上的崩岗就有 8376 个,占总数的 38%,其中崩岗深宽为 40 ~ 50m 的约占 40%,个别深宽达 70 ~ 80m。

三、崩岗侵蚀的危害

深厚的风化母质残积物和强烈的瞬时降雨,使得崩岗侵蚀突发性强,发展速度快,水土流失十分严重,严重毁坏土地资源,破坏农业生产,流失泥沙淹没农田、淤塞水库、抬高河床、妨碍水利和航运建设,对人民生命财产造成极大危害。据长江水利委员会资料,目前南方红壤区六省崩岗沟壑区面积约 11.14 万 hm^2,土地多呈支离破碎状态,利用率很低,从 1949 年到 2005 年的 56 年间,因崩岗侵蚀所产生的泥沙覆盖农田 36 万 hm^2,毁坏房屋 52.1 万间,毁坏道路 3.59 万 km,桥梁 1 万座,淤满水库 8947 座、塘堰 7.22 万座;直接经济损失 205 亿元,受灾人口 917.14 万(孙波,2011a)。另据福建省水土保持办公室不完全统计,1985—2004 年的 20 年间,仅安溪、永春、诏安、长汀、永定 5 个县,泥沙淹没农田 38658hm^2,损毁房屋 41789 间、道路 348km、桥梁 120 座、潭堰 319 座,受灾人口达 26549 人,直接经济损失高达 18.85 亿元(梁音等,2009)。据江西省不完全统计,20 世纪 50 年代初以来,江西因崩岗侵蚀造成沙压农田 6.7 万 hm^2,损坏交通道路 1.2 万 km(包括乡村道路)、桥梁 3846 座、水库 798 座、塘堰 1.158 万座,损毁房屋 16.6 万间,受灾人口 207.58 万,直接经济损失 45.87 亿元(李旭义,2009)。其实崩岗侵蚀的危害远不止这些,具体表现在以下几个方面:

（一）破坏土地资源,威胁国土安全

崩岗的危害,首先表现在破坏了地表的完整性。崩岗侵蚀区年均土壤侵蚀模数达 4.91 万 t/(km²·a)，远超过剧烈侵蚀强度标准。它破坏原有的地形，造成地表支离破碎、沟壑纵横、崩壁林立的"烂地"，最终导致土地资源破坏，不能被充分有效利用。严重崩岗侵蚀区的沟壑面积可达坡面面积 50% 以上，崩岗密度达 380 个/km²，有的高达 600～700 个/km²，地面坑深壁陡，难以利用。据调查，江西省宁都县璜陂、赣县区田村及南康区龙回村等地的大小冲沟面积占土地总面积的 20%～40%，冲沟密度达 6～10km/km²。南康区龙回村部分崩岗沟头溯源侵蚀速度平均为 0.8～1.5m/a，最快可超过 6.0m/a。赣县区田村乡 1 处崩岗群面积达 20km²，植被覆盖率不到 10%，呈现出"山上无鸟叫，河里无鱼虾"的荒凉景象（梁音等，2009）。福建安溪是我国著名的崩岗县，一度成为福建省乃至全国最典型的崩岗侵蚀县。目前安溪县共有崩岗 4744 个，约占福建全省崩岗总数的一半以上，崩岗面积达 906.4hm²。严重的崩岗侵蚀导致了安溪县水土资源贫乏，生态环境日益恶化，群众的生命财产安全也受到了威胁，崩岗每年造成安溪土壤流失 120 多万 t（陈志明，2007）。

（二）毁坏基本农田，危及粮食安全

一部分崩岗侵蚀产生的大量泥沙对下游的基本农田造成毁灭性灾难。红壤区农业人均耕地仅 0.06hm²，远远低于全国农业人均耕地 0.17hm² 的平均水平，耕地资源显得尤为稀缺。但是崩岗侵蚀一方面直接侵蚀坡面上的耕地，导致耕地面积减少；另一方面使大批耕地被泥沙压埋，本来有限的耕地资源更显紧张，严重影响当地粮食生产。广东省梅县区荷泗小流域下游以前有农田 13.3hm²，现在全部被崩岗冲下来的泥沙埋压。梅县松源镇采山村乌泥坑，过去曾居住着 8 户农家，耕种 6.67hm² 良田，由于崩岗危害，良田被淹，农户被迫搬迁（梁音等，2009）。福建省安溪县仅崩岗每年造成土壤流失量达 127.14 万 t，占全县土壤流失总量的 47.1%，全县因崩岗冲毁、埋压耕地的面积达 769.8hm²，占耕地总面积的 2.8%，其中有 1/4 的埋压耕地无法复垦，宝贵的土地资源无法利用（梁音等，2009）。江西省修水县 1998—2003 年，因崩岗造成泥沙堆积损毁耕地 1460 多 hm²，其中，沙压农田 1150hm²、冲毁农田 310hm²。该县路口乡马草垅村一处崩岗仅 1995 年的一次崩塌，就冲毁农田 2.0hm²、沙压农田 9.2hm²，直接受灾人口 142 人。定南县岭北镇 1998 年 3 月 7—9 日，连日暴雨，造成崩岗泥沙下泄，仅 3 天就淹没农田 21.3hm²，受害农户 413 户，直接经济

损失 21.8 万元（牛德奎,1994）。

（三）恶化生态环境,威胁生态安全

由于花岗岩崩岗区土壤颗粒粗,结构疏松,土粒之间的黏结性极差,透水性强、保肥力差,经过强度剧烈流失,土壤有机质含量不足 1%,造林种草成活率低,生长缓慢（廖建文, 2006）。崩岗侵蚀往往形成崩壁陡峭的"烂山地貌",使整个侵蚀区域土壤肥力下降、障碍因子出现,土地生产力遭到严重破坏,变成丧失地力的不毛之地,有的甚至基岩裸露,成了种草草不生、种树树不长,难以利用的"白沙岗",生态环境极度恶化。

另一方面,由于花岗岩、砂岩、砂砾岩地区发育的土壤颗粒较粗,粒径为 0.5 ~ 2mm 的黏粒占 30% 以上,粗砂和砾石较多;粒径小于 0.01mm 的黏粒仅占 20%（廖建文, 2006）。因此从崩口流出的浑水,含有大量石英颗粒,流失物质以粗粒二氧化硅为主。径流冲刷下来的泥沙大部分就近堆积,只有少数泥沙以悬移质形式随径流输出流域外,造成上游堆积量大,致使不少农田被石英颗粒覆盖,不能继续耕种,危害非常严重。此外,崩岗产生的泥沙酸性很大,流入水稻田立即引起减产。

（四）淤积河床水库,危害水利交通。

据长江水利委员会测算,崩岗沟壑区的平均侵蚀模数为 5.6 万 $t/(km^2 \cdot a)$,严重的可达十几万 t/km^2。崩岗产生的大量泥沙淤塞河道水库,缩短其使用寿命。如福建省安溪县,崩岗侵蚀产生的泥沙沉积,使 6 座水库淤满报废;由于崩岗侵蚀造成的水库有效库容损失 650 万 m^3。安溪龙门锁蛟水库,1956 年建成,正常库容 74.19 万 m^3,至 1989 年已经淤满报废,究其原因,是因为该水库库区集雨面积 $1km^2$ 内崩岗数达 97 处,崩岗沟壑面积 $0.124km^2$,占库区面积的 12.4%,库区平均侵蚀模数为 3.4 万 $t/(km^2 \cdot a)$,而崩岗沟的侵蚀模数高达 23 万 $t/(km^2 \cdot a)$（陈志明, 2007）。再如,安溪的官桥镇 1958 年建成的 15.07 万 m^3 的乌坝水库,目前库容仅剩 3.27 万 m^3,泥沙淤积量达 11.8 万 m^3,损失正常库容的 78.3%,影响了下游灌溉以及暴雨季节的防洪功能（梁音等, 2009）。据史料记载（梁音等,2009）,安溪官桥镇仁峰村的白石溪,百年前过河需要舟楫,由于崩岗侵蚀的泥沙,10 年前该溪河床就已经高出田面 0.5m,成为闻名福建省内外的"地上悬河",致使暴雨来时洪水泛滥,泥沙俱下,给该村农

业生产和人民群众的生活财产安全构成了严重的威胁。江西赣县区田村、白鹭等乡镇河床比 20 世纪 50 年代平均抬高 1.1~1.7m,60 年代兴建的古塘、葛坑拦沙坝设计库容分别为 12.8 万 m^3、46.6 万 m^3,现已不足 2/3(梁音等,2009)。广东省 1949—2005 年间,淤满水库 571 座、塘堰 1 万多座(梁音等,2009)。崩岗侵蚀区由于植被遭到破坏,土壤涵养水源的能力明显下降,还造成下游水源补给的缺乏和水资源的可利用率降低。

(五)加剧自然灾害,威胁公共安全

崩岗区的径流一般是高含沙水,危害很大。福建省安溪县 1960 年建成的龙门锁蛟水库,1999 年 10 月 9 日 14 号台风时,普降大暴雨,导致大坝坝体崩塌、下游厂房被冲毁,造成 5 人死亡、1 人失踪、3 人受伤(梁音等,2009)。江西省信丰县大阿镇光明村乌样坑,年土壤侵蚀量高达几十万吨,给下游营子上和松山下两个村庄和光明小学共 870 人的生产和生活带来严重威胁(梁音等,2009)。广东省梅县区由于崩岗形成的高含沙水流,对部分乡(镇)构成严重威胁。比如,松源镇自新中国成立以来至 1983 年,高含沙水流使 42hm² 良田变成了沙滩,82hm² 农田受到威胁,25.8hm² 农田内涝积水。泥沙还淤塞溪河 8 条、输水主渠道 18km、塘库 20 座,减少库容 7.1 万 m^3,使松源河逐级开发的 12 座电站(装机 25 台 9195kW)不能充分发挥发电效益(梁音等,2009)。湖南省桂东县,1996 年以来新增崩岗 6538 个,引发泥石流 4 次,导致 137 人死亡,冲毁房屋 161 栋、道路 22.7km、堤防 32km、公路 5.1km、桥梁 76 座,水冲沙压稻田 300hm²,损失惨重。福建安溪全县水田受崩岗侵蚀危害面积占耕地总面积的 2.8%,由于崩岗侵蚀危害累计造成民房倒塌 1328 多间,受灾人口 1.3 万,有近 20hm² 良田受崩岗危害,严重沙化,地力严重下降,当地农民称之为"地老虎",直接经济损失 1.97 亿元。

第二节 崩岗侵蚀特征及影响因素

一、崩岗侵蚀特征

崩岗是南方红壤丘陵岗地上剧烈风化的岩体,在水力与重力综合作用下,向下崩落的一种特殊侵蚀地貌类型,是坡地侵蚀沟谷发育的高级阶段(刘希林,2018)。由于高温、多雨和昼夜温差的影响,再加之花岗岩富含石英砂粒,岩石的物理风化和化学风化都较为强烈,雨季花岗岩风化壳大量吸水,致使内聚力降低,风化和半风化的花岗岩体在水力和重力综合作用下发展成为崩岗(林敬兰等,2013)。一个完整的崩岗应具有沟头(又称集水坡面)、沟头下部呈松散状的崩积体、冲沟沟道的沟壁、沟床以及沟道外部的洪积扇等。也有学者认为崩岗是由崩壁、崩积堆、洪冲积扇三部分组成。由于崩岗的特殊性及其作为一个构成复杂的系统,当前许多学者及其研究普遍认为崩岗系统主要由集水坡面、崩壁、崩积堆(崩积体)、沟道和洪积扇 5 个基本单元组成(Chen et al.,2018)。在崩岗整个发育的过程中,某一个或几个基本构成单元会消失或是特征不明显,当崩壁的崩塌超过分水岭时,集水坡面这一构成单元就会消失。崩岗侵蚀剧烈,具有自然性、突发性和长期性的特点,是危害性极大的一种水土流失类型。崩岗区平均的土壤侵蚀模数高达 5.9 万 t/(km² · a),这个侵蚀模数是国标中剧烈侵蚀标准的 4 倍左右(Zhong et al.,2013)。

(一)水力侵蚀特征

崩岗侵蚀多发生在花岗岩区,其过程一般是在花岗岩风化发育地区,植被被破坏后,面蚀加剧,多次暴雨径流导致土层侵蚀流失,于是片流形成的凹地迅速演变为冲沟,冲沟下切到一定深度便形成陡壁。降雨时,崩岗产沙过程主要产生在崩积体。崩积体是指崩壁、集水坡面的物质在水力和重力双重作用下,在崩壁下方堆积形成的物质(蒋芳市等,2014;Jiang et al.,2014)。根据崩积体的产生方式,可将崩积体划分为散落型和滑动型两大类,并以散落型为主(蒋芳市,2013)。崩积体的形成过程受到较大的外界扰动,使得其具有土质疏松、抗侵蚀能力弱、坡度大,且极易被侵蚀的性质。野外调查研究发现,在受到侵蚀的过程中,崩积体坡面产生大量细沟、浅沟甚至切沟,崩岗崩积体坡面细沟侵蚀产生的泥沙量占据了整个坡面侵蚀产沙量的80%。此外,崩积体土体砾石含量较高,最高可达70%,属于典型的土石混合物(蒋芳市,2013;Jiang et al.,2014)。在暴雨和大暴雨量级的降雨强度及陡坡条件下,通过室内人工模拟降雨试验得出崩积体陡坡径流和产沙量呈指数函数关系,而径流与含沙量之间呈幂函数关系。黄炎和等(2015)通过不同流量结合不同坡度的室内放水冲刷试验,研究了崩积体坡面侵蚀及其产沙规律,得出了水流流速和流量与坡度的幂函数关系,并将单位水流功率表达为流速与坡度正弦值的乘积,分析得出产沙率与单位水流功率的线性回归方程。沟道的组成物质多为流水携带的沉积物,其颗粒较细。崩岗沟道通常只发生淤积,这是因为崩岗的沟道不同于冲沟或切沟的沟道,其地势较平坦开阔,水力坡度较小,径流速度较慢,呈漫流或散流状态。但是在某些情况下,当临时基准面改变时,水流速度加快,常发生跌水集中冲刷,此时沟道会随之发生下蚀或侧蚀。沟道发生侵蚀,会危及其上的崩积体和崩壁的稳定(吴志峰等,1999)。由于暴雨下积水坡面的水流湍急,倾泻入崩岗内,流速已超过花岗岩风化土最大的石英沙砾起动流速,大量崩岗泥沙被水流以半絮流跳跃状和推移质形式冲出崩岗口,有时一次暴雨可冲走十至几十吨的泥沙。当水挟泥沙达到崩岗口,由于坡度骤然减缓且崩岗口开阔,水流流速减慢,大量泥沙落入崩岗口,形成锥状洪积扇,其余泥沙则随水流排出崩岗口,掩埋下游农田,或进入河川,淤塞河道(付强等,2013)。

(二)重力侵蚀特征

花岗岩体有许多节理,风化后较大的节理变成孔隙,孔隙不断发育,当地表植被破坏后,降水从孔隙下渗,到达一定深度两层不接合面处,便形成表层流。表层流可以贯穿相连的土隙,使土隙不断扩大,特别是花岗岩成土所含松散砂粒较多,下渗渐成渗漏,到一定程度发生了大块土壤崩塌,渐成崩岗。径流冲刷和崩塌过程交替进行,互相促进,促使崩岗沟不断扩大,崩岗侵蚀加剧。当降水下渗后,土层的含水量增加,容重增大,土粒间的黏结力减小,使土的强度降低,在重力作用下,较陡立的冲沟沟壁和崩壁上部的土体稳定性变差而容易塌落(夏栋,2015)。由于地下水位以上的土层在降雨前含水量较小,而降雨后含水量较大,所以在降雨过程中或雨后一段时间土体容易发生崩塌。吴志峰等(1999)认为,在重力作用下,崩壁后退的主要方式有片状崩落、滑塌和倾倒3种方式。在崩岗发育过程中,崩壁临空面增加,坡顶土体易达到弹性形变的极限,从而容易产生与崩壁平行的张性裂隙,引发崩壁土体发生片状崩落。同时还指出,由于土体中软弱面的存在,崩壁通常会沿此面发生滑塌。此外,当崩壁的倾向与垂直方向上节理的倾向相反时,一定条件下崩壁土体会发生转动倾倒。张信宝(2005)基于国外对超压密岩土边坡的失稳机制的研究结果,提出崩壁的失稳可能与花岗岩的风化膨胀力有关,特别是崩岗中下部土体受上部土体的压力的束缚,土壤颗粒之间的孔隙处于压缩状态,因此压缩孔隙存在向外伸展的膨胀力,在风化膨胀力的存在下,花岗岩风化壳土体的抗剪强度会下降,崩壁易于失稳而发生崩塌。

二、崩岗侵蚀影响因素

崩岗的物质基础是深厚的花岗岩风化壳,降雨径流是激发促进因素,此外土壤岩性、地形地质、地貌、气候、植被覆盖等自然因素和筑路的高边坡、开采矿产扰动土壤表层等人为活动的诱发因素均与崩岗发生发展密切相关。

(一)气候因素

气候条件是影响崩岗侵蚀的重要外因和驱动因素。高温高湿的环境背景为华南地区花岗岩加速风化提供了必要条件;在热带、亚热带地区暖湿气候条件下,生物地球化学循环强烈,充沛的降雨也加快了岩石风化,从而加剧岩石风化形成深厚的风化壳,为进一步发生重力侵蚀的临空面提供了物质基础。

1.降雨因素

崩岗的发生受到降雨量的影响(图2-6-4)。南方充足的降水所带来的强大径流是崩岗发育的外部动力和诱发因素,径流很容易对崩岗产生下切侵蚀,增加沟壁的临空面,加速崩岗的崩塌(廖义善等,2018)。降雨之前坡体中的含水量决定当前降雨的湿润前锋深度,一次降雨的湿润前锋很难达到崩岗所需要的临界深度,前期降雨在土体中的累积效应是影响坡体稳定性的重要因素

（王彦华等，2000）。在湿热的气候条件下，雨量充沛，强大的降雨侵蚀力分散并悬移土壤颗粒，径流下切，破坏并扩大岩石节理裂隙，有利于崩岗形成和发展（李双喜等，2013）。

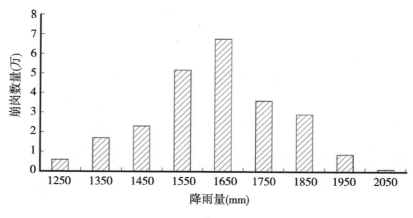

图 2-6-4　不同降雨量下崩岗分布数量（李双喜等，2013）

2. 温度条件

崩岗的发生与气温显著相关，根据调查有超过 60% 的崩岗都分布在年平均温度 20℃ 以上的区域（图 2-6-5）。有调查分析认为太阳辐射会使崩壁表

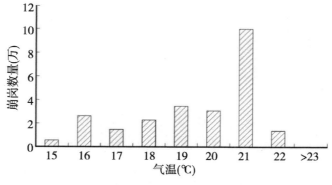

图 2-6-5　不同气温条件下崩岗分布特征（李双喜等，2013）

层温度迅速升高，加快土壤水分散失，热力变异和干湿交替作用会导致崩壁稳定性降低（刘希林等，2011）。华南丘陵区夏季地表温度在 35~40℃ 以上。据对江西省南康、泰和、赣县、会昌等严重侵蚀地的测定，夏季午后的表土温度可达 55~62℃。局部砂砾化面蚀的地表最高温度可达 71℃。高温环境极大制约了植被的生长。同时，由于雨热同期，这期间的暴雨会加速岩石和母质的风化与侵蚀。高温作用后如遇暴雨，岩块会因干湿交替和胶结物质的淋移而龟裂破碎，华南红层中的泥页岩、页岩、紫色页岩最易破碎，直径 20~40cm 的岩块，经

由夏季 2～3 个月的风化过程后可全部破碎成 0.15～2.00cm 的碎块,直径小于 0.40cm 的颗粒可占 65% 以上。母质和土体则因高温失水后的收缩导致裂隙发育,在暴雨作用下,强烈的湿化作用使土块迅速破碎、分散,大量水分深入土体深层,引起土体膨胀、崩塌(牛德奎,2009)。

(二)地形地貌因素

地形地貌是影响崩岗侵蚀的关键因子。从崩岗的分布情况看,陡坡、长坡、阳坡和山脊等处易出现崩岗,而缓坡、阴坡和山凹处崩岗数量较少。由于南坡、东南坡和西南坡受到的太阳辐射强度大且时间长,所接受的热量和风量都大于北坡,致使南坡蒸发量大,土壤干燥疏松,团粒结构差,有机质含量少,植被稀疏,生长差,而且在雨季盛行南风、东南风的情况下,雨滴强击于迎风的南坡上,一旦地表很薄的红土层被蚀穿,下方松散的沙土层和碎屑层极易产生崩塌,这样导致了崩岗侵蚀在南坡和北坡上的差异,所以南坡有利于崩岗的形成发育(孙妍,2012;温美丽等,2018)。不同坡向与崩岗数量的关系见表 2－6－5 所示(刘希林等,2011)。

表 2－6－5　德庆县马墟河谷的山脉崩岗数量与坡向的关系

坡向	南	西南	东南	东	西	北
崩岗数/处	124	26	20	22	25	4
比例/%	56.1	11.8	9.1	10.0	11.2	1.8

资料来源:刘希林等(2011)。

崩岗分布坡度一般为 10°～35°,由于这种坡度范围有利于水流下切和重力作用形成崩塌,坡度增大其侵蚀量也增大,但 10°～25°坡度是最容易产生侵蚀的坡度。此外,作为崩岗组成部分之一,滑动型崩积体的坡度较大,可达 40°～70°,而散落型崩积体的坡度在 20°～40°,且主要分布在 30°附近;崩积体侵蚀严重,大雨暴雨过后,坡面形成密集的侵蚀沟(蒋芳市,2013)。坡长影响地表的产流状况,在地形、坡度、坡向等其他条件相同的情况下,坡长越长,汇流面积越大,地表径流越大,其流速随坡长的增加而增大,导致地表径流的破坏力增大,形成"滚坡水"冲刷切割地表,因而水土流失更加严重,并且崩岗的形成一般在距分水岭最远的陡坡段(见表 2－6－6 所示)。

表 2 - 6 - 6   不同坡度级崩岗分布特征

坡度级	坡度(°)	数量百分比(%)	面积百分比(%)
平原、微倾斜平原	0 ~ 2	5.89	4.20
缓斜坡	2 ~ 5	15.05	12.46
斜坡	5 ~ 15	46.64	43.33
陡坡	15 ~ 25	26.62	29.21
急坡	25 ~ 35	5.56	10.24
急陡坡	35 ~ 55	0.25	0.57
垂直坡	>55	0.00	0.00

资料来源:陈晓安等(2013a)。

　　崩岗多发生在我国南方花岗岩地区,海拔 50 ~ 500m 的低山丘陵(不同海拔崩岗分布特征见表 2 - 6 - 7 所示)。其中,海拔 100 ~ 200m 的低山丘陵区,坡度大的坡面比坡度小的坡面更容易发生崩岗(陈晓安等,2013a)。葛宏力等(2007)指出,崩岗发育受海拔高度与崩岗地区相对侵蚀基准面高度的共同影响,而且相对高差在 20 ~ 100m 以内崩岗发育最多。

表 2 - 6 - 7   不同海拔崩岗分布特征

地貌类型	不同海拔(m)	数量百分比(%)	面积百分比(%)
平原阶地	<100	1.03	1.10
低丘区	100 ~ 200	87.60	72.40
高丘区	250 ~ 500	10.90	25.50
山区	>500	0.47	1.00

资料来源:陈晓安等(2013a)。

　　此外,崩岗的发育形态也受到小地形的影响。凹形坡随距分水岭的长度增加越到坡下方坡度越小;凸形坡则随距分水岭长度的增加坡度增加;典型平直坡相对少见,其坡度随距分水岭距离的远近保持常量;复合型坡则系前 3 种坡面曲线的复合形式。在凹陷形坡面,小支沟呈扇形或羽形自上而下汇入主沟,这种地形条件下发育的崩岗为枝状。崩塌区在坡面中、上部。具这种地形的地块常常是两坡夹一沟的部分,由于汇集了两坡面水流,故崩岗发育规模也较大。在凸形坡面上,侵蚀沟自上而下呈放射状,水流较均匀地进入多条支沟。由各支沟发展而成的崩岗最初呈瓢形,崩塌区位于坡面上方,这与上坡部分红土层、网纹层被冲尽而露出大面积母质层有一定关系。随着崩岗的进一步扩展,相邻的多个崩岗常常相互贯通而成为一个巨大的崩岗,这种崩岗虽也具"肚大口小"的特点,但可以有两个以上流通出口,故其形状为掌状。在较平直形的坡面上,多股水流由上而下几近平行排列,由此而发育的崩岗成条带状,侵蚀沟和崩岗的发育都各成一系统。这种类型的崩岗面积常较小,可由坡脚处或中下坡位发育(牛德奎,2009)。

(三)地质土壤因素

崩岗侵蚀具有岩性选择性,主要分布在花岗岩母质,花岗岩本身固有的岩土特性起着关键作用。根据福建省崩岗野外调查数据,崩岗主要分布在花岗岩地区,占全省的84.7%。花岗岩风化壳各剖面的砾、砂和粉砂级颗粒占的比例较大,而黏粒级颗粒只占少部分,粗细混杂,土壤黏结性差,有利于崩岗侵蚀的形成和发育(阮伏水,2003)。Chen et al. (2018)通过对比崩岗区和非崩岗区土壤的物理化学性质,发现非崩岗区土壤的结构优于崩岗区土壤,且非崩岗区土壤的氧化铁含量显著高于崩岗区土壤。通常情况下,容易形成崩岗地形的两个岩土特征为:花岗岩物质松散,抗蚀力弱和垂直节理发育。红土层厚度薄,当红土层被侵蚀之后,下面松散的砂土层和碎屑层就极易在径流作用下遭受侵蚀(林金石等,2015;王秋霞等,2017)。花岗岩的纵节理、横节理、层节理、斜节理等各组节理的相互切割穿透,致使岩体解体,不仅导致沿节理的球状风化,而且使风化壳形成后垂直节理发育,当地势反差增大时,土体极易产生崩岗(林敬兰等,2010)。此外,花岗岩发育的土壤低抗剪强度、高压缩性与崩岗侵蚀发生密切相关。水分因素一般与土壤的抗剪强度成负相关关系(参见表2-6-8)。崩岗残积土的抗剪强度随着含水率的增加而迅速下降;崩壁不同层位土体浸水后,水呈非均衡态进入土体孔隙,粒间斥力超过吸力,使土体结构受到破坏(李思平,1992;张晓明等,2012;林敬兰等,2013;Deng et al.,2018)。土壤的入渗性能直接影响着雨水入渗深度,花岗岩、红砂岩土体层和母质层稳定入渗率能达到0.4mm/min左右,具有高入渗性,降雨时土壤水分很容易入渗到深层土壤,进而减小深层土壤的抗剪强度;而第四纪红土母质层稳定入渗率仅0.02mm/min,仅为花岗岩、红砂岩母质稳定入渗率的5%左右,雨水很难入渗到深层,因此不利于崩岗的发育(陈晓安等,2013b)。花岗岩土壤收缩过程受黏粒和砂粒含量影响明显,干燥过程中土壤自身结构强度和水分动态决定了土体的收缩特性,其中红土层土壤黏粒含量较高,在干燥过程中以径向收缩应变为主,易产生裂隙,砂土层则以轴向收缩应变为主,在表层土壤保持完好的情况下,砂土层结构稳定性较好。对于崩岗表层土壤来说,在脱水过程中的土体收缩、失稳现象,产生裂隙造成雨季水分下渗进而导致崩岗侵蚀的加剧(魏玉杰等,2015;章智等,2019)。

表 2 - 6 - 8　崩岗不同含水状况下岩土土力学特征

岩层	抗剪强度						临界高度		
	天然态		毛管态		饱和态		天然态	毛管态	饱和态
	$c(\mathrm{kg/cm^2})$	$\varphi(°)$	$c(\mathrm{kg/cm^2})$	$\varphi(°)$	$c(\mathrm{kg/cm^2})$	$\varphi(°)$	$H_1(\mathrm{m})$	$H_2(\mathrm{m})$	$H_3(\mathrm{m})$
红土层	0.45	31	0.27	25.1	0.14	24.2	9.25	4.94	2.52
砂土层	0.30	29	0.24	20.7	0.17	20.0	7.80	4.62	2.77
碎屑层	0.42	30	0.29	25.6	0.11	25.8	8.10	4.91	2.55

资料来源:李思平(1992);林敬兰等(2013)。

注:c 为黏聚力;φ 为内摩擦角;H 为 3 种状态下临界高度。

崩积体是崩岗的主要组成部分,崩积体土壤来源于崩壁的崩塌,但是土壤性质与崩岗残积土具有一定的差异(Lin et al.,2015)。崩积体土壤的有机质含量极低,颗粒主要为砾石、砂粒和粉粒,黏粒含量低,土壤颗粒的分形维数较小;土粒之间的黏结力很小,土壤的抗剪强度和硬度下降,抗冲抗蚀性能降低。崩积体土壤的非毛管孔隙比例高,入渗性能强,但土体疏松,土粒易与水分产生亲和力,更易造成土体的崩解。崩积体土壤分离速率与流速及剪切力呈指数函数关系,而崩岗集水坡面土壤分离速率与二者呈幂函数关系,说明崩积体比自然土体更易被水流分离(蒋芳市,2013)。

(四)植被因素

植被具有涵养水源、固土保水的生态功能,对防止土壤侵蚀和崩岗发育起着重要的保护作用。几乎任何条件下,其都有缓和径流侵蚀和风蚀的作用,如果植被覆盖消失,地表侵蚀作用将会加剧,腐殖土被雨水冲刷或发育为浅沟,侵蚀至其下的碎屑层时就易发展为崩岗。根系在土壤中的存在对于稳定土壤结构,增加土壤蓄水能力,防治土壤流失与侵蚀等方面发挥着重要的作用。不同植被类型由于其植物的生物学特性和空间结构的不同,对改变土壤的理化性质和水文生态特征等都存在差异,进而影响土壤的蓄水保土功能(何恺文等,

2017）。如果存在长期严重的水土流失和人为破坏，原生地带性植被则会逐渐消失，植被大多退化成疏林地或无林地，甚至退化成荒草坡或裸地，很容易发生水土流失，引发崩岗侵蚀。在花岗岩风化地区，针阔叶混交林拦截径流能力强，崩岗发生较少，而马尾松纯林或疏残林内，树木的根系影响崩塌体的稳定，崩岗较易发生。一旦植被遭到破坏，它的控制作用就会相对减弱，导致径流量和冲刷量增大，进而加剧水土流失，在重力作用下逐渐形成崩岗侵蚀（丁光敏，2001）。由此可见，植被是影响崩岗发育的一个重要的自然因素（参见表 2-6-9）。牛德奎（2009）指出，对崩岗地区进行基本情况调查时，植被覆盖度就是其中一个重要因子，并认为在植被覆盖率小于 20%~30% 的坡面地带易发生明显侵蚀。也有一些学者指出植被的种类与崩岗存在明显的关系，崩岗地带存在指示性的退化植被物种（谢宝平等，2000）。此外，阳坡、阴坡崩岗选择性发育的原因是植被种类分布的不同，阳坡、阴坡的优势物种分别为鹧鸪草和铁芒萁（吴志峰等，1997）。近几年随着遥感监测技术的迅速发展，很多学者都认为利用该技术能够大范围地监测植被情况，从而快速且连续多年的计算植被覆盖度，进而为大范围地研究崩岗与植被的关系提供了一种新思路（陈瑜，2017）。

表 2-6-9　福建省植被覆盖率对崩岗形成影响分析

指标	值			
覆盖率范围（%）	30	30~60	≥60	总面积
面积（hm²）	247.58	1885.93	497.17	2630.69
比率（%）	9.41	71.69	18.90	100.00

数据来源：丁光敏（2001）。

（五）人为因素

人类活动对崩岗侵蚀的发育起到诱发和促进作用，是崩岗侵蚀形成的重要因素之一。崩岗发生的区域多数是人口密集和能源紧缺的地方，这可能是诱发崩岗的一个重要因素。在矿山生产中，由于人们缺乏水土保持意识，没有合理的规划，乱采滥挖，随意倾倒弃土碎石，地表径流和集中股流泛滥，切沟广泛分布，进而发展成为崩岗。在筑路建设中，乡境内公路扩建、改建，边坡缺乏必要的工程和植物保护措施，雨季时会出现崩塌，直接影响交通、通信设施及建筑物的安全（殷祚云等，1999）。在兴修水库中，人们建造水库以及基建围垦取土等选址不当，也加速了崩岗侵蚀的发生发展。长期以来，群众为了生产和生活所需的能源,开山种植,滥伐滥砍,导致森林植被大量破坏,山体风化壳缺乏植被覆盖,土壤保水保肥能力差,表土层很快侵蚀光,侵蚀至其下的砂土层时,便易发展为崩岗(孙妍,2012)。例如福建安溪县官桥地区,20世纪初该区莲美村只有5个数米规模的小崩岗,50、60年代由于植被遭到大量破坏,到1965年已发育成宽70m、深25m的大崩岗,岗头平均每年前进2.8m,目前崩岗面积已占坡地总面积的50%以上(赵晓晓等,2017)。从崩岗发生的历史来看,多数崩岗是现代形成的,历史短,长的有70~80年,短的只有30~40年,基本上与近百年来自然植被遭到严重破坏的历史吻合(吴志峰等,1997)。另外,在崩岗治理过程中一般采用以下方法:在集水坡面修建天沟截断水流进入崩岗,在崩岗沟道建谷坊拦截泥沙,对崩壁进行适当的削坡,使其成为逐级升高的阶梯,并在上面种植适合的植物减少崩岗的发育等措施,可以看出其中尤为关键一点就是人的参与。因此,可以说人为因素对崩岗发育起着不容忽视、不可替代的作用(陈瑜,2017)。

第三节　崩岗侵蚀防治措施

一、崩岗区集水坡面侵蚀防治措施

集水坡面的治理措施主要包括工程措施和植被恢复措施两部分。工程措施包括截、排水沟和蓄水池的修建,其作用在于拦截坡面径流,防止坡面径流进入崩岗口造成侵蚀。植被恢复措施主要为林草的种植,通过恢复集水区的生态系统功能,增大集水区土壤、植被对水分的吸收,从而减缓上方坡面集水区径流的产生而加剧崩岗侵蚀;同时野生草灌类也能迅速生长,可达到快速覆盖、阻止洪积扇泥沙进一步流失的目的(王学强等,2007)。

(一)沟头集水区水土保持工程技术

截、排水沟工程的设计原则是把径流导出崩岗体外围,其断面大小按坡面汇水径流量设计。截、排水沟工程能在短期内较好地减少集水区的来水对崩口的冲刷,达到延缓崩岗沟头前进的目的。同时根据不同立地条件,筛选合适的草树品种(主要为宽叶雀稗、香根草、胡枝子等),研发配套的栽培和管理技术,选择有效的坡面水土保持工程措施,构建生物与工程相结合的水土保持技术,有效控制沟头集水区水土流失。

1. 截、排水沟设计原则及标准

根据 GB/T 16453.4—2008,截、排水沟是集水区重要的防护工程,其作用在于拦截坡面径流,防止坡面径流进入崩岗口造成溯源侵蚀。截水沟布设在崩口外沿 5m 左右,从崩口顶部正中向两侧延伸,截水沟长度以能防止径流流入崩口为准,在截水沟两端设沉沙池或与流域的排水系统相连。崩口顶部已到分水岭的,或由于其他原因不能布设截水沟的,在两侧布设"品"字形排列的短截水沟。截水沟的断面设计按照汇水量来计算,设计标准为拦蓄 5 年一遇 24h 暴雨强度来计算最大径流量。

设计暴雨的最大径流量和断面设计:

$$Q_m = 0.278 \times a \times h \times F \qquad \text{式 2 - 6 - 1}$$

$$A = \frac{Q_m}{C\sqrt{R \times i}} \qquad \text{式 2 - 6 - 2}$$

式中:Q_m:设计暴雨的最大径流量,m^3/s;F:集水区面积,km^2;a:洪峰径流系数,$a = 0.75 \sim 1.0$;h:设计暴雨量,mm/s,可按最大 1h 暴雨强度设计;A:截水沟断面面积;m^2;C:谢才系数,$C = R^{(1/6)}/n$;R:水力半径,mm;i:沟道比降。

2. 截、排水沟典型设计

截、排水沟为现浇砼,采用 C20 砼衬砌,渠墙厚 12cm,铺底厚 10cm,宽×深为 30cm×30cm,矩形断面,每 5m 设一道伸缩缝沥青木板防渗。沟长以能防止坡面径流进入沟口为准,至崩岗两侧有坚实自然水沟或草坡。截水沟两端设沉沙池,规格长×宽×深为 2.0m×2.0m×2.0m。

(二)沟头集水区植被恢复技术

在沟头集水区的植被覆盖度较低,往往不具备实施生态自我修复措施(或自然修复无法满足治理需求)的情况下,可选择人工辅助恢复技术进行沟头集水区的治理。人工辅助技术实施对于治理区有如下要求:①集水区坡面植被在进行少量人工干预后能顺利恢复生态系统功能。②在人工造林困难的陡坡、岩石裸露地采用种植蔓藤等植物进行人工辅助恢复。③人工辅助恢复的成本要小于其他工程治理措施。④人工辅助应配合部分整地措施一起实施。沟头集水区人工辅助恢复生态时应遵循群落演替、适地适树、生物多样性、生态系统、群落稳定性等原则，对于自然条件恶劣地方，可选择由草类到乔木逐步培育的过程。

1. 植物种类的选择

（1）乔木树种

枫香、木荷、杜英、黧蒴锥（又名闽粤栲）等乡土树种，主要用于集水坡面低效林改造培育针阔混交林。

（2）灌木树种

黄栀、胡枝子等，构建林下植被，发挥水土保持功能。

（3）草本植物

宽叶雀稗、香根草、百喜草等，构建林下植被。

2. 主要技术

在强度侵蚀山地（原山坡草地植被稀少，坡度小于25°，覆盖度小于30%的流失地块）的坡面沿等高线挖水平沟，水平沟的断面挖成梯形，上口宽约50cm，沟底宽30cm，沟深40cm，沟长400cm，外侧斜面坡度约45°，内侧（植树斜面）约成35°，水平沟按"品"字形排列，左右水平间距200cm，上下行距200cm，条沟密度为1200条/hm²，开挖土用于外侧作埂。植苗播种前下好基肥，一般用生物有机肥900kg/hm²均匀撒施于沟底，然后从沟上方挖表土复至沟深2/3，将土和肥料充分拌匀。沟内种植水土保持草灌，用宽叶雀稗种籽105kg/hm²（或百喜草45kg/hm²），灌木以胡枝子为主。沟间挖穴种植乔灌木，乔木种植密度为600株/hm²，灌木种植密度为4200株/hm²，乔木以乡土树种为主，如木荷、枫香、黧蒴锥（又名闽粤栲）等，挖穴种植。

3. 实施方法

（1）整地

①挖沟整地：沿等高线挖小水平沟，"品"字形排列，沟面宽×深×底宽为50cm×30cm×30cm（沟深为沟下沿原坡面至沟底深度），沟长200cm，沟水平左右间距200cm，上、下行间距为200cm（上、下沟中线之间距离），沟内挖方土堆

放在沟下沿作埂,沟密度为沟长 2400m/hm²(或 1200 条沟/hm²)。

②挖穴整地:在小水平沟之间挖 50cm×40cm×30cm(面宽×深×底宽)种植穴,种植穴密度为 1200 穴/hm²,挖穴土用在穴下方作埂。

(2)施基肥

每沟下复合肥 0.5kg;每穴下复合肥 0.25kg。

(3)回填土

①沟:在沟底挖松土 10cm;在沟上沿挖土覆盖 10cm 后将土和肥料充分拌匀(应保证松土层在 20cm 以上)。

②穴:从穴上方挖土,回填 1/3 穴后,将肥料撒在穴左右两侧,与松土拌匀回填于穴内,回填土应回满穴。

(4)栽植

每条沟种植 3 株灌木,然后播草;每穴种植乔木 1 株。

(5)栽种

①造林:苗木打黄泥浆(加钙镁磷或者生根粉),做到栽植打紧,不窝根。

②播草:在穴面上用耕田耙开浅沟 3~5cm 以上;每公顷用草籽 7.5kg、复合肥 150kg、山地表土 1200kg,充分拌匀后均匀撒播在已种植灌木的沟表面,播后用锄或锹稍加镇压,播草当年应出苗整齐。

(6)施工时间

整地时间一般安排在每年的 10 月至次年 1 月,种植时间一般安排在每年的 2—4 月。

二、崩壁、崩积体侵蚀防治措施

崩壁是崩岗运动的物质来源,崩岗的侵蚀过程主要是由崩壁的崩塌所导致的,崩壁的崩塌是整个崩岗演变过程中最活跃的部分。崩壁是崩岗治理的重点和难点。为了稳定崩壁,防止崩塌,控制溯源侵蚀,使崩壁达到逐步稳定的目的,为植树种草创造有利条件,须研究崩壁稳定及植被快速恢复技术。崩壁治理的最终目的是形成高稳定性和高郁闭度的植物防护层,保持稳定绿色的边坡形态,降低崩岗侵蚀风险。

首先确定并区分崩壁是处于相对稳定阶段还是活动阶段,确定其风险等级。对风险较小的相对稳定型崩壁,可以直接上植物措施;也可以采取工程措施和植物措施相结合的方法,以工程保植物、以植物护工程。对风险较高活跃型崩岗崩壁来说,单纯地施加植物措施进行边坡防护和植物覆盖意义不大,必须在采取工程措施、进行边坡防护的基础上才能上植物措施。崩壁的治理,应根据崩岗的发育情况,采取不同的治理措施。处于发育中的崩岗,因崩壁立地条件较差,宜先选取一些抗干旱、耐贫瘠、喜阳的先锋草本植物,快速覆盖崩壁表面,培育出稳定的草本植物群落。在崩岗沟底种植葛藤、地锦(俗称爬山虎)等攀援植物,向上生长自然覆盖崩壁,增加崩壁植被覆盖,有效减缓暴雨径流的直接冲刷;攀援植物还有利于降低崩壁温度,减少崩壁水分蒸发,改善崩壁小环境,促进植物生长,稳定崩壁。条件允许的地方,可以考虑应用液压喷播植草护坡、土工网植草护坡等技术,治理并稳定崩壁。对处于发育晚期的崩岗,因崩壁较矮,应采取削坡筑阶地的方法进行治理,并在台阶上栽种经济类作物,周围种植牧草加以覆盖,以降低崩塌面的坡度,截短坡长,降低土体重力,减缓径流的冲刷力,并在控制水土流失的同时,提高经济效益。

崩壁、崩积体侵蚀防治措施主要包括:开挖台地/梯田、削坡开级(崩壁小台阶)、剥离不稳定土体、挡土墙防护、生态袋/植生袋防护;崩壁治理植物措施则包括:挂网喷播植草、小穴植草、栽植攀援性藤本植物、结合PAM喷播草籽等。

(一)削坡开级 + 灌草结合

参照国标(GB/T 16453.6—2008),对存在较大风险继续发育的相对活跃型崩岗崩壁,如果坡度较大、地形破碎度较大,可以采取此种方法对崩壁进行治理。具体程序为:①对崩壁削坡减载,减缓崩壁坡度。②开挖阶梯反坡平台,内置微型蓄排水沟渠,蓄存雨水,增加雨水入渗,改善崩壁土壤水分条件。③条件具备下还可以采取客土、施加有机肥、增加草本覆盖等措施来改善土壤小环境。④之后,在崩壁小台阶上大穴栽植耐干旱瘠薄的灌木和草本,以胡枝子、雀稗草等灌草为主。

(二)挡土墙/格宾网 + 植物挂绿

对崩塌严重、结构不稳定的风险较大崩岗的崩壁,可以采取先挡土墙或格宾网有效拦挡、再上植物覆盖的措施。具体程序为:①削去崩头和崩壁上的不稳定土体。②在坡脚砌筑挡土墙(砖或石料)。③在崩塌面采用地锦(俗称爬山虎）、地石榴和常春藤等藤本植物护坡。④为使藤本初期有生根之处,可在挡土墙上喷浆或加挂三维网。

（三）植生袋/生态袋护坡

对风险较大崩岗的崩壁,可以采取植生袋或生态袋固基护坡的方式。此种方式对结构不稳定和稳定的崩壁都适用。与植生袋相比,生态袋成本稍高,但寿命更长,边坡更为稳固。具体程序为:①削去崩头和崩壁上的不稳定土体。②设置"袋位":根据崩塌面岩层和节理走向,开出水平槽带,或袋穴。③安置"袋":将装有营养土的"植生袋"或"生态袋"置入"袋位"（穴）,用锚钉加以固定。④采取抹播的方式在袋面上植草（藤本植物）。⑤覆盖无纺布,后期养护。

（四）木桩篱笆 + 灌草覆盖

对结构不稳定、尚处于发育过程中的风险较大的崩岗,如果其崩壁坡度适中或较小,可以采取此种模式处理。具体程序为:①沿着崩壁（或包含崩集堆）坡面,设置一排排的生态木桩编成篱笆状,层层拦挡。②木桩要钉入崩塌面岩层或崩集堆滑动面,同时下部务必钉入较深,上部钉入可以稍浅。③根据实际情况,两排木桩间距 2～3m。④木桩与崩壁坡面之间的角度建议在 90°～120°之间变换。⑤每排木桩篱笆就相当于一个基准面,再采取客土拌肥等方式种植草本或藤本植物。

（五）小穴植草

水分是崩壁植被覆盖成功与否的关键因子。孔状小坑的存在有利于水分保存,能促进植物存活率。本技术的基本程序为:①按照"品"字形模式在崩壁上开挖小穴。②将植物种子、有机肥和沙土等拌在一起,或直接将种子拌在腐殖质土中,再填装进穴内。以耐旱、耐贫瘠的灌木、藤本和草本为主;也可以直接将营养杯放置在穴内,或者将小苗带土移栽簇生状草本。③适用于风险等级小或较小的崩岗崩壁。崩壁干旱缺水、肥力匮乏,植物恢复存在两个关键环节。第一,水分是崩壁植物恢复成功与否的最为关键因子;第二是科学筛选耐旱、耐贫瘠的植物种类。有研究表明,穴状整地植草模式的涵养水分能力强于挂网喷播植草模式,而且小穴植草模式的成本较低,是崩壁植物快速恢复的较为理想的模式。

（六）栽植攀援性植物

根据崩岗沟底下垫面情况,在崩壁基部和崩岗沟底种植葛藤、地锦(俗称爬山虎)等攀援性植物,让它们自然向上生长覆盖,攀缘植物栽植方便,工程量小,需要改善种植立地条件的范围小,藤蔓爬附于崩壁能有效减缓暴雨径流对崩壁的直接溅蚀和冲刷,降低崩壁温度,减小崩壁土壤水分蒸发量,对保护和改善崩壁环境,具有明显效果。栽植时注意深挖沟,施足基肥,并注意后期灌水养护,加速覆盖。根据崩岗侵蚀区立地条件,主要有地锦(俗称爬山虎)、葛藤、地石榴和常春藤等攀援性植物可以考虑。

具体操作程序为:①在崩岗崩壁的底部周边及顶部沿边缘挖穴整地,每穴种植地锦(俗称爬山虎)或葛藤2株。②每穴下有机肥与松土拌匀回填于穴内,回填土应回满穴。③苗木为营养袋苗,做到栽植打紧,并用细绳在崩壁顶牵至崩壁底。④连续3年追肥抚育。

（七）结合 PAM 喷播草籽

崩岗的堆积区是崩塌区侵蚀产生的泥沙堆积在崩岗底部的松散土体。控制崩积体的再侵蚀是防止沟壁不断向上坡崩坍的关键。崩积体土体疏松,抗侵蚀力弱,对崩积体进行整地,填平侵蚀沟,然后种上深根性的草种(香根草、类芦、巨菌草等)和浅根性草种(宽叶雀稗、百喜草、狗牙根等),后施用 PAM,以固定崩积体疏松的泥沙(张兆福等,2014)。

具体操作程序为:①填平侵蚀沟,"品"字形挖穴整地,挖穴土用在穴下方作埂。②种树穴下有机复混肥,与松土拌匀回填于穴内,回填土应回满穴,播草穴回填至 2/3 穴。③造林及播草。④施用 PAM(聚丙烯酰胺),PAM 为阴离子型,分子量为 1200 万,水解度为 10%,按 $2g/m^2$ 的 PAM 进行施用。⑤当年追肥。

三、崩岗沟口、洪积扇侵蚀防治措施

（一）沟口泥沙控制治理措施

沟谷植物措施是控制崩岗进一步发展的重要防线,也是控制崩岗危害的重要程序。沟谷植物措施在改善崩岗内部环境的同时,能有效促使泥沙停淤,阻滞泥沙出口,延缓径流冲刷切割(廖义善等,2018)。于沟底平缓、基础较好、口小肚大的地段修建谷坊,以拦蓄泥沙、节制山洪、改善沟道立地条件。由于修建谷坊工程量大,须动用大型机械,因此只在关键部位修建谷坊,沟底的治理应以生物措施为主。建好谷坊后,可在上种植香根草、宽叶雀稗、狗牙根等根系较发达的植物,以稳固谷坊。草带间可套种绿竹和麻竹。根据崩岗的不同形态布设拦蓄工程:爪形崩岗,宜采用谷坊群;条形崩岗,宜从上到下分段筑小谷坊,节节拦蓄;其他类型的崩岗,在崩岗口修建容量较大的谷坊;在崩岗群的汇水处,布设拦沙坝。对崩积体一般采取削坡措施,填平侵蚀沟,整地后种植植物。沟谷防护工程的主要功能是拦截径流泥沙、减缓沟床比降、稳定沟床、抬高侵蚀基准面、加固崩壁、节制山洪,从而改善沟床中的植物生长条件,促进崩岗稳定,保护下游农田、道路,是治理崩岗的重要措施之一。

1. 设计原则及标准

参照国家标准(GB/T 16453.3—2008),谷坊选择在沟底比较平直、沟口狭窄、容积大、基础良好的地方修建,崩沟较长时,沟壁侵蚀严重,为了增强拦蓄效果,应修建梯级谷坊群,修建谷坊群要坚持自下而上的原则,分段控制。结合项目区的实际情况,可采用浆砌石谷坊和土谷坊两种类型,在崩岗沟口深度大、宽度小、径流集中、基础坚硬,石料多的地方,修建重力式浆砌石谷坊;在崩口深度小、宽度大、径流分散且慢,周围植被较好的地方,修建土谷坊。

2. 断面、结构设计

(1)谷坊拦沙容量

谷坊拦沙容量的计算公式如下:

$$V = F \times M_s \times Y \qquad\qquad 式2-6-3$$

式中,V:拦沙容量,m^3;F:谷坊集水面积,hm^2;M_s:土壤侵蚀模数,$m^3/(hm^2 \cdot a)$;Y:设计淤满年限,1~3 年。

(2)谷坊设计流量

谷坊设计洪峰流量的计算公式如下:

$$Q = F \times \frac{(I_r - I_p)}{6} \qquad\qquad 式2-6-4$$

式中:Q:设计洪峰流量,m^3/s;F:谷坊集水面积,m^2;I_r:10 年一遇 10min 最大雨强,mm/min;I_p:相应时段土壤平均入渗强度,mm/min。

（3）谷坊溢洪口

谷坊溢洪口采用宽顶堰公式计算：

$$Q = 3 \times \frac{M \times b \times h}{2} \qquad 式2-6-5$$

式中，Q：设计流量，m^3/s；M：流量系数，采用1.55；b：溢洪口底宽，m；h：溢洪口水深，m。

设计标准为10年一遇24h最大暴雨，其作用为拦蓄沟道泥沙径流，使土不出沟；抬高侵蚀基准，制止沟底下切，稳定沟坡，制止沟岸扩张；淤积泥沙、拦蓄径流在治理沟蚀的同时，充分利用水土资源发展林（果）生产和小型水利，做到除害兴利，综合治理利用。

3.谷坊坝址的选择

谷坊坝址应选择在"肚大口小"的崩口，工程量小，库容量大；沟底和岸坡地形、地质（土质）状况良好、无孔洞或破碎地层，没有不易清除的乱石和杂物；取材方便（根据土、石材料获取难易程度和崩岗发生地交通条件等）。

4.谷坊类型及典型设计

（1）土谷坊

在土质条件好（含黏粒较多易夯实），取土方便，两侧有坚实土层或岩基（或者天然排水草沟），交通又不便的地方可以建土谷坊。设计断面尺寸：坝高3~4m，坝顶宽3.0m，迎水坡比为1:1.5，背水坡比为1:2。

主要操作程序为：①定线，即根据规划的谷坊位置按设计的尺寸在地面划出坝基轮廓线。②将轮廓线内的浮土、草灌、乱石及树根清除干净。③沿坝轴中心线从沟底到沟岸挖深50cm，面宽200cm，底宽100cm的结合槽。④填土前先将坚实土层挖松3~5cm以利接合，每层填土厚20~30cm夯实一次，夯实厚15~20cm，将夯实表土刨松3~5cm，再上新土夯实，要求干容重达1.4~1.5t/m³，如此分层夯实收坡直至设计坝高。⑤为防坝体被雨水冲刷出水沟，在坝面铺垫草皮。⑥布设溢洪道。根据崩岗的具体情况，在土坝一侧的坚实土层或岩基上设溢洪道，将溢洪道水引入天然水沟或排洪沟，沟道断面为矩形，采用C20砼衬砌，渠墙厚12cm，铺底厚10cm，每5m设一道伸缩缝沥青木板防渗，出水口应有防护有力的措施。根据GB/T16453.6—2008提示的附录，典型设计溢洪道宽80cm，深比坝顶低40cm（含安全超高20cm）。

（2）石谷坊

在石料来源方便，又有蓄水灌溉需求或对下游人民生产、生活危害较大的崩岗修建浆砌石谷坊。石谷坊断面尺寸：坝高 3 ~ 3.5m，坝顶宽 1.5m，迎水坡比为 1 : 0.2，背水坡比为 1 : 0.8；坝顶用 C20 砼压顶，厚 10cm。坝顶溢洪口宽 2.5m，深 0.3m，阶梯式跌水每级阶梯高 0.3m，宽 0.24m，谷坊下游铺设护坦，长 3m，厚 50cm。

主要操作程序如下：①放样、清基、挖结合槽同土谷坊。②根据设计尺寸，从下向上分层砌筑收坡，采用压浆法块石首尾相接，错逢砌筑，要求块石厚度不少于 30cm，接缝宽度不大于 2.5cm，同时应做到"平、稳、紧、满"（砌石顶部要平，每层铺筑要稳，相邻石料要靠紧，缝隙沙浆要灌饱满）。③按设计要求砌筑后进行 M10 砂浆抹面和勾缝。

（二）洪积扇治理技术

洪积扇的治理既是沟口冲积区治理的重要组成部分，也是崩岗治理中的最后一个环节，应以生物措施为主，等高种植草带，中间套种耐旱瘠竹类，以在较短的时间内，防止泥沙向下游移动汇入河流。对剧烈发育的崩岗和崩岗沟较集中的流域，应选择肚大口小、基础坚实的坝址，修建拦沙坝，阻止洪积扇向下游移动；并在拦沙坝和谷坊顶部与侧坡种植牧草或铺设草皮，以保护工程安全（马媛等，2016）。植物措施能控制洪积扇物质再迁移和崩岗沟底的下切，以尽量减少崩积堆的再侵蚀过程，从而达到稳定整个崩岗系统的目的。洪积扇即崩口冲积区土壤理化性质较好，可以种植一些经济价值较高的林木，也可以整地进行大规模林果开发。具体操作程序如下。

1. 树草种选择

1 树（木荷、枫香、杜英），2 草（巨菌草和宽叶雀稗），梅花状混交。

2. 整地

（1）"品"字形挖穴整地

规格 50cm×40cm×30cm（面宽×深×底宽）；每穴下有机复混肥 1.0 ~ 1.5kg；株行距 2.3m×2.3m。

（2）全面整地

在没有植被覆盖的沙地上可进行机械全面整地。整地要做到适当深翻、整平耙细、起垄,挖好植树坑。植树坑规格为深30cm,上口和下底直径30cm。

（3）带状整地

在植被稀疏、较平坦的沙地上,采用带状整地。带宽一般为80～100cm,带距2～3m,带间保留原生植被带。整地要做到深整平耙细,挖好植树坑。植树坑规格为深30cm,上口和下底直径30cm。

3. 种植

参照国家标准（GB/T 16453.2—2008）,主要涉及造林和种草两方面。

（1）造林

在当年4月上旬完成树木的种植;栽植果树苗时,苗木要直立于坑的正中,使须根伸展,踏实后浇满水,待水渗净后填满土踏实,再浇一遍水,然后在最上面覆盖一些虚土,防止土壤产生裂纹,减少土壤水分蒸发,并做好浇水坑。

（2）种草

在林下坡面开浅沟3～5cm,撒播宽叶雀稗草籽,一般在雨季或者墒情较好时进行。对于地面比较破碎和坡度较陡（25°）的地区,可以采用穴播的方式。

4. 抚育

做好灌水、施肥、培土及病虫害防治、防止牲畜啃咬、人为折损等管护工作。造林后要视天气定期浇足保活水,干旱天气要保证每周浇1次透水,直到苗木放叶。造林后必须施肥,要以有机肥为主,也可施无机肥。农家肥四季可施,施化肥应在雨季进行,或者结合浇水进行。

第四节　崩岗侵蚀治理模式

一、传统崩岗侵蚀治理模式

传统崩岗治理模式是以林（竹）草种植措施为主的治理模式,概括为"上拦、下堵、中绿化"或者"上拦、下堵、中削、中绿化"（图2－6－6）。该模式主要适用于崩岗区条形、弧形、小型瓢形崩岗以及规模较小的崩岗，或者在交通不便，劳动力缺乏或者立地条件不适合进行经济开发型治理的各类型规模较大的崩岗，也可以根据土地利用规划和经济社会条件选择使用。

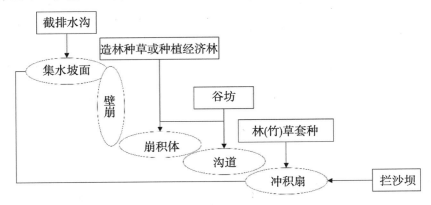

图 2-6-6 "上截、下堵、中绿化"崩岗治理模式结构示意图(李旭义，2009)

具体做法如下。

1. 上拦

即在崩岗上游集雨区布设截排水措施。在崩岗顶部修建截水沟(天沟)及竹节水平沟等沟头防护工程，把坡面集中注入崩口的径流泥沙拦蓄并引排到安全的地方，防止径流冲入崩口、冲刷崩壁，扩大崩塌范围，控制崩岗溯源侵蚀。在崩壁两侧同时布设排水设施，选择适当沟道比降，排水沟口要布设跌水工程，沟底埋柴草、芒萁、草皮等，以防止冲刷，排水沟接入附近的溪河。

2. 下堵

即在崩岗下游布设谷坊、拦沙坝拦挡泥沙。在崩岗沟及出口处修建谷坊，并配置溢洪倒流工程，拦蓄泥沙、抬高侵蚀基准面，稳定崩脚。谷坊要选择在沟底比较平直、谷口狭窄、基础良好的地方修建；崩沟较长时，应修建梯级谷坊群；修建谷坊要坚持自下而上的原则，先修下游后修上游，分级控制。在崩岗面积较大或崩岗较集中的地方，因下泄泥沙量大，可在崩岗出口处或崩岗区下游修建拦沙坝拦挡泥沙。

3. 中绿化/中削

即在崩积体及冲积扇上造林、种草或种经济林(竹)或种农经作物等，以稳定崩积堆的措施。水土保持林按乔、灌、草结构配置，选择适应性强，速生快长，根系发达的林草，采取高层次、高密度种植，快速恢复和重建植被；对于水土条件较好的地方种植生长速度快、经济价值高的经济果林木,增加崩岗治理经济效益。对较陡坡的崩壁,在条件许可时实施削坡开级,即"中削",从上到下修成反坡台地(外高里低)或修筑等高条带,减缓纵坡,减少崩塌,并为崩岗的绿化创造条件。

如安溪长垄崩岗按照"上拦、下堵、中绿化"的原则,在沟谷布设必要的谷坊工程,选用抗性强、耐旱耐瘠的树、竹、草种,采用高密度混交方式,在崩岗侵蚀坡面、崩塌轻微又相对稳定的沟谷及其冲积扇造林种竹,快速恢复植被,改善治理区的生态。福建省永春县根据"上拦、下堵、中削、内外绿化"的原则把崩岗变为麻竹区。主要措施为:①上拦。在崩岗顶部外沿5m处修筑截水沟,防止坡面径流流入崩岗内。②下堵。在崩岗沟及崩岗出口处修筑土石谷坊,拦截下泄泥沙。③中削坡。逐级降坡,整成台阶或台地,增强崩壁的稳定性,也便于种植。④内外绿化。在崩岗塘口内外挖大穴或鱼鳞坑,种植大麻竹。大麻竹苗大,生长快,不易受泥沙掩埋,树冠大、根系发达,截水固土能力强。同时,大麻竹全身都是宝,竹笋、竹竿、竹叶价值高,经济效益好。

二、经济开发型崩岗综合治理模式

(一)经济开发型崩岗综合治理定义

经济开发型崩岗治理即用系统论原理、系统工程的方法,把崩岗分成沟头集水区、崩塌冲刷区、沟口冲积区,分别采取治坡、降坡、稳坡三位一体的措施,用合理、经济、有效的方法与技术,分区实施治理,全面控制崩岗侵蚀,达到转危为安、化害为利的目的。通过工程措施与植物措施相结合,坡面治理与沟底治理相结合,局部与整体相协调的治理方法,配置经济类作物(果、茶、竹;经济林、用材林、农作物等),在产生生态效益的同时形成经济效益,并具一定规模,从而实现崩岗规模经济。其治理总体思路见图2-6-7所示。

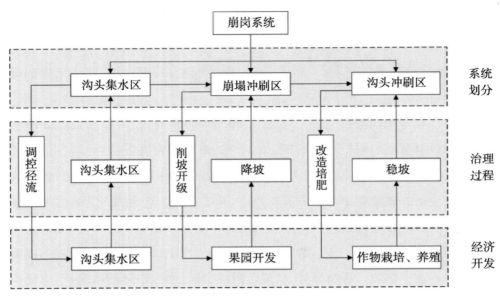

图 2-6-7　经济开发型崩岗综合治理总体思路(孙波, 2011b)

(二)经济开发型崩岗综合治理技术

1.沟头集水区治理——治坡

治坡就是对沟头集水坡面进行开发性治理,以生物措施为主,辅之必要的工程措施。首先,应结合工程整地,运用径流调控理论,在沟头集水坡面,开挖水平竹节沟、鱼鳞坑或大穴整地等,排除和拦蓄地表径流,科学调控和合理利用地表径流,控制水土流失,做到水不进沟。其次,由于沟头集水区表土剥蚀严重,心土十分贫瘠,工程整地时,在立地条件较好的地方,还应回填表土或施放基肥,实施土壤改良措施,以快速恢复植被;或种植水土保持效果好、抗逆性强的经济林果木,高效利用水土资源。对于那些处于发育晚期,沟头已溯源侵蚀至分水岭的崩岗,可根据当地的地形特点,因地制宜地进行削坡开级或就地平整,然后,再合理开发利用土地资源,达到生态效益和经济效益双丰收的目标。

2.崩塌冲刷区治理——降坡

降坡就是采用机械或人工的方法,对地形破碎的崩岗群的坡地,进行削坡降级并修整成平台。一般自上而下开挖,分级筑成阶梯式水平台地,即削去上部失稳的土体,逐级开成水平台地,俗称削坡开级。这样,不仅可降低原有临空面的高度,促进沟头和沟壁的稳定,防止沟头溯源侵蚀,而且可为生物措施的实施创造有利条件。另外,在水平台地上,还可种植经济林,特别是茶叶或果树。

3. 沟口冲积区治理——稳坡

稳坡就是在沟底平缓、基础较实、口小肚大的地方,因地制宜地选择植物、土地、石块、水泥等修建各类谷坊和拦沙坝等工程措施,以拦蓄泥沙,滞缓山洪,抬高侵蚀基准面,稳定坡脚,降低崩塌的危险,做到沙不出沟。在冲积扇下游,可改良土壤,培肥地力,种植经济作物,增加经济收入。

4. 培育崩岗经济

通过实施"治坡、降坡和稳坡"三位一体的整治技术,把难利用的崩岗侵蚀劣地改造成农业用地和经济果木园地,既治理了水土流失,改善了生态环境,又增加了群众的经济收入,提高了人口环境容量,见图2-6-8。

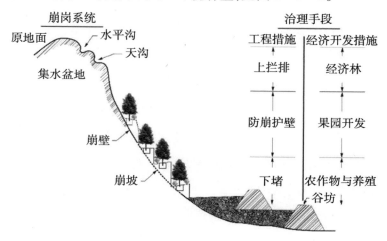

图2-6-8　基于系统工程的经济开发型崩岗治理模式示意图(孙波,2011b)

这种崩岗经济治理模式,集成了各种崩岗最佳治理技术要素,使崩岗治理的生态和经济效益得以充分发挥,是促进农民增收和建设新农村奔小康的重要途径,群众也容易接受。但是,这种治理模式投入较大,多用于混合型崩岗、大型的瓢形崩岗、爪形崩岗和崩岗群的治理。对位于交通便利、经济条件较好区域的中型崩岗也可以采用这种模式。

经济开发型崩岗治理模式,突破了简单的"上拦、下堵、中绿化"的传统模式,用系统工程的方法,实施"治坡、降坡、稳坡"三位一体的整治技术。提出的崩岗经济理念,对促进群众增收,发展当地经济,增加土地资源,提高土地利用率,增加环境容量等具有重要意义。

三、生态恢复型崩岗治理模式

（一）生态恢复型崩岗治理定义

由于崩岗侵蚀造成区域地形破碎、地力衰退和生物多样性缺失，导致生态系统的结构和功能退化，所以崩岗生态恢复型治理的主要目标是以恢复崩岗区内林（竹）、草为主，突出对周边影响区的保护，注重生态效益。因此，生态恢复型崩岗侵蚀治理的思路和目标就是发挥生态自我修复能力，配合人为的预防监督、强化保护，使生产建设与防治水土流失同步，使受损的生态系统恢复或接近被损害前的自然状况，恢复和重新建立一个具有良好结构和功能且具有自我恢复能力的健康的生态系统。

生态恢复型崩岗治理模式主要适用于崩岗区条形、弧形、小型瓢形崩岗以及规模较小的崩岗，或者在交通不便，劳动力缺乏或者立地条件不适合进行经济开发型治理的各类型规模较大的崩岗，也可以根据土地利用规划和经济社会条件选择使用。生态恢复治理措施分为轻微人工干预治理和强度人为干预治理。治理过程需要考虑崩岗的规模、类型、集水坡面面积大小等因素，一般面积小于$60m^2$的小型崩岗适用轻微人工干预治理，面积在$60\sim100m^2$的可根据崩岗的形状、植被覆盖情况有选择性地选取相应治理方式，面积大于$100m^2$的崩岗应采用强度人工干预治理。

（二）生态型崩岗综合治理技术

1.沟头集水区治理

沟头集水区的治理主要包括截、排水沟工程和集水区植被生态恢复工程两部分。截、排水沟是集水区重要的防护工程之一，其作用在于拦截坡面径流，防止坡面径流进入崩岗口造成侵蚀。沟头集水区的生态恢复工程则是对崩岗集水区进行生态恢复治理，通过恢复集水区的生态系统功能，增大集水区土壤、植被对水分的吸收，从而减缓集水区径流的产生而加剧崩岗侵蚀。

截、排水沟工程的设计原则是把径流导出崩岗体外围，其断面大小按坡面汇水径流量设计。截、排水沟工程能在短期内较好地减少集水区的来水对崩口的冲刷，达到延缓崩岗沟头前进的目的。同时根据不同立地条件，筛选合适的草树品种（主要为百喜草、宽叶雀稗、香根草、平托花生、胡枝子等），研发配套的栽培和管理技术,选择有效的坡面水土保持工程措施,构建生物与工程相结合的水土保持技术,有效控制沟头集水区水土流失。

沟头集水区生态恢复治理包括生态自然恢复和人工辅助恢复两种治理方式。对于具备经封育可望成林或增加林草盖度的地块,充分利用南方水热资源丰富的条件,采取长期全封山的方式进行生态自我修复。在不具备实施生态自我修复措施(或自然修复无法满足治理需求)的情况下,选择人工辅助恢复技术进行沟头集水区的治理。辅助恢复生态时应遵循群落演替、群落结构、适地适树、生物多样性、生态沟头集水区人工系统、群落稳定性等原则,筛选合适的草树品种(主要为百喜草、宽叶雀稗、香根草、平托花生等),选择有效的坡面水土保持工程措施,构建生物与工程相结合的水土保持技术,有效控制沟头集水区水土流失。

2. 崩塌冲刷区治理

崩壁侵蚀是崩岗产沙的重要来源。针对不同崩岗类型,需要使用不同的控制技术,对较陡峭的崩壁,在条件许可时削坡开级,从上到下修成反坡台地(外高里低)或修筑成等高条带,使之成为缓坡、台阶地或缓坡地,同时配套排水工程,减少崩塌,为崩岗的绿化创造条件。崩壁修筑成坡地后,根据坡度大小可依次采用草皮护坡、香根草护坡、编栅护坡、轮胎护坡进行治理。

3. 堆积冲积区治理

崩岗的堆积区是崩塌区侵蚀产生的泥沙堆积在崩岗底部的松散土体。控制崩积体的再侵蚀是防止沟壁不断向上坡崩坍的关键。崩积体土体疏松,抗侵蚀力弱,侵蚀沟纵横,立地条件差,特别是土壤养分缺乏且阴湿。一般情况下,对于小崩岗,只要坡面治理得当,崩积体就相对稳定,本地喜酸性草灌藤类植物如芒萁、野枯草、鹧鸪草、巴戟天、酸味子、小叶冬青、野牡丹等能自然恢复植被,但时间较长。对于大面积的崩积体,可对崩积体进行整地,填平侵蚀沟,然后种上深根性的草种(香根草、类芦、巨菌草等),草带间距约 2m,草带间种植竹类(绿竹、小径竹、麻竹等)和浅根性草种(宽叶雀稗、百喜草、狗牙根等)。

4. 沟口泥沙控制工程

对于沟底平缓、基础较好、口小肚大的地段修建谷坊,以拦蓄泥沙,节制山洪,改善沟道立地条件。由于修建谷坊工程量大,须动用大型机械,因此只在关键部位修建谷坊,沟底的治理应以生物措施为主。建好谷坊后,可在其上种植香根草、宽叶雀稗、狗牙根等根系较发达的植物,以稳固谷坊。草带间可套种绿竹和麻竹,在沟道较窄,且石英砂层较厚的沟段,可改种较耐瘠旱的藤枝竹等。谷坊内侧淤积的泥沙较细,但养分相对缺乏,如有条件改土,则可种植绿竹、麻竹或茶果等。离谷坊较远处,往往为粗砂淤积区,石英砂层厚,立地差,可种藤枝竹。在崩岗沟底种植植物,均需客土,以增加有机质,提高成活率。

四、强度开发型崩岗综合治理模式

对地理位置较好、交通方便的崩岗群或相对集中的崩岗侵蚀区,利用工程机械推平崩岗,配置排水、拦沙和道路设施,整治成为工业园、旅游开发区或者新农村建设用地,这种整治方式称为强度开发型崩岗综合治理模式(图2-6-9)。例如福建省安溪县针对崩岗数量多、分布广、危害大、治理难的特点,对交通方便的崩岗群或相对集中的崩岗侵蚀区采取综合整治,把崩岗侵蚀区变成工业开发区和生态旅游区。至2011年,安溪通过强度开发型治理崩岗增加的可利用工业用地已近333.3hm²,大大缓解了该县工业发展与耕地保护的矛盾。比如对龙门镇和官桥镇交界处的崩岗侵蚀集中区整理出工业用地115.6hm²,建成了福建安溪经济开发区龙桥园,目前园区已投入开发建设资金3.6亿元,入驻企业72家,2011年实现企业产值50多亿元,创税1.8亿元,解决就业人数2万余人,有力地促进了当地经济的快速发展。

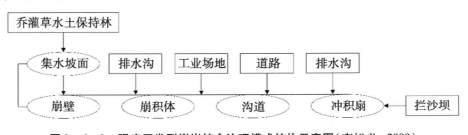

图2-6-9 强度开发型崩岗综合治理模式结构示意图(李旭义,2009)

五、崩岗综合治理实例

(一)项目区概况

治理实例项目区位于长汀县河田镇,长汀县地处福建省西部,属南方红壤丘陵水力侵蚀区,水土流失类型主要为面状侵蚀和沟蚀,属水土流失重点治理区。项目区所在的河田镇现有水土流失面积 96.2km²，占土地总面积的 33.0%。其中轻度流失 31.9km²，占流失总面积的 33.1%；中度流失 35.7km²，占流失面积的 37.1%；强烈流失 17.4km²，占流失面积的 18.1%；极强烈流失 2.0km²，占流失面积的 2.0%；剧烈流失 9.2km²，占流失面积的 9.6%。平均土壤侵蚀模数 3780t/（km²·a）。崩岗治理点分布在河田镇的游坊、晨光、下街、中坊和根溪等 5 个行政村。

项目区内以丘陵为主，海拔在 300～500m，坡度平缓，丘陵盆谷相间，流域边缘分布有部分低山，海拔在 500～600m。项目区土壤主要为花岗岩发育红壤，地质构造为燕山早期粗晶粒花岗岩，其组成以石英为主，钾长石次之，含少量黑云母，风化壳深厚，一般可达 10 余 m，最厚可达上百米，且节理发育，在强烈的风化作用下，裂隙形成并扩大，使土体处于不稳定状态，在径流和重力的双重作用下极易产生崩岗。

项目区地处中亚热带季风气候区，温和湿润，干湿两季分明，灾害性天气较多，多大到暴雨，为崩岗发育提供了动力。年均气温 18.4℃，7 月份均温 25～28℃，1 月均温 5～8.5℃，极端最低气温 -6.5℃，无霜期最长 309d，最短 222d，年均无霜期 265d，年总积温 5500～7000℃，≥10℃积温 5800℃，平均日照时数 1943h，占可照时数 4423h 的 44%；年平均降水量为 1700mm，但年度变化大，最大年为 2552mm（1974 年），最小年为 1074mm（1967 年）。由于长期受人为影响，原生植被几乎全部为次生植被和人工植被所代替。建群种以马尾松为主，树种单一，结构简单。林下植被为芒萁和人工种植的胡枝子以及少量中旱性灌木，如轮叶蒲桃（俗称小叶赤楠）、杨桐（又名黄瑞木）、石斑木等。

（二）崩岗综合防治措施

依据国家标准《水土保持综合治理　技术规范沟壑治理技术》（GB/T 16453.3—2008）和《水土保持综合治理　技术规范崩岗治理技术》（GB/T 16453.6—2008）的技术规范，在崩岗治理过程中根据"上截、下堵、中绿化"的治理原则，对沟头集水区、沟谷、崩壁、洪积扇进行综合治理。

1. 沟头集水区治理

（1）截水沟设计

截水沟布设在崩口外沿 5m 左右，从崩口顶部正中向两侧延伸，在截水沟两端设沉沙池或与流域的排水系统相连。截水沟设计分土沟和现浇砼沟两种，土沟开挖深度为60cm，面宽1.7m，底宽50cm，内侧坡比1:1，外侧坡比1:1，梯形断面，外夯填围埝挡水，围埝顶宽50cm，高60cm；现浇砼排水沟采用C20砼衬砌，渠墙厚12cm，铺底厚10cm，宽×深为30cm×30cm，矩形断面，每5m设一道伸缩缝沥青木板防渗。沟长以能防止坡面径流进入沟口为准，至崩岗两侧有坚实自然水沟或草坡。截水沟两端设沉沙池，规格长×宽×深为2.0m×2.0m×2.0m。项目规划修筑截水沟3468m，沉沙池24口。

（2）工程量计算

截水沟总长3468m，基槽挖土方1617.4m³，砼砌体190.51m³，截水沟断面设计及工程量详见表2-6-10。

表2-6-10　截水沟断面设计及工程量表

崩岗编号	截水沟断面尺寸（cm）			侧坡比	侧坡比	比降（‰）	断面	砌体厚度（cm）		长度(m)	砌体体积（m³）	基槽挖土方（m³）
	宽	宽	深					墙	底			
1#	170	50	60	1:1	1:1	2	梯形			180		118.8
2#	30	30	30			2	矩形	12	10	145	18.27	31.3
3#	170	50	60	1:1	1:1	2	梯形			165		108.9
4#,5#	170	50	60	1:1	1:1	2	梯形			547		361.0
6#	30	30	30			2	矩形	12	10	245	30.87	52.9
7#	170	50	60	1:1	1:1	2	梯形			184		121.4
8#,9#	30	30	30			2	矩形	12	10	245	30.87	52.9
10#~19#	30	30	30			2	矩形	12	10	496	62.49	107.1
20#,21#	30	30	30			2	矩形	12	10	90	11.34	19.4
22#~26#	30	30	30			2	矩形	12	10	291	36.67	62.9
27#~35#	170	50	60	1:1	1:1	2	梯形			484		319.4
36#~39#	170	50	60	1:1	1:1	2	梯形			396		261.4
小计										3468	190.51	1617.4

沉沙池共24个，开挖土方252.0m³，砼砌体60.96m³，沉沙池设计及工程量详见表2-6-11。

表 2 – 6 – 11　沉沙池设计及工程量表

崩岗编号	沉沙池尺寸(m)			砌体厚度(cm)		个数	砌体体积 (m³)	开挖土方 (m³)
	面宽	底宽	深	渠墙	铺底			
1#	2.0	2.0	2.0	12	10	2	5.08	21.0
2#	2.0	2.0	2.0	12	10	2	5.08	21.0
3#	2.0	2.0	2.0	12	10	2	5.08	21.0
4#,5#	2.0	2.0	2.0	12	10	2	5.08	21.0
6#	2.0	2.0	2.0	12	10	2	5.08	21.0
7#	2.0	2.0	2.0	12	10	2	5.08	21.0
8#,9#	2.0	2.0	2.0	12	10	2	5.08	21.0
10# ~ 19#	2.0	2.0	2.0	12	10	2	5.08	21.0
20#,21#	2.0	2.0	2.0	12	10	2	5.08	21.0
22# ~ 26#	2.0	2.0	2.0	12	10	2	5.08	21.0
27# ~ 35#	2.0	2.0	2.0	12	10	2	5.08	21.0
36# ~ 39#	2.0	2.0	2.0	12	10	2	5.08	21.0
小计						24	60.96	252.0

（3）集水区治理

在待治理崩岗上游集雨区、崩岗区及崩岗口穴状整地种植混交林,挖大穴、施有机肥种植杉木、枫香、木荷,林下撒播宽叶雀稗草种,增加地面覆盖,防治水土流失,达到保持水土、美化环境的作用。造林播草面积 74.27hm²。

造林采用穴状整地,隔行"品"字形种植,种植穴规格长:宽:深为 50cm × 40cm × 30cm,每穴下基肥有机复合肥 0.75kg。造林主要以枫香、木荷和杉木按 4:2:4 的比例混交造林,造林的株行距一般为 2.3m × 2.3m,种植密度为 1890 株/hm²;在林下和边坡以及截水沟埂上用耕田耙开浅沟 3 ~ 5cm 以上,撒播宽叶雀稗草籽,增加地表覆盖,宽叶雀稗草籽用量为 11.25kg/hm²、有机复合肥 450kg/hm²、山地表土 1200kg/hm² 充分拌匀后均匀撒播。造林播草面积 74.27hm²,共计种植苗木 140370 株,其中杉木 56150 株,木荷 28070 株,枫香 56150 株;撒播宽叶雀稗 836kg;使用有机复合肥 138700kg。

造林时间选择春季、雨季。造林后当年 6 月份施追肥,雨后在乔灌后面近根部挖施肥小穴,施尿素 0.15kg/穴,施肥后盖土;草籽出苗 5cm 以上高度时均匀撒施尿素 75kg/hm²,撒施面积(含草皮)74.92hm²,共施尿素 26675kg。造林后头 3 年应进行幼林抚育管理,每年 2 次,经过 3 年抚育管理,植被覆盖度达

75%以上,林木生长良好后进行封禁管护。

2. 崩壁、崩积体治理

(1)削坡开阶

削坡:用推土机进行削坡,把崩壁削成60°～70°较为稳定的坡度。

开阶:从上到下开阶,一般每阶宽1.5～2.0m,高0.5～1.0m(从上到下宽度渐宽,高度缩小);外坡比1:0.5～1:1.0,并分层夯实;阶面向内呈5°左右倾斜。每层台阶的两端从上到下挖60cm×50cm×40cm的排水沟;台地修成后内侧实土挖松20cm以利植树种草;在削坡开阶的崩岗口修筑谷坊。

(2)绿化

在较为宽阔的沟床,为稳定沟床,防止沟床下切种植固土作用较强的杉木、楹木、胡枝子等。根据设计种植林木,挖50cm×40cm×30cm的种植穴,沟床都为淤积泥沙不利植物生产,必须施入基肥,定植、管护与集水区治理相同。

3. 沟口、洪积扇治理

根据崩岗的不同形态布设拦蓄工程:爪形崩岗宜采用谷坊群;条形崩岗宜从上到下分段筑小谷坊,节节拦蓄;其他类型的崩岗则在崩岗口修建容量较大的谷坊;在崩岗群的汇水处布设拦沙坝。

(1)土谷坊

设计断面尺寸:坝高3～4m,坝顶宽3.0m,迎水坡比为1:1.5,背水坡比为1:2。溢洪道水引入天然水沟或排洪沟,沟道断面为矩形,采用C20砼衬砌,渠墙厚12cm,铺底厚10cm,每5m设一道伸缩缝沥青木板防渗。

(2)浆砌石谷坊

石谷坊断面尺寸:坝高3～3.5m,坝顶宽1.5m,迎水坡比为1:0.2,背水坡比为1:0.8;坝顶用C20砼压顶,厚10cm。坝顶溢洪口宽2.5m,深0.3m,阶梯式跌水每级阶梯高0.3m,宽0.24m,谷坊下游铺设护坦,长3m,厚50cm。

(3)工程量计算

规划共建谷坊39座,其中土谷坊25座,石谷坊14座。谷坊设计尺寸详见表2-6-12。

表 2-6-12　崩岗治理工程特性表

崩岗编号	编号	谷坊														截水沟长(m)/类型
		坝顶宽(m)	坝顶长(m)	坝底长(m)	底宽(m)	坝高(m)	上游坡比	下游坡比	清基土方(m³)	挖方(m³)	填方(m³)	浆砌块石(m³)	砼压顶(m³)	砼渠墙(m³)	砼铺底(m³)	
1#	1301	3.0	19.4	13.5	19.3	3.0	1.5	2.0	156.1	608.9	608.9			2.61	0.97	180/土
2#	1302	3.0	18.2	15.3	17.9	3.5	1.5	2.0	162.7	734.6	734.6			2.83	1.05	145/砼
3#	1303	3.0	25.5	15.3	20.8	3.5	1.5	2.0	187.0	907.6	907.6			2.83	1.05	165/土
4#	1304	3.0	27.8	15.3	25.7	3.5	1.5	2.0	228.2	1075.4	1075.4			2.83	1.05	547/土
5#	1305	3.0	36.9	15.3	34.3	3.5	1.5	2.0	300.4	1432.8	1432.8			2.83	1.05	
6#	1306	3.0	21.9	15.3	22.8	3.5	1.5	2.0	203.8	919.8	919.8			2.83	1.05	245/砼
7#	1307	3.0	12.4	13.5	10.5	3.0	1.5	2.0	91.1	349.3	349.3			2.61	0.97	184/土
8#	1308	0.8	42.9	4.3	40.1	3.5	0.2	0.8	194.2			170.5	6.44			245/砼
9#	1309	0.8	28.4	4.3	26.5	3.5	0.2	0.8	128.5			112.9	4.26			
10#	1310	3.0	18.4	15.3	16.7	3.5	1.5	2.0	152.6	703.0	703.0			2.83	1.05	
11#	1311	1.5	18.6	4.5	14.2	3.0	0.2	0.8	99.9			177.79	2.79	16.90	4.98	
12#	1312	1.5	3.0	4.5	1.5	3.0	0.2	0.8	29.7			23.33	0.45	16.49	4.86	
13#	1313	1.5	4.2	4.5	2.1	3.0	0.2	0.8	35.1			32.66	0.63			
14#	1314	1.5	12.4	4.5	8.6	3.0	0.2	0.8	72.0			112.66	1.86			496/砼
15#	1315	1.5	11.9	4.5	8.3	3.0	0.2	0.8	69.8			108.43	1.79	11.00	3.24	
16#,17#	1316	3.0	3.8	13.5	3.5	3.0	1.5	2.0	37.6	113.2	113.2			2.61	0.97	
18#	1317	3.0	3.4	13.5	3.1	3.0	1.5	2.0	34.6	100.6	100.6			2.61	0.97	
19#	1318	1.5	3.3	4.5	1.9	3.0	0.2	0.8	31.1			27.35	0.50	12.42	3.66	
20#	1319	1.5	9.6	4.5	6.4	3.0	0.2	0.8	59.4			85.47	1.44	7.33	2.16	90/砼
21#	1320	1.5	3.4	4.5	2.1	3.0	0.2	0.8	31.5			29.14	0.51	5.50	1.62	
22#,23#	1321	1.5	15.7	4.5	11.4	3.0	0.2	0.8	86.9			203.07	2.36	13.64	4.02	
24#,25#	1322	3.0	6.3	13.5	5.3	3.0	1.5	2.0	51.1	176.7	176.7			2.61	0.97	291/砼
26#	1323	3.0	12.3	17.0	13.9	4.0	1.5	2.0	141.8	689.0	689.0			3.05	1.13	
27#,28#	1324	3.0	12.1	13.5	12.9	3.0	1.5	2.0	108.1	398.6	398.6			2.61	0.97	484/土

崩岗编号	谷坊															截水沟长(m)/类型
	编号	坝顶宽(m)	坝顶长(m)	坝底长(m)	底宽(m)	坝高(m)	上游坡比	下游坡比	清基土方(m³)	挖方(m³)	填方(m³)	浆砌块石(m³)	砼压顶(m³)	砼渠墙(m³)	砼铺底(m³)	
29#－32#	1325	3.0	20.3	13.5	21.5	3.0	1.5	2.0	172.6	665.6	665.6				2.61	0.97
33#,34#	1326	3.0	8.6	13.5	11.2	3.0	1.5	2.0	95.3	327.5	327.5				2.61	0.97
35#	1327	3.0	9.6	15.3	10.3	3.5	1.5	2.0	97.8	411.9	411.9				2.83	1.05
36#,37#	1328	1.5	10.9	4.5	6.2	3.0	0.2	0.8	65.3			119.98	1.64	23.21	6.84	396/土
38#,39#	1329	1.5	5.8	4.5	3.8	3.0	0.2	0.8	42.3			68.65	0.87	39.71	11.70	
小计									3166.5	9614.5	9614.5	1271.93	25.54	189.94	59.32	3468

（三）崩岗治理监督与监测

1. 崩岗治理监督

充分利用各种媒体,采取多种形式,开展水土保持有关法律法规的宣传。建立健全预防监督机构,落实崩岗治理预防监督人员、配备设备,依法做好预防保护和监督。完善地方性配套法规建设,制定监督检查办法,定期进行全面检查,制定管护制度,落实管护责任人,保护好现有林草植被,确保治理成果得到有效保护。

2. 崩岗治理监测

首先对典型崩岗进行监测,即组织对不同类型的典型崩岗,在典型调查的基础上,进行跟踪监测,监测其溯源进度、产沙量等,进行对比分析评价,每年填写典型评价调查表。其次,按不同流失程度、不同治理措施进行单项治理措施保水保土效益的监测,利用谷坊和拦沙坝淤积变化对治理措施拦沙效益进行监测。第三,设雨量观测点进行观测,即建立水文监测点,监测雨季时河水的泥沙含量,对水中悬移质、推移质进行水样分析,监测河床变化和丰水枯水期水流量。

第七章

滑坡、泥石流多发区水土保持

第一节　滑坡、泥石流概况

一、滑坡、泥石流的发育条件

滑坡作为山区常见的自然灾害之一,分布广、危害大,常给山区城镇、矿山、交通干线、能源设施和水利水电建设造成极大的危害,给国家和人民的生命财产造成巨大的损失。我国滑坡灾害分布十分广泛,尤以中西部、西南、西北为盛。我国滑坡灾害是世界上少数几个极为严重国家之一,据统计估算,在中国,1949—2011年期间,由滑坡引起的死亡人数保守估计超过25000人,平均每年超过400人,而且平均每年的经济损失大约为5000万美元(桑凯,2013)。

泥石流是我国山区众多自然灾害中具有突发性灾变过程的主要灾种。据不完全资料,泥石流灾害波及全国23个省(区、市),不仅影响山区城镇、工矿、交通运输、能源基地、水利设施和国防建设以及农田村寨等各种建筑设施的安全,而且造成人畜伤亡。在全世界每年发生的泥石流造成数以亿计的经济损失和几百甚至上千人的伤亡,而我国是世界上泥石流灾情最严重的国家之一。

(一)滑坡与泥石流的区别

滑坡是斜坡上大量土体和岩体在重力的作用下,沿一定的滑动面整体向下滑动的现象,主要发生在易于亲水软化的土层中和一些软质岩中。当坚硬岩层内存在有利于滑动的软弱面时,也易于形成滑坡。泥石流是一种突然爆发的含有大量泥砂、石块的特殊洪流。主要发生在地质不良、地形陡峻的山区。一般来说,形成泥石流有三个条件:一是有较集中的不稳定的松散土石物质;二是有突发而急骤的水流;三是有一定高差的地形。

滑坡与泥石流的关系比较密切,易发生滑坡的区域也常易发生泥石流。滑坡的物质经常是泥石流的重要因素,滑坡发生一段时间后,其堆积物在一定的水源条件下生成泥石流,即滑坡体是泥石流的物质来源。滑坡还常常在运动过程中直接转化为泥石流。泥石流与滑坡有着许多相同的促发因素。但是,泥石流的暴发多了一项必不可少的水源条件。此外,滑坡和泥石流的运动形态也有较大差异。滑坡一般是整体性的滑动,泥石流是像水流一样的流动。

(二)滑坡的发育条件

滑坡是在多种因素共同作用下经过长期的发育逐渐形成的。但是,发育与发生是两个概念,滑坡的发生往往除了具备形成条件外还必须有一定的诱发条件。发育条件可具体概括为地形地貌条件、地层岩性条件、地质构造条件、水文地质条件和人类活动条件,诱发条件可归为自然条件和人为扰动条件。

1.地形地貌条件

滑坡的形成与地形密不可分,只有在大坡度的情况下滑坡才会下滑释放能量。只有处于一定地貌部位、具备一定坡度的斜坡才可能发生滑坡。一般江、河、湖(水库)、海、沟的岸坡,前缘开阔的山坡、铁路、公路和工程建筑物边坡等都是易发生滑坡的地貌部位、坡度大于25°、小于45°下陡中缓上陡、上部成环状的坡形是产生滑坡的有利地形。

2.地层岩性条件

滑坡的要素之一就是滑动面或者滑动带,而地层岩性主要影响的就是滑动面的形成。由于地质历史时期的地层沉积物不同直接导致成岩后的岩性不同,比如新近纪、古近纪等沉积的泥岩、页岩或者是煤系,还有一些在沉积间断时遭受强烈分化的地层再次沉积到现在,上述地层都是岩性软弱、力学性质极差的。当上覆土体过重时会在斜坡层内产生剪切作用,而岩性弱的岩石由于抵抗能力不足将首先被破坏,形成塑形带或破碎带;如果坡体内地下水位过高或者降雨入渗,泥岩页岩会与水发生水化,自身的 c 值急剧减小,成为潜在的滑动面。因此地层岩性条件是滑动面的形成条件。

3.地质构造条件

据有关资料统计,在地质构造运动活跃的地带滑坡发生的概率很大。这是因为构造运动也是能量释放的一种形式,首先它会影响滑坡的分布,比如在地层断裂地带,滑坡会在断裂两侧成群分布;其次构造能量的释放会影响地层的沉积条件,构造的不连续运动会使地层产生不连续沉积,也会使得地层的固结程度由于受到扰动而有所降低;构造在运动时往往会有构造产物生成,这些产物则会发展为岩层内部的力学性质较差的软弱结构面,也可能形成滑动面。因此地质构造条件对滑坡而言也十分重要。

4.水文地质条件

地下水活动在滑坡形成中起着重要的作用,主要表现在:软化岩土,降低岩土体抗剪强度,产生动水压力和孔隙水压力,潜蚀岩土,增大岩土重度,对透水岩石产生浮托力等,尤其是对滑动带的软化作用和降低强度作用最突出。

水与岩土体接触达到一定程度时会使岩土体的性质发生弱化,抗滑能力显著降低,比如前面提及的泥岩页岩;再者,水还有一定的润滑作用,对岩土体的摩擦力具有削弱作用;地下水的孔隙水压力过大时会对上覆岩土体产生一定的托浮作用,从力学角度看是一种减小正向压力的有害力。因此,当坡体有降雨入渗或者是地下水位过高产生渗透作用时,会加速岩土体的弱化,降低其力学性质,进而促进滑动面的形成,比如西昌巴汝乡熊家堡子滑坡(图2-7-1)。综上所述,水文地质条件是滑坡形成的重要条件。

图2-7-1　西昌巴汝乡熊家堡子滑坡(钟卫　摄)

5.人类活动条件

从古至今人类都在为发展自己的文明而努力,希望通过改造自然提升自己的生存质量,最直观的体现就是人类的工程活动。为了达到一定的工程目的,工程中开挖边坡是十分普遍的,一旦有侧向凌空面那么就会有滑坡发生的可能;在某些大型工程中,工程废渣量也非常巨大,当这些废渣处理不当时也会引发滑坡,比如将其集中堆在坡顶处,这样无疑会增加下滑力;人类的某些工程机械能量巨大,在工作过程中的震动会使得下覆土体变得松散,也会有滑塌的可能。人为因素的作用主要是加速滑坡的发展。

当上述形成条件都具备后,还需一定的诱发条件才能使得滑坡发生。自然诱发条件主要包括降雨融雪的影响和一些地质作用能量的触发。俗话说"十滑九雨",当有降雨和融雪时,水会沿坡体入渗或者沿已有的后缘裂缝直接渗入滑动带上,使滑动面上的摩擦力急剧降低,为了达到新的平衡,滑动面会不断发展贯通,当滑动面完全贯通后,滑体将发生下滑。除此之外,降雨融雪会增加坡体的上覆重量,使下滑力增加,也可以诱发。地质能量作用主要是地震作用,地震的能量释放是以地震波的形式发出,到达坡体后会产生一个地震力,这个力的参与会导致坡体下滑力增加,抗滑力减小,进而发生坡体失稳(简文彬,2015)。

(三)泥石流的发育条件

泥石流的形成,必须同时具备三个基本条件:①利于贮集、运动和停淤的地形地貌条件。②丰富的松散土石碎屑固体物质来源。③短时间内可提供充足的水源和适当的激发因素。

1.地形地貌条件

地形条件制约着泥石流形成、运动、规模等特征,主要包括泥石流的沟谷形态、集水面积、沟坡坡度与坡向和沟床纵坡降等。

泥石流多形成在集水面积较小的沟谷,面积为 $0.5 \sim 10 km^2$ 者最易产生,小于 $0.5 km^2$ 和 $10 \sim 50 km^2$ 次之,发生在汇水面积大于 $50 km^2$ 以上者较少。典型泥石流流域分为形成、流通、堆积等三个区。上游形成区多三面环山、一面出口状、漏斗状或树叶状,地势比较开阔,周围山高坡陡,植被生长不良,有利于水和碎屑固体物质聚集;中游流通区的地形多为狭窄陡深的狭谷,沟床纵坡降大,使泥石流能够迅猛直泻;下游堆积区的地形为开阔平坦的山前平原或较宽阔的河谷,使碎屑固体物质有堆积场地。

沟床纵坡降是影响泥石流形成、运动特征的主要因素。一般来讲,沟床纵坡降越大,越有利于泥石流的发生。坡面地形是泥石流固体物质的主要源地之一,其作用是为泥石流直接供固体物质。沟坡坡度是影响泥石流的固体物质的补给方式、数量和泥石流规模的主要因素。一般有利于提供固体物质的沟谷坡度,在我国东部中低山区为 10°～30°,固体物质的补给方式主要是滑坡和坡洪堆积土层,在西部高中山区多为 30°～70°,固体物质和补给方式主要是滑坡、崩塌和岩屑流。

斜坡坡向对泥石流的形成、分布和活动强度也有一定影响。阳坡和阴坡比较,阳坡上有降水量较多,冰雪消融快,植被生长茂盛,岩石风化速度快、程度高等有利条件,故一般比阴坡发育较好。例如,我国东西走向的秦岭和喜马拉雅山的南坡上产生的泥石流比北坡要多得多。

2. 松散物源条件

某一山区能作为泥石流中固体物质的松散土层的多少,与地区的地质构造、地层岩性、地震活动强度、山坡高陡程度、滑坡、崩塌等地质现象发育程度以及人类工程活动强度等有直接关系。

地区地质构造越复杂,褶皱断层变动越强烈,特别是规模大、现今活动性强的断层带,岩体破碎十分发育,宽度可达数十条、数百米,常成为泥石流丰富的固体物源。例如,我国西部的安宁河断裂带、小江断裂带、波密断裂带、白龙江断裂带、怒江断裂带、澜沧江断裂带、金沙江断裂带等,成为我国泥石流分布密度最高、规模最大的地带。在地震力的作用下,不仅使岩体结构疏松,而且直接触发大量滑坡、崩塌,特别是在 7°以上的地震烈度区。对岩体结构和斜坡的稳定性破坏尤为明显,可为泥石流发生提供丰富物源,这也是地震、滑坡、崩塌、泥石流灾害连环形成的根本原因。

地层岩性与泥石流固体物源的关系,主要反映在岩石的抗风化和抗侵蚀能力的强弱上。一般软弱岩性层、胶结成岩作用差的岩性层和软硬相间的岩性层比岩性均一和坚硬的岩性层易遭受破坏,提供的松散物质也多,反之迹然。例如,长江三峡地区的中三迭统巴东组,为泥岩类和灰炭类互层,是巴东组分布区泥石流相对发育的重要原因。安宁河谷侏罗纪砂岩、泥岩地层是该流域泥石流中固体物质的主要来源。

除上述地质构造和地层岩性与泥石流固体物源的多少有直接关系外,当山高坡陡时,斜坡岩体卸荷裂隙发育,坡脚多有崩坡积土层分布;地区滑坡、崩塌、倒石锥、冰川堆积等现象越发育,松散土层也就越多;人类工程活动越强烈,人工堆积的松散层也就越多,如采矿弃渣、基本建设开挖弃土、砍伐森林造成严重水土流失等。这些均可为泥石流发育提供丰富的固体物源。

3.水源条件

水既是泥石流的重要组成成分,又是泥石流的激发条件和搬运介质。泥石流水源提供有降雨、冰川融水和水库(堰塞湖)溃决溢水等方式。

我国大部分地区降水充沛,并且具有降雨集中,多暴雨和特大暴雨的特点,这对激发泥石流的形成起了重要作用。特大暴雨是促使泥石流暴发的主要动力条件。冰雪融水是青藏高原现代冰川和季节性积雪地区泥石流形成的主要水源。当夏季冰川融水过多,涌入冰湖,造成冰湖溃决溢水而形成泥石流或水石流更为常见。由泥石流、滑坡在河谷中堆积,形成的堰塞湖溃决时,更易形成泥石流或水石流。

当具备了泥石流发生的三项条件时,泥石流形成暴发的形式有3种:①地表水在沟谷的中上段侵润冲蚀沟床物质,随冲蚀强度加大,沟内某些薄弱段块石等固体物松动、失稳,被猛烈掀揭、铲刮,并与水流搅拌而形成泥石流。②山坡坡面土层在暴雨的浸润击打下,土体失稳,沿斜坡下滑并与水体混合,侵蚀下切而形成悬挂于陡坡上的坡面泥石流。③沟源崩、滑坡土体触发沟床物质活动形成泥石流,即崩、滑体发生溃决,强烈冲击并带动沟床固体碎屑物的活动而形成泥石流;或者山体崩塌也可能诱发滑坡,根本上都是地质力破坏了坡体的力平衡。

二、南方滑坡、泥石流的分布

我国具有幅员辽阔、山区面积大、人口众多、地质构造复杂、地形地貌多样、气候多变等特点,是亚洲乃至世界滑坡泥石流灾害多发国家之一。随着人口的不断增加、人类活动的空间范围不断向山区拓展、大规模的工程建设和资源开采等人类活动以及地震作用对地质环境扰动程度的不断加大,加速了滑坡泥石流的发育,灾害逐年加重。

(一)滑坡的分布

滑坡灾害的发育分布及其危害程度与地质环境背景条件、气象水文及植被条件、人类经济工程活动及其强度等有着极为密切的关系,具有明显的地域特征和区域变化规律。其中,新构造运动是内因,不良气候条件是主要的诱发因素,不合理的人类经济工程活动是加剧因素。

我国南方地区降雨频繁、地质环境脆弱,除少数平原地区外,均广泛发育有滑坡灾害。我国山区面积约占国土总面积的三分之二,地势起伏较大、地形地貌多样。受地形地貌、地层岩性、地质构造、岩体结构特征、水文地质条件等影响,滑坡灾害在空间上具有沿地貌阶梯突变带密集分布的特征,主要在西南地区高山峡谷、秦岭大巴山地、湘鄂桂赣等山地丘陵地区发育,大型滑坡在构造带以及深切河谷沿线分布(图2-7-2)。地层岩性、岩体结构特征和降雨条件共同决定了滑坡灾害类别、规模以及群发性的易发程度。西南地区昔格达组地层及红层软土等特殊岩土、四川盆地及云南等软硬相间的砂、泥岩为主的碎屑岩地层和含煤、泥页岩的碎屑岩、碳酸盐岩互层岩组等是我国南方地区滑坡的主要工程地质岩组。

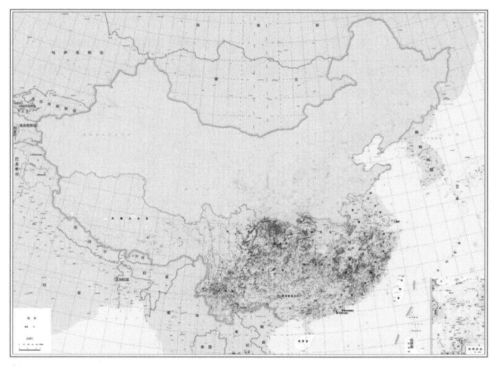

图2-7-2　中国南方滑坡分布图(引自:中国地质调查局地质环境检测院)

考虑地形地貌、地层岩性、地质构造、岩体结构特征、水文地质条件及滑坡灾害易发程度等因素,将全国划分为高频发、中频发、低频发和不易发4个区。其中,高频发区主要包括西南山地、秦岭大巴山区、湘鄂桂赣山区、云贵高原、西北黄土高原等地区;中频发区主要包括四川盆地、长江中游丘陵地区、山西东部山区、辽东山区、东南沿海丘陵地区、青藏高原东部及伊犁河谷等地区;低频发区主要包括内蒙古中部山区、宁夏西北山区、青藏高原中西部、新疆西北部等地区;其他地区为不易发区。

据初步统计(截至 2000 年),全国至少有 400 多个市、县、区、镇,1 万多个村庄遭受严重的滑坡灾害,有证可查的滑坡灾害点约为 41×10^4 多处,总面积为 $173.52 \times 10^4 km^2$,占国土总面积的 18.10%(黄润秋,2007)。分省来看,云南、贵州、四川、西藏、重庆、湖北、湖南等省(区、市)的滑坡灾害最为严重。由于地质构造、地形地貌以及气候条件的异同,我国南方各省(区、市)滑坡的分布与特征有显著的差异。基于 2005—2015 年国土资源部发布的《全国地质灾害通报》,统计了地灾在长时间尺度下发生的数量(表 2 - 7 - 1)以及南方各省(区、市)的地灾数量及威胁情况(表 2 - 7 - 2)。其中重庆、湖南、江西、四川和云南发生的滑坡灾害超过 1 万个,百姓受灾严重(房浩等,2018)。

表 2 - 7 - 1　2005—2015 年地质灾害发生数量

年份	滑坡(个)	崩塌(个)	泥石流(个)	地面塌陷(个)	地裂缝(个)	地面沉降(个)	总数(个)
2005	9359	7654	556	137	20	15	17751
2006	88523	13160	417	398	271	35	102804
2007	15478	7722	1215	578	225	146	25364
2008	13450	8080	443	451	-	-	26580
2009	6657	2309	1426	316	115	17	10840
2010	22329	5575	1988	499	238	41	30670
2011	11490	2319	1380	360	86	29	15664
2012	10888	2088	922	347	55	22	14322
2013	9849	3313	1541	371	301	28	15403
2014	8128	1872	543	302	51	11	10907
2015	5616	1801	486	278	27	16	8224

数据来源:中华人民共和国国土资源部发布的 2005—2015 年的《全国地质灾害通报》。

表 2-7-2　2005～2015 年南方各省(区、市)地质灾害发生数量及威胁情况

省(区、市)	滑坡 (个)	崩塌 (个)	泥石流 (个)	其他 (个)	灾害总数 (个)	威胁人数 (万人)	威胁财产 (万元)
安徽	1438	1559	121	1680	4798	8.81	276830
重庆	14584	2393	104	220	17301	95.39	3926624
福建	8366	3647	128	94	12235	200	526487
广东	3037	5589	89	267	8982	35.43	1221298
广西	3360	4468	69	323	8220	56.56	859733
贵州	6396	2783	200	2882	12261	142.27	2765060
海南	41	238	9	39	327	1.23	29856
湖北	8763	1533	218	4522	15036	89.41	2170271
湖南	13915	2071	697	6812	23495	168.19	2751500
江苏	336	230	0	81	647	3.7	142568
江西	18765	4487	227	895	24374	27.65	476200
上海	-	-	-	-	-	-	-
四川	24116	7447	5626	4124	41313	208.6	8732003
西藏	1599	3053	5790	88	10530	27.78	1410109
云南	18538	2140	3008	1772	25458	285.64	5356779
浙江	2886	1599	1150	117	5752	15.34	446417

数据来源:①2005～2015 年中华人民共和国国土资源部发布的《全国地质灾害通报》及各省级地质灾害主管部门。②"其他"指地面塌陷、地裂缝等地质灾害,"-"表示未统计或没有该项内容。

在全国 32 个省(区、市)(包括台湾,不含香港和澳门特区)2404 个县级行政单元(部分市没有分区)中,评价为滑坡高度危险的有 259 个,主要分布在四川、云南、重庆、贵州、陕西、甘肃、西藏;较高度危险的 308 个,主要分布在云南、四川、重庆、西藏、贵州、陕西、甘肃、湖南、湖北、福建、江西、青海等地;中度危险的 406 个,主要分布在四川、贵州、湖南、湖北、广西、浙江、江西、福建、台湾、新疆、甘肃、青海、山西、河北等地。在省级行政单元中,高度危险的省(市)有云南、四川、重庆、陕西、甘肃、贵州;较高度危险的省(区、市)有西藏、广西、青海、湖南、湖北、北京、辽宁、台湾(张业成,1993)。

严重的滑坡灾害不仅会给当地居民的生命财产造成重大的损失,还可摧毁相当数量的工厂和矿山,严重影响铁路、公路、水运及水电站等基础设施的安全

运营,而且其导致的"滑坡—堰塞湖—溃决洪水"灾害链也会严重威胁滑坡点上下游一定范围的居民生命财产安全。

我国滑坡灾害事件的发生主要受到降雨条件、地震及人类活动三个诱发因素的影响。在复杂的地质条件下,强降雨是诱发我国滑坡灾害最为重要的因素,约占总数的80%。据中国地质环境监测院数据库,我国的滑坡灾害主要集中在5—8月,其中7月为全国滑坡灾害发生高峰期,如2013年7月10日上午,因连续3日强降雨,四川省成都都江堰市中兴镇三溪村发生一起特大山体滑坡,灾害造成18人死亡,107人失踪;2019年7月23日,贵州省六盘水市水城县鸡场镇坪地村岔沟组发生一起特大山体滑坡灾害,滑坡总方量达到了$2 \times 10^7 m^3$,造成21栋房屋被埋、24人死亡、27人失踪。由于中国东南沿海地区受季风影响,其高发期早于西北地区,降雨型滑坡高发期具有从东南向西北逐渐变化的特征(房浩等,2018)。

中国是世界地震高发国之一,地震不仅会对灾区房屋及其他设施造成严重破坏,还会诱发一系列的次生灾害(如产生大范围的群发性滑坡灾害,"滑坡—堰塞湖—溃决洪水"灾害链),造成不可挽回的生命财产损失。例如,2008年5月12日汶川大地震后形成的唐家山堰塞湖,堰塞坝体长803m,宽611m,高82.65~124.4m,方量约$2.037 \times 10^8 m^3$,上下游水位差约60m,极可能溃决导致下游出现洪灾,威胁人民的生命财产安全(陈晓清等,2010);2017年6月24日,四川省茂县叠溪镇新磨村新村发生高位顺层滑坡灾害,将位于坡脚处的新磨村尽数摧毁,掩埋农房64户、道路1500m,堵塞河道1000m,导致10人死亡、73人失踪(胡凯衡等,2017)。综合来看,我国地震诱发的滑坡灾害具有规模大、隐蔽性高、损失重的特点。

近年来随着我国山区城镇化建设的加快,社会经济的快速发展,违规的采矿、水事活动及工程边坡开挖等人类活动不断扰动地质环境,造成的边坡失稳及滑坡灾害越来越多。例如,2001年5月,由于违规开挖工程边坡,武隆县巷口镇发生滑坡,一座9层居民楼被摧毁掩埋,造成79人死亡(唐万春,2008);2003年7月,由于蓄水作用导致湖北省秭归县千将坪发生大规模滑坡,共造成24人死亡,1100多人无家可归(三峡库区地质灾害防治工作指挥部,2003)。随着中国经济的成功转型,调查、监测、预防以及防治技术的不断提高,相信经过一段时期,人类活动造成的滑坡灾害会逐渐趋于稳定并慢慢减小(章诗芳等,

2017）。

（二）泥石流的分布

我国泥石流的区域分异和发育程度,受控于地质构造和地貌组合;泥石流的暴发频率和活动强度,主要受控于水源补给类型和动力激发因素;泥石流的性质和规模,受控于松散物质的储量多寡、岩体的组构特征。我国泥石流的总体分布特征为:在断裂构造发育、新构造运动活跃、地震剧烈、岩层风化破碎、山体失稳、不良地质现象密集、正负地形高低悬殊、山高谷深、坡陡流急、气候干湿季节分明、降雨集中,并多局地暴雨,植被稀疏、水土流失严重的山区,及现代冰川(尤其是海洋性冰川)盘踞的高山地区分布较为集中。

从地理分布看,我国泥石流具有分布广泛、类型多样、活动频繁、危害严重等特点。分布密集地带从青藏高原西端的帕米尔向东延伸,经喜马拉雅山带,穿越波密—察隅山地向东南呈弧形扩展,经滇西、川西的横断山区,折向东北,沿乌蒙山北转大凉山、邛崃山,过秦岭东折,经黄土高原南缘及太行山,直达长白山山地。这一地带在地势上,是我国台阶地形转折最明显的部位,地面起伏大;在气候上,是湿热的西南季风向北和东南季风向方向推进遇地形骤然抬升而易成暴雨的地带;在地质上,是巨大的构造带,新构造差异运动幅度大、现代地震剧烈、山体破碎、松散固体物质富集地带。由于上述三方面的因素,导致泥石流沟成群出现,并常见多沟齐发泥石流的情景。此带以东的华东、中南和台湾山地,以西的西北内陆干旱、半干旱山地,泥石流沟呈点状散布,稀疏零星。

我国泥石流的分布明显受地形、地质条件和降水条件的控制。大体上以大兴安岭、燕山山地、太行山、巫山、雪峰山一线为界,该线以东为我国最低的一级阶梯的低山、丘陵和平原,泥石流零星分布(仅在辽东南山地较密集)。该线以西,是我国的第一、第二级阶梯,是泥石流最发育、最集中的地区,泥石流沟群常呈带状或片状分布,其中集中分布在青藏高原的东南缘山地、四川盆地周边,以及陇东—陕南、晋西、冀北等以及黄土高原东缘为主的地区。

在上述泥石流发育的地区中,泥石流又集中分布在一些沿大断裂、深大断裂发育的河流沟谷两侧。例如,云南的大盈江流域和小江流域、甘肃的白龙江流域、四川的安宁河谷、陕西的渭河谷地以及川藏公路的沿线均为泥石流的发育区。这是我国泥石流的密度最大,活动最频繁,危害最严重的地带。在各大型构造带中,具有高频率的泥石流又往往集中在板岩、片岩、片麻岩、混合花岗岩、千枚岩等变质岩系及泥岩、页岩、泥灰岩、煤系等软弱岩系和第四系堆积物分布区(图2-7-3,中国地质调查局地质环境监测院 http://www.cigem.cgs.gov.cn/)。

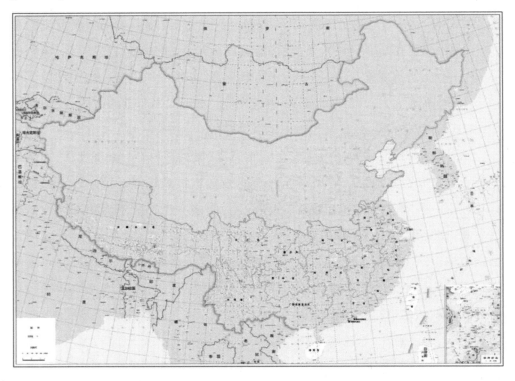

图2-7-3　中国南方泥石流分布图(引自:中国地质调查局地质环境检测院)

　　泥石流的分布与类型受降水条件的控制。我国是夏季季风暴雨成灾的国家之一,暴雨型泥石流是我国最主要的泥石流类型。特别是云南、四川山区受孟加拉湿热气流影响较强烈,在西南季风控制下,夏秋多暴雨。比如,云南东川的一次暴雨时降水达180mm,其中最大降雨强度为55mm/h。一般来说,暴雨型泥石流的发生与前期降水密切相关,只有前期降水积累到一定数值时,短历时暴雨的激发作用才显著,前期降水越大,土体中含水率越高,激发泥石流发生所需的短历时降雨强度就越小。受降雨年际变化的影响,泥石流灾害发生次数具有年际变化的特点,一般降雨量多的年份,也是泥石流灾害多发年。降雨的季节性变化决定着泥石流发生频率的变化。据统计,约80%的泥石流发生在5—10月,12月至次年3月基本无泥石流发生(张平仓等,2009)。

我国冰川面积约 $5.7 \times 10^4 \text{km}^2$，年融水量约 $5.5 \times 10^{10} \text{t}$，径流深达 136mm，当气温上升并持续高温时，冰川谷地下游便易发生泥石流。季节性积雪区因积雪深度有限，不易发生大规模泥石流，但雪线以上多年积雪区则往往与冰川融水一起促使泥石流暴发。因此，我国南方的西藏东南部、云南的西北部和四川的西部还分布有冰川型和冰雪型泥石流。

纵观我国南方的泥石流灾害，大致集中发育于以下区域：①青藏高原东南部。②西南川滇山地。③秦巴山区（主要指南部的巴山山麓）。④东南沿海丘陵山地。这些区域的地质环境多具不同的特点，使得各区域泥石流灾害的规律也不尽相同（中国地质调查局地质环境监测院 http://www. cigem. cgs. gov. cn/）。

1. 青藏高原东南部

藏东南部降水量多而强度大，是活动频繁的降雨泥石流分布地区。高山海洋性冰川分布地区，则是冰川型泥石流活动地区。藏南降水量较东南部减少，但降水集中且多阵雨，则为暴雨泥石流分布地区。青藏高原现代冰川分布的状况，对泥石流分布特点也有显著影响，特别是对冰川泥石流分布影响显著。受到季风影响的念青唐古拉山东段和昆仑山西段的两大冰川作用的中心以及喜马拉雅等现代冰川分布地区，多有冰川型泥石流发育。在念青唐古拉山海洋性冰川分布地区，以冰川消融类型泥石流为主，包括冰崩、雪崩泥石流。在其他山区多为亚大陆性冰川分布地区，以冰湖溃决泥石流为代表。

2. 西南川滇山地

该区地处青藏高原东南缘，一系列庞大山体和峡谷深沟紧相并列，西部为怒江、澜沧江、金沙江"三江"中游的横断山地。自西向东分布着山川平行排列的山脉和河流，呈现"两山夹一川，两川夹一山"的形势。地势北高南低，岭谷之间高低悬殊，不论"三江"的南、北段，泥石流均常发生。金沙江以东山脉形势较为破碎，整个地势由西北向东南倾斜，四周有 28 座超过海拔 6000m 的山峰，西南季风和东南季风得以长驱直入，且进退快速，降水丰沛，致使本区成为我国降雨类泥石流最发育地区。川滇山地大多是古生界和中生界砂岩、板岩、千枚岩和灰岩，这些地层遭长期风化作用，一般含黏土成分较高，黏性泥石流较多。另外，在该地区新构造活动与地震作用强烈，伴随着大面积强烈隆起、局部地区的差异运动和第四纪断层等表现形式。新构造运动使水系发育速度加快，地形高差增大,地表风化面积扩大,使松散固体物质积累增多,从而为泥石流发生提供丰富的物质条件和能量条件。

该区是我国泥石流最为发育的地区,活动频繁且危害巨大。例如,云南省昆明市东川区小江(右岸)蒋家沟是名闻中外的大型暴雨泥石流沟,近代活动已有 300 多年的历史,每年暴发十几次至几十次,历史上曾 7 次堵断小江,酿成巨灾;雅砻江二滩附近的下荒田沟每年暴发泥石流几十次至上百次,大量泥沙石块拥进雅砻江,形成险滩;金沙江中下游两岸有泥石流沟 500 多条,因泥石流形成的急流险滩已成为金沙江航道开发利用的主要障碍;穿越川滇山区的成昆铁路,沿线有泥石流 300 多处,每年夏秋雨季都冲毁路基桥涵,经常断道停车,甚至造成火车颠覆、人身伤亡的事故(胡凯衡等,2002;李槭等,1979;韦方强等,2008)。

3. 秦巴山区(主要指南部的巴山山麓)

秦巴山区是我国泥石流主要发育地区之一。该区为中高山地区,处于季风气候带,温润多雨,降水较为丰富;地貌上多级宽缓的河流堆积阶地和多级夷平面都比较发育,具大型泥石流发育条件。秦巴山区泥石流产生的动力主要是暴雨,且多为水石流。固体物质除少许黏性土外,主要以粗颗粒的沙砾和块石组成(砾石和块石约占 80% 以上),其主要来源为基岩崩塌、滑坡所堆积的碎屑物质。水石流沟谷纵比降较大,一般达 12% ~ 35%,流动迅速。主要分布在秦岭北麓、凤县白家庙以北、蜀河及褒河两岸。秦岭东段华山北坡从孟塬至莲花寺间,水石流沟成群分布。

4. 东南沿海丘陵山地

该区泥石流零星发育在东南沿海低山丘陵地区。从沿海到内陆,地层岩性由岩浆岩为主变为变质岩、碎屑岩相间分布,进而变为碳酸盐、碎屑岩、变质岩相间分布。低山及部分中山山麓地带泥石流较发育;广大丘陵地区较少发生泥石流。其触发因素主要为降雨,且多受台风带来的强降雨的影响。我国东南低山丘陵山区,由于人类活动强烈,强台风引发的泥石流呈上升趋势。该地区的人为活动与泥石流的关系十分密切,一方面,由于该地区人类工程活动强烈,如开挖矿山、陡坡垦植等破坏地表植被,为该地区泥石流的发生提供了一定的促进作用;另一方面,东部地区经济发达、人口密集,一旦有泥石流的发生,即使规模不大,造成的经济损失和人员伤亡往往十分严重。例如,1983 年 6 月,位于广东省英德市西南与清远市交界的大洞—渔坝地区,连续几天的大暴雨后,大洞、渔坝两地发生的大规模泥石流,造成70人死亡,350人受伤,并使整个大洞圩及下游42个村庄全被冲毁。湖南省凤凰县官庄山坡型泥石流,体积虽只有 $1.2 \times 10^4 m^3$,但来势凶猛,山坡下居民来不及外跑,当场26人死亡。另外由于矿山尾砂、废石不合理堆放或尾砂库溃决所造成的泥石流,危害极其严重,如1998年7月,江西省德兴市富家坞铜业公司形成 $2 \times 10^5 m^3$ 的泥石流,毁房13栋,经济损失2374万元。1998年7月23日,江西省玉山县童坊水泥厂(593#)因一百多年前烧石灰后沿山沟堆积的石煤渣崩塌下泄形成泥石流,堆积体积达 $1 \times 10^4 m^3$,损坏二栋厂房、冲毁1200余t原料与水泥,直接经济损失86万元(中国地质环境监测院,2004)。

从行政区划上看,泥石流灾害主要集中在我国西部、西南部的四川、云南、贵州、陕西、甘肃、西藏等6省(区),泥石流隐患点占全国70%左右。截至2015年,全国地质灾害数据库共记录泥石流灾害及隐患点约3万处,遍布全国30个省(区、市)。其中,泥石流灾害隐患点数量最多的省(区)主要包括西藏、四川、甘肃、云南及青海。5省(区)泥石流发育总数量都超过2000处,尤其以西藏自治区和四川省最为严重,泥石流总数都在4500处以上。5省(区)泥石流总数占全国30个省(区、市)总数的59%。全国特大型泥石流隐患点共608处,主要分布在四川、云南、甘肃三省(康志成等,2004;崔鹏等,2011;崔鹏等,2018)。

据统计,2005—2015年11年间,我国共发生泥石流灾害10927起,占地质灾害总数的3.92%;因泥石流灾害造成的死亡(失踪)人数为3000人,占11年间因地质灾害造成死亡(失踪)总数的36.14%(张楠等,2017)。1999—2015年,全国共发生特大型泥石流灾害151次,主要发生在四川、云南、甘肃三省。我国泥石流高灾度区共184个县(市、区),涉及23个省(区、市),主要分布在四川西部、云南西北部、甘肃南部、西藏南部。四川、云南、甘肃和西藏高灾度县(市、区)数量最多。泥石流中灾度区共913个县(市、区),涉及28个省(区、市),主要分布在山西大部、江西大部、湖南大部、云南东部。泥石流低灾度区共1067个县(市、区),涉及31个省(区、市),主要分布在河北东部及西部、四川东部、河南东部、山东西部及北部、江苏(张信宝等,1989;崔鹏等,2018;钟敦伦等,2014)。

第二节 滑坡、泥石流特征及危害

滑坡和泥石流灾害是造成我国水土流失的主要原因之一,而水土流失破坏生态环境,带来系列灾难已成为我国十分重要的环境问题。长期以来,由于气候变化和不合理开发及掠夺式开采,滑坡、泥石流更加频繁发生,水土流失趋势不断加剧,每年流入江河的泥沙至少在 50 亿 t 以上。滑坡泥石流灾害的广泛性、严重性,使人们认识到防治水土流失的紧迫感。

一、滑坡特征及危害

(一) 滑坡特征

滑坡在平面上的边界和形态特征与滑坡的规模、类型及所处的发育阶段有关。一个发育完全的滑坡,由以下几个组成部分构成:滑坡体、滑动带、滑动面、滑坡床、滑坡壁、滑坡台阶、滑坡舌、滑坡周界、封闭洼地、主滑线(滑坡轴)、滑坡裂隙(拉张裂隙、剪切裂隙、扇状裂隙、鼓胀裂隙)(见图 2-7-4,图 2-7-5 所示)。当然,对有些实际发生的滑坡,各个部分之间的边界不是那么清楚。

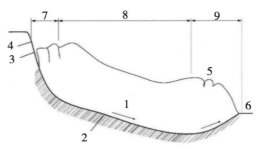

1-滑坡体;2-滑动带;3-滑坡主裂缝;4-滑坡壁;5-鼓掌裂缝;

6-滑坡舌;7-牵引段;8-主滑段;9-抗滑段。

图 2-7-4 滑坡断面示意图(简文彬,2015)

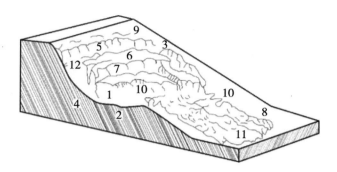

1-滑坡体;2-滑动面;3-滑坡周界;4-滑坡床;5-滑坡壁;6-滑坡台地;

7-滑坡台坎;8-滑坡舌;9-后缘张裂缝;10-鼓胀裂缝;11-扁形张裂缝;12-滑坡洼地。

图2-7-5　滑坡形态示意图(简文彬,2015)

　　一般说来,处于自然条件下的岩土体在长期的内外动力作用下,其应力、应变将随时间而发生变化。当变形发展到一定的阶段,岩土体发生破坏。变形破坏过程包括(如图2-7-6所示):第一蠕变阶段,也称蠕滑阶段,应变率随时间迅速递减;第二蠕变阶段,也称稳滑阶段,应变率保持常量;第三蠕变阶段,也称加速滑动阶段,应变率由C点开始迅速增加,达到D点,岩土体即发生破坏,这一变形阶段的时间较短。

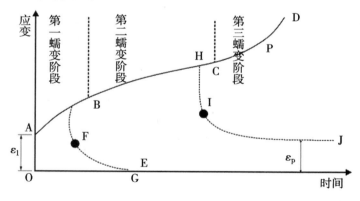

图2-7-6　岩土体蠕变曲线

　　与此相类似,滑坡的发生也要经历不同阶段,各阶段的变形特征各不相同,表现出滑坡的地表位移、速率、裂缝分布,各种伴生现象各不相同,如图2-7-7所示为滑坡的变形过程,AB段为初始变形阶段(弱变形阶段)、BC段为强变形阶段、CD段为滑动阶段、DE为停滑阶段。

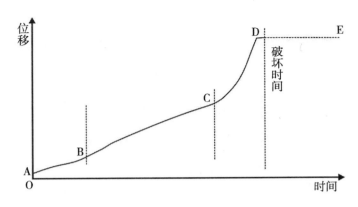

图 2-7-7　滑坡变形阶段性曲线

　　根据大量的现场实际资料、观测成果、滑坡模型试验,以及岩土力学的研究成果,可以将滑坡的发生、发展、消亡过程划分为 4 个阶段:①蠕滑阶段。②滑动阶段。③剧滑阶段。④趋稳阶段。这是滑坡发育的阶段特征,宏观上人们只能在滑动阶段和剧滑阶段观察到滑动运动。显然滑坡发育的 4 个阶段中,在地面宏观裂缝、宏观地貌形态、滑动面(带)、滑体运动状态、诱发因素的作用、伴生现象、稳定系数和发育历时等方面都是大不相同的。

　　通常滑坡易发和多发地区是以下的地带:

　　(1)易滑坡岩、土分布区。松散覆盖层、风化岩与残积土层、泥岩、页岩、煤系层、易风化的凝灰岩、片岩等岩土的存在为滑坡形成提供了物质基础。

　　(2)地质构造带之中,如断裂带、地震带等。通常地震烈度大于 7 度的地区中,坡度大于 25°的坡体在地震中极易发生滑坡;断裂带中岩体破碎、裂隙发育,则非常利于滑坡的形成。

　　(3)暴雨多发区或异常的强降雨地区、台风暴雨多发等极端气候区。在这些地区中,异常的降雨为滑坡发生提供了诱发因素。

　　(4)江、河、湖(水库)、海、沟的岸坡地带,地形高差大的峡谷地区,山区铁路、公路、工程建筑物的边坡地段等。这些地带为滑坡形成提供了地形地貌条件,上述地带的叠加区域,就形成了滑坡的密集发育区。

　　与其他类型的侵蚀方式相比,滑坡水土流失具有体积方量大、位置高、搬运速度快等特征。首先,滑坡的方量一般在几万立方米。特大型滑坡有上百万立方米,甚至几亿立方米。组成滑坡的岩土体往往在滑动过程中就变形破碎。后期在地表径流的作用下,大量松散的滑体物质被冲刷搬运;其次,滑坡通常发生在位置较高的坡顶或坡体中上部。这些部位往往是一般的水土侵蚀过程难以达到的地方;再次,滑坡的运动速度非常快,有些可以达到 70～100m/s。高速运动的滑坡体强烈铲刮、冲蚀沿途的松散物质,将常规径流无法携带的密实岩土体大量带至坡体下部,为后期的水流搬运创造了条件。另外,滑坡经常破坏坡面植被,造成大面积的裸地,加剧了坡面的水土流失(图2-7-8)。

图2-7-8　四川省雷波县环城路滑坡导致的大量松散堆积体(钟卫　摄)

(二) 滑坡的危害

滑坡是一种剧烈的水土流失形式。大量的岩土体从固结或者完整的状态解体为松散的、破碎的、易侵蚀的泥沙,其带来的危害是非常严重的。滑坡常常给工农业生产以及人民生命财产造成巨大损失,有的甚至是毁灭性的灾难。

滑坡水土流失的危害可以分为长期危害和短期危害两种。

1. 长期危害

长期危害表现在滑坡改变了坡体的结构,产生大量的裂缝,使原有的地表径流发生变化,降雨等更容易下渗。一方面,滑坡使斜坡岩土的内部结构发生破坏和变化,原有的结构面张裂、松弛,造成地表形变和裂隙增加,降低岩土的力学强度;另一方面,发生变形和解体的岩土体,抗冲性和抗蚀性大幅下降。这些变化导致水土流失更容易发生,强度也更大。同时为泥石流的形成提供了充足的物源,在暴雨激发下,往往转化为泥石流。

大气降雨渗入山体斜坡上,导致斜坡岩土层水分饱和,增加坡体岩土重力,增大下滑力;浸泡软化易滑地层,使岩土层的抗剪强度大幅度降低;水充满裂隙时形成静水压力,出现水头差时形成动水压力;干湿交替导致岩土体风化开裂,抗剪强度劣化,并使更多的水进入坡体导致斜坡失稳。此外,滑坡还可造成地表水向斜坡大量下渗,水渠和水池的漫溢和渗漏,工业生产用水和废水的排放及农业灌溉等,均易使水流渗入坡体,加速污染物的扩散。

2. 短期危害

短期危害主要有以下几个方面。

(1)公路、铁路和水电工程附近容易发生滑坡

例如,开挖斜坡坡脚,在斜坡上部填土、弃土、兴建大型建筑物及不适当地加载等;修建铁路、公路、依山建房、建厂等工程,常因使坡体下部失去支撑而发生下滑。一些铁路、公路因修建时大量爆破、强行开挖,事后陆续在边坡上发生了滑坡。滑坡直接破坏交通和水电工程,造成断道和水电工程失效,如我国铁路史上最严重的滑坡灾害——成昆铁路铁西滑坡。成昆铁路铁西车站内 1980年 7 月 3 日 15 时 30 分发生的滑坡,可以说是迄今为止发生在我国铁路史上最严重的滑坡灾害,被称为"铁西滑坡"。该滑坡掩埋铁路长 160m,中断行车40d,造成的经济损失仅工程治理费就达 2300 万元(360 百科,https://baike.so.com/doc/9584367—9929581.html)。

(2)滑坡严重影响生态环境

滑坡运动经过的区域植被遭受破坏,导致局部的荒漠化。滑坡体冲毁坡脚的房屋、农田等,造成人员伤亡和财产损失。

(3)高山峡谷区的滑坡经常堵塞河流并形成堰塞湖

堰塞湖不仅淹没上游的居民点和基础设施,而且溃决后形成洪水对下游沿岸造成重大危害。比如,2000 年 4 月 19 日,在西藏林芝地区发生的易贡扎木隆巴大滑坡堵断易贡湖口,形成高 100 多 m 的土石坝,回水淹没坝上游的茶厂和数万亩菜园,60d 后溃决,冲毁 318 国道和数万亩森林,洪峰直达印度北部,造成了很大的危害。2008 年汶川地震导致的山体滑坡产生的堰塞湖现象(殷跃平等,2000)。2019 年 10 月 16 日发生的金沙江白格堰塞湖,滑坡方量约为3000 万 m³,其中,1000 万 m³的岩土体进入金沙江,输送到下游(图 2 - 7 - 9,冯文凯等,2019)。

图 2-7-9　白格滑坡（胡凯衡　摄）

（4）滑坡影响河流航运安全或下游坝体安全

滑坡体高速入江时，会在水面产生涌浪，严重影响河流航运安全或下游坝体安全。坡体因漏水和渗透作用而易产生滑动，水库的水位上下急剧变动，加大了坡体的动水压力，也可使斜坡和岸坡诱发滑坡发生。

（5）滑坡对森林生态的影响

滑坡大多发生在山地地带，而我国西部的山地较多，是滑坡发生的高发地带。该地带植被覆盖率较高，滑坡发生对生态植被的破坏愈发明显。

二、泥石流特征及危害

（一）泥石流特征

泥石流是水和泥沙、石块组成的固相、液相混合流体，属于一种块体滑动与挟沙水流运动之间的颗粒剪切流。泥石流具有特殊的流态、流速及运动特征，其水土流失呈现高浓度、长距离、高流动性等特征。

泥石流含有大量的黏土、粉沙、细沙、砾石。固体体积浓度远大于一般的含沙水流和坡面流。据我国实测到的泥石流资料，最高容重达 $2.37t/m^3$，固体颗粒的体积比浓度达到 83%。含细颗粒多的黏性泥石流，流体容重高、黏度大、浮托力强、具有等速整体运动特征及阵性流动的特点。各种大小颗粒均处于悬浮状态,无垂直交换分选现象。石块呈悬浮状态或滚动状态运动。搬运能力非常强,一次可以将直径几米的漂砾搬运十多公里。

　　泥石流具有显著的减阻效应,流动速度非常快,一般在平缓的沟道可以达到4~5m/s,有些条件下可以达到10m/s。一般的水土流失方式一天往往搬运几百米,而泥石流在短短的几小时内就可以将大量的泥沙输送到下游十多公里外的主河里,具有快速和长距离搬运的特征。而且,泥石流搬运的泥沙量非常大。据观测资料,云南小江流域一年大概泥沙输移量为2亿t左右,其中,大约70%的泥沙来自于泥石流(图2-7-10)。

图2-7-10　云南省小江蒋家沟泥石流输送大量的泥沙堆积在下游沟道(胡凯衡　摄)

　　泥石流还具有强烈的直进性和冲击力。泥石流黏稠度越大,运动惯性越大、颗粒越粗大,冲击力就越强。因此,泥石流在急转弯的沟岸或遇到阻碍物时,常出现冲击爬高现象。在弯道处泥石流经常越过沟岸,摧毁障碍物,有时甚至截弯取直。泥石流冲出沟口后,由于地形突然开阔,坡度变缓,因而流速减小,携带物质逐渐堆积下来。但是,由于泥石流运动的直进性特点,首先形成正对沟口的堆积扇,从轴部逐渐向两翼漫流堆职;待两翼淤高后,主流又回到轴部。如此反复,形成支岔密布的泥石流堆积扇。泥石流漫流改道使得泥石流的水土流失表现出高流动性,波及的范围比传统的水土流失方式广。

　　泥石流具有突发性与短暂性、多相性与不均匀性、脉动性与大冲大淤性、夜发性与齐发性、周期性与季节性等特征。

1. 突发性与短暂性

一场泥石流从形成到停止活动有的只历时几分钟、几十分钟或几个小时。泥石流来势凶猛,冲淤快速,一场泥石流能将沟床刷深或淤高几米,甚至几十米,泥沙搬运能力强。

2. 多相性与不均匀性

泥石流是由水与泥沙、石块和漂砾等所组成的不均质的固液两相流体,其中固体含量高达30%~80%,是其他任何类型水流无法比拟的。

3. 脉动性与大冲大淤性

泥石流暴发时几乎间歇性地一阵一阵地流动,这种脉动性运动又称阵性运动或波状运动,其大冲大淤特点也是其他流水作用望尘莫及的,一次泥石流就能形成"石海"和沙石"大坝"(见图2－7－11)。

图2－7－11 云南省东川蒋家沟泥石流堆积扇(胡凯衡 摄)

4. 夜发性与齐发性

据不完全统计,大部分灾害性泥石流都发生在夏秋季节的傍晚或夜间。根据1990—2017年全国398次造成人员死亡的泥石流灾害事件统计,发现有人员死亡的灾害事件爆发时间多集中于晚20:00至次日凌晨6:00。夜间为泥石流高发时段且人群最为疲惫的时段,大多处于室内休息,灾害爆发时不易察觉,夜晚视野有限也不利于人群逃生,容易造成大量人员死亡。

5. 周期性与季节性

泥石流的活动过程受物源和气候等条件周期性变化的影响,表现出活跃期与间歇期交替变化的波动特点,呈现出一定的周期性。泥石流的季节性变化,主要受气候条件的制约,不论暴雨区或冰川区的泥石流大都发生在每年的5—9月份。

(二)泥石流水土流失的危害

泥石流常常具有暴发突然、来势凶猛、迅速之特点。并兼有崩塌、滑坡和洪水破坏的双重作用,其危害程度比单一的崩塌、滑坡和洪水的危害更为广泛和严重。它对人类的危害具体表现在以下几个方面。

1. 对居民点的危害

泥石流冲进乡村、城镇,摧毁房屋、工厂、企事业单位及其他场所设施。淹没人畜、毁坏土地,甚至造成村毁人亡的灾难。

2. 对公路和铁路的危害

泥石流可直接埋没车站、铁路、公路,摧毁路基、桥涵等设施,致使交通中断,还可引起正在运行的火车、汽车颠覆,造成重大的人身伤亡事故。有时泥石流汇入河道,引起河道大幅度变迁,间接毁坏公路、铁路及其他构筑物,甚至迫使道路改线,造成巨大的经济损失。

3. 对水利水电工程的危害

主要是冲毁水电站、引水渠道及过沟建筑物,淤埋水电站尾水渠,并淤积水库、磨蚀坝面等。此外,泥石流也能在主河里形成潜坝或高出水面的堰塞坝,造成上游堰塞湖。泥石流携带的大量泥沙造成水电库区的有效库区减少,降低水电工程的寿命。

4. 对矿山的危害

主要是摧毁矿山及其设施,淤埋矿山坑道、伤害矿山人员、造成停工停产,甚至使矿山报废。

5. 对农田的危害

泥石流直接冲刷、淤埋农作物,冲毁农田。泥石流携带的大量砾石和漂砾等停积在下游堆积扇农田,形成大面积的荒滩、石头滩,往往很难恢复成可耕种的农用地(图2-7-12)。

图 2 – 7 – 12　泥石流冲毁下游农田造成局部的荒漠化和石漠化（胡凯衡　摄）

6. 对河道的危害

泥石流冲入河流中,造成河流改道,甚至堵塞河流,形成堰塞湖,堰塞湖不仅淹没上游的居民点和基础设施,而且溃决后形成洪水对下游沿岸造成重大危害。

第三节　滑坡、泥石流水土流失防治措施

一、滑坡防治措施

治理滑坡的水土流失,应以滑坡工程治理措施为主,以通常的水保措施如植被恢复、截沟排水、夯实防渗等为辅。滑坡工程治理应考虑滑坡类型、成因、水文和工程地质条件的变化、滑坡阶段、滑坡稳定性、滑坡区建(构)筑物和施工影响等因素,分析滑坡的发展趋势及危害性,采用排水工程、削方减载与压脚工程、抗滑挡土墙工程、混凝土抗滑桩工程、预应力锚索工程、锚拉桩、格构描固

工程等进行综合治理。不稳定的滑坡对工程和建筑物危害性较大,一般对大中型滑坡,应以绕避为宜;如不能绕避或绕避非常不经济时,则应予整治。滑坡的工程整治措施大致可分为消除和减轻水的诱因、改善滑坡体力学平衡条件和其他措施三类。

(一)消除和减轻水的诱因

水是滑坡发生和发展的主要因素,滑坡工程整治中的关键就是消除和减轻水对滑坡的危害。整治滑坡的根本措施一般是疏散滑坡体内以及截断和引出滑坡附近的地下水。排除地下水可使滑坡岩土体的含水率、孔隙水压力降低,边坡土体干燥,从而提高其强度指标,降低土层的重度,并可消除地下水的水压力,以提高坡体的稳定性。在排水时,应遵循"区内水尽快汇集、排出;区外水应拦截、旁引"的原则。

1.截排地下水

(1)在滑坡体上修建渗沟,截排地下水

主要有以下几种类型。

①支撑渗沟:适用于中层滑坡和浅层滑坡,由于抗剪强度较高,加之有支撑滑体和排水两个作用,较多用于工程。

②截水渗沟:截排滑体外深层地下水,不使其进入滑体。

③边坡渗沟:支撑边坡并疏干边坡地下水。

(2)在滑床及滑坡体上修建隧洞,截排地下水

主要用于深层滑坡,其有如下几种类型:

①排水隧洞:引排出滑体内地下水。

②疏干隧洞:疏干滑坡体内的地下水,常与渗井等工程配合修建。

③垂直孔群:在滑坡体上施设垂直孔群,用钻孔穿透滑带,起到降低地下水压力或将滑坡水降至下部强透水层中排走的作用。

④渗井与水平钻孔相结合:即采用渗井与水平钻孔相结合的截排水方法,其排水是以渗井聚集滑体内地下水,用近于水平的钻孔穿连渗井,把水排出。

⑤平整滑坡地表:整平夯实滑坡坡面,夯填滑体内的裂缝,防止地表水渗入滑体内。

⑥植树种草:稳定滑坡土体表面,防止水流冲刷下渗。

2. 截排地表水(图 2 - 7 - 13)

①环形截水沟:沿滑坡周界处修建环形截水沟,截排来自滑坡体外的坡面径流,不使滑体外水进入滑体的周边裂缝及滑坡体内。

②枝状排水系统:在滑坡体上修建树枝状排水系统,以汇集坡面径流引导出滑坡体外。

3 明沟与渗沟:在滑上修建明沟与渗沟相结合的引、排水工程,排除滑体内的泉水、湿地水等。

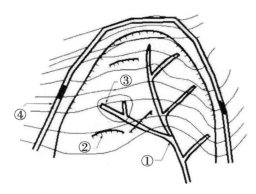

图注:①滑体内排水沟;②裂缝、陡坎;③湿地;④滑体外排水沟。

图 2 - 7 - 13　滑坡地表排水平面布置示意图

(二)改善滑坡体力学平衡条件

1.抗滑工程

采取挡墙、锚固、抗滑桩等工程措施,改善滑坡体力学平衡条件,达到稳定滑坡的目的。其基本原理即在滑坡体适当部位设置支挡建筑物(如抗滑挡土墙、抗滑桩等),可以支挡滑体或把滑体锚固在稳定地层上。由于这种方法对山体破坏小,可有效地改善滑体的力学平衡条件,故被广泛加以采用,其主要类型有抗滑挡土墙、预应力锚索、格构锚固、抗滑桩等。

(1)抗滑挡土墙

抗滑挡土墙是目前整治中小型滑坡中应用最为广泛而且较为有效的措施之一。根据滑坡的性质、类型和抗滑挡土墙的受力特点、材料和结构不同,抗滑挡土墙又有多种类型。

从结构形式上可分为:重力式抗滑挡土墙、锚杆式抗滑挡土墙、加筋土抗滑挡土墙、板桩式抗滑挡土墙、竖向预应力描杆式抗滑挡土墙等。

从材料上分:浆砌石抗滑挡土墙(见图 2 - 7 - 14)、混凝土抗滑挡土墙(浆砌混凝土预制块体式和现浇混凝土整体式)、钢筋混凝土式抗滑挡土墙、加筋土抗滑挡土墙等。

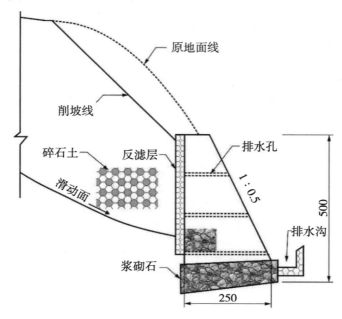

图 2 - 7 - 14　浆砌石抗滑挡土墙结构示意图(单位:cm)

　　选取哪种类型的抗滑挡土墙,应根据滑坡的性质、规模、类型、工程地质条件、当地的材料供应情况等条件,综合分析,合理确定,以期达到整治滑坡的同时,降低整治工程的建设费用。

　　抗滑挡土墙与一般挡土墙类似,但它又不同于一般挡土墙,主要表现在抗滑挡土墙所承受的土压力的大小、方向、分布和作用点等方面。一般挡土墙主要抵抗主动土压力,而抗滑挡土墙所抵抗的是滑坡体的滑坡推力。一般情况下,滑坡推力较主动土压力大,满足抗滑挡土墙自身稳定的需要,通常抗滑挡土墙可将其基底做成倒坡或锯齿形;为增加抗滑挡土墙的抗倾覆稳定性,可在墙后设置 2m 宽的衡重台或卸荷平台。采用抗滑挡土墙整治滑坡,对于小型滑坡,可直接在滑坡下部或前缘修建抗滑挡土墙;对于中、大型滑坡,抗滑挡土墙常与排水工程、刷方减重工程等整治措施联合适用,其优点是山体破坏少,稳定滑坡收效快。

　　对于斜坡体因前缘崩塌而引起的大规模滑坡而言,抗滑挡土墙会起到良好的整治效果,但在修建抗滑挡土墙时,应尽量避免或减少对滑坡体前缘的开挖,必要时可设置补偿式抗滑挡土墙,在抗滑挡土墙与滑坡体前缘土坡之间反压填土。

（2）预应力锚索

预应力锚索是对滑坡体主动抗滑的一种技术,通过预应力的施加,增强滑带的法向应力和减少滑体下滑力,有效地增强滑坡体的稳定性。预应力锚索主要由内锚固段、张拉段和外锚固段几部分构成。预应力锚索材料宜采用低松弛高强钢绞线加工,预应力锚索设置必须保证达到所设计的锁定锚固力要求,避免由于钢绞线松弛而被滑坡体剪断;同时,必须保证预应力钢绞线有效防腐,避免因钢绞线锈蚀导致锚索强度降低,预应力锚索长度一般不超过 50m,单束锚索设计吨位宜为 500 ~ 2500kN 级,不超过 3000kN 预应力锚索布置间距宜为 10m,当滑坡体为堆积层或土质滑坡,预应力锚索应与钢筋混凝土梁、格构或抗滑桩组合使用。

（3）格构锚固

格构锚固技术是利用浆砌块石、现浇钢筋混凝土或预制预应力混凝土进行坡面防护,并利用锚杆或锚索固定的一种滑坡综合防护措施。格构技术应与美化环境结合,利用框格护坡,并在框格之间种植花草,达到美化环境的目的。根据滑坡结构特征,选定不同的护坡材料,当滑坡稳定性好,但前缘表层开挖失稳,出现滑动时,可采用浆砌块石格构护坡,并用锚杆固定;当滑坡稳定性差,且滑坡体厚度不大,宜用现浇钢筋混凝土格构结合锚杆（索）进行滑坡防护,须穿过滑带对滑坡阻滑;当滑坡稳定性差,且滑坡体较厚,下滑力较大时,应采用混凝土格构结合预应力锚索进行防护,并须穿过滑带对滑坡阻滑。

（4）抗滑桩

抗滑桩是我国铁路部门 20 世纪 60 年代研发的一种抗滑加固（支挡）工程结构,在各个行业得到广泛的应用,是治理大中型滑坡最主要的加固（支挡）工程结构。对于高边坡加固工程来说,依据"分层开挖、分层稳定、坡脚预加固"原则,抗滑桩（预应力锚索抗滑桩）与钢筋混凝土挡板、桩间挡墙、土钉墙等结构结合,组成复合结构,大量使用在路堑边坡的坡脚预加固工程中,这些复合结构适应了高边坡的变形规律,能够有滑坡推力有效地控制高边坡的大变形。

抗滑桩与一般桩基类似,但主要是承担水平荷载。抗滑桩是通过桩身将上部承受的坡体推力传给桩下部的侧向土体或岩体,依靠桩下部的侧向阻力来承担边坡的下推力,而使边坡保持平衡或稳定。

抗滑桩适用于深层滑坡和各类非塑性流滑坡,对缺乏石料的地区和处理正在活动的滑坡更为适宜。

2. 减载措施

减载与反压措施在滑坡防治中应用较广,对于滑床上陡下缓,滑体"头重脚轻"或推移式滑坡,可对滑坡上部主滑段刷方减重;也可在前部阻滑段反压填土,以达到滑体的力学平衡,对于小型滑坡可全部清除,减重和清除均应慎重从事,应验算和检查残余滑体和后壁的稳定性。减载措施有上部减荷、坡脚反压、减荷与反压相结合等几种。

(1)上部减荷

对推移式滑坡,在上部主滑地段减荷,常起到根治滑坡的效果。对其他性质的滑坡,在主滑地段减荷也能起到减小下滑力的作用。减荷一般适用于滑坡床为上陡下缓、滑坡后壁及两侧有稳定的岩土体,不致因减荷而引起滑坡向上和向两侧发展造成后患的情况。对于错落转变成的滑坡,采用减荷使滑坡达到平衡,效果比较显著。对有些滑坡的滑带土或滑体,具有卸载膨胀的特点,减荷后使滑带土松弛膨胀,尤其是地下水浸湿后,其抗滑力减小,引起滑坡下滑,具有这种特性的滑坡,不能采用减荷法。此外,减荷后将增大暴露面,有利于地表水渗入坡体和使坡体岩石风化,对此应充分考虑。

(2)坡脚反压

在滑坡的抗滑段和滑坡外前缘堆填土石加重,如做成堤、坝等,能增大抗滑力而稳定滑坡;但必须注意只能在抗滑段加重反压,不能填于主滑地段,而且反压填方时必须做好地下排水工程,不能因填土堵塞原有地下水出口,造成后患。

(3)减荷与反压相结合

对于某些滑坡可根据设计计算后,确定需减少的下滑力大小,同时在其上部进行部分减荷和在下部反压,减荷和反压后,应验算滑面从残存的滑体薄弱部位及反压体底面剪出的可能性。

(三)其他措施

其他措施包括护坡、改善岩土性质、防御绕避等。护坡是为了防止降雨等地表水流对斜坡的冲刷或侵蚀,也可以防止坡面岩土的风化。

为了防止河水冲刷或海、湖、水库的波浪冲蚀，一般修筑挡水防护工程（如挡水墙、防波堤、砌石及抛石护坡等）和导水工程（如导流堤、丁坝、导水边墙等）。为了防止易风化岩石所组成的边坡表面风化剥落，可采用砌片石等护坡措施达到改善岩土性质的目的，从而提高岩土体的抗滑能力，也是防治斜坡变形破坏的几种有效措施之一。常用的有化学灌浆法、电渗排水法和焙烧法等。它们主要用于土体性质的改善，也可用于岩体中软弱夹层的加固处理。

通过采用灌浆法、焙烧法、电化学法和硅化法，以及孔底爆破灌注混凝土等措施，改变滑带土的性质，提高其强度，达到增强滑坡稳定性的目的。防御绕避措施一般适用于线路工程（如铁路、公路）。当线路遇到严重不稳定斜坡地段处理很困难时，可考虑采用此措施。

上述各项措施，可根据具体条件选择采用，有时可采取综合治理措施。

二、泥石流防治措施

泥石流的防治工程必须充分考虑泥石流形成条件、类型及运动特点。泥石流各个地形区段特征决定了其防治原则，应是上、中、下游全面规划，各区段分别有所侧重，生物措施与工程措施并重，上游水源区宜选水源涵养林，采取修建调洪水库和引水工程等削弱水动力措施；流通区以修建减缓纵坡和拦截固体物质的拦沙坝、谷坊等构筑物为主；堆积区主要修建导流堤、急流槽、排导沟、停淤场，以改变泥石流流动路径并疏排泥石流。对稀性泥石流应以导流为主，而对黏性泥石流则应以拦挡为主。

治理措施应因地制宜，选用固稳、拦储、排导、蓄水、分水等工程，上、中、下游相结合，在短期内减小泥石流量及暴发频率。

（一）工程措施

1.拦挡工程

拦挡工程通常称为拦沙坝、谷坊坝。将建于主沟内规模较大的拦挡坝称为拦沙坝，而将无常流水支沟内规模较小的拦挡工程称为谷坊坝。这类工程已经广泛应用于世界各地的泥石流治理工程中，并且在综合治理中多属于主要工程或骨干工程。它们多修建于流通区内，其作用主要是拦泥滞沙、护床固坡，既可以拦截部分泥沙石块、削减泥石流的规模，尤其是高坝大库作用更为明显；又可以减缓上游沟谷的纵坡降,加大沟宽,减小泥石流的流速,从而减轻泥石流对沟岸的侧蚀、底蚀作用(图2-7-15)。

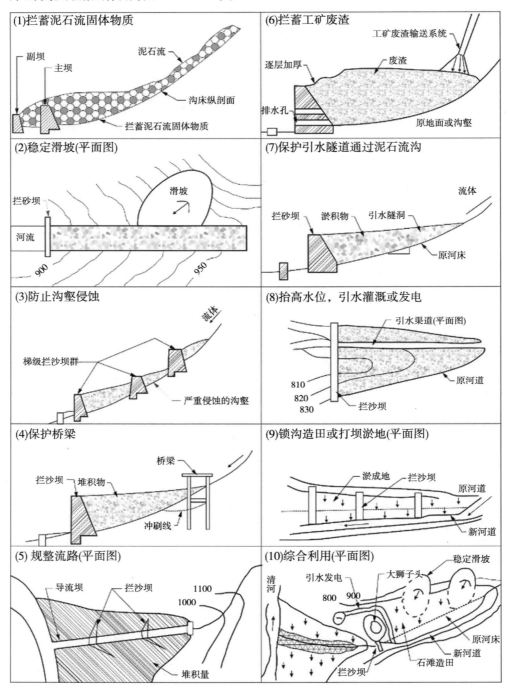

图2-7-15 拦挡工程在泥石流防治中的应用(简文彬,2015)

拦沙坝、谷坊坝的种类繁多。从建筑结构看，可分为实体坝和格栅坝；从坝高和保护对象的作用来看，可分为低矮的挡坝群和单独高坝；从建筑材料来看，可分为砌石、土质、污工、混凝土和预制金属构件等，如浆砌块石坝、砌块石坝、混凝土坝、土坝、钢筋石笼坝、钢索坝、钢管坝、木质坝、木石混合坝、竹石笼坝、梢料坝、砖砌坝等。

在上述坝型中，挡坝群是国内外广泛采用的防治工程。沿沟修筑一系列高的低坝或石墙，坝（墙）身上应留有排水孔以宣泄水流，坝顶留有溢流口以宣泄洪水。此外，还可以采用预制钢筋混凝土构件的格栅坝，来拦截小型稀性泥石流。因为这类坝体易于安装，且具有很高的抗冲击性能，因此当今已经得到广泛应用。通常，它可以拦截 50% ~ 70% 的泥石流固体物质，也可以拦截直径达 2m 的漂砾。若具有潜在的大规模泥石流威胁下游大型建筑场地或居民点时，则应修筑高坝。

对于沟坡、谷坡、山坡上常常存在的个别、分散的活动性滑坡、崩塌体，可采用挡土墙、护坡等支挡工程。挡土墙多修筑于坡脚，并通过合理的布置以防止水流、泥石流直接冲刷坡脚。护坡工程则主要适用于那些长期受到水流、泥石流冲蚀，而不断发生片状、碎块状剥落，或逐渐失稳的软弱岩体边坡。此外，还可在泥石流形成区上方山坡上修建能够削减坡面径流冲刷的边坡工程，以稳定大范围内的山坡，并可开发山地资源（如水平台阶上可以种植经济林木，而台阶之间的坡地上可以种植草皮和根系较深的乔灌木）。

2. 治水措施

治水工程一般修建于泥石流形成区上游，其类型包括调洪水库、截水沟、蓄水池、泄洪隧洞和引水渠等。它的作用主要是调节洪水，也即拦截部分或大部分洪水，削减洪峰，减弱泥石流暴发的水动力同时，利用这类工程还可灌溉农田、发电或供给生活用水引排水工程多修建于泥石流形成区的上方或侧方，渠首应修建稳固且有足够泄洪能力的截流坝，坝体应具有防渗、防溃决能力，渠身应避免经过崩滑地段。对于山区矿山的尾矿、废石堆积区而言，则应在其上游修建排水隧洞，以避免上游洪水导入堆积区内治水工程的主要目的是减弱松散固体物质来源，促使泥石流衰退并走向衰亡。

3. 停淤工程

停淤工程包括拦泥库和停淤场两类，拦泥库的主要作用是拦截并存放泥石流,多设置于流通区,其作用通常是有限的临时的停淤场则般设置于堆积区的后缘,它是利用天然有利的地形条件,采用简易工程措施如导流堤、拦淤堤、挡泥坝溢流堰、改沟工程等,将泥石流引向开阔平缓地带,使之停积于开阔地带,削减下泄的固体物质,从而有效地保护建筑场地和线路。

4. 排导及绕避工程

这是一类重要的治理工程,它可以直接保护下方特定工程场、设施或某些建筑群。其类型包括排导沟、渡槽、急流槽、导流堤、顺水坝等,其作用主要是调整流向、防止漫流,它们多建于流通区和堆积区。

排导沟是一种以沟道形式引导泥石流顺利通过防护区段并将其排入下游主河道的常见防护工程。它多修建于山口外位于堆积区的开阔地带,其投资小、施工方便,又有立竿见影之效,因而常成为工程场地种重要的辅助工程。当山区公路、铁路跨越泥石流沟道时,如果泥石流规模不大,又有合适的地形,则在交叉跨越处便可修建泥石流渡槽或泥石流急流槽工程,使得泥石流能够顺利地从这些交通线路上方的渡槽、急流槽中排走。一般将设于交通线路上方、坡度相对较缓的称为渡槽,而将设于交通线路下方、坡度相对较陡的称为急流槽。泥石流渡槽的设计纵坡降要大,如若泥石流体中多含大石块,则应在渡槽上方沟内修建格栅坝,以防大石块堵塞或砸烂渡槽,渡槽本身也要有足够的过流断面,且槽壁要高,以防泥石流外溢。靠近主河道一侧的渡槽基础要有一定的深度,并需有一定的河岸防护措施,以免河流冲刷基础而垮塌。

当交通线路通过泥石流严重堆积区时,如若地形条件许可,则可以采用将泥石流的出口改向相邻的沟道或另辟一出口的改沟工程。

导流堤则多建于泥石流堆积扇的扇顶或山口直至沟口,其目的是为了控制泥石流的流向。它多为连续性的构筑物,包括土堤、石堤砂石堤或混凝土堤等。顺水坝则多建千沟内,常呈不连续状,或为浆砌块石或为混凝土构筑物,它的主要作用是控制主流线,保护山坡坡脚免遭洪水和泥石流冲刷导流堤往往与排导沟配套使用。

(二)生物措施

在荒漠、荒山和植被被严重破坏的地区,为防止水土流失,需要恢复和重建流域内科学的生态系统。生物工程在预防和减轻泥石流活动以及实施生态环境可持续发展中具有重要作用。为了发挥生态的综合效用，一般提倡林、乔、灌、草综合营造，严格管理形成多品种、多层次的立体防护林体系。目前在我国部分泥石活跃地区，已启动林业措施、农业措施、牧业措施等三类生物防治工程。

1. 林业措施

林业措施是指采取人工介入的方式恢复森林植被，从而实现最为有效的区域生态平衡价值，所以林业措施在当前泥石流防治工作中应用最为广泛，效果也十分出众。实施林业措施应该以当地的情况为基准，在充分考虑自然社会经济、土壤制备条件以及泥石流发展的趋势的基础上，采用不同形式的造林方式，例如封山育林、人工造林等，以最快的速度恢复并增加森林覆盖的面积，防止水土流失，稳定山体，有效控制泥石流。

2. 农业措施

农业措施就是合理地运用农业技术来防治泥石流。合理地利用土地，提升土壤的吸水能力，让雨水渗入地下，减少地表径流，以降低土壤流失与冲刷作用，转变农业作物的种植与耕种方式，灵活调整农业结构，不单单可以提高农业产量，还能够改善水土流失的状况。

3. 牧业措施

泥石流山区牧场在日常的放牧过程中要科学合理地规划放牧，避免过度放牧，阻止草原牧场退化，避免植物覆盖面积急剧减少等问题出现。为了减轻对草地的破坏，可以采用适度放牧、分区放牧的方式，来减少泥石流固体物质的来源量。合理规划利用泥石流山区的草地资源，尽量实现牧民收入与水土保持的平衡。

植树种草是泥石流流域保护和恢复森林植被、防治水土流失、削弱泥石流活动的基本途径，除此之外，更重要的是禁止乱砍滥伐，合理耕植放牧，防止人为破坏生物资源和生态环境。生物措施是治理泥石流的长远的根本性措施，但它见效慢，而且不能控制所有各类泥石流的发生。上述各项工程措施和生物措施，在一条泥石流沟的全流域治理中可综合采用。在实际工作中，要注意各大类措施各自的特点。工程措施几乎能适用所有类型的泥石流防治，特别是对急待治理的泥石流，往往可有立竿见影之效，但总的来说它是治标不治本的一类工程措施。

（三）全流域综合治理

泥石流的全流域综合治理，目的是按照泥石流的基本性质，采用多种工程措施和生物措施相结合，上、中、下游统一规划，山、水、林、田综合整治，以制止泥石流形成或控制泥石流危害。这是大规模、长时期、多方面协调一致的统一行动。综合治理措施主要包括"稳""拦""排"三个方面。

1."稳"固松散物源

主要是在泥石流形成区植树造林，在支、毛、冲沟中修建谷场，其目的在于增加地表植被、涵养水分、减缓暴雨径流对坡面的冲刷，增强坡体稳定性，抑制冲沟发展。

2."拦"截泥沙

主要是在沟谷中修建挡坝，用以拦截泥石流下泄的固体物质。防止沟床继续下切，抬高局部侵蚀基准面，加快淤积速度，以稳住山坡坡脚，减缓沟床纵坡降，抑制泥石流的进一步发展。

3."排"导泥沙

主要是修建排导建筑物，防止泥石流对下游居民区、道路和农田的危害。这是改造和利用堆积扇，发展农业生产的重要工程措施。

因此，泥石流防治的总体原则应当是全面规划，突出重点，具体问题具体分析，远近兼顾，两类措施相结合，因害设防，讲求实效。

第四节　滑坡、泥石流水土流失治理模式

一、滑坡治理模式

（一）治理模式

治理滑坡的主要方法有减载、反压、抗滑挡土墙、锚杆、锚索、抗滑桩/桩板墙等，辅助方法有截排水、护坡等。以上各种主要方法适用范围、优点、缺点的

对比情况见表2-7-3。

表2-7-3　滑坡治理主要方法的适用范围、优点、缺点对比表

序号	方法	适用范围	优点	缺点	备注
1	减载	a. 适用于滑坡床为上陡下缓、滑坡后壁及两侧有稳定岩土体的滑坡； b. 常用于浅层滑坡,用于中深层滑坡时应以不致因减载而引起滑坡规模扩大为原则； c. 减载宜在滑坡后缘及主滑段实施	比较经济,施工也较快速。	a. 需要废方堆置场； b. 减载后边坡还需植草或喷浆防护； c. 用于深层滑坡处治时只能作为辅助方法	有全部清除、局部减载等类型
2	反压	a. 滑坡前缘应有足以抵抗滑坡下滑力的有利地形,如"V"型沟谷等,反压段自身足够稳定； b. 应有足够的土石方； c. "V"型沟谷中地表水水量不大； d. 常用于中浅层滑坡	能较好地消化挖方废方,在地形有利时较经济	a. 对地形、水系要求严格,并要有充足的废方； b. 有时会占用耕地、农田； c. 反压高度有限,一般不宜用于深层滑坡处治	
3	抗滑挡土墙	适用于基岩埋藏浅、滑动面浅的浅层滑坡	施工较快,造价低	挡土墙基础埋深有限,不适用于深层滑坡	
4	锚杆	a. 适用于滑面(地形)较陡、横向基岩不深、的中浅层滑坡； b. 在15m内应有锚固基岩	施工较快,造价低。可处治中层滑坡	锚杆长度一般在20m之内,锚固长度有限,不适用于深层滑坡	有普通锚杆、锚杆框格梁等多种类型
5	锚索	a. 适用于滑面(地形)较陡的中深层滑坡； b. 在40m内应有锚固基岩	可处治深层滑坡,尤其是滑面(地形)较陡时较抗滑桩经济	费用较高,时间较长,当滑面(地形)缓时不宜采用	有普通锚索、锚索板、锚索框格梁等多种类型

序号	方法	适用范围	优点	缺点	备注
6	抗滑桩	适用于滑面(地形)较缓的中深层滑坡	可处治深层滑坡,尤其是滑面(地形)较缓时较锚索经济	费用高,时间长,当滑面(地形)较陡时不如锚索适宜、经济	有普通抗滑桩、桩板墙、锚索抗滑桩、锚索抗滑桩板墙等多种类型
7	截排水	a.地表水、地下水较多; b.附近居民、农田用水对地表水、地下水依赖性不大	在地表水、地下水丰富时效果明显。截水一般是必用的辅助手段	a.一般为辅助方法; b.可能影响附近居民、农田用水	有地表截排水沟(明沟、盲沟)、地下疏干排水孔等多种类型

综合上述滑坡治理方法,现提出如下滑坡治理模式表(见表2-7-4)。

表2-7-4 滑坡治理模式表表

序号	滑坡类型	主要治理模式	备注*
1	浅层土质滑坡	减载、抗滑挡墙、反压、排水	
2	浅层岩质缓滑坡	减载、抗滑挡墙、反压、排水	
3	浅层岩质中陡滑坡	减载、锚杆、抗滑挡墙、反压、排水	
4	浅层岩质陡滑坡	减载、锚杆、反压、排水	
5	中层土质滑坡	桩板墙、适当减载、部分反压、排水	锚杆、锚索
6	中层岩质缓滑坡	抗滑桩/桩板墙、适当减载、部分反压、排水	
7	中层岩质中陡滑坡	锚杆、锚索、抗滑桩/桩板墙、锚索抗滑桩/桩板墙、适当减载、部分反压、排水	
8	中层岩质陡滑坡	锚杆、锚索、适当减载、桩板墙、部分反压、排水	
9	深层土质滑坡	桩板墙、适当减载、排水	锚索
10	深层岩质缓滑坡	抗滑桩/桩板墙、适当减载、排水	
11	深层岩质中陡滑坡	锚索、桩板墙、锚索抗滑桩/桩板墙、适当减载、排水	
12	深层岩质陡滑坡	锚索、锚索桩板墙、适当减载、排水	

*必须同时符合下列条件:①近水平方向一定深度内有可锚固的基岩。②滑面倾角为中陡—陡。

（二）应注意的问题

1. 应加强地勘工作，确保诊断正确

滑坡治理中所需的关键数据均来自地勘，只有对滑坡判断正确，数据准确，才能对症下药，取得较好的治理效果。除应查明滑面深度、滑床岩性、滑面倾角等三要素外，还要查明滑坡形成的岩性条件、构造条件、气候条件，圈定滑坡的范围、规模，判断滑坡的性质、类型及危害程度，分析滑坡产生的原因，进行滑坡下滑力及稳定性验算等。

2. 尽量改线避让

对于已探明的古滑坡或潜在不稳定滑坡应优先考虑避让或选择有利部位通过，不能避让时尽量少挖少填，预先进行适当的处治后再进行其他工程，以防止滑坡规模扩大或古滑坡复活。

3. 处治工程主辅结合

主体工程指减载、反压、抗滑挡土墙、锚杆、锚索、（锚索）抗滑桩/桩板墙等。辅助性工程指截排水、局部减载、局部反压、植草护坡等。主体工程与辅助性工程是相对而言的，当主体工程确定后，花较少的代价适当做一些辅助性工程，可起到事半功倍的效果。

4. 应坚持安全、经济、环保、美观、综合的原则

①特别不要盲目采用抗滑桩、锚索等千篇一律的方式治理滑坡，而应根据不同滑坡特点区别对待，先简后繁、遵循经济安全的原则。②深层复杂滑坡下滑推力大，应采用锚索、（锚索）桩板墙/锚索桩板墙等综合手段。③锚索抗滑桩/桩板墙在同一地点比普通抗滑桩/桩板墙的桩长要短些，在抗滑桩的自由端较长时可优先考虑以减短桩长。④锚杆、锚索一般采用框格形式，既有利于滑坡的整体稳定，又方便滑坡坡面的绿化美观。

5. 滑坡处治应与构造物相一致

在公路/铁路滑坡治理时应注重以下几点：①对于路基工程的处治重点为路基左、右两侧，并根据填/挖高度确定处治力度。②对于桥梁工程的处治重点为桥梁的上方，且重点是确保桥墩稳定。③对于隧道工程的处治重点为隧道的进出口及附近边坡。

6. 抗滑工程应穿过滑动面一定深度

滑动面下的抗滑桩长一般应占桩长的 1/2,锚索抗滑桩应占桩长的 1/3;锚杆一般应进入完整土层/基岩 4～6m,锚索的锚固段应进入完整土层/基岩 8～12m,以免造成抗滑工程失效。

7. 注意施工的时间性与施工顺序

滑坡处治一般应选择在旱季,严禁雨季施工;对地表水、地下水丰富的滑坡应先治水;抗滑桩施工应隔桩进行,从边缘向中部施工。

8. 加强滑坡监测

对一个滑坡而言,监测其变化情况是非常重要的。滑坡未处治前应对裂缝、位移等进行监测,滑坡治理过程中及施工完工后均应记录其发展变化数据,预测其发展趋势,对锚索应进行定期检测与必要的更换。

(三)典型治理案例——三峡库区万州楠木垭滑坡

张正清等(2010)对三峡库区万州楠木垭滑坡治理进行了研究,其结果引述如下。

1. 滑坡区基本地质特征

(1)楠木垭滑坡地质背景

楠木垭滑坡区属亚热带季风气候区,区内多年平均降雨量为 1191mm,降雨主要集中在 4—9 月;滑坡区在构造上位于万县复向斜万县向斜南东翼近轴部,轴向 NE60°,岩层产状为 310°～330°∠2°～5°,顺向坡。

(2)滑坡边界、规模与形态特征

楠木垭滑坡后缘边界清晰,以基岩陡崖及陡坡分界,平均地形坡角大于40°;前缘为陡坡,剪出口以下可见基岩断续分布;上游侧边界为凹槽,与罗家院子滑坡相接;下游侧边界较清晰,以冲沟与滑坡分界。滑坡体中、后缘地形较平坦,为一平台,台面高程 300～310m,平均地形坡角小于 5°;滑坡前缘(公路外侧)地形坡角为 5°～15°。楠木垭滑坡前缘高程 264～270m,后缘高程 310～325m,纵向长为 220～480m,横向宽约 1300m,面积约 47.9 万 m^2,滑坡体厚度为4.0～38.3m,体积约 941.9 万 m^3,为一大型松散堆积层滑坡。

(3)滑体物质组成及厚度

根据地质测绘及勘探表明,楠木垭滑体物质主要为粉质黏土、粉质黏土夹碎块石和块石；碎石成分有砂岩、粉砂岩及泥岩，以砂岩碎石和泥岩碎屑为主，泥岩碎屑主要分布于滑体中下部，碎块石含量占10%～20%；块石成分主要为砂岩，褐色、黄褐色，中等风化—强风化，部分全风化呈砂，块径大小不等，一般块径0.5～.0m，最大块径可达7.4m以上。

楠木垭滑坡体厚度4.00～38.30m，平均厚度19.70m；滑坡体中部、后缘一带厚度18～32m；滑坡体前缘公路一带及其外侧，厚度一般小于20m，临近剪出口附近滑坡体厚度2～10m。

（4）滑面形态

楠木垭滑坡滑面倾角除后缘拉裂部位为陡壁倾角（约60°），中前缘滑面倾角近水平且顺直，平均滑面倾角小于4°，局部略显内倾。滑床地层为侏罗系中统上沙溪庙组（J32S2S3）上部地层，岩性为泥岩夹砂岩，强风化厚度0.10～3.80m。楠木垭滑坡勘察钻孔116个，其中72个钻孔揭示了滑带土，占总数的62%，少数钻孔滑面较清晰，具擦痕及阶步；竖井11个，8个竖井揭示滑带，滑带底面较平，具镜面，见擦痕及阶步，滑动方向322°，滑面倾角约4°。综上分析，楠木垭滑坡滑面贯通性较好，滑面倾向（主滑方向）320°左右。

（5）滑带土特征

楠木垭滑坡滑带土厚度5～19cm，为灰白色粉质黏土，少量为褐红色，含较多的泥岩小颗粒，土体挤压密实，具镜面，见擦痕及阶步，具软塑—可塑性。X衍射分析发现，滑带土矿物成分以蒙脱石为主。

2. 滑坡稳定性分析

据调查，楠木垭滑坡近年没有活动过，滑坡内建筑物无拉裂损伤现象，滑坡地表没有发现变形拉裂缝，表明滑坡整体处于稳定状态。滑坡后缘及前缘由于地形坡度较大，雨季易产生小规模溜土，但土体较薄，失稳规模小，不会对滑坡整体稳定性造成影响。

3. 规划利用与治理措施

（1）规划利用

三峡水库移民迁建新址地质条件复杂，建设用地严重不足。重庆市万州区为三峡库区最大的移民城市，人多地少，城区山高坡陡，城市规划可利用的面积少，移民迁建和城市规划不可避免地要开发利用滑坡体，有效解决安置移民，扩大城市用地范围，其社会效益、经济效益是无法估量的。通过对滑坡区地质背景、形成机制、边界条件、滑床形态等的宏观判断和数值计算分析可知,楠木垭滑坡整体稳定性较高,将滑坡治理与规划利用结合成为可能。

（2）治理方案

楠木垭滑坡整体稳定性较高,经比较治理方案主要采用截排水措施,即在滑坡外围后缘布设一条截水沟,滑体内布设数条纵向排水沟。其上建筑物,如位于滑坡中后部的已竣工的江南新区管委会办公楼及职工住宅集资楼、滑体前缘在建的南山小学,覆盖层厚度较大,楼层较高,基础形式均采用桩基础,以滑床中等风化基岩作为持力层。边坡开挖按上述原则进行,采用挡土墙支护,持力层根据不同地质条件确定。南山小学外侧为滑体前缘,滑体厚度较小,但地形坡度较大,易产生小规模的塌滑破坏,挡土墙持力层为中风化基岩。位于滑坡中部的江南新区市政公路沿线地形相对较平缓,开挖形成的边坡较小,也采用挡土墙进行支护,以滑体土作为持力层。

滑坡采用截排水措施可保持排水系统畅通,降低地下水位,增强滑坡土、滑带土的稳定性。各建筑物采用桩基础,通过对边坡、公路开挖的精心设计,开挖回填基本平衡,对滑坡总体稳定性影响较小,各建筑勘察时也针对加载、开挖或回填条件下的滑坡稳定性进行复核计算。监测资料表明滑体及各建筑物无变形及位移现象,达到滑坡治理与利用的效果。

二、泥石流治理模式

（一）治理模式

1. 全面综合治理模式

全面综合治理主要被应用于泥石流发生的整个流域,运用蓄水、拦挡以及排导等多项措施实施全面化治理,从而在一定程度上制约泥石流形成,大大降低泥石流危害。该治理模式能够对活动频繁,且条件复杂,耕地面积较广的泥石流进行防治,最大限度减少建筑物破坏程度。云南大桥河以及四川黑沙河区域在进行泥石流治理的过程中就是采用了综合治理模式,效果非常显著。

2. 以治土为主的治理模式

以治土为主的模式主体防治方法是拦沙坝、潜坝以及谷坊坝,借助固沟工程开展日常治理活动,达到拦蓄泥沙以及固定沟床的目的,有效控制或者是削减松散土体所带来的补给量。在此期间,还可以借助排导工程,最大限度减轻灾害。比如,云南浑水沟以及四川狮子沟泥石流就是运用该模式进行防治的。

3. 以治水为主的治理模式

水作为泥石流灾害发生的主要动力条件,从治理模式上进行分析,主要运用引水、蓄水以及截水等措施,最大限度地减少地表径流,做到引排洪水,在一定程度上减轻灾害破坏力。如甘肃郭家沟以及云南菜园河地域泥石流就是通过该模式治理得到有效控制的。通常情况下,该治理模式比较适用于稀性泥石流沟以及小型黏性泥石流沟。

4. 以排导为主的治理模式

一般情况下,以排导为主的模式是将排导沟以及导流堤作为主体工程,做到畅排泥石流,对泥石流进行暂时控制,有效消除泥石流导致的下游地区破坏。从适用范围上进行分析,以排导为主的治理模式往往适用于治理难度系数较高的中上游区域。如四川喜德东沟以及甘肃火烧沟发生的泥石流就是运用这种模式控制的。

(二)典型治理案例——云南省昆明市东川区城市后山泥石流治理

黄来源等(2014)对云南省昆明市东川区城市后山泥石流治理进行了研究,其结果引述如下。

1. 治理区概况

昆明市东川区为我国著名铜都,是一座新兴的工矿城市。东川城市规划区南起石羊村沟、北到田坝干沟,东迄牛奶场、尼拉姑村、起戛村,西至大营盘、上法他村、十四治水泥厂,总面积约 5km²。市区东高西低,由南向北有石羊村沟、尼拉姑沟、深沟、祝国寺沟和田坝干沟等 5 条泥石流沟穿过。城区南北被石羊村沟、深沟挟持,中部尼拉姑沟古河道横贯市中心区,市政府与重要企事业单位均沿沟道两侧洼地布置,泥石流和山洪对城市构成严重威胁。

1950 年东川市的森林覆盖率尚有 30%。经 1958 年修建东川铁路支线和 1966—1976 年"文革"的破坏,到 1983 年森林覆盖率降至 13%。治理区内原始森林已砍伐殆尽,现存的多为次生林和幼林,防护功能较低。在此期间,由于筑路切坡、开矿弃渣、陡坡垦殖、过度放牧,以及灌溉渠道漏水而导致水土流失严重和山坡崩滑,加剧了泥石流的发展,成为威胁城市安全的最大隐患。按照原城市规划市区仅在东侧山麓沿等高线修建一条排洪沟,以拦截东侧各沟的山洪。排洪沟设计纵坡1%,设计流速1.2m/s。排洪沟建成后因高含沙洪水与泥石流进入排洪沟,大量泥沙沿沟沉积,严重淤积而很快就报废。

2. 泥石流灾害

1961年6月尼拉姑沟和黑石头沟暴发两场泥石流,淤埋农田20hm²多,泥石流冲进尼拉姑村和市区街道,居民生命和财产受到严重威胁。1964年6月石羊村沟暴发泥石流沿沟而下,达贝区(现市区)区政府附近漫溢成灾,淤埋农田,堵塞公路,冲毁停车场,淤埋汽车10余辆,冲毁民房8间,造成8人死亡、71人受伤。

3. 泥石流综合治理方案及措施

(1)防治方案

对规划区内的5条泥石流沟,按轻重缓急进行分类排队,制订了以石羊村沟、尼拉姑沟为重点,兼顾深沟;以治沟为主,沟坡兼治,自上而下,层层设防,生物防治与工程防治相结合,同时开展泥石流预警报治理的方案(参见图2-7-16)。

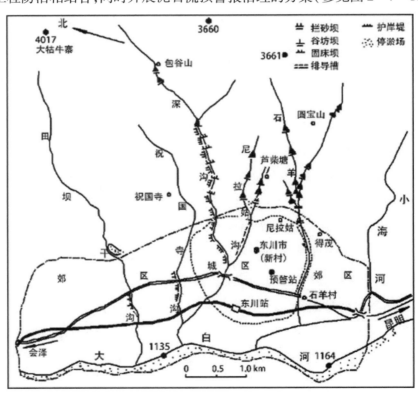

图2-7-16 东川市泥石流综合治理工程

（2）防治措施

①水源区：封山护林育草，以生物措施管护为主，涵养水源，保持水土。

②形成区：在坡面上营造水保林和用材林，适当栽种速生薪炭林和经济果木。冲沟上游建生物谷坊，沟底造防冲林，修建梯级谷坊337道，制止沟道下切，修截流排水沟，稳定滑坡体。在重点沟道内修筑骨干拦沙坝3座，总库容28.6万 m³，拦蓄泥石流稳沟固坡，并对大规模泥石流灾害起预防作用。

③流通段—堆积区：营造工程防护林、固滩林，此外还封山育林633hm²，造林274hm²。城市园林绿化，自山口以外修建排导槽4条（共长9.8km），排导槽可排泄50年一遇的泥石流和洪水。泥石流和山洪安全地排出市区，注入大白河排走，利用尼拉姑沟旁洼地修停淤场，平时耕地；大灾之年分流蓄淤，对灾害起预防作用，在重点沟道的形成区与市区之间布置预报报警系统，安装遥测雨量计、地声和泥位报警器，以便在大规模泥石流袭击市区之前，组织民众撤离到安全区。

泥石流防治总投资695.7万元。

4. 防治效益

1987年7月5日，滇东北一带普降暴雨，东川市区12h降雨量达96mm，最大1h降雨量达46mm，分别比1964年成灾的1d降雨73mm、1h降雨量25mm超出31.5%和84.0%，相当于50年一遇频率，滇东北各县悉数受灾，东川市对外交通中断7d，然而市区因工程发挥作用安然无恙。

5. 东川城区泥石流原因及综合治理主要经验

（1）不当人为活动

东川城区近期泥石流灾害加剧是由人为活动不当引起的。如20世纪50年代，城市后山芦柴塘自然村仅有60人，1991年已增加到200多人。不断增长的人口要生存，就陡坡开荒、遍山放牧、滥伐森林、引水灌地，导致植被破坏，山洪肆虐，泥石流滑坡活跃。

（2）城市迁建选址失误

东川城市迁建选址失误，城市总体规划中又缺少防灾规划。市政府等重要部门建在尼拉姑沟古河道上，地处两个堆积扇的扇间洼地内，市区南部位于石羊村沟下游堆积扇上，均不安全。深沟至田坝干沟之间则是相对较为安全地带，今后市区建设重心应逐渐北移。

（3）综合治理规划

按照因害设防的方针,对市区 5 条泥石流沟加以区别对待,其层次分明,重点突出,实施安排得当,采取由南向北分期治理的办法,为市区今后的发展留有余地。

（4）泥石流排导槽新结构

采用防冲肋板和侧墙在软基上建排导槽可调整沟道纵坡,防止泥石流对沟床的冲刷,这种"东川型"泥石流排导槽新结构已在全国泥石流防治工作中广泛得到推广应用。

第八章

干热河谷
水土保持

第一节　干热河谷水土流失概况

一、干热河谷概况

（一）干热河谷面积和分布

干热河谷主要位于我国西南横断山地区域,东南边以蒙自曼耗为界,西以怒江河谷山地为边,北边可达金沙江流域的永善,河谷密布,形成不规则的蛛网形(张荣祖,1992)。干热是气候中湿度和温度指标的定性表述,是两类物理过程的结果,水汽凝结引起热量释放和水汽湿度降低,并使空气温度增加(何永彬等,2000)。我国的干热河谷的植被恢复和生态治理在整个流域的水土保持和构建生态安全屏障中占有十分重要的位置。同时,该区对于保证国家西部大开发战略的顺利实施和西南水利水电资源的合理开发利用,改善和促进国与国之间的关系(红河、澜沧江、怒江等属涉外河流),促进当地和中下游地区经济社会可持续发展,均具有十分重要的意义(李昆等,2011)。

干热河谷是干旱河谷的重要组成部分。根据《横断山区干旱河谷》(张荣祖,1992),干旱河谷按照温度差异又被划分为干温河谷、干暖河谷和干热河谷。干旱河谷是我国西南山区一种特殊的地理区域和气候类型,也是我国生态系统退化的典型区域之一,其范围主要分布于云南和四川两省的元江、怒江、金沙江和澜沧江四大江河的河谷地带,当地人称为"干坝子"或"干热坝子",其中涉及元江流域 12 个县、怒江流域 6 个县、金沙江流域 20 个县、澜沧江流域 5 个县,贵州和广西亦有少量分布(包维楷等,2012)。

在我国干旱气候系统中,干旱河谷属于半干旱类气候,干燥度大于 1.5,单从气候条件看,横断山地干旱河谷是我国干旱地区各类型中水分条件最好的区域,干旱河谷总长度在 1/10 万的地形图上量出为 4105km,垂直海拔分布为200 ~ 1000m,面积约为 1.12 万 km^2(张荣祖,1992)。根据《横断山区干旱河谷》，干热河谷主要位于北纬23°00′~28°10′、东经98°50′~103°50′，大部分分布在怒江下游、金沙江下游和元江的河谷地带，实际范围是海拔1000m以下干旱。半干旱的沿江两岸，干燥度大于1.5的南亚热带河谷地区，长度为1123km，面积为4840km²，主要涉及云南和四川两省；干暖河谷主要分布于澜沧江中游、金沙江中游、雅砻江下游、大渡河下游等地段，在地理分布上比干热河谷的分布偏北一些，长度为1542km，面积为4290km²；干温河谷主要分布于怒江上游、澜沧江上游、金沙江上游、大渡河、岷江上游，在纬度上又比干暖河谷偏北一些，长度为1578km，面积为2480km²（见表2-8-1、图2-8-1。张荣祖，1992）。

表2-8-1　横断山区干热河谷及其他干旱河谷的分布及其特征

类型	亚类型	类型代码	河段（大致位置）	干旱河谷长度（km）	面积（km²）	宽度（m）
干热	半干旱偏湿	H_{1-1}	元江（元江县）	218	1160	400
		H_{1-2}	怒江（怒江坝）	103	420	200~300
	半干旱	H_{2-1}	金沙江（金江街—对坪）	802	3260	400
干暖	半干旱偏湿	W_{1-1}	大渡河（泸定）	81	150	300
		W_{1-2}	雅砻江（麦地龙—金河）	384	590	300
		W_{1-3}	金沙江（大县、东义）	360	690	400
		W_{1-4}	澜沧江（表村、旧州）	76	100	300~400
		W_{1-5}	安宁河（西昌、米易）	160	1120	200~300
	半干旱	W_{2-1}	金沙江下游（永善）	138	370	300~400
		W_{2-2}	大渡河（丹巴）	89	120	400~500
		W_{2-3}	金沙江（宾川）	196	980	300~400
		W_{2-4}	元江（南涧）	7	10	200~300
	半干旱偏干	W_{3-1}	金沙江（奔子栏）	51	160	700~800
干温	半干旱偏湿	T_{1-1}	金沙江下游（东朗南）	94	110	300~400
		T_{1-2}	岷江（茂汶）	108	110	200~300
	半干旱	T_{2-1}	白龙江（南坪）	34	50	300~400
		T_{2-2}	岷江（两河口）	53	60	300~400
		T_{2-3}	大渡河（金川）	103	150	400~500
		T_{2-4}	雅砻江（雅江）	101	110	300~400
干温	半干旱偏干	T_{3-1}	金沙江（巴塘、得妥）	498	920	400~800
		T_{3-2}	澜沧江（盐井）	190	370	700~800(1000)
		T_{3-3}	怒江（怒江桥）	397	600	700~800(1000)
			合计	4243	11610	

近30年以来,很多学者基于干旱河谷的植物区系性质、气候和土壤等判断认为干旱河谷的面积严重偏小(包维楷等,2012)。张信宝等(2003)在元谋地区调查后也认为,海拔1600m以下为干热河谷区。钟祥浩等(2000)调查云南金沙江干热河谷后认为,该区干热区域分布的海拔高度,不同地区有所差别,一般位于河床以上400~600m的河流两岸阶地和山坡,在华坪、永胜、宾川、大姚、永仁、元谋、武定、禄劝、东川、巧家等县,干热河谷干热带上限达海拔1350~1500m,仅金沙江干热河谷区面积可达1万km²,人口约250万。由此可见,干旱河谷及其干温河谷、干暖河谷和干热河谷的面积与分布范围还需要相关学者进一步深入地研究和调查。

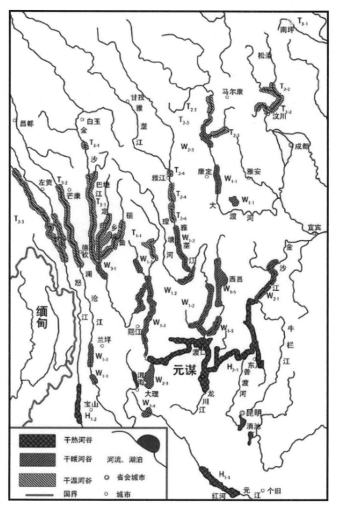

图2-8-1 干旱河谷(干热、干暖和干温河谷)分布图(改编自:张荣祖,1992)

（二）干热河谷特点

1. 独特的自然特征

干热河谷的出现和分布具有明显的自然环境背景，并且标示着自然地带性环境的特殊性，具有明显区别于周围湿润、半湿润地区的独特景观。其自然特征如下。

（1）区域性分布特征

只分布在怒江海拔 1200m 以下、元江海拔 1000～1400m 以下、澜沧江海拔 1000m 以下、金沙江 800～1600m 以下河谷，另外在南盘江局部地域 1000m 以下的河谷（何永彬等，2000）。

（2）气候干热特征

据区内各点多年的气象监测（刘刚才等，1998），河谷区内多年平均降水量 680.7mm，5—10 月雨季降水总量占全年降水量的 85% 以上，多年平均蒸发量 3215.0mm，干旱指数大于为 2.5，干燥度（蒸发量/降雨量）达 4.5 以上（表 2-8-2）。因此，河谷区水热矛盾突出，季节性干旱特别明显，干燥度达 10.0 以上，一年内大于 50% 的时间基本无降雨，土壤含水量长达 7～8 个月处于凋萎湿度以下，冬春干旱极其显著。

表 2-8-2　金沙江河谷区降雨与蒸散发特点

地点	年均雨量（mm）	年均潜在蒸发量（mm）	旱季（11 月～4 月）		
			雨量（mm）	潜在蒸发量（mm）	干燥度
元谋	634.0	3847.8	60.4	1283.1	21.2
东川	700.5	3640.1	86.3	1392.3	16.1
攀枝花	764.4	2425.5	103.8	1161.6	11.2
会东	624.0	2946.5	76.3	1014.7	13.3
平均值	680.7	3215.0	81.7	1212.9	14.8

（3）旱生植物为主特征

植被群落外貌为热带常绿肉质多刺灌丛、稀树灌丛草坡，空间成层结构中无明显乔木层，热带种属常绿和落叶乔木呈独立单株散生；灌木层与草本层明显，灌木层是低伏灌木，草本层地面覆盖度最高；植被形态在干热生境中出现变异，适应旱生形态显著（刘方炎等，2010）。

（4）土壤类型特征

该区土壤类型有燥红土、变性土、紫色土等，具有典型的干热生物气候特征（何永彬等，2000）。燥红土是元谋金沙江干热河谷区的基带土壤，其主要特点是：土色偏红，砂粒和粉粒含量为58.1%～69.5%，土壤偏酸，但变性燥红土属过渡类型，其理化性质更近于变性土；变性土与燥红土呈复区分布，一般发育于第四系古红土被剥蚀后，元谋组黏土层或亚黏土层出露处，主要特点是土色偏黄，土质黏重，粉粒和黏粒含量高，膨胀收缩强，土壤偏碱性，多钙质；紫色土分布于海拔1500m的山地，主要特点是土壤组成中多粉粒，土壤颜色与母质接近，风化程度弱，土壤多中性或微碱性，盐基饱和度高。

2. 区域人口聚集地

金沙江位于我国长江上游，拥有白鹤滩水电站、乌东德水电站、溪洛渡水电站和向家坝水电站等大型水电站，属于我国重要的大型水利水电基地，总装机容量近4300万kW，总工作量相当于三峡工程的两倍。在全国13个大型水利水电基地中，其装机总容量及年发电量居于首位，是国家西电东送的重点工程区，是西部大开发战略的重要组成部分。同时，流域河谷区的河谷阶地和平坝是居民密集和生产生活的核心区，人口密度约450人/km^2，也是地方国民经济的主战场（刘刚才等，2010）。因此，河谷区一直以来被列为"长江中上游防护林体系建设工程""长江中上游水土保持工程""天然林保护工程""长江中上游的生态恢复工程""退耕还林工程"和"西部大开发"等的重点治理区（孙辉等，2005）。可见，干热河谷在国家和地方层面上都具有重要的地位。

干热河谷及其所在的横断山区是我国民族多样性、文化多样性、环境异质性最为丰富的地区，少数民族分布最为集中的地区之一。从行政区划上看，干热河谷主要分布于金沙江、元江、怒江、南盘江等沿江的四川攀枝花、云南和贵州等地区，人口密度较大，与此同时，干热河谷以其较好的光热等条件成为整个横断山区人口和城镇分布集中的核心地带（孙辉等，2005）。由于日益加大的资源开发强度及外来人口、思想、观念、技术的介入，改变了干热河谷原有生态系统、本地居民观念和生活方式，落后且粗放的经营模式在先进的技术和观念的冲击下得到极大改善，人民的生活水平和生产能力得到极大提升，对国民经济的可持续发展具有举足轻重的作用（孙辉等，2005）。

3. 丰富的水能资源

从横断山全区来看,水资源很丰富,河川径流量为 $2.731 \times 10^{11} m^3$(其中过境水 $9.21 \times 10^{10} m^3$),占全国 10.4%;水能蕴藏量估算为 $1.15 \times 10^8 kW$,占全国的 1/6,但目前干旱河谷已经利用的河川径流量只有 2%(张荣祖,1992)。就元谋干热河谷而言,境内年降水量 15.22 亿 m^3,地表水年径流量 2.67 亿 m^3;有常流河 17 条、季节河 40 条,年过境水量 16.02 亿 m^3;水能理论蕴藏量达 89485kW,可利用量 11715kW,占 13.1%;盆地富水块地下水储量丰富,年地下平均径流量 0.36 亿 m^3,可开发利用地下水 200 万 m^3(张德等,2010)。丰富的地表水资源和地下水资源,为建设设施完善的水利工程提供了有利条件。但一直以来,干热河谷的水利工程,以引水为主,蓄水比例有限,水库亦以中、小型为主,缺乏骨干工程,提水工程很少。因此,有效地利用水资源、建立完善的水利设施是促进当地农业发展,改善当地人民生产生活条件的关键。

4. 光热资源

干热河谷不同于其他干旱河谷类型,较横断山中、北部的干暖河谷和干温河谷,它在气候、土壤、植被、景观等方面都表现出明显的特殊性。干热河谷由于其特殊的地理位置和气候条件,使得该地区具有丰富的光热资源,形成了独具特色的自然景观。虽然该地区受地形地貌的影响,多河谷坡地,耕地资源较少,但该区域的环境异质性也是一项独特的优势,它弥补了耕地不足的矛盾,为当地居民提供了更多的选择。

5. 丰富的矿产资源

干热河谷地跨区域较广,拥有丰富的矿产资源,尤其以攀枝花为代表。攀枝花市矿产资源种类的组合配套性较强,尤其是钒钛磁铁矿等优势矿产保有储量巨大,居世界前列,是西南地区重要的能源及原材料基地和工业区(郝红兵,2011)。攀枝花市矿产资源丰富,全市已发现矿种 76 种,查明有一定资源储量的 39 种,矿产地 490 余处,其中有大型、特大型矿床 46 处,中型矿床 30 处(吕洪斌,2011)。据攀枝花市国土资源局报告,攀枝花市铁矿资源丰富,是全国四大铁矿区之一,现已探明的钒钛磁铁矿储量达 100 亿 t,占全国铁矿储量的 20%;钒资源储量为 1578.8 万 t,占全国钒资源储量的 63%,占世界钒储量的 11.6%,居世界第三位;钛资源储量为 8.7 亿 t,占全国钛资源储量的 90% 以上,占世界钛储量 35.2%,居世界第一。此外,还伴生有钴 90 万 t、镍 70 万 t、铬 25

万 t、镓 18 万 t 以及大量的铜、硫等资源,石墨、煤炭、石灰石也是攀枝花市的重要矿产资源。由此可见,干热河谷地区矿产资源丰富,具有很大的开发潜力。

6. 特色的农业(农林牧)资源

干热河谷区地形条件复杂,属于我国较早开发的农业地区。与山区相比,干热河谷区水源、热量条件更好,可发展多种经营。与此同时,干热河谷区宜农土地资源集中,质量好;坡地则可用于种植经济林和果林,亦可发展畜牧业(张建平等,2000)。人口与环境的良性互动和山区的可持续发展,为当地人民带来了较稳定的经济效益。随着水电开发的进行和相应的农业扶持与开发政策的出台,干热河谷区成为加速建设现代农业转型的典型区域。在干热河谷区,以强化降水就地拦蓄入渗防治水土流失为中心,以合理利用土地为前提,以恢复植被、建设基本农田、发展经济和养殖业为主导措施的生态农业得到了迅速发展(陈循谦,1995)。

干热河谷区农业产值构成中,随着退耕还林还草工程的成功实施,种植业比重有所减小,多发展成具有一定规模、相对集中、管理完善、技术成熟的高效大棚模式。其中,元谋河谷被列为国家 A 级绿色蔬菜基地,被称之为"金沙江畔大菜园"。随着"天保"工程和退耕还林工程的实施,林业比重逐步增高(刘刚才等,2010)。此外,该地区热量充沛,适宜多种经济林木种植,同时也成为改善当地环境、恢复破坏的生态系统的主要手段。部分地区发展渔牧业,干热河谷地区一直以来采用原始游牧为主的粗放式经营,近年来,民众的环境保护意识逐步增强,放牧形式已有很大改善,特别是牧羊、牧牛,为当地的特色经济发展提供了重要动力。此外,因干热河谷特殊的气候和环境条件,使得该地区盛产虫草、贝母、雪莲花等名贵野生药材,这类药材具有较大的市场需求,从而衍生出以采集加工野生植物及药材等为主的副业和家庭手工业(袁大刚等,2003)。

7. 丰富的野生动植物资源

干热河谷区的生物多样性更是一种优势,上千年来,各族居民在这个地区生生不息,丰富的野生资源为当地老百姓提供了衣食住行、手工业以及药物等各项原料(张荣祖,1992;李昆等,2011)。

8. 独特的景观资源

土林,是水土流失的艺术结晶,具有极高的景观观赏价值。土林作为一种独特的地貌景观地质遗迹资源，是近年来才被更多人所了解的一种地貌，其首次发现并被命名就是金沙江干热河谷的元谋盆地中土林，也就是元谋土林。钱方在元谋盆地考察时，将盆地中的一些上新统—更新统地层分布区，被流水冲刷后形成了千沟万壑，因高低参差、密密层层、层见叠出的成片土柱远看如一片森林，遂命名为"土林"（钱方等，1989）。钱方等人（1989）于20世纪90年代对元谋土林的调查表明，其分布面积约50km²，其中班果土林、新华土林、虎跳滩土林、尹地土林以及湾保土林最具规模，合计面积为14.9km²。

土林这种地质地貌奇观在地质地理科学上是十分稀有、珍贵的，具有较强的科研价值和美学价值，其优美度、奇特度、丰富度和有机组合度远远超过了人的思维空间（赵宇等，2019）。元谋土林给人苍凉、粗犷、豪放、原始、自然之感，幽谷、荒山、冲沟、沙沟、形态各异的土柱体构成一个蛮荒的远古世界意境；土柱形态各异，柱状、锥状、塔状、蘑菇状、剑状、孤立柱状、残丘等各式各样的土柱单体，或相连组合成城堡状、墙状、丛状、林状等组合型土林，无比壮观；浅灰色、灰白色为主色，褐黄色、褐红色相间，形成天然的彩色土林，在阳光照射下更显得光彩夺目（图2-8-2）。

区域内别具特色的土林景观吸引了大批游客前往，促进了当地旅游业的发展。毫无疑问，干热河谷区是我国自然资源利用开发潜力大、特色资源丰富、经济潜力很大的地区。

图2-8-2 形态各异的土林景观（苏正安 摄）

二、干热河谷水土流失现状和特征

（一）水土流失分布范围广、面积大

干热河谷主要分布在金沙江、元江、怒江、南北盘江等区域，在纬度地带性

上涉及北纬 23°00′~28°10′，经度地带性上涉及东经 98°50′~103°50′，该区域土壤侵蚀也具有了分布范围广、面积大的特点。统计我国干燥度 >1.5，且年均温大于 18℃ 的河谷区域，并以此作为干热河谷，主要涉及元江流域 12 个县、怒江流域 6 个县、金沙江流域 20 个县、澜沧江流域 5 个县，面积约为 3.88 万 km²，土壤侵蚀面积达到 1.73 万 km²，土壤侵蚀面积占总面积的 44.54%。采用 USLE 模型估算结果表明，该区域轻度、中度、强烈、极强烈和剧烈侵蚀面积分别占该区侵蚀面积的 36.34%、5.94%、1.53%、0.62%、0.12%，年总土壤侵蚀量 3.55×10^4 t，平均侵蚀模数为 901t/(km²·a)。该数据还不包括该区域的冲沟的侵蚀模数。

在金沙江干热河谷区，由于地表植被的大量破坏以及不合理的开发活动引起了严重的水土流失（方海东等，2009）。以元谋干热河谷区为例，该区位于元谋县城西南部，包括甘塘、丙月、尹地、龙泉等 12 条小流域，海拔在 1500m 以下，为典型的干热河谷类型，地貌以低山丘陵为主，有少部分河谷平原及阶地，区内气候干热、地表植被覆盖差、人类活动频繁，水土流失严重，面积 407.07km²，占全县总面积的 20.1%，水土流失面积 236.46km²，占该区总面积的 58.09%，其中轻度、中度、强烈、极强烈侵蚀面积分别占该区侵蚀面积的 31.6%、32.1%、34.9% 和 1.4%，年总土壤侵蚀量 106.43×10^4 t，平均侵蚀模数为 4501t/(km²·a)（张建平等，2001）。

（二）土壤侵蚀类型多，以冲沟侵蚀和崩塌为主，侵蚀强度高

干热河谷区岩土抗蚀性差，同时还存在降雨集中、植被覆盖低等不利的环境条件，水土流失严重，种类多样。该区域不仅存在细沟、浅沟、切沟，而且存在大量冲沟和土林。冲沟是由降雨形成的集中流冲刷地表形成的沟槽（Poesen et al.，2003），冲沟的横断面呈 "U" 形并逐渐定形，沟底的纵断面与原坡面具有显著的差异，冲沟是浅沟、切沟的进一步发展，地表径流更加集中，下切的深度变大，沟壑向两侧扩展（王礼先等，2005）。在金沙江干热河谷区，岩层为第四系河湖相沉积物，从层序结构来看，该区元谋组地层深达 673.6m，可以分为 4 段 28 层，每层在颗粒组成、胶结程度上均有所差异，并且具有土体结构疏松、黏土与粉砂互层（软硬岩层互层）的岩土结构特点，从而导致不同土层的抗蚀性存在很大差异。在流水作用下，下部软弱岩（土）层往往易被优先侵蚀，冲沟溯源侵蚀非

常强烈(钱方等,1989;Su et al.,2014)。

冲沟的发育过程中常常伴随着崩塌的发生,在冲沟沟头和两岸以及沟谷地带发育了大量的不同类型的崩塌(Oostwoud Wijdenes et al.,2001;王礼先等,2005)。崩塌的发生加剧了侵蚀产沙,促进了冲沟的发展,冲沟的发展又为崩塌的发生创造了崩塌潜势,沟蚀崩塌的恶性循环使得干热河谷区地表切割破碎,形成了沟谷纵横的侵蚀劣地、土林等侵蚀景观,土地不断被破坏(图2-8-3。钱方等,1989)。

图2-8-3　冲沟沟头溯源侵蚀引起的坠落式崩塌(苏正安　摄)

冲沟不但导致土地数量减少和质量退化,对土地资源破坏很大,而且冲沟发育还会加剧坡面侵蚀的发展(Poesen et al.,2003;Sidorchuk,2006;Stavi et al.,2010)。金沙江干热河谷区冲沟溯源侵蚀速度每年平均达50cm左右,最大可达200cm,土壤侵蚀模数高达1.64万t/(km² · a);沟壑密度大,一般为3~5km/km²,最大达7.4km/km²。地表形态显得破碎不堪,成为难以开发利用的侵蚀劣地(钟祥浩,2000;柴宗新等,2001)。

(三)侵蚀产沙模数高

依据潘久根等整理的1954—1987年金沙江干流及其主要支流水文站数据可以看出(表2-8-3),金沙江上游(雅砻江汇口以上)地区来沙量较少(潘久根,1999)。干流渡口站集水面积占全流域面积的56.9%,多年平均径流量占全流域的35.5%,多年平均悬移质输沙量仅为流域的16.8%。干流上各站的多年平均含沙量均在 1.00kg/m³ 以下，多年平均输沙模数从最上游直门达站的 70.5t/（km²·a）依次渐增至渡口站的 151t/（km²·a），均小于 200t/（km²·a），包括金沙江最大支流雅砻江在内，金沙江上游地区集水面积为 41.45 万 km²，占流域面积的 82.9%；多年平均径流量为 1110 亿 m³，占流域的 73.3%；多年平均悬移质输沙量为 8070 万 t，占全流域的 31.5%；平均含沙量为 0.724kg/m³。平均输沙模数为 195t/（km²·a）。该区内除支流雅砻江、安宁河下游和干流河谷地区为沟蚀、重力侵蚀的强度流失区，是金沙江上游泥沙的主要来源，其余绝大部分地区由于自然植被较好，有茂密的原始森林和广阔的天然牧场、人烟稀少、人类活动影响不大，水土流失较少，输沙模数远小于长江上游地区的平均输沙模数。

表 2-8-3　径流量、悬移质泥沙特征值统计表

序号	河名	站名	集水面积 （km²）	占流域%	多年平均径流量 （10⁸m³）	占流域%	多年平均输沙量 （10⁴t）	占流域%	多年平均含沙量 （kg/m³）	多年平均输沙模数 （km²/a）
1	金沙江	直门达	137704	27.5	124	8.16	971	3.79	0.783	70.5
2	金沙江	巴　塘	187873	37.5	272	17.9	1450	5.66	0.533	77.2
3	金沙江	石　鼓	232651	46.5	413	27.2	2180	8.52	0.528	93.7
4	金沙江	渡　口	284540	56.9	539	35.5	4290	16.8	0.796	151
5	雅砻江	小得石	118924	24.4	503	33.1	2810	11.0	0.559	236
6	安宁河	湾　滩	11037	20.8	72.3	4.76	973	3.80	1.35	882
7	龙川江	黄瓜园	5560	1.11	8.20	0.54	435	1.70	5.30	782
8	金沙江	龙　街	423202	84.7	1180	77.6	9560	37.3	0.810	226
9	金沙江	巧　家	450696	90.2	1230	80.9	16600	64.8	1.35	368
10	牛栏江	大沙店	10870	2.17	38.2	2.51	1170	4.57	3.06	1080
11	金沙江	屏　山	485099	97.0	1430	94.1	24400	94.2	1.71	503
12	横　江	横　江	14781	2.96	89.6	5.88	1280	5.00	1.43	866

　　金沙江下游（雅砻江汇口以下）集水面积 85379km²，占全流域面积的 17.1%；多年平均径流量为 405 亿 m³，占流域总径流量的 26.6%；多年平均悬移质输沙量计 17600 万 t，占流域总输沙量的 68.5%；平均含沙量 4.33kg/m³，为上游地区的 6 倍；平均输沙模数计 2060t/（km²·a），约为上游区的 11 倍，远大于长江上游地区的平均输沙模数。由此可见，金沙江的泥沙主要是产生在下游干热河谷区，并主要来自渡口、雅砻江汇口至屏山的干流区间。下游较大支

流如龙川江、牛栏江和横江流域的输沙模数均在1000t/(km²·a)左右,属中度水土流失区。扣除这些支流流域,干流区间(包括众多小支流)集水面积为54168km²,仅占全流域面积的10.8%;多年平均径流量为269亿m³,占流域的17.7%;多年平均输沙量为14700万t,竟占了全流域的57.0%;多年平均含沙量计5.46kg/m³,多年平均输沙模数达2710t/(km²·a),其中干流干热河谷地区的输沙模数在3000t/(km²·a)以上,是长江上游水土流失最严重的地区。

（四）独特土柱崩塌

冲沟横向发育停止后,在冲沟沟底或沟坡处形成了大量的土墙或土柱,形成了"土林"侵蚀景观(图2-8-4。凌小惠等,1989)。元谋的土林总面积高达50km²,面积大者达8~10km²,面积小者仅1~2km²(钱方等,1989)。

图2-8-4　元谋地层发育形成的冲沟和土林景观(苏正安　摄)

由于构成土柱或土墙的土体成层分布,表层一般是坚硬的铁锰胶膜层或燥红土,土体密实,抗蚀能力较强,对表层形成保护,而下层的变性土土层,黏粒含量较多,且含有膨胀性矿物,土体吸水膨胀、失水收缩能力较强,在土体表层形成纵横交错的龟裂。降雨时,雨水可直接进入土体内,土体吸水后迅速膨胀。当表层土体的重力超过土体的黏聚力时,就会出现土体的剥落这种重力侵蚀形式。随着下部土体不断剥落,使土柱成为上凸下凹形。当土柱下部土体不能支撑上部土体的重力时,土柱就会沿着下部凹槽处发生倾倒式崩塌(陈安强等,2011,2015)。随着侵蚀的继续进行,在冲沟阶段形成的土墙或土柱逐渐倒塌(图2-8-5)、蚀低或被逐渐冲刷成平缓的斜坡,如果地壳不再抬升,流水下切能力越来越弱,冲沟会逐渐变得宽浅,最后被夷平,形成残丘夷平谷(钱方等,1989)。

图2-8-5 倒塌的土柱(苏正安 摄)

三、干热河谷区水土流失危害

严重的水土流失导致干热河谷区土壤退化、土地生产力下降,自然灾害频繁、经济损失严重,水利工程淤积、效益下降。

(一)土壤退化、土地生产力下降

在干热河谷区,土壤侵蚀导致土壤出现严重退化,如土壤瘠薄化、障碍层高位化、紧实化、粗骨化、贫有机质化。在干热河谷坡耕地上,严重的土壤侵蚀导致表层耕作土壤容重比下层土壤低12.7%,总孔隙度和毛管孔隙度分别比下层土壤高10.9%和15.7%,平均每减少1cm表土的生物量下降幅度为2.32%~5.29%,平均4.54%(陈奇伯等,2004)。严重的土壤侵蚀导致坡地土壤初始入渗速率、稳定入渗速率以及入渗性能均出现显著下降的趋势(周维等,2006;熊东红等,2011)。与此同时,由于表层燥红土被不断冲蚀,土层变薄、土壤肥力下降,养分含量低、凋萎系数高、透水率和入渗率低的变性土不断出露,加之变性土雨季时膨胀性、黏性极高,旱季时龟裂,极易造成植物根系断裂而死亡,土地退化严重,粮食减产,在冲沟发育区往往形成大片侵蚀劣地(图2-8-6。丹等，2012）。

图 2-8-6　冲沟发育形成大量侵蚀劣地（苏正安　摄）

通过对比干热河谷区流域内草地、林地、坡耕地三种土地利用方式雨季前后的土壤养分含量变化发现，坡耕地由于土壤侵蚀最严重，最容易引起养分的流失，全氮、碱解氮、全磷、速效磷和有机质降雨前后分别减少 0.09g/kg、25.83mg/kg、0.32g/kg、2.19mg/kg 和 0.70%（刘培静等，2012）。与此同时，土壤侵蚀使土壤中全氮、全磷、全钾以及碱解氮、速效磷、速效钾等养分淋失，有机质含量减少，土壤有机无机复合量降低，松结态腐殖质减少，A/C 值下降；土壤中的过氧化氢酶、蔗糖酶、脲酶等活性也因侵蚀而降低。土壤侵蚀越强烈，土壤肥力退化愈严重（刘淑珍等，1996a）。当天然林被破坏后改造为其他土地利用方式，植被遭到破坏，土壤养分流失加剧，土壤有机质含量降低，又反作用于土壤侵蚀，使土壤更加容易遭受侵蚀，侵蚀营力分离和搬运作用敏感性增强。

干热河谷区严重的土壤侵蚀，尤其是冲沟侵蚀导致该区土壤退化，形成了沟谷纵横、地形破碎、土林土柱，随处可见的强侵蚀景观和大量侵蚀劣地（何毓蓉等，2008；Su et al.，2014）。干热河谷基带土壤为燥红土或者红壤，尤其是以第四系古红土层（Q_S）和元谋组的黄棕色土层（Q_Y，包括龙街组 Q_L，以下同）等红土层为主（何毓蓉等，2008）。该区原有正常岩土剖面见图 2-8-7 所示，其具体特征如下：①发育燥红土的母质在上，发育变性土的母质在下，燥红土母质属沙性—粉沙性,在水力作用下,首先形成细沟、浅沟,当纹沟逐渐合并、加深和变宽时,便发展为细沟,在细沟两侧开始形成矮小的细芽状土拄。②在切沟阶段,跌水陡坎高2~10m,并形成陷穴或小型的漏斗状落水洞,其下发育暂时性暗流,形成了一些断头或无尾的切沟,并在切沟间形成了一些小土柱,当流水继续下切,部分顶部有铁质风化壳的土柱则变得更加高大,可达5m左右,其他土柱则可能倒塌或被侵蚀,直至消失。③在冲沟阶段,由于冲沟及其支沟纵横分布,沟头沟壁往往形成上凸下凹形,在一场暴雨后因沟壁崩塌往往形成土柱和土屏,甚至形成小型的土林,冲沟之间的土林、土柱、土崖和陡崖最后呈串珠状分布,形成土林综合体。④在残丘夷平阶段,沟谷两侧的陡壁和土柱在不断地倒塌、侵蚀或被逐渐冲刷成平缓的斜坡,整个土林的地势又开始变平缓,并在宽沟两侧形成了一些孤立的土柱和土屏,此时土林已逐渐由壮年期进入老年期,土林最终逐渐消失(凌小惠等,1989;钱方等,1989)。

图2-8-7 元谋组典型上层燥红土,下层变形土剖面(苏正安 摄)

(二)自然灾害频繁、经济损失严重

干热河谷气候炎热干燥,水热矛盾突出,对环境因素的变化敏感,抗外界干扰能力弱,自身稳定性差,属于典型的生态脆弱区,严重的水土流失和快速发育的冲沟,使得区域生态环境更加脆弱,自然灾害频繁。元谋干热河谷区多年平均降水量623.9mm,年蒸发量3569.2mm,为降水量的5.8倍(钟祥浩,2000),

降水量与蒸发量的巨大悬殊,造成干热河谷区极度干旱。由于水土流失,导致该区生态环境退化,致使生态系统自身的调节能力及抗灾能力大大下降,旱、洪灾害日益频繁。据资料,区内1324—1950年的626年间,大旱灾平均28年一遇,大洪灾平均34年一遇;而1950—1989年间,大旱灾平均3～4年一遇,大洪灾3年一遇。90年代自然灾害更加频繁,如1997年上半年干旱,下半年阴雨连绵,先后发生干旱大风、冰雹、泥石流、滑坡等灾害,受灾人数达10.41万人,农作物受灾面积9325hm²,成灾面积4509hm²,绝收面积1338hm²,死亡大牲畜150头,房屋倒塌322间、损坏690间,粮食减产610×10⁴kg,直接经济损失2718.4×10⁴元(张建平等,2001)。

(三)水利工程淤积严重、效益下降

以元谋县为例,自中华人民共和国成立以来,该区已建成中型水库4座、小(一)型水库6座、小(二)型水库53座、小坝塘1477件,但因水土流失严重淤积已报废173件,其中小(二)型水库6座、小坝塘167件。总库容10500×10⁴m³,已被淤积减少1347×10⁴m³,占总库容的12.8%;年淤积量达74.9×10⁴m³,占中华人民共和国成立后年新增水量的36%。以灌溉定额9000m³/(hm²·a)计算,年减少灌溉面积83hm²,为全县年新增灌溉面积208hm²的39.9%。灌溉渠道淤积也十分严重,年淤积量约5×10⁴m³,需投入大量劳力清淤,才能保证正常灌溉(张建平等,2001)。水土流失造成水利工程的严重淤积,使工程效益明显下降,造成严重的经济损失,影响农业生产的持续高效发展(图2-8-8)。

图2-8-8　金沙江元谋段径流泥沙含量高(苏正安　摄)

第二节　干热河谷水土流失影响因素

干热河谷区侵蚀强烈有自然环境因素,也有人为因素。干热河谷区土壤侵蚀的自然环境因素是决定性的、是长期起作用的;人为因素只是在强烈土壤侵蚀的背景上"雪上加霜"而已。

一、自然因素

(一)地质构造

金沙江干热河谷区河流呈不对称的"凹"字形,基本上是受构造控制,沿断裂带发育形成的。从雅砻江与金沙江汇口处往南至龙街,金沙江干流主要沿绿汁江断裂带发育,由上游的东西流向,折转向南流;龙街以东,金沙江又折向东流,大致与东西向的隐伏构造相符合;在巧家附近,金沙江受小江断裂控制,又折向北流;牛栏江与金沙江汇口以上,金沙江又沿莲峰—巧家断裂发育,折向东北流(柴宗新等,2001)。金沙江下游的支流大多也沿断裂带发育,如北岸的黑水河沿则木河断裂带发育,南岸的小江沿小江断裂带发育,龙川江沿绿汁断裂带发育等,沿断裂带宽3~5km裂隙节理发育,岩层破碎,抗侵蚀力差;同时,沿断裂带地震活跃,又加速了岩层的破碎和崩塌、滑坡等重力侵蚀的发育,进而为水蚀和泥石流侵蚀提供了大量松散固体物质,这使得金沙江下游干流及其支流,冲沟侵蚀、滑坡、泥石流极易发生,水土流失严重(柴宗新等,2001a,2001b)。

(二)地貌演化过程

根据地层分布推论,侏罗纪和白垩纪时期古金沙江是由东向西流的,当时,四川盆地是巴蜀湖,西昌附近有西昌湖,云南北部有云南湖,古长江将三湖连接,并注入西部的古地中海,第三纪至第四纪初,随着印度板块对亚洲板块的挤压,青藏高原逐步抬升,古地中海消失。川西滇北夷平面北高南低,河流大都向南流,古金沙江在石鼓附近,在雅砻江与金沙江汇口的三堆子附近,都是由北向南流的,流路上广泛分布第三系和下更新统的河流相和河湖相沉积,随着青藏高原的抬升,大约在早更新世以后,以四川盆地为侵蚀基准,沿断裂发育的金沙江下游段,不断向上游溯源侵蚀,最终在龙街附近袭夺南流的金沙江,而折向东流,水量突增,下切强烈,发育成今日金沙江下游段,经过数十万年的调整,金沙江下游干流和支流的急剧下切已逐渐减缓或停止,但两岸坡地的调整尚未结束,支沟的溯源侵蚀还在继续,土壤侵蚀剧烈(柴宗新等,2001b)。

(三)岩土特性

在干热河谷冲沟发育区内,出露地面的土层主要有 4 种类型,即铁锰胶膜的古红土、燥红土、变性土和砂土(黄成敏等,1995)。形成于中更新世坚硬的铁锰胶膜层是在湿热气候条件下,由于不稳定元素 Ca、Na、K、Mg 大部被淋溶,使 Al、Fe 和 Si 相对积聚而成,抗蚀能力强,分布面积较小,基本成小块状分布(钱方等,1989)。其下层土体为燥红土,为基土壤,表层紧实,无膨胀收缩性。燥红土下部土壤为变性土,土质黏重,黏土矿物含量高,土壤膨胀收缩性强,裂缝充分发育。变性土的下部为砂土层,土质为细沙质,由于受到地质构造应力的影响,使原有土层坚硬紧实,但是遇水后,就会变的松散,抗蚀性差,多分布在冲沟底部(陈安强等,2011)。土体的颗粒构成一定程度上影响着土体的抗冲能力,除了砂土外,其余 3 种土层的黏粒质量分数 >30%,砂土仅为 7.53%,而且对于 <0.02mm 的物理性黏粒,燥红土和铁锰胶结的古红土质量分数分别为 36.66% 和 42.21%,变性土高达 54.06%,高的物理性黏粒质量分数使得 3 种土层的密度明显高于砂土。虽然变性土的黏粒质量分数高于铁锰胶膜层,但是土壤密度却小于铁锰胶结的古红土,主要是因为铁锰胶结的古红土 Al、Fe 和 Si 相对积聚并与黏粒胶结,形成坚硬、致密的土层结构,土壤密度大,而且土壤的抗蚀能力强,不易被冲蚀(陈安强等,2012)。一般来讲,黏粒质量分数越高,土壤密度就越大,土壤越不容易被冲蚀。燥红土的黏粒质量分数和密度都低于变性土,但是燥红土抗冲性指数却高于变性土,主要是由于变性土中含有大量的黏土矿物蒙脱石,有强烈的胀缩性,旱季土壤表面形成纵横交错的龟裂,使得土壤抗冲能力降低,而砂土粒径 >0.02mm 沙粒的质量分数 >90%,土壤密度较小,抗冲能力低(0.14min/g),易被冲蚀(陈安强等,2015)。

何毓蓉等(2008)研究也表明,元谋干热河谷以冲沟为主的土壤侵蚀形式与该区土壤裂隙和主要分布的第四系古红土层(Q_S)和第四系元谋组的黄棕色土层(Q_Y)等红土母质有密切关系。其中Q_S类母质土壤有机质含量低,砂粒含量高,土壤阳离子交换量低,呈强酸性,而Q_Y类母质黏粒含量高,粉粒含量也高,有机质含量低,土壤阳离子交换量高,pH值多呈强碱性。通过分析该区红土层的特性表明,古红土层(Q_S)显示其粗粒性和密实性,干态时非常坚硬,缺乏细粒物质的此类土壤遇水易分散,抗蚀性较差。部分沙黏粒适中,有一定量铁质—黏粒胶结的土壤则抗水分散和抗蚀性较强,但这部分土壤黏粒含量较高,又含膨胀性黏土矿物,土体可形成较发育的干缩裂隙。黄棕色土层(QY)岩土中黏粒和细粉沙粒含量很高,钙质—黏土基质的胶结性低,土体易分散,抗蚀性较弱,同时高含量的黏粒又以膨胀性黏土矿物为主,具有强烈的膨胀收缩性,因此在干燥气候条件下,土体中极易形成丰富的裂隙,并形成块状、棱块状结构体及其间的各类孔隙。

在抗蚀性强的古红土层(Q_S)出露地段,干季裂隙形成,雨季到来后,雨水除地表径流流失外,主要通过裂隙进入土体。在古红土层下部多为黄棕色土层,其抗蚀性弱,容易被软化和分散,使上覆古红土层失稳。靠近边缘的古红土层即沿裂隙方向断裂,旋即崩塌。与此同时,在冲沟发育区,集水区径流在沟头处汇集形成小股水流,对沟头土体进行冲刷,使得下部土壤被掏蚀,为坠落崩塌创造了条件,进入沟道的径流,侧蚀沟壁,也会形成小的临空面,使得沟壁卸荷裂缝进一步发展,雨水对裂缝土体的浸润,会形成一个滑动面,沿裂缝发生滑移。经雨水冲刷,红土层土壤很快被侵蚀搬运而流失。

在黄棕色土层(Q_Y)出露地段,旱季形成的裂隙既宽且深,地表还形成纵横交错的龟裂,土体内也形成大量土块间孔隙(何毓蓉等,2008;Xiong et al.,2010)。雨季开始时,降雨可直接进入土体内,沿丰富的各类孔隙浸润土体,土体吸水后迅速膨胀,在巨大的膨压下,原土体开裂形成的土块,棱块状结构体剧烈运动。

(四)气候特征

受河谷深切和大气环流影响,干热河谷区呈半干旱气候,年降水量600多mm,年蒸发量2500~3800mm,年蒸发量为降水量的3~6倍。更为严重的是,干湿季分明,降水集中于雨季,干季干旱尤为突出,干季为11月至次年5月,降水量仅为全年的10.0%~22.2%,降水极少(杨济达等,2016)。干季按温度高低,又分为低温干旱季节(12—2月)和高温干旱季节(3—5月)。低温干旱对植物越冬较为有利,而高温干旱对植物生长极为不利,温度高植物生长旺盛,但降水少,蒸发量大。3—5月金沙江下游干热河谷蒸发量为降水量的10~27倍,导致土壤相对含水量极低,在5%以下,甚至为0,植物体内水分严重失调,多数植物在此期间干枯死亡。雨季的高温又促进了土壤有机质快速分解,有机质得不到补充,3~5个月分解殆尽,因而土壤有机质含量极低,土壤抗蚀性和抗冲性随之降低,从而导致金沙江下游干热河谷区植物生长困难。植被一旦受到破坏,水热状况更加恶化,土壤侵蚀强烈(张荣祖,1992;柴宗新等,2001b)。

二、人为活动

干热河谷区光热资源丰富,利于农业发展,人类开发早,人口增长快,是该区水土流失严重的重要因素。金沙江干热河谷年均温20~23℃,≥10℃积温达7000~8000℃,年日照时数2500~2700h,大多数地区自20世纪50年代以来,人口都增长一倍以上(柴宗新等,2001b)。例如,元谋县1950年仅5.20万人,1996年已达19.50万人,为1950年的3.75倍,46年增长了275%,年均增长5.98%。当地居民受生活需要的驱使,大量砍伐森林,毁林毁草种植,盲目发展牲畜,导致森林覆盖率下降,坡耕地面积大,草场超载,土地退化(方海东等,2006)。元谋县森林覆盖率由20世纪50年代的12%下降为目前的5%;巧家县和水富县≥15°的坡耕地占总耕地面积的64.54%和70.00%,其中≥25°的坡耕地分别占总耕地面积的33.06%和39.0%;东川市草场的载畜量是允许载畜量的2.05倍,超载105%(柴宗新等,2001b)。特别是近年来,较大范围的交通、矿山、能源等建设对地貌和植被造成了很大改变,又未及时采取水土保持措施,废弃土石甚至就近弃入沟道、谷坡,是近年侵蚀增强的重要原因(吕洪斌,2011)。

第三节　干热河谷水土流失防治措施

干热河谷地区由于其特有的地质构造和气候特点,水热矛盾突出,给水土流失防治带来了挑战。该地区常年雨量分布不均、干湿季分明、高干燥度持续时间长,特殊的水热条件使土壤退化成为普遍现象,土壤水分成为生态恢复的限制性因素之一,同时该地区土壤多为燥红土和变性土,肥力较差,蓄水保水能力较弱。此外,人类不合理的社会、经济活动也是造成干热河谷地区生态脆弱的主要因素,如开荒种植、乱砍滥伐、过度放牧等,不同程度的内因外因最终造成了干热河谷生态退化和水土流失严重的现状(钟祥浩,2000;方海东等,2009)。因此,在干热河谷地区进行水土流失防治和生态修复,必须优先考虑土壤的固持、土壤水分的保持及有效利用,综合其复杂多样的地形,进行相应的治理措施布设。

一、工程措施

针对干热河谷侵蚀沟的治理,可根据冲沟活跃程度的不同采取不同的治理措施,以提高治理效益。其中工程措施见效快,但成本高,先工程措施后林草措施,互相配合,治理效果更佳。

(一)水平沟整地和块状整地方式

1.水平沟整地

在干热地区不良的气候和土壤条件下,水平沟整地可改善土壤水、肥、气、热状况,充分拦截蓄积天然降水,提高苗木成活率和保存率,促进苗木生长。水平沟整地能有效地截留降水,水分入渗多,入渗深,干旱时期蒸发损失少,为水土保持林木以及草本植物提供了良好的土壤水分环境,有利于安全度过当年的间隙性干旱和来年的春季旱期,保存率高。与此同时,整地后种植沟内土壤经长期日晒,土体疏散,有利于降水入渗和养分释放,从而促进定植苗木生长,提高了定植苗木的成活率和保存率(方海东等,2006)。

2. 块状整地

在冲沟的沟缘、沟头一般坡度大,沟蚀强烈,地形复杂,土壤质地复杂多样,所以应采用块状整地(穴垦),即开挖鱼鳞坑方式。块状整地效果不是全垦、条垦,但是此种方式省工,机动性灵活,适宜在陡坡、岩石裸露的冲沟内进行(方海东等,2006)。具体做法是鱼鳞坑要围绕着山坡与山坡流水方向垂直布置,并按照栽植配置的株行距开挖鱼鳞坑,除去坑边杂草加适量的表土回到坑内。表土用于回填主要是因为表土的营养丰富,腐殖质和有机质含量高,有机质形成的腐殖质胶体具有亲水基因,吸水量达50%以上,能大大提高土壤的供水能力,利于抗旱和促进根系生长。15cm以下的生土放在种植坑坡下方作埂并拍实,用于拦截坡面径流,就地入渗,增加土壤含水量,延长土壤湿润期,利于保水保肥,防止水土流失(杨艳鲜等,2006)。各坑在坡面基本上沿等高线布设,上下两行鱼鳞坑呈"品"字形错开排列,并配置倒"八"字形的截水沟,更有利于拦蓄坡上雨水。

(二)"稳、拦、排"工程措施

"稳"主要是在冲沟中辅以谷坊群工程措施,稳定谷岸,防止沟床下切,对滑坡则截流排水,用工程手段稳固坡脚,防止水体渗透侵蚀和坡体下滑。"拦"主要是在主沟床内选择有利地形构筑拦沙坝,拦蓄泥沙,减缓沟床纵坡,提高侵蚀基准面,稳定坡脚。"排"主要是在主沟床或冲积扇上,修建排洪道或导流堤,以排泄洪水或泥石流,达到水土分离的目的(陈建兴等,2010)。

(三)微型水利工程

张信宝等(2001)提出在干热河谷区可以实施微水造林技术,主要通过修建微型水利工程,拦蓄造林地附近毛支沟雨季洪水径流,改善坡地旱地土壤水分状况,营造常绿森林植被,并提出以下两种微水工程供选择。

1. 截流引水沟 + 水窖(蓄水池)工程

工程由毛支沟截流坝、引水沟、沉沙函和水窖组成,水窖容积一般不少于60m³,工程设计可参照当地水利部门水窖定型设计,工程拦截毛支沟雨季洪水径流,蓄积于水窖内,供旱季林地灌溉。水窖蓄水,还可用于扑灭山火,防止森林火灾。水窖微水工程是一项成熟的节水农业技术,目前已被广泛应用于解决干热河谷农村饮水和部分经济作物农田灌溉,取得了很好的效果。

2. 截流竹节渗沟

工程由截流坝和竹节渗沟组成。工程拦截毛支沟雨季洪水径流,通过竹节渗沟渗入土层,增加土壤及深层岩土的含水量,以期旱季深层岩土保持较多水分。此项工程适用于深层岩土透水性较好的稳定坡地,斜坡稳定性差的坡地不宜使用,以免引起斜坡失稳。

二、农业措施

干热河谷地区人类的生存压力和自然的有限供给之间的矛盾,促使水土流失等生态环境问题日益严重,简单的生态环境治理已经不能满足水土流失防治的需求,农业水土保持措施主要是构建农林复合生态系统(张建平等,2000;拜得珍等,2006)。张建平等(2000)基于干热河谷的生态环境现状和农业生产现状,针对干热河谷的坝周低山丘陵区和中山区提出了针对性的水土保持农业措施。

(一)坝周低山丘陵农业生态系统区

该区分布在海拔1100～1350m,主要环境问题是气候炎热干旱、植被稀疏、土壤退化、生态环境恶劣、水土流失严重,但其优势是土地面积大,适宜发展种植业—畜牧业复合农业生态系统,其子系统主要有:水稻—蔬菜—畜禽系统(有水利灌溉条件的地方);坡地(梯地)旱作农作物—烟草—畜禽—肥料系统;(果园)—农作物(饲料作物或绿肥)—畜禽(猪、土鸡、火鸡)—肥料系统;草地放牧—肥料系统。

该区的主要对策为:①陡坡耕地退耕还林还牧,减少水土流失。②缓坡地构建复合农业生态系统,减少水土流失。通过在高植果园的果树下面种植农作物、饲料作物、放养家禽或以所产粮食圈养生猪,圈肥用于果树施肥,形成高效良性的复合农业生态系统。③在草地生态系统主要进行牲畜数量控制,使草地畜牧业系统稳定、平衡、良性循环,防治草地退化,水土流失加重。④在地埂上植树造林、恢复植被,改善农业生态环境,防治水土流失。

(二)中山农业生态系统区

该区为海拔1350～1600m的中低山区,是干热河谷与温暖山区的过渡类型,该区以农—牧—林组成的复合农业生态系统为主,可以有效防治水土流失。其子系统主要有:水稻(水库下游或河流阶地引水灌溉)—蔬菜(或小麦)—畜禽—肥料系统;旱地作物—畜禽—肥料系统;经济林果—粮食(或绿肥、饲料)—家养畜牧业—肥料系统;森林—木材、薪柴、林副产品系统;草地—畜牧业—肥料系统。该区原是干热河谷与湿润山地的过渡地带,但由于人类活动的强度干扰,水土流失比较严重,现已退化为与干热河谷基本相似的生态景观类型。

本区的主要对策为:①在缓坡地,做好基本农田建设,发展节水农业,调整种植业结构,推广科学种田,提高粮食单产。②陡坡耕地主要采取退耕还林还牧,改善生态环境,减少水土流失。③充分发挥该区潜在的林业优势,积极发展林业,增加地表覆盖度,减少水土流失。④该区草地面积较大,具有发展草食畜牧业的优势,但超载放牧较严重,应加强牲畜品种改良、调整畜群结构、限制牲畜数量,防治草地退化,从而减轻水土流失程度。

三、植物措施

(一)植物措施的历史分期

根据对干热河谷的认识,前人在防治该区水土流失过程中逐步进行了一系列的植被恢复实践,大概分为缺乏认识的盲目恢复、模仿自然的试验探索、系统研究与试验示范、多目标可持续发展等4个阶段(李昆等,2011)。

1. 第1阶段(20世纪50—60年代)

单纯从防治水土流失、发展林业的角度考虑,试图通过较为简单经济的技术途径,在恢复干热河谷植被的同时培育大量森林资源,如采用飞机播种或人工撒播的方式营造云南松和思茅松。

2. 第2阶段(20世纪70—80年代中期)

考虑了当地的自然植被状况,以灌木为主,选择坡柳、黄荆、苦刺等乡土植物进行植被恢复,并初步试验造林效果,认为灌草结合是最佳造林模式。

3. 第3阶段(20世纪80年代中期—90年代末)

开始进行气候、土壤、植被学和植物区系学、树种引种驯化、造林技术等诸多方面的系统研究,筛选出10余种适宜造林树种,提出了"树种筛选、容器育苗、提前预整地和雨季初期造林"的综合配套技术。干热河谷植被恢复与生态建设进入真正认识、了解和有目的规模化实践的新时期。

4. 第 4 阶段(从 21 世纪初至今)

以多目标恢复植被为目的,将水土流失防治、植被恢复与资源培育和利用相结合,与退化土地改良及保护利用相结合,与乡土树种和传统景观恢复相结合,综合考虑生态、经济和社会三大效益,推动地方经济发展和群众增收致富。最显著的标志就是高价值多用途树种的引进和培育,依靠自然力的可持续恢复技术,针对环境退化差异的分类恢复、定向培育技术和节水灌溉等高效水资源利用与土地集约经营技术,以往研究成果的普适性试验研究等。

(二)适宜树种的选择与引种

从 20 世纪 80 年代中期到 90 年代初期,对干热河谷植被恢复进行了较大规模适宜树种筛选的系统试验,先后选择近百种引进和乡土的阔叶树种。其中,山毛豆、台湾相思、新银合欢、苦刺、坡柳、钝叶黄檀和思茅黄檀为适宜保留树种,并逐步用于营造近天然林的人工恢复植被;赤桉、泡火绳、苦楝、毛叶合欢、阔荚合欢、金合欢、铁刀木等树种前 3 年生长及成活情况均比较好,但以后则大量死亡。同时,木豆、大叶千斤拔和瓦氏葛藤等高抗逆性物种在金沙江、红河等干热河谷造林成功。

从 20 世纪 90 年代开始,干热河谷植被恢复过程中大量引进亚洲热带地区和澳大利亚热带半干旱半湿润区的阔叶树种,使干热河谷造林取得了突破性进展,筛选出大叶相思、绢毛相思、珍珠相思、珍珠相思、苏门答腊金合欢、赤桉(泰国种源)、柠檬桉、尾叶桉、细叶桉、印楝、新银合欢(乔木型)、木麻黄等树种。马占相思等树种死亡率偏高,但保存植株生长较高大,被认为可在局部水肥条件好的地方种植。乡土与引进的乔灌木树种造林比较试验结果表明,无论是造林成活率、保存率,还是生长状况(平均株高、胸径和长势等)和生物量,赤桉、厚荚相思、柠檬桉、窿缘桉、肯氏相思、大叶相思、台湾相思、珍珠相思、新银合欢、苏门答腊金合欢、印楝等引进树种都比乡土树种山合欢、黄荆、山黄麻、香须、苦楝生长更好,可为当地群众提供数量可观的农用小径材、薪炭材和非木材林产品。在几大干热河谷区立地条件较好并有灌溉条件的地方,发展了龙眼、余甘子、酸豆、番石榴、滇青枣、台湾青枣、食用木豆等经济林木。在退化山地上,将生态治理与资源培育及开发利用相结合,走生态林业的发展道路,营建了紫胶寄主林,培育优良寄主树种,放养紫胶蚧以生产优质紫胶;营建了木豆、新银合欢等木本饲料林,麻疯树、木薯等生物能源林,新银合欢与桉树混交的水土保持林,以及农用小径材、薪炭材水土保持林等,形成与防护林相结合的多目标人工生态系统。

目前,在干热河谷区,由于大量引入外来树草种导致该区出现了林种单一、病虫害严重、生物入侵等相关问题,乡土树草种的作用(剑麻、车桑子、黄茅等)又重新引起了广大学者的关注。研究表明,剑麻不仅适应干热河谷气候,而且截流和积蓄地表径流的效果显著(何周窈等,2018)。2014—2016 年间,10°剑麻地的平均径流深为 101.91 ± 7.56mm,裸地为 236.70 ± 9.06mm,剑麻地比裸地减少了 56.95%;20°剑麻地平均产流为 152.78 ± 8.12mm,裸地为 252.20 ± 10.47mm,剑麻地比裸地减少了 39.42%。这表明剑麻的截流效益较好,且剑麻在较缓坡地(10°)的截流效益高于陡坡地(20°)。在 2014—2016 年,10°剑麻地的平均径流系数为 0.23 ± 0.17,裸地为 0.50 ± 0.17,剑麻地比裸地减少了 54.00%;20°剑麻地平均径流系数为 0.36 ± 0.16,裸地为 0.53 ± 0.17,剑麻地比裸地减少了 32.08%。这表明在缓坡上种植剑麻可有效减少坡面侵蚀产流,且径流系数随其种植时间的增加而逐年减小。在 10°坡面上,剑麻地的平均土壤侵蚀模数为 355.27 ± 31.86t/(km² · a),裸地为 1788.68 ± 153.11t/(km² · a),剑麻地比裸地减少了 80.14%;20°坡面上,剑麻地的平均土壤侵蚀模数为 2023.29 ± 189.22t/(km² · a),裸地为 4506.14 ± 362.70t/(km² · a),剑麻地比裸地减少了 55.10%。这表明剑麻具有显著的保土拦沙效果,且随坡度的变缓效果愈加明显(图 2 – 8 – 9)。

在干热河谷区,利用优越的水热条件,将生态治理与高价值林产品资源培育相结合的多目标恢复经营模式已成为主要发展趋势。高价值印度黄檀在金沙江、红河和怒江干热河谷被广泛引种栽培;在红河干热河谷嘎洒段,芒果 + 菠萝、高档甜橙水果 + 柱花草等得到规模化种植,营造了柠檬桉油材两用丰产林;在金沙江干热河谷鹤庆—永胜段,用川楝与云南草蔻等食(药)用作物间作,林药产业得到大力发展;通过选育和发展优质高纤维品种,云南鹤庆纸厂的电池用纸已占西南地区 70% 的市场份额;在金沙江和红河干热河谷,印楝农药原料林,辣木食用、工业用原料林等已发展到 6667hm² 规模;在林下间种香叶天竺葵等。这些多目标恢复经营模式极大地提高了经济效益,开创了干热河谷植被恢复与经济发展良性互动的崭新局面。

图 2 - 8 - 9　干热河谷恢复较为成功的剑麻(苏正安　摄)

(三) 基于岩性差异的植物恢复措施

传统造林立地条件的土壤方面,仅考虑表层厚度数十厘米的土壤。干热河谷旱季表层土壤干旱,植物(特别是木本植物)往往通过发达的根系吸收深部岩土的水分维持生存,植被类型和生长情况不仅与表层土壤的土壤水分状况有关,而且也和深层岩土的土壤水分状况有关。在干热河谷的气候条件下,就均质土而言,黏质土坡地入渗速率低,降水入渗浅,地面蒸发耗水多,可供植物利用的水分少,适合季节性草本植物的生长;裂隙发育的石质山地入渗速率高,降水入渗深,地面蒸发耗水少,可供植物利用的水分较多,特别是旱季深层岩土储存的水分往往可以维持深根性木本植物的生存,适合木本植物的生长。非均质岩土组成的坡地,土壤水分状况较为复杂,下伏不透水层的粗粒土坡地,有利于降水的入渗保存,土壤水分条件较好。张信宝等(2003)根据岩土组成、结构、土壤水分特点及其对植物生长的影响,将元谋干热河谷坡地的岩土分为六类:厚层第四纪红土、全新统冲积物、中晚更新统阶地堆积物、早更新统元谋组和晚更新统龙街组半成岩砂泥岩、中生界和老第三系紫色砂泥岩、元古界变质岩和岩浆岩,并将干热河谷按照气候的垂直分布分为 3 个气候带:燥热区(海拔1100m 以下)、较燥热区(海拔 1100~1350m)、干热区(海拔 1350~1600m),提出了元谋干热河谷区植被恢复应当考虑不同的岩土和气候特性,并进行分区恢复。

1. 森林植被恢复适宜区

包括 3 种岩土类型坡地:各气候带的全新统冲积物,河流两岸的 I 级阶地、滩地和支沟沟口冲积扇;海拔 1100m 以上的中、晚更新统阶地堆积物,龙川江两岸 II－III 级阶地,其中高出河床 70~90m 的 III 级阶地最为发育;海拔 1350m 以上的元古界变质岩,龙川江西岸海拔 1350m 以上的山地上部。本区适宜恢复以乔木为主的乔灌草森林植被,植被恢复可进行乔灌草混交,混交模式为:乔木——赤桉、台湾相思、滇合欢、山麻柳等 + 灌木——新银合欢、木豆、山毛豆、余甘子、金合欢、车桑子等 + 草本——大翼豆、香根草、龙须草等。按 1 行乔木、1~3 行灌木进行配置,行间种草,种植规格为乔木:(6~12)m×3m,灌木:(3~4)m×2m。

2. 森林植被恢复较适宜区

包括 4 种岩土类型坡地:海拔 1350m 以上的中生界和老第三系紫色砂泥岩,元谋东山、马头山及西山部分山地;海拔 1100~1350m 的元古界变质岩和岩浆岩,龙川江西岸的部分山地;海拔 1100m 以下的中、晚更新统阶地堆积物,龙川江下游及金沙江沿岸的河流阶地。本区适合恢复以大灌木为主的灌乔草森林植被,植被恢复可进行灌乔草混交,混交模式为:灌木——新银合欢、油桐、木豆、山毛豆、余甘子、金合欢、车桑子等 + 乔木——赤桉、台湾相思、滇合欢等 + 草本——大翼豆、香根草、龙须草等。按 1 行乔木、3~5 行灌木进行配置,行间种草,种植规格为乔木:(12~20)m×4m,灌木:(3~5)m×2m。

3. 森林植被恢复较不适宜区

包括 4 种岩土类型坡地:海拔 1350m 以下的中生界和老第三系紫色砂泥岩,元谋东山山地下部;海拔 1350m 以上的早更新统元谋组和晚更新统龙街组半成岩砂泥岩,南部老城乡一带高台地;海拔 1100m 以上的厚层第四纪红土;海拔 1100m 以下的元古界变质岩和岩浆岩。本区已不太适宜恢复森林植被,只宜恢复以灌草为主的稀树灌草植被。植被恢复可进行灌草乔混交,混交模式为:

灌木——新银合欢、油桐、山毛豆、余甘子、金合欢、车桑子、木豆等＋草本——大翼豆、香根草、龙须草等＋乔木——赤桉、台湾相思、滇合欢等。按1行乔木、5~10行灌木进行配置,行间种草,种植规格为乔木:(2~2.5)m×8m,灌木:(3~5)m×2m。

4.森林植被恢复不适宜区

包括2种岩土类型坡地:海拔1100~1350m的早更新统元谋组和晚更新统龙街组半成岩砂泥岩,元谋组分布于元谋盆地内的台地区,龙街组分布于龙川江下游和金沙江沿岸;海拔1100~1350m的厚层第四纪红土,龙川江两岸谷地。本区不适合恢复森林植被,只宜恢复以草本植物为主的灌草丛植被。植被恢复应以草本植物为主,进行草灌混交,混交模式为:大灌木——新银合欢、山毛豆、余甘子、金合欢等＋小灌木——车桑子、木豆等＋草本——龙舌兰、香根草、大翼豆、龙须草等,按1行大灌木、3~5行小灌木进行配置,行间种草,种植规格为大灌木:(10~15)m×4m,小灌木:3.5m×2.5m。

5.森林植被恢复极不适宜区

岩土类型为早更新统元谋组半成砂泥岩,主要分布于龙川江下游及金沙江沿岸。本区不仅不适宜森林植被的恢复,甚至连草灌植被也难以恢复,目前,只有采取封禁及人工种草才能使其植被慢慢恢复。

(四)冲沟发育区植物措施

在干热河谷冲沟治理过程中,林草措施与工程措施密切配合,可以相互取长补短,是冲沟治理的一项治本措施。在干热河谷实施林草措施,尤其是水土保持林造林过程中要求位置恰当,需要综合考虑不同林种、树种的立地条件和造林密度(方海东等,2006),并综合考虑生态效益和经济效益。经济林、薪炭林、放牧林、用材林以及景观生态林等各占适当的比例(纪中华等,2003)。

针对干热河谷冲沟的土壤、自然植被及水土流失等特点,提出选择适宜干热河谷林草种的原则:①耐热耐干旱、耐瘠薄耐酸碱,抗逆性强,适生性广,以乡土树种为主。②萌发分蘖能力强,速生,能在短期内密闭成林,起到保持水土的作用。③自我繁殖和更新能力强。④能够结瘤固氮,改土能力强。⑤具有一定的利用价值和经济效益。

冲沟治理的林草措施,主要包括适宜物种的选择,以及在冲沟垂直方向上的林草配置和在冲沟水平(流域)方向的林草配置。

1. 冲沟治理的植物选择

干热河谷冲沟发育区的植物共有 48 种,分属于 20 科 46 属,建群种 7 种,广布种 34 种,样地内或样外偶见种 7 种(详见表 2 – 8 – 4)。与此同时,该区植被群落大致可分为 3 个层次:一是以黄茅、孔颖草、三芒草等禾本科植物为主的草本层;二是以车桑子、银合欢为主的灌木层(图 2 – 8 – 10);三是以山合欢、余甘子、印棟为主的乔木层。

2. 冲沟垂直方向上的林草配置

(1)沟缘防护林草配置

冲沟顶部及两侧沟岸长年受到地表径流的冲刷,表土已冲刷殆尽,心土裸露,土质瘠瘠,水分缺乏,植物难以生长,适宜采取的工程措施是根据地表径流强度设计、开挖水平沟,同时配置林草措施,营林树种、草种应具有根系发达、耐旱、耐瘠薄、适应性强的特点。冲沟顶部立地条件差,特别是溯源侵蚀已接近分水岭的冲沟,表面为裸岩地应以耐旱灌木、草本为主,最好是适生能力强的乡土树种为主(方海东等,2006)。

(2)沟坡防护林草配置

冲沟坡面坡度比较陡峭,立地条件差,常有崩塌发生,林草应选择耐热耐干旱、耐瘠薄耐酸碱、抗逆性强、适生性广、萌发分蘖能力强、速生、自我繁殖和更新能力强的树种和槽中,这样能在短期内密闭成林,起到保持水土的作用,该部位适宜以新银合欢和葛根为主,乡土草种主要是黄茅。

(3)沟床防护林草配置

冲沟沟床是径流汇集的通道,冲刷侵蚀力强,水分条件较好,如果没有防护措施,随着水流的冲刷作用,将会加剧沟底下切和沟壁的崩塌。沟床防护林草应以灌草混交,沿沟底成片分段营造,横向交错,成"品"字排列,布局在急流冲刷段的中下部。该部位选择的树草种要求是生长要快(以防遭淤埋致死),根蘖性要强(淤埋或冲倒后又可蘖生枝条)。

3. 冲沟在水平(流域)方向的林草配置

(1)流域上游防护林草配置

冲沟流域上游坡面坡度陡峭,以溯源侵蚀为主,冲沟沟头发育快,沟床狭窄而且崎岖,横断面呈"V"字形,立地条件特别差,崩塌时有发生,防护林草的配

表2-8-4 冲沟发育区的典型植物名录

序号	科名中文名	科名拉丁名	属名中文名	属名拉丁名	物种名中文名	物种名拉丁名
1	大戟科	Euphorbiaceae Juss.	大戟属	Euphorbia L.	乳浆大戟	Euphorbia esula Linn.
2			麻疯树属	Jatropha L.	麻疯树	Jatropha curcas Linn.
3			叶下珠属	Phyllanthus L.	黄珠子草	Phyllanthus virgatusForst. f.
4					余甘子	Phyllanthus emblica Linn.
5	豆科	Fabaceae Lindl.	灰毛豆属	Tephrosia Pers.	灰毛豆	Tephrosia purpurea (L.) Pers.
6			木豆属	Cajanus Adans.	蔓草虫豆	Cajanus scarabaeoides(L.) Thouars ex Graham
7			木蓝属	IndigoferaL.	单叶木蓝	Indigofera polygaloides M. B. Scott
8			千斤拔属	Flemingia Roxb. ex W. T. Aiton	千金拔	Flemingia philippinensisMerr. et Rolfe
9			相思子属	AbrusAdans.	相思子	Abrus precatorius L.
10			猪屎豆属	Crotalaria L.	长萼猪屎豆	Crotalaria calycinaSchrank
11			笔花豆属	Stylosanthes Sw.	柱花草	Stylosanthes guianensis(Aubl) Sw.
12	锦葵科	Malvaceae Juss.	扁担杆属	Grewia L.	小花扁担木	Grewia biloba var. parviflora (Bunge) Hand.-Mazz.
13	含羞草科	Mimosaceae R. Br.	合欢属	AlbiziaDurazz.	山合欢	Albizia kalkora (Roxb.) Prain
14			银合欢属	Leucaena Benth.	银合欢	Leucaena leucocephala (Lam.) de Wit
15	禾本科	Poaceae Barnhart	甘蔗属	Saccharum L.	甜根子草	Saccharum spontaneum Linn.
16			狗牙根属	Cynodon Rich.	狗牙根	Cynodon dactylon (Linn.) Pers.
17			虎尾草属	ChlorisSw.	虎尾草	Chloris virgataSw.

序号	科名中文名	科名拉丁名	属名中文名	属名拉丁名	物种名中文名	物种名拉丁名
18			画眉草属	*Eragrostis* Wolf	画眉草	*Eragrostis pilosa* (Linn.) Beauv.
19					知风草	*Eragrostis ferruginea* (Thunb.) Beauv.
20			孔颖草属	*Bothriochloa* Kuntze	孔颖草	*Bothriochloa pertusa*(L.) A. Camus
21	禾本科	*Poaceae* Barnhart	类芦属	*Neyraudia* Hook. f.	类芦	*Neyraudia reynaudiana*(Kunth) Keng
22			拟金茅属	*Eulaliopsis* Honda	拟金茅	*Eulaliopsis binata* (Retz.) C. E. Hubb.
23			黄茅属	*Heteropogon* Pers.	黄茅	*Heteropogon contortus* (Linn.) Beauv. ex Roem. et Schult.
24			三芒草属	*Aristida* L.	三芒草	*Aristida adscensionis* Linn.
25			双花草属	*Dichanthium* Willemet	双花草	*Dichanthium annulatum* (Forsk.) Stapf
26			野古草属	*Arundinella* Raddi	野古草	*Arundinella hirta* (Thunb.) Tanaka
27	锦葵科	*Malvaceae* Juss.	黄花稔属	*Sida* L.	白背黄花稔	*Sida rhombifolia* Linn.
28			赛葵属	*Malvastrum* A. Gray	赛葵	*Malvastrum coromandelianum* (Linn.) Garcke
29			苍耳属	*Xanthium* L.	苍耳	*Xanthium strumarium* L.
30			鬼针草属	*Bidens* L.	鬼针草	*Bidens pilosa* Linn.
31	菊科	*Asteraceae* Bercht. & J. Presl	藿香蓟属	*Ageratum* L.	藿香蓟	*Ageratum conyzoides* Sieber ex Steud.
32			银胶菊属	*Parthenium* L.	银胶菊	*Parthenium hysterophorus* Adans.
33			羽芒菊属	*Tridax* L.	羽芒菊	*Tridax procumbens* Linn.
34			肿柄菊属	*Tithonia* Desf. ex Juss.	肿柄菊	*Tithonia diversifolia* A. Gray

续表

序号	科名 中文名	科名 拉丁名	属名 中文名	属名 拉丁名	物种名 中文名	物种名 拉丁名
35	爵床科	Acanthaceae Juss.	假杜鹃属	Barleria L.	假杜鹃	Barleria cristata L.
36	楝科	Meliaceae Juss.	楝属	Melia L.	川楝	Melia toosendan Sieb. et Zucc.
37	龙舌兰科	Agavaceae Dumort.	龙舌兰属	Agave L.	龙舌兰	Agave americana Linn.
38	萝摩科	Asclepiadaceae Borkh.	牛角瓜属	Calotropis R. Br.	牛角瓜	Calotropis gigantea (Linn.) Dry. ex W. T. Aiton
39	木棉科	Bombacaceae Kunth	木棉属	Bombax L.	木棉	Bombax ceiba L.
40	葡萄科	Vitaceae Juss.	葡萄属	Vitis L.	野葡萄	Vitis heyneana Roem. & Schult.
41	茄科	Solanaceae Juss.	茄属	Solanum L.	龙葵	Solanum nigrum Linn.
42	桑科	Moraceae Gaudich.	榕属	Ficus L.	垂叶榕	Ficus benjamina Linn.
43					橡皮树	Ficus elastica Roxb. ex Hornem.
44	鼠李科	Rhamnaceae Juss.	枣属	Ziziphus Mill.	滇刺枣	Ziziphus mauritiana Lam.
45	松科	Pinaceae Spreng. ex F. Rudolphi	松属	Pinus L.	云南松	Pinus yunnanensis Franch.
46	桃金娘科	Myrtaceae Juss.	桉属	Eucalyptus L. Herit	桉树	Eucalyptus robusta Smith
47	无患子科	Sapindaceae Juss.	车桑子属	Dodonaea Mill.	车桑子	Dodonaea viscosa Sm.
48	旋花科	Convolvulaceae Juss.	牵牛属	Pharbitis Choisy	牵牛	Pharbitis purpurea (Linn.) Voigt

图 2 - 8 - 10　冲沟发育区恢复较好的银合欢（苏正安　摄）

置应以耐瘠薄、抗逆性强、适生性广、萌发能力强、速生、造林密度大的树草种为主,这样才能控制崩塌,减缓冲沟发育(方海东等,2006)。

(2)流域中游防护林草配置

冲沟流域中游发育较慢,以下切侵蚀为主,沟头处原始地面与沟床之间具有一定的高差,而且多以陡坡相连,横断面呈"U"字形,此时沟壑已较深切入母质,如果不合理配置林草,起不到防止水土流失的作用,在流域中游将很容易产生支沟,适宜采用水平带状种植新银合欢,带间混交种植木棉(俗称攀枝花)、凤凰木、羊蹄甲等乡土树种作为景观生态林(方海东等,2006)。

(3)流域下游防护林草配置

冲沟流域下游比较开阔,以沟岸扩张为主,沟头的溯源侵蚀已基本停止。沟口附近已经有了相应的沉积,横断面呈复"U"字形,土壤质地和水分条件较好,接近农业用地(方海东等,2006),适宜选择滇合欢、金合欢混交成带状林,形成植物篱把冲沟与农用地隔离起来,抬高侵蚀基准面,既能够较好地保护耕地,又能延缓冲沟发育。

第四节　干热河谷水土流失治理模式

干热河谷生态系统退化的根本原因在于其生态系统十分脆弱和人类对生物资源需求压力过大。退化系统的恢复与重建要立足于经济和生态效益统一的原则，即既要考虑经济上的恢复与重建，又要考虑生态上的恢复与重建。具有重度以上退化生态系统分布区，一般说来，不能作为当地经济发展的立足点，当前要立足于轻度退化土地资源的挖潜开发，发展复合高效型生态农业。对于重度以上退化生态系统分布区，特别是强度和极强度退化区，要给予"休养生息"的机会，应采取以自然生态恢复为主的途径。

一、基于不同退化程度的干热河谷水土流失防治与生态系统重建模式

钟祥浩等（2000）根据干热河谷退化生态系统植被组成、覆盖度与生物量，土壤厚度与母质，地表沟谷切割密度以及系统所处地貌部位与坡度等特征，将干热河谷区退化生态系统分为5种主要类型，提出了构建基于不同退化程度的干热河谷水土流失综合防治和生态系统重建模式。

（一）极强度退化类型

该类型区地表植被为极稀疏的黄茅为主的禾草类植物，覆盖度小于20%，生物量小于$2t/hm^2$；坡度一般30°以上；土壤A、B层基本缺失，C层出现不同程度的侵蚀，并呈斑块状分布，其厚度一般为5~10cm，C层以下为基岩；裸岩化面积占调查类型面积的10%~15%（刘淑珍等，1996b）。

1. 自然禁封

需采取彻底封禁的"自然恢复"途径，即在停止人为干扰和牲口践踏条件下，进行自然封禁，使禾草类植物自然生长（钟祥浩，2000）。灌草植被主要以车桑子、余甘子、孔颖草、黄茅为主。

2. 自然禁封 + 工程措施

除大范围自然禁封外,对水土流失较大的河谷地段修筑固土防水堤坝,以及小谷坊,进行沟头工程治理。干热河谷区夏季雨量较丰富,热量条件好,具有雨热同季的有利的自然条件,实行封山育草后,禾草类植物生长较快,在有一定土壤母质层的坡地,当年就可形成较好的草被覆盖层,坚持数年,土壤表面就可形成一定厚度的枯枝落叶层,对土壤性状特别是土壤水分条件的改善起到良好的作用,从而达到防止该类型生态系统进一步退化的作用,促进系统自然恢复(纪中华等,2003)。

(二)强度退化类型

该类型区地表冲沟较为发育,沟谷切割密度一般为 $8 \sim 10km/km^2$,最大达 $21km/km^2$;沟谷两侧坡较陡,坡度一般 $35° \sim 45°$,部分谷达 $70° \sim 80°$,呈近似垂直状态;谷坡植被稀少,块状崩塌严重;沟床坡度较大,一般为 $5° \sim 10°$,下切侵蚀作用强烈(刘淑珍等,1996a)。沟头溯源侵蚀速度快,年平均达 $50 \sim 60cm$,最大为 $200cm$;沟谷密集区土壤侵蚀模数高达 $20000t/(km^2 \cdot a)$,是研究区地表侵蚀产沙最为严重的类型,同时也是元谋龙川江泥沙的主要来源区,对金沙江下游泥沙产生有严重的影响。

该类型区主要采用自然禁封 + 生物措施。采取自然禁封,防止人畜对自然生长的灌丛、草被进行破坏,使系统的植物群落得以恢复;生物措施指人工造林、种草措施,选择抗逆性较强的植物,如银合欢、木豆、山毛豆、车桑子、余甘子、滇刺枣、麻疯树、山黄豆、滇合欢、龙舌兰、剑麻、香根草、大翼豆、新诺顿豆、龙须草、黄茅、孔颖草等(纪中华等,2003;张俊佩等,2006)。造林、种草的方法主要采取雨季挖塘种植,旱季覆草保墒。该措施首先需在沟源区实行封禁的措施,停止对谷坡植被的破坏,禁止开荒垦殖,并采取以"自然恢复"为主的措施,实施退耕还草,然后辅以一定生物措施。

(三)重度退化类型

该类型区冲沟较为发育,地表植被以黄茅为主,并有少量的车桑子灌丛,覆盖度一般为 $20\% \sim 30\%$,生物量 $2 \sim 5t/hm^2$;坡度 $20° \sim 30°$;土壤 A 层缺失,B 层侵蚀严重,C 层大面积出露,其厚度一般为 $10 \sim 30cm$;土壤侵蚀模数达 $8000 \sim 10000t/(km^2 \cdot a)$,并出现局部的裸岩化面积(钟祥浩,2000)。

该类型适合采用适度封禁＋工程措施＋生物措施。首先采用围栏等进行自然封禁，减少人为活动干扰；与此同时，需要实施一定的工程措施，在地势较缓的沟源区，主要实施坡改梯、隔坡水平沟、隔坡水平阶、鱼鳞坑等措施，并修建不同类型的排水渠或蓄水池，减少地表径流对沟谷的冲刷；在冲沟沟床，要因地制宜修建拦沙坝，达到淤沙和稳坡的作用；在相对稳定的沟谷滩地，土层厚，水分条件好，具有发展速生林木的有利条件，当前需要因地制宜地做出与当地经济基础相适应的薪炭林和经济林发展规划；生物措施主要以山毛豆、车桑子、余甘子、滇刺枣、滇合欢、车桑子、黄茅、孔颖草等乡土乔灌草为主（张俊佩等，2006）。

（四）中度退化类型

地表植被主要为黄茅—车桑子群落，覆盖度昧 30% ~ 50%，生物量 6 ~ 7t/hm²；坡度 10° ~ 20°；土壤 A 层基本缺失，B 层广泛出露，其厚度 30 ~ 70cm，土壤母质主要为第四系元谋组泥沙质沉积物；土壤侵蚀模数 4000 ~ 8000t/（km² · a）。需采取封禁与人工改造、引种相结合的途径，构建以生态效益为主的雨养型乔灌草生态系统，在改善生态环境的基础上，可作适当的砍伐，以缓解当前农民生活能源短缺的矛盾（钟祥浩，2000）。

1. 纯薪炭林

营造以银合欢为主要树种的薪炭林。由于银合欢生长迅速，能够进行快速自我更替，2 ~ 3 年将使土地覆盖率达 90% 以上，单株银合欢株高 5m 左右，径粗达 12cm。当年结果的种子落入土壤自然萌发逐渐长大，整个系统形成银合欢高、中、低 3 层植被恢复模式（纪中华等，2006）。该模式目前存在一定的生态风险，主要是银合欢为外来种，林下物种单一，且易受到病虫害侵扰。

2. 先锋植物＋乔灌草

由于退化土地土壤贫瘠，先选择豆科灌草作为先锋树种，如：银合欢、山毛豆、木豆、金合欢、大翼豆等。当退化程度减轻后，再规划乔灌草种植模式，其中的乔木树种选择：赤桉、柠檬桉、顶果木、木棉（俗称攀枝花）、红椿、酸豆、大叶相思、印棟、云南石梓、青香树等。灌木应选用滇刺枣、余甘子、山毛豆、麻疯树、车桑子、刺槐等。草本以自然生长的黄茅、孔颖草、龙须草、狗芽根、龙爪草等。

3. 工程措施 + 乔灌草

工程主要指植树塘的开挖、客土、施肥等,乔木树塘以 0.8 ~ 1m³ 大穴为宜。灌木树塘以 0.6 ~ 0.8m³ 为宜。换土指表土表草放在树塘下方,深土换在塘上方。施肥:25kg 有机肥,5kg 磷肥。乔灌草品种选择乡土树草种,如酸豆、余干子、木棉(俗称攀枝花)、车桑子、山毛豆、黄茅、孔颖草等。

通过以上措施,不仅能够保障黄茅—车桑子等乡土物种群落的自然生长,同时引入具有速生特性和显著生态效益的灌木和乔木,使生态环境得到快速的改善。在改善生态环境的基础上,可作适当的采伐,以缓解当前农民生活能源短缺的矛盾。

(五)轻度退化类型

该类型区地表植被基本上以黄茅—车桑子群落为主,并有少量人工种植的银合欢、余甘子等乔木树种,其覆盖度达 50% ~ 70%,生物量 8 ~ 10t/hm²;地表比较平缓,坡度一般小于 10°;土壤 A 层出现不同程度的侵蚀,但厚度较大,一般都在 70cm 以上;土壤母质为第四系元谋组泥沙质沉积物;土壤侵蚀模数小于 4000t/(km²·a)。由于该类型区自然条件较好,主要通过建设灌溉设施,在乡土物种为主的基础上,引种一些有高经济价值的经济林木和作物,建立雨养加灌溉的人工经济型群落,提升其生态功能和经济效益(钟祥浩,2000):

1. 先锋植物 + 牧草 + 经济林模式

先锋植物应选择耐瘠薄的豆科饲料或牧草植物,如饲料木豆、山毛豆作为灌木,新诺顿豆、大翼豆、铺地木蓝作为牧草。而这些植物一方面改良土壤,另一方面又可被牛、羊、兔等动物利用,但畜牧业发展的动物应以圈养为主。当牧业发展 3 年左右,逐步取缔灌木,用耐旱、耐瘠薄的乡土经济乔木替代,如酸豆、余干子、木棉(俗称攀枝花)等(纪中华等,2003)。

2. 发展特色资源模式

选择的主要植物有芦荟、剑麻、红花红木、山毛豆、车桑子、麻疯树、蓝桉、余甘子、酸豆等。芦荟加工提炼化妆品,剑麻加工提供工业皂素以及高档纤维,红花红木加工提供红色色素,山毛豆加工提供高蛋白饲料,车桑子木材用来造纸,蓝桉加工生产木料,麻疯树加工生产燃油,余甘子、酸豆加工生产饮料等(纪中华等,2003)。

二、恢复退化土地的农林复合经营模式

（一）基于水源条件的水土保持和生态农业模式

纪中华等（2003）提出金沙江干热河谷区水土保持和生态农业建设系统可分为3种小系统，即：雨养生态系统、集水补灌系统、适水灌溉系统，针对不同系统的水分条件，采取切实可行的治理模式，以达到修复脆弱生态系统和保持水土的作用。

1. 雨养生态系统综合治理模式

此系统内的水分全部来源于雨水，无任何水利条件。模式的建立以退耕还林为主，但不同程度退化生态系统治理模式不同，模式主要体现生态环境恢复与综合治理效应。

2. 集水补灌生态系统生态农业模式

此系统的水源仍以雨水为主，采取各种集水措施，如利用水窖集雨措施、蓄水池集水措施将雨水收集。在山区如有小泉水出露地表，可在水源附近选择适宜地点以蓄水池将其收集。还可利用土井开采利用浅层地下水。这3种方式集蓄的水分用于作物生长干旱时期补灌1~2次，保证植物顺利渡过旱季（11月~次年5月）。这种情况下，选择的模式既注重经济效益，又要从实际水源出发。模式主要体现生物之间合理的立体共生效应，自然资源与物质的循环利用效应。具体模式为：

（1）林+草+畜+沼气模式

系统中"林"根据当地需要可选择耐旱的经济林、用材林、薪炭林、饲料林；"草"选择豆科牧草+禾本科牧草混种；"畜"以猪、牛、羊为主；畜类粪便进入沼气池。

（2）果+农+禽模式

果：酸豆、滇青枣、枣、石榴；农：饲料型中秆植物（玉米、高粱、木豆）及禽类爱吃的耐旱叶菜；禽：土鸡、火鸡、鸽子、兔子。

（3）果+药模式

果：酸豆、滇青枣、枣、石榴；药：香附子、天门冬、马尾黄连、苏木、决明子、山药、佛手、忍冬（俗称金银花）、草豆蔻、葛根、女贞子、艾叶、仙茅、车前子、车前

草、藕节、石榴皮、蓖麻子等。

（4）免耕+豆+农模式

免耕:2—6月干旱生态系统种植成本高、收入低,因此实行免耕、免种,以利于保持土壤水分;豆:利用雨季种植豆科植物,如花生、豌豆、大豆、绿豆、地豆等,以利于改良土壤;农:反季种植,如青玉米、薯类、魔芋、山药及节水蔬菜。

（5）粮+经+蜂模式

粮:玉米、旱稻等;经:甘蔗、油料作物（花生、胡麻、油菜）、烟草等经济作物;蜂:田间养蜂。

3.适水灌溉生态农业模式

此系统指先解决一定的水利条件及设施,并且水量能够适当的满足植物适应不同生长期的生态环境。因此模式的建立从高效复合原则出发,建立综合发展与全面建设的水土保持和生态农业模式。具体模式如下。

（1）特色果树+农（菜）模式

特色果树:主要指热带亚热带果树品种,如龙眼、芒果、台湾青枣、荔枝、香蕉、酸豆、番石榴等。农（菜）:在果树树行间,根据当地市场需求种植任何农（菜）,提高覆盖度,防治水土流失。

（2）稻田+鱼（鸭）模式

此模式为物质循环利用种养模式,其中鱼的主要品种:鲤鱼、罗非鱼、黄鳝、鲢鱼等。

（3）三季轮作模式

为了合理利用光热资源,采用三季轮作模式,即4—7月种稻田,7—10月种早熟豆类或蔬菜。10月~次年3月种植冬早蔬菜、瓜果、花卉。此模式主要适用于较为平整的干热河谷阶地上,需加大土地有机肥的投入。

（4）果树+蔬菜+食用菌模式

此模式为立体共生模式,"果树"品种同（1）,蔬菜品种选择黄瓜、番茄、架豆等搭架种植蔬菜。食用菌品种主要有平菇、金针菇、香菇。

（5）林+果+草+猪+鸡+鱼+沼气模式

此模式为农业综合生态模式,种植生态、养殖生态、能源生态、土壤生态全面持续发展。林:系统边界种植耐旱、速生树种,如桉树、银合欢、余甘子等。果:热带水果为主,但种植密度应小一些,一般以 6m×8m 为宜,以利于复合种养。草:以豆科牧草、禾本科牧草混种。如黑麦草、白三叶(又名白车轴草)、大翼豆、新诺顿豆、柱花草、皇竹草等。猪:采取圈养,猪粪入沼气池。鸡:果园内放养,蛋鸡为主。鱼:充分利用蓄水池功能,发展养鱼业。

(6)林 + 果 + 草 + 羊(牛、鸡)模式

此模式为物质循环利用以及生态环境综合治理模式,该模式的地理位置较差,地形较为破碎,应首先建立林、果、草复合模式后,充分利用草资源发展草食羊、牛、鹅,达到动植物复合系统的生态平衡。以草食喂养的羊、牛、鹅为绿色肉食,价格高、市场好。模式中的林、果、草品种前面已介绍。"羊"的品种主要选择本地黑山羊、波尔山羊。"牛"以黄牛为主,适当发展一些水牛,解决耕种畜力。

(7)果 + 鸡 + 猪 + 沼气 + 食用菌 + 蚯蚓模式

此模式为物质循环利用生态模式,在果园内建立复合养殖场,鸡→鸡粪混合饲料养猪→猪粪入沼气池→沼肥养食用菌→菌料养蚯蚓→蚯蚓喂鸡。

(二)干热河谷典型区域农林复合模式

1.元谋干热河谷坝周低山丘陵区农林牧复合经营模式

该模式以中国科学院、水利部成都山地灾害与环境研究所位于元谋县老城乡丙间水库试验区(面积约40hm²)为例,试验区海拔1250～1330m,属于典型的坝周低山丘陵区。主要通过封禁、陡坡退耕、缓坡坡改梯,梯田主要种植经果林,陡坡以水保林为主,经果林下种植农作物、饲料作物、放养家禽,同时用饲料喂养生猪和羊,圈肥用于对果树施肥,从而形成高效良性的农林牧复合生态系统。通过实施该模式,试验区植被盖度从15%提高到90%,水土流失基本得到控制,退化土地得到有效恢复,目前该区已成为元谋县丙间水库的重要水源涵养地。

2.攀枝花市高山峡谷区农林复合经营模式

攀枝花市地形地貌多以高山峡谷区为主,与元谋县分布了大量的干热坝子具有一定差异,但气候、植被较为类似。该区的土地退化也比较严重,荒山荒坡面积大,近年来采用农林复合模式取得了较好的生态和经济效益。该市的农林复合模式主要采用芒果、山毛豆等与农作物套种。攀枝花地处北纬26°左右,属于南亚热带干热河谷气候区,具有"南方热量,北方光照"的优越条件,地貌类

型复杂多样,以山地为主。山地种植果树的通风透光条件好,利于传粉坐果,加上攀枝花芒果花期无梅雨,果期无台风,光照强,热量足,相对干旱,有利于芒果生长、开花、结果,果型美;夜温差大,有利于果实中淀粉的积累和糖分的转化,可溶性固形物含量高、口感好,品质上乘。到2010年,攀枝花芒果保护面积1万hm^2。山毛豆是优良饲料作物和改土、保土植物,其种子和叶富含各种营养成分,种子蛋白含量超过玉米蛋白含量的2.5倍,达37.5%,叶子和种子均为良好的生猪饲料。山毛豆的根瘤菌,能固氮、改良土壤、增加土壤肥力。研究表明,5年生山毛豆林下土壤容重为1.32g/cm^3,林外土壤容重为1.62g/cm^3;有机质含量林内土壤23.7g/kg,林外10.9g/kg。其根系发达,当年生可达40cm以上,可穿透土壤干燥层,3年生侧根呈水平层状分布,侧根可长达3m,具有相当强的固土能力。攀枝花市采用芒果、山毛豆与农作物复合经营来开发非耕地,既恢复了地力,又取得了较好的经济效益。

3.凉山州宁南县等高固氮植物篱+农作物模式

等高固氮植物篱技术是在坡耕地上每隔4~8m沿水平带(等高线)高密度(1株/5~10cm)种植2行(行距30~50cm)生长快、耐切割、萌蘖力强的多年生木本固氮植物篱,作物及其他经济植物种植在植物篱带之间的耕地上;固氮植物篱生长至约1m以上时,从距地面30~50cm处切割,既避免植物争光,收割的枝叶又是优良绿肥或饲料。

在坡耕地上种植植物篱后,缩短了地表径流在坡上运动的长度,能降低径流的流速,而且坡耕地的地表径流通过植物篱的层层拦截,一方面延长了地表径流的下渗时间,另一方面也大大降低了地表径流的速度,加上土壤水分入渗率的逐年改善,因而能使坡耕地的水土流失得到十分有效的控制(孙辉等,1999)。定位研究结果表明,地表径流降低的幅度在种植植物篱3年后可达50%~70%,降低土壤侵蚀的幅度达97%~99%,使土壤流失得到完全控制;经过几年的常规耕作,植物篱之间的耕作带可形成梯地,而且这种梯地与工程修建的梯地相比,具有明显的优越性,既能起到坡改梯的所有功能,又能培肥土壤,而且还有其他效益,基本上弥补了坡耕地的不足(孙辉等,1999;唐亚等,2001)。

第九章

水库库区与
水源保护区水
土保持

第一节　水库库区与水源保护区水土流失概况

一、水库及库区

水库,一般的解释为"拦洪蓄水和调节水流的水利工程建筑物,可以利用来灌溉、发电、防洪和养鱼。"它是指在山沟或河流的狭口处建造拦河坝形成的人工湖泊。水库建成后,可起防洪、蓄水灌溉、供水、发电、养鱼等作用。有时天然湖泊也称为水库(天然水库)。水库规模通常按库容大小划分,分为小型、中型、大型等。

水库既是一个自然综合体,又是一个经济综合体,具有多方面的功能,如调节河川径流、防洪、供水、灌溉、发电、养殖、航运、旅游、改善环境等,具有重要的社会、经济和生态意义。

(一)水库的防洪作用

水库是我国防洪广泛采用的工程措施之一。在防洪区上游河道适当位置兴建能调蓄洪水的综合利用水库,利用水库库容拦蓄洪水,削减进入下游河道的洪峰流量,达到减免洪水灾害的目的。水库对洪水的调节作用有两种不同方式,一种起滞洪作用,另一种起蓄洪作用。

1. 滞洪作用

滞洪是使洪水在水库中暂时停留。当水库的溢洪道上无闸门控制,水库蓄水位与溢洪道堰顶高程平齐时,则水库只能起到暂时滞留洪水的作用。

2. 蓄洪作用

在溢洪道未设闸门情况下,在水库管理运用阶段,如果能在汛期前用水,将水库水位降到水库限制水位,且水库限制水位低于溢洪道堰顶高程,则限制水位至溢洪道堰顶高程之间的库容,能起到蓄洪作用。蓄在水库的一部分洪水可在枯水期有计划地用于兴利需要。

当溢洪道设有闸门时，水库则能在更大程度上起到蓄洪作用，水库可以通过改变闸门开启度调节下泄流量的大小。由于有闸门控制，所以这类水库防洪限制水位可以高出溢洪道堰顶，并在泄洪过程中随时调节闸门开启度来控制下泄流量，具有滞洪和蓄洪双重作用。

（二）水库的兴利作用

降落在流域地面上的降水（部分渗至地下），由地面及地下按不同途径泄入河槽后的水流，称为河川径流。由于河川径流具有多变性和不重复性，在年与年、季与季以及地区之间来水都不同，且变化很大。大多数用水部门（例如灌溉、发电、供水、航运等）都要求比较固定的用水数量和时间，它们的要求经常不能与天然来水情况完全相适应。人们为了解决径流在时间上和空间上的重新分配问题，充分开发利用水资源，使之适应用水部门的要求，往往在江河上修建一些水库工程。水库的兴利作用就是进行径流调节，蓄洪补枯，使天然来水能在时间上和空间上较好地满足用水部门的要求。

二、水源保护区

（一）水源保护区的界定

水源保护区是指国家对某些特别重要的水体加以特殊保护而划定的区域。1984 年颁布、2017 年修订的《中华人民共和国水污染防治法》第 63 条规定，县级以上人民政府可以将下述水体划为水源保护区：生活饮用水水源地、风景名胜区水体、重要渔业水体和其他具有特殊经济文化价值的水体。其中，饮用水水源地保护区包括饮用水地表水源保护区和饮用水地下水源保护区。

（二）水库库区重要水源地

水库库区重要水源地是指对区域生产发展和人民生活有供水功能的水库上游自然闭合的集水范围之内的区域。根据调查资料显示，我国南方各省的水库库区重要水源地周边大部分均为山地，近年来为满足人口增长对物质的需求，大搞山地开发，但又缺乏合理管理规划和水土保持措施，致使资源开发、利用与保护不相协调，如通过毁林进行全坡开发种果或开山采石，没有配置防护林带和必要的排蓄工程，造成水源地水土流失日益严重。

水库库区重要水源地水土流失造成的危害主要有：①造成水库水质污染、

水库淤积,直接危及水生态安全。②吞噬农田,威胁村镇,制约农业生产,危害人民生命财产。③降低土地生产力,破坏农业建设的物质基础,影响农业的可持续发展(丁光敏,2007)。

三、主要水库库区与水源保护区分布

(一)按工程等级统计

2011 年,全国各省(区、市)、市、县各级水利普查机构近 100 万水利普查人员经过 3 年的共同努力,共普查 10 万 m³ 及以上的水库工程 98002 座,总库容 9323.12 亿 m³。其中,大型水库 756 座,总库容 7499.85 亿 m³;中型水库 3938 座,总库容 1119.76 亿 m³;小型水库 93308 座,总库容 703.51 亿 m³。全国不同规模水库数量与总库容及其比例汇总成果见表 2-9-1。

表 2-9-1　全国不同规模水库数量与库容汇总表

水库工程		大型			中型	小型			合计
		大(1)	大(2)	小计		小(1)	小(2)	小计	
数量	座	127	629	756	3938	17949	75359	93308	98002
	占比(%)	0.13	0.64	0.77	4.02	18.31	76.90	95.21	100.00
总库容	亿 m³	5665.07	1834.78	7499.85	1119.76	496.38	207.13	703.51	9323.12
	占比(%)	60.76	19.68	80.44	12.01	5.32	2.22	7.55	100.00

数据来源:(中国水利统计年鉴数据库,http://sltjnj.digiwater.cn)。

从水库建设情况看,截至 2011 年 12 月 31 日,全国已建水库工程共 97246 座,总库容 8104.1 亿 m³,分别占全国水库总数量和总库容的 99.2% 和 86.9%。在建水库工程共 756 座,总库容 1219.02 亿 m³,分别占全国水库总数量和总库容的 0.8% 和 13.1%。

(二)按区域分布统计

从省级行政区看,水库工程主要分布在湖南、江西、广东、四川、湖北、山东和云南七省(区),占全国水库总数量的 61.7%。总库容较大的是湖北、云南、广西、四川、湖南和贵州六省(区),共占全国水库总库容的 47%。从水资源一级区看,北方六区(松花江区、辽河区、海河区、黄河区、淮河区、西北诸河区)共有水库工程 19818 座,总库容 3042.85 亿 m³,分别占全国水库数量和总库容的

20.2%和32.6%;南方四区(长江区、东南诸河区、珠江区、西南诸河区)共有水库工程78184座,总库容6280.27亿 m³,分别占全国水库数量和总库容的79.8%和67.4%(孙振刚等,2013)。

四、主要水库库区与水源保护区水土流失概况

三峡水库是目前世界上最大的水利枢纽工程——三峡水电站建成后蓄水形成的人工湖泊,水面总面积1084km²,范围涉及湖北省和重庆市的21个县(市、区),正常蓄水位高程175m,总库容393亿 m³。

丹江口水库位于汉江中上游,是亚洲第一大人工淡水湖、国家南水北调中线工程水源地、国家一级水源保护区、中国重要的湿地保护区、国家级生态文明示范区。

鉴于三峡水库和丹江口水库的典型性和代表性,本章后续以三峡库区和丹江口库区为例,阐述水库库区与水源保护区水土保持。

(一)三峡库区水土流失概况

1.库区土地利用状况

根据5m分辨率遥感影像解译得到2012年三峡工程试验性蓄水期库区土地利用图(图2-9-1)。2012年三峡库区土地以农业用地、林地、灌丛、草地为主,各有1.4406万 km²、2.3385万 km²、1.2396万 km²、0.4060万 km²,分别占库区土地总面积的24.9%、40.4%、21.4%、7.0%。

如表2-9-2所示,相对于1992年三峡工程建设前,2012年三峡库区建设用地、其他土地、林地和水体面积增加较多,其中建设用地增加了359.5%,其他土地增加了39.8%,林地增加了30.7%,水体增加了29.1%;草地减少了59.6%。三峡库区建设用地面积大幅度增加,说明三峡工程建设期间,库区社会经济发展速度很快;草地面积大幅度减少,林地面积大幅度增加,说明三峡工程建设期间库区以荒山、荒沟、荒丘、荒滩等"四荒"治理的水土保持和生态环境建设工作成效显著。但是三峡库区土地利用仍然存在一定的问题,如土地贫瘠、耕地以坡旱地为主,田块破碎分散,垦殖指数高;城市化程度仍然较低,人口仍以农村人口为主,分散在耕地中形成零散的农村居民点。库区具有地质条件复杂、地势崎岖、景观破碎、生态环境脆弱等特征,再加上地方社会经济发展导

致的强烈人类干扰,仍然影响和制约着三峡库区的生态环境建设。

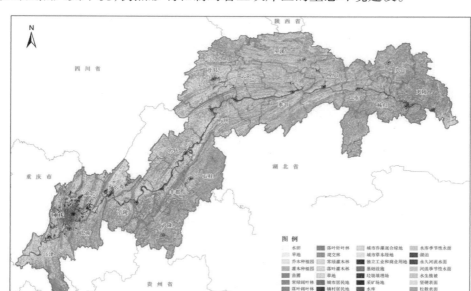

图 2-9-1　2012 年三峡库区土地利用类型图(长江科学院水土保持研究所, 2014)

表 2-9-2　三峡库区土地利用主要类型面积变化(1992—2012 年)

类型	1992 年 (km²)	2002 年 (km²)	2012 年 (km²)	1992~2002 变化率(%)	1992~2012 变化率(%)
农业用地	15338.48	15185.38	14406.50	-1.00	-6.08
林地	17886.23	18222.97	23385.07	1.88	30.74
灌丛	12874.91	12762.41	12396.64	-0.87	-3.71
草地	10040.89	9760.48	4060.09	-2.79	-59.56
建设用地	419.69	607.48	1928.59	44.75	359.53
水体	1197.45	1202.09	1546.01	0.39	29.11
其他	87.34	104.19	122.10	19.29	39.79

数据来源:长江科学院水土保持研究所(2014)。

2. 库区水土流失状况

三峡工程试验性蓄水期库区轻度以上水土流失面积 2.3413 万 km², 大部分属于轻度侵蚀和中度侵蚀,其中轻度侵蚀面积 8286.55km²、中度侵蚀面积 7300.40km²、强烈侵蚀面积 3703.60km²、极强烈侵蚀面积 2831.28km²、剧烈侵蚀面积 1291.35km²,分别占侵蚀面积的 35.4%、31.2%、15.8%、12.1% 和 5.5%,三峡库区土壤侵蚀模数约为 1500t/(km²·a)(表 2-9-3)。库区年均土壤侵蚀量达 0.83 亿 t,年入库泥沙量为 0.21 亿 t。主要土壤侵蚀区分布在重庆巫山、奉节、云阳、万州、开县、丰都、涪陵、渝北。

表 2 - 9 - 3 　 2012 年三峡工程试验性蓄水期库区土壤侵蚀面积

省市	区县	土地面积（km²）	侵蚀等级（km²）						轻度以上（km²）	侵蚀模数 [t/(km²·a)]
			微度	轻度	中度	强烈	极强烈	剧烈		
合计		57845	34195.89	8286.55	7300.40	3703.60	2831.28	1291.35	23413.18	1448.60
湖北	夷陵	3424	2263.81	594.80	322.51	135.29	73.75	33.84	1160.19	1007.69
	秭归	2427	1592.58	316.98	273.83	148.37	58.64	36.60	834.42	1173.44
	兴山	2328	2111.08	99.73	54.91	32.18	24.31	5.79	216.92	483.12
	巴东	3353.6	2038.24	735.89	341.61	124.74	65.29	47.83	1315.36	1085.19
	小计	11532.6	8005.71	1747.40	992.86	440.58	221.99	124.06	3526.89	959.22
重庆	巫山	2957	1584.73	456.39	431.05	189.67	190.52	104.64	1372.27	1722.67
	巫溪	4030	2640.45	625.34	385.87	116.71	131.97	129.66	1389.55	1240.28
	奉节	4099	1646.48	1074.72	853.95	281.27	139.25	103.33	2452.52	1718.00
	云阳	3649	1467.84	590.50	851.96	418.80	210.27	109.63	2181.16	2068.09
	万州	3457	1708.51	539.03	587.24	292.49	175.23	154.50	1748.49	1878.57
	开县	3959	1698.34	732.90	741.94	413.54	222.43	149.85	2260.66	1988.01
	忠县	2187	1502.47	129.92	194.60	132.30	176.47	51.24	684.53	1458.51
	石柱	3009.27	2286.79	198.49	199.24	120.22	147.73	56.80	722.48	1097.66
	丰都	2904.07	1593.05	360.25	364.14	274.32	255.14	57.17	1311.02	1739.20
	涪陵	2941.46	1683.22	310.39	359.10	236.99	274.53	77.23	1258.24	1759.65
	武隆	2901.3	1844.85	295.32	332.35	217.27	189.22	22.29	1056.45	1372.10
	长寿	1423.62	850.95	212.77	155.55	102.84	84.07	17.44	572.67	1392.46
	渝北	1325.76	703.63	213.49	196.70	81.23	78.72	51.99	622.13	1732.32
	巴南	1824.6	1115.22	293.36	205.93	84.42	96.26	29.41	709.38	1314.97
	江津	3219	2457.50	195.28	213.03	191.83	149.06	12.30	761.50	1004.48
	主城区	2189.39	1406.15	311.00	234.89	109.12	88.42	39.81	783.24	1247.98
	小计	46076.47	26190.18	6539.15	6307.54	3263.02	2609.29	1167.29	19886.29	1571.08

数据来源:长江科学院水土保持研究所(2014)。

经过试验性蓄水期的恢复,与建设期末 2009 年相比,2012 年试验性蓄水期三峡库区水土流失面积减少约 0.5 万 km²,其中轻度侵蚀面积增加

1968.85km²、中度侵蚀面积减少2774.90km²、强烈侵蚀面积减少4169.80km²、极强烈侵蚀面积减少220.02km²、剧烈侵蚀面积增加604.75km²（表2-9-4）。土壤侵蚀模数约下降约300t/（km²·a）。库区年均土壤侵蚀量减少约0.17亿t，入库泥沙减少约0.05亿t。

表2-9-4　2012年与2009年相比三峡库区土壤侵蚀面积变化

省市	区县	土地面积（km²）	侵蚀等级（km²）						轻度以上（km²）	侵蚀模数 [t/（km²·a）]
			微度	轻度	中度	强烈	极强烈	剧烈		
合计		57845	4592.42	1968.85	-2774.90	-4169.80	-220.02	604.75	-4591.12	-297.86
湖北	夷陵	3424	10.81	-54.10	-72.59	41.49	48.85	25.54	-10.81	130.05
	秭归	2427	340.28	209.58	-400.37	-144.63	-30.76	25.90	-340.28	-581.19
	兴山	2328	691.28	4.63	-417.79	-196.42	-73.09	-8.61	-691.28	-1025.02
	巴东	3353.6	841.64	629.89	-679.39	-687.26	-113.71	9.83	-840.64	-1351.05
	小计	11532.6	1884.01	790.00	-1570.14	-986.82	-168.71	52.66	-1883.01	-683.48
重庆	巫山	2957	657.13	252.59	-374.65	-510.93	-78.98	54.84	-657.13	-905.07
	巫溪	4030	1346.15	453.74	-437.43	-605.99	-557.93	198.54	-1346.15	-2054.33
	奉节	4099	68.78	796.92	-108.05	-613.93	-213.75	70.03	-68.78	-621.60
	云阳	3649	86.54	396.90	57.26	-484.20	-143.63	87.13	-86.54	-366.39
	万州	3457	0.41	84.63	33.14	-286.71	20.13	148.40	-0.41	185.74
	开县	3959	-65.86	466.00	-22.36	-312.36	-108.57	43.15	65.86	-274.54
	忠县	2187	352.57	-424.08	-50.20	-75.40	146.07	51.04	-352.57	273.75
	石柱	3009.27	422.62	-55.61	-282.86	-144.38	18.53	41.70	-422.62	-281.75
	丰都	2904.07	-108.72	-14.35	-73.16	-55.88	198.34	53.77	108.72	428.09
	涪陵	2941.46	-52.74	-205.01	-68.70	6.49	244.73	75.23	52.74	619.54
	武隆	2901.3	562.15	4.72	-258.95	-302.93	11.32	-16.31	-562.15	-668.15
	长寿	1423.62	-178.77	-65.83	90.05	54.04	83.07	17.44	178.77	736.58
	渝北	1325.76	-220.73	-24.81	88.50	30.43	75.22	51.99	221.33	964.31
	巴南	1824.6	46.82	-164.74	61.33	-42.58	71.96	27.11	-46.92	308.83
	江津	3219	-33.60	-250.82	49.23	109.23	118.26	5.90	31.80	339.84
	主城区	2189.39	-174.34	-71.40	92.09	52.12	63.92	39.21	175.94	523.15
	小计	46076.47	2708.41	1178.85	-1204.76	-3182.98	-51.31	552.09	-2708.11	-201.34

数据来源：长江科学院水土保持研究所（2014）。

（二）丹江口水库水源区水土流失概况

1. 丹江口水库水源区分布情况

丹江口水库作为南水北调中线工程的水源地,其水源区北部以秦岭与黄河分界,南部以米仓山—大巴山与嘉陵江为界,涉及陕、鄂、豫、川、渝、甘6省(市)共计48个县(市、区),土地总面积95196.66km²。详见表2-9-5。

表2-9-5　丹江口水库水源区范围表

省(市)	市	县(市、区)名称	县(市、区)数(个)
陕西	汉中	汉台区、南郑、城固、洋县、西乡、勉县、略阳、宁强、镇巴、留坝、佛坪	11
	宝鸡	太白、凤县	2
	安康	汉滨区、汉阴、石泉、宁陕、紫阳、岚皋、镇坪、平利、旬阳、白河	10
	商州	商州区、洛南、丹凤、商南、山阳、镇安、柞水	7
	西安	周至	1
湖北	十堰	丹江口、郧县、郧西、竹山、竹溪、房县、张湾区、茅箭区	8
	神农架	神农架林区	1
河南	三门峡	卢氏	1
	洛阳	栾川	1
	南阳	西峡、内乡、淅川	3
四川	达州	万源	1
重庆		城口	1
甘肃	陇南	两当	1
合计			48

注:陕西省长安县、蓝田县、重庆市巫溪县和河南省邓州市在丹江口水库水源区的面积很小,未计入。数据来源:长江水利委员会(2004)。

（三）水源保护区的划分

我国水源保护区等级的划分依据为对取水水源水质影响程度大小,将水源保护区划分为水源一级、二级保护区。

1. 划分原则

水源保护区划分的原则为:①必须保证在污染物达到取水口时浓度降到水质标准以内。②为意外污染事故提供足够的清除时间。③保护地下水补给源不受污染。

2. 划分方法

水源保护区划分的方法为：①结合当地水质、污染物排放情况将位于地下水口上游及周围直接影响取水水质（保证病原菌、硝酸盐达标）的地区可划分为水源一级保护区。②将一级水源保护区以外的影响补给水源水质，保证其他地下水水质指标的一定区域划分为二级保护区。

3. 丹江口水库水源区水土流失情况

根据南水北调中线工程丹江口水库水源区水土流失动态监测结果（2004年）显示，丹江口水库水源区水土流失情况如表2-9-6所示。

表2-9-6　丹江口水库水源区土壤侵蚀强度统计表

统计指标	土壤侵蚀面积及其占比						土地总面积（km²）
	轻度	中度	强度	极强度	剧烈	小计	
面积（km²）	8929.78	20205.53	6271.12	3047.54	1061.26	39515.23	95196.66
占侵蚀面积比例（%）	22.60	51.13	15.87	7.71	2.69	100.00	
占总面积比例（%）	9.38	21.23	6.59	3.20	1.11	41.51	100.00

由上表可见，丹江口水库水源区水土流失面积为39515.32km²，占土地总面积的41.51%，其中轻度流失面积8929.78km²，占流失面积的22.60%；中度流失面积20205.53km²，占流失面积的51.13%；强度流失面积6271.12km²，占流失面积的15.87%；极强度流失面积为3047.54km²，占流失面积的7.71%；剧烈流失面积为1061.26km²，占流失面积的2.69%。

丹江口水库水源区中涉及陕、鄂、豫三省的面积占总面积的96.83%，土壤侵蚀面积占总侵蚀的96.26%，丹江口水库水源区分省土壤侵蚀强度统计表见表2-9-7所示。

表2-9-7　丹江口水库水源区分省土壤侵蚀强度统计表

省名	土地总面积（km²）	土壤侵蚀面积							占总侵蚀的比例（%）
		小计	占总面积（%）	轻度（km²）	中度（km²）	强度（km²）	极强度（km²）	剧烈（km²）	
陕西省	62731	26267.55	41.87	5305.93	14063.11	4142.79	2030.58	725.14	66.474
甘肃省	173.5	71.57	41.25	9.12	43.89	16.2	1.78	0.58	0.181
四川省	492.8	200.55	40.70	17.24	112.39	49.01	16.91	5	0.508

省名	土地总面积（km²）	土壤侵蚀面积							占总侵蚀的比例（%）
		小计	占总面积（%）	轻度（km²）	中度（km²）	强度（km²）	极强度（km²）	剧烈（km²）	
重庆市	2360.6	1202.65	50.95	117.27	667.18	247.08	110.78	60.34	3.044
河南省	7783.13	2617.25	33.63	1136.57	1085.69	276.63	95.2	23.16	6.623
湖北省	21655.63	9155.75	42.28	2343.65	4233.27	1539.41	792.29	247.13	23.170
合计	95196.66	39515.32	41.51	8929.78	20205.53	6271.12	3047.54	1061.35	100.000

数据来源：长江水利委员会（2004）。

由上表可见，所涉及的 3 个省当中，陕西占 66.47%，湖北占 23.17%，河南占 6.62%。通过对丹江口水库水源区内各县土壤侵蚀所占比例及面积进行分析，结果表明土壤侵蚀主要集中在西至石泉，东至郧县，北至商州、柞水，南至城口、镇坪的十字形区域内。

第二节　水库库区与水源保护区水土流失影响因素

水土流失是自然因素和人为因素干扰综合作用的产物，其中自然因素是水土流失的基础和潜在条件，而人为因素干扰则是水土流失发生发展的驱动因子和主导因素。

一、自然因素是水土流失发生发展的基础

（一）气候因素

三峡库区降水多、强度大，多年平均降水量在 1200mm 左右，降水在时间和空间上分布不均，夏季暴雨集中，历时短、强度大，5—10 月降水量占全年降水量的 80% 以上。

丹江口水库属于北亚热带季风区的温暖半湿润气候，冬暖夏凉，四季分明，但雨热同季，降水分布不均，立体气候明显，旱涝灾害严重，多年平均年降水量

873.3mm，降雨年内分配不均，5—10月降水量占年降水量的80%，且多以暴雨形式出现。

降雨为水土流失的发生提供了侵蚀外营力，一旦植被破坏极易形成严重的水土流失，甚至诱发滑坡、泥石流等山地灾害。

（二）地质地貌因素

三峡库区受三条构造带控制，出露的板岩、千枚岩、黏土层及紫色砂页岩软弱易碎，极易受到侵蚀。库区山高坡陡，地形破碎，山地丘陵面积占土地总面积的90%以上，>15°的土地占总面积的67.1%。

丹江口库区及其上游地处秦巴山区，位于我国地形第二级阶梯和第二、三级阶梯的过渡带，地质构造复杂，皱褶强烈，坡陡沟深，岩石主要由片麻岩、砂页岩、石灰岩等组成，岩层松散，易破碎、风化。山势越陡峻，在强降雨条件下越易形成严重的水土流失，特别在岩层断裂带，在水力及重力侵蚀下，更易造成严重的水土流失，这是土壤侵蚀的潜在因素。

（三）土壤因素

三峡库区的地带性土壤主要有黄壤、黄棕壤和棕壤，非地带性土壤主要有紫色土、石灰土、粗骨土、水稻土、潮土等。丹江口库区土壤类型有黄棕壤、棕壤、黄褐土、石灰土、水稻土、潮土、紫色土等，以黄棕壤和石灰土为主，土层厚度为20~40cm，坡耕地土层厚度一般不足30cm。

黄壤、黄棕壤与石灰土一般质地黏重，透水性差，易于产生地表径流。然而，在紫色砂泥岩地区发育的紫色土和风化花岗岩地区发育的粗骨土透水性虽较好，但土层较浅薄，在失去植被保护、降雨较大的情况下，亦易发生强烈侵蚀。

二、人类生产建设活动加剧水土流失

（一）人口增长过快、坡耕地多、植被覆盖率低造成水土流失

由于人口增长过快，三峡库区平均农业人口密度已达246人/km²，部分县达500多人/km²；丹江口库区及上游农业人口密度112人/km²。人口增长过快导致库区耕地后备资源不足，人们以开垦陡坡地、广种薄收来满足粮食生产的需要。据典型调查，山区每增加1人，相应增加坡耕地0.13~0.17hm²。人口增长过快的结果导致垦殖率越来越高，垦殖坡度越来越陡，土壤侵蚀量成倍增加。

三峡库区现有坡耕地约占耕地总面积的 57.5%，其中 >25° 的坡耕地占耕地面积的 13.8%，有的耕作坡度竟达到 35° 左右。丹江口库区及其上游 >25° 的土地占土地总面积的 55%，>25° 坡耕地占耕地面积的 26.62%。

三峡库区森林覆盖率为 29.5%，与水库安全要求的覆盖率尚有较大差距。丹江口库区及其上游植被分布不均，毁林开荒、破坏植被时有发生，中山区森林覆盖率较高，部分地方存在原始森林，低山丘陵区森林覆盖率较低，全区森林覆盖率仅为 22.91%。

（二）生产建设项目产生新的水土流失

近年来，库区城镇、道路、水电、工矿建设及移民迁建工程在开采、作业过程中，大量扰动、占压地表植被，改变原地貌，往往忽视必要的水土保持措施，产生的弃置土石、矿渣和尾沙，造成了新的水土流失。据重庆市涪陵区 2001—2002 年调查，辖区内有 325 处生产建设项目在建设中缺乏有效的拦挡、排水和软、硬覆盖等水土保持措施的，造成新增水土流失面积 46.42km²，产生弃土弃渣 2.41 亿 m³。生产建设项目如不采取水土保持措施，其新增水土流失量往往是正常流失量的数 10 倍以上。

第三节　典型库区与水源保护区水土保持措施

一、三峡库区

（一）总体布局

三峡库区水土流失防治总体布局的思路为：坚持预防为先、防治结合的原则，以小流域为单元，以坡耕地治理为重点，以径流调控、水质保护为主线，山、水、林、田、路、村统筹规划，综合治理；强化水土流失面源污染防治，将传统水土流失治理与人居环境改善有机结合，建设生态清洁型小流域；强化水土保持的防治效益和基础保障功能，服务库区社会主义新农村建设和促进移民安稳致富。

根据防治目标和各水土流失类型区的特点,将三峡库区分为东段中低山中度水土流失类型区、中段低山丘陵轻中度水土流失类型区、西段丘陵低山轻度水土流失类型区3个防治区(见表2-9-8)。在各防治区内根据水土流失对三峡水库泥沙与水质的影响程度,以及距离水库水面的远近和地貌部位的差异,按照生态清洁型、经济开发型和水源涵养型3个不同的水土流失治理片区,有重点地采取不同的水土保持治理措施。

表2-9-8 三峡库区水土流失类型区基本情况表

水土流失类型区	土地面积 (km²)	地貌类型	总人口 (万人)	人均基本农田 (hm²/人)	水土流失 面积(km²)	土壤侵蚀模数 [t/(km²·a)]
东段中低山中度水土流失类型区	33304.7	中山、低山	677.0	0.04	18603.5	3752
中段低山丘陵轻中度水土流失类型区	22720.6	低山、丘陵	719.4	0.05	10389.1	2427
西段丘陵低山轻度水土流失类型区	12604.9	丘陵、低山	998.4	0.05	4276.8	1503
总计	68630.2		2394.8	0.05	33269.4	2900

数据来源:水利部长江水利委员会(2010)。

1. 生态清洁型治理片

该类型区位于长江干流两岸径流和泥沙直接入库的库周乡镇所在区域,是库区城镇、经济产业的聚集地,对三峡水库泥沙与水质环境影响最为直接。水土流失治理的主攻方向是进行生态清洁型治理,主要措施布局:①加大库周水土保持林草建设,大力营造库岸水土保持林草。②因地制宜实施坡改梯工程,配套建设坡面水系调蓄工程,在重点侵蚀沟道口布设拦沙坝和谷坊,构筑沟道综合防御体系。③建设生态清洁型小流域,在人口集中村舍实施农村面源污染控制和人居环境改善试点工程,包括改厕改水、污水处理、垃圾处理等措施。④建立开发建设项目的水土流失预防管理体系和防治措施体系,强化水土保持预防监督与管理,严格执法。

2. 经济开发型治理片

该类型区介于库周至分水岭附近的远山区之间的乡镇所在的丘陵低山区域,是移民主要安置区,也是主要的农业生产区,农业人口集中,人地关系紧张,维系粮食安全和发展生产力是重点，水土流失治理方向采取经济开发型治理，主要措施布局：①在5°～20°的缓坡耕地实施坡改梯、坡面水系、田间道路、种植等高植物篱等工程，建设基本农田。②对20°～25°的坡耕地和坡度较缓的荒草地，根据农村产业发展布局，在适宜地段大力发展经济果木林和高效牧草种植，在坡改梯和经济果木林工程中强化坡面水系工程建设，发展高效农业，扩大环境容量。③对大于25°的陡坡耕地布设水土保持林，局部种草。④在农村实施人居环境改善和面源污染控制示范工程，推广普及水土流失面源污染治理示范工程。

3. 水源涵养型治理片

该类型区位于水系源头、分水岭附近的远山乡镇所在区域，大多山高坡陡，植被覆盖相对良好，人口密度相对较小，水土流失治理的方向为采用水源涵养型治理。主要措施布局：①以保护植被生态系统和改善生态环境为首要任务，对小于20°的坡耕地因地制宜适度进行坡改梯工程。②在20°以上的坡耕地及陡坡荒草地上营造水土保持林和水源涵养林，大力实施生态修复工程，增加植被覆盖，减少水土流失，持续改善区域生态环境。

3个水土流失类型区水土保持防治措施布局既有相同点，又各有侧重。例如，东段中低山中度水土流失区治理中应以建设水土保持植被和坡耕地整治、建设基本农田为重点，发展经济果木林产业，以现有植被保护和水土保持林营建为主；在中段低山丘陵轻中度水土流失区，以库周水土保持林带建设和坡耕地整治为主，根据当地产业布局适当发展经济果木林，在确保粮食安全的同时培育区域优势产业带；在西段丘陵低山轻度水土流失区在强化区域城镇化过程中水土保持预防监督，重点开展农业综合开发，提高农业产业化水平，大力发展高效农业，同时加大库周及城镇周边水土保持生态建设。

（二）措施配置

根据水土流失防治总体布局和治理措施体系的配置原则、配置方向，三峡库区水土流失综合治理措施体系由坡面整治工程（包括坡改梯、坡面水系、田间道路、坡面植物篱等措施）、沟道工程（包括谷坊、拦沙坝、塘堰整治等措施）、水土保持林草工程（包括水土保持林、经济果木林、种草等措施）、生态修复工程（包括补植、沼气池、围栏、圈舍、封禁管护等措施）以及人居环境试点工程（包括垃圾处理、改水改厕、污水处理等措施）五大部分组成。

根据《三峡库区水土保持规划》（水利部长江水利委员会，2010），三峡库区治理水土流失面积 33269.4km²，其中建设基本农田（坡改梯）3364.1km²，栽植经济果木林 3213.3km²，营造水土保持林 6510.3km²，种草 66.3km²，植物篱 669.8km²；整治塘堰 6650 座、谷坊 59358 座、拦沙坝 5615 座，修筑蓄水池 197322 座，修建排灌沟渠 16916km、沉沙凼 112771 个、田间道路 22179km；实施生态修复 19445.6km²，落实管护人员 3888 人，补植树 58336.8 万株，建碑牌 7780 处，建设沼气池 136121 个、圈舍 68077 个，建设示范卫生厕 194477 座、垃圾处理站 581 座、污水处理站 320 座。

三峡库区东段中低山水土流失区共治理水土流失面积 18603.5km²，其中建设基本农田（坡改梯）1373.4km²，栽植经济果木林 1357.5km²，营造水土保持林 3647.7km²，种草 37km²，植物篱 307.1km²；整治塘堰 3717 座、谷坊 31167 座、拦沙坝 3033 座，修筑蓄水池 81927 座，修建排灌沟渠 9302km、沉沙凼 62011 个、田间道路 12401km；实施生态修复 11880.8km²，建设沼气池 83166 个、圈舍 41592 个，建设示范卫生厕 55923 座、垃圾处理站 199 座、污水处理站 94 座（水利部长江水利委员会，2010）。

三峡库区中段低山丘陵区共治理水土流失面积 10389.1km²，其中建设基本农田（坡改梯）1066.9km²，栽植经济果木林 1143.5km²，营造水土保持林 1987.7km²，种草 20.8km²、植物篱 258.7km²；整治塘堰 2079 座、谷坊 18359 座、拦沙坝 1728 座，修筑蓄水池 66312 座，修建排灌沟渠 5475km、沉沙凼 36499 个、田间道路 6926km；实施生态修复 5911.5km²，建设沼气池 42381 个、圈舍 20696 个、建设示范卫生厕 70238 座、垃圾处理站 225 座、污水处理站 119 座（水利部长江水利委员会，2010）。

三峡库区西段丘陵低山区共治理水土流失面积 4276.8km²，其中建设基本农田（坡改梯）923.8km²、栽植经济果木林 712.3km²、营造水土保持林 874.9km²、种草 8.5km²、植物篱 104km²；整治塘堰 854 座、谷坊 9832 座、拦沙坝 854 座，修筑蓄水池 49083 座，修建排灌沟渠 2139km、沉沙凼 14261 个、田间道路 2852km；实施生态修复 1653.3km²，建设沼气池 11574 个、圈舍 5789 个，建设示范卫生厕 68316 座、垃圾处理站 157 座、污水处理站 107 座（水利部长江水利委员会，2010）。

二、丹江口水库水源区

（一）总体布局

根据自然概况、水土流失现状、社会经济状况及其发展趋势,将丹江口水库水源区划分为重点预防保护区、重点监督区和重点治理区。

1. 重点预防保护区

秦岭南麓和大巴山北麓植被较好,人口密度较小,水土流失程度较轻,野生动、植物资源丰富,划为重点预防保护区,包括秦岭南麓的留坝、佛坪、宁陕、镇安、柞水、卢氏、栾川,大巴山北麓的平利、镇坪、竹山、竹溪、房县。该区域以增强水源涵养能力为首要目标,以预防保护和自然修复措施为主。

2. 重点监督区

将汉江干流沿岸和公路铁路干线两侧,采矿、采石、取土、挖沙场所等集中分布的地方以及大中型开发建设项目区划为重点监督区。该区域及其周边地区以减蚀减沙为首要目标,通过人工治理和自然修复措施,大幅度削减入江泥沙,形成以石泉水库和安康水库为依托的两级生态屏障。

3. 重点治理区

丹江口库周及丹江上中游、汉江干流沿岸区、汉中盆地及其周边地区水土流失较严重,将其划为重点治理区,包括丹江口、郧县、郧西、张湾、茅箭、淅川、西峡、商南、洛南、丹凤、商州、山阳、白河、旬阳、汉滨、紫阳、岚皋、镇巴、汉阴、石泉、宁强、略阳、西乡、洋县、城固、汉台、南郑、勉县等28个县(市、区)。

该区域以控制面源污染为首要目标,布设生态缓冲、综合治理和生态修复三道防线,控制水土流失和面源污染。

（1）第一道防线:生态缓冲防线

在环库周5km范围内,建立生态保护区,保护河道及库周的湿地;开展库周水生植被建设;建立环库周防护林带;大力发展生态农业;在泥沙直接入库的小流域,大力修建拦沙坝、谷坊,减少入库泥沙;在人口相对集中的乡村,结合文明新村建设,实施"五改三建"。

（2）第二道防线:综合治理防线

在人口分布较多、耕地面积较大、植被较差的区域,开展以小流域为单元的综合治理,建设高标准的基本农田,突出坡面配套工程,采取等高植物篱,促进陡坡耕地退耕还林还草;有计划地发展果园和经济林,科学施用化肥农药;采取工程措施和植物措施进行沟道防护。

(3)第三道防线:自然修复防线

在离库周较远、人口较少、自然植被较好的低山区,采取以沼气池为主的能源替代措施,加强对现有植被的保护,实行全面封禁,充分依靠自然力量实现生态自我修复;对年久失修、淤积严重的塘堰进行整治,改善农业生产条件。

(二)措施配置

丹江口水库水源区水土保持措施主要包括两大类,即综合措施和自然修复措施。

1.综合措施

在人口相对集中、坡耕地较多、植被较差的地方,水土流失一般比较严重,必须开展综合治理。综合治理措施包括工程措施和植物措施,主要有坡面整治、沟道防护、水土保持林草(包括生态林、经济林果、种草)、疏溪固堤、治塘筑堰等五大措施。

(1)坡面整治

坡面整治是防治水土流失、改善农业生产条件、促进退耕还林的一项重要的基础性措施。在土层较厚的缓坡耕地上,采取坡改梯,配套坡面水系,完善田间道路,因地制宜地建设土坎和石坎梯地,土坎梯地必须采取植物护坎措施;坡面水系工程包括排灌沟渠、蓄水池窖、沉沙池等。由于坡改梯工程是逐年进行,因此,对于暂时没有进行改梯的坡耕地,要求采取保土耕作措施,减少水土流失。

原则上,在5°~15°的缓坡耕地进行坡改粮梯,在15°~25°的坡耕地进行坡改果梯。改梯之后,可以种植粮食作物、经济作物、果树、药材以及其他经济价值较高的品种,种植的品种由农民根据市场规律进行选择。在生产过程中,全面推广配方施肥和化肥深施技术以及高效、低残留农药和病虫害综合防治技术,使重点治理区平衡施肥和化肥深施覆盖率达到80%以上。

(2)沟道防护

在沟道建设拦沙坝和谷坊,是防治水土流失、减少入河入库泥沙非常重要的措施。有条件的地方,可以结合沟道防护,将低效或无效宽阔沟道中的劣质地改造成高效优质土地,作为培育和增加土地资源的有效途径。沟道防护要综合配置,采取谷坊群,结合拦沙坝进行多层拦蓄,防止沟道下切,对于沟岸扩张和沟头溯源侵蚀严重的沟道,还要辅以刺槐等植物措施,建立一套完整的、全方位的沟道防护系统。

（3）水土保持林草

水土保持林草措施主要包括水土保持林、经济林果和种草。

根据《中华人民共和国水土保持法》和《退耕还林条例》,提出退耕还林还草的目标和要求,落实开展的范围、面积以及实施的方式。对于现有荒山荒坡,全部按生态用地进行规划,农业生产和经济开发主要在现有的农业用地中进行。对重点治理区的荒山荒坡,一部分营造生态林,一部分采取生态自我修复。

营造的水土保持林以栎树类、柏树类、松树类、杨树类和槐树等为主,做到多树种搭配,乔灌草结合,经济果木主要有板栗、核桃、柑橘、银杏、油桃等,种草以经济草种和饲草为主,包括龙须草、紫花苜蓿、黑麦草等。

（4）疏溪固堤

在小流域内,山上山下是一个完整的系统,疏浚河道和沟道,提高防洪标准,不仅可以显著减轻山洪灾害,保护沟边、滩地的良田好地和人民的生命财产安全,而且可以有效促进山上退耕,稳定退耕还林还草的成果。

（5）治塘筑堰

塘堰是山丘区最基本的水利设施,具有很好的蓄水和拦沙效果。对现有淤积严重的山塘进行清淤,疏通排灌沟渠,并根据农田灌溉需要,结合解决部分地方人畜饮水,新建一部分塘堰,不仅可以改善农业生产条件,而且可以有效提高小流域治理的减沙率。

2. 自然修复措施

丹江口水库水源区降雨量较多,水热条件较好,只要消除人为因素干扰,绝大多数水土流失地都可以在较短时间内恢复植被。在以轻度水土流失为主的疏、残、幼林地和荒山荒坡,开展生态自我修复,加快水土流失治理进度。采取封育管护、能源替代、舍饲养畜、生态移民等措施,限制不合理的生产建设活动,减少对生态环境的人为破坏。生态修复规划应与退耕还林、小流域治理、小水电代燃料等工程的规划统筹协调,相互促进。

（1）封育管护

对现有的疏、幼林地和轻度流失的荒山荒坡实行封育管护，具体措施有：落实管护人员，开展网围栏建设，树立封禁标牌，对于现有疏林地进行补植。

（2）能源替代

可利用的农村能源主要有：农作物秸秆、薪柴、煤、电能和太阳能等，大部分地方生活能源以薪柴和农作物秸秆为主，不可避免地会砍伐林木，对当地生态环境造成破坏。因地制宜地建设沼气池和节柴灶，实行多能互补，保护现有植被，为生态修复创造条件。农村沼气池的建设，要结合畜舍进行，就地处理农村部分面源污染源，为生活提供清洁能源，同时提供优质农家肥。

（3）舍饲养畜

舍饲养畜是改变传统生产方式的重要内容之一，根据实际情况，采取联户的方式建设畜舍，每3~5户建1间畜舍，解决牲畜的安置问题。牲畜的饲料来源，一部分利用农作物秸秆，另一部分可以采取坡耕地人工种草，为舍饲养畜创造条件。

（4）生态移民

在偏远分散、生存条件较恶劣的山区，采取生态移民措施。通过小流域治理，在土地资源和水源条件较好的沟道、河谷，建设高标准的基本农田，为安置移民提供必要的生产资料；部分地方还可以结合移民建镇规划，集中安置移民，将移民后的陡坡耕地全部退耕还林还草，加快生态环境改善。

水土流失治理措施实施结果详见表2-9-9。

表2-9-9　水土流失治理措施实施结果表

省名	县（区）名	水土流失治理面积（hm²）	综合治理面积（hm²）	自然修复面积（hm²）
陕西	汉台区	15470	9645	5825
	南郑	53789	33232	20557
	城固	96827	39050	57777
	洋县	147828	50874	96954
	西乡	165894	52015	113879
	勉县	130182	41030	89152
	略阳	40507	19156	21351
	宁强	66582	32246	34336

省名	县(区)名	水土流失治理面积(hm²)	综合治理面积(hm²)	自然修复面积(hm²)
陕西	镇巴	96118	49047	47071
	汉滨区	228305	92951	135354
	汉阴	64110	25074	39036
	石泉	84467	39140	45327
	紫阳	137847	64544	73303
	岚皋	107051	40333	66718
	旬阳	200502	89910	110592
	白河	84637	30313	54324
	商州	153829	69989	83840
	洛南	6127	2453	3674
	丹凤	143824	57400	86424
	商南	133890	48699	85191
	山阳	229589	89428	140161
	小计	2387375	976529	1410846
河南	西峡	166810	21979	144831
	淅川	137030	56850	80180
	小计	303840	78829	225011
湖北	丹江口	158314	55453	102861
	郧县	203952	65998	137954
	郧西	207310	80020	127290
	张湾区	22620	6460	16160
	茅箭区	14326	5690	8636
	小计	606522	213621	392901
合计		3297737	1268979	2028758

数据来源:国家发展和改革委员会等(2006)。

第四节 典型库区与水源保护区
水土流失治理模式

一、三峡库区

三峡库区是我国水土流失最为严重的地区之一,每年流失的泥沙总量达1.4亿t,占长江上游泥沙的26%,平均土壤侵蚀模数3000t/(km²·a),中度和极强度侵蚀达43.5%。根据长江流域水土保持监测中心站2004年遥感调查,三峡库区65%的水土流失是由坡耕地造成的,坡耕地是库区泥沙的主要来源。严重的水土流失给经济和社会带来极大的危害,严重阻碍贫困地区的脱贫致富,直接影响水土资源的可持续利用及社会的可持续发展。"十一五"期间,中央明确提出了加快建设资源节约型、环境友好型社会,加大环境保护力度,切实保护好自然生态,并把实现生态环境改善、资源有效利用、促进人与自然和谐相处作为经济社会发展的重要目标。同时,明确把水土保持列为生态保护十大重点课题之一。

三峡库区作为长江上游生态涵养区,库区小流域的水资源保护和水环境治理直接关系到整个长江流域水安全和生态安全,对该区经济社会的可持续发展具有重要意义。小流域作为水源汇集的最小单元,是保护水源的根本着手点,只有把一条条小流域保护好、治理好,才可能维护良好的生态系统,入河入库水质才能得到基本保证。近年来,涌现出一批小流域综合治理模式。

(一)"三道防线"生态清洁小流域综合治理模式

生态清洁小流域的建设能够改善大流域甚至整个区域的生态环境与水质。结合生态清洁小流域建设的一般原则和技术要求,对三峡库区的生态清洁小流域治理模式进行探讨,以期为长江上游水源保护和水土保持工作提供参考。

1.生态修复区

生态修复区是"三道防线"划分中的第一道防线,主要是三峡库区流域内浅山以上和主沟沟沿以下区域,坡度不小于25°,土壤侵蚀以溅蚀和面蚀为主。该区以林地为主,采取自然修复,部分林草破坏严重、植被状况差的地区实施严格的封山禁牧、设置护栏围网减少人为干扰。通过第一道防线的构建,可控制坡面土壤侵蚀,减少入库的泥沙,保护水资源,改善生态环境(周萍等,2010)。

2. 生态治理区

生态治理区位于三峡库区坡面中、下部,土地利用类型以耕地和建设用地为主,坡度不大于25°,土壤侵蚀以面蚀和沟蚀为主。该区主要为农业种植区及人类活动较频繁地区,在坡面建设高标准的基本农田,重点做好排灌沟渠、蓄水池窖和沉沙凼、田间道路等坡面工程的配套,提高水利化程度,建设集雨节灌和节水增效工程,缓解该区季节性干旱问题,实现水资源的高效利用和有效保护。针对该区域人口密集、生产生活活动集中、水土流失、农村废水垃圾污染及农业面源污染严重等问题,对村落、农田、经济林果用地等地段进行重点治理;调整农业种植结构,控制化肥农药的使用,推广无公害生产,降低农业面源污染,保护地表径流水质,改善生产条件和人居环境,实现农林清洁生产,净化农田塘渠系统,发展生态农业。加强建设村庄环境整治工程,生活污水集中收集和处理达标排放,生活垃圾收集处理,养殖场的畜禽排泄物在固液分离的基础上堆肥还田,或经由沼气池(站)发酵利用后还田,以减少水源污染(周萍等,2010)。

3. 生态保护区

生态保护区位于三峡库区河(沟)道两侧及湖库周边,对应地貌部位为河(沟)道及滩地,植被盖度不大于30%,坡度不大于8°,土地利用类型有水域、未利用地和草地。应对区内被污染和被破坏的水环境进行治理,加强河(沟)道管理和维护,开展封河(沟)育草,禁止河(沟)道采沙,加强河(沟)道管理和维护,清理行洪障碍物和对河(沟)道适当补水。在河(沟)道和水库水位变化的水陆交错地带恢复湿地,种植水生植物,增强水体自净能力,维护河道及湖库周边生态平衡,同时在外围设置植物拦污缓冲带,以延长雨污水停留时间,减少进入水体的面源污染物总量,改善水质,确保河(沟)道清洁与环境优美(周萍等,2010)。

(二)基于绿色流域理念的三峡库区小流域综合治理模式

绿色流域建设立足于流域层面开展统筹规划和治理,依托绿色科技进行水环境污染控制与生态修复,主要以"社会—经济—环境"这一复合生态系统为对象,根据生态安全理念与系统控制思想,把流域水污染防治与全流域的社会经济发展、流域生态系统建设以及人类文明生产生活融为一体,以流域内水资源、土地资源、生物资源承载力为基础,结合流域地形地貌特点、土地利用方式和水土流失的不同形式,以水资源保护为中心,坚持生态优先的原则,以"污染源系统控制—清水产流机制修复—水库水体生境改善—系统管理与生态文明建设"为流域水污染防治的总体思路。主要目标是在结构调整减排的基础上,开展农村生活污染治理、农田面源污染控制、农村畜禽养殖污染控制、水土流失污染控制等工程,同时开展流域监管体系建设、宣传教育能力建设、生态文明道德文化与观念建设等内容,最终形成流域低污染、循环发展的生态经济模式。

1. 库区绿色流域主要技术和实现途径

三峡库区及其上游是国家流域水污染防治重点区域,遵循以科学发展观统领经济社会发展全局的指导方针;以转变经济增长方式作为实现流域可持续发展的基本途径,发展循环经济,建设资源节约型、环境友好型流域生态系统;以农业面源污染防治为重点,大力防治坡耕地水土流失,源头污染控制和径流传输过程控制有效结合,形成生态清洁的小流域水土保持生态系统;以建设三峡库区社会主义新农村为指引,实施农村小康环保行动计划,遏制农业生活废水废弃物污染,共同构建三峡水库生态屏障体系,保障三峡水库的生态与环境安全。

(1)流域产业结构调整控污减排

目前三峡库区小流域农业产业结构的调整步伐比较缓慢,传统种植业比重过大,经济作物比重过小,流域内土地垦殖率较高,水土流失严重,作物种类单一。应以市场为导向,适当调减粮食种植面积,充分利用和发挥土地资源、气候资源等优势,积极发展经济果木林、药材林和水土保持林;优化小流域农林水结构,调整渔业养殖结构,改进养殖模式,全流域禁止网箱养殖和投饵养殖,寻求生态效益和经济效益和谐统一。加强库区农村土地利用规划,因地制宜采用多种不同生态农业模式,运用物种共生制约与物质循环再生原理,全面推行诸如"以沼气为纽带的循环农业模式""猪—沼—果(菜、瓜)—鱼""猪(羊)—沼—粮(蔬果)""猪—沼—菜"等多作物、多层次综合立体种养生态循环农业示范模式,提高土地资源利用效率。同时,在有特色林果种植基础、可实现产业化的小流域,优化水土资源配置,提高品质,创建品牌效应,培育绿色产业发展(鲍玉海等,2014)。

（2）农业面源污染源头控制

目前较为成熟的农业面源污染控制方法主要是通过调控农田生态系统的物质平衡和物质流动途径来控制污染物的流失。一是减少潜在的污染物数量（如化肥、农药）；二是通过滞留径流、截持泥沙等减少进入水体的污染物,进而从污染来源和运移过程等方面控制污染。三峡库区是我国重要的农业区,坡耕地面积大,化肥施用结构不合理,严重的坡面侵蚀产沙携带大量营养物质进入水库。因此,从农业生产源头上控制是农业面源污染减排的重要途径,主要通过改变农民耕作、化肥农药施用方式,尽量采用新型高效肥料、生物菌肥、无机—有机配合施肥和低毒低残留农药,积极推广生物技术在病虫害防治中的应用,减少化肥农药的使用量。同时在运用坡改梯、等高植物篱、垄作、免耕等传统水土保持措施的基础上,充分考虑三峡库区紫色土的独特性和水土流失的复杂性,推广低成本高效益的"坡式梯地＋地埂经济植物篱""大横坡＋小顺坡""坡式梯地＋坡面水系"等技术,减少坡地径流泥沙这一面源污染物主要载体的入库量(鲍玉海等,2014)。

（3）农村居民点废弃污染物生态净化

库区农村环境基础建设滞后,基本没有污水处理设施,生活废水随意排放,并通过排水沟渠汇入库区支流,对库区水环境造成了严重污染。因此,在人口聚集区,需加强建设村庄环境整治工程,以自然村（社）为基本单元,建设秸秆、粪便、生活垃圾等有机废弃物处理设施,推进人畜粪便、生活垃圾等向肥料、饲料、燃料转化,兴建排水沟渠和污水收集循环降解系统,用于引排、净化生活污水。同时,结合山区农户散居的特点,修建户用沼气池、化粪池。推广小池还田、中池综合利用、池群发展循环经济的废弃物沼气化模式,在废弃物净化设施工艺上根据聚居农户个数,采取不同建设工艺。例如,单个农户采取"发酵澄清处理池""厌氧生物接触池"和"水压式沼气池"处理工艺；小型聚居点（小于10户）采取"小型连户厌氧处理池"处理工艺；中型聚居点（11～20户）采取"格栅＋厌氧生物接触池＋跌水充氧接触氧化"处理工艺；大型聚居点（大于20户）采取"格栅＋厌氧调节＋跌水充氧接触氧化＋潜流式人工湿地"处理工艺,因地制宜开展农村生活废弃物处理,以减少水源污染(鲍玉海等,2014)。

（4）流域自然沟渠及环库周缓冲带截留削减污染物

自然沟渠作为面源污染源与水体之间的缓冲过渡区，能够通过其中的土壤泥沙吸附、植物吸收、生物降解、跌落曝氧等一系列自然净化机制，经过沉淀、曝氧、吸附、拦截、吸收等多种复合处理，降低进入河流等地表水中的氮、磷污染物的含量。因此，采取近自然治理方式实施小流域自然沟渠治理工程，保留沟渠自然特性，针对流域的水质现状，对沟（河）道进行清理整治。同时，在环库周的消落带区域按照"乔木林→灌丛→草地→挺水植物→沉水植物"格局建设岸边植被拦污缓冲带，并在小流域汇流出口处结合地形、地貌，选择低洼地段，建设湿地工程，拦截和沉淀污染物，强化水质净化能力（鲍玉海等，2014）。

2. 典型案例分析

（1）案例小流域概况

陈家湾小流域位于三峡库区重庆忠县石宝镇新政村，位于东经 108°08′~108°12′和北纬 30°24′~30°30′之间，面积约为 3.2km²。陈家湾小流域在三峡库区众多小流域中具有典型性和代表性，长期以来沿袭传统落后的农耕发展模式，农业结构单一，加上水库蓄水淹没、库区后靠移民、村镇基础设施建设、退耕还林等，使人地矛盾更加突出，坡耕地开垦指数高，基本没有农田基础设施与水土保持设施，水土流失强烈，坡地产沙与面源污染物直接入库危害大。此外，陈家湾小流域紧邻水库著名建筑古迹景点石宝寨，消落带面积大，其周边的环境与景观备受社会各界关注。

（2）小流域综合治理的主要做法

①转变流域农业生产结构：按照流域水土资源分布特点，从坡顶到坡脚优化了林地、果园、旱地、水田的布局（参见图 2-9-2），深化农业和农村经济结构战略性调整，以农民增收为核心，形成了以柑橘为龙头的 120hm² 特色林果种植园、6.67hm² 蔬菜种植基地，优化了水土资源配置，推动了绿色产业发展。

②控制坡耕地水土流失：利用坡面细沟侵蚀临界值理论，精准设计坡式梯地的参数与植物篱的宽度和空间布设，实施了低成本高效益的"坡式梯地+地埂经济植物篱""大横坡+小顺坡"等技术。将原有梯田"保水保土"功能改变为坡式梯地的"调水保土"功能，高效防治坡耕地水土流失，提抵季节性旱涝灾害的能力。对坡地地埂，配置粮菜类（韭菜、黄花菜、大豆等）、牧草类（哈哈草、甜高粱等）和其他经济类（桑树、苎麻等）地埂经济植物篱。同时，为解决小流

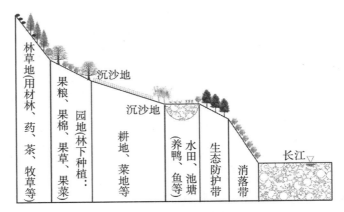

图 2-9-2　陈家湾小流域产业结构优化布局示意图（改编自鲍玉海等，2014）

域内季节性干旱比较严重、耕地水资源保证和灌溉设施不足的问题，按照"路渠合一、路沟合一"的要求，节约耕地、保护环境的原则，设计适合摩托车、平板车、三轮车和小型农机等行走的田间道路，提高劳动生产率，坡地农业沟、凼、池配套，形成线状环山沟、截流沟、排水沟和蓄水池等坡面径流梯级网络化调控体系，缓解季节性干旱与洪涝灾害（图 2-9-3）。

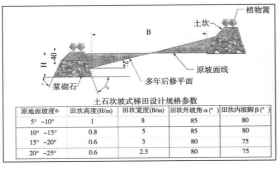

（a）坡式梯田 + 地埂经济植物篱断面设计及实体图

（b）坡式梯地 + 坡面水系典型布置及实体图

图 2-9-3　陈家湾小流域坡耕地水土流失控制模式（鲍玉海等，2014）

③发展"复合立体＋环境友好"生态农业(图2-9-4):针对大面积柑橘林内水土流失严重、杂草繁生、大量使用除草剂等问题,根据光热水土条件,选择果树间套种和树下间种方式,防治杂草繁生、增加地表覆盖和地面糙度,充分利用光、热、水、土资源,提高农民收入,减少水土流失。在水土保持设施完善的基本农田和果园定点施肥,采用定向施药和诱杀施药技术以及农业废弃物循环利用技术,有效减少了化肥、农药和除草剂等用量,从源头上有效消减了农业面源污染。

（a)柑橘＋胡豆　　　　（b)幼林＋油菜

（c)柑橘＋西瓜/蔬菜　　　　（d)农家肥定点施用

图2-9-4　陈家湾小流域"复合立体＋环境友好"生态农业实体模式(鲍玉海等,2014)

④农村生产生活废弃污染物净化与循环利用:依靠国家农村能源项目、农村小型公益设施补助项目、国债项目和世行贷款项目等,大力发展沼气池建设,将秸秆、柑橘果皮、柑橘果渣、粪便污水等生产生活废弃物转化为肥料、燃料等可再利用资源,推动农村生产方式向"资源—产品—废弃物—再生资源"循环利用模式转变,带动改厕、改厨、改圈,促进农民生活方式的转变,减少生活废水等污染物的直接排放。截至目前,流域内共建设沼气池50口,农民聚居点构建人工湿地5处、生物稳定塘3座,农村生活污水收集沟渠系统1000m。同时,以沼气为核心,已探索果—沼—菜、果—沼—猪、果—沼—菌等多种生态利用模

式,降低了农业生产对化肥的过度依赖。

⑤构建流域环库周库岸缓冲带:陈家湾小流域环库周消落带面积大,地势平缓,淹水前多为农田。通过配置枫杨、旱柳、双穗雀稗、狗牙根、荷花、莲藕、慈姑、千屈菜、梭鱼草等适生高效去污植物,充分利用原有的废弃水田,通过加固田埂,构建生物篱,犁田保水,疏松土质等技术措施,构建适宜湿地植物生长的消落带湿地环境,采用井字压茎免耕栽植等技术方法构建了缓坡消落带生态屏障带,使得小流域消落带主要污染物入库削减率达到20%以上(图2-9-5)。

图2-9-5 陈家湾小流域环库周消落带治理实体图(鲍玉海等,2014)

(3)初步效益分析

陈家湾小流域实施复合种植生态农业技术的坡耕地,与传统种植方式的坡耕地相比,玉米平均增产26kg/666.7m²,油菜平均增产10kg/666.7m²,番薯平均增产12kg/666.7m²,蚕豆平均增产21kg/666.7m²,防止了农田杂草繁生,减少了病虫害发生和农药、化肥和除草剂的用量,每亩节约农药、化肥、除草剂的投资150元。与修建石坎水平梯田相比,采用坡式梯地+地埂经济植物篱技术投资从3000元/666.7m²减少到1800元/666.7m²,可耕种土地面积增加22.3%,综合经济效益每年每666.7m²新增700元。通过^{137}Cs等示踪研究,紫色土坡耕地"大横坡+小顺坡"耕作模式比传统顺坡耕作模式侵蚀模数降低43%。实施"地埂+经济植物篱"模式5年后的坡耕地,侵蚀速率仅为无措施坡耕地的

23%,减蚀效益达77%,具有显著的理水和保土作用。改造后的"坡式梯田 + 坡面水系"体系经过5年的发展,流域年均土壤侵蚀量平均降低65.6%,流域全年平均作物产量、耐旱天数分别增加42.9%和10d。通过流域内农村生产生活废弃物净化与循环利用,可减少生活垃圾排放至少80%以上。通过上述措施的实施,小流域TN、TP和COD的负荷消减量分别达到9.22t/a、4.33t/a和2.34t/a(鲍玉海等,2014)。

(三)三峡库区消落带生态修复技术模式

1.三峡库区消落带的分布特点

据统计,三峡库区消落带面积为344.95km²,分布在重庆市22个区县和湖北省4区县,有的地方集中,有的分散,类型很多(表2-9-10)。

表2-9-10 三峡库区各区县消落带分布

区县	面积(km²)	区县	面积(km²)	区县	面积(km²)
开州	43.53	丰都	17.99	江北	3.79
涪陵	39.43	巴南	16.85	大渡口	3.46
云阳	33.36	巴东	8.81	武隆	3.06
忠县	29.71	长寿	7.9	沙坪坝	1.33
巫山	23.95	渝北	5.62	九龙坡	0.94
奉节	23.15	北碚	5.6	渝中	0.67
秭归	22.05	石柱	5.12	巫溪	0.39
万州	21.12	兴山	4.98	江津	0.05
夷陵	18.01	南岸	4.44	总计	344.95

数据来源:周永娟等(2010)。

受到河谷地貌和岸坡地形的影响,干流消落带较宽的地方主要出现在干流与支流汇合处或有较大的一、二级阶地分布区域。万州以东的库区,长江干流以峡谷地貌为主,河道两岸多为中山山地,岸坡较陡,成陆期间消落带土地多分布于峡谷之间的较宽河段上,面积不大,分布零散。万州以西的库区,长江河谷较为宽敞,两岸丘陵起伏,岸坡较缓,沿江两岸沟谷稠密,阶地发育,故成为消落带主要分布地段,相对集中出现在万州—涪陵段。

支流消落带面积较大,超过长江干流。经统计,长江干流消落带面积占总量的47.8%,支流总计占52.2%。支流中拥有消落带较多的依次是小江、大宁河、汤溪河、乌江、磨刀溪、梅溪河、嘉陵江、大溪河、长滩河以及抱龙河等10条河流。许多支流的河床纵比降小,岸坡平缓,形成面积较大的消落带。较宽消落带分布于巫山大宁河大昌、云阳汤溪河南溪、小江高阳、养鹿湖盆地周边,宽度一般在 300~500m,最宽在 800~1000m。另外,忠县河流段弯曲,多滩地、阶地和支流形成的消落带,奉节和云阳有较大的支流消落带,所以其消落带的面积也较大。

从各地区具体分布看,消落带面积最大的前 4 个地区是开州、涪陵、云阳和忠县,分别占三峡库区消落带总面积的 12.62%、11.43%、9.67% 和 8.61%,总计占 42.33%。其他依次是巫山、奉节、秭归、万州等。

在不同的高程段内,各地区消落带的面积分布不同。从总体上看,随着水位线增加,消落带面积有增加的趋势。如在 145~150m 和 150~155m 线内消落带面积分别为 41.65km^2 和 42.76km^2,而在 155~160m 和 160~165m 线内分别为 65.53km^2 和 55.14km^2,在 165~170m 和 170~175m 线内分别达到 72.15km^2 和 67.73km^2,这主要是因为上游地势变得更为平坦之故。

在同样的高程段内,消落带在不同地区间的分布不同,在 165~170m 和 170~175m 范围内,开州、涪陵和忠县最多;在 160~165m 范围内,开州、巴南和涪陵最多;在 155~160m 范围内,涪陵、云阳和巫山最多;在 145~150m 范围内,涪陵、云阳和巫山最多(表 2-9-11)。

表 2-9-11　不同高程范围内各地区消落带面积

区县	高程(m)						总计
	170~175	165~170	160~165	155~160	150~155	145~150	
	消落带面积(km^2)						
夷陵	2.18	2.73	2.88	5.77	2.53	1.93	18.02
兴山	0.46	0.53	0.51	2.96	0.30	0.22	4.98
秭归	2.81	3.55	3.68	6.38	3.16	2.47	22.05
巴东	1.23	1.34	1.33	3.02	1.02	0.87	8.81
巫山	4.22	3.96	3.78	3.78	3.78	4.43	23.95
巫溪	0.17	0.22	0.00	0.00	0.00	0.00	0.39
奉节	4.24	4.13	3.63	3.86	3.54	3.75	23.15
云阳	5.56	5.36	5.45	5.68	5.57	5.74	33.36
开州	12.49	14.15	5.97	6.15	2.98	1.79	43.53
万州	4.35	4.52	2.96	3.34	3.07	2.88	21.12
忠县	6.70	5.64	4.57	4.92	3.51	4.37	29.71

续表

区县	高程（m）						总计
	170～175	165～170	160～165	155～160	150～155	145～150	
	消落带面积（km²）						
石柱	1.29	1.01	0.71	0.81	0.71	0.59	5.12
丰都	3.36	2.85	2.59	2.86	2.72	3.61	17.99
武隆	2.10	0.48	0.23	0.21	0.04	0.00	3.06
涪陵	7.70	6.60	5.63	5.84	6.11	7.55	39.43
长寿	1.52	1.29	1.26	1.25	1.65	0.93	7.90
渝北	0.76	0.92	1.39	2.06	0.49	0.00	5.62
巴南	3.58	2.60	5.82	4.15	0.58	0.12	16.85
七区	7.38	5.85	2.75	2.49	1.00	0.40	19.87
江津	0.05	0.00	0.00	0.00	0.00	0.00	0.05
总计	72.15	67.73	55.14	65.53	42.76	41.65	344.96

数据来源：周永娟等（2010）。

2. 三峡库区消落带的治理模式

采取近自然治理方式实施河岸治理工程，保留河流自然特性，针对流域的水质现状，对沟（河）道进行清理整治，清除违章设施、垃圾等障碍物，在水系两侧的消落带区域按照"乔木林—灌丛—草地—挺水植物—沉水植物"格局建设岸边植被拦污缓冲带，减轻污染物对水质的影响，改善河道水环境。同时在支流入库口建设湿地工程，强化水质净化能力。采用的林草措施和工程措施不仅要考虑水土保持功能，而且要把生态与艺术结合起来，适当安排园林小品以满足游憩和观赏需求（周萍等，2010）。

（1）开州澎溪河基塘工程

适用于季节性水位变动的基塘工程模式，就是在三峡水库消落带的平缓区域，在坡面上构建水塘系统，塘的大小、深浅、形状根据自然地形和湿地生态特点确定，塘内筛选适应于消落带湿地且具有观赏价值、环境净化功能、经济价值的湿地作物、湿地蔬菜、水生花卉等，充分利用消落带自身丰富的营养物质，构建消落带基塘系统。基塘系统中的湿地作物、湿地蔬菜、水生花卉在生长季节能够发挥环境净化、景观美化及碳汇功能。三峡水库每年9月开始蓄水，次年4月中旬所在基塘均露出水面。4～9月是植物生长的主要时期，大部分湿地植物在此期间都能完成其整个生长周期。2009年重庆大学联合开州林业局、湿地保护局在澎溪河老土地湾，筛选种植具有观赏和经济价值、耐深淹的菱角、普通莲藕、太空飞天荷花（为消落带定向培育）、荸荠、慈姑、菰（俗名茭白）、水生美人蕉、蕹菜、水芹等水生植物。经过近十年的冬季深水淹没，基塘内的植物存活状况良好。每年出露后植物自然萌发，生态效益和经济效益明显。

（2）开州澎溪河林泽工程

在消落带筛选种植耐淹且具有经济价值的乔木、灌木，形成冬水夏陆逆境下生长的木本群落。根据三峡水库消落带水位变动规律、地形及土质条件等，在高程为160～180m的区域种植木本植物，形成宽约20m的生态屏障。重庆大学通过试验研究，筛选出了耐冬季深水淹没的池杉、落羽杉、水松、乌桕等乔木种类，华西柳、枸杞、长叶水麻、桑树等灌木种类。重庆大学在澎溪河白夹溪板凳梁、大湾于2009年成功实施林泽工程的基础上，2012年在澎溪河白夹溪消落带进行了林泽—基塘复合系统的试验研究（袁兴中等，2011）。在基塘塘基及周边栽种耐水淹灌木和小乔木，营建林泽—基塘复合系统。经历多年的水淹考验，所筛选种植的木本植物成活及生长状况良好，由耐水淹乔木、灌丛构成的林泽系统，在夏季出露季节为消落带动物提供了丰富的食物和良好的庇护条件；冬季挺伸出水面的乔木枝干及树冠为越冬水鸟提供了栖息场所，鸟类的活动也为消落带林泽区域传播了植物繁殖体，丰富了消落带生物多样性。林泽—基塘复合系统发挥了护岸、生态缓冲、水质净化、提供生物栖息地、景观美化和碳汇等多种生态服务功能。

（3）忠县石宝镇生态修复工程

中国科学院、水利部成都山地灾害与环境研究所联合中国科学院植物所、中国科学院武汉植物园，于2007年开始在忠县库段消落带开展了消落带适生植物筛选及生态系统重建的科学研究实践工作，进行了消落带多功能复合系统重建研究试验。筛选出抗旱耐淹且具护坡效应的狗牙根、双穗雀稗、牛鞭草、野古草、桑树、旱柳、池杉、荷花等十余个耐淹植物品种，形成了一系列解决三峡水库消落带植被重建的技术途径。

①自然恢复：土壤种子库萌发驱动下的植被自然恢复应该被考虑在内。在人类活动较少、坡度5°以下、土层较深厚的消落带区域，可利用自然生物群落发展规律，使一些具有较强繁殖能力和适应能力较广的一年生草本和多年生草本

不仅可以从土壤种子库萌发,而且依靠消落带上缘物种自然传播,完成自然植被的恢复演替。

②人工种植林草:人工植被重建首先以草先行,选择狗牙根、牛鞭草、双穗雀稗、野古草等一些适合消落带气候和水文环境的草本植物。在草本植物生长的同时,进行桑树、旱柳、池杉等灌木及乔木的栽种。

③平缓宜农土地季节性利用:生产周期较短的作物(玉米、短季节蔬菜等)布局在海拔较低的 160~165m 的区域;生产周期较长的作物(油料作物、瓜果作物等)布局在海拔较高的 165~175m 区域。海拔 145~160m 间的消落带,每年有 7~8 个月的时间被水淹没,可利用时间相对较短,并且易受汛期洪水的短期淹没,该区域不宜大规模开发利用。

④水生植物构建景观植被:在三峡水库蓄水前,消落带区域内有大量的水稻田,采取一定措施利用荷花、睡莲、黄菖蒲等水生植物进行湿地植被恢复,同时在坡度平缓的地段种植池杉、旱柳等植物(鲍玉海等,2014)。

二、丹江口水库水源区

丹江口水库水源区位于秦岭巴山之间,主要河流为汉江和丹江,除汉中盆地外,地貌多为山地、丘陵和河谷,属于北亚热带季风区的温暖半湿润气候,四季分明,降水分布不均,立体气候明显。

2015 年,水源区总人口约 1374 万人,国内生产总值 4873 亿元,常住人口城镇化率约 46.8%,城镇居民可支配收入 25457 元,农民人均纯收入 8541 元,均低于全国平均水平。水源区位于秦巴山集中连片贫困地区,有贫困人口 257 万人,国家扶贫工作重点县 26 个,省级扶贫工作重点县 8 个,经济社会发展总体水平较低。

2015 年,水源区主要污染物化学需氧量排放量 17 万 t,氨氮 2.23 万 t,总氮 5.96 万 t,其中农业和农村的污染贡献比例分别为 49%、43%、74%,已成为水源区主要污染源。

(一)生态清洁型小流域治理模式

丹江口水源区的水土流失治理工作开展较早。通过国家南水北调"丹治"一期、二期项目,实现了水源区鄂豫陕三省 43 个县水土治理全覆盖。根据国务院批复的《丹江口库区及上游水污染防治和水土保持规划》,2006—2010 年在陕西、湖北、河南 3 省的 25 县(市、区)共投资 34.62 亿元,主要应用于包括湿地恢复与保护项目、小流域治理示范项目,以及与面源污染控制相关的水土流失治理项目,其中以水土保持措施为主,包括坡改梯、退耕还林草、生活污水处理等相关防治技术。"十二五"期间,小流域治理融入了"生态清洁小流域"治理理念,提出了分区治理思路,从山顶到河谷依次建设"生态修复、生态治理、生态修复"三道防线。围绕新型的农村生活污染和畜禽养殖污染,提出庭院经济与村落景观、庭院、道路绿化措施结合的村庄环境改造,增强了庭院改造措施的实施;对于农业种植污染区域,从坡耕地整治、施肥管理、提高土壤质量等多角度,减少面源污染的产生量;对于沟道、河道,则主要采取了林灌草结合的生态工程或人工湿地工程,以提高河道的自净能力;除此以外,还增加了垃圾回收管理以及生活污水无动力净化等措施。

1. 生态清洁小流域治理分区及实现途径

(1)生态修复区

生态修复区位于小流域中低山和人烟稀少地区,区内具有山高坡陡、生态脆弱、人口稀少、破坏后难以恢复等特点。针对这一区域特点,采取预防保护的策略,实施封山禁牧、封育保护和生态移民,禁止人为开垦、盲目割灌等生产活动,加强对林草植被的保护,防止人为破坏,充分依靠大自然的力量进行生态修复,发挥植被特别是灌草植被的生态功能,改善生态环境,涵养水源,保护水资源。

(2)生态治理区

生态治理区位于小流域中下部,地貌特征为浅山、山麓、坡脚、农地等,区内具有人口密集、生产生活活动集中、水土流失、农村污废水、垃圾污染及农业面源污染严重等特点,应采取有针对性的防治措施。

针对水土流失区采取坡耕地治理、补植水土保持林草、经济林治理、荒坡地治理、沟壑治理、小型蓄排引水工程等。针对农村污废水和垃圾污染,采取以农村人居环境治理为主,包括加强农村"四旁"绿化建设,即村旁、宅旁、路旁、水旁绿化,要各显其能,形式多样,布局上做到"点、线、面"综合考虑,并与周边环境相协调;在生态治理区,要求公厕均为水冲式,取代传统的旱厕。对于村落密集的地区,粪便集中处理后,制成有机肥直接返田,对于分散的村落采用集污池,将粪便集中后可直接返田。大力推广化粪池,新建农村住宅必须配套建设三格式化粪池,并对老房子逐步进行改造。针对农业面源污染防治,采取调整和优化农业用肥结构,鼓励和引导增施有机肥,逐步减少氮、磷、钾等单质化肥的用量;禁止使用高毒高残留农药,加强植保新技术和替代农药的开发推广,推广高效低毒、低残留农药,提倡使用生物农药;及时开展水源地农田平衡施肥研究,减少氮肥使用量,提高作物利用率,减少入河(库)氮磷量;改进农业生产技术,落实排灌渠系改造,提高农灌水的循环利用率,降低农业用水量;推广先进抗旱水稻品种,以节约水资源,减少农业面源污染,改善耕地生态,改良土壤结构,保持良好的生态环境;山坡梯田下部保留一定区域种植树木,营造森林,梯田灌溉回归水通过林带排泄,以消耗农田水中的营养物。对于干支流两侧地势较低的沟谷水田,可在附近利用洼地修建池塘,蓄存农田径流,一方面用于回灌,另一方面避免农田水直接排入河流,减少污染物排放量。

(3)生态保护区

生态保护区位于小流域河(沟)道、水库、塘坝周边,是流域水源汇聚地。区内存在挖沙、采石影响河(沟)道行洪,生活污水、垃圾的排入导致水环境质量下降等问题。

生态保护区应通过有效保护和适当的生物和工程措施,对区域内被污染和被破坏的水环境进行治理,加强河(沟)道管理和维护,清理行洪障碍物,封河封库育草,在河(沟)道和水库水位变化的水陆交错地带恢复湿地,种植水生植物,增强水体自净能力,维系河道及湖库周边的生态平衡,同时在外围设置植物拦污缓冲带,种植或抚育吸收污染物能力强的乔灌草,拦沙滤水、改善水质,确保河(沟)道清洁与环境优美(牛振国等,2014)。

2. 典型案例分析

(1)案例小流域概况

胡家山流域位于湖北省丹江口市习家店镇和崇坪镇,东经111°12′22.0″~111°15′20.5″,北纬32°44′17.8″~32°49′15.6″,面积23.93km²。流域属于汉江二级小支流,由北向南汇入丹江口水库。气候属于北亚热带半湿润季风气候,冬夏温差较大。多年平均气温16.1℃,无霜期250d,相对湿度75%,蒸发量1600mm左右,年均降水量797.6mm,多年最大降雨量1360.6mm,最小降雨量503.5mm,且主要集中在5—10月的丰水期。丰水期降雨量占全年降雨量的

80%以上,且降雨集中强度大、径流汇集时间短。

流域岩体以红砂岩、石灰岩和泥质岩等为主。土壤类型主要有紫色土、石灰土和黄棕壤。流域整体土层较薄、pH多呈碱性,水土流失严重,养分含量低。流域内用材林以柏木为主,灌木林主要有刺槐和紫穗槐等,经济林主要以柑橘为主。由于过度砍伐,乱垦滥牧,造成部分林草地退化,覆盖量减少。生产方式落后,荒坡种地,畜拉人挑,管理粗放,化肥、农药使用量大,面源污染严重。

(2)治理理念

针对胡家山流域内水土流失严重的实际情况,围绕生态环境面临的突出问题和矛盾,在治理理念上,把"切实保护好饮用水源,让北方群众喝上放心水"作为首要任务,从学习实践科学发展观的高度,本着以人为本、人与自然和谐的可持续治水思路,坚持分区防治,对水土流失严重的"江北"地区侧重于生态农业、村落面源污染控制和科技示范治理模式,在措施布设上坚持"生态修复、生态治理、生态缓冲"三道防线的思路,在面源污染控制上,突出"荒坡地径流控制、农田径流控制、村庄面源污染控制、传输途中控制、流域出口控制"的五级防护,形成"有水则清、无水则绿"的生态清洁小流域水土保持生态系统。

(3)主要做法

①荒坡地径流控制:采取营造水土保持林、水源涵养林、疏林补植、退耕还草等措施增加林草覆盖率,设置封禁标牌、网围栏进行封禁治理,减少人为活动对植被的干扰破坏。同时采取以沼气为主的能源替代措施,加强对现有植被的保护,实行全面封禁,充分依靠自然力量实现生态修复,增强荒山、坡地蓄水保土能力。

②农地径流控制:在近路近村人类活动频繁的坡地,根据土地利用现状,科学规划,建设高标准基本农田和经济果木林,产业结构得到调整,促进坡耕地退耕还林还草。配套、完善路渠池等小型水利水保工程,形成农田径流控制防护体系,减少水土流失。同时对农民耕作方式、化肥农药施用进行科学指导,尽量采用新型高效肥料、生物菌肥和低毒低残留农药,积极推广生物技术在病虫害防治中的应用,从源头控制面源污染。通过水土保持和源头控制,不但能够控制水土流失,减少面源污染,而且可同时实现产业升级和农民增产增收。

③村落面源污染控制:结合社会主义新农村建设,通过"五改三建"、庭院的绿化美化、配备垃圾池(箱)并集中清运处理来改善村庄环境;在人口聚集

区,兴建排水沟渠和污水收集循环降解系统,用于引排、净化生活污水;发展舍饲养畜,结合沼气能源建设收集处理牲畜粪便,经沼气发酵利用后还田做肥,从而达到改善人居环境、减少面源污染的目的。

④传输途中控制:生活污水收集后,在排水出口处修建过滤池,其中放置石英砂进行初步物理过滤,再排入一段种有湿生挺水植物的生态沟道进行生物吸收、过滤,之后将污水引入栽植有芦苇、菖蒲等净水植物的生物降解塘,通过塘中微生物、藻类、水生植物进行生物降解,最后再次排入生态沟道进入下游,从而起到层层拦截、净化水质的作用。

⑤流域出口控制:在流域下游出口处进行人工湿地建设,栽种不同类型的水生植物,对汇集径流进行最后一道净化处理,处理后的清水沿河道汇入丹江口水库库区。此处还设有卡口站,用于观测流域出口的水质情况。

(4)治理成效

治理后,流域内人均基本农田增加 0.113hm², 治理过的梯田实行"公司 + 协会 + 农户 + 基地"的订单生产模式,发展烟叶产业。依据"订单产业"规划,烟叶平均收购价 11 元/kg, 仅此一项农户可增加收入 16500 元/hm²。通过生态清洁小流域治理,流域水土流失治理率达到 90%, 年可减少土壤侵蚀 1.42 万 t, 增加水源涵养 8.26 万 m³, 水体中氮、磷含量分别减少 20%、30%。流域内山梁披上了绿装、山间梯田层叠、道路相通、渠池相连,山下村庄面貌焕然一新,流域出口水体明显变清,面源污染得到有效控制,农民生产、生活条件得到极大改善,示范推广效应显著(贾鎏等, 2010)。

(二)林业生态治理模式

近几年来,围绕丹江口库区生态治理,南阳市广大干部群众和科研工作者在工程实践中总结出了一大批成功的林业生态建设与治理模式。根据库区的生态区位,采取归类分析研究的方法,归纳总结出丹江口库区水源地林业生态治理模式。

1.库区周围生态脆弱区

该区为库区周围自然地形第一层山脊以内,平原丘陵区 1km 范围以内,地形地貌多为浅山丘陵,总面积 1067km²。该区滨临水库,水土流失严重,生态环境脆弱,生态位置极其重要。

（1）滨水生态景观林体系建设模式

在南水北调中线工程渠首、码头周围及旅游景点附近营建滨水生态景观林，不仅体现了森林的生态防护效能，也改善了区域环境，促进了生态旅游的发展。

①丹江湿地生态景观林模式：结合丹江湿地旅游，对现有垂柳、枫杨、杉木等群落扩大面积，引进耐水湿乔木和芦苇等水生植物，组成立体式水陆植物群落。

②游憩型生态景观林模式：部分林地可结合森林旅游、保健休闲、运动娱乐等功能，以大片的观花、观叶乔木和灌木为背景，开辟林间空地，引进适生观赏树种，在大片滨水带空地上发展斑块状混交的乔灌草结构复层群落。

③近自然式生态景观林模式：以自然保护、生物多样性维护和建立为目标，建立稳定的近自然生态系统。树种选择及群落构成主要有：侧柏、马尾松、油松、元宝枫、三角槭、酸枣等乡土植物，配置方式为斑块状混交。

（2）生态廊道营建模式

生态廊道工程是一个地方的绿色门面，通过对道路两侧绿化树种的布局和配置，组成具有固土、绿化、美化、香化及经济收益等多种功能的防护林体系，形成绿色廊道。生态廊道可分为生态景观型、生态经济型两种。生态景观型主要建在通往库区二级或二级以上公路两侧；生态经济型主要建在三级公路两侧。

①生态景观型：在道路两侧 10～30m 内栽植景观林带，内侧花灌木镶边，外侧采用行间混交，常绿树种搭配色叶树种。花灌木选择月季、木槿、紫荆、紫薇等；常绿树种选择女贞、塔柏、雪松等；色叶树种选择三角槭、五角枫、乌桕、银杏等。

②生态经济型：以固土、防护功能为主，兼具经济效益。在公路两侧营建 5～10m 护路林，栽植高大乔木，树种选择杨树、榆树、枫杨、柳树、楝树等。在护路林以外延伸 100～1000m 地带营建生态经济型防护林带，主要栽植花椒、柑橘、核桃、桃、杏等生态经济林。

（3）库区护岸林营建模式

在库区沿岸应考虑工程措施和辅以抗冲淘的深根性树种进行造林，多采用乔—灌—草或草—灌结合的方法配置。

①陡急凹岸护岸林：采用乔—灌双带复层结构，基岩裸露地段，可植藤本植

物覆盖。凹岸常年洪水位附近植造 3~5 行紫穗槐、胡枝子等,常年洪水位以上栽植柳树、刺槐、榆树、喜树等。

②陡急直岸护岸林:采用乔—灌或草—灌双带复层结构。较陡的石骨子地,可点播胡桑,封育成林。草—灌可选择芒(俗称芭茅)、紫穗槐等,常年洪水位靠下位置种植芒(俗称芭茅)2~3 行,水位附近种植紫穗槐 3~5 行。

③人工护岸防塌林:人工护岸林是一种特殊情况,岸上岸下均较平缓,岸下多沙质卵石滩,岸地条件较好。一般岸上采用果—乔—灌多带复层结构,岸下采用草—灌双带复层结构。植物选择为:乔木选择垂柳、刺槐、栎类等;灌木选择紫穗槐、白蜡条等;草本选择甜根子草、芒(俗称芭茅)等;经济树种选择花椒、柑橘等。

2. 河流两侧水源涵养区

该区位于丹江水库主要支流丹水、老鹳河、淇河等两侧自然地形第一层山脊以内,总面积 960km²。

(1)河流两侧水源涵养林建设模式

根据不同立地条件采取不同方法进行建设,对于阴坡重点是合理布局和严格保护原有森林资源;对阳坡和中山灌丛实行全面封育。①封禁:对这一地区现有森林植被实行严格保护,尤其对坡度在 25°以上的土层浅薄、岩石裸露、更新困难的森林,采取特殊保护措施,全面封禁。②封育:对这一地区的阳坡和中山灌丛区,具有天然下种能力和根株萌蘖能力,实行封山育林育草,加快植被恢复速度。③人工更新造林:在采伐迹地及宜林荒山上,选择生长快、根系发达、深根性及根蘖性强的乔木、灌木和草类,其中主要树种为马尾松、油松、火炬松、侧柏、栎类、黄连木、油桐、杉木、黄栌、盐肤木等。

(2)河岸防冲林治理模式

在丹江水库主要支流丹水、老鹳河、淇河等河流两侧陡急坡岸,易受流水冲蚀、淘蚀或泥沙淤积较多。主要采取以下措施。

①缓斜凹岸上缘防冲林:采用乔—草双带复层结构。常年洪水位以下埋植铁杆芒(俗称芭茅),常年洪水位以上植造杨树、枫杨、柳树等。

②阶地阶面防冲林:采用乔—果农带状复合经营结构模式。乔木树种选用杨树、泡桐、香椿等。经济树种可选择柿子、柑橘、桃、杏等。

③河心州头防冲林:采用乔—灌—草多带复层结构。常年洪水位以下埋植

铁杆芒(俗称芭茅),常年洪水位附近植造 3~4 行紫穗槐,常年洪水位以上种植杨树、枫杨、二球悬铃木等。

3.流域山区生态恢复区

丹江口水库流域山区部分除上述两个区域外,主要分布在内乡部分乡镇和淅川、西峡两县,总面积 4538km²。

(1)封山育林恢复植被治理模式

丹江口库区流域淅川县部分乡镇和西峡、内乡少部分地区立地条件差,土层薄,人工造林困难,但周围具备封育的条件,采用封山育林恢复植被,将是最有效的生态治理方法。以培育生态林为目标的针、阔乔木林和灌丛型宜采取全封,这是主要的封育方式。对培育薪炭林型宜采取轮封,将封育区划片分段,轮流封禁。部分天然下种或根萌蘖能力弱的地区,要采取种草、植灌等方法,人工促进恢复植被。

(2)深山区飞播造林模式

在淅川、西峡、内乡 3 县人烟稀少、交通不便、荒山面积集中连片的边远山区适宜采用飞播造林。飞播造林可选择侧柏、马尾松、油松、臭椿、黄连木等做主播品种,混播部分耐干旱的灌木树种。

(3)浅山区人工治理模式

在淅川、西峡、内乡县人为活动较频繁的浅山区以人工植苗、直播造林为主。

①松栎混交林治理模式:可在土层厚度 30cm 以上,酸性土壤,质地轻黏,石砾含量中等的黄棕壤的低山和丘陵区推广。松类选择本地适生的马尾松、火炬松等,栎类选择麻栎、栓皮栎等,采用带状混交,4 行松 2 行栎,三角形配置。

②一坡三带治理模式:即老百姓习惯称呼的"山顶戴帽子,山腰系带子,山脚穿靴子",即在山顶上种植松树、侧柏等常绿针叶树种,山腰种植栎类等落叶阔叶树种,山脚营建水土保持经济林。

4.丘陵农田生态防护区

丹江口水库东部,淅川县香化、九重、厚坡,内乡西庙岗、瓦亭及邓州市杏山、彭桥等乡镇主要为丘陵农田区,总面积 4378km²。

(1)农田林网建设模式

在淅川县、邓州市部分平原农区营建高标准农田林网工程,县乡公路作为农田林网的骨架,公路两侧 10～20m 范围内,营建常绿落叶搭配,花灌木、高大乔木搭配的高标准宽林带。按照沟路渠结合。"一路两行树、一路一沟三行树、一路两沟四行树"的标准,将网格面积控制在 10～13.33hm² 范围内。农田林网树种应选择根深,树冠较窄,不易风倒、风折等植物,乔木树种可选择水杉、银杏、中华红叶杨、垂柳、泡桐、樟树、枫杨、香椿、柿、玉兰、塔柏、女贞、紫薇等;灌木选择紫穗槐、白蜡条、木槿、紫荆等。

(2)丘陵区水土保持林建设模式

丘陵区大部分原生植被遭到破坏,森林覆盖率低,水土流失严重。因此在丘陵区先造林再封禁,形成乔灌草复层结构的水土保持林,并辅之以必要的水土保持工程措施,可标本兼治,有效抑制水土流失。主要造林树种选择马尾松、火炬松、侧柏、塔柏、女贞、麻栎、杨树、三角槭、五角枫、黄连木、黄栌、胡枝子、连翘等。采用针阔混交、常绿落叶混交、乔灌混交、带(块)状混交等配置模式。

(3)丘陵区生态经济林建设模式

丘陵区一般土壤干旱,土层瘠薄,适宜生长的树木种类比较少。在土壤的水热条件相对适宜的地区,选择种植花椒、柿、核桃、仁用杏等生态经济树种。同时,生态经济林地每隔一定距离要在坎上种植灌、草,形成生物埂隔离带,以防止水土流失(谢浩,2013)。

第十章

海滨、湖滨、
河滨水土保持

第一节　海滨、湖滨、河滨侵蚀概况

一、海滨侵蚀概况

(一)海滨侵蚀分布

海滨侵蚀也称为海岸侵蚀,是指在海洋动力作用下海滨供沙量少于失沙量而引起海岸线后退的过程。狭义的海滨侵蚀仅指自然海岸的侵蚀后退过程;广义的海滨侵蚀除自然海岸的侵蚀外,还包括人为对海岸的破坏过程,如淡水截流、海岸工程破坏、人工挖沙取石和人工围垦等行为(石海莹等,2018)。

我国南方海滨侵蚀岸线分布广泛,侵蚀岸线在总岸线中所占比例较大(表2-10-1)。据调查和用标准岸线量算,在江苏灌河口至浙江高阳山的长江三角洲和苏北海岸925km的大陆岸线中(未包括长江口水域93km岸线),侵蚀岸线为333km,占海岸总长度的36%,如果考虑低潮线的后退程度,该比例高达41%(季子修等,1993)。

表2-10-1　中国南方主要侵蚀海岸分布

海区	侵蚀率(%)	省(区、市)	侵蚀岸段
黄海沿岸	49	江苏	柘汪口—兴庄河口,云台山—射阳河口,东灶港—蒿枝港口
东海沿岸	44	上海	南汇嘴—中港,漕泾—金丝娘桥
		浙江	金丝娘桥—高阳山,嵊泗岛四周,舟山群岛东南岸,宁海石浦港以南和以北,温岭、玉环东南岸,苍南金乡—沙埕
		福建	福鼎沙埕港—黄歧,平潭岛东北和东岸,莆田石城—惠安崇武(包括湄洲岛东岸),晋江白沙—湖尾—围头红土岸,厦门沙坡尾—高崎曾厝红土岸,东山南门湾、东山湾沙滩
		台湾	东岸

海区	侵蚀率(%)	省(区、市)	侵蚀岸段
南海沿岸	21	广东	南澳岛南岸,汕头港—碣石,汕尾遮浪—大亚湾北口,阳江闸坡附近
		广西	企沙—山新,松柏—江平
		海南	文昌东郊梆塘湾珊瑚礁岸,琼海潭门镇草塘珊瑚礁岸,临高西北珊瑚礁岸

资料来源:蔡锋等,2008。

纵观我国东海岸,大区段的海岸侵蚀特点为长江以北重于长江以南,其中前者尤以江苏沿岸为甚,后者侵蚀相对较轻。上海、浙江、福建沿岸除受强潮影响的杭州湾北岸外海滨侵蚀现象较少发生,但因台风暴潮而形成的短时间海水入侵危害十分严重。福建中部、南部是长江口以南海岸侵蚀较严重的岸段,广东东部、海南岛东部、广西西部有局部的海滨侵蚀现象。

(二)海滨侵蚀现状

海滨侵蚀是世界各地沿海普遍发生的侵蚀方式。据报道,世界沿海约有70%的沙质海岸遭受侵蚀破坏。我国几乎所有开敞的泥质海岸和70%左右的沙质海岸均存在侵蚀(夏东兴等, 1993),其中大面积沙质海岸的侵蚀速率为1~3m/a。我国各海域海滨侵蚀的比例不尽相同,渤海沿岸为46%,黄海沿岸为49%,东海沿岸为44%,南海沿岸为21%,且呈现出逐年加剧的趋势(Ji, 1996)。

自20世纪初开始,人类开始重视对海滨侵蚀的研究。英国最早于1906年成立了专门治理海岸侵蚀的皇家委员会,1949年制订了英国《海岸保护法》,规定岸外取砾石必须经委员会审批。20世纪60年代美国开始注重海滨侵蚀问题,美国陆军工程部队完成的"全国海岸线研究报告"指出:在美国13.5×10⁴km的海岸线上有3.3×10⁴km的岸线属于严重侵蚀岸段,大西洋海岸有70%岸线处于侵蚀状态,墨西哥湾沿岸侵蚀速率达1.8m/a,是侵蚀最严重岸段;美国还编绘了海岸侵蚀图集,建立了岸线变化的数据库和海岸侵蚀的信息系统;美国1972年颁布了《海岸带管理法》,对海滩、沙丘、悬崖和礁石等进行保护,取得了很大成绩。同年,国际地理学会成立了"海洋侵蚀动态工作组",将海滨侵蚀研究纳入了国际合作的范畴。日本遭受侵蚀的海岸线大于堆积性海岸,很多岸段蚀退率超过 3m/a。苏联 1962 年颁布了《黑海海滩保护法》,并在黑海建立了许多海滩保护工程。1974 年澳大利亚的 Bird 教授综合同行资料撰写了"百年来的岸线变化"的报告,对世界各地岸线变化及其原因进行了评述,这项工作被纳入国家海洋科学研究委员会的计划,并建立了海平面变化和世界海岸线侵蚀工作组(沈焕庭等,2006)。

Bruun(1962)最早提出了著名的"布容法则(Bruun Rule)",用来解决海平面上升引起的海滨侵蚀机制问题,此后许多学者对这一模型进行了改进。Bynes et al.(1995)认为美国佛罗里达地区海岸线快速变化与防波堤建设和沿岸泥沙输运引起的沉积有关,并通过定性描述和定量分析建立了一个适合地区大尺度海岸变化的模型。Dean et al.(1997)通过对美国佛罗里达 Palm 海滩的多年综合观测,确定了防波堤作用下波浪对海滩侵蚀的影响。Yunus et al.(1999)以澳大利亚 Adelaide 海滩为例,通过对海滩剖面、风暴潮高、波高和沉积物性质分析提出了一套风暴潮海滩侵蚀模型。为评估海岸侵蚀对欧洲海岸的社会、经济和生态影响及干预的必要性,欧盟委员会环境总局提出了"欧洲可持续海岸侵蚀管理倡议"(EUROSION,http://www.eurosion.org),2002 年正式启动,由荷兰海岸和海洋国家研究所主导。日本学者 Uda(2007)的研究团队对海岸渔港工程引起的侵蚀做过大量研究,认为渔港工程引起的海滩侵蚀主要是阻挡沿岸输沙和波浪隐蔽区动力变化造成的。基于现有科学知识水平和实践经验,为了开发和测试海岸侵蚀可持续管理的观念、准则和工具,欧盟有针对性地设立了"海岸侵蚀管理的概念与科学"(Concepts and Science for Coastal Erosion Management,CONSCIENCE)项目,2007 年 3 月开始实施,历时 3 年。由克罗地亚、爱尔兰、荷兰、波兰、罗马尼亚、西班牙和英国共 7 个国家的 8 个部门共同协作完成。

中国对沙质海滨侵蚀的研究始于 20 世纪 50 年代末期,70 年代末期随着沿海城市大规模建设对砂石需求的猛增而导致沙质海滨侵蚀日益加剧。我国海滨侵蚀的研究和综合治理工作起步较晚,始于 20 世纪 80 年代,目前仍落后于世界先进国家。早期以定性描述为主,逐渐过渡到定性半定量分析以及数值模拟。海滨侵蚀作为一种海洋灾害,已日益受到人们的重视。通过对江苏省吕四近岸波浪、水流和岸滩变化的观测分析得知:浅滩水流泥沙携带量减小是该海岸侵蚀的主要原因。在风浪作用下,浅滩泥沙易向外海搬运。因此,综合考虑波浪、水流对海滩侵蚀的作用,宜采用分离式离岸堤与丁坝布置相结合的保滩促淤工程(喻国华等,1985)。近年来,由国家海洋局所属有关科研和管理机构及地方海洋部门主持的局部海岸侵蚀调查已在一些地区开展起来。国家海洋局1991年批准进行"我国沿海典型岸段海岸侵蚀及对策研究"。国家海洋局编制的《中国海洋灾害公报》(1992年4期)上首次提到海岸侵蚀,并将其列在风暴潮和巨浪灾害之后,成为1992年我国第三大海洋灾害。

中国海滨侵蚀具有普遍性、多样性和加剧发展三个特点,而影响该侵蚀的主要有海平面上升、风暴潮加剧、入海泥沙减少、不合理人为开发等多种因素。罗宪林等(2000)分析了海南岛南渡江三角洲由发展到废弃的演化过程,揭示出不同废弃阶段的河口平面形态由东向西变化等特征,对比了活动三角洲与废弃三角洲的地貌差异。盛静芬等(2002)在对中国海滨侵蚀原因分析的基础上,结合国外成功的岸线管理经验提出了关于海岸线侵蚀管理中的若干概念、海岸线管理的技术以及海岸带立法和海岸线管理程序。蔡锋等(2008)从区域构造背景、海岸侵蚀的表现形式、海岸侵蚀主要原因和面临挑战等方面对中国海岸侵蚀的特点做出概括性论述,并着重从海面变化与海岸侵蚀,以及风暴浪潮与海岸侵蚀之间的关系,讨论了全球气候变化对我国沿海海岸侵蚀的影响态势,从加强基础理论研究、防治技术研究、健全管理系统和强化法制机制等方面提出了今后我国海滨侵蚀防范建议。

以长江三角洲海滨侵蚀现状为例,该海滨侵蚀区段主要分为三部分:长江河口北支河道北岸及邻近的启东—吕四海岸、长江南支部分岸段和杭州湾北部海岸(左书华等,2006)。

1. 启东—吕四附近海岸

该海岸原是长江三角洲古沙洲的向海延伸部分,其两侧的汊道及海湾因入海泥沙充填,逐渐淤涨成陆地。1915年以来,通过长江北支入海泥沙逐步南移输运,使得长江口向苏北沿岸输送的泥沙显著减少,径流量从占整个长江入海径流量的25%减少到不足1%,导致吕四附近30km长的岸段节节后退,处于侵蚀环境(哈长伟等,2009)。1916—1969年的50余年之中,该海岸高滩地平均后退约1km,侵蚀速率为20m/a(喻国华等,1985)。

2. 长江口岸段

该段海岸侵蚀主要由主流摆荡、涨潮水流顶冲及沙洲、岸滩迁移所引起。在海风、波浪和潮流等动力因子的长期作用下，长江河口主流不断南偏，同时在江中不断出现移动沙洲，导致河槽落潮水流偏南，岸滩冲刷侵蚀现象日趋严重。据记载，在18世纪初期，该岸段江堤尚未建造，受偏南水流的影响，南支南岸发生大坍塌，小川河段岸滩后退约1.5km；20世纪90年代初，新浏河沙被宝山水道水流冲开，形成新浏河沙包，宝山水道下段持续南移，冲刷岸滩，仅罗泾煤码头-5.0m等深线就后退140m左右（左书华等，2006；唐晓峰，2013）。同时，受涨潮水流北偏或顶冲岸滩的影响，位于长江口北支北岸的崇明、长兴两岛南岸一直被涨潮水流冲刷，受冲岸线比例较大。

3. 杭州湾北岸

该段海岸是在长江口入海泥沙和杭州湾强潮及波浪作用下塑造而成的淤泥质海岸。与杭州湾南岸相比，北岸海岸线变化更为剧烈，总体上表现为岸滩的淤涨量大于侵蚀量。从唐朝至明清这1000多年间的时空演变规律来看，唐朝松江口至南沙嘴段向东扩张，淤涨速度及南北跨度较大。其中，于唐宋时期，南沙嘴附近向外扩张速率高达28m/a。相反，南沙嘴到澉浦附近各历史时期基本呈现内坍的趋势，变化速率大约80m/a，总体向北坍进了约7km（康育龙等，2019）。自从20世纪以来，流域来沙量逐年减小，加上近年来长江口大规模的低滩围垦，促使入海泥沙大量减少，导致杭州湾北岸滩地普遍冲刷后退，尤其是奉贤区管辖的原为淤积的岸滩，岸线全长约30km，已由淤涨转为侵蚀，目前全区一线海堤外几乎无3m以上的高滩，-5.0m线全线向岸蚀退，金汇港东断面最大后退距离达405m（左书华等，2006）。

（三）海滨侵蚀危害

海滨侵蚀是一种全球性的地质灾害，对海岸环境和人类活动有深刻影响，已逐渐引起各海洋国家的高度重视。因此，掌握海滨侵蚀过程与发生机制，进行有效的防护与管理，是许多国家国土建设的重要内容。海滨侵蚀最直接的危害是加大海侵、蚕食国土、破坏沿岸构筑物和工农业生产，尤其是海滩破坏后退、淹没河口或沿岸低洼地、增大海岸洪涝频率或河口盐度、加剧土壤盐渍化等过程，最终造成海滨生态系统失衡。

1. 海滩吞蚀,岸线后退

海滩具有与海平面维持特定平衡剖面的属性。根据布容法则,若海岸侵蚀或海面上升,从海滩上部侵蚀的物质随即堆积在其近滨的底部与波浪临界深度之间的地带,倘若这些物质向海搬运,海滩上部即向陆地方向移动。据报道,在进流和退流交换中,1min内海滩物质可产生10cm的水平移位。在大小潮循环中,海滩变化量可达1m。显然,在季节周期水面变幅为1m条件下,其海滩变化量就更可观了。美国学者的观测证实,海面上升1m,新泽西布莱特海滩后退75m,卡罗莱纳沙岛后退200m,旧金山海滩后退300m。

2. 淹没沿海低洼地,加剧土壤次生盐渍化程度

对多数自然海岸而言,首当其冲的是海水吞没高出海平面的广大沿海低地。河流、沟渠入海排泄速率取决于海河的高程差异。例如,海水进侵显然减弱了排泄水的流压力,从而使得自然排水减慢,增加防涝难度,造成陆地土壤资源恶化,威胁农林产品质量与产量,直接影响当地百姓温饱问题。内涝海水中的氯离子对混凝土和地下管网都有腐蚀性,海水入侵到城市,生产设备容易氧化,对工业生产造成威胁。此外,海滨侵蚀还会不断增强河口区两岸蓄水层的盐度,导致土壤盐渍化发生与恶化。

3. 海水倒灌,形成咸潮

目前,我国沿海平原及其他局部地区海水倒灌灾害甚为突出,严重污染和破坏了陆地水资源,造成沿岸农田无法取水灌溉、部分农村发生饮水困难。其原因与海潮高于地平面而导致海水经由地表入侵陆地淡水资源的自然因素有关之外,还与人为过度开采地下水的行为密切相关(吴鹏飞,2020)。特别是广东省湛江市,自20世纪60年代开始,地下水的开采量约为500000m³/d,造成地面下沉的中心区域已低于海平面21m(Zhouet al,2003)。当淡水河流量不足,令海水倒灌,咸淡水混合造成上游河道水体变咸(水中氯化物含量超过250mg/L),还将形成咸潮(又称咸潮上溯、盐水入侵)。咸潮一般发生于冬季或干旱的季节,即每年10月至翌年3月之间出现在河海交汇处。

二、湖滨侵蚀概况

(一) 湖滨侵蚀分布

有人说湖泊是天地的眼睛,形状各异的湖泊仿佛是充满智慧的生机和灵气的大地之眼。山脉伟岸崔巍,沉雄苍郁,湖泊则是清奇淡逸,每个湖泊都有各自不同的性格特征。湖泊的分布没有地带性分布特征,随海拔变化亦无明显规律。我国是一个多湖泊的国家,全国天然湖泊面积在 1km² 以上的有 2800 多个,总面积约 8 万 km²,约占国土总面积的 0.8% 左右(王苏民等,1998)。我国湖泊中淡水湖泊面积约 3.6 万 km²,占总湖泊面积的 45% 左右。我国湖泊按成因分有河成湖、海迹湖、溶蚀湖、冰蚀湖、构造湖和堰塞湖等;按湖水的化学性质分为淡水湖和咸水湖;按湖泊面积大小分为大型湖泊(大于 500km²)、中型湖泊(50~500km²)、小型湖泊(50km² 以下);按湖泊的水循环特点分为内流湖与外流湖。

我国湖泊分布具有地域广泛而又相对集中的特点,按照湖泊的成因以及水文特点,可将湖泊分布分为东部平原、东北平原、云贵高原、蒙新及青藏高原五个湖区。东部平原和青藏高原是我国湖泊分布稠密度最高的地区,云贵高原、蒙新地区与东北地区等湖泊分布较少。我国淡水湖主要集中在东部平原即长江中下游平原、淮河下游和山东南部,鄱阳湖、洞庭湖、太湖、洪泽湖、巢湖都分布在这一地区,全区湖泊总面积约占全国湖泊总面积的 1/2。云贵高原海拔较高,大部分湖泊都属于因地层断裂陷落而成的构造湖和石灰岩溶蚀湖,多为淡水湖,如贵州的草海、云南的纳帕海、拉石坝湖等。我国南方地区主要省市湖泊情况见表 2-10-2。

表 2-10-2　我国南方地区主要省市湖泊数量和面积

省(市)	>1000 (km²)	500~1000 (km²)	100~500 (km²)	50~100 (km²)	10~50 (km²)	1~10 (km²)	数量合计 (个)	面积合计 (km²)
云南	—	—	3	2	6	20	31	1115.2
贵州	—	—	—	—	1	—	1	24.3
四川	—	—	—	—	1	32	33	100.7
上海	—	—	—	1	—	1	2	60.6
江西	1	—	1	3	9	41	55	3882.7

省（市）	>1000（km²）	500~1000（km²）	100~500（km²）	50~100（km²）	10~50（km²）	1~10（km²）	数量合计（个）	面积合计（km²）
安徽	—	1	9	4	16	74	104	3426.1
湖南	1	—	—	2	14	100	117	3355.0
湖北	—	—	4	2	39	143	188	2527.2
江苏	2	1	5	2	12	77	99	6372.8
浙江	—	—	—	—	1	31	32	80.2
广东	—	—	—	—	—	1	1	5.5
台湾	—	—	—	—	—	3	3	10.3

注：—表示无。资料来源：马荣华等（2011）。

湖滨带作为水陆交错带，其主要功能表现为具有高生物多样性特征、入湖污染截留净化、蓄洪防旱等功能，对湖泊流域的生态环境具有重要保护作用（杨红军，2008）。中国人自古以来就有临湖而居的习惯，人类的生产生活对湖泊周边生态环境具有强烈的破坏作用，湖滨带的生态功能受损，严重威胁着湖泊生态环境安全及周边居民的生产生活安全。近30年来，湖泊流域经济快速发展，污水、废水大量注入湖泊，导致湖泊水体富营养化现象日趋严重。目前湖滨带生态修复保护越来越受到重视。近年来我国许多湖泊出现侵蚀和生态恶化问题，如长江三角洲太湖流域、江苏省白马湖、江西省鄱阳湖、安徽省巢湖、云南省洱海和泸沽湖等均遭到不同程度的侵蚀破坏。

（二）湖滨侵蚀现状

湖滨在城市的发展中起着重要作用。近年来随着经济社会发展，许多湖泊出现水体污染、生态恶化问题，污水横流、滨水带硬化等生态环境问题日益突出。为此，国内外学者对湖滨保护领域开展了一些研究。19世纪奥姆斯特德提出"波士顿项链计划"，沿着马迪河的位置在城市中构建一条线性绿色景观滨水带，此后，各国开始对湖滨水景观展开研究（朱偲铭，2017）。琵琶湖是日本最大的淡水湖，也是当地经济发展的基础，但由于经济发展方式不当而遭到破坏。为了对琵琶湖进行治理，1972年日本滋贺县修改《河川法》，大规模对琵琶湖进行治理，建造水源涵养林、防沙治山，完善农业基础措施，保护梯田等防治水土流失，减少入湖泥沙，减少湖泊负荷（於岳峰，2006）。位于美国的伊利湖曾经也遭受严重的污染，曾有"死湖"之称。伊利湖的污染主要是湖区工业废水、农田废水的注入使的湖水被污染,水质恶化。1960 年后,美国开始对伊利湖展开治理,直至 20 世纪 80 年代才初见成效(王心,2017)。

湖泊区域陆生生态系统与水生生态系统间的过渡带称为湖滨带,也叫水陆交错带,其核心范围是最高水位线和最低水位线之间的水位变幅区,依据湖泊水—陆生态系统的作用特征,其范围可分别向陆向和水向辐射一定的距离(郑西强等,2015)。湖滨带生态系统的功能包括:缓冲带功能、保持生物多样性及生境保护功能、护岸功能和经济美学价值。长期以来,由于人为因素的影响、周边农田污染、挖沙采石、风浪侵蚀等因素的影响,造成湖泊湖滨带生态系统严重退化,植被遭到破坏,湖岸遭受侵蚀,景观美学价值降低,水质恶化,洪涝灾害频繁,严重威胁湖区人民身体健康和生命财产安全。例如,太湖作为我国主要淡水湖之一,曾经大面积被污染。2007 年 5 月太湖蓝藻大面积暴发,水源地水质遭受严重污染,引发无锡市近 200 万居民供水危机。随后,国务院做出重要批示,要求加大太湖水污染治理力度,江苏省也加快了太湖水污染治理工作的进度(朱喜,2010)。

(三)湖滨侵蚀危害

由于经济的快速发展,湖域周边人类活动的强烈干扰,如侵蚀滩地、围湖造田、建养鱼塘等以及对湖泊的开发利用(叶春等,2015),迫使湖域生态环境遭到破坏,生态坏境恶化,影响湖域周边居民的生活。湖滨侵蚀的主要危害有三个方面:①湖滨带生态脆弱性持续增加,生态系统健康状况不容乐观,湖滨带水土流失严重。②人为活动增加,湖滨带生态破坏严重,周边水质降低,湖水富营养化,湖滨带退化,生态环境恶化,影响周边居民正常生活。③堤岸硬质化,受侵蚀及风浪影响,出现湖岸坍塌现象,危害生态系统及周边居民安全(叶春等,2012)。

鄱阳湖是我国第一大淡水湖,是仅次于青海湖的第二大湖。三峡工程的建造导致鄱阳湖在 5 月末—6 月初水位抬高,湖区防洪排涝压力增大。10 月湖区枯水期时三峡水库蓄水,湖口水位低,由于降水量及湖面注水量减少,鄱阳湖频频出现湖水干涸现象,水质降低,生态恶化,周边供水紧张。三峡水库蓄水 10 月份蓄水引起鄱阳湖全湖水位急剧下降,面积及容积减小,枯水期提前来临。鄱阳湖干涸严重影响了湖泊和湿地的生态系统,鱼类、鸟类错过繁殖期,水生植物生长和繁殖空间大幅度缩减。马来眼子菜、苦草、螺蚌等鸟类、鱼类饵料无法生长，是鄱阳湖生态系统退化的重要影响因素。鄱阳湖周边居民主要以渔业为生，干涸的湖水导致大量鱼类无法生存，周边居民丧失主要经济来源，随着流域社会经济的发展，湖滨水土流失等生态问题也愈发严重。鄱阳湖滨除受水蚀外，风蚀现象也广泛存在，形成了环湖平原风沙区，压埋农田、破坏环境，导致湖滨生态环境恶化，加剧人地矛盾，湖滨生态环境和粮食安全受到严重影响。鄱阳湖湖区化工厂污水排放，也导致湖水被严重污染，生态环境恶化，生态系统遭受破坏（吴龙华，2007；朱宏富等，1995；傅春等，2007）。

太湖作为我国淡水湖泊之一，维系着周边居民的生产生活。但是，由于人类活动强烈，造成太湖污染严重。太湖每年都会污染频发，水质退化和富营养化严重，"水华"现象频繁出现。据太湖流域联合编制的水质评价显示，太湖水质1980年较清洁水质为69%，轻污染水质为1%；1987年较清洁水质下降了10%左右，轻污染水质增加了2.2%，重污染水质达0.8%；1993年，太湖轻污染水质为15%，急剧下降，轻污染水质为14%，重度污染已达1%。太湖水体富营养化导致浮游生物死亡以及水中氧气减少，鱼类大量死亡，水华发生时，水质恶臭难闻，严重影响周边居民正常生产生活。

湖滨易蚀区一般处于主导风向的迎风面上，特别在汛期，湖水水位高，风大浪高易造成侵蚀。在枯水期则形成消落带，消落带是水位调度而形成的周期性水位涨落的特殊区域，不仅可以植物护岸还可以作为缓冲带。以三峡库区消落带为例，三峡地区消落带涉及了26个县，且类型复杂多样，还存在着生态自我修复缓慢、生态极度脆弱、污染严重等生态环境问题（韩勇，2007）。三峡水库根据"蓄清排浑"计划，使库区两岸形成消落带。三峡库区形成的消落带与自然状态下的水位涨落节律完全相反，且库区消落带下部年均淹水时间较长，导致该地带植被退化消亡（梁洪海等，2019）；又因为消落带生态系统同时受水生生态系统和陆生生态系统的交互作用，受到分别来自陆地和淹没地污染物以及水体自净能力下降的影响，存在着岸边污染带和水路交叉污染两方面的问题，从而威胁到三峡库区生态环境系统的平衡与人类生产生活安全。

三、河滨侵蚀概况

（一）河滨侵蚀现状

河滨是位于河流两侧的一种地貌类型，是河流与陆地交界处以及对河水影响最大边界之间的地带，包括河岸和河滩，通常统称为河岸滩。河岸滩濒临河道，受河水—地下水相互作用及其影响，其地下水分移动特征、土壤性质、生物特征、微气候特征等与其相邻的河流和陆地生态系统均有明显的差别，存在纵向空间的镶嵌性、横向空间的过渡性、垂直空间的成层性与时间分布的动态性四个维向上变化的边缘特征。作为水陆生态系统的过渡地带，具有生态脆弱性、生物多样性、变化的周期性和人类活动的频繁性等特点，可以净化水质、调节局部微气候、丰富物种多样性、提供生存物质与稳固河岸等作用，因此对区域水资源安全、生态系统平衡和可持续发展具有重要作用（段丽军，2015；刘海等，2018）。

河滨类型按照河岸地貌类型可分为河谷型河滨、滩地型河滨、堤防型河滨等；从河滨的组成物质，可把河滨分为基岩质河滨、岩土质河滨和土质河滨等，其中土质河滨主要由更新世沉积物或近代冲积物组成，由更新世沉积物组成的河滨岸大多分布在山区丘陵地区的河道中，通常为阶地的边坡，其抗冲性比较强，稳定性也较大，因而不易受水流冲刷。由近代冲积物组成的河滨则主要分布在平原地区的河流中，一般为河岸滩、边滩及江心洲的边坡，其抗冲性比较弱，在水流作用下很容易发生变形。由近代冲积物组成的土质河岸主要位于冲积河流的中下游段，如长江中下游的河道中，分布着大量的这类土质河岸。

河滨侵蚀也称为河岸侵蚀、河岸崩塌、崩岸、塌岸，是指由土石等物质组成的河岸受水流冲刷，在水力、重力等作用下土石被水流运移，边岸冲淘侵蚀后退，或失去稳定并沿江河的岸坡产生崩落、崩塌和滑坡等现象。河岸侵蚀是在河岸土体与水流相互作用下发生的，河岸表面泥沙在水流、波浪、地表径流及外营力等侵蚀冲刷下被水流冲走，河岸表面土体出现剥落崩解，滨岸后退。当岸坡受到水流、波浪冲刷，淘空坡脚，河岸岸坡变陡，在土体自重和裂缝等多种因素作用下，大块土体倾倒、崩解、滑移，崩岸发生崩塌（戴海伦等，2013；张幸农等，2008）。

河岸侵蚀作用可分为下蚀作用和侧蚀作用,下蚀作用使河床加深,河流向纵深方向发展,侧蚀作用使河谷变宽、河道弯曲。下蚀作用是指河水对河床底部的侵蚀,具有使河床降低的作用。在河流的上、中游段或山区河流中容易发生下蚀作用,由于该地段河道断面狭窄,纵比降大,流速大;由于组成河床岩石的抗蚀能力的差异,河床纵剖面崎岖不平,常呈台阶状,从高处跌落的河水,以强大的冲击力和沙、砾旋钻、磨蚀陡坎下的河床,掏空陡坎基部,陡坎上部岩石受重力作用而坍落,台阶后退,如此循环往复,台阶最终消失,河床被夷平。在河流的源头多有跌水,下蚀作用引起掏蚀坍落,源头向分水岭上部发展,发生溯源侵蚀作用。当河流在河口到达其汇入的静止水面时,流速丧失,下蚀作用也就终止。侧蚀作用是河水破坏河床两侧的作用,在河流的中、下游段或平原区河流中最为多见。天然河流总有弯曲,河水从直道进入弯道时,原来沿河流轴线运动的主流,因惯性离心力的影响偏向河弯的凹岸,造成横向水位差,从而单向环流发育起来。环流的表流冲击凹岸弯顶的下段,掏蚀河岸引起崩坍,落入水中的沙、石被环流的底流带到河弯凸岸边堆积,形成边滩。随凹岸后退扩展,凸岸边滩增长,河弯顶不断后退而且缓慢下移,河床的弯曲度加大,变成"S"形,进而演变成一串"Ω"(正反相接)形,这种形状的河流称河曲、河湾或蛇曲。当两个河弯贴近,河水便冲开连接两弯的细颈部,弃弯走直,遗留下的废河道,变成了新月形的牛轭湖。河弯在环流作用下,不断摆动,使河谷的谷坡不断破坏,河谷底部加宽,但河床的宽度基本不变。侧蚀作用使河床的长度增加,纵比降减小,流速变低。河流在自己形成的堆积物中迂回流动。由地球自转引起的科里奥利力,可使河流的水流方向偏离,从而加强河流的侧蚀作用。在弯曲河流的凸岸形成的边滩,随着河床的摆动可以扩大发展成洪水位才能淹没的河漫滩。河漫滩形成后,如果河流的侵蚀基准面下降,河流的下蚀作用增强,河床因而被蚀低,于是先期形成的河漫滩则高出河面位于谷坡上或谷底,呈台阶状,叫河流阶地。河流到达海面,流速消失,搬运来的碎屑物全部沉积在河口,平面上形成"△"形,叫三角洲。

河岸侵蚀实际上包括河岸冲刷和崩岸两个土体移动现象,河岸冲刷一般指河岸表面的泥沙颗粒在水流拖拽力的作用下被冲走的水力学现象,拖拽力随着水流流速和水深的增加而增大,一般来说流量越大冲刷力越大;崩岸则指河岸土体受到自重和裂隙作用,大块土体发生崩塌或滑移,是一个土力学过程,但与河岸冲刷密不可分。河岸冲刷会增加岸坡的高度和角度,同时也增加岸坡在重力作用下发生土体崩塌的可能性。河滨土体的结构及其土质组成决定了河滨的抗冲、抗淘能力,河滨土体抗冲、抗淘能力越强,土体越稳定、越难被冲刷,崩塌下来的土体越难被水流带走,河滨侵蚀越小(党祥等,2012)。

(二)河滨侵蚀分布

在天然河道中,水流和泥沙的相互作用,普遍存在河岸冲刷与崩岸的河滨侵蚀现象,几乎存在于世界上所有江河沿岸,如美国密西西比河下游、欧洲莱茵河历史上都发生过多次崩岸。我国七大江河也普遍存在河岸崩塌现象,以长江中下游最为典型,沙市河段、公安河段、石首河段、荆江河段、九江河段、官洲河段、嘶马河段等都曾出现过十分严重的河岸崩塌。据不完全统计,20 世纪 90 年代以来长江中下游河道崩岸已发生数百起,其中较为严重的一年内达数十起,1960—1988 年间,崩岸段的长度就达 1520 余 km,占两岸岸线总长约为 4250km 的 35.7%(张幸农等,2008)。2003—2015 年间长江中下游干流河道共发生崩岸 825 处,累计崩岸长度约 643.6km(戴海伦等,2013)。

由于河滨区域特殊的位置和功能,使其成为人类活动干扰强烈,生物多样性及生态系统最易遭到破坏的区域。城市化进程使得河流滨岸带,尤其是城市河流滨岸带生态系统遭受人类的干扰而严重退化。世界上 20% 的滨岸带植被已经不复存在,剩余部分也在迅速消失中。在过去的 200 年间,北美和欧洲地区超过 80% 的滨岸带廊道已经消失。在日本,城市化以及农业发展导致了滨岸带植被迅速消失,滨岸带被大量开发为畜牧业和农业用地。在我国,沿河滨岸带的土地利用程度综合指数自 20 世纪 80 年代以来一直在增加,滨岸带生态系统的退化,已经导致了一系列严重的环境问题——沉积物污染、河流水温升高、陆生和水生动物栖息地丧失等。据统计,到 20 世纪初期,世界上未受人为干扰的完整的自然河流已经不复存在(汪冬冬,2010)。至今为止,随着人类人口增长,特别是城市化、工业化速度的加快,人类对全世界河流的筑堤、筑坝、自然河道渠道化等人工改造,使得河流中生物生存环境遭到破坏,产生水土流失、河流水污染严重等水环境问题,城市内河水系的生态问题已被公认为一个全球性的生态环境问题。

(三)河滨侵蚀危害

河滨侵蚀可导致多种环境问题,河滨侵蚀产生的泥沙物质是江河的主要泥沙来源之一,同时大量泥沙和土壤有机质进入江河之后,进一步破坏水质、影响水生生物的生长发育。长期侵蚀,最终造成河岸崩塌,强度大的河岸崩塌往往会酿成重大险情,严重威胁沿岸人民的生命财产安全,特别是河流崩岸对人类的生命财产产生重要影响(王延贵,2003;陆付民等,2005;汪冬冬,2010)。河滨侵蚀的主要危害包括以下几个方面。

1. 威胁江河堤岸的安全

河道水流不断对江河岸坡侵蚀冲刷,岸坡失稳,发生崩塌,严重时发生决堤等危害极大。1998年我国发生了历史最大的洪水,其中长江流域有5处发生堤岸溃决,特别是江西九江大堤的溃决更是触目惊心,造成了不可估计的损失。江河湖泊险情主要是由渗漏、管涌、崩岸等引起的,其中崩岸约占全部险情的15%。

河岸侵蚀崩塌对江河及其沿岸的危害极大。一方面崩塌使河堤外滩宽度趋于狭窄,造成大堤或江岸直接遭受主流顶冲或局部淘刷,使大堤防洪抗冲能力大大降低,崩岸直接威胁堤岸的安全;另一方面,崩塌往往会造成堤基渗漏或增加新的渗漏、管涌机会,一旦遇到大洪水则可能出现堤防溃决的险情。

2. 威胁岸边建筑物及农田的安全

江河岸边是人类居住集中、活动频繁的区域,为生活和发展的需求,在江河两岸或附近都修建了大量河港码头、厂矿、民房以及取水建筑物,方便居民生活生产,但是由于岸滩受到水流侵蚀冲刷,不断崩退,使一些厂矿、民房等建筑物临于岸边。随着崩岸的不断加剧,岸线逐渐向建筑物逼近,直接威胁两岸建筑物的安全。如果护岸不完善,河岸稳定性差,河岸崩塌,使岸边农田丧失,威胁沿河港口码头、厂矿安全,使国民经济遭到巨大损失。

3. 河道泥沙淤积,降低江河水资源的蓄积能力。

河岸冲刷和崩岸使滩地或耕地损失和减少,也是下游河道泥沙的重要来源,直接影响下游河道的冲淤变化。崩岸使下游河道的泥沙来量短时间迅速增加,泥沙含量超过水流挟沙能力,部分崩岸泥沙在下游河段淤积下来。河岸冲刷崩塌严重,岸滩崩塌产生的泥沙量是下游河道来沙的重要组成部分,对干流河道的河床演变具有重要的作用,从而抬高河床,降低河道水资源的调蓄能力,降低水资源的蓄积,加剧洪涝干旱发生概率。

4. 影响河道航运

由于河滨侵蚀冲刷和崩岸的不断发生或者大窝崩发生,使河道主流发生变化摆动,崩岸附近的流态也会发生变化,可能会出现汇流、急流和斜流等流态,使航船搁浅、摇摆,甚至会发生翻船的危险。另外,崩岸造成下游河道的淤积和河势发生变化,同样会使航运的水流边界条件发生变化,最终影响航运。

5. 影响河道滨岸环境

河滨侵蚀导致滨岸区动物、微生物、植物、土壤、地形地貌等发生较大变化,使河滨环境发生变化。另外,滨岸侵蚀后,泥沙进入河道,影响水质和河道底泥等,从而影响河道水生环境。

第二节　海滨、湖滨、河滨侵蚀特征及影响因素

一、海滨侵蚀特征及影响因素

(一)海岸带主要类型

中国海岸平面上呈向东南突出的弧形,大陆岸线长 1.8 万 km,岛屿岸线长 1.4 万 km。各种海滨侵蚀和堆积地貌形态,在许多总体形态特征上差别很大的自然海岸都有局部而具体的分布。由于海岸发育的因果关系、演化历史和形态特征都相当复杂,因而对全球海岸的科学分类一直有着若干不同的观点。根据物质组成等特征,自然海岸可进一步划分为岩质海岸、沙质海岸、泥质海岸和生物海岸。

1. 岩质海岸

岩质海岸又称基岩海岸,由比较坚硬的基岩构成,并同陆地上的山脉、丘陵毗连。由于岩性和海岸潮浪动力条件的不同,有侵蚀性基岩海岸和堆积性沙砾质海岸两种类型。其主要特点是岸线曲折,岛屿众多,水深湾大,岬湾相间。

岩质海岸的丘陵台地低山山体直逼海边,形成基岩岬角和港湾相间的地

形。有的河流入海,形成河口港湾;有的形成溺谷湾。港湾内常有淤泥滩涂。岩质海岸是我国重要的海岸类型,属侵蚀型海岸,以海岛和低山丘陵为主,大约占海岸线长的20.2%。岩质海岸为人们提供了海蚀地貌美景,因此,岩质海岸常被开发成旅游胜地或港口(图2-10-1)。

图2-10-1 浙江舟山群岛普陀山岩质海岸(林雄 摄)

岩质海岸在我国的漫长海岸带上广泛分布。在杭州湾以南的华东、华南沿海都能见到它们;在杭州湾以北,主要集中在山东半岛和辽东半岛沿岸。我国的岩质海岸长度约5000km,约占整个大陆海岸线总长的30%。此外,在台湾岛和海南岛,岩质海岸更为多见。岩质海岸的海岸线曲折且曲率大,岬角与海湾相间分布,岬角向海突出,海湾深入陆地。海湾奇形怪状,数量多,但通常狭小。由于波浪和海流的作用,岬角处侵蚀下来的物质和海底坡上的物质被带到海湾内堆积起来。从垂向上看岩质海岸,由于陆地的山地丘陵被海侵入,使岸边的山峦起伏、奇峰林立、怪石峥嵘,海水直逼崖壁。然而,由于受台风、干旱和海盐胁迫等生态因子的长期影响,岩质海岸的立地较为贫瘠,土壤冲刷严重,地表植被遭受破坏,基岩大面积裸露或砾石堆积,荒山面积较大,开展沿海防护林体系建设的难度高,影响了沿海各业的生产和发展(图2-10-2)。

图 2 - 10 - 2　福建省莆田湄洲岛岩质海岸 (吴鹏飞　摄)

2. 沙质海岸

沙质海岸又称沙砾海岸,由沙砾物质构成的海滩和流动沙地,有的在风力作用下发育为流动沙丘。流动沙地的宽度多为 0.5～5km,岸线比较平直开阔,属堆积型海岸的一种。沙质海岸则为人们提供了金色的海滩,让人们在海边休闲娱乐,常被利用建设成为海滨浴场,如台湾西侧海岸、福建平潭和海南亚龙湾等沙质海岸(图 2 - 10 - 3,图 2 - 10 - 4)。但沙质海岸土壤沙粒大,非毛管孔隙大,保水保肥能力极差,干旱贫瘠一直是制约沙质海岸造林的主要因素。

沙质海岸地势低平,主要地貌为台地、沙质平原和三角洲平原。近数十年来,沙质海岸变化很大,既有侵蚀,也有堆积,但总体上以侵蚀为主,尤其是近十多年来更为严重。例如,通过对航片和地形图的对比分析就可以发现,近数十年来海南岛沙质海岸的侵蚀程度就非常明显,导致海岸后退严重,并对海岸的开发利用带来一定影响。大量研究表明,恢复与建立植被生态系统是沙化地区中防治风沙侵蚀有效而持久的措施之一。在风沙运动过程中,沙粒粒级组成的变化是表现得最为普遍与敏感的现象。因此,通过在海岸前沿对林地、草地、裸地 3 种不同下垫面沙粒粒径的分析,在海岸前沿特定的立地环境条件下,木麻黄防护林的防风固沙效能十分显著,可为今后沙质海滨前沿基干林带的建设提供科学依据。

图2-10-3　福建省平潭沙质海岸（吴鹏飞　摄）

图2-10-4　海南省三亚亚龙湾沙质海岸（吴鹏飞　摄）

3. 泥质海岸

泥质海岸又称淤泥海岸，由江河输送的粉沙和土粒淤积而成。泥质海岸属于堆积型海岸类型，按其形成过程、地形和组成物质等差异，又可分为河口三角洲海岸、平原淤泥质海岸、岩质海岸中的淤泥海岸等类型。

泥质海岸为海洋养殖提供了营养丰富的地理环境。与岩质海岸和沙质海岸迥异，泥质海岸呈现的是另一番景象：沿岸通常看不到一座山，向陆一侧是辽阔的大平原。泥质海岸一般分布在大平原的外缘,海岸修直,岸滩平缓微斜,潮滩极为宽广,有的可达数十千米。海岸组成物质较细,大多是粉沙和淤泥;在沿岸附近、河口区经常可见古河道、潟湖或湿地等泥质海岸所特有的地貌景观,如珠江三角海岸、福建省闽江口泥质海岸等。泥质海岸是我国大陆海岸的重要组成部分,长约4000km,约占我国大陆海岸的22%。泥质海岸地区土地肥沃,向来是我国粮食生产的重要基地,也是滩涂养殖的重要区域(图2-10-5)。从地质结构而言,泥质海岸是处于长期下沉的地区,因此有利于大量物质的堆积。由于沿岸有众多的入海河流,所以河流所携带的泥沙物质在河口及沿海堆积,同时使海岸不断向外推移。只有在极少数地段,泥质海岸中有贝壳碎屑和沙组成的贝壳堤。

泥质海岸的物质组成较细、结构较为松散,受到水动力作用后变化颇大,因此具有在短时期内海岸被冲刷侵蚀后退快速,或海岸淤涨向海扩大迅捷的特点。而此处所谓的水动力,主要指潮流和波浪,其中潮流影响最为重要。随着由陆地向海滩面地势由高变低,潮流作用的性质也不一样,致使潮滩滩面上的地貌形态、冲淤性质和生态环境特征等具有明显的分带性。

图2-10-5 福建省闽江口泥质海岸(黄建国 摄)

4. 生物海岸

生物海岸是一种由生物体构建的特殊海岸类型,包括珊瑚礁和牡蛎礁等动物残骸构成的海岸,以及红树林与湿地草丛等植物群落构成的海岸,如珊瑚礁海岸、红树林海岸、湿地沼泽海岸。在 1995—2005 年实施的"海岸带陆海相互作用研究计划"（Land Ocean Interactions in the Coastal Zone，LOICZ）中，珊瑚礁和红树林生物地貌过程还被看成为海岸生态系统响应和反馈全球变化的三项机制之一。生物海岸的重要性体现在其特殊的生物栖息环境，这种特殊环境往往成为对维持海岸带生物多样性和资源生产力有特别价值的地区，或称为海岸生态关键区。它对海岸生物多样性维持、水产和旅游资源可持续利用、海岸防浪促淤和稳定、海岸环境的净化和美化十分重要，又对自然环境变异和海岸带人类开发活动影响十分敏感和脆弱，在海岸带综合管理中通常受到特别的关注。随着我国改革开放 40 年以来，海岸地带社会经济迅猛发展和人口、资源、环境压力的不断增大，位于河口海岸开发前沿地带的珊瑚礁和红树林受到日益严重的破坏，这对河口海岸资源可持续利用和环境健康带来了极大威胁。

（1）红树林海岸

红树林海岸以潮间带上半部生长良好的红树林植物所组成的高生产力生态系统为基本特征，主要分布于赤道、热带和亚热带的河口潮间带（图 2 – 10 – 6）。红树林植物在全球共有 200 多种，如树皮含鞣质，质量好，可提取栲胶的角果木；果实成熟后木质化，果外皮具有充满空气的海绵组织，具板根的银叶树。赤道热带海岸带的红树林植物种类较多，多为高大乔木，亚热带的红树林植物多为灌木丛林，种类较少。

图 2 – 10 – 6　台湾地区台北红树林海岸（吴鹏飞　摄）

我国红树林植物主要分布于海南岛沿岸，种类达 38 种，树形高大，树高可达 10～15m；向北随着气温的降低，红树林植物种类减少，树形也变得低矮稀疏。福建北部海岸的红树林只是树高为 1m 左右的灌木丛林，浙江海岸的红树林植物只分布有人工引种的秋茄。广义上，红树林是由泥滩淹浸环境中生长的耐盐性植物群落组成，其中有乔木也有灌木。狭义上，红树林主要由树皮及木材呈红褐色的树种组成，如秋茄、海榄雌等。常绿、枝繁叶茂的红树林在海岸形成了一道奇特的绿色屏障。红树林植物生长的环境通常被认为是营养有机物质的潜在有效来源。这些生态系统通常与河口环境有关，在沿海地区发挥着重要作用，因为它们向沿海水域输入了大量陆源沉积物、有机质和养分。红树林充当营养过滤器，改变生物生产力。在红树林—河口系统中，潮汐、水流和河流流量等水动力因子的特性对于潮间带和沿海地区之间的水、养分、沉积物和生物交换至关重要。

（2）珊瑚礁海岸

珊瑚礁海岸的特点是，在大潮低潮线以下的潮下浅海区，生长着与光合作用的单细胞虫黄藻共生，因而能高效分泌碳酸钙骨骼的属腔肠动物门或刺胞动物门的造礁石珊瑚群落，以及它的原地碳酸盐骨骼堆积和各种生物碎屑充填胶结共同形成具抗浪性能的海底隆起。由于造礁石珊瑚只能生长在温暖清澈低营养盐和正常盐度的海水中（最适宜水温为 25～30℃、最适宜盐度为3.4%～3.6%），因此它们多依托岩石生长于光线充足的热带浅海基岩海岸边缘。例如，中国南海诸岛的珊瑚礁区，其中岛屿和沙洲自古以来就是我国远海渔业活动和其他海事活动的重要基地，也是我国海洋国土十分重要的标志和依据。目前已记录南海周边地区和南海诸岛造礁石珊瑚 50 多属 300 多种，约占印度—太平洋区造礁石珊瑚总属数的 2/3 和总种数的 1/3。我国珊瑚礁有岸礁与环礁两大类。岸礁主要分布于海南岛和台湾岛，形成典型的珊瑚礁海岸；环礁广泛分布于南海诸岛，形成数百座通常命名为岛、沙洲、（干出）礁、暗沙、（暗）滩的珊瑚礁岛礁滩地貌体。

随着我国社会经济近 40 年来的快速发展，热带海岸地区人口、环境、生态压力加剧，以珊瑚礁和红树林为代表的生物海岸资源同样经受到生态破坏性开发的极大破坏，严重影响生物海岸地区的可持续发展。尽管政府制定了相关法律，成立了自然保护区，加强了保护管理的各种措施，开展了科学研究，进行了生态系统修复与重建的实验、研究和推广，但总体形势仍然不容乐观。

（二）海滨侵蚀特征

现阶段我国南方海滨侵蚀具有侵蚀现象的普遍性、侵蚀形式的多样性和侵蚀加剧发展等三个特点。

1. 侵蚀现象的普遍性

我国南方海滨侵蚀的普遍性主要表现为海滨侵蚀可以发生在各种海岸类型中和各种环境条件下：既有沙质海岸和泥质海岸，也有岩质海岸和珊瑚礁海岸；既有下沉海岸，也有上升海岸；既可在海岸的平直或突出部位，也可在各大型海湾（如海州湾、杭州湾和北部湾）的岸线上，甚至一些小型海湾（如福建宁德三沙湾、厦门同安湾、东山南门湾和东山湾）也有不同程度的侵蚀现象。当然，就侵蚀速度和影响范围而言，各地存在较大差异，其中以地势低平的江苏省等区域的沙质和泥质海岸较为严重，海岬或朝向强风向的开敞海岸又普遍较海湾或有掩护海岸严重。

2. 侵蚀形式的多样性

我国南方海滨侵蚀形式多样性包括岸线后退、滩面下蚀、高滩稳定而低滩下蚀等3种形式。

（1）岸线后退是一种最明显的海岸侵蚀形式

目前我国后退严重的海岸主要是在河口或三角洲的沙质海岸或泥质海岸，这些地区一般无海堤，或堤外尚有高滩分布，近期海岸后退速度最高达40～300m/a。江苏新滩、灌东等盐场海堤外的潮上带宽度已由1949年的1km左右减少到现在的几十米至百余米，其他地区侵蚀性沙质或泥质海岸的后退速率一般只有每年几米。岩质海岸通常由于岩性坚硬，后退速度缓慢，且多限于岬角部位，如杭州湾以南的岩质海岸侵蚀岸段的后退速率约为0.1m/a。但是，如果岩层风化严重或裂隙发育，也可较快后退，如厦门附近有厚层风化壳的花岗岩岸，平均后退0.8～1.0m/a，有时一次台风风暴潮后退2m以上。

（2）滩面下蚀通常发生在有稳固海堤的岸段

最明显的情况是江苏吕四附近海岸，1922年的老海堤已消失在目前海堤1km以外，1956年进行块石护坡后改为滩面下蚀，在1966—1980年间堤外滩面由3m左右降到1m以下（废黄河零点）。另外，杭州湾北岸和粤东沿岸的零米线内移现象都属于这种情况。

（3）高滩相对稳定，低滩下蚀

这种现象发生于杭州湾北岸金山嘴和海盐五团附近以及苏北射阳河口至斗龙港口间等地的潮滩上。前者低潮线附近已有老黏土层裸露，后者在1980—1986年间实测低潮线后退速度66～110m/a。低滩下蚀的原因可能与岸外潮流深槽变动有关。粤东沿海潮下带的侵蚀发展也会导致低滩的下蚀。

3. 海岸侵蚀有加剧发展的趋势

我国海滨侵蚀呈现出不断加剧的发展趋势，主要表现为两个方面：

（1）海岸侵蚀范围在扩大，原有的侵蚀岸段仍在继续，新的侵蚀段不断出现

杭州湾北岸更是从公元4世纪开始就一直侵蚀后退到现在。有一些过去是淤涨或稳定的海岸，现在也成为重要的侵蚀岸段。福建、广西等地的沙质海滩、海南的珊瑚礁海岸，长期相对稳定，但近20～30年来普遍都有1～2m/a的后退。

（2）侵蚀总量在不断增加

有些岸段经过一段时间的侵蚀后退后，通过自然调整或工程措施，海岸及其滩面逐步趋于稳定。如江苏省吕四附近的30km海岸，80年代以来侵蚀强度逐渐减小，目前西段海岸已稳定，东段海岸侵蚀也缓和下来。但就全局而言，因侵蚀岸段增加，防护工程虽然制止了岸线后退，但岸滩及岸外沙坝侵蚀加剧。据江苏滩涂部门的长期观测资料，灌河口至长江口间潮滩的平均侵蚀量在1954—1980年期间为$7.7 \times 10^6 \, m^3/a$，而1980—1988年期间增加到$10.6 \times 10^6 \, m^3/a$，增加的侵蚀量主要来自其中的射阳河口至斗龙港口间新扩大的侵蚀岸段（季子修等，1993）。

（三）海滨侵蚀影响因素

海岸是海陆交互作用的过渡地带，在内外营力的共同作用下，海岸通过侵蚀与堆积过程不断演变。海岸侵蚀与堆积是塑造海岸剖面的两个基本过程，侵蚀强度取决于海洋动力条件（波浪、潮流、泥沙等）和海岸性质（岩性、构造运动、岸外沉积等）之间的均衡状况。若海洋动力作用增强或海岸稳定性降低，则会导致海岸侵蚀的发生和发展。引起海岸侵蚀的因素可分为自然因素和人为因素两大类。

1. 自然因素

（1）全球海平面上升导致海岸侵蚀

过去百年间全球地表气温上升了 $0.3 \sim 0.6℃$，由此引起全球海平面上升 $10 \sim 20cm$，平均上升速率为 $1 \sim 2mm/a$。由于海平面上升，河流的纵比降减小，排水和挟沙能力下降，导致河流向海输沙量减少；岸外水深增加，近岸带波浪、潮流等海洋动力作用加强，风暴潮的频率和强度增加，从而使海岸侵蚀加剧。有研究表明，到 2050 年若全球变暖引起西北太平洋表面海温升高 $1℃$，则在中国登陆的热带气旋总数年平均将比现在增加 65%，其中年平均登陆台风数可能增加 58% 左右（杨桂山，1996）。海平面上升是引起世界范围内普遍出现海岸侵蚀的重要原因之一，如海南岛特殊的地理位成为典型的海平面上升影响脆弱区。

（2）河流泥沙输移量减小

河流输沙是海滩沙的主要来源，我国沿海入海河流的泥沙输出量巨大。引起河流泥沙量减小的原因很多，其中最主要的是上游的水利工程建设拦截了向下游输移的泥沙和内陆地区成功地采取了水土保持措施使河流产沙量减小。自 20 世纪 50 年代以来，长江流域水库累计库容呈指数增长趋势，导致大通站入海泥沙量在 60 年代由增加转为下降，长江口水下三角洲的整体淤涨速率已明显下降，局部出现冲刷。

（3）水动力因素作用

水动力条件包括河流、海洋等，是塑造河口形态地貌的重要因素，其中海洋动力作用对海滨侵蚀起着更重要的影响。从短时间尺度来讲，海平面上升不会引起海滨侵蚀，它会使岸线动态发生变化诱发或加速海滨的侵蚀。海平面相对上升导致近岸水深增加，使到达岸边的波浪作用增强而侵蚀海滨，同时将侵蚀下来的物质带向海底，远离陆地。海平面每上升 $1m$ 将使高潮线后退 $50 \sim 100m$。据 2018 年中国海平面公报，我国海平面年上升高达 $2 \sim 3mm$，而且仍处于上升趋势。

造成海滨侵蚀的动力主要包括潮流、波浪、风暴潮等。长江三角洲海区是中、强潮流区，实测最大潮流速可达 $2m/s$，潮流作用成为海岸线动态变化的主要动力。潮流强烈的作用及其周期性的波动变化，使海滩沉积物经常处于十分活跃的冲刷、堆积状态。近岸潮流除了都是半日潮往复流的运动形式外，还具有落潮流速较大和落潮历时较长的共同特点,它决定了沿岸泥沙的离岸移动方向,并成为海岸侵蚀的重要原因之一。波浪作用是决定海岸侵蚀季节变化的主要原因,其侵蚀作用主要表现为起动泥沙,搬运泥沙,波浪和潮流结合输沙。

近代气候的变异和海平面上升将会引起风暴潮灾害发生概率的增大和强度的加大。可以肯定的是,风暴潮等海洋动力的增强将使海滨被侵蚀的概率大大增加,如果海平面上升15cm,风暴潮发生概率将增加1倍左右。风暴潮对海岸的侵蚀作用具有突发性和局部性,其危害程度极为严重。我国风暴潮可分为台风风暴潮和温带风暴潮两类,如广西壮族自治区北海涠洲岛的台风风暴潮主要发生在7—8月,每年的5—7月和10—12月为涠洲岛的天文大潮期,这两个时间段恰好分别是台风影响时段和大风天数最多的时段。当风暴潮和大浪发生时间处于天文大潮期时,就会成为海岸侵蚀最为强烈的时期。

2. 人为因素

(1)地下资源开采

过度开采地下资源造成陆地下沉,致使海滨岸段不断被侵蚀。海洋自然资源丰富,尤其是石油的含量较多。从19世纪60年代开始,沿海地区陆续开发油田,伴随着石油等资源的开采,势必会造成陆地和岸滩的下沉,使得岸滩剖面缓慢调整,造成海岸的蚀退。

(2)挖沙采礁

人类在进行流域整治和开发利用海滨资源过程中,往往只顾短时间内的经济效益和局部利益,在入海河流上游修建水库,在海滨挖沙采礁,盲目地开采沙滩前滨沙土会严重破坏滨海沙滩的沙量平衡,沙滩系统随之调整必然要向陆和向海获得新的泥沙供给,其表现就是滩面下蚀和岸线后退。这就会导致海滨岸段泥沙供应和海洋动力状况失衡,成为地方性海滨侵蚀加剧的重要原因。例如,海南岛沿岸有近1/4的岸线分布着暗礁,然而20世纪70年代以来由于挖掘礁坪石块烧制石灰,许多地方-1.5m以上的礁坪被挖掘殆尽,原礁坪对波浪的消能功能受到破坏,波浪未经消能直达沙岸,沙滩受蚀迅速后退。据报道,海南文昌县邦塘岸段因礁坪受到破坏,1976—1982年间海岸后退了150~180m,平均蚀退速率达15~20m/a。

(3)不合理的海岸水利工程

随着经济的发展,人类活动范围扩大,并逐渐逼近海滨岸线,必将全面占据岸线；而当生产生活受到海岸侵蚀的威胁时，人们就会自发地构筑护岸工程。虽然人工护岸工程对消减海洋动力、捕获泥沙、稳固岸线有积极的作用，又是相对经济有效的方式，但是如果对人工岸堤的不利因素缺乏清楚的认识，又缺乏科学指导和论证，那么人工构筑物不仅不会取得预期的效果，反而会加剧海岸侵蚀程度。不合理的构筑物往往会改变海滨近岸流场和波浪场，改变泥沙运移路径，改变局部冲淤特征，一方面阻断了沙源供应；另一方面打破了沙滩对水动力的平衡响应，导致其他岸段沙滩遭受侵蚀。特别是这些不合理的海岸工程，在沿海有漂沙情况下，突堤式构筑物在其上游一侧往往因存在入射角填充作用而形成泥沙堆积，相反在其下游一侧形成侵蚀冲刷。

二、湖滨侵蚀特征及影响因素

（一）湖滨侵蚀特征

湖岸线为湖泊水体与陆地的边界线，其受风浪及水位变化等不定因素的影响，在年际和年内呈现出不规则的周期变化，在空间、时间、生物群落上都形成了特有的结构特征。空间结构特征主要包括垂直剖面横向和纵向特征。

1. 垂直剖面横向特征

陆向辐射带（陆向保护带）、水位变幅带和水向辐射带（水向保护带）是湖滨带垂直剖面横向结构的三大组成部分。从高水位线向陆域扩展的地带称为陆向辐射带，人类活动、陆源污染对水位变幅影响较大，特征植物为湿生植物。高水位到低水位之间的区域称为水位变幅带。作为湖滨带的核心区域，水位变幅、风浪作用的强度和持续的时间是影响其范围大小的决定性因素。低水位线向水域过渡的地带称为水向辐射带。该区域对湖滨带的影响主要来自于湖泊风浪和水流（包括地表径流、地表漫流、湖泊向岸流），特征植物为浮叶植物、沉水植物。湖滨带的基质及坡面角度不一样，湖流和风浪对湖滨带湖岸影响也不一样。湖滨带垂直剖面侵蚀受人为活动的干扰强烈，如防洪堤坝修建、湖滨陆上交通、修建码头、取水等直接或间接地影响了湖滨带宽度，湖泊生态系统遭到破坏。

2. 垂直剖面纵向特征

水域生态系统的纵向结构一般都由空气、水体、底泥三个自然体构成，常表现出复杂的水体生境分层。湖滨带作为水、陆生态系统的过渡带，其纵向结构与水域生态系统表现一致，呈现出一系列梯度连续性变化，即旱生环境—湿生环境—水生环境。湖滨带时间结构特征主要是湖滨带生物及其生境条件随着时间的推移演化过程。人类活动在时间结构中扮演着重要角色，逐水而居、围湖造田、修建防洪堤坝等时间节点对湖滨带的发展有重要影响。季节更替，温度、光照、水位等自然因素对湖滨带生态系统中生物群落、种群数量等有重要影响。

根据国家环境保护部污染防治司、规划财务司 2016 年颁布的《湖滨带生态修复工程技术指南》，湖滨带地形结构特征可分为缓坡型湖滨带和陡坡型湖滨带两类（中国环境科学研究院等，2016），缓坡型湖滨带包括：①滩地型：湖滨带的地势平缓，原有生态系统有一定保留，遭受一定人为破坏，生态系统退化。②退田型：湖滨带受农田侵占，周边生态环境及地形地貌受到一定影响。③退房型：村落房屋侵占了湖滨带，对生态系统产生破坏。④退塘型：湖滨带因围湖造田遭到破坏，水质恶化，生态系统退化。⑤大堤型：大堤将湖滨带隔断，用地侵占外湖滨带，风浪严重侵蚀内湖滨带，造成植被退化。⑥码头型：规划新建或改造的码头，尽量考虑架空设计减少硬化面积。陡坡型湖滨带主要包括：①山地型：山体直接入湖，地势较陡，湖滨带宽度较窄，对湖滨带造成严重破坏。②路基型：路基侵占湖滨带，陡岸湖滨带生态受损。③退房型：湖滨带被房基侵占，使得陡岸生境受损，陡岸型湖滨带生态脆弱。

（二）湖滨侵蚀影响因素

湖滨侵蚀影响因素有自然因素和人为因素两种。

1. 自然因素

主要包括气候、植被、地形等，全球气候变化对湖泊水位影响较大。气温升高，干旱等长期出现，导致湖泊水位降低，湖水萎缩，植被退化死亡，引起湖滨带生态系统退化。由风作用于水面而产生的切应力所引起的较长时间的水流动，对湖滨造成侵蚀；风吹过水面时，风对水面的摩擦力以及迎风面施加的压力，迫使水向前移动，促进高、低纬度之间热量的输送与交换，影响气候的形成与分布；植被演替、生物入侵会造成湖滨带景观、植被群落结构发生变化，当某种不利变化或者负效应积累到一定程度时，就会引发湖滨带生态系统功能退化；沉积作用的长期化会使湖泊沼泽化和湖滨带消失；雨季水流漫顶、水流搬运泥沙等是湖岸表面退化的主要原因。风浪可对近湖岸土壤产生破坏作用，使土壤抗剪强度降低，堤岸易于崩塌。降水、重力等作用易使湖岸陡坡表面物质脱落，产生崩塌、脱坡等现象，生态系统被严重破坏。

2. 人为因素

土地的不合理开发利用，大规模围湖造田和超规模围网养殖，人类将大规模的污染物直接排放湖中，导致湖中水质恶化，水生动植物急剧减少，间接或直接导致了湖泊、湖滨侵蚀的加剧（丁九敏等，2009）。人类活动对湖滨侵蚀的影响主要包括以下几方面。

（1）围湖造田（塘）

围垦破坏了湖滨带天然的生态系统，使近岸浅水区大型水生植物减少，湖泊、鱼类、栖息、索饵、产卵的基地消失，湖泊生物资源的再生循环过程受到严重影响，也使湖泊蓄洪滞水的功能大大减弱。

（2）不合理的水利措施

防洪堤岸虽然增强了湖泊抵御洪水的能力，但湖岸正常水位以上的湿地生态系统受到严重破坏；一些水利电站的建设，使湖泊长期处于低水位状态，滩地长期裸露，植被群落结构遭受破坏，生态环境恶化。

（3）围网养殖

湖泊沿岸浅水区域大面积围网养殖，增加了湖滨带有机污染负荷，由于鱼类的牧食压力，使养殖区水草无法生长、湖底栖动物群落结构发生变化。

（4）水质污染

未经处理的工业废水和生活污水排入湖泊，造成湖泊水质污染严重，大型水生植物死亡，湖滨带呈现出荒漠化现象。

（5）旅游业过度发展

湖滨带土地因临湖旅游度假区的建设而改变了土地利用价值，原有生态系统被破坏。因大量生活污水直接排入湖中，湖泊水质受到严重污染，富营养化现象严重，间接破坏了水生生态系统。

三、河滨侵蚀特征及影响因素

（一）河滨侵蚀类型与特征

河滨侵蚀在天然江河中普遍存在，而且具有长期性。河岸两侧具有明显的差异，在弯曲河道中，凹岸侵蚀、凸岸堆积；中国位于北半球，在较平直的河道中河滨岸侵蚀主要是在右岸。崩塌具有短时性、突发性、时段性、不确定性、地域性、剧烈性等特点，难于观测（戴海伦等，2013），具有更大的危害性。河岸崩塌是土坡失稳破坏的一种特殊形式，在不同河岸土体组成和外界动力条件下，崩岸形态迥异。目前尚无全面统一的类型区分标准，不同学者从不同角度出发提出不同崩岸类型，根据我国崩岸实例和以往的相关研究（张幸农等，2008；王延贵等，2014），归纳总结了以下 3 种不同分类类型，并阐述了各种崩岸类型的形成条件及特征。

1. 按崩岸形态分类

根据河岸崩塌体的大小和崩塌形式，可将河岸崩塌分为窝崩、条（片）崩和洗崩。

（1）窝崩

窝崩是指河岸大面积土体的崩塌，崩塌长度和宽度相当，少则几十米，多则上百米，平面上成"口子小肚子大"的窝状（半圆形或马蹄形）楔入河岸，故俗称"窝崩"。窝崩的土体体积可达几十万立方米，甚至上百万立方米。其形成过程和机制非常复杂，影响因素较多，一般在水流强度大、土质抗冲性能差且分布不均匀的河段易形成，既可能由大小不同的多次淘刷崩塌所构成，也可能由一次性整体滑移或液化窝崩形成，其崩塌具有体积大、危害重、预测难等特点。窝崩在长江中下游数量不少，据不完全统计，在长江中下游规模较大的崩岸中窝崩占 15% ~20%，每次崩塌均会造成巨大损失，例如 1996 年 1 月 3—8 日长江彭泽河段马湖堤突然发生的 2 次大规模窝崩，造成数十人伤亡和近百间房屋倒塌，直接经济损失达 4000 多万元（张幸农等，2008）。

（2）条（片）崩

条崩是指长距离河岸土体的大幅度崩解或塌落，故俗称"条崩"。其形成过程较为复杂，在沿岸水流强度大、土质抗冲性能较差且分布均匀的河段易形成,由于河岸上层黏性土层较薄或土壤较为松散,在水流冲刷作用下,临空面增大或者形成陡坎,致使小块岸滩在平面上呈条状崩塌倒入河中,形成岸槽高差大,崩岸呈条状,岸线逐渐后退,崩段长度可达几百米甚至更长,河岸崩塌的深度相近,可达十多米或几十米,外形上呈条带状,崩塌土体体积可达几万甚至几十万立方米。一般出现在汛后枯水期,也有少数出现在中水期、洪水期。

条崩在长江中下游较为常见,据不完全统计,在长江中下游规模较大的崩岸中条崩占80%以上。许多河段因连年发生崩塌,造成岸线不断后退,例如,20世纪70—90年代长江宿松河段王家洲和望江河段江调圩条崩现象明显,沿线几千米河岸以20m/a的速率向后崩退(张幸农等,2008)。

(3)洗崩

洗崩是指局部河岸表层或小范围土体受水流、风浪(或船行波)侵蚀淘刷形成的剥落或流失,故俗称"洗崩"。洗崩的崩塌规模较小,形成过程简单,一般崩段长度仅有十余米或数十米,坍落土体体积在数百立方米之内,发生的时间较短,几小时之内就可发生。

洗崩在大江大河普遍存在,各种水情时均会出现,因而分布广、发生频率高。在长江中下游河岸上洗崩随处可见,实例很多,难以统计实际数量。

2. 按崩塌模式分类

张幸农等(2008)和杨斌(2018)从土坡失稳破坏模式出发进行崩岸类别区分,归纳出主要有浅层崩塌、平面崩塌、圆弧滑动崩塌及复合式崩塌4种类型。

(1)浅层崩塌

浅层崩塌是河岸浅层土体强度较小的崩塌破坏,崩塌破坏面基本上与河岸边坡平行。该类型的崩塌一般发生在坡度平缓的河岸,河岸组成基本上是非黏性土。当河岸中存在地下水渗透时,稳定的岸坡坡度可能大幅度减小,而坡面上的植被则有助于河岸的稳定,抑制崩塌的出现。此类崩塌即俗称的"滑坡",例如,1996年汛后出现在安徽滁河岸的滑坡即属浅层崩塌形式,其长度130m左右、宽度8~10m、深度0.3~0.5m(张幸农等,2008)。

(2)平面崩塌

河岸崩塌强度有大有小,远大于浅层崩塌,崩塌沿平面或平缓的曲线形成,动力因素主要是土体自重。该类崩塌一般发生在坡度陡峭甚至垂直的河岸,河岸土体组成多为非黏性土质,或含黏性土质但存在较深拉裂缝。通常情况下,相对于河岸总高度而言,地下水和河道水位一般较低,或地下水形成的坡内渗流对崩塌影响不大,但若降雨使坡面拉裂缝中充水则可能引起崩塌。此类崩塌是前述条崩和窝崩中的一种形式,在长江中游居多。例如,长江官洲河段六合圩河岸上部土体基本由均质细沙组成,多年来一直出现典型的平面崩塌破坏形式(张幸农等,2008)。

(3)圆弧滑动崩塌

河岸崩塌强度很大,破坏通常可达到坡角处,甚至会延伸至坡脚以外,使坡脚以上土体隆起形成大规模的河岸滑坡。崩塌沿某一圆弧面或包含对数螺线面和平截面的复合面形成,动力因素是土体自重、地下水渗流。该类崩塌往往出现在坡度较陡、高度中等的河岸,河岸组成为黏性土质,或是土体中存在软弱层(面),坡面常见与岸线平行的拉裂缝,降雨后缝中充水将使岸坡的稳定性急剧下降。滑动面有可能会沿拉裂缝产生和发展,预示了潜在滑坡的大致范围,如果拉裂缝较深(大于岸坡总深度的30%),则可形成平面型的滑坡,当然,软弱层土也会左右滑动面的实际形状。此类崩塌是前述窝崩中的一种形式,例如,1996年1月3—8日长江彭泽河段马湖堤发生的2次大规模窝崩就属典型的圆弧滑动崩塌破坏形式(张幸农等,2008)。

(4)复合式崩塌

河岸受到严重冲刷时,坡脚产生冲刷下切,其上部土体形成伸出河岸的悬臂。当土体受拉或受剪切后即发生崩塌,崩塌后的土体成块状原封不动地连同植被滑入河道。该类崩塌一般出现在土体组成为二元或多元结构的河岸,譬如上部为黏土或粉质壤土,下部为细沙、粗沙或沙砾石等。此类崩塌也属前述条崩和窝崩中的一种形式。例如,近几十年长江安庆河段广济江堤、马鞍山河段郑蒲圩和南京龙潭河段仁本圩、江都河段嘶马河口出现的崩岸,均属典型的复合式崩塌破坏形式(张幸农等,2008)。

3. 按崩岸成因分类

张幸农等(2008)根据崩岸形成原因进行崩岸分类,归纳总结得出侵蚀型、坍塌型、滑移型和迁移(流滑)型4种类型。

(1)侵蚀型崩岸

河岸表层土受水流、风浪或船行波、地表径流及外营力侵蚀出现剥落崩解,当侵蚀外力大于岸坡土体抗冲临界力时即会出现,但未能形成大规模崩塌,即前述的洗崩。往往因河道较为顺直,河岸土体抗冲性能较强,侵蚀具有缓慢性和持久性的特点。此类河岸在长期侵蚀积累下,岸坡形态虽有一定改变,但稳定性尚好,岸线缓慢后退,或随着水位升降呈现出阶梯状坡面形态。此类崩岸在大江大河上普遍存在,形成条件简单。其关键性影响因素是岸坡土体组成和侵蚀外力。

（2）坍塌型崩岸

河岸受严重侵蚀,坡度变陡,在土体自重、裂缝及渗流等多种因素作用下,大块土体倾倒、塌落或崩解,即坍塌型崩岸。其典型特征:一是塌落土体垂直位移远大于水平推移,或被水流分散搬运,或是堆积在坡脚处;二是土体在一段时间内分多次塌落,间隔时间有长有短,呈现渐进式破坏;三是河岸逐渐形成新的稳定坡度,上部土体一般仍维持假性稳定状态。此类崩岸大多出现在退水期或枯水期,尤其是冲刷强度大、抗冲性差、洪枯水位落差大的河岸。当沿线河岸土体组成相似时,形成与岸线平行的长距离条带状崩塌,即前述的条崩。当沿线河岸土体组成不同时,崩段上下游河岸稳定性较好,崩塌不能沿岸连续形成,只能向河岸内侧纵深方向发展,逐步形成楔入河岸的半圆形或马蹄形崩塌,即前述的窝崩。坍塌型崩岸成因主要是岸坡受严重侵蚀后变成高大陡坡,或坡脚被掏空,在土体自身重力、裂缝及渗流等多种因素作用下发生倒塌。因此,其关键性影响因素是岸坡土体组成、河道水流动力、岸坡局部地形以及地下水渗流。

（3）滑移型崩岸

河岸存在薄弱面(或层),在多种因素影响下,数十万立方米甚至上百万立方米的大体积土体出现整体性滑移,形成崩塌,土体破坏形态既有线状也有窝状。该类崩岸的特征:一是崩塌土体呈整体性失稳破坏;二是破坏土体水平位移大于垂直位移;三是崩塌虽可能间歇地多次出现,但均具有突然性和随机性。此类崩岸在枯水期和洪水期均会出现,成因复杂,主要与当地河岸地质条件有关:一是岸坡土体中有潜在的连续软弱面(或层);二是地表存在明显的拉裂缝;三是渗流和雨水侵蚀裂缝明显。当整块土体安全系数小于临界值后即形成沿软弱面(层)的失稳破坏。因此,其关键性影响因素是岸坡土体组成、地下水渗流和降雨是重要的诱因。

（4）迁移(流滑)型崩岸

河岸受严重侵蚀,大块土体不断崩落,破坏形态一般也表现为窝状。该类崩岸的主要特征:一是土体崩落随时间连续多次间歇性地发生;二是崩落土体被水流迅速分散搬运;三是土体崩落破坏了其后部土体的平衡条件,引起的连锁反应使土体崩落不断出现,且破坏程度逐渐增大,形成所谓流滑,往往自坡脚处逐级向后溯源破坏,最终形成大面积崩塌。此类崩岸某种程度上与前述坍塌型崩岸相似,区别在于前者是冲刷形成高大陡坡后出现的土体倒塌,而后者是冲刷过程中出现的土体崩落,此类崩岸规模较大,发生频率高,大多出现在中水期、洪水期近岸流速大的岸段,以水深流急的岸段居多。其成因主要是近岸流速较大,坡脚受到严重侵蚀,崩落土体被水流迅速分散搬运并破坏了其后部土体的平衡条件,如此连锁反应,导致土体崩落不断出现,且破坏程度逐渐增大,往往自坡脚处逐级向后溯源破坏,最终导致岸坡大面积崩塌。因此,其关键性影响因素是河道水流动力和岸坡土体组成,而人工挖沙等人类活动可能是重要的诱导因素。

(二)河滨侵蚀影响因素

河滨侵蚀是一个复杂的现象,属于水力和重力结合的河岸冲刷侵蚀、岸坡失稳破坏、河床演变的过程,侵蚀类型多样,影响因素众多,形成过程复杂,会受到水流、泥沙和河岸性质(如土壤组成等物理性质、河滨带的植被类型、地下水位和切向力等)等多种因素的影响。影响河岸崩塌的主要因素是自然因素和人为因素,包括岸坡地质、河道地形、河流、土壤、水文、气象、人类活动等方面的因素(张幸农等,2009;戴海伦等,2013;聊小永等,2008)。各因素对崩岸形成的作用极为复杂,往往某些因素对某类崩岸影响巨大,而对其他类型崩岸影响较小。

1.地质因素

(1)岩土性质及分布

岩土性质及其分布是崩岸形成的基本条件,土体物质组成及分布对岸坡的稳定性影响很大,是崩岸形成的主要内在因素。河流岸坡土体性质不同,其抗侵蚀能力不同,土质岸坡多为分化残积黏性土、冲积土、碎石土、砂性土和部分人工填土等组成,土质结构松散、遇水易软化、崩解,抗侵蚀能力较低,在流水、侵蚀作用下,易发生岸坡崩塌、滑坡;岩质岸坡其岩性抗侵蚀能力强,不易被冲刷、侵蚀(林军,2005)。土层厚度较大、垂向分布不均,黏土含量高的岸坡稳定性好,而砂土含量高的岸坡发生崩岸的概率较大。因地质构造或沉积年代存在差别,许多冲积河流岸坡具有明显的上覆亚黏土或粉质壤土、下卧中细砂的二元或多元结构特征。例如,长江中下游多处崩岸段,岸坡上层为以粒径0.05~0.005mm的粉粒居多,厚度不大;下层为细砂和中砂,粒径0.1~0.5mm的砂粒占80%左右,厚度可达50~60m。这种土体结构的岸坡,由于上层黏土和粉质壤土厚度较小,且粉质壤土透水性强、抗冲性差;下层细砂厚度大,但颗粒较为均匀,最易起动和分散搬运,抗冲性能很差,因而坡体特别是坡脚极易被水流侵蚀冲刷,很容易形成稳定性差的陡岸高坡(张幸农等,2009)。

(2)地下水渗流

渗流对岸坡稳定性影响很大,岸坡土体大多是非均质,下层细沙密实度不高、透水性强,易形成入河方向的连续大比降渗流。大比降渗流会冲刷坡面和淘刷坡脚,地下水连续渗透也会使岸坡土体出现弥漫现象,甚至产生管涌,导致岸坡失稳崩塌。例如,岸坡土体中存在薄弱层,渗流会促使土体沿薄弱层产生深层滑动,引起大规模崩塌破坏。因此,地下水渗流是崩岸形成的外界动力因素。我国长江中下游因地下水渗流形成的管涌而导致的崩岸事件很多。"98大洪水"期间,九江城市堤防溃决与崩岸现象类似,其主要影响因素是堤身和堤基缺陷所形成的渗流管涌。

2.河道地形

(1)河势形态

河势决定了岸坡冲淤的性质,弯道凹岸、汊道分流和汇流处,一般主流贴岸形成强烈冲刷,易出现崩岸现象。长江中下游大多数崩岸均发生在此类岸段上。

(2)岸坡局部地形

岸坡土体是否会产生重力破坏取决于岸坡局部地形,包括岸坡坡高、坡长、坡角、坡面形态、立面形态以及岸坡的临空条件等,一般坡高越高、坡角越大、岸坡越不稳定,即高陡坡较易发生崩塌,例如,长江中游荆江段、石首段,下游安庆段、彭泽段等崩塌处,岸坡坡比在1:1.5~1:2,岸坡高度在10~20m。不同岸滩边坡形态具有不同的稳定性,通过岸坡力学分析和稳定性计算,在相同条件下,上凹下凸型河岸的稳定性最差,外凸型岸坡次之,直线型岸坡居中,内凹型岸坡较稳定,上凸下凹型岸坡稳定性最好(王延贵等,2014)。

3. 水文气象

（1）河道水流动力

河道水流动力是河滨侵蚀、形成崩岸的最主要外界动力因素,特别是南方地区汛期河流水流大、流速快,是南方河道崩岸中首要的触发因素。河道纵向水流形成的贴岸冲刷和顶冲,横向环流、竖向回流或平面回流等副流形成的岸边淘刷,当水流流速大于坡脚砂土的抗冲临界流速,河道土体受到冲刷、分解形成泥沙被水流挟带运移,就会出现严重侵蚀,发生河岸崩塌。长江中下游绝大多数崩岸段,均处于水流贴岸和顶冲,或存在明显环流和回流作用之处,崩塌时纵向水流流速、回流流速远大于坡脚处砂土抗冲临界流速 $0.5 \sim 0.75 \mathrm{m/s}$。

（2）河道水位

岸坡土体性质和地下水渗流与河道水位变化关系密切。洪水期岸坡土体因长期浸泡水中而达到饱和状态,其中孔隙水压力很高,抗剪强度下降。汛后河道水位快速下降,土压力增大,并形成非恒定大比降渗流,对岸坡稳定性的不利影响持续加重。长江中下游崩岸实例资料表明,90%以上的崩岸发生在枯水期或汛后,尤其是大水年之后表现尤为明显。

（3）风浪淘蚀

大江大河河水面宽阔,在汛期台风季节,易产生风浪。大风引起波浪在岸坡附近破碎,在风浪的浪蚀作用下,一定范围的土体与原有的整体岸坡土体分离,产生垂直运动造成破坏,坡脚被淘蚀成凹槽状,在水流作用下,土体自身会产生裂缝、坍塌。即使波浪不在岸坡附近破碎,也会顺岸坡向上爬升,对坡面产生冲刷。

（4）降雨

强降雨使岸坡内地下水位增高,入河渗流比降增大,从而使渗流破坏作用加强。当降水量超过岸坡土壤入渗能力时,会形成地表径流,地表径流会对坡面产生侵蚀,即所谓“面蚀”,情况严重时,面蚀逐步发展成沟蚀,甚至重力侵蚀,最终导致岸坡失稳。

（5）冻融和干燥

冻胀会使岸坡土体内部孔隙和裂缝中存在的冻结水成为冰晶体,土体结构变松,黏性土小团粒分开,土壤颗粒或团粒结构的黏聚力和内摩擦力降低,岸坡表面冲蚀和失稳的可能性增大。融冰后同样会使土体结构变松,抗剪强度降低,河岸稳定性降低。干湿循环可使黏土含量较高的土壤发生收缩与膨胀,能促进土块形成,土块之间会产生干燥裂缝,会对岸坡稳定产生不利影响。

4. 人类活动

(1)船舶航行

船舶航行引起的船行波会对岸坡产生强烈拍击和冲刷,显著增加岸坡表面冲刷和大体积塌陷的可能性;螺旋桨激荡会增大局部流速,对底部岸坡产生严重冲刷,带走岸坡内部细小颗粒,船舶航行引起的岸坡侧蚀率可达 0.35m/a(张幸农,2014)。

(2)人为工程

河道水流通过拦河建筑物下泄后会对坝下河床产生冲刷,使岸坡坡脚淘刷更严重、高度增加更明显,从而导致崩岸事件的发生。岸坡上丁坝、桥梁墩台等工程布置不当,也可能引起局部岸坡强烈冲刷,导致崩岸事件的发生。因而,人为工程被视为河道崩岸形成的重要影响因素之一。

(3)人工采沙及人为荷载

在某些地方,人工采沙是河岸侵蚀的主要原因。近岸附近的人工采沙会产生与水流冲刷岸坡同样的效果,使坡度变陡,增加岸坡失稳破坏的可能性。即使局部人工采沙,若挖除坡脚,也可能会导致重大崩岸事件的发生,而且采沙机械振动还可能成为沙土流滑的诱因。岸坡上的填土、重物和机械振动等形成的荷载,会增加二元结构土层上部土体自重的斜向分力,若下部砂土层存在薄弱面层,则易出现滑坡或崩塌现象。

(4)工业污水排放

河道岸边工业废水排放,河道岸边土壤和植物长期遭受影响,排污口河岸土壤性质发生变化,边坡局部植被发生枯萎死亡,河岸缓冲带植被逐渐消失,地表裸露,抗侵蚀能力下降,在洪水冲淘下,缺口向内向下游蔓延,侵蚀逐年加剧,河岸缓冲边坡消失最后发展为河岸崩塌。

(5)植被

良好的岸坡植被可提高土壤的抗剪强度,并使土壤产生一定的抗拉强度。人类活动往往会破坏植被,导致岸坡冲刷和崩塌加剧。岸坡上的树木虽会对岸坡的稳定起促进作用,但也易被洪水冲倒或狂风拔起,冲倒或拔起时会松动土壤结构,对岸坡稳定产生不利影响。河岸植被情况对河岸侵蚀产生较大影响,植物的种类、覆盖度、配置等均能影响河岸侵蚀情况。白玉川等(2018)通过模拟试验表明,河岸覆盖情况有效减缓了河岸的侵蚀速率(表2-10-3)。

表2-10-3　河岸不同植被覆盖下平均河岸侵蚀速率

河岸植被覆盖率(%)	两岸平均侵蚀速率(mm/min)	一岸植被平均侵蚀速率(mm/min)	
		无植被岸	植被岸
0	0.133	0.133	—
20	0.0746	0.0698	0.041
40	0.0636	0.1216	0.0916
80	0.0604	0.0575	0.0489

资料来源:白玉川等(2018)。

综上所述,河滨侵蚀主要受水文、土壤、河流、气象、岸坡、植物等方面的影响。土壤水分在侵蚀过程中起到了重要作用,较低的含水量可能使土壤强度降低;对于以细粒物质为主的弱黏性河岸来说,基质势对崩岸发生的影响程度更大;岸边植被对岸坡稳定的影响既可能是正面的,也可能是负面的,这与河滨的物质组成及植物的种类、年龄等因素有关,有的观点认为岸边植被可通过增加根系与岸坡的结合来提高河岸稳定性,有的观点认为河岸坡地上的植物可能通过增加重量而更易导致崩塌出现;水流、地质、河床边界条件、风浪淘蚀、河道地形的"瓶颈"作用及上游主流的顶冲、堤岸岩性及护岸条件、堤基不良工程体的存在以及地下水的侧压力作用都是造成河滨侵蚀的原因;冻融作用也是影响河滨侵蚀的主要因素,特别是针对陆面风化过程而言,冻融循环作用会增加土层深处的开裂,并导致重力作用下的崩岸。

第三节 海滨、湖滨、河滨侵蚀防治措施

一、海滨侵蚀防治措施

为了防止或最大限度缩小海滨侵蚀程度,从开发与保护海岸资源出发,寻求正确的防治对策是至关重要的。一般来说,我们至少应该从以下三个方面进行海滨侵蚀防治措施的规划、设计与实施。

(1)制订并实施"海岸资源开发利用保护法"和"海岸带管理条例"。组建权威性的海洋管理行政机构,负责海洋开发活动的仲裁、协调与管理。例如,厦门港和北部同安湾区域内的椰风寨和书法广场原来有两处建筑物直接修建在海滩面上,占用了原有海滩的滩肩,迫使海岸线往外推移,还阻断了海岸沿海景观,同时由于海滩的活动性也给建筑物自身留下严重的安全隐患。这就要求相关政府管理职能部门的介入和严格把关,在拆除海岸严重影响海滩自然发育的占滩违建建筑的同时,加强沿岸海滩功能区规划,杜绝占滩建筑审批审核,还人们一个自然的海岸。

(2)采取工程措施和生物措施。工程护岸是目前广泛采取的护岸方法,如丁坝、顺岸坝、土石坝、三角锥等。个别有条件的海岸可适当采用回填砂砾石等人工养滩方法。对有些因破坏生态平衡而引起侵蚀的岸段,应加强沿海防护林体系的建设或类似防护功能生物工程的研发与推广。

(3)加强海滨侵蚀机制的科学研究。通过长期跟踪调查与监测,深入开展有关海滨侵蚀的表现形式、危害、成因、滨岸堆积体稳定性等基础性研究。其中,对侵蚀明显的岸段,应重点开展海滩监测,查清其几何剖面变形的循环过程、物质来源及散失规模、人为干预条件下近岸动力结构、泥沙流强度与剖面形变的关系,旨在全面阐明海滨侵蚀内在发生机制,为指导海滨侵蚀的防治工作提供科学理论及实践依据。

总的来说,海滨侵蚀是全球性的自然灾害,受全球气候变暖以及人类活动影响而产生的海平面上升加速将使海滨陆地区域淹没和侵蚀范围进一步扩大,且程度日益加剧。世界上一些滨海国家多年来一直在关注着它的发展和变化,并不断研究其防护对策。同样,在我国3万多千米的海岸线上也存在着不同程度的海滨侵蚀问题,不少岸段因海岸夷平作用、暴风浪及强潮的冲刷而发生了不同程度的侵蚀后退。

目前,根据海滨侵蚀防护措施所采取材料的不同,可以分为工程防治措施和生物防治措施两大类。

(一) 海滨侵蚀工程防治措施

自20世纪50年代以来,我国海滨侵蚀日渐明显。至20世纪70年代末期,除了原有的岸段侵蚀后退之外,还不断出现新的侵蚀岸段,总的侵蚀正在不断增加,侵蚀程度加剧。因此研究海岸侵蚀并及时布设合理的防护工程就变得尤为重要。为了减缓海岸侵蚀造成的危害,在局部海岸段,通过工程措施改变近岸泥沙的运移格局,使泥沙堆积下来。海滨侵蚀区的防护工程主要有以下几种。

1. 海堤和护岸

海堤是人类传统的海岸防护方法,建造在海滩较高地区,是用来分界海滨陆域和海域的建筑物,走向一般与海岸线平行(图2-10-7)。虽然它在固定海岸和防潮防浪方面发挥了很大的作用。但它一般不能用于保滩,作为防浪的长期防护方式也是不合适的,除非作为其他工程措施下的辅助或应急措施。因此这种工程结构,一般只适用于海浪不大的海岸或淤积海岸以防异常海沉。

图2-10-7 福建莆田江口海堤防护工程(郭晓芳 摄)

护岸是直接与海岸相贴的建筑物，以保护岸上的道路、房屋及其他设施（图2-10-8）。海堤护岸是以前的海岸防护工程运用最多的一个思路，护岸工程成本相对低廉，并能有效地保护后方陆地上的建筑物，在特定的时期内起到了应有的作用。海堤与护岸只能对海岸起到消极的保护作用，在侵蚀性海岸上不能防止海滩被继续侵蚀。相反地由于形成反射流，向海一侧的沙滩却因护岸工程的存在遭受到更严重的侵蚀，因为原始的海滩具有一定的柔性，它能减弱波浪的冲击，并吸收被减弱的能量。相比之下，混凝土的海堤、护岸要承受波浪的全部力量，最后海水会从堤岸下切，导致护岸底部被掏蚀，从而威胁护岸的根基，最终可能造成护岸断裂，散落在海滩上，进而影响到海滩的亲水性。因此，浴场的休闲娱乐功能也将受到影响或消失。

图2-10-8　台湾省宜兰海滨护岸工程(吴鹏飞　摄)

2. 丁坝及丁坝群

丁坝及丁坝群是一种与海岸成一定角度向外伸出，与海岸线近乎垂直的海岸建筑物，它的作用是拦截海岸上游输来的泥沙，形成宽阔的海滩而保护海岸（图2-10-9）。它能有效防止现有的海滨进一步遭受侵蚀，不仅具有拦截沿岸输沙的作用，同时也能消耗正面潮流击打的能量，使其到达岸边的波浪减弱。丁坝在泥质海岸有较成熟的运用。丁坝及丁坝群是靠拦截的泥沙来达到防护海岸的目的，因此对于输沙量逐年减少的河流来说，不利于丁坝拦截大量泥沙形成海滩，而长江口地区修建的丁坝起到了较好的护滩保堤作用。

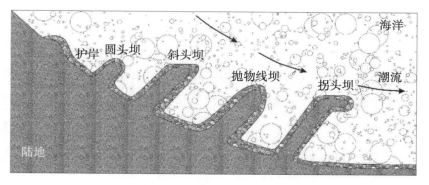

图2-10-9 丁坝群示意图(卢佳奥 绘)

3. 离岸堤

在海岸线外一定距离的海域中建造大致与岸线相平行的防波堤称为离岸式防波堤,简称离岸堤(图2-10-10)。其作用与丁坝相似,能够造成离岸堤上游侧岸滩的淤积。可以采用大块石或各种混凝土块作为护面。但是离岸堤开口较小,污染易在海湾内积聚而不易排出,因此选择离岸堤作为海岸防护工程应该考虑环境污染问题。

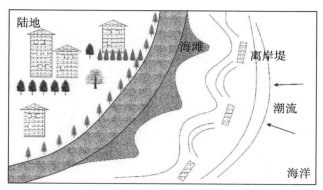

图2-10-10 离岸堤示意图(卢佳奥 绘)

4. 人工沙滩

从海中或陆上采集合适的沙补充到被侵蚀的岸滩上是解决海岸侵蚀最自然的对策。海滩补沙已被证明是一种经济有效的措施,而且它对下游岸滩的影响也比其他防护设施小。由于人工填筑到海滩上的沙粒在各种海洋环境条件,特别是海浪的作用下,仍会被冲刷,因此必须每隔几年对海滩进行补沙。

虽然海岸防护工程的形式比较多,但是我们可以根据海岸侵蚀的特点和不同地区的具体情况,对三角洲地区的海岸侵蚀采用不同的防护工程或多种技术结合的形式,使工程达到最好的防护效果,减少海岸的蚀退。

(二)海滨侵蚀生物防治措施

1.生物护岸措施

在潮滩或水下栽种或培育某种植物,达到消能并防止侵蚀的目的。由海堤前潮滩上的植被构成了沿海消浪林带,起消浪促淤的作用。沿海消浪林带是沿海防护林体系中的第一道防线,也常被称为"一级基干林带",是破坏性海浪的"缓冲器"。位于海岸线最前面的消浪林,大多是建造在潮上带和潮间带上,所用的植物大多都是能够抵抗海水盐分侵蚀、耐潮湿、耐瘠薄的先锋植物,这些植物往往可以起到消除海浪,促进淤泥沉积和保护堤岸的作用。上海市水利部门经常在潮滩上种植芦苇,当其发展成为群落后能有效地削减到达岸边的波浪能量。自20世纪60年代以来,在江苏等泥质海岸引种的互花米草有效地减轻了滩面的侵蚀,一定程度上获得了良好的效果。但是,互花米草的繁殖能力十分强大,且适应性强,如果不进行科学管理种植,易引发生物入侵的生态问题。

2.生物筑坝

利用牡蛎等海生生物资源构筑生物堤坝,形成保护海岸的潜水坝。它能消释海浪和潮流能量,起到保护沿岸堤坝的作用。生物潜水坝结构可筑成多个"V"形,间断排列,使"V"形尖端向着大海,燕尾朝向岸坝,有利于消浪积沙,最终达到保护海岸的目的。

3.建造防护林

沿岸防护林带的建造可使海滨风能降低,风速减缓,从而使风的起沙作用减弱。同时由风从滩面上带来的泥沙可在林带中减速并沉降,不断加积岸后高程,形成防护林地带的风积阶地。防护林的存在还可降低林内的蒸发,使地表潮湿,泥沙不易被风扬起,从而起到固沙作用。防护林还能通过其根系抓住海沙,防止海沙被海浪淘蚀。例如海南防护林带,较好地保护了海岸,防止了海水入侵。当然,对于岩质海岸,根据营建防护林体系的发展理论,增加岩质海滨的绿化也可起到保护国土及海滨人们生命财产的防护功能,例如通过在福建湄洲岛岩质海岸进行木麻黄与台湾相思混交林的成功造林之后,该岸段的生态环境得到了巨大的改善(图2-10-11)。

图2-10-11　福建省湄洲岛岩质海岸的木麻黄与台湾相思混交林(吴鹏飞　摄)

二、湖滨侵蚀防治措施

(一)湖滨侵蚀工程防治措施

湖滨侵蚀的工程防治措施主要是湖滨带岸线防护。湖岸崩塌是湖滨的主要侵蚀类型之一,有效的消浪措施是防治崩岸的有效工程措施。湖滨侵蚀防治工程措施设计过程中应充分考虑气候条件、岸线水文地质等条件,参考水利工程设计标准,土建工程与生态工程相结合。我国在湖滨侵蚀工程防治措施上已有一些成功的案例。巢湖是我国五大淡水湖之一,位于安徽省中部,巢湖水位高、吹程远、湖面风浪高,湖岸崩塌现象严重(吴志华等,2006),湖岸崩塌是巢湖生态环境的一大难题,湖岸崩塌的存在和发展对沿湖居民财产安全及湖岸生态环境存在严重威胁。通过对巢湖湖岸地质勘查,按组成岩性成分分为基岩石质湖岸、沙土质湖岸、黏土质湖岸3种类型,不同岩性岸线其崩塌程度不一样,具体见表2-10-4。针对巢湖的侵蚀现状、地质条件和气候特征,采取湖滨带岸线基地修复、建消浪土坝、高坎陡坡削坡、适应性种植的治理模式,取得好的治理效果。

表 2 - 10 - 4　巢湖不同岩性岸线崩塌程度

湖岸类型	侵蚀程度	湖岸岩性	长度（km）	占总岸线比例（%）	地形地貌特征	坍塌特征
基岩石质湖岸	轻微崩塌	侏罗纪及白垩纪紫红色石英砂岩	24.5	13.27	低山丘陵地、斜地	岬岸、岸壁陡峻
沙土质湖岸	次严重崩塌	中更新世网纹黏土含砾黏土	20.02	10.84	山前斜坡剥蚀、三级阶地残丘	形成陡岸、湖岸锯齿状、湖蚀穴
黏土质湖岸	严重崩塌	晚更新世黏土含铁锰结核	44.38	24.03	剥蚀三级阶地湖岸岬岸、湖蚀穴岸壁陡	岬岸、湖蚀穴岸壁陡峻

资料来源：吴志华等（2006）。

湖滨带岸线基底的修复主要任务是消浪，减缓崩岸的发生，保证基质的稳定性，为植被生长创造条件。在枯水期沿岸线进行施工，修建 2 条相距 4～6m，高出水面 1～1.5m 的消浪土坝，即能有效消浪，同时也为挺水植物构建稳定的立地条件。对高坎和陡坡进行削坡，扩大植被纵深空间，建立生态护岸。

（二）湖滨侵蚀生物防治措施

湖滨带侵蚀生态修复主要是根据生态学原理，利用不同生物种，通过生态工程技术方法，人为地调整湖滨带生态退化的程度，使湖滨带生态功能和结构向正向演替发展（高超等，2005）。湖滨带生态修复原则是以自然恢复为主，因地制宜，协调好生态系统功能和周围景观之间的关系；注意对湖滨带自然状况良好区域的保护，尽量避免对其进行人为干预或干扰破坏。对湖滨带生态修复以保护生态功能为主，避免用其进行污水拦截净化。同时控制湖滨带内、外围污染源的排放，为生境修复创造良好条件。湖滨带生态修复应注意避免引入外来物种，引起生物入侵。湖滨带生态修复初期，对植物群落的配置，应选择具有较大生态耐受范围及生态位较宽的先锋植物种，以适应前期较差的生态环境。恢复中期时可以适当地对群落结构进行优化，填补湖滨带空白生态位。恢复后期则应考虑湖滨带整体生态系统的健康性，包括动物、植物的栖息和生长，保育和维护湖滨带生物多样性。对湖滨带进行生态修复时，必须考虑基质—水文—生物三方面的因素。水生植被消失、湖岸基质失稳，在此情况下简单地在湖滨带种植植被容易被风浪切割、易倒伏而难以存活,必须同时解决湖岸基质修复和水文修复两方面的问题。水生植被修复工程主要有自然修复和人工修复两种。根据湖库的涨落规律,不同的高程选择不同的植被类型进行修复,配置不同的乔、灌、草。以巢湖湖滨带生态修复为例,湖滨带采用不同植被配置模式的生态修复模式,湖滨带上部以乔灌草复合防护带为主,由下而上分别布设草皮护坡、灌木植物绿篱、绿化美化乔木,同时在上端配置排水工程;湖滨中部湿地以湿生乔木及草被为主,下部采用种植挺水植物为主;湖岸边水域采用浮水、沉水植物为主,从而形成完整的生态修复工程体系(刘学勤等,2012;王洪铸等,2012)。

三、河滨侵蚀防治措施

保护河滨岸安全,减轻滨岸侵蚀,可以追溯到早期的人类文明。为了防止水流和波浪对岸坡基土的冲蚀和淘刷造成的侵蚀、崩岸发生,适应各种需求,经过长期经验积累创造出许多的滨岸防护形式。早期人们从满足河道岸坡的稳定性和河道行洪排涝功能的角度出发,采用传统的河道护坡工程。传统的护岸工程从早期的天然材料(石料、木料、沙),发展到以水泥、沥青、混凝土等硬性材料为主要建材。传统的河道护岸工程往往局限于防洪、排涝、引水和航运等基本功能,符合防洪抗汛的水利要求,保证水流安全下泄,岸坡经得起波浪的冲击,以满足安全的需要。在护岸工程设计中,特别是城市河道,为了控制河势和确保河道的防洪安全,着力于运用块石、混凝土等硬质材料的结构设计,但却较少考虑水系特征和水生态,以及河道的景观、休闲、娱乐等其他功能。随着经济社会的发展,人们对生态、自然、亲水和景观效应的需求愿望增强,逐步发展到考虑到周围的景观效应和视觉感受的新型护坡,再发展到融入城市园林景观、生态环保、建筑艺术等多种内容并符合人与自然和谐相处理念的开放性生态护坡,将滨岸侵蚀治理的工程措施与植物措施有机结合起来。

(一)河滨侵蚀工程防治措施

河滨侵蚀工程措施是利用石材、水泥、沥青、混凝土等材料,按照一定的人工设计方法进行施工的一种护岸护坡工程措施。工程措施有传统的结构性刚性护岸,也有非结构性的生态自然型护岸(孟凡超,2011)。

1. 结构性刚性护岸

结构型工程式工程护岸的防护措施是采用较传统的护坡方式,主要有浆砌和干砌块石护坡、丁坝护坡、沉排护坡、土工编织布沙袋护坡、平顺抛石护坡、混凝土预制框格水下护坡、混凝土块护坡及现浇混凝土护坡、粉煤灰水泥土护坡等刚性护岸形式,主要是石材、水泥、沥青、混凝土等硬性材料为主要建材,具有较好的结构稳定性、防止水土流失以及防洪排涝等功能。但是工程量大、造价相对较高,施工和维护难度较大,而且对景观、生态会产生不良影响,硬化工程的生态功能极差,阻隔水体和陆地环境之间物质与能量交换,破坏河滨带的生态连接性,严重影响河滨带生态平衡,威胁着生态环境。

结构型工程式工程护岸可分为直立式护岸和斜坡式护岸。直立式护岸将整个河岸表面封闭起来,减少了由岸坡面逐步冲刷、表层土滑动、深层滑动等引起的水土流失,加强了河道岸坡的稳定性。但自身也存在很大的不足,由于护岸类型的限制,河道的结构形态需要改变,带来的负面影响违背了水流的自然规律,土壤与水体之间的物质能量交换出现障碍,使岸坡生物失去了赖以生存的环境,逐步造成水体与陆地环境、生态的恶化。工程量大、耗时长、成本高也是直立式护岸的严重缺陷。斜坡式护岸可分为堤式护岸(包括堤身、护肩、护面、护脚和护底)和坡式护岸(包括岸坡、护肩、护面、护脚和护底),其护面材料主要有:混凝土类预制混凝土块体、开缝或经灌浆咬合块体、钢丝绳捆固或土工织物连接的混凝土块体、现浇混凝土板和整体式构筑物、充装填料的纤维织物;石料类进行灌浆、石笼或金属网沉排;土工织物草被复合物—面层、织物和网格、三维护岸面层和网格、二维纤维织物等。

(1)浆砌石护岸

最常见的一种结构型护岸,这种护岸结构型式具有结构坚固、抗水流冲刷能力和船舶撞击能力较强的优点,但是施工中需要采用围堰,开挖土方较多,工程量较大,造价也较高,而且浆砌石护坡与河道环境可接受性结合较差,浆砌石护坡成型后,虽然其表面光滑平整,但不利于河道生态平衡及环境建设。

(2)加筋混凝土护岸

加筋混凝土是一种复合结构,由混凝土板作面板和水平铺设在墙后填土中的土工带构成。面板所受的水平力通过土工带传到墙后填土中,并依靠填土与土工带的摩阻力来维系面板的稳定性。其优点是对地基的适应性好、技术简单、施工方便、节省材料、造价低。

（3）板桩式护岸

这种结构型式的驳岸施工不需要围堰进行土方开挖，可以加高河岸。但是它的刚度较低，在强后荷载的作用下，板桩发生的位移较大。

（4）混凝土预制块铺设护岸

由于天然石料资源和石料规格的限制，人工混凝土预制块成为护岸铺砌中重要的材料，广泛应用于各种护坡工程中，通常有开缝接合或灌浆混凝土块、咬合连锁混凝土块、缆索捆绑或土工织物黏结的预制块3种类型。混凝土预制块形状丰富，有各种几何图形，铺设后防护防侵蚀效果好，整齐、美观，一般用于浅层防护护坡。

（5）沥青护坡

将沥青与其他材料按一定比例混合均匀，将沥青混拌材料浇注土工织物上形成开孔碎石沥青填料土工织物面层，或浇注在粗碎石骨架上形成稀松或致密碎石沥青（陈伟，2018）。

2. 自然型非结构性生物材料工程护岸（自然型护岸）

非结构性生态护岸是按照天然岸坡形成的结构，遵循原始岸坡的坡度、坡位等地质构造并结合相应的生态材料进行护岸的护岸类型。非结构性生态护岸常常根据人为干扰因素的强弱分为自然原型护岸、自然型生态护岸和自然改造型生态护岸，其中自然原型护岸和自然改造型护岸属于生物防治措施。

自然型生态护岸又称"传统河工学生态护岸"，是指植被措施与天然材料相结合，保证岸坡具有一定的防洪固坡能力的生态护岸方式。天然材料包括天然石料、木料，此类材料可以增加岸坡的抗冲刷、抗侵蚀能力。此外，自然型生态岸坡的缝隙间不仅具有良好的生态效应，还能为水生生物提供栖息场所（陈小华等，2007）。该护岸类型具有灵活、整体性好的特点，因此，自然型护岸比较适合于流速大、河床不平整的河道断面。其常用方法是石笼护岸、干砌石护岸、打木桩结合植物护坡。此外，土工绿化网、植被型生态混凝土、土壤固化剂等生态新型材料弥补了传统材料不能持久的缺点，但造价较高，可根据城市河道整治具体情况并结合社会、环境综合效益选择应用。

（1）抛石结合植物扦插护岸

抛石护岸是一种传统的治河措施，在河岸崩塌处，选择匀整、大小相同的块石铺垫。底部设置碎石或土工布反滤层,以达到促淤效果,为植物生长创造必要的基础条件。外层用大石掩护,利用其较高的水力糙率,减小波浪的水流作用,保护河岸土体地域避免冲刷侵蚀。洪水期内沉淀物会填塞石块的缝隙,抛石工程会更加稳固。如果现状河岸距离整治线甚远,可以在整治线上抛石,内外均用斜坡,高度与低水位持平,然后用河沙或沙砾填充其后,并在填沙上铺石护面。如果河水很深,可以分级抛石,层层叠高。每级高度约 2m,顶宽约60cm。在抛石护岸的基础上,在块石缝隙中扦插植物是一种良好的改善栖息地生物多样性的土壤生物工程方法。扦插时,应注意选择结实强壮、长出萌芽的枝条,将一端斜切,入生根粉中浸泡,插入块石和反滤层下面的土壤左右。插条尽量保持与坡面垂直,顶部露出 10cm 左右为宜。枝条生长后,形成的植被与抛石一起既可以固定岸坡,减小局部岸坡的水流流速,减轻、消除水流的冲蚀作用,又可消散能量,促进携带营养物的泥沙淤积,为野生动物提供产卵环境、遮阴和落叶食物,成为河流的一个营养物输入途径,同时形成天然景观,提升岸坡的整体美学价值。

(2)石材生态护岸

石材生态护岸是指采用天然石材为主要材料的生态护岸类型。石材的形状与堆放方法无限制,取材方便,施工简易,成本低廉,固定在坡脚处能起到显著的防冲刷和抗侵蚀作用。石材生态护岸按搭配的材料可分为干砌石护岸、抛(堆)石护岸和石羽口护岸。

①干砌石护岸:砌石护岸是一种历史悠久的治河护坡方法,一般是利用当地河卵石、块石,采用人工干砌形成直立或具有一定坡度的护岸。干砌石护岸的优点是结构型式简单、施工操作方便、工程造价低廉,具有一定抗冲刷能力,适用于流量较大但流速不大的河道;缺点是对石块和砂料的要求较高,生物亲和性较差。

②抛(堆)石护岸:抛石护岸是一种传统的治河护坡方法,对大型河道,在河道急弯段或受水流顶冲的深槽部位,其堤脚部位很容易造成冲刷深坑,如处理不及时,往往形成塌坑,甚至造成决堤事故。在这种部位可采用天然石材(如卵石、砾石、流石等)抛(堆)形成护岸,底部设置碎石或土工布反滤层,以达到促淤效果,为植物生长创造必要的基础条件,外层用大石掩护,利用其较高的水力糙率,减小波浪的水流作用,保护河岸土体地域冲刷侵蚀。洪水期内沉淀物

会填塞石块的缝隙,抛石工程会更加稳固。一般适用于坡度比为1:3～1:5的缓流水体。该护岸形式自然化程度高,能有效地削减行洪对岸坡的冲刷。其石材间的空隙可以作为天然鱼巢,为水生生物提供生存空间,石缝间残留的淤泥也可为水生植物生长提供必要条件,大大增加水陆交错带的生物多样性。采用水下抛(堆)石护岸,石材的材质应坚实,无风化剥落层,外围的石材要求较粗大些。抛(堆)石护岸的优点是具有抛投简便、变形能力强、水力糙率高,抛石体具有一定的自愈能力;缺点是抛石若局部升高凸起则会阻碍水流,增加紊动。

③石羽口护岸:一般适用于高水位、对护岸强度要求高的护岸。坡底采用天然石材或切割石材垒砌,以加固岸坡;利用石材框架结构内部镶嵌的砾石缝隙为水生植物提供生长空间;坡面上部的草皮具有一定的景观美化效果,生态树种具有较强的固坡特性,以期达到良好的生态护岸效果。

(3)石笼、竹笼生态护岸护坡

石笼护岸是在镀锌、铁丝网笼或钢筋笼,或者竹子编的竹笼内填充碎石及土壤肥料,然后将石笼堆砌的护岸护坡技术,具有造价低、施工易、渗透性强、消浪性好、自然生态等特点,而且具有极强的抗冲击性能,是普通材料所不能相比的,因而被广泛应用。石笼护岸可用于流速大于6m/s的河流,由于其网眼较大,一般为60～80mm,易造成植物无法生长的贫瘠环境。因此,表面应覆盖土层,并根据种植植物需要在石笼表面铺设土工纺布,有效地防止水土流失。目前,河岸常见的石笼生态护岸主要有石笼生态挡土墙、净水石笼护岸等类型。

①石笼生态挡土墙:是由厚度为0.5～1.0m的内充碎石及土壤肥料的钢丝格网笼叠砌而成的挡土墙结构。石笼生态挡土墙适宜于流速大、坡面陡的河道断面,具有灵活、整体性好、抗冲抗剪切能力强的特征。护砌成型后,护坡迎水面石隙众多,为河道水草、水生动物等有利于河道环境可持续发展的生物提供栖息生存空间,可使河道水体的自净能力提高,有利于河道生态平衡。缺点是这种护坡方式所用钢丝要求较高,普通钢丝虽价格便宜,但使用寿命有限,致使维护费用较高。

②净水石笼护岸:是指通过生态工程理论将强化净水功能的生态护岸技术引入石笼护岸中,并种植生命力强的水生植物的新型护岸方法。净水石笼护岸内的基质为较小的石子胶结成的多孔隙块体,上部可铺设固定加强型棕纤维垫,在笼内设置直径10～20cm筛孔,周边布孔的建筑用盲管作为引水、行水管

道,借助水流将河水引入石笼内部,使河水在其内部的砾石与植物根系间流动,以达到去除水中污染物的目的。

(4)仿木桩、仿竹桩护岸

为钢筋混凝土结构,表面做仿木、仿竹处理,"桩"的体积、直径都能达到一般挡土墙的要求。"桩"直径有足够的空隙形成鱼巢,后背填石砾、卵石、挡土墙等。根据施工方式将仿木桩分为两种形式:预制仿木桩护岸和现浇仿木桩护岸,一般用于城市景观河滨,增加景观效果。

3.生物材料护岸

该技术主要是指为了保护水环境与岸边生态环境,以生物工程技术为依托,以稻草、黄麻、椰壳纤维等自然可降解的纤维织物为工程材料,在不稳定的土质岸坡或者超自然安息角的岸坡上通过覆盖堆叠的方式来加固岸坡、防止岸坡侵蚀的护岸类型。岸坡表面常常被植被和扦插枝条覆盖,其发达的根系可进一步提高土壤的抗冲抗蚀性,提高岸坡的抗滑力。

(1)土壤生物工程

土壤生物工程是一项建立在可靠的土壤工程基础上的生物工程,即使用大量的可以迅速生长新根的本地木本植物及其他辅助材料,按一定的方式、方向和序列将其扦插、种植或掩埋在边坡的不同位置,以此构筑各类边坡结构,实现稳定边坡、减少水土流失和改善栖息地生境等功能的集成工程技术。土壤生物工程一般采用速生类的本地植物作为护坡的主要结构,如杨、柳等;主要有活枝扦插、柴笼和灌丛垫3种工程类型,分别以"点、线、面"的种植方式运用在土壤侵蚀较严重、土质松散、景观要求较低的郊区河段。对于使用植物体的土壤生物工程技术来说,在工程初期可能比较脆弱,但随着植物快速生长,整个土壤生物工程护岸系统将越来越牢固,其护岸功能逐渐从"覆盖坡面"的单一功能向"保护岸面""稳固坡体""改善生境"等多功能转变。

①木栅栏护岸:是采用废弃木材并常常结合砾石笼为主要护岸材料的护岸类型。其中,木栅栏可以固定河岸内侧以起到稳定岸坡的目的。堆积的砾石表面粗糙,为微生物的生存提供了方便,能够分解吸收各种养分,还能通过砾石间的空隙为水生生物提供优良的栖息地,在满足护岸强度的情况下为滨水带生物的生长、繁殖提供了条件,有利于保持河流生态系统的完整性。

②生态坝护岸:是指以木材为基础材料,其结构为正方形底座,内部由交叉

圆木围成网状框架,并装入卵石的护岸形式。生态坝既可加固堤防,又能为生物提供生存空间,提高河流的自净能力。生态坝护岸结构一般适合于高水位、流速大的河流的岸坡保护。

③活枝扦插:将易生根的植物存活枝条直接扦插按压入河岸土壤的扦插方式。活枝的根系与土壤颗粒黏固在一起,可以吸收土壤中更多的水分。枝条的根系与枝叶对改善土壤结构、增加土壤团粒、防治坡岸水土流失有重要作用。利用活枝扦插作为建群种,并与护岸植被相结合,可以快速改善岸坡生境,构筑完整的近自然的坡岸植被缓冲带。该技术适用于生态问题比较简单、水力学问题不大的河段,其工程特点为工作量小、成本低及广泛的适应性。但是其自身也存在较大的缺陷,枝条在生根前很难起到防护稳定岸坡的作用,可结合其他防护措施综合使用。

④捆栽:又称"柴笼",是指把植物活枝捆在一起,形成圆柱状的活枝捆扎束,按水平或垂直方向浅埋入岸坡高水位以上的位置,其间可扦插单体活枝,以固定活枝捆扎。加工梢料捆应在树木的休眠期间,通常是秋冬季,枝条可选择长度 1.5 ~ 3.0m、直径 10 ~ 25mm,并需要应用活木桩(长度约为 0.8m)、死木桩(长度约为 0.7 ~ 0.9m)和粗麻绳若干(直径 5 ~ 30mm)对梢料捆进行锚固。为了增加根系深度,应在梢料捆的死木桩之间插入一些活木桩,以增加土坡整体稳定性。该扦插方式具有易施工、造价低等特点,且适用于坡度较缓的岸坡。竣工后,柴笼可为土质岸坡提供直接防护,防止土壤表面侵蚀。根系形成后,可有效地稳定边坡。柴笼将长岸坡分为一系列小段,从而能有效减缓土壤侵蚀。

⑤层栽:又称"灌丛垫",将植物活枝相互交叉成层或成排状的方式水平或垂直插栽在土层间的土壤生物工程类型,与其他工程结构(如土工布、石笼、堆石等)联合使用,属于高密度、高强度的植物防护体系。主要用来保护那些土壤团粒结构差、抗侵蚀能力低、植被比较稀少、受坡面径流影响较大的坡岸。

(2)植物纤维卷护岸

植物纤维卷是指由植物纤维制成的香肠状结构,内部可包裹植物种子、有机肥料等,长度一般为 3 ~ 5m,直径 30 ~ 50cm,可作为临时坡脚稳定措施,用于水流较浅、冲刷不太严重的区域,促进泥沙淤积,为植物生长创造基质条件。结合其他硬性护脚措施,防止坡面整体滑动,在营造适宜栖息地环境的同时加固岸坡。施工时,应选择在低水位及植物休眠期间进行施工,以保证最大的成活率。

（二）河滨侵蚀生物防治措施

河滨种植植物可以保护河岸,减少河滨侵蚀,同时又可保护河滨岸生态功能,其护岸功能主要体现在以下几个方面:①植物地面以上部分,可以有效降低水流速度,减轻水流对岸坡土壤的冲刷侵蚀。②植物根系对滨岸土壤起固定作用,根系网络也可阻滞水流对土壤冲刷,同时限制被水流带走。③植物根系的加筋和网络作用,约束了大面积土体的位移。④植物蒸腾作用加速滨岸土壤水分散失,减轻土壤水分压力作用,提高坡面稳定性。河滨侵蚀生物防治措施就是利用植物的防护功能,选择适宜的乔灌草进行合理配置种植,控制滨岸侵蚀的一种措施,能有效改善滨岸区的生态环境。

1. 护岸植物应具备条件

护岸植物应具备如下几个条件:①根系发达,固土护坡能力强,可以提高良好的主体,支持与河岸土沙的吸附固定效果。②生长快速、树性强健,分蘖高,地表覆盖能力强,对污染物的过滤效果好;可以在短时间内达到绿化与河岸边坡稳定效果。③耐水浸泡:短期内浸泡于洪水中不至于受到伤害或死亡。④耐旱、耐旱、耐贫瘠、少病虫害、适应性强、树形洁净、管理粗放,养护成本低。⑤在植物种类可以选择的条件下,尽可能使用饵食与蜜源植物,以增加小动物之食源与栖所。⑥建植后,能达到四季景观自然美的效果。

2. 植物选择与配置

植物措施以固岸护坡、保持水土、拦截过滤、水质净化等生态服务功能为主,满足功能,兼顾景观和美化环境。因此,植物选择应确保防洪排涝安全的前提下,坚持生态功能优先、适地适树、乡土植物为主的原则,选择抗逆性强、成本低、易管护的植物种类。常水位以下,选择水质净化功能强的水生植物和耐水湿的树种;常水位至高水位,选择根系发达、耐水淹、抗冲性能好、故土能力强的植物种类;高水位以上,选择耐干旱、耐贫瘠的植物种类。植物措施配置应乔灌草结合、常绿植物与落叶植物、深根系植物与浅根系植物、阴性植物与阳性植物及不同季相的植物种类混交。

土质河堤护坡:一般选择草类,种类重要有无芒雀麦、鸭茅、苇状羊茅、草甸羊茅、猫尾草、百喜草、百慕大草、地毯草、类地毯草,也可适当选择具有点缀功能的草本植物,如狼尾草、芦竹、竹节草。

石质堤防:一般选择具有攀爬特性的藤本类植物,如藤蔓月季、地锦、紫藤、常春藤、忍冬、牵牛等。

河岸坡木桩型枝条:胡枝子、竹、水柳。

水生植物:靠近河滨岸水边适当选择一些水生植物,对缓冲水流对岸坡的冲刷具有较好的效果,但河道区尽可能保留水流通畅,所以一般仅在岸边适当种植一些挺水植物,较少考虑沉水、浮叶、漂浮类水生植物。适宜南方的水生植物主要有:水芹、东方香蒲、水葱、芦苇、菖蒲、黄菖蒲、千屈菜、泽泻、慈姑、茭(俗名茭白)、香蒲、鸭舌草、水烛、芦竹、花叶芦竹、灯心草、美人蕉、富贵竹、水莎草等。

河岸旁绿化树种:乔木有水杉、云杉、垂柳、合欢、栾树、桃花、白蜡、刺槐、桉树等;灌木有紫薇、连翘、木槿、迎春花、红瑞木等。

3. 植物护岸

单纯种植植物保护河岸,利用植物的根、茎、叶来固堤,尽量维持自然河岸的原始结构,减少人为改造的护岸类型。按自然安息角建设,各土层厚度逐层夯实,夯实表面种植植被或铺设细砂等材料。此类生态护坡设计,多采用乔灌草混交模式,能有效促进植被复层结构的形成,有利于充分利用空间和营养,增加河岸的生物多样性。在施工中,具有投资少、技术简单、维护成本低、近自然程度高等优点。但该类型护岸防护能力有限,抵抗洪水的能力较差,易遭受破坏,且植物材料较易腐烂,使用寿命较短,在日常水位线以下种植植物难度较大,树种的选择亦较关键,否则很难保证植物的存活。因此,自然原型护岸一般适用于流速较缓、流量较小、坡度较陡、冲刷能力较弱、河床过水断面较小的乡镇级的河岸,常结合其他护坡技术综合应用。依托生物群落结构优化构建技术与净化水质护岸植物材料选择技术,在生态护岸方面极具价值,具有保护功能、连接功能、缓冲功能和资源功能。在植物选择上,应以当地和邻近河道自然植被的植物种类为主体,在河道常水位线以下种植水生植物为主,常水位至洪水位的区域下部以种植湿生植物为主,洪水位以上则种植耐水淹植物为主。

(三)河滨侵蚀复合生态防治措施

工程防护措施具有良好固坡护岸效果,特别抗冲性、稳定性良好,但生态效益差;植物措施可以防冲刷侵蚀,河岸带生态良好,且具有良好的景观美化效果,但稳定性差。于是,在现代护岸设计中将工程措施与植物措施结合,增加护岸的柔性,在自然生态护岸的基础上,运用力学原理,采用木材、石材、金属、土工织物及水泥、钢筋等护岸材料加固,结合植被护坡的生态型护岸,可以较好地融合工程措施和植物措施的优点,既可以加固河滨岸稳定性,又可以使河滨带恢复生态特性,增加河道两岸的生态景观,使景观更加自然化,具有很好的防护效果,特别在防治岸坡冲刷,减少水土流失、生态恢复中具有较好效果。

1. 块石固脚植被护岸

在河水低水位时期,岸坡坡脚处可以采用桩石固脚、植被护岸形式。坡脚处安插分散型木桩,内嵌天然石材以稳固坡脚。坡面可种植根系发达、生长快、生存期长、适应性好的水生植物,在沿岸边线形成一个保护性的岸边带。工程完工初期,坡面采用可降解材料形成初期保护,暂时性代替水生生物的作用。

2. 抛石结合植物扦插护岸

在抛石护岸的基础上,在块石缝隙中扦插植物是一种良好的改善栖息地生物多样性的土壤生物工程方法。扦插时,应注意选择结实强壮、长出萌芽的枝条,将一端斜切,入生根粉中浸泡,插入块石和反滤层下面的土壤左右。插条尽量保持与坡面垂直,顶部露出10cm左右为宜。枝条生长后,形成的植被与抛石一起既可以固定岸坡,减小局部岸坡的水流流速,减轻、消除水流的冲蚀作用,又可消散能量,促进携带营养物的泥沙淤积,为野生动物提供产卵繁殖环境、遮阴和落叶食物,成为河流的一个营养物输入途径,同时形成天然景观,提升岸坡的整体美学价值。

3. 框格砌石生态护岸

框格砌块护岸采用透水性强的框格砌块,在其上覆土,种植灌木和草本等植物。覆土后,护岸呈现自然的曲线形,为防止水边泥沙在植物未扎根前流失,用抛石、铺辊式植被和打木桩的方法进行加固。适用于宽度大、河岸冲刷严重的城市河道。

4. 土工织物扁袋护岸

土工织物扁袋结合扦插护坡是把天然材料或合成材料、织物在坡面展平后填土,然后把土工织物向坡内反卷,包裹填土,并在呈阶梯状排列的织物扁袋之间扦插活枝条的土壤生物工程措施。这项技术综合了土工织物扁袋护坡和植物护坡的优点，起到了复合护坡的作用。麻袋布具有降解效果，可起到反滤作用，在岸坡表面覆盖麻布袋并按一定的组合与间距扦插植物，达到根系加筋、茎叶防冲蚀的目的，通过减小土壤水的孔隙压力增加土体的抗剪强度，提高岸坡的稳定性。另外，土工袋具有较高的挠曲强度，可适应坡面的局部变形，因此特别适用于岸坡坡度不均匀、坡度极陡的区域。

5. 天然材料织物垫护岸

天然材料织物垫指用可降解的椰壳纤维、黄麻、木棉、芦苇和稻草等天然纤维制成的织物，通过覆盖和层层堆叠的形式阻止坡面水土流失、防止河水冲刷，并结合植被一起应用于河道岸坡防护的护岸技术。这类防护结构下层铺设20cm厚的混有草种的腐殖土，上层织物垫可用固土效果较好的活木桩或扦插枝条固定，并在表土层撒播种子。由于织物垫是由天然纤维制成，织物腐烂较快，可促进腐殖质的形成，增加土壤肥力。结合灌草，可有效增加土壤的抗蚀抗冲能力，同时营造多样的栖息环境，成为国际上普遍使用的河岸护坡技术。

6. 生态砖护岸

生态砖护岸是指利用无砂混凝土制成的一种多孔透水性的岸坡防护块体结构。由于在块体孔隙中充填腐殖土、种子、缓释肥料和保水剂等混合材料，特别适合植物的生长发育。生态砖块的层间用钢筋穿插连接，砖的后背铺设砂砾料和无纺布，起排水和反滤作用。生态砖的存在使得流经的河水产生紊流，增加水生生物生存所需的溶解氧。目前，常见的生态砖主要有鱼巢砖和生态护坡砖两种。

（1）鱼巢砖

鱼巢砖由普通混凝土制成，在底部充填少量卵石、棕榈皮等材料，以作为鱼卵载体的生态砖护岸技术。它适用于水流冲刷严重、水位变动频繁、稳定性要求高的河段。在常水位以下有底板的鱼巢砖内填入卵石，便于鱼类栖息繁衍。在常水位以上有底板的鱼巢砖内填入泥土，以便于植物生长，形成有植物遮蔽的水边生存环境。

（2）生态砖护坡

生态砖设计独特，其结构呈连锁式串联，由鱼巢砖、固壁砖、多孔植物生长砖组成，生态砖的坡面由于水流作用其稳定性较高，同时能起到降速的作用，有利于增加岸坡的排水、入渗能力，在景观特性上，大面积的护坡砖能够起到美化岸坡环境的作用。

7. 格宾生物护岸

将表面经防蚀处理的低碳钢丝用机械编织成双铰六角形柔性金属网格即格宾网，再将金属网绑扎成不同结构和尺寸，相互连接成网垫，填入适当石块，石间筑土，填石筑土时人工移植当地草皮，并撒草籽，然后绑扎盖网，形成石垫整体护面，即格宾网生物护岸。这种护岸技术具有透水性好、整体性好、耐腐蚀、抗冲刷能力强、经济实用、施工方便的特点，具有很高的抗洪强度，适用于水量较大且流速较快的河道。格宾网间当带土球的植被根系经石间土进入坡体后，植被、石垫与土坡三者形成一个刚柔两性的"板块"，既可以抵抗坡面外水流冲刷，又可以排除内水，且能适应一定位移。同时，格宾网护岸结构能与当地的自然环境很好地融合，填料之间的空隙为水气、养分提供了良好的通道，为水生生物提供了生长空间。

8. 植被型生态混凝土护岸

生态混凝土护岸是通过对景观材料特殊加工而成的混凝土生态护岸类型。它在力学性能满足工程使用要求的同时，由于生态混凝土具有蜂窝状、多孔且连续的结构特点，因而具备了良好的透水性和透气性，有利于植物的生长。在实际应用中，植被型生态混凝土护岸是其中最常见的防护技术，它是由多孔混凝土、保水材料、难溶性肥料和表层土组成。其中，多孔混凝土是植被型生态混凝土的骨架；保水材料以有机质保水剂为主，为植物提供必需的水分；表层土铺设于多孔混凝土表面，形成植物发芽空间，起到提供养分和防止混凝土表面过热的作用。植被型生态混凝土可承受的流速为4m/s左右，具有生态环境功能优越、取材简单、施工简便、堤坡整齐美观、结构稳固、基本不需维护管理等优点。

9. 生态植生袋护岸

生态植生袋护岸是指由充满土壤或泥浆的软体环保材料袋堆集叠加起来保护岸坡的生态护岸类型。生态袋一般选用高质量环保材料，具有无毒、不降解、抗老化、抗紫外线、抗酸碱盐及抗微生物侵蚀的物理化学性能，能够完全回收，实现零污染，还具有良好的固土作用、透水不透土的过滤功能，对生物非常友善，植物根系可以通过生态袋的植生孔自由生长，进入岩土基层，形成无数根系锚杆，达到锚固作用。

10. 土壤固化剂

土壤固化剂技术主要是以水泥为主体,采用无机或有机固化剂、胶结材料和特殊的工艺,把松散的土壤或其他固体物质凝结成具有整体强度的固体材料。固化剂技术可以硬化土壤表面,填充土体空隙,形成骨架结构,提高土壤的抗压、抗渗、抗折等性能指标,解决土质河岸的坡面侵蚀问题,还可以保持土壤下层的松软性,使底层水生生物繁衍生殖,满足生态需要。该护岸技术可当日配料当日施工,具有工期短、施工灵活、土壤稳定、效果好等优点。

第四节 海滨、湖滨、河滨侵蚀治理模式

一、海滨侵蚀治理模式

海滨侵蚀现象日趋严重及其产生的后果对区域社会经济的重大影响,对海岸带的开发管理、科研保护提出了一个非常严峻的问题。我国海岸由于各种原因,每年遭受侵蚀而流失了大量国土资源,从而直接威胁到了人们的生命财产。因此,不断探寻优良的海滨侵蚀治理模式以供推广运用显得尤为重要。下文通过选择典型海滨侵蚀治理案例,分别对泥质海岸、沙质海岸和岩质海岸侵蚀区域的治理模式进行剖析与归纳总结。

(一)泥质海岸以工程防护为主,生物防护为辅的模式

以泥质海岸侵蚀岸段的治理效果为例。由于近年来泥质海岸严重蚀退,致使海流顺向南侵,使与海滨毗邻的海岸正在由淤积型向侵蚀型转化,部分岸段不但停止淤长,而且开始蚀退。根据近年的实践,要从根本上治理好侵蚀性海岸,必须实行护岸保滩治理方案,在修筑海堤块石护坡的同时,结合修筑块石顺坝、丁坝群破浪销蚀。同时,需要做好沿海消浪林带和基干林带的规划与建设,强化其生物防护功能。

第十章 海滨、湖滨、河滨水土保持

1. 案例一：上海市奉贤区保滩工程

上海奉贤区地处杭州湾北岸,滨江临海,地势低平。由于特殊的地理位置,经常遭受台风暴潮的侵袭,以海塘为主的海岸工程是抵御自然灾害的第一线屏障,全长大约40km,对保障人民生命财产安全具有极为重要的作用。根据设计要求,目前该岸段的海塘可达到抵御百年一遇的最高潮流,以及11级风浪袭击。然而,该岸段属于杭州湾冲刷区域,特别是由于来自长江上游的泥沙量逐年减少,以及与之相邻的南汇区东滩老海塘外侧不断进行的促淤圈围工程(已将海岸线向海推进了2~3km),还有南汇区南滩的新建有大堤、人工半岛等圈围工程,极大地消减了进入杭州湾的泥沙输入量;与此同时,杭州湾北岸涨潮流的顶冲点逐渐西移,杭州湾北岸沿线呈冲刷态势,特别是奉贤区处于杭州湾微弯岸线的底部,此处的岸段冲刷明显。因此,为有效维持奉贤区海塘等海岸工程生态防护功能,改善滩地现状条件,急需根据河势滩势的变化而建设海塘滩前的保滩工程。

据统计,奉贤区海岸沿线的保滩工程主要有顺坝、丁坝、护坎3种结构型式,其中,顺坝总长度28.09km、丁坝44条,共计约2km、护坎总长0.5km。不同结构型式的保滩工程抵御潮浪、促淤涨滩的效果各不相同(徐雪明等,2013)。

(1)顺坝保滩工程的防护效果

顺坝是在离大堤一定距离的滩涂上建造的与大堤大致平行的坝体(图2-10-12)。目前奉贤海岸沿线的顺坝主要有传统灌砌块石顺坝、管桩和小棱体组合顺坝两种形式。通过长期观测,顺坝工程能有效地抵御风浪的袭击,保护顺坝内侧高滩不受冲刷,并起到促淤涨滩的效果。另外,通过对上述两种顺坝防护效果的对比,发现与管桩顺坝相比,传统灌砌块石顺坝促淤涨滩的效果明显更好,而且损坏率较低。这是由于管桩顺坝外坡安装的护面块体的单

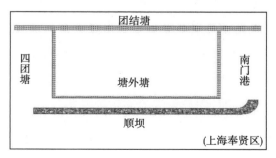

图2-10-12　上海市奉贤区保滩工程——顺坝的平面示意图(卢佳奥　绘)

块体积小,遭受潮流物理作用时,易走失、移位,进而导致大面积砌石遭受破坏严重,消浪作用明显较弱。

(2)丁坝和护坎保滩工程的防护效果

丁坝的坝体与海滨岸线垂直,成"丁"字形布置,坝身向海延伸,主要用于消浪促淤,达到保滩之目的(图2-10-13)。然而,奉贤区岸段的丁坝受潮浪物理冲击的影响较大,其表面块石易被打乱、移位,造成整个坝体下沉严重,防护功能日渐衰弱。与之相似,护坎作为一种保护高滩免受潮流冲刷的工程,在历史上较为常见;然而,随着大量滩涂圈围工程的实施,奉贤区段大面积的高滩已逐渐变为中低滩涂,造成目前护坎所剩无几。

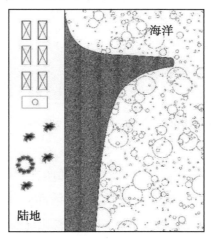

图2-10-13　丁坝示意图(卢佳奥　绘)

综上所述,通过对上海市奉贤区顺坝、丁坝和护坎等不同结构型式保滩工程抵御潮浪、促淤保(涨)滩等实际防护效果的长期定点观测与分析,获得了适应于奉贤区段海岸沿线的保滩工程结构型式和布置形式,这对我国南方海滨保滩工程的设计、养护和管理提供了科学理论及实践参考。

2.案例二:浙北泥质海岸基干林带双重海堤复合林带模式

泥质海岸积存了大量的淤泥,与沙质、岩质等海岸相比,该海岸土壤的盐碱化程度明显较高,而且土壤质地相当黏重。因此,在泥质海岸防护林造林树种的选择上应该具有特别明显的耐盐碱、耐水湿和抗风等特征。泥质海岸在其淡水资源条件较好的地区,通常进行人工围堤,在"淋盐养淡"之后即可垦殖利用,逐步成为农耕区。特别是我国杭州湾以北分布的平原泥质海岸岸线很长,滩涂面积很广,是发展农林牧、水产养殖和盐业最有利的海岸类型,其资源丰富,生产潜力很大,多数岸段已围堤加以利用。

以平原泥质海岸防护林为例,对其体系建设规划的要求进行分析,其根本目的也就是由防护林带、林网和片林相配合,乔灌草相结合所形成的多林种、多树种、多层次的综合性森林植被防护系统(图 2-10-14)。嘉兴市位于浙江省北部、钱塘江入海口北岸,境内大陆海岸线总长 143.8km,其中泥质海岸长度103km。顾沈华等(2012)针对该区域海岸侵蚀的治理特点与经验,提出了浙北泥质海岸基干林带双重海堤复合林带模式。

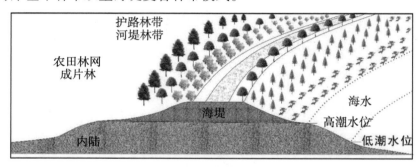

图 2-10-14　泥质海岸防护林体系建设规划示意图(卢佳奥、吴鹏飞　绘)

(1)海岸区位条件

该泥质海岸区段内侧为老沪杭公路泥质老海塘,外侧为地方海塘,其间距较近,由于地处平原,沿海岸带经济发达,生产活动频繁,中间大多为水产养殖或蔬菜等高效设施栽培区,不适宜农林间作。老沪杭沿线两侧以河道和基本农田居多,20 世纪 40 年代在公路内侧营造了护坡林带,宽度为 5～10m。前沿海堤为建于 20 世纪 80 年代的地方海堤,护堤平台较窄,大多在 15～20m。

(2)治理模式构建

老海堤(老沪杭公路)内侧基干林带缺株断带情况严重,通过对基干林断带、低效残带等区域实施行间混交造林,主要造林树种为湿地松、美洲黑杨和池杉,株行距 3m×3m,并在公路外侧护坡增植 15～20m 护坡林带。另一方面,外侧前沿海堤为地方标准塘,建于 20 世纪 80 年代,由于建设标准低,其内侧护堤平台营建原有林带宽度一般仅为 20～30m,且树种选择不当,成活率低。针对这种情况,选择水杉、龙柏、圆柏和夹竹桃等乔、灌木进行密植,株行距为(1～2)m×(1～2)m。这样,通过对内、外两道海堤林带的修复改造,已形成了40～60m 宽的双重复合海岸基干林带,大大提升了泥质海岸基干林带的防护功能。

(二)以补沙为主营造海滩软质护滩工程的防护模式

随着海平面上升、台风风暴潮频率增加等自然因素,以及无序挖沙、内河水利及海岸工程等人为因素的影响,我国厦门岛、青岛汇泉湾、北海银滩等优质海滩沙质粗化、滩面变陡,岸线后退,可利用沙滩面积急剧减少,造成了海滩资源的严重损失,极大地影响了滨海城市的可持续发展。

海滩软质护滩工程措施就是指通过给海滩喂养的方式补沙,对海滩进行人工养护和修复,以达到海滩各种区域功能的修复和海滩自然景观资源恢复的目的。如图2-10-15所示,海滩软质护滩工程措施的人工补沙堆沙过程主要有以下4种方法:①抛沙于滩顶,构筑滩顶沙丘。②抛沙于滩肩及其前坡。③抛沙于海滩潮间带表面。④抛沙于近岸浅水区,构筑水下沙丘链或坝。

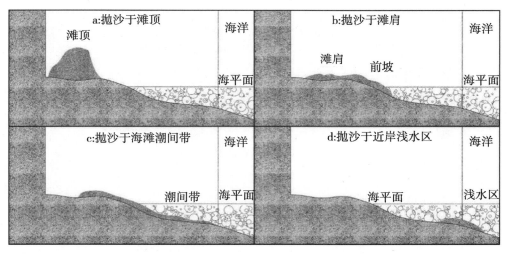

图2-10-15　海滩软质护滩工程措施的人工补沙堆沙位置及方式示意图(卢佳奥　绘)

1.案例一:厦门海滨侵蚀治理工程

厦门市位于福建省东南部,属亚热带海洋性季风气候,根据气象资料统计,该区域全年以东北风为主,其中4—8月份则以东南风为主。每年7—10月易遭受台风登陆袭击影响,年均台风影响次数5~6次。台风发生时所诱发的增水现象,对其海滨生态环境破坏极大,侵蚀现象愈加严重。

以厦门岛会展中心岸段海滩养护实践为例(图2-10-16),该岸段是厦门岛东海岸的重要组成部分,也是滨海旅游的重要场所。其北至香山游艇码头南端护岸,建设有观音山沙滩休闲区和香山国际游艇中心等滨海旅游胜地;南至石胃头岬角,拥有椰风寨、黄厝沙滩及沿线滨海旅游特色景观。该岸段海滩在养护之前,主要是依靠直立式人工堤等硬式工程措施进行防浪护堤。然而,沿岸分布有多处排水箱涵,造成防波堤岸前形成条带状乱石、砂质滩地;低潮时,近20~50m宽的滩面露出海平面,该侵蚀程度呈逐渐恶化的趋势。

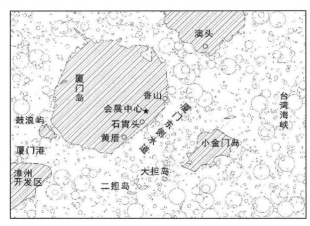

图2-10-16　厦门岛东海岸会展中心岸段海滩养护工程示意图(卢佳奥　绘)

鉴于该岸段海滩的历史存在水动力条件和坡度均较缓的情况,虽然目前该岸段潮间带沉积物组成为沙—粉沙—黏土,但从地貌演变历史来看,该岸段曾有沙滩分布,具备人工补沙形成且可维持滨海沙滩的天然条件。另一方面,考虑到该区域具有开发海滨旅游资源的巨大潜力。经实地地质勘查,当地相关部门认为对该岸段合适区域进行海滩软质护滩工程措施进行海滩重建和修复养护是改善和保护海滨环境的有效措施。根据设计方案,在原来的直立式防浪堤前缘填沙 92 万 m^3,建成了一条长约 2000m、干滩宽 30~35m、前滨坡度为 1∶1.5、滩肩高程 4.0m、粒径 0.3~1.0mm 的沙滩,并在其北侧建设拦沙提护沙(雷刚等,2013)。通过这种软式沙难护岸工程的实施,彻底转变了传统上的硬式结构护岸工程,据养沙护滩工程的监测数据表明,滩面留存的沙量为施工初期的 86.7%,海滩基本稳定,说明这种治理工程措施不仅可以修复受损的海滩,甚至营造新的滨海沙滩,还可以改善厦门滨海城市环境及景观品质。例如人工补沙之后形成的观音山滨海休闲区(图2-10-17),极大地促进该区域旅游业的稳定发展,进而带动社会经济可持续健康发展,社会、生态和经济效益显著。

图 2 - 10 - 17 厦门岛会展中心部分岸段(观音山岸段)沙滩养护后的实景照片(蔡平香 摄)

2.案例二:沙质海岸风口区治理模式

沙质海岸的风口地段由于受大风、流沙和严重干旱等恶劣生态条件的影响,导致基干林带前缺口、断带长期存在,极大降低了基干林带的防护功能。一般情况下,这些沙质海岸的风口地段需要运用植被恢复与人工辅助工程措施相结合的方法进行科学治理,其中,人工辅助工程主要有建设防波堤、风障等设施。相比之下,防波堤建设成本高昂,周期较长,需要统一规划;而风障建设费用相对较低,可就地取材,周期较短。

以福建省惠安县崇武半岛的沙质海岸风口沙地侵蚀区的治理模式为例,该岸段地势比较平坦,土壤为风积沙土。朱炜(2015)通过在沙质海岸前沿风口地段设置不同透风率风障,根据风障前后的风速变化规律及堆沙特征来确定配置模式,选择不同草本植物在形成沙丘上的适生性表现和生物量分布等确定了治理方式。具体实施方法如下。

(1)堆沙风障搭建

风障是一种防风固沙效果很好的治沙措施,透风率15%的风障堆沙效果显著,将其作为堆沙风障设置为第1道防线,主要功能是堆沙和防止风障后缘种植的苗木被埋而导致造林失败。风障的搭建要求以2m间隔立一木桩作为支柱,在2个支柱间间隔一定宽度拉3条铁线,将木麻黄枝条用细铁线固定其上，高约 1.7m；风障长度 10m 以上，和海岸线平行，与风向垂直。

（2）防风风障设置

透风率 30% 和 45% 这两种类型风障风速减半的防护距离最大并且相等，可作为防风风障的第 2 道防线，主要功能是降低风速，减少强风对苗木的侵害，其防护距离最大为 6H（H 为风障高度）。由于堆沙风障应与主风向垂直搭建，建议在堆沙风障后缘 5m 的堆积距离再加上 1m 安全距离，即在堆沙风障后缘 6m 处搭建防风风障，中间形成堆沙带，同时考虑到风向的变化会导致起沙和风害方向不同，防风风障以方格的方式搭建。以 1.7m 高的风障为例，透风率 30% 和 45% 的风障风速减半的防护距离为 6H，因此，防风风障的长宽以 10m × 10m 连片搭建，主风向第 1 排不开缺口，各方格内可开与主风向平行的缺口，便于抚育作业。

（3）植物措施的补充

由于透风率 15% 的堆沙风障防护效果很好，可能会被堆沙掩埋而成为裸露沙丘，应该对这些所形成的沙丘进行及时的治理，以免形成新的沙源而对后方防风风障内的苗木造成危害。建议利用具有良好生存能力和蔓延速度的厚藤，能迅速覆盖地表减少起沙的概率，可将其作为裸露沙堆前沿固沙作用的先锋草本。同时，由于黄花月见草和单叶蔓荆在风障迎风面成活率和地表盖度较低，可配置在风障背风面形成覆盖地表稳定的群落。其中，厚藤和单叶蔓荆等藤本植物，可采用枝条扦插；黄花月见草采用植苗造林的方式。以上植物均要求密植。

（三）岩质海岸以植物措施和水利工程措施相结合

岩质海岸绝大部分坡度较陡，土壤冲刷严重，土层浅薄干燥，悬崖裸露，风力大，一般植被稀少，生态环境比较恶劣。总的来说，在岩质岸段，要求自临海第一座山的山脊以下，向海坡面的宜林地段应全部植树造林，并将水土保持及涵养水源的生态功能放在首位。造林树种应选择比较耐干旱瘠薄又有较强抗风能力的乡土树种，如黑松、枫香、罗汉松、夹竹桃、珊瑚树、紫穗槐等。凡是适宜采用撒播造林的树种，在植被比较稀少的地方应采用人工撒播造林为主，以避免人工植树造林而造成土壤冲刷。然而，通常情况下，岩质海岸由于基岩大面积裸露，山体土层薄，植被恢复的难度较大，因此，岩质海岸裸露山体等困难立地的植被恢复必须针对当地的具体环境特点,采用综合配套的技术才能达到预期效果(杨志国等,2008;赵名彦等,2009)。

以平潭岛岩质海岸裸露山体侵蚀治理经验为例,进行植物措施和水利工程措施相结合的恢复模式。平潭岛属中国第五大岛,是大陆距台湾最近的县区。2009年,福建省平潭岛成立"福州(平潭)综合实验区",平潭顿时掀起了建设新兴海岛型城市的高潮。高伟等(2017)针对平潭岛岩质海岸裸露山体的植被恢复,在立地类型划分的基础上,遵循"适地适树、适地适模式"的原则,采取了多种植物配置模式,结合防风风障工程的实施,通过3年试验,取得显著防护与治理成效。试验地位于平潭澳前镇,根据该岩质海岸临海山体坡度、坡向、有效土层厚度及石砾含量4个因子的差异性,将该林区划分侧风坡薄土和迎风坡中薄土两种立地类型。这两种立地类型均多为石质山地,坡度15°~45°,水肥条件差。具体治理措施如下。

1.迎风坡植物配置与防风风障相结合

乔木以木麻黄+南洋杉2:1混交栽植为主,采用块状整地为主。裸露岩地和石壁选用藤本植物地锦;另外,选择厚藤与草本海边月见草、天人菊等在林间插花式种植。栽植前浇足定根水,栽植后采用水车定期浇水灌溉。每年的9~10月东北风来临前设置防风风障,减缓林带植物遭受风害侵袭的危害程度。

2.侧风坡的造林设计

造林树种以乔木树种为主,灌木为辅。乔木树种选择木麻黄、南洋杉、台湾相思、龙柏;灌木选择夹竹桃、海桐、滨柃、黄栀子等;株行距1.0m×1.5m,品字形排列,苗木选择1~2年生容器苗,规格符合Ⅰ级苗木标准。林地以带状整地为主,宽度1m,局部陡坡地段采用块状整地,坡度较陡、石砾含量较高的土质或半风化的软岩质石边坡,采用鱼鳞坑整地,人工配合机械挖穴,规格:乔木70cm×60cm×60cm,灌木60cm×50cm×50cm,弃原挖石砾,每穴下客土0.15m³,每穴施钙镁磷基肥0.25kg,撒保水剂25g,改善土壤理化性质。

长期的沿海防护林建设经验证明,根据不同的立地类型采取相应的植被配置模式,并合理设置防风风障来提升岩质海岸困难造林地的植被覆盖度是一项行之有效的方法。

二、湖滨侵蚀治理模式

湖滨带生态修复模式主要考虑湖滨带地形地貌特征、水文条件以及湖岸基质三个方面的问题。不同类型湖滨带采用的修复模式不同。根据《湖滨带生态修复工程技术指南》分为缓坡型湖滨带、陡坡型湖滨带和湖滨带基底修复3种类型（中国环境科学研究院等，2016）。

（一）缓坡型湖滨带

1. 滩地型

地势平缓湖滨带未或受干扰较少，原有生态系统有一定保留，在治理过程中除了侵蚀防治外，重点考虑生物多样性的保护。因此在治理模式的设计过程中，根据陆生生态系统向水生生态系统过渡和演替的规律，从上往下分别设计乔灌草带、挺水植物带、浮叶植物带、沉水植物带。不同带植物种类的选择中以乡土植物为主，适当引入耐性植物。

2. 退田型

受到农田侵占湖滨带，因人为干扰作用周边生态环境受到一定影响。在治理过程中应重点考虑水质净化，尽量考虑完全演替序列的设计。在治理过程中可采用根系较发达的大型乔木，对农田浅层地下径流进行净化，植被配置设计为不完全演替序列。

3. 退房型

村落房屋侵占的湖滨带，生态系统被严重破坏，植被修复尽量以完全演替系列为主。植被配置选择陆生植被带、浮叶植被、挺水植被带的其中一种或几种，不必按完全演替序列设计。

4. 退塘型

因围湖造田遭到破坏的湖滨带，湖水的水质严重恶化。拆除鱼塘后，保留水面以下塘基，通过建造间隔带将塘基逐步清除，采用客土的方法适当覆盖塘基污泥。塘基土壤修复完成后，在植被配置中以挺水植物、浮叶植物、沉水植物为主。

5. 大堤型

被大堤隔断的湖滨带，外湖滨带被侵占，内湖滨带因受风浪的侵蚀，植被退化。对此类型的湖滨带可通过构建人工湿地,达到净化水土和美化环境的目的。在植被配置上应以乔灌草、挺水植物和浮叶植物为主。对有条件的地方可对堤岸进行改造,选择沉水植物为主进行修复。

6. 码头型

对于码头性湖滨带,因受人类活动干扰程度大,生态系统破坏严重,在治理过程汇总尽量减少硬化面积,植被恢复过程中兼顾生态和景观的效果。

(二)陡坡型湖滨带

1. 山地型

湖滨带为山体直接入湖的区域,湖滨带地势较陡宽度窄。在治理过程中首先要考虑减少水土流失,在水土流失治理措施的基础上,以陆生植被为主的配置模式进行修复。通过基底和生态岸坡构建,为大型底栖动物和鱼类提供栖息条件,调整群落结构进行,逐步恢复湖滨整个生态系统。

2. 路基型

路基侵占湖滨带生态受损严重,治理中则以建设护岸为主,综合消浪、生态岸坡构建、动物栖息地构建的功能,护岸的建设中尽量采用生态护岸,同时植被配置中注意生物多样性的保护和生态演替。

3. 退房型

房基侵占湖滨带生境受损严重,生态系统脆弱。在治理过程中,在房屋尽数清除后,采用的修复模式基本与路基型一致。

(三)湖滨带基底修复

基底修复在保障基底稳定的同时,还可以解决风浪、水流等对湖滨带生物的不利影响。主要有潜坝消浪、丁坝消浪和湖滨护岸技术。

1. 潜坝消浪技术

抛毛石结构体、人工预制块体组合、钢丝石笼结构体是 3 种常采用的消浪工程技术。在土建工程的同时,可采用植物坝、在抛石坡脚放置固定的柴草等形成有利动物栖息的缓流区。

2. 丁坝消浪技术

对湖滨带风浪影响方向固定的湖滨可采用丁坝消浪工程。在设计过程中应充分考虑地质、地形、风速和水流等条件,减小水流冲刷。

3. 湖滨护岸技术

因不同湖滨条件存在较大差异,因此,在护岸设计过程中应根据当地的立地条件、经济条件、技术条件、环境条件等综合考虑,因地制宜,科学布设。结合气候、风浪、水文、地质、地形等因素进行工程设计建设。湖滨护岸设计主要应采用生态型号。

(四)案例分析

1. 白马湖

白马湖位于江苏省淮安市和扬州市交界处,属于退塘型湖滨带,具有旅游作用,所以在治理过程中还需考虑到景观效果,对陆向辐射带、水位变幅带、水向辐射带三部分进行综合治理。①陆向辐射带:在弃土区堤防结构处配置乔木及草皮,稳固堤岸,提高陆向辐射带沉淀、吸附、降解能力。除此之外,配置一些混交模式的乔、灌、草,并建造布道,开发观光区。②水位变幅带:以移栽挺水植物为主,物种选择花期长、色泽艳丽的物种,不仅考虑到白马湖的旅游功能,还要能稳定边坡,消减风浪,消减污染,丰富物种多样性,强化生态系统。③水向辐射带:该区湖面开阔,风浪较大。只布置沉水植物,且在该区域仅考虑生态环境功能。

2. 滆湖

滆湖位于江苏省常州市武进区,是苏南仅次于太湖的第二大湖泊。滆湖是受到河水与湖泊交互作用的河口型湖滨岸。在治理开始前,通过养殖草食性鱼积累有机质并进行围隔保护基底,建造浅坝消浪带;之后种植沉水植物以及养殖鲢、鳙等鱼类控制藻类;利用移栽的漂浮植物、浮叶植物以及挺水植物等水生植物,促进湖水中营养盐削减作用;最后主要以移栽沉水植物为主,搭配漂浮植物等水生植物进行生态修复综合整治,提高该区域生态系统的生物多样性。

3. 巢湖

巢湖位于安徽省中部,俗称焦湖,是长江中下游五大淡水湖之一。巢湖治理过程中,将基底分为基底保护区、基底修复区、基底重建区、沉水植物区4个区域开展修复措施:

(1)基底保护区

主要采取的修复措施是采用土工管在湖岸滩前进行保护,同时距滩地一定距离采取抛石工程,达到进一步消浪的目的。通过对基底保护区的修复,湖岸植被基本保存完好,生态系统保存较完整,湖岸滩地生态环境状况较好。

（2）基底修复区

湖岸前沿因受湖浪反复冲蚀,造成湖岸大部分呈崩岸状,湖岸滩地地势较低,基底状况较差。主要在滩前采用土工管保护处理,距离滩地采取屏蔽式桩坝工程处理的修复措施。

（3）基底重建区

对于基底侵蚀严重,波浪、水流对其影响较大的区域,采取吹填修复措施处理,然后进行人工保护。

（4）沉水植物区

基底冲蚀非常严重,滩地常年处于水下。采取屏蔽式木桩坝的保护措施。入湖口处的生态修复工程主要是采用人工沼泽化生态修复技术。

具体工艺为:用砾石、碎石为基本材料构建多孔梯台结构,单体面积在 1 ~ 10m² 不等,单体高度依离岸远近 1 ~ 3m 不等。人工沼泽具有挡浪透水的作用,对湖浪携带的湖泥具有沉积作用,可作为水生植被的基质。湖泥沉积到一定厚度后,湖浪的进出速度达到一个动态平衡。巢湖湖滨带生态修复过程中,在枯水期先采用工程挖掘,利用挖掘的湖床泥土建设形成垂直于岸线呈锯齿状分布的土坝,土坝高出水面 0.5 ~ 1.0m。即可削减湖面风浪的侵蚀,又可种植挺水植物进行绿化。在丰水期,土坝被淹没,挺水植物已具备一定抵御风浪的能力,减少风蚀作用。在风浪的侵蚀下,土坝高度逐渐降低,但植株不断生长,抵御侵蚀能力加强。丰水期结束后,湖的水位回落,修建土坝在风浪侵蚀下基本冲毁,但水位线上下已被水生植物所覆盖,具备了防护能力。恢复的挺水植物生长过程中继续向水面和陆地蔓延,逐渐形成岸线植被护岸,达到湖滨生态恢复（鄢达昆等,2016）。

4. 三峡库区

三峡库区生态环境的保护和治理是保护重庆大生态的关键,消落带的治理是其中重要部分。重庆主要城区九龙外滩的湖滨消落带在治理过程中,把界面生态调控、生态立体空间设计和消落带景观恢复相结合。针对水陆互作界面和水位季节变化规律,构建不同高程梯度的立体生态结构,通过构建植物韧性景观结构,调控丰水和枯水期的自我调控和恢复能力。按高程进行分带设计,在 165m 以下,以自然保育为主,保留现有湖滨湿地结构;在 165 ~ 170m,以消落带自然草本植物恢复为主,利用华西柳与芦苇等丛生植物,形成灌丛镶嵌的斑块植被带;在 170 ~ 175m,采取植被的补植和优化,选择华西柳、乌桕等植物;在 175 ~ 178m,设计石笼网和间种华西柳等灌木形成硬质生态护坡;在 178 ~ 185m,用乡土草本花卉搭配混栽,在较高高程栽种兼顾景观和生态的草本植物;在 185m 以上,采用攀爬式、悬垂式等垂直绿化的方式,以恢复景观为主(袁兴中等,2018)。

三、河滨侵蚀治理模式

(一)工程防护治理模式

工程防护治理模式是河岸侵蚀最常用的治理模式,不管是在大江大河的土石岸坡高陡处的滑坡崩塌,还是小支流、城市河滨侵蚀中均有采用,但是工程防护的治理模式因防护功能而异。

1. 广东肇庆河岸滑坡灾害治理工程

陈仲超(2017)对广东肇庆河岸滑坡灾害治理工程进行了分析,其结果引述如下。

2016 年 3 月广东肇庆河岸高要区金利镇西江右岸联金大堤之金安围堤段发生滑坡,造成部分房屋已倒塌,河涌北堤边土坡出现不同程度的开裂、下沉,裂缝宽 10 ~ 30cm,长 3 ~ 20m,可见深度 10 ~ 50cm 不等,危险性极高。滑坡抢险临时支护工程堤岸总长度 170m,边坡高 7 ~ 12m,坡度 30° ~ 60°,随着近年来西围涌排水冲刷岸坡及时间推移,两侧的滑动仍在不断变化、加快,北侧岸坡多处的简易平房墙体开裂,为防止该河段在汛期进一步坍塌而影响附近居民和厂房,保证河岸的整体稳定,维护该社区的人民生命财产安全,决定进行应急抢险临时支护。

治理区域东临西江,北为村民住宅区,南面为内河涌,拟治理河涌岸坡坡度 30° ~ 60°,坡顶高程约为 10.20m,坡脚(河道)高程约为 -3.0m,坡顶地势较平坦,属西江冲积平原隐伏岩溶地貌。坡顶共有 4 间民房倒塌,坡面有较多建筑及生活垃圾,坡顶民房建筑参差不齐,均为建在河岸斜坡上吊脚楼,整个场地地形较为凌乱。

（1）治理工程方案

河岸两边须治理的范围较大，永久性治理费用高，工期长，而且须在西江枯水期施工；北岸房屋急需保护，时间紧迫。根据治理场地的条件，整个北岸永久治理工程施工周期长，无法在汛期对民房实施有效的保护，经方案比选，选取河涌北岸房屋旁的一个较小区域进行应急治理，在年末西江枯水期永久性治理工程开工前的一段时间内做临时支护，保证坡顶民房的安全。选取的总体方案为：微型桩冠梁＋砼挡墙支护。此支护结构布置于河涌岸坡上，位于被保护的房屋旁，对此小范围的区域进行应急治理。图2－10－18为广东肇庆河岸滑坡应急治理工程中的灾害治理区周围环境及工程布置总平面图。

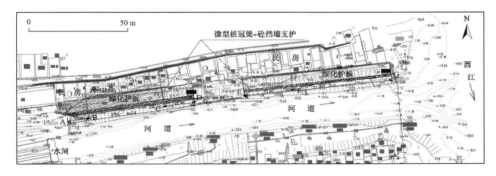

图2－10－18　广东肇庆河岸滑坡灾害治理区周围环境及工程布置总平面图（引自陈仲超，2017）

（2）具体工程措施

抢险支护范围长约140m（西段长65m，冠梁顶高程5.50m；东段75m，冠梁顶高程5.00m。），自民房边往外6.0m处往河道方向布置两排钢管桩，桩间排距为1.0m，BC段往河道轴线方向孔距1.30m，其他各段孔距为1.00m。钢管桩成孔采用地质钻或风动潜孔钻成孔，孔径为Φ150mm，垂直打入地下，长度L＝10.0m，竖向钢管微型桩采用Φ108mm×6mm钢管制作，采用二次劈裂注浆工艺。钢管桩顶部施作C30钢筋砼冠梁，宽1.0m，厚0.30m，冠梁施工完毕后，自冠梁顶向房子一侧向上按1：（1.25～1.50）坡率回填黏土，并进行坡面植草绿化。最后，坡顶、坡脚修建截排水沟，完善排水系统。

2. 成都市西郊河—浣花溪段河岸宜居治理工程

蒋胜银（2018）对成都市西郊河—浣花溪段河岸宜居治理工程进行了分析，其结果引述如下。

成都市西郊河、南河、干河、浣花溪，总长7.4km，是城市中心河道。该河段周边串联永陵、宽窄巷子、青羊宫、琴台路、百花潭、浣花溪、杜甫草堂等历史文化片区,河堤、河底硬质老化,亲水性差,水生态环境不佳。

结合宜居水岸项目,因地制宜采用生态工程护岸措施,增强景观效果,增加河道亲水性、生态性。

（1）景观块石护岸

现状河堤多为浆砌条石直立式河堤,不能为动植物提供生存空间,景观效果差。结合下游新建水闸蓄水,考虑尽量保留岸边优良树木,本段拆除蓄水位以上条石,改造为浆砌自然景观块石,块石错落有致的布置能形成独特的天然景观,块石间大量的空隙能为动植物提供生存空间。

（2）外挑亲水型护岸

局部河岸边人行道较窄,人与河道无亲水性。通过梳理绿化区域,拆除现状栏杆,保留现状树木,通过上下分层可设置骑行道与游步道。

（3）工业化种植槽护岸

干河现状河堤为斜坡式梯形断面,护岸材质为浆砌条石,局部有破损,且两侧植物过于密实,不利于行人亲水。规划对该段河堤、便道进行整治,保证亲水便道的贯通,对亲水便道进行铺装装饰,将高大植被后移,整体提升景观绿化品质。护岸采用 C 型工业化生态种植槽,槽中能装载种植土,为植物生长提供必要条件,构成驳岸的生态性与美观性,同时种植槽在结构上能稳固河岸。浣花溪为景观河道,现状河堤为混凝土挡墙与浆砌条石检修便道,无游人通道。采用生态种植框护岸,形成水下与水上生态绿化的连续性,提供游人亲水的步道。

（4）木栈道式护岸

浣花溪在沧浪湖段临河现状不通透,地理上与外界隔绝。在河岸边形成连续木栈道,增加河岸的野趣。

（5）复合式阶段护岸

南河现状河岸顶离水面高差大,无亲水性。规划降低内侧河堤,形成复式台阶,内台阶可游人亲水,外台阶可防洪挡水。

（二）生态护坡模式

1.生态护坡模式类别

根据植物材料在护坡中的组成不同,以植物为主体结构的生态护坡模式分为 3 类:全系列生态护坡、土壤生物工程以及复合式生物稳定护坡模式。

（1）全系列生态护坡模式

此模式是从坡脚至坡顶依次种植沉水植物、浮叶植物、挺水植物、湿生植物（乔、灌、草）等一系列护坡植物，形成多层次生态防护，兼顾生态功能和景观功能。挺水、浮叶以及沉水植物，能有效减缓波浪对坡岸水位变动区的侵蚀。坡面常水位以上种植耐湿性强、固土能力强的草本、灌木及乔木，共同构成完善的生态护坡系统，既能有效地控制土壤侵蚀，又美化河岸景观。全系列生态护坡技术主要应用在那些出现表层土壤侵蚀、植被稀少、景观要求较高的河段。

（2）土壤生物工程模式

此模式是一种边坡生物防护工程技术，采用有生命力的植物根、茎（杆）或完整的植物体作为结构的主要元素，按一定的方式、方向和序列将它们扦插、种植或掩埋在边坡的不同位置，在植物生长过程中实现稳定和加固边坡，控制水土流失和实现生态修复。这类护坡结构稳定、养护要求低、生境恢复快、费用低廉、景观效果较好。土壤生物工程一般采用速生类的本地植物作为护坡的主要结构，如柳、杨等，主要有活枝扦插、柴笼以及灌丛垫等 3 种工程类型，种植方式各不相同。该类技术一般运用在土壤侵蚀较严重、土质松散、景观要求较低的郊区河段。

（3）复合式生物稳定技模式

此模式是生物技术与工程技术相结合的复合式生态护坡技术模式。这种生态护坡模式强调活性植物与工程措施相结合，技术核心是植生基质材料，依靠锚杆、植生基质、复合材料网和植被的共同作用，达到对坡面进行绿化和防护的目的。该技术主要用于修复那些侵蚀非常严重、出现整体滑塌的陡坡。

2. 案例分析

（1）重庆市长寿区桃花溪自然河段建立河滨带生态修复体系

赵占军（2011）对重庆市长寿区桃花溪自然河段建立河滨带生态修复体系进行了分析，其结果引述如下。

桃花溪为重庆市 5 条重要城市内河中的最大溪流，因洪水泛滥导致河床淤积，对社会经济发展产生极为消极的影响。桃花溪河滨带人为破坏严重，一些河岸坡被开发建设项目工程的弃土弃渣堆积，有的河段岸坡植被被当地农民砍伐，征占为农耕地，有些未被人为破坏的河段岸坡由于疏于管理已逐渐退化为荒耕地。岸坡植物的缺失导致土壤渗透性差、质地疏松、岸坡稳定性低,加上重庆地区雨量大、持续时间长的气候特点,常引起河岸滑坡、坍塌等地质灾害;另一方面,雨水的冲击,导致大量弃土弃渣和农地中残留的农药随着地表径流进入河道,引起此段河道的水质富营养化程度明显比其他河段要高,因此进行必要的河岸修复与管理已经迫在眉睫。示范区域位于桃花溪左岸一级阶地复式断面平台上,在长久的桃花溪洪水的不断冲刷下,河漫滩已变成弧形,按照库区最高蓄水位175m考虑,将直接受桃花溪水流冲刷。所以有必要进行相关护坡治理。

示范区设在桃花溪弧形河道的弧顶岸坡上,其河道构造决定了该段河岸带受水流冲刷严重,为了兼顾生态性与稳定性双重要求,故采用复式断面生态护岸进行护坡。根据河道行洪控制断面要求,经过充分论证及实测流量、水位资料检验,在枯水位或常水位上下的一级坡面与处于远水区的二级平台上,分别采用抛石结合植物扦插护岸、乔灌草混交的全系列植物护岸、天然材料织物垫、土工织物编织袋等生态护岸方法护坡,并结合土壤生物工程技术理念,既达到了河道防洪要求,又满足了生态护岸的亲水性特征。

①抛石结合植物扦插:在近水区,由于示范区的岸坡较陡,其岸坡比达到了1:1.7,且为土质岸坡,其稳定性较差,弧形岸坡内侧常年受河水冲刷较为严重的特点,单一采用植物为主的护岸方式已不适用,抛石护岸不仅能有效地加固岸坡,而且块石间的缝隙能成为植物生长的良好场所。其造价便宜,取材方便,适用性较强,固在常水位处铺设抛石,并在常水位10cm以上的部位种植耐水湿的紫叶李与木芙蓉扦插枝条,易成活,同时撒播大量的黑麦草、苏丹草种等。在抛石结构底部铺设碎石,向上逐级增加粒径,以达到促淤效果,并在块石间隙填实土壤,保证土体厚度至少达到块石平均厚度的一半,可避免掏空现象,利用扦插枝条的根系代替传统护岸中无纺布过滤垫层,为植物的生长创造良好的环境。

②全系列植被护岸:乔灌草混交植物护岸上,参照自然河岸植物群落,从坡顶到坡底依次采用垂柳与鸢尾等观赏植物混交、毛竹与黄花槐的乔灌混交、各种耐湿性强的灌草植物相结合的优化配置模式进行固坡护岸,并在岸坡上扦插紫叶李、木芙蓉等枝条,形成多层次的全系列生态护坡,具有投资少、技术简单、维护成本低、近自然程度高的特点。

③天然材料织物垫护岸：使用天然麻袋布平铺的方式，下层为混有草种的腐殖土，上层织物垫可用固土与景观效果均较好的灌木黄花槐、冬青及丁香固定，并在表土层撒播种子，使用紫叶李、木芙蓉等枝条扦插。下层铺设鸢尾等观赏树种，达到固土与美观的双重效果。

④土工织物编织袋护岸：织物袋内填充黑麦草种、碎石、腐殖土等材料，并结合紫叶李、木芙蓉等易成活的乡土枝条单枝扦插，木芙蓉枝条编制的灌丛垫等土壤生物工程共同护岸，用织物编织袋"垒筑"岸坡，植物根系固结土壤，增强岸坡的稳定性。

选取抛石结合植物扦插、全系列植被护岸、天然材料织物垫护岸、人工编织袋护岸4种修复技术应用于退化河岸上，其选取依据主要从坡度、坡长、坡型等岸坡结构，土壤质地、肥力等影响岸坡稳定性的土壤特征，河流对岸坡的冲刷程度及当地水蚀风蚀程度等方面综合考虑。由于弧形岸坡处的近水区河岸坡度较陡，且为土质岸坡，河流冲刷强度大，故采用抛石护岸；河岸其余部位的稳定性相对较高，将其余3种护岸技术应用到岸坡上。

（2）长江南京河段河岸带生态修复

陈辉等（2018）对长江南京河段河岸带生态修复进行了分析，其结果引述如下。

长江南京河段全长约97km，护岸总长约92km，河道护岸的第一要务是以防洪为主。生态修复前，河岸带以硬质工程为主，水下以平顺抛石为主，局部有柴排、混凝土铰链沉排和四面六边体透水框架；护坡一般是浆砌石、干砌石、混凝土护坡，少数预制块和雷诺石垫护坡。硬质工程较好地控制了河流水势，改善了防洪形势，保障了城市的安全。但是硬质河岸隔绝了河床、岸坡土壤与河水之间的联系，河滩生态系统的健康受到极大影响。虽然有些河段岸滩有芦苇、菖蒲等水生植物，但种类偏少、长势欠佳，大部分地表裸露，同时不断受水流、波浪冲刷，使得其岸滩边界持续后退，河岸带的生态功能、水环境、景观，不能适应水生态文明的建设步伐和建设水平。

河段河岸带生态修复理念及总体思路：长江南京河段河岸带生态修复理念及总体思路如图2-10-19所示，河道护岸的第一要务仍然要以防洪为主，生态修复的工程仍以防洪为第一要务，并以生态功能、景观功能为辅。将河岸带大体分为护岸（水上护岸和水下护脚）、河滩和支流入江口三个部分来进行生态修复。河道防洪堤水下护脚也应以防洪为主,水下护脚的生态修复在保证堤岸防洪安全的基础上,辅以鱼类、底栖生物、微生物的栖息条件,营造水生植物的生长环境。河滩湿地重新营造,增加湿地的生物多样性,恢复已退化河道河滩的生态系统功能,为鱼类、底栖生物、微生物等提供良好的生存环境,并能有效提升水环境质量,大幅截流陆源营养物质氮和磷,有效削减有机质含量等。河滩的生态修复工程应以湿地营造为主,景观为辅。入江支流(秦淮河等),在河水汇入长江时,携带了大量的污染物,影响到水环境质量。因此,在支流入江口进行净污工程,应以水污染控制为主,以水景观,水文化构建为辅,有利于河岸带生态系统的完整性构建。

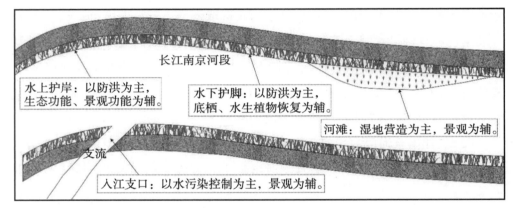

图 2 - 10 - 19　长江南京河段河岸带生态修复示意图(陈辉等, 2018)

根据上述长江南京河段河岸带生态修复理念及总体思路,重点就河岸带生态修复技术进行详细阐述。城市河岸生态化修复,既要考虑河岸防洪稳定,又增加城市河滨岸生态景观,提高河岸生态功能,提高城市生态环境质量。因此,河岸修复从两方面考虑,一是陆上护坡生态化,主要是增加植物措施,而水下护坎生态化则需护坎材料生态化,增加护坎材料的孔性,有利于水下生物生存活动。

①陆上护坡:建设以"人水和谐"为核心的水生态文明,丰富河滨岸带景观,提高护岸工程生态功能,陆上护坡采用有利于植物生长的护岸结构和材料为主的生态护岸,主要有以下 3 种。a.纯植物措施护岸:南方植物种类繁多,气候温暖,有许多适宜河滨岸生长的植物,在河岸带上种植植物进行护坡,具有成本低、施工简单、易于维护、环境协调性好等优点。植物根系能够起到固土护岸的作用,植物的枝叶可以起到削减水流动能的效果。植物护岸工程主要应用于

顺直宽阔河流的两岸、中小河流和湖泊的港湾处,或者凸岸等水动力条件较为平缓的区域,植物种类配置、护岸结构选择因地制宜,向景观化和多样化发展。在水流平缓的岸滩,可以有效推广应用,在防止水土流失、抵御短时间径流冲刷的同时,丰富了河岸带的景观。b. 植物与工程措施相结合护岸:通过土工网、种植网槽、编织袋填土等方式,对植被护岸进行加筋,能够有效提高护岸抗水流侵蚀的能力,创造有利于植物在河滨岸定植的生长环境;采用植物措施提高河滨岸生态功能,使工程措施和植物措施相互补充、相互促进,一方面工程和植物能够共同抵御水流波浪的淘刷,达到护岸的功效;另一方面植被能够发挥其生态系统修复的功能。在选择植物种类上,既要考虑植被根系的发达程度,还要考虑植被的物种多样性,植被的根系能减少雨水冲刷引起的水土流失,同时缓解水流波浪的冲击,在配合工程措施保护岸坡的前提下,能够修复河岸带生态系统。植物与工程措施相结合的护岸类型在大多数的滨岸上采用。c. 生态化工程措施护岸:生态化工程措施护岸是以网笼、笼石结构、生态混凝土等生态化材料为主,能够对河道岸坡起到保护作用。该河岸带护岸型式具有极好的抗水流冲刷性能,同时其笼状结构和生态材料能够为河流水生态系统的修复提供良好的平台,网笼或笼石结构能够较好地分散、化解水流波浪带来的动能,同时为水生态系统和陆生生态系统之间的水汽交换提供通道,也可以为动植物和微生物提供栖息生存的场所。该类方法适合在南京段河岸的水陆交错地带使用,在消除强烈水流冲刷的同时,为植被、动物、微生物等的生长和栖息提供场所,从而达到河岸带生态系统修复的目的。

②水下护坎:长江南京河段枯水期河槽冲刷、造床效果突出,护坎工程在水位变幅区,是河道治理的关键。在不影响护岸工程结构安全的基础上,可以考虑生态修复技术措施的加入。生态格网结构、水下生态卵石笼及网膜卵石排,能够适应河岸带护岸地形,具有很好的抗水流冲刷能力和结构整体稳定性,可以满足工程结构的安全要求。生态格网内石块的孔隙可为水下生物提供扎根条件;生态石笼的多孔结构能够为动物、植物、微生物等的生长和栖息提供良好场所。该类技术措施适合在长江南京河段的水陆交错地带应用,能够有效抵抗激流对河岸带的淘刷,同时在一定程度改善河岸带生态环境。

附　录

附录一　参考文献

［1］安俊珍，蔡崇法，罗进选，等. 蛇屋山金矿生态环境损害与尾矿植被恢复模式［J］. 中国水土保持科学，2013，11（2）：77－83.

［2］白羽. 元宝山露天煤矿采空区治理方案［J］. 露天采矿技术，2018，33（02）：83－85.

［3］白玉川，杨树清，徐海珏. 不同河岸植被种植密度情况下河流演化试验分析［J］. 水利发电学报，2018，37（01）：107－120.

［4］拜得珍，潘志贤，纪中华，等. 浅议金沙江干热河谷生态环境问题及治理措施［J］. 国土与自然资源研究，2006，（04）：50－51.

［5］包维楷，庞学勇，李芳兰，等. 干旱河谷生态恢复与持续管理的科学基础［M］. 北京，科学出版社，2012.

［6］鲍玉海，贺秀斌，钟荣华，等. 基于绿色流域理念的三峡库区小流域综合治理模式探讨［J］. 世界科技研究与发展，2014，36（05）：505－510.

［7］鲍玉海，贺秀斌，钟荣华，等. 三峡水库消落带植被重建途径及其固土护岸效应［J］. 水土保持研究，2014，21（06）：171－174.

［8］蔡崇法，丁树文. 三峡库区紫色土坡地养分状况及养分流失［J］. 地理研究，1996，15（03）：77－84.

［9］蔡锋，苏贤泽，刘建辉. 全球气候变化背景下我国海岸侵蚀问题及防范对策［J］. 自然科学进展，2008，18（10）：1093－1103.

［10］蔡强国，马绍嘉，吴淑安，等. 横厢耕作措施对红壤坡耕地水土流失影响的试验研究［J］. 水土保持通报，1994，（01）：49－56.

［11］蔡强国. 中国主要水蚀区水土流失综合调控与治理范式［M］. 北京：中国水利水电出版社，2012.

［12］曹建华，袁道先，章程，等. 受地质条件制约的中国岩溶生态系统［J］. 地球与环境，2004，32（01）：1－8.

［13］曹建华. 受地质条件制约的中国西南岩溶生态系统［M］. 北京：地质出版社. 2005.

［14］曹建立，任凤玉，张东杰，等. 某铁矿采空区治理技术研究［J］. 中国矿业，2019，28（02）：86－90＋96.

[15]曹世雄，陈莉，高旺盛. 山区农田道路路面种草生长发育与通行能力观测[J]. 农业工程学报，2006，(01)：69–72.

[16]曹世雄，徐晨光，张玉清. 黄土丘陵区路面种草对土壤理化性状的影响[J]. 中国水土保持，2005，(04)：28–30.

[17]曾桂清，戴万泽，黄文才. 新造油茶林地水土保持技术措施[J]. 江西林业科技，2011，(02)：17–19.

[18]柴宗新，范建容，刘淑珍. 金沙江下游元谋盆地冲沟发育特征和过程分析[J]. 地理科学，2001a，(04)：339–343.

[19]柴宗新，范建容. 金沙江下游侵蚀强烈原因探讨[J]. 水土保持学报，2001b，(S1)：14–17.

[20]陈安强，张丹，范建容，等. 元谋干热河谷区沟蚀发育阶段与崩塌类型的关系[J]. 中国水土保持科学，2011，9(04)：1–6.

[21]陈安强，张丹，雷宝坤，等. 元谋干热河谷变性土收缩变形对其裂缝发育及土体强度的影响[J]. 土壤通报，2015，46(02)：341–347.

[22]陈安强，张丹，熊东红，等. 元谋干热河谷坡面表层土壤力学特性对其抗冲性的影响[J]. 农业工程学报，2012，(05)：108–113.

[23]陈发先. 铁矿开采水土流失特点及其防治措施[J]. 水土保持应用技术，2017，(02)：48–49.

[24]陈方镇. 莱芜市煤矿采空区采空塌陷概况及防治探讨[J]. 山东煤炭科技，2017，(07)：171–172+174.

[25]陈光木，黄春福. 大宝山边坡治理实例分析[J]. 采矿技术，2015，15(02)：56–58+88.

[26]陈洪松，杨静，傅伟，等. 桂西北喀斯特峰丛不同土地利用方式坡面产流产沙特征[J]. 农业工程学报，2012，28(16)：121–126.

[27]陈辉，钱海峰，蒋本虎，等. 长江南京段河岸带生态修复思路及技术体系研究[J]. 江苏水利，2018，(01)：32–35.

[28]陈建兴，唐勇. 攀枝花干热河谷地带造林经验及模式[J]. 四川林业科技，2010，31(05)：114–117.

[29]陈晶晶，张兵兵，韩振. 大宝山650采空区综合治理技术分析[J]. 工程爆破，2019，25(01)：80–84.

[30]陈奇伯，王克勤，李金洪，等. 元谋干热河谷坡耕地土壤侵蚀造成的土地退化[J]. 山地学报，2004，(05)：528–532.

[31]陈强，常恩福，李品荣，等. 滇东南岩溶山区造林树种选择试验[J]. 云南林业科技，2001，(03)：11–16.

[32]陈伟，朱涵，徐亦冬，等. 植生沥青混合料河岸护坡稳定性分析[J]. 市政技术，2018，36(05)：197–200.

［33］陈小华，李小平．河道生态护坡关键技术及其生态功能［J］．生态学报，2007，27（03）：1168－1176．

［34］陈小强，范茂攀，王自林，等．不同种植模式对云南省中部坡耕地水土保持的影响［J］．水土保持学报，2015，29（04）：48－52＋65．

［35］陈小英．山地茶园水土流失机理及生态调控措施研究［D］．福州：福建师范大学，2009．

［36］陈晓安，杨洁，汤崇军，等．雨强和坡度对红壤坡耕地地表径流及壤中流的影响［J］．农业工程学报，2017，（09）：149－154．

［37］陈晓安，杨洁，肖胜生，等．崩岗侵蚀分布特征及其成因［J］．山地学报，2013a，31（6）：716－722．

［38］陈晓安，杨洁，熊永，等．红壤区崩岗侵蚀的土壤特性与影响因素研究［J］．水利学报，2013b，44（10）：1175－1181．

［39］陈晓清，崔鹏，赵万玉，等．"5·12"汶川地震堰塞湖应急处置措施的讨论——以唐家山堰塞湖为例［J］．山地学报，2010，28（03）：350－357．

［40］陈循谦．论水土保持与金沙江农业综合开发——以云南省为例［J］．长江流域资源与环境，1995，（03）：229－232．

［41］陈晏，史东梅，文卓立，等．紫色土丘陵区不同土地利用类型土壤抗冲性特征研究［J］．水土保持学报，2007，（02）：24－27＋35．

［42］陈瑜．五华县油田镇崩岗侵蚀的时空分布变化与成因分析［D］．南昌：江西农业大学，2017．

［43］陈志彪，陈志强，岳辉．花岗岩红壤侵蚀区水土保持综合研究：以福建省长汀朱溪小流域为例［M］．北京：科学出版社，2013．

［44］陈志明．安溪县崩岗侵蚀现状分析与治理研究［D］．福州：福建农林大学，2007．

［45］陈仲超．对广东肇庆河岸滑坡应急治理工程的思考［J］．中国地质灾害与防治学报，2017，28（04）：89－94．

［46］谌芸，何丙辉，向明辉，等．紫色土坡耕地植物篱的水土保持效应研究［J］．水土保持学报，2013，27（02）：47－52．

［47］程军勇，邓先珍，周席华，等．湖北省油茶研究进展报告［J］．湖北林业科技，2016，45（3）：53－58．

［48］崔鹏，邓宏艳，王成华，等．山地灾害［M］．北京：科学出版社，2018．

［49］崔鹏，何思明，姚令侃，等．汶川地震山地灾害形成机理与风险控制［M］．北京：科学出版社，2011．

［50］崔鹏．中国水土流失防治与生态安全：长江上游及西南诸河区卷［M］．北京：科学出版社，2010．

［51］戴海伦，代加兵，舒安平，等．河岸侵蚀研究进展综述［J］．地球科学进展，2013，28（09）：

988 – 996.

[52] 但新球, 喻甦, 吴协保, 等. 我国石漠化区域划分及造林树种选择探讨[J]. 中南林业调查规划, 2003, 22(03): 20 – 24.

[53] 党祥, 董耀华, 姚仕明. 河岸冲刷与崩岸类型研究综述[J]. 水利电力科技, 2012, 38(04): 17 – 25.

[54] 邓嘉农, 徐航, 郭甜, 等. 长江流域坡耕地"坡式梯田 + 坡面水系"治理模式及综合效益探讨[J]. 中国水土保持, 2011, (10): 4 – 6.

[55] 邓淑珍, 张金慧, 兰伟龙. 福建长汀: 十年攻坚, 重建生态[J]. 中国水利, 2009, (07): 62 – 64.

[56] 邓旺灶. 不同更新方式对中亚热带森林土壤理化性质的影响[J]. 亚热带资源与环境学报, 2011, 6(03): 18 – 23.

[57] 丁光敏. 福建省崩岗侵蚀成因及治理模式研究[J]. 水土保持通报, 2001, (05): 10 – 15.

[58] 丁光敏. 水库库区重要水源地水土流失问题及防治对策[J]. 亚热带水土保持, 2007, 19(03): 48 – 50.

[59] 丁九敏, 阮宏华. 湖滨带退化生态系统的恢复与重建[J]. 连云港职业技术学院学报, 2009, 22(01): 27 – 30.

[60] 丁明涛, 韦方强. 云南蒋家沟泥石流成因及其防治措施探析[J]. 水土保持研究, 2008, (01): 20 – 22.

[61] 丁文斌, 蒋光毅, 史东梅, 等. 紫色土坡耕地土壤属性差异对耕层土壤质量的影响[J]. 生态学报, 2017, 37(19): 6480 – 6493.

[62] 丁文峰, 张平仓, 王一峰. 紫色土坡面壤中流形成与坡面侵蚀产沙关系试验研究[J]. 长江科学院院报, 2008, 25(03): 14 – 17.

[63] 董亚辉, 戴全厚, 邓伊晗, 等. 不同类型铅锌矿废弃地重金属的分布特征及污染评价[J]. 贵州农业科学, 2013, 41(05): 109 – 112.

[64] 杜国举, 李建兵, 李玉保, 等. 丹江口水库水源区水土保持生态环境建设与发展对策[J]. 水土保持通报, 2002, (05): 66 – 68.

[65] 杜玉龙, 方维萱, 柳玉龙. 东川铜矿区泥石流特征与成因分析[J]. 西北地质, 2010, 43(01): 130 – 136.

[66] 段剑, 刘窑军, 汤崇军, 等. 不同下垫面红壤坡地壤中流对自然降雨的响应[J]. 水利学报, 2017, 48(08): 977 – 985.

[67] 段丽军. 河岸带生态功能研究综述[J]. 华北国土资源, 2015, (02): 95 – 96.

[68] 段瑜. 地下采空区灾害危险度的模糊综合评价[D]. 长沙: 中南大学, 2005.

[69] 凡非得. 西南喀斯特区域生态功能区划[D]. 北京: 中国科学院研究生院, 2011.

[70] 范洪杰, 黄欠如, 秦江涛, 等. 稻草覆盖和草篱对红壤缓坡旱地水土流失及作物产量的影响[J]. 土壤, 2014, (03): 550 – 554.

[71] 方海东，段昌群，潘志贤，等. 金沙江干热河谷生态恢复研究进展及展望[J]. 重庆环境科学，2009，2(01)：5-9.

[72] 方海东，纪中华，沙毓沧，等. 元谋干热河谷区冲沟形成原因及植被恢复技术[J]. 林业工程学报，2006，20(02)：47-50.

[73] 方少文，郑海金，杨洁，等. 梯田对赣北第四纪红壤坡地土壤抗蚀性的影响[J]. 中国水土保持，2011，(12)：13-15.

[74] 房浩，李媛，杨旭东，等. 2010—2015 年全国地质灾害发育分布特征分析[J]. 中国地质灾害与防治学报，2018，29(05)：1-6.

[75] 房用，慕宗昭，蹇兆忠，等. 林药间作及其前景[J]. 山东林业科技，2006，(03)：101-102.

[76] 冯明汉，廖纯艳，李双喜，等. 我国南方崩岗侵蚀现状调查[J]. 人民长江，2009，40(08)：66-68+75.

[77] 冯文凯，张国强，白慧林，等. 金沙江"10·11"白格特大型滑坡形成机制及发展趋势初步分析[J]. 工程地质学报，2019，27(02)：415-425.

[78] 伏文兵，戴全厚，严友进. 喀斯特坡耕地及其浅层孔(0 裂)隙土壤侵蚀响应试验研究[J]. 水土保持学报，2015，29(02)：11-16.

[79] 福建省科协第二届青年学术年会执行委员会. 福建省科学技术协会第二届青年学术年会——中国科协第二届青年学术年会卫星会议论文集[M]. 福州：福建科学技术出版社，1995.

[80] 付景春，孙艳玲，王彦龙. 开发露天矿区水土流失特点[J]. 黑龙江水利科技，2007，(02)：163.

[81] 付林池，谢锦升，胥超，等. 不同雨强对杉木和米槠林地表径流和可溶性有机碳的影响[J]. 亚热带资源与环境学报，2014，9(04)：9-14.

[82] 付强，李可，徐金华，等. 浅析赣县崩岗侵蚀的特征及治理措施[J]. 城市建设理论研究(电子版)，2013，(09)：1-5.

[83] 付兴涛，张丽萍，叶碎高，等. 经济林地坡长对侵蚀产流动态过程影响的模拟试验研究[J]. 水土保持学报，2009，23(05)：5-9.

[84] 付智勇，李朝霞，蔡崇法，等. 三峡库区不同厚度紫色土坡耕地产流机制分析[J]. 水科学进展，2011，22(05)：680-688.

[85] 傅春，刘文标. 三峡工程对长江中下游鄱阳湖区防洪态势的影响分析[J]. 中国防汛抗旱，2007，(03)：18-21.

[86] 高超，王心源，杨则东，等. 巢湖崩塌岸成因初步研究[J]. 水土保持究，2005，(02)：49-51+56.

[87] 高人，周广柱. 辽宁东部山区几种主要森林植被类型枯落物层持水性能研究[J]. 沈阳农业大学学报，2002，33(02)：115-118.

[88] 高伟，聂森，叶功富，等. 平潭岛岩质海岸带裸露山体植被恢复模式与成效分析[J]. 防护

林科技，2017，（03）：5 − 7 + 56.

[89] 高云峰，徐友宁，陈华清. 露天矿硬岩边坡复绿技术现状及存在问题［J］. 中国矿业，2019，28（02）：60 − 65.

[90] 葛宏力，黄炎和，蒋芳市. 福建省崩岗发生的地质和地貌条件分析［J］. 水土保持通报，2007，（02）：128 − 131 + 140

[91] 龚洁. 福建省新增水土流失的主要成因与防治思路［J］. 亚热带水土保持，2007，19（03）：22 − 24.

[92] 顾沈华，张秀玲，刘丽月，等. 浙北泥质海岸基干林带构建模式研究［J］. 林业实用技术，2012，（12）：14 − 16.

[93] 关红. 岫岩县水土流失特点与防治对策［J］. 中国水土保持，2014，（04）：38 − 39 + 59.

[94] 官治立. 平兴高速公路边坡病害防治技术研究［D］. 西安：长安大学，2017.

[95] 广兴宾，刘坤，田维志. 浅谈生态型森林的采伐和集材方式的选择［J］. 林业勘查设计，2002，（02）：32 − 33.

[96] 贵州省林业厅. 贵州省喀斯特石漠化地区生态重建工程建设的探讨［J］. 贵州林业科技，1998，26（04）：3 − 6.

[97] 郭剑. 水库库区水土保持工作中问题及对策分析［J］. 科技创新与应用，2012，（18）：121.

[98] 郭世鸿. 南方铅锌矿区重金属污染特征及累积通量研究［D］. 福州：福建农林大学，2014.

[99] 郭炜晨. 地下工程开挖对边坡稳定性影响的评价［D］. 北京：北方工业大学，2016.

[100] 郭云周，刘建香. 论云南农业自然环境系统的基本建设［J］. 云南农业大学学报，2001，（02）：139 − 143.

[101] 国家发展改革委员会，南水北调办，水利部，等. 丹江口库区及上游水污染防治与水土保持规划［R］，北京：国家发展改革委员会，2006.

[102] 国家林业和草原局. 中国·岩溶地区石漠化状况公报［N］. 中国绿色时报，2018 − 12 − 14.

[103] 国家林业和草原局. 中国森林资源报告［M］. 北京：中国林业出版社，2019.

[104] 国家林业局. 岩溶地区石漠化状况公报［N］. 中国绿色时报，2006 − 06 − 23.

[105] 国家林业局. 中国森林可持续经营国家报告［M］. 北京：中国林业出版社，2013.

[106] 国家林业局防治荒漠化管理中心，国家林业局中南林业调查规划设计院. 石漠化综合治理模式［M］. 北京：中国林业出版社，2012.

[107] 国家统计局. 中国统计年鉴（2020 年）. 北京：中国统计出版，2020.

[108] 国务院第一次全国水利普查领导小组办公室. 水土保持情况普查报告［M］. 北京：中国水利水电出版社，2017.

[109] 国务院新闻办. 中国的稀土状况与政策白皮书（全文）［C］. 第五届全国高新磁性材料及器件产学研讨论会. 2012.

[110] 哈长伟，陈沈良，张文祥，等. 江苏吕四海岸沉积动力特征及侵蚀过程［J］. 海洋通报，

2009, 28(03):53 – 61.

[111] 韩继忠. 柳条跌水防护沟头简介[J]. 中国水土保持, 1982, (03): 51 – 52.

[112] 韩勇. 三峡库区消落带污染特性及水环境影响研究[D]. 重庆: 重庆大学, 2007.

[113] 郝红兵. 四川省攀枝花市典型矿区矿山地质环境评价及治理措施研究[D], 成都: 成都理工大学, 2011.

[114] 何恺文, 黄炎和, 蒋芳市, 等. 2种草本植物根系对长汀县崩岗洪积扇土壤水分状况的影响[J]. 中国水土保持科学, 2017, 15(04): 25 – 34.

[115] 何绍兰, 邓烈, 雷霆, 等. 不同坡度及牧草种植对紫色土幼龄柑橘园水土流失的影响[J]. 中国南方果树, 2004, 33(06): 1 – 4.

[116] 何绍浪, 何小武, 李凤英, 等. 南方红壤区林下水土流失成因及其治理措施[J]. 中国水土保持, 2017, (03):16 – 19.

[117] 何圣嘉, 谢锦升, 杨智杰, 等. 南方红壤丘陵区马尾松林下水土流失现状、成因及防治[J]. 中国水土保持科学, 2011, 9(06): 65 – 70.

[118] 何腾兵. 贵州喀斯特山区水土流失状况及生态农业建设途径探讨[J]. 水土保持学报, 2000, 14(05): 28 – 34.

[119] 何文健, 史东梅. 重庆市饮用水源地生态清洁型小流域构建原理及技术体系[J]. 水土保持研究, 2016, 23(06): 369 – 373 + 380.

[120] 何永彬, 卢培泽, 朱彤. 横断山——云南高原干热河谷形成原因研究[J]. 资源科学, 2000, 22(05): 69 – 72.

[121] 何毓蓉, 沈南, 王艳强, 等. 金沙江干热河谷元谋强侵蚀区土壤裂隙形成与侵蚀机制[J]. 水土保持学报, 2008, (01): 33 – 36 + 42.

[122] 何毓蓉, 张保华, 周红艺, 等. 紫色土侵蚀产沙特点及影响因素分析[C]. "全国水土流失与江河泥沙灾害及其防治对策"学术研讨会会议文摘[M]. 武汉, 中国土壤学会, 2003.

[123] 何园球, 樊剑波, 陈晏, 等. 红壤丘陵区农林复合生态系统研究与展望[J]. 土壤, 2015, 47(02): 229 – 237.

[124] 何周窈, 苏正安, 熊东红, 等. 金沙江干热河谷区坡面剑麻的水土保持效应[J]. 山地学报, 2018, 36(05): 731 – 739.

[125] 黑泽文, 向慧敏, 章家恩, 等. 豆科植物修复土壤重金属污染研究进展[J]. 生态科学, 2019, (03): 218 – 224.

[126] 侯春镁, 王克勤, 李玲, 等. 不同土地利用类型土壤大团聚体与抗冲性关系[J]. 人民长江, 2017, 48(11): 46 – 50.

[127] 侯俊伟, 吴曙光. 预应力锚杆框格梁加固岩质边坡计算方法研究[J]. 重庆交通大学学报(自然科学版), 2019, 38(05): 74 – 79.

[128]胡冬冬. 广西不同退耕还林模式生态效益监测与评价[D]. 南宁：广西大学, 2015.

[129]胡焕斌, 周化民, 王桂珍, 等. 人工湿地处理矿山炸药污水[J]. 环境科学与技术, 1997, (03)：17 – 18 + 26.

[130]胡甲均. 南水北调中线工程水土流失及防治对策[J]. 今日国土, 2004, (Z3)：34 – 37.

[131]胡培兴, 白建华, 但新球, 等. 中国石漠化治理与发展丛书石漠化治理树种选择与模式[M]. 北京：中国林业出版社, 2015.

[132]胡奕, 戴全厚, 王佩将. 喀斯特坡耕地产流特征及影响因素[J]. 水土保持学报, 2012, 26(06)：46 – 51.

[133]湖南油茶管理办公室. 2018 年湖南林业十件大事[J]. 林业与生态, 2019, (03)：46 – 47.

[134]黄成龙, 何淑勤, 郑子成, 等. 紫色土区玉米季坡耕地片蚀过程研究[J]. 水土保持学报, 2015, 29(01)：70 – 74.

[135]黄成敏, 何毓蓉. 云南省元谋干热河谷的土壤系统分类[J]. 山地研究, 1995, (02)：73 – 78.

[136]黄俊德. 平台阶段台壁植草之研究[J]. 中华农学会报, 1970, 72：36 – 45.

[137]黄来源, 南赟, 赵金发, 等. 昆明市东川区城市后山地区泥石流特征及防治[J]. 城市地质, 2014, 9(04)：39 – 45.

[138]黄立明. 边坡回填压脚治理措施的稳定性计算方法研究[D]. 南京：南京大学, 2015.

[139]黄润秋. 20 世纪以来中国的大型滑坡及其发生机制[J]. 岩石力学与工程学报, 2007, (03)：433 – 454.

[140]黄晓莹. 退耕还林与水土保持的关系探讨[J]. 南方农业, 2016, (33)：53 – 54.

[141]黄炎和, 赵淦, 蒋芳市, 等. 崩岗崩积体陡坡侵蚀的水动力学特征[J]. 森林与环境学报, 2015, 35(04)：304 – 309.

[142]黄艳红. 锰尾矿库植物适生性研究及生态恢复的环境效益[D]. 长沙：中南大学, 2013.

[143]黄莹. 尤溪县梅仙矿产开采工程生态环境影响后评价[J]. 科技创新导报, 2014, 11(07)：117.

[144]纪中华, 刘光华, 段曰汤, 等. 金沙江干热河谷脆弱生态系统植被恢复及可持续生态农业模式[J]. 水土保持学报, 2003, 17(05)：19 – 22.

[145]纪中华, 潘志贤, 沙毓沧, 等. 金沙江干热河谷生态恢复的典型模式[J]. 农业环境科学学报, 2006, (S2)：716 – 720.

[146]季子修, 蒋自巽, 朱季文, 等. 海平面上升对长江三角洲和苏北滨海平原海岸侵蚀的可能影响[J]. 地理学报, 1993, 4(06)：516 – 526.

[147]贾海波, 任凤玉, 丁航行, 等. 某银多金属矿采空区综合治理方法[J]. 金属矿山, 2018, (02)：41 – 45.

[148]贾鎏, 汪永涛. 丹江口库区胡家山生态清洁小流域治理的探索和实践[J], 中国水土保持, 2010, (04)：4 – 5.

[149]简丽华. 长汀稀土废矿区治理与植被生态修复技术[J]. 现代农业科技,2012,(03):315－317.

[150]简文彬,吴振祥. 地质灾害及其防治[M]. 北京:人民交通出版社,2015.

[151]江忠善,李秀英. 黄土高原土壤流失方程中降雨侵蚀力和地形因子的研究[J]. 中国科学院西北水土保持研究所集刊,1988,(07):40－45.

[152]姜东涛. 森林制氧固碳功能与效益计算的探讨[J]. 华东森林经理,2005,19(02):19－21.

[153]姜培曦,孟广涛,王晓南,等. 矿山水土流失现状分析及防治措施[J]. 矿业快报,2008,24(10):80－83.

[154]蒋芳市,黄炎和,林金石,等. 多场次降雨对崩岗崩积体细沟侵蚀的影响[J]. 中国水土保持科学,2014,12(06):1－7.

[155]蒋芳市. 花岗岩崩岗崩积体侵蚀机理研究[D]. 福州:福建农林大学,2013.

[156]蒋胜银. 宜居水岸工程河道整治案例研究[J]. 城市道桥与防洪,2018,(09):76－78＋104.

[157]蒋忠诚,袁道先. 表层岩溶带的岩溶动力学特征及其环境和资源意义[J]. 地球学报,1999,20(02):302－308.

[158]金平伟,黄俊,李岚斌,等. 不同复绿技术模式对崩岗崩壁稳定性影响研究[J]. 人民珠江,2014,35(06):26－30.

[159]康育龙,程姗,梁勤欧. 杭州湾历史时期海岸线时空演变的特征[J]. 浙江师范大学学报(自然科学版),2019,42(01):72－73.

[160]吴鹏飞. 沿海防护林学[M]. 北京:中国林业出版社,2020.

[161]康志成,李焯芬,马蔼乃,等. 中国泥石流研究[M]. 北京:科学出版社,2004.

[162]孔东莲,郭孟霞,潘玉娟. 金属矿水土流失特点探析[J]. 中国水土保持,2019,(05):22－24.

[163]兰思仁,戴永务. 生态文明时代长汀水土流失治理的战略思考[J]. 福建农林大学学报(哲学社会科学版),2013,16(02):1－4.

[164]兰在田,吴如三. 河田的水土流失与治理成效[J]. 亚热带水土保持,1990,(03):2－5.

[165]兰锥德. 飘板植生槽法在泉州石材矿山高陡边坡治理中的应用[J]. 能源环境保护,2017,31(03):28－30.

[166]雷刚,刘根,蔡锋. 厦门岛会展中心海滩养护及其对我国海岸防护的启示[J]. 应用海洋学学报,2013,(03):14－24.

[167]黎江峰. 中国战略性能源矿产资源安全评估与调控研究[D]. 武汉:中国地质大学,2018.

[168]李彪. 铅锌尾矿区3种乡土豆科植物对铅锌的响应研究[D]. 长沙:西南林业大学,2012.

[169]李成,陈建平,杜江丽,等. 石灰岩开采区硬岩边坡复绿技术及其适用性[J]. 中国地质灾害与防治学报,2016,27(02):149－153＋161.

[170]李钢,梁音,曹龙熹.次生马尾松林下植被恢复措施的水土保持效益[J].中国水土保持科学,2012,10(06):25-31.

[171]李纪元,肖青,李辛雷,等.不同套种模式油茶幼林水土流失及养分损耗[J].林业科学,2008,44(04):167-172.

[172]李械,陈琴德,康志成.云南东川蒋家沟泥石流发生、发展过程的初步分析[J].地理学报,1979,(02):156-168+185-186.

[173]李昆,刘方炎,杨振寅,等.中国西南干热河谷植被恢复研究现状与发展趋势[J].世界林业研究,2011,(04):55-60.

[174]李全胜,边卓平.水网平原生态农业建设典型模式浅析——以浙江省德清县和湖北省洪湖市为例[J].生态农业研究,1998,(03):61-63.

[175]李瑞,岳坤前.贵州喀斯特地区坡面土壤侵蚀机理研究[J].科学技术与工程,2015,15(07):150-153.

[176]李瑞玲,王世杰,周德全,等.贵州岩溶地区岩性与土地石漠化的相关分析[J].地理学报,2003,58(02):314-320.

[177]李生,任华东,姚小华,等.土地利用方式对喀斯特地区环境小气候日动态的影响[J].应用生态学报,2009,20(02):387-395.

[178]李双喜,桂惠中,丁树文.中国南方崩岗空间分布特征[J].华中农业大学学报,2013,32(01):83-86.

[179]李思平.广东省崩岗侵蚀规律和防治的研究[J].自然灾害学报,1992,(03):68-74.

[180]李素珍,杨丽,陈美莉.生态农业生产技术[M].北京:中国农业科学技术出版社,2015.

[181]李伟.南方离子型稀土废弃地景观生态恢复研究[D].福州:福建农林大学,2014.

[182]李文华.生态农业中国可持续农业的理论与实践[M].北京:化学工业出版社,2003.

[183]李文华.中国农林复合经营[M].北京:科学出版社,1994.

[184]李乡旺,陆素娟,王妍.云南石漠化综合治理区域划分[M].北京:科学出版社,2018.

[185]李小飞.稀土采矿治理地土壤和植被中稀土元素含量及其健康风险评价[D].福州:福建师范大学,2013.

[186]李晓玮,陈奇,周一君.白石口铜铁矿区水土流失特点及其防治[J].亚热带水土保持,2011,23(02):55-57.

[187]李旭义.南方红壤区崩岗侵蚀特征及治理范式研究[D].福州:福建师范大学,2009.

[188]梁洪海,刘志文,唐威,等.三峡库区巫山段消落带生态环境治理的策略[J].生物灾害科学,2019,42(02):160-164.

[189]梁音,宁堆虎,潘贤章,等.南方红壤区崩岗侵蚀的特点与治理[J].中国水土保持,2009,(01):31-34.

[190]梁音,杨轩,潘贤章,等.南方红壤丘陵区水土流失特点及防治对策[J].中国水土保持,

2008a,(12):50-53.

[191]梁音,张斌,潘贤章,等.南方红壤丘陵区水土流失现状与综合治理对策[J].中国水土保持科学,2008b,6(01):22-27.

[192]梁越,刘小真,赖劲虎.主要金属矿产开采对鄱阳湖流域水环境的影响[J].安徽农业科学,2013,41(27):11169-11171+11202.

[193]聊小永,罗恒凯.淤泥质岸坡破坏模式及治理实践[J].人民长汀,2008,39(13):72-74.

[194]廖建文.广东省崩岗侵蚀现状与防治措施探讨[J].人民珠江,2006,(01):35-36+49.

[195]廖绵浚,张贤明.现代陡坡地水土保持[M].北京:九州出版社,2004.

[196]廖绵浚.百喜草在水土保持上的研究及应用[J].台湾水土保持论丛(增订六版),1990.

[197]廖晓勇,陈治谏,刘邵权,等.三峡库区紫色土坡耕地不同利用方式的水土流失特征[J].水土保持研究,2005,(01):159-161.

[198]廖义善,唐常源,袁再健,等.南方红壤区崩岗侵蚀及其防治研究进展[J].土壤学报,2018,55(06):1297-1312.

[199]林超文,陈一兵,黄晶晶,等.不同耕作方式和雨强对紫色土养分流失的影响[J].中国农业科学,2007,(10):2241-2249.

[200]林超文,庞良玉,陈一兵,等.四川盆地紫色土N,P损失载体及其影响因子[J].水土保持学报,2008,22(02):20-23.

[201]林福兴,黄东风,林敬兰,等.南方红壤区水土流失现状及防控技术探讨[J].科技创新导报,2014,(12):227-228.

[202]林金石,庄雅婷,黄炎和,等.不同剪切方式下崩岗红土层抗剪特征随水分变化规律[J].农业工程学报,2015,31(24):106-110.

[203]林敬兰,黄炎和,张德斌,等.水分对崩岗土体抗剪切特性的影响[J].水土保持学报,2013,27(03):55-58.

[204]林敬兰,黄炎和.崩岗侵蚀的成因机理研究与问题[J].水土保持研究,2010,17(02):41-44.

[205]林军.河流侵蚀淤积环境地质问题研究——以福建九龙江晋江为例[J].中国地质灾害与防治学报,2005,16(02):32-37.

[206]林开淼,郭剑芬,杨智杰,等.不同林龄人促天然更新林土壤磷素形态及有效性分析[J].中南林业科技大学学报,2014,34(09):6-11.

[207]林岚岚,李鸿宇.森林枯枝落叶层的生态效能[J].林业勘查设计,2006,(01):63-65.

[208]林立金,朱雪梅,邵继荣,等.紫色土坡耕地横坡垄作的水土流失特征及作物产量效应[J].水土保持研究,2007,14(03):254-255.

[209]林丽蓉,陈家宙,曾涛,等.稻草覆盖和聚丙烯酰胺对坡地红壤水蚀的阻控作用[J].水土保持学报,2010,24(05):14-18.

[210]林松锦. 红壤丘陵区水土流失保护性开发治理模式及对策研究[D]. 福州：福建农林大学, 2014.

[211]凌珑. 外源施加甲基乙二醛和硫化氢对镉胁迫旱柳抗氧化系统活性及抗逆基因表达的影响[D]. 沈阳：辽宁大学, 2019.

[212]凌小惠, 钱方. 元谋土林与水土流失[J]. 中国水土保持, 1989, (05)：34 - 36.

[213]刘宝元, 刘瑛娜, 张科利, 等. 中国水土保持措施分类[J]. 水土保持学报, 2013, 27(02)：80 - 84.

[214]刘方炎, 李昆, 孙永玉, 等. 横断山区干热河谷气候及其对植被恢复的影响[J]. 长江流域资源与环境, 2010, (12)：1386 - 1391.

[215]刘芳. 农村土地资源利用与保护[M]. 北京：金盾出版社, 2010.

[216]刘刚才, 邓伟, 文安邦, 等. 试论金沙江河谷建立沟蚀崩塌科学观测研究站的重要性及学科方向[J]. 山地学报, 2010, (03)：333 - 340.

[217]刘刚才, 高美荣, 林三益, 等. 紫色土两种耕作制的产流产沙过程与水土流失观测准确性分析[J]. 水土保持学报, 2002, 16(04)：108 - 111.

[218]刘刚才, 刘淑珍. 金沙江干热河谷区水环境特性对荒漠化的影响[J]. 山地研究, 1998, (02)：156 - 159.

[219]刘国华. 南京幕府山构树种群生态学及矿区废弃地植被恢复技术研究[D]. 南京：南京林业大学, 2004.

[220]刘海, 王旭, 王永刚, 等. 河岸带功能及其宽度定量化的研究进展[J]. 北京水务, 2018, (01)：33 - 37.

[221]刘海林, 汪为平, 何承尧, 等. 金属非金属地下矿山采空区治理技术现状及发展趋势[J]. 现代矿业, 2018, 34(06)：1 - 7 + 12.

[222]刘慧军, 刘景辉, 于健, 等. 土壤改良剂对燕麦土壤理化性状及微生物量碳的影响[J]. 水土保持学报, 2012, 26(05)：68 - 72.

[223]刘立光, 吴伯志. 坡地耕种方式对水土流失及产量的影响[J]. 云南农业大学学报, 1991, (04)：250 - 252.

[224]刘柳松, 任红艳, 史学正, 等. 秸秆覆盖对不同初始含水率土壤产沙过程的影响[J]. 农业工程学报, 2010, 26(01)：106 - 112.

[225]刘培静, 王克勤, 李苗苗, 等. 元谋干热河谷不同土地利用类型雨季前后土壤养分变化[J]. 中国水土保持, 2012, (10)：56 - 59 + 75.

[226]刘淑珍, 黄成敏. 云南元谋干热河谷区土壤侵蚀对土壤肥力的影响[J]. 热带亚热带土壤科学, 1996a, (02)：102 - 107.

[227]刘淑珍, 黄成敏, 张建平, 等. 云南元谋土地荒漠化特征及原因分析[J]. 中国沙漠, 1996b, (01)：1 - 8.

附录一 参考文献

[228]刘拓,周光辉,但新球.中国岩溶石漠化[M].北京:中国林业出版社,2009.

[229]刘希林,连海清.崩岗侵蚀地貌分布的海拔高程与坡向选择性[J].水土保持通报,2011,31(04):32-36+41.

[230]刘希林.全球视野下崩岗侵蚀地貌及其研究进展[J].地理科学进展,2018,37(03):342-351.

[231]刘小真,周文斌,胡利娜,等.抚河南昌段底泥重金属污染特征研究[J].环境科学与技术,2008,(05):30-34.

[232]刘学勤,邢伟,张晓可.巢湖水向湖滨带生态修复工程实践[J].长江流域资源与环境,2012,21(Z2):51-55.

[233]刘映良.喀斯特典型山地退化生态系统植被恢复研究[D].南京:南京林业大学,2005.

[234]刘云,杨晋,冷从德.赣南废弃稀土矿山地质环境治理现状及发展趋势[J].地质灾害与环境保护,2015,26(02):45-49.

[235]刘泽.生态型加筋土挡墙动静力学特性试验研究与数值分析[D].长沙:中南大学,2012.

[236]刘震.中国水土保持生态建设模式[M].北京:科学出版社,2003.

[237]刘壮壮,夏庆霖,汪新庆,等.中国钨矿资源分布及成矿区带划分[J].矿床地质,2014,(S1):947-948.

[238]卢慧中,梁音,曹龙熹,等.赣南稀土尾矿堆积区水土流失规律初探[J].土壤,2015,47(02):387-393.

[239]卢喜平,史东梅.坡地水土保持型生态农业体系建设研究[J].中国生态农业学报,2006,(01):220-222.

[240]鲁绍伟,靳芳.中国森林生态系统保护土壤的价值评价[J].中国水土保持科学,2005,3(03):16-21.

[241]鲁绍伟,毛富玲,靳芳,等.中国森林生态系统水源涵养功能[J].水土保持研究,2005,(04):223-226.

[242]陆付民,李建林.崩岸的形成机理及防治方法[J].人民黄河,2005,27(08):16-17.

[243]罗才贵,罗仙平,苏佳,等.离子型稀土矿山环境问题及其治理方法[J].金属矿山,2014,(06):91-96.

[244]罗宪林,李春初,罗章仁.海南岛南渡江三角洲的废弃与侵蚀[J].海洋学报(中文版),2000,(03):45-56.

[245]罗学升.长汀县稀土开发与水土保持对策[J].福建水土保持,2004,(04):19-22.

[246]吕宏兴,武春龙,熊运章,等.雨滴降落速度的数值模拟[J].水土保持学报,1997,3(02):14-21.

[247]吕洪斌.攀枝花市矿山环境保护与治理分区研究[D].成都:成都理工大学,2011.

[248]吕明伟,钟文.金属矿山采空区安全治理与残矿回采协同技术分析[J].中国金属通报,

2018, (05)：47 – 48.

[249]吕甚悟，王世平，徐多润，等. 紫色土坡耕地耕作方法对土壤侵蚀影响的试验研究[J].
中国水土保持，1996，(02)：38 – 41 + 60.

[250]马荣华，杨桂山，段洪涛，等. 中国湖泊的数量、面积与空间分布[J]. 中国科学：地球科
学，2011，41(03)：394 – 401.

[251]马祥庆，刘爱琴，何智英，等. 整地方式对杉木人工林生态系统的影响[J]. 山地学报，
2000，(03)：237 – 243.

[252]马祥庆，刘爱琴，俞立亘. 抚育方式对杉木人工林生态系统的影响[J]. 土壤侵蚀与水土
保持学报，1999，(03)：11 – 17.

[253]马祥庆，杨玉盛，林开敏，等. 不同林地清理方式对杉木人工林生态系统的影响[J]. 生
态学报，1997，17(02)：176 – 183.

[254]马祥庆，俞新妥，何智英，等. 不同林地清理方式对杉木幼林生态系统水土流失的影响
[J]. 自然资源学报，1996，(01)：33 – 40.

[255]马嫒，丁树文，何溢钧，等. 崩岗"五位一体"系统性治理措施探讨[J]. 中国水土保持，
2016，(04)：65 – 68.

[256]马志阳，查轩. 南方红壤区侵蚀退化马尾松林地生态恢复研究[J]. 水土保持研究，2008，
15(03)：188 – 193.

[257]孟凡超. 城市河道退化河岸生态修复技术的水土保持效应及其稳定性评价[D]. 北京：北
京林业大学，2011.

[258]聂阳意，陈坦，吕茂奎，等. 植被恢复过程中芒萁覆盖对侵蚀红壤氮组分的影响[J]. 生
态学报，2018，38(19)：6964 – 6971.

[259]牛德奎. 崩岗侵蚀调查方法的探讨[J]. 江西水利科技，1994，20(01)：42 – 47.

[260]牛德奎. 华南红壤丘陵区崩岗发育的环境背景与侵蚀机理研究[D]. 南京：南京林业大
学，2009.

[261]牛俊，张平仓，邢明星. 长江上游紫色土坡耕地水土流失特征及其防治对策[J]. 中国水
土保持科学，2010，(06)：64 – 68.

[262]牛振华，钱爱国，臧贵敏. 太湖流域清洁小流域建设水土保持措施体系及治理模式[C].
中国水土保持学会规划设计专业委员会 2014 年年会论文集[M]，郑州，中国水土保持学
会水土保持规划设计专业委员会，34 – 39.

[263]欧阳志云，王如松. 生态系统服务功能及其生态经济价值评价[J]. 应用生态学报，1999，
10(05)：635 – 640.

[264]欧阳自远. 中国西南喀斯特生态脆弱区的综合治理与开发脱贫[J]. 世界科技研究与发
展，1998，20(02)：53 – 56.

[265]潘久根. 金沙江流域的河流泥沙输移特性[J]. 泥沙研究，1999，(02)：48 – 51.

[266]彭晚霞. 喀斯特峰丛洼地森林植被空间分布格局及其维持机制研究[D]. 长沙：湖南农业大学，2009.

[267]彭小博. 锥栗与多花黄精复合经营生态经济效益[D]. 长沙：中南林业科技大学，2017.

[268]彭旭东，戴全厚，李昌兰，等. 模拟雨强和地下裂隙对喀斯特地区坡耕地养分流失的影响[J]. 农业工程学报，2017，33(02)：131-140.

[269]彭旭东，戴全厚，李昌兰. 模拟降雨下喀斯特坡耕地土壤养分输出机制[J]. 生态学报，2018，38(02)：624-634.

[270]祁菁. 丹江口水库上游陕西段水土流失现状与防治[J]. 陕西水利，2004，(04)：19-21.

[271]钱方，凌小惠. 元谋土林成因及类型的初步研究[J]. 中国科学(B辑化学生命科学地学)，1989，(04)：412-418+449-450.

[272]秦旭梅. 模拟研究喀斯特地区不同地表作物覆盖下水土流失特征[D]. 重庆：重庆师范大学，2017.

[273]邱仁辉，周新年，杨玉盛. 土滑道集材对集材道土壤理化性质的影响[J]. 福建林学院学报，1998，18(03)：211-214.

[274]裴愉林，黄永亮. 浅谈废弃矿山生态环境治理设计[J]. 工程勘察，2006，(S1)：322-329.

[275]饶良爵，朱金兆，毕华兴. 重庆四面山森林枯落物和土壤水文效应[J]. 北京林业大学学报，2005，27(01)：33-37.

[276]任海. 喀斯特山地生态系统石漠化过程及其恢复研究综述[J]. 热带地理，2005，25(03)：195-200.

[277]阮伏水. 福建省崩岗侵蚀与治理模式探讨[J]. 山地学报，2003，(06)：675-680.

[278]阮诗昆. 紫金山金矿露采蚀变分带地球化学特征研究及意义[D]. 福州：福州大学，2014.

[279]三峡库区地质灾害防治工作指挥部. 湖北省秭归县沙镇溪镇千将坪滑坡[J]. 中国地质灾害与防治学报，2003，(03)：142.

[280]桑凯. 近60年中国滑坡灾害数据统计与分析[J]. 科技传播，2013，5(10)：129+124.

[281]商旭东. 道路建设中边坡水土流失的防治措施[J]. 城市建设理论研究(电子版)，2012，(24)：1-5.

[282]尚润阳，张亚玲. 燕山山区板栗林林下水土流失危害及防治建议[J]. 海河水利，2015，(03)：12-14.

[283]佘冬立，邵明安，薛亚锋，等. 坡面土地利用格局变化的水土保持效应[J]. 农业工程学报，2011，27(04)：22-27.

[284]沈渭寿，曹学章，金燕. 矿区生态破坏与生态重建[M]. 北京：中国环境科学出版社，2004.

[285]盛静芬，朱大奎. 海岸侵蚀和海岸线管理的初步研究[J]. 海洋通报，2002，21(04)：50-57.

[286]盛炜彤. 杉木幼林水土流失及养分损耗的研究[J]. 林业科学, 1999, 35(S1): 84-90.

[287]施春婷. 土壤改良剂对广西岩溶地区污染土壤重金属生物有效性的影响[D]. 南宁: 广西大学, 2012.

[288]石海莹, 吕宇波, 冯朝材. 海南岛典型岸段侵蚀现状及特征分析[J]. 海洋环境科学, 2018, 37(03): 383-388.

[289]史东梅, 蒋光毅, 蒋平, 等. 土壤侵蚀因素对紫色丘陵区坡耕地耕层质量影响[J]. 农业工程学报, 2017, 33(13): 270-279.

[290]史东梅. 基于 RUSLE 模型的紫色丘陵区坡耕地水土保持研究[J]. 水土保持学报, 2010, 24(03): 39-44+251.

[291]史志华, 王玲, 刘前进, 等. 土壤侵蚀: 从综合治理到生态调控[J]. 中国科学院院刊, 2018, 33(02): 198-205.

[292]舒畅. 赣南脐橙产业现代化的路径探究[J]. 北方经贸, 2019, (07): 132-133.

[293]舒丽, 林玉石. 广西石漠化现状与成因及治理初探[C]. 第四届广西青年学术年会论文集[M]. 南宁: 广西科协, 广西大学, 广西壮族自治区社会科学界联合会, 2011.

[294]水利部, 中国科学院, 中国工程院. 中国水土流失与生态安全·南方红壤区卷[M]. 北京: 科学出版社, 2010.

[295]水利部长江水利委员会. 三峡库区水土保持规划[R], 武汉: 长江水利委员会, 2010.

[296]税玉民, 陈文红, 秦新生. 中国喀斯特地区种子植物名录[M]. 北京: 科学出版社, 2017.

[297]宋江平, 李忠武, 刘春, 等. 湘北红壤低山丘陵区典型水土流失治理模式径流泥沙效应[J]. 水土保持学报, 2018, 32(01): 32-38.

[298]宋同清, 彭晚霞, 曾馥平, 等. 桂西北喀斯特人为干扰区植被演替规律与更新策略[J]. 山地学报, 2008, 26(05): 597-604.

[299]宋同清. 西南喀斯特植物与环境[M]. 北京: 科学出版社, 2015.

[300]宋维峰. 我国石漠化现状及其防治综述[J]. 中国水土保持科学, 2007, (05): 102-106.

[301]搜狐网. 这个市被中央环保督察组狠批: 纵容企业长期超标排放[EB/OL]. https://m.sohu. com/a/312037728_667842/.

[302]苏俊. 奉节县脐橙产业集聚效应实证分析[D]. 重庆: 重庆师范大学, 2019.

[303]苏维词, 周济祚. 贵州喀斯特山地的"石漠化"及防治对策[J]. 长江流域资源与环境, 1995, 4(02): 177-182.

[304]苏益. 论采运作业对森林生态环境的影响[J]. 中南林学院学报, 1988, 6(01): 52-60.

[305]苏正安, 熊东红, 张建辉, 等. 紫色土坡耕地土壤侵蚀及其防治措施研究进展[J]. 中国水土保持, 2018, (02): 42-47.

[306]孙波. 红壤退化的阻控和定向修复与高效优质生态农业关键技术研究与试验示范[C]. 中国水土保持学会科技协作工作委员会 2011 年年会交流材料[N]. 四川绵阳, 中国水土

保持学会，2011a，9 – 15.

[307]孙波. 红壤退化阻控与生态修复[M]. 北京：科学出版社，2011b.

[308]孙辉，唐亚，陈克明，等. 固氮植物篱防治坡耕地土壤侵蚀效果研究[J]. 水土保持通报，
　　　1999，19(06)：1 – 5.

[309]孙辉，唐亚，黄雪菊，等. 横断山区干旱河谷研究现状和发展方向[J]. 世界科技研究与
　　　发展，2005，(03)：54 – 61.

[310]孙妍. 鄂东南崩岗侵蚀特征及其监测数据管理系统的研究[D]. 武汉：华中农业大
　　　学，2012.

[311]孙玉忠. 不同方式集材对采伐迹地水土流失的影响[J]. 科技创新与应用，2013，(01)：
　　　225 – 225.

[312]孙振刚，张岚，段中德. 我国水库工程数量及分布[J]. 中国水利，2013，(07)：10 – 11.

[313]唐克丽. 中国水土保持[M]. 北京：科学出版社，2004.

[314]唐万春. 武隆县巷口镇滑坡形成机理与稳定性评价[D]. 成都：西南交通大学，2008.

[315]唐晓峰. 长江口新浏河沙护滩堤的防护施工技术[J]. 水运工程，2013，(04)：187 – 191.

[316]唐亚，谢嘉穗，陈克明，等. 等高固氮植物篱技术在坡耕地可持续耕作中的应用[J]. 水
　　　土保持研究，2001，8(01)：104 – 109.

[317]唐寅，代数，蒋光毅，等. 重庆市坡耕地植被覆盖与管理因子 C 值计算与分析[J]. 水土
　　　保持学报，2010，24(06)：53 – 59.

[318]唐寅. 紫色丘陵区坡耕地土壤侵蚀特征及植被覆盖与管理因子研究[D]. 重庆：西南大
　　　学，2012.

[319]滕应. 重金属污染下红壤微生物生态特征及生物学指标研究[D]. 杭州：浙江大
　　　学，2003.

[320]田茂洁. 等高植物篱模式下土壤物理性质变化与水土保持效果研究进展[J]. 土壤通报，
　　　2006，(02)：2383 – 2386.

[321]童立强，刘春玲，聂洪峰. 中国南方岩溶石山地区石漠化遥感调查与演变研究[M]. 北
　　　京：科学出版社，2013.

[322]涂宏章，陈志彪，余明. 稀土矿废弃区的治理途径探讨[J]. 福建环境，2002，(01)：24 –
　　　37.

[323]屠玉麟. 贵州喀斯特地区生态环境问题及其对策[J]. 贵州环保科技，2000，6(01)：1 – 6.

[324]万广越. 赣南某离子型稀土矿土壤质量退化特征及修复[D]. 南昌：江西农业大
　　　学，2017.

[325]汪邦稳，方少文，宋月君，等. 赣北第四纪红壤区侵蚀性降雨强度与雨量标准的确定[J].
　　　农业工程学报，2013，29(11)：100 – 106.

[326]汪冬冬. 上海城市河流滨岸带生态系统退化评价研究[D]. 上海：华东师范大学，2010.

[327]汪三树,刘德忠,史东梅,等.紫色丘陵区坡耕地生物埂的蓄水保土效应[J].中国农业科学,2013,46(19):4091-4100.

[328]汪三树.重庆市坡耕地典型生物埂固土保土机理与适宜性研究[D].重庆:西南大学,2014.

[329]汪涛,朱波,罗专溪,等.紫色土坡耕地径流特征试验研究[J].水土保持学报,2008,22(06):30-34.

[330]王德炉,朱守谦,黄宝龙.石漠化的概念及其内涵[J].南京林业大学学报(自然科学版),2004,(06):87-90.

[331]王海君.资源整合矿山开发模式与露采关键技术研究[D].徐州:中国矿业大学,2013.

[332]王红兰,唐翔宇,张维,等.施用生物炭对紫色土坡耕地耕层土壤水力学性质的影响[J].农业工程学报,2015,31(04):107-112.

[333]王洪铸,宋春雷,刘学勤,等.巢湖湖滨带概况及环湖岸线和水向湖滨带生态修复方案[J].长江流域资源与环境,2012,21(S2):62-68.

[334]王会利,杨开太,黄开勇,等.广林巨尾桉人工林土壤侵蚀和养分流失研究[J].西部林业科学,2012,(04):84-87.

[335]王克勤,赵雨森,陈奇伯.水土保持与荒漠化防治概论(第2版)[M].北京:中国林业出版社,2019.

[336]王礼先,朱金兆.水土保持学(第2版)[M].北京:中国林业出版社,2005.

[337]王利民,翁伯琦,罗涛,等.山地水土流失的影响因素及其若干机理[J].安徽农业科学,2016,44(19):70-75.

[338]王明章,王尚彦.贵州岩溶石山生态地质环境研究[M].北京:地质出版社,2005.

[339]王朋.杉木"小老头"林深翻施肥改造效果初探[J].亚热带水土保持,1992,(03):52-54.

[340]王秋霞,丁树文,邓羽松,等.花岗岩崩岗区不同土层的侵蚀水动力学特征[J].土壤学报,2017,54(03):570-580.

[341]王荣,蔡运龙.西南喀斯特地区退化生态系统整治模式[J].应用生态学报,2011,21(04):1070-1080.

[342]王瑞,陈永忠,杨正华,等.油茶林地水土保持经营技术措施[J].湖南林业科技,2012,39(05):123-125.

[343]王世杰.喀斯特石漠化概念演绎及其科学内涵的探讨[J].中国岩溶,2002,21(02):31-35.

[344]王苏民,窦鸿身.中国湖泊志[M].北京:科学出版社,1998.

[345]王万忠.黄土地区降雨特性与土壤流失的关系研究Ⅲ—关于侵蚀性降雨标准的问题[J].水土保持通报,1984,4(02):58-62.

[346]王万忠.黄土地区降雨特性与土壤流失关系的研究[J].水土保持通报,1983,3(04):7-13.

[347]王文涛. 红沙梁露天煤矿工程水土流失特点及防治初探[J]. 甘肃农业，2014，(15)：61 - 62.

[348]王小平，张秀琴，朱固军. 浅议水库库区水土保持工作防治措施[J]. 农业科技与信息，2009，(24)：15.

[349]王晓萍. 茶园土壤地力退化现状及其防治途径[C]. 全国土地退化防治学术讨论会论文集[M]. 北京：中国科学技术出版社，1990，355 - 363.

[350]王心. 洱海流域入湖河流清水产流机制修复技术集成[D]. 西安：西安科技大学，2017.

[351]王学礼. 福建金属矿区植物对重金属的富集效果研究[D]. 福州：福建农林大学，2008.

[352]王学强，蔡强国. 崩岗及其治理措施的系统分析[J]. 中国水土保持，2007，(07)：29 - 31 + 60.

[353]王延贵，匡尚富. 河岸崩塌类型与崩塌模式的研究[J]. 泥沙研究，2014，(01)：13 - 20.

[354]王延贵. 冲积河流岸滩崩塌机理的理论分析及试验研究[D]. 北京：中国水利水电科学研究院，2003.

[355]王彦华，谢先德，王春云. 风化花岗岩崩岗灾害的成因机理[J]. 山地学报，2000，(06)：496 - 501.

[356]王英鉴，郭帅飞. 中国矿山环境地质问题区域分布特征[J]. 技术与市场，2016，23(05)：334 + 336.

[357]王友生，吴鹏飞，侯晓龙，等. 稀土矿废弃地不同植被恢复模式对土壤肥力的影响[J]. 生态环境学报，2015，24(11)：1831 - 1836.

[358]王宇，杨世瑜，袁道先. 云南岩溶石漠化状况及治理规划要点[J]. 中国岩溶，2005，(03)：206 - 211.

[359]王正秋. 浅谈长江上中游坡地经济林园的水土保持[J]. 人民长江，2003，34(11)：39 - 42.

[360]韦方强，胡凯衡，崔鹏，等. 蒋家沟泥石流堵江成因与特征[J]. 水土保持学报，2002，16(06)：71 - 75.

[361]韦杰，李进林，史炳林. 紫色土耕地埂坎 2 种典型根——土复合体抗剪强度特征[J]. 应用基础与工程科学学报，2018，(03)：483 - 492.

[362]位振亚，罗仙平，梁健，等. 南方稀土矿山废弃地生态修复技术进展[J]. 有色金属科学与工程，2018，9(04)：102 - 106.

[363]魏玉杰，吴新亮，蔡崇法. 崩岗体剖面土壤收缩特性的空间变异性[J]. 农业机械学报，2015，46(06)：153 - 159.

[364]温美丽，陈瑜，何小武，等. 基于 GIS 的崩岗分布及坡向选择性验证[J]. 中国水土保持科学，2018，16(03)：1 - 7.

[365]翁炳霖. 长汀稀土矿堆浸废弃地不同治理年限的生态恢复效果比较[D]. 福州：福建农林大学，2018.

[366]翁伯琦，徐晓俞，罗旭辉，等. 福建省长汀县水土流失治理模式对绿色农业发展的启示

［J］. 山地学报, 2014, 32(02): 141 – 149.

[367] 翁金桃. 碳酸盐岩在全球碳循环过程中的作用[J]. 地球科学进展, 1995, 10(02): 154 – 158.

[368] 邬岳阳. 植物篱对红壤坡耕地的水土保持效应及其机理研究[D]. 杭州: 浙江大学, 2012.

[369] 吴发启, 史东梅. 水土保持农业技术[M]. 北京: 科学出版社, 2012.

[370] 吴发启. 水土保持学概论[M]. 北京: 中国农业出版社, 2003.

[371] 吴汉明. 不同治理措施对水土流失区"小老松"抽梢的影响[J]. 亚热带水土保持, 1992, (02): 58 – 60.

[372] 吴建平, 肖申宇, 杨雪, 等. 香炉山钨矿尾矿区 4 种先锋植物重金属富集特征[J]. 南昌工程学院学报, 2016, 35(01): 1 – 5.

[373] 吴岚, 秦富仓, 余新晓, 等. 水土保持林草措施生态服务功能价值研究[J]. 干旱区资源与环境, 2007, 21(09): 20 – 24.

[374] 吴龙华. 长江三峡工程对鄱阳湖生态环境的影响研究[J]. 水利学报, 2007, (Z): 586 – 591.

[375] 吴钦孝. 森林保持水土机理及功能调控技术[M]. 北京: 科学出版社, 2005.

[376] 吴文荣, 袁福锦, 奎嘉祥. 滇东南岩溶坡地种植牧草和农作物水土流失对比研究[J]. 四川草原, 2005, (11): 9 – 11 + 26.

[377] 吴希媛, 张丽萍. 降水再分配受雨强、坡度、覆盖度影响的机理研究[J]. 水土保持学报, 2006, 20(04): 28 – 30.

[378] 吴志峰, 钟伟青. 崩岗灾害地貌及其环境效应[J]. 生态科学, 1997, (02): 93 – 98.

[379] 吴志峰, 邓南荣, 王继增. 崩岗侵蚀地貌与侵蚀过程[J]. 中国水土保持, 1999, (04): 12 – 14 + 48.

[380] 吴志华, 王晓辉. 巢湖东端湖滨带物理基底及生态修复[J]. 合肥工业大学学报(自然科学版), 2006, (09): 1068 – 1071 + 1076.

[381] 武强, 刘宏磊, 陈奇, 等. 矿山环境修复治理模式理论与实践[J]. 煤炭学报, 2017, 42(05): 1085 – 1092.

[382] 夏栋. 南方花岗岩区崩岗崩壁稳定性研究[D]. 武汉: 华中农业大学, 2015.

[383] 夏学惠. 中国主要化工矿产成矿区带及找矿远景[C]. 中国地质学会 2013 年学术年会论文摘要汇编——S10 非金属矿产地质专业委员会换届暨 2013 年学术研讨会分会场[N]. 昆明, 中国地质学会, 2013, 742 – 746.

[384] 向静, 向长海, 高凯, 等. 秭归脐橙发展嬗变原因及前景展望[J]. 中国果业信息, 2018, 35(05): 12 – 14.

[385] 肖端, 巫县平. 兴国县水土流失区发展油茶经济林的必要性及其营造技术[J]. 现代农业技术, 2011, (14): 233.

[386] 肖国金. 关于加快丹江口水库水源区水土流失综合治理工程的若干建议[J]. 人民长江, 1997, (03): 34 – 36.

[387] 肖海燕,陈志彪,欧世芬. 长汀水土流失区植物群落物种多样性变化及保护[J]. 亚热带水土保持,2005,17(01):9-12.

[388] 肖华,熊康宁,张浩,等. 喀斯特石漠化治理模式研究进展[J]. 中国人口·资源与环境,2014,24(03):330-334.

[389] 肖华,熊康宁. 小流域石漠化综合治理技术空间优化配置——以毕节撒拉溪示范区为例[J]. 中国人口·资源与环境,2016,26(S2):236-239.

[390] 谢宝平,牛德奎. 赣南红壤崩岗侵蚀区植物群落的研究[J]. 江西农业大学学报,2000,(02):209-213.

[391] 谢浩. 丹江口库区水源地林业生态治理模式研究[J]. 河南林业科技,2013,33(03):31-33.

[392] 谢锦升,陈光水,何宗明,等. 退化红壤不同治理模式马尾松生长特点分析[J]. 水土保持通报,2001,21(06):24-27.

[393] 谢锦升,李春林,陈光水,等. 花岗岩红壤侵蚀生态系统重建的艰巨性探讨[J]. 亚热带水土保持,2000,(04):3-6+11.

[394] 谢俊奇. 中国坡耕地[M]. 北京:中国大地出版社,2005.

[395] 谢颂华,曾建玲,杨洁,等. 南方红壤坡地不同耕作措施的水土保持效应[J]. 农业工程学报,2010,26(09):81-86.

[396] 谢耀坚. 世纪初的桉树研究[C]. 首届全国林业学术大会桉树分会论文集[M]. 北京:中国林业出版社,2006.

[397] 谢云,刘宝元,章文波. 侵蚀性降雨标准研究[J]. 水土保持学报,2000,14(04):6-11.

[398] 新华网. 江西省每年土壤流失总量相当于12.5万亩耕地被毁[EB/OL]. http://www.gov.cn/govweb/jrzg/2006-03/28/content_238477.htm

[399] 邢树文,王桔红,梁秀霞,等. 钨尾矿生态恢复中桉树林地表节肢动物群落特征及影响因子研究[J]. 生态环境学报,2019,28(04):202-211.

[400] 熊东红,翟娟,杨丹,等. 元谋干热河谷冲沟集水区土壤入渗性能及其影响因素[J]. 水土保持学报,2011,(06):170-175.

[401] 熊康宁,李晋,龙明忠. 典型喀斯特石漠化治理区水土流失特征与关键问题[J]. 地理学报,2012,67(07):889-899.

[402] 熊康宁. 喀斯特地区环境移民生态重建与经济协调发展[C]. 贵州喀斯特地区生态环境建设与经济协调发展学术研讨会论文集[M],贵阳:贵州省科学技术协会,1999,69-75.

[403] 熊康宁. 喀斯特石漠化的遥感 GIS 典型研究[M]. 北京:地质出版社,2002.

[404] 胥超,谢锦升,刘小飞,等. 抚育管理对米槠人工幼林地水土流失的影响[J]. 亚热带资源与环境学报,2016,11(01):21-25.

[405] 徐翀,刘文斌,裴文明,等. 淮南张集采煤塌陷积水区水环境动态监测研究[J]. 中国煤炭地质,2015,(01):50-54.

[406]徐国钢,朱兆华,赖庆旺,等. 我国工程边坡生态修复几个重大技术问题的认知与实践[J]. 江西农业学报, 2016, 28(05): 88-94.

[407]徐佩,王玉宽,傅斌,等. 紫色土坡耕地壤中产流特征及分析[J]. 水土保持通报, 2006, 26(06): 14-18.

[408]徐雪明,徐双全. 上海市奉贤区保滩工程建设的研究[J]. 城市道桥与防洪, 2013, (09): 16+208-211.

[409]鄢达昆,郑西强,匡武,等. 易侵蚀湖滨带原位生态修复技术研究[J]. 安徽农业科学, 2016, 44(31): 72-73.

[410]严谨,黄旭东,严靖华,等. 福建油茶产业补贴政策评价研究[J]. 林业经济, 2015, (09): 83-88.

[411]央广网. 中国仍有 220 万公顷损毁土地面积未得到有效治理[EB/OL]. http://china.cnr. cn/ygxw/20160720/t20160720_522733791.shtml.

[412]杨碧玉. 江西山茶油,如何叫好又叫座[N]. 江西日报, 2019-7-28(2).

[413]杨斌. 水位骤变条件下河流崩岸机理研究[D]. 南昌: 南昌大学, 2018.

[414]杨翠霞. 露天开采矿区废弃地近自然地形重塑研究[D]. 北京: 北京林业大学, 2014.

[415]杨丹,熊东红,翟娟,等. 元谋干热河谷冲沟形态特征及其成因[J]. 中国水土保持科学, 2012, (01): 38-45.

[416]杨桂山. 中国热带气旋灾害及全球变暖背景下的可能趋势分析[J]. 自然灾害学报, 1996, (02): 51-59.

[417]杨汉奎. 论喀斯特环境质量变异[C]. 谢云鹤,杨明德. 人类活动与岩溶环境[M]. 北京: 北京科学技术出版社. 1994.

[418]杨衡. 干旱区域水源工程建设水土流失因素分析及其防治对策探讨——以百口泉、黄羊泉应急水源工程为例[J]. 中国水运(下半月), 2015, 15(02): 187-188.

[419]杨红军. 五里湖滨带生态恢复和重建的基础研究[D]. 上海: 上海交通大学, 2008.

[420]杨济达,张志明,沈泽昊,等. 云南干热河谷植被与环境研究进展[J]. 生物多样性, 2016, (04): 462-474.

[421]杨洁,郭晓敏,宋月君,等. 江西红壤坡地柑橘园生态水文特征及水土保持效益[J]. 应用生态学报, 2012, 23(02): 468-474.

[422]杨洁. 红壤坡地柑橘园水土保持水文效应研究[D]. 南昌: 江西农业大学, 2011.

[423]杨尽. 利用矿物改良土地整理新增耕地贫瘠土壤研究[D]. 成都: 成都理工大学, 2010.

[424]杨期和,林勤裕,赖万年,等. 平远稀土尾矿区植被恢复研究[J]. 广东农业科学, 2013, 40(16): 150-154.

[425]杨期和,刘惠娜,李清华,等. 粤东铅锌尾矿区 3 种优势植物根际土壤微生物的活性研究[J]. 中国农学通报, 2012, 28(30): 56-64.

[426]杨青青. 基于 RS 与 GIS 的桂西北喀斯特石漠化的时空演变及驱动机制[D]. 北京：中国科学院研究生院. 2010.

[427]杨时桐. 水土流失区稀土矿废矿区治理新方法探讨[J]. 亚热带水土保持，2007，(02)：44 – 45.

[428]杨显华，黄洁，田立，等. 矿山遥感监测在采空区稳定性分析中的应用[J]. 国土资源遥感，2018，30(03)：143 – 150.

[429]杨艳鲜，潘志贤，纪中华，等. 元谋干热河谷退化荒坡、冲沟木豆造林技术[J]. 林业工程学报，2006，20(04)：69 – 71.

[430]杨奕萍. 紫金矿业的十字路口[J]. 环境经济，2011，(07)：10 – 13.

[431]杨与靖. 高原高山峡谷区矿产资源开发地质环境问题及防治研究——以西藏甲玛、玉龙铜矿为例[J]. 四川地质学报，2019，39(S1)：106 – 115.

[432]杨玉盛，陈光水，谢锦升. 南方林业经营措施与土壤侵蚀[J]. 水土保持通报，2000，20(06)：55 – 59.

[433]杨玉盛. 杉木林可持续经营的研究[M]. 北京：中国林业出版社，1998.

[434]杨志国，赵秀海，董琼，等. 不同治理措施对流动沙地天然植被恢复效果的影响[J]. 水土保持学报，2008，22(05)：61 – 64.

[435]杨子生. 滇东北地区坡耕地土壤流失方程研究. 水土保持通报，1999，19(01)：1 – 9.

[436]叶春，李春华，陈小刚，等. 太湖湖滨带类型划分及生态修复模式研究[J]. 湖泊科学，2012，24(06)：822 – 828.

[437]叶春，李春华，邓婷婷. 论湖滨带的结构与生态功能[J]. 环境科学研究，2015，28(02)：171 – 181.

[438]叶图强，陈晶晶. 大宝山矿采空塌陷区安全采矿爆破技术[J]. 中国矿业，2013，22(12)：99 – 101.

[439]殷跃平. 西藏波密易贡高速巨型滑坡特征及减灾研究[J]. 水文地质工程地质，2000，(04)：8 – 11.

[440]殷祚云，陈建新，王明怀，等. 花岗岩风化壳崩岗侵蚀整治方案及效益[J]. 水土保持通报，1999，(04)：12 – 17.

[441]游露. 南方某稀土矿区污染状况及修复技术研究[D]. 江门：五邑大学，2018.

[442]於岳峰. 浅谈日本琵琶湖水环境治理经验[J]. 干旱环境监测，2006，20(03)：184 – 186.

[443]于胜祥，刘演，蒋宏，等. 滇黔桂喀斯特地区重要植物资源[M]. 北京：科学出版社，2014.

[444]虞木奎，徐六一，邱辉，等. 湿地松新造幼林地水土流失规律研究[J]. 林业科学，1999，35(01)：20 – 28.

[445]喻国华，施世宽. 江苏省吕四岸滩侵蚀分析及整治措施[J]. 海洋工程，1985，3(03)：29 – 40.

[446]喻鸿,蓝宇.大宝山采空区治理研究[J].南方金属,2018,(04):1-4+26.

[447]袁大刚,刘世全,张宗锦,等.横断山区土壤资源可持续利用研究[J].水土保持学报,2003,17(01):45-49.

[448]袁道先.岩溶与全球变化研究[J].地球科学进展,1995,100(05):471-474.

[449]袁道先.岩溶作用与碳循环研究进展[J].地球科学进展,1999,14(05):425-432.

[450]袁道先.中国岩溶学[M].北京:地质出版社,1993.

[451]袁东海,王兆骞,陈欣,等.不同农作措施红壤坡耕地水土流失特征的研究[J].水土保持学报,2001,(04):66-69.

[452]袁久芹,梁音,曹龙熹,等.红壤坡耕地不同植物篱配置模式减流减沙效益对比[J].土壤,2015,47(02):400-407.

[453]袁兴中,袁嘉,高磊,等.三峡库区城市滨江消落带生态修复与景观优化示范研究[J].生态规划,2018,(06):132-136.

[454]袁兴中,熊森,李波,等.三峡水库消落带湿地生态友好型利用探讨.重庆师范大学学报(自然科学版),2011,28(04):23-25.

[455]袁耀,郭建斌,尹诗萌,等.自制环保型土壤改良剂对一年生黑麦草生长的作用[J].草业科学,2015,24(10):206-213.

[456]岳辉,曾河水.等高草灌带在长汀水土流失治理中的应用与成效[J].亚热带水土保持,2007,(01):31-33.

[457]岳军伟,杨桦,王丽艳,等.南方稀土矿山植被恢复研究进展[J].南方林业科学,2013,(05):38-41.

[458]张变华,靳东升,郜春花,等.工矿复垦区大豆根际微生物多样性对施肥制度的响应[J].江苏农业科学,2019,47(08):248-251.

[459]张波,沈奕锋,张玉倩,等."类壤土基质"喷播技术及其在矿山环境恢复治理中的应用[J].中国地质灾害与防治学报,2018,29(01):143-148.

[460]张德,沙毓沧,段曰汤,等.对元谋干热河谷农业水资源合理利用的建议[J].国土与自然资源研究,2010,(05):91-92.

[461]张殿发,王世杰,周德全,等.贵州省喀斯特地区土地石漠化的内动力作用机制[J].水土保持通报,2001,21(04):1-5.

[462]张建辉,刘刚才,倪师军,等.紫色土不同土地利用条件下的土壤抗冲性研究[J].中国科学:技术科学,2003,33(01):61-68.

[463]张建平,王道杰.元谋干热河谷区农业生态系统的优化对策[J].山地学报,2000,18(02):134-138.

[464]张建平,杨忠,庄泽.元谋干热河谷区水土流失现状及治理对策[J].云南地理环境研究,2001,(02):22-27.

[465]张金池. 水土保持与防护林学[M]. 北京：中国林业出版社，2011.

[466]张锦林. 林业生态工程是石漠化治理的根本措施[J]. 中国林业，2003，(01)：9 – 10.

[467]张俊佩，郭浩，李国武等. 干热干旱河谷植被恢复技术探讨[J]. 世界林业研究，2006，(03)：77 – 80.

[468]张俊佩，张建国，段爱国，等. 中国西南喀斯特地区石漠化治理[J]. 林业科学，2008，44(07)：84 – 89.

[469]张俊英，王翰锋，张彬，等. 煤矿采空区勘查与安全隐患综合治理技术[J]. 煤炭科学技术，2013，41(10)：76 – 80.

[470]张楠，方志伟，韩笑，等. 近年来我国泥石流灾害时空分布规律及成因分析[J]. 地学前缘，2017，1 – 15.

[471]张平仓，程冬兵. 南方坡耕地水土流失过程与调控研究[J]. 长江科学院院报，2017，(03)：39 – 43 + 53.

[472]张平仓，赵健，胡维忠，等. 中国山洪灾害防治区划[M]. 武汉：长江出版社，2009.

[473]张萍，查轩. 崩岗侵蚀研究进展[J]. 水土保持研究，2007，14(01)：170 – 172.

[474]张荣祖. 横断山区干旱河谷[M]. 北京：科学出版社，1992.

[475]张顺恒. 营林措施对杉木幼林地水土流失的影响[J]. 林业科学，1999，35(Z)：13 – 19.

[476]张维玲，张孝金，宋墩福，等. 百喜草在脐橙经济林水土保持中的应用[J]. 林业科技通讯，2012，(09)：19 – 21.

[477]张伟杰. 隧道工程富水断层破碎带注浆加固机理及应用研究[D]. 济南：山东大学，2014.

[478]张宪奎，许谨华，卢秀琴，等. 黑龙江省土壤流失方程的研究. 水土保持通报，1992，12(04)：1 – 9.

[479]张晓明，丁树文，蔡崇法. 干湿效应下崩岗区岩土抗剪强度衰减非线性分析[J]. 农业工程学报，2012，28(05)：241 – 245.

[480]张孝科，康政虹. 江苏南京市废弃露采矿山环境整治实践与对策研究[J]. 江苏地质，2007，(03)：293 – 297.

[481]张信宝，刘江. 云南大盈江流域泥石流[M]. 成都：成都地图出版社，1989.

[482]张信宝，王世杰，贺秀斌，等. 西南岩溶山地坡地石漠化分类刍议[J]. 地球与环境，2007，35(02)：188 – 192.

[483]张信宝，杨忠，文安邦，等. 微水造林，建设攀枝花市视野区常绿森林植被[J]. 水土保持学报，2001，(04)：6 – 9.

[484]张信宝，杨忠，张建平. 元谋干热河谷坡地岩土类型与植被恢复分区[J]. 林业科学，2003，39(04)：16 – 22.

[485]张信宝. 崩岗边坡失稳的岩石风化膨胀机理探讨[J]. 中国水土保持，2005，(7)：10 – 11.

[486] 张幸农,蒋传丰,陈长英,等. 江河崩岸的类型与特征[J]. 水利水电科技进展, 2008, 28 (05): 66 – 70.

[487] 张幸农,蒋传丰,陈长英,等. 江河崩岸的影响因素分析[J]. 河海大学学报(自然科学版), 2009, 37(01): 36 – 40.

[488] 张艳. 废弃稀土矿区尾砂土壤改良及其植物修复试验研究[D]. 赣州:江西理工大学, 2014.

[489] 张雁. 几种水土保持植生工程效益的研究[D]. 南昌:江西农业大学, 2005.

[490] 张业成. 中国崩塌、滑坡、泥石流灾害基本特征与防治途径[J]. 地质灾害与环境保护, 1993, (01): 11 – 18.

[491] 张兆福,黄炎和,林金石,等. PAM 特性对花岗岩崩岗崩积体径流及产沙的影响[J]. 水土保持研究, 2014, 21(03): 1 – 5.

[492] 张正清,孙云志,郭麒麟,等. 三峡库区万州楠木垭滑坡治理与规划利用[J]. 人民长江, 2010, 41(08): 21 – 23.

[493] 张治伟,朱章雄,王燕,等. 岩溶坡地不同利用类型土壤入渗性能及其影响因素[J]. 农业工程学报, 2010, 26(06): 71 – 76.

[494] 章诗芳,王玉芬,贾蓓,等. 中国 2005 – 2016 年地质灾害的时空变化及影响因素分析[J]. 地球信息科学学报, 2017, 19(12): 1567 – 1574.

[495] 章智,陈洁,林金石,等. 含水率对安溪县花岗岩崩岗土体胀缩特性的影响[J]. 土壤学报, 2020, 57(03): 600 – 609.

[496] 长江科学院水土保持研究所. 长江三峡水利枢纽工程竣工环境保护验收调查报告专题 9:水土流失调查专题报告[R], 北京:长江三峡集团公司, 2014.

[497] 长江水利委员会. 南水北调中线工程丹江口水库水源区水土流失动态监测项目报告[R]. 武汉:长江水利委员会, 2004.

[498] 赵方莹,刘飞,巩潇,等. 煤矸石山危害及其植被恢复研究综述[J]. 露天采矿技术, 2013, (02): 77 – 81.

[499] 赵富海,赵宏夫. 应用新算法编制张家口市 R 值图的研究[J]. 海河水利, 1994, (02): 47 – 51.

[500] 赵鸿雁,吴钦孝,刘国彬. 黄土高原人工油松林枯枝落叶层的水土保持功能研究[J]. 林业科学, 2003, 39(01): 168 – 172.

[501] 赵康. 森林采伐作业引起的水土流失及防治措施[J]. 水土保持通报, 1997, (05): 46 – 50.

[502] 赵名彦,丁国栋,罗俊宝,等. 沙地公路取土场植被恢复模式与效果分析[J]. 水土保持研究, 2009, 16(01): 191 – 195.

[503] 赵其国,黄国勤,马艳芹. 中国南方红壤生态系统面临的问题及对策[J]. 生态学报, 2013, 33(24): 7615 – 7622.

[504]赵思宇. 棕地景观生态修复途径研究[D]. 北京：中国林业科学研究院，2014.

[505]赵晓晓，黄炎和，林金石，等. 崩壁不同土层水分运动特征的染色示踪[J]. 福建农林大学学报（自然科学版），2017，46（02）：199-205.

[506]赵秀海，高凤国. 采伐迹地清理方式对水土流失及更新苗木的影响[J]. 吉林林学院学报，1996，12（02）：69-72.

[507]赵洋毅，周运超，段旭. 黔中喀斯特地区不同岩性土壤的抗蚀抗冲性研究[J]. 安徽农业科学，2007，（29）：9311-9313+9317.

[508]赵宇，张世涛，刘志明. 元谋土林地质遗迹资源调查评价及其保护[J]. 中国水运（下半月），2019，19（03）：144-145.

[509]赵占军. 重庆市长寿区城市河岸生态修复技术研究[D]. 北京：北京林业大学，2011.

[510]赵志国. 喀斯特地貌小流域生态恢复对策研究——以贵州沿河县白泥河流域为例[J]. 湖北林业科技，2013，42（05）：63-65.

[511]郑海金. 赣北红壤坡面水土保持措施保水减沙作用研究[D]. 北京：北京林业大学，2012.

[512]郑科，郑世清，杨岗民，等. 延安黄土丘陵沟壑区山坡防蚀道路技术体系及指标[J]. 干旱地区农业研究，2001，19（03）：134-150.

[513]郑世清，霍建林，李英. 黄土高原山坡道路侵蚀与防治[J]. 水土保持通报，2004，24（01）：46-48.

[514]郑世清，周保林，赵克信. 长武王东沟试验区沟坡道路侵蚀及其防蚀措施[J]. 水土保持学报，1994，8（03）：29-35.

[515]郑西强，张浏，宗梅，等. 巢湖湖滨带生态修复工程设计[J]. 安徽农业科学，2015，43（35）：367-369.

[516]郑秀云，楚孔利，郑秀财. 试论林农复合经营模式与技术[J]. 林业勘查设计，2002，（02）：31-32.

[517]郑长瑞. 不同整地方式对油茶生长的影响[J]. 福建林业科技，2013，（03）：117-119.

[518]郑子成，秦凤，李廷轩. 不同坡度下紫色土地表微地形变化及其对土壤侵蚀的影响[J]. 农业工程学报，2015，31（08）：168-175

[519]中国地质环境监测院. 中国环境地质图系[M]. 北京：中国地图出版社，2004.

[520]中国地质调查局地质环境监测院 http：//www. cigem. cgs. gov. cn/

[521]中国环境科学研究院，中交上海航道勘察设计研究院有限公司. 湖滨带生态修复工程技术指南[R]. 北京：环境保护部污染防治司、规划财务司，2016.

[522]中国林学会. 桉树科学发展问题调研报告[M]. 北京：中国林业出版社，2016.

[523]中华人民共和国国土资源部. 全国地质灾害通报（2005年）[R]. 北京：中华人民共和国国土资源部，2005.

[524] 中华人民共和国国土资源部. 全国地质灾害通报(2006 年)[R]. 北京:中华人民共和国国土资源部, 2006.

[525] 中华人民共和国国土资源部. 全国地质灾害通报(2007 年)[R]. 北京:中华人民共和国国土资源部, 2007.

[526] 中华人民共和国国土资源部. 全国地质灾害通报(2008 年)[R]. 北京:中华人民共和国国土资源部, 2008.

[527] 中华人民共和国国土资源部. 全国地质灾害通报(2009 年)[R]. 北京:中华人民共和国国土资源部, 2009.

[528] 中华人民共和国国土资源部. 全国地质灾害通报(2010 年)[R]. 北京:中华人民共和国国土资源部, 2010.

[529] 中华人民共和国国土资源部. 全国地质灾害通报(2011 年)[R]. 北京:中华人民共和国国土资源部, 2011.

[530] 中华人民共和国国土资源部. 全国地质灾害通报(2012 年)[R]. 北京:中华人民共和国国土资源部, 2012.

[531] 中华人民共和国国土资源部. 全国地质灾害通报(2013 年)[R]. 北京:中华人民共和国国土资源部, 2013.

[532] 中华人民共和国国土资源部. 全国地质灾害通报(2014 年)[R]. 北京:中华人民共和国国土资源部, 2014.

[533] 中华人民共和国国土资源部. 全国地质灾害通报(2015 年)[R]. 北京:中华人民共和国国土资源部, 2015.

[534] 钟敦伦, 谢洪. 泥石流灾害及防治技术[M]. 成都:四川科学技术出版社, 2014.

[535] 钟祥浩. 干热河谷区生态系统退化及恢复与重建途径[J]. 长江流域资源与环境, 2000, (03): 376 – 383.

[536] 周国逸, 闫俊华, 申卫军, 等. 马占相思人工林和果园地表径流规律的对比研究[J]. 植物生态学报, 2000, 24(04):451 – 458.

[537] 周健民、沈仁芳. 土壤学大辞典[M]. 北京, 科学出版社, 2013.

[538] 周乃富, 袁军, 谭晓风, 等. 林下种养对油茶林地土壤磷素形态及含量的影响[J]. 经济林研究, 2016, 34(02): 41 – 44.

[539] 周萍, 文安邦, 贺秀斌, 等. 三峡库区生态清洁小流域综合治理模式探讨[J]. 人民长江, 2010, 41(21): 85 – 88.

[540] 周维, 张建辉, 李勇, 等. 金沙江干暖河谷不同土地利用条件下土壤抗冲性研究[J]. 水土保持通报, 2006, (05): 26 – 30 + 42.

[541] 周维, 张建辉. 金沙江支流冲沟侵蚀区四种土地利用方式下土壤入渗特性研究[J]. 土壤, 2006, (03): 333 – 337.

[542] 周伟东, 汪小钦, 吴佐成, 等. 1988—2013 年南方花岗岩红壤侵蚀区长汀县水土流失时空变化 [J]. 中国水土保持科学, 2016, 14(02): 49 – 58.

[543] 周新平. 中国油茶: 民族产业的创新与突围 [J]. 中国经贸导刊, 2019, (14): 40 – 43.

[544] 周永娟, 王效科, 吴庆标, 等, 三峡库区消落带生态脆弱性生态保护模式 [M]. 北京: 中国环境科学出版社, 2010.

[545] 周游游, 蒋忠诚, 韦珍莲. 广西中部喀斯特干旱农业区的干旱程度及干旱成因分析 [J]. 中国岩溶, 2003, 22(02): 144 – 149.

[546] 朱宏富, 胡细英. 三峡工程对鄱阳湖区农、牧、渔业的影响 [J]. 江西师范大学学报(0 自然科学版), 1995, 19(03): 252 – 258.

[547] 朱宏伟, 项琴, ZHUHONGWEI, 等. 格宾挡墙的变形控制对策及尺寸优化设计 [J]. 水文地质工程地质, 2015, 42(04): 85 – 89.

[548] 朱丽琴, 黄荣珍, 李凤, 等. 南方红壤丘陵区经果林开发对水土流失的影响——以江西省为例 [J]. 中国水土保持, 2019, (05): 44 – 47 + 75.

[549] 朱青, 陈正刚, 李剑, 等. 贵州坡耕地三种种植模式的水土保持效果对比研究 [J]. 水土保持研究, 2012, 19(04): 21 – 25.

[550] 朱偲铭. 北方河、湖滨水带生态修复及景观优化研究 [D]. 西安: 西安建筑科技大学, 2017.

[551] 朱炜. 沙质海岸风口区风障阻沙特征及初步治理试验 [J]. 中国水土保持科学, 2015, 13(01): 54 – 58.

[552] 朱喜. 治理蓝藻暴发和"湖泛"保护太湖水源 [J]. 河海大学学报(自然科学版), 2010, 38(Z2): 263 – 267.

[553] 朱震达, 崔书红. 中国南方的土地荒漠化问题 [J]. 中国沙漠, 1996, 16(04): 331 – 337.

[554] 竺维佳, 施练东, 朱建坤. 绍兴大型饮用水源地水土流失现状及防治对策 [J]. 中国水运(学术版), 2007, (07): 94 – 95.

[555] 庄瑞林. 中国油茶 [M]. 北京: 中国林业出版社, 1988.

[556] 庄志刚. 福建省稀土产业发展机遇与挑战 [J]. 稀土信息, 2013, (10): 9 – 13.

[557] 左书华, 李九发, 陈沈良. 海岸侵蚀及其原因和防护工程浅析 [J]. 人民黄河, 2006, 28(01): 23 – 25 + 41.

[558] Dai Q, Peng X, Wang P, et al. Surface erosion and underground leakage of yellow soil on slopes in karst regions of southwest china [J]. Land Degradation & Development, 2018, 29(08): 2438 – 2448.

[559] Barton A P, Fullen M A, Mitchell D J, et al. Effects of soil conservation measures on erosion rates and crop productivity on subtropical Ultisols in Yunnan Province, China [J]. Agriculture Ecosystems and Environment, 2004, 104(2): 343 – 357.

［560］Bruun P. Sea – level rise as a cause of shore erosion［J］. Journal Waterways and Harbours Dicision. 1962, 88：117 – 132.

［561］Bynes M R, Hiland M W. Large – scale sediment transport patterns on the continental shelf and influence on shoreline response St. Andrew Sound, Georgia to Nassau Sound, Florida, USA［J］. Marine Geology, 1995,126：19 – 43.

［562］Cao S, Zhong B, Yue H, et al. Development and testing of a sustainable environmental restoration policy on eradicating the poverty trap in China's Changting County［J］. Proceedings of the National Academy of Sciences, 2009, 106(26)：10712 – 10716.

［563］Chen J L, Zhou M, Lin J S, et al. Comparison of soil physicochemical properties and mineralogical compositions between noncollapsible soils and collapsed gullies［J］. Geoderma, 2018, 317：56 – 66.

［564］Dean R G, Chen R J, Browder A E. Full scale monitoring study of a submerged breakwater, Palm Beach, Florida, USA［J］. Coastal Engineering, 1997,29：291 – 315.

［565］DECK O, HEIB M A, HOMAND F. Taking the soil – structure interaction into account in assessing the loading of a structure in a mining subsidence area［J］. Engineering Structures, 2003, 25(4)：435 – 448.

［566］Deng Yusong, Duan Xiaoqian, Ding Shuwen, et al. Suction stress characteristics in granite red soils and their relationship with the collapsing gully in south China［J］. CATENA. 2018, 171：505 – 522.

［567］GB 50021 – 2001. 岩土工程勘察规范(2009 年版)［S］. 中华人民共和国建设部、国家质量监督检验检疫总局. 2001.

［568］GB/T 16453.2 – 2008 水土保持综合治理技术规范：荒地治理技术［S］. 北京：中华人民共和国国家质量监督检验检疫总局、中国国家标准化管理委员会, 2008.

［569］GB/T 16453.3 – 2008 水土保持综合治理技术规范：沟壑治理技术［S］. 北京：中华人民共和国国家质量监督检验检疫总局、中国国家标准化管理委员会, 2008.

［570］GB/T 16453.4 – 2008 水土保持综合治理技术规范：小型蓄排引水工程［S］. 北京：中华人民共和国国家质量监督检验检疫总局、中国国家标准化管理委员会, 2008.

［571］GB/T 16453.6 – 2008 水土保持综合治理技术规范：崩岗治理技术［S］. 北京：中华人民共和国国家质量监督检验检疫总局、中国国家标准化管理委员会, 2008.

［572］GB/T 16453.1 – 2008. 水土保持综合治理技术规范坡耕地治理技术［S］. 北京：中华人民共和国国家质量监督检验检疫总局、中国国家标准化管理委员会, 2008.

［573］Hu Kaiheng, Wu Chaohua, Tang Jinbo, et al. New understandings of the June 24th 2017 Xinmo Landslide, Maoxian, Sichuan, China［J］. LANDSLIDES, 2018, 15(12)：2465 – 2474.

［574］Hudson NW. Soil Conservation ［M］. 2nd ed. London：Batsford, 1981.

［575］Ji Zixiu. Coastal erosion characteristics and the cause analysis in China［J］. Journal of natural disasters, 1996, 5(02):65 - 75.

［576］Jiang M H, Lin T C, Shaner P J L, et al. Understory interception contributed to the convergence of surface runoff between a Chinese fir plantation and a secondary broadleaf forest［J］. Journal of Hydrology, 2019, 574: 862 - 871.

［577］Jiang, F S, Huang, Y H, Wang, M K, et al. Effects of rainfall intensity and slope gradient on steep colluvial deposit erosion in Southeast China［J］. Soil Science Society of America Journal. 2014, 78(05), 1741 - 1752.

［578］Li XH, Yang J, Zhao CY. Effect of agroforestry and time on soil and water conservation of sloping red soil in southeastern China ［J］. Journal of soil and water conservation, 2014, 69(2): 131 - 139.

［579］Liang Y, Li D, Lu X, et al. Soil erosion changes over the past five decades in the red soil region of southern China ［J］. Journal of Mountain Science, 2010, 7(1): 92 - 99.

［580］Lin J S, Huang Y H, Wang M K, et al. Assessing the sources of sediment transported in gully systems using a fingerprinting approach: An example from South - east China［J］. Catena, 2015, 129: 9 - 17.

［581］LIU Z, DANG W, LIU Q, et al. Optimization of clay material mixture ratio and filling process in gypsum mine goaf［J］. International Journal of Mining Science & Technology, 2013, 23(3): 337 - 342.

［582］Luk S H, Abrahams A D, Parsons A J. A simple rainfall simulator and trickle system for hydro - geomorphic experiment ［J］. Physical Geography, 1986, 7: 344 - 356.

［583］LY/T 1840 - 2009. 喀斯特石漠化地区植被恢复技术规程［S］. 北京: 中国标准出版社, 2009.

［584］MING - GAO Y U, PAN P. Evaluation and Analysis Influential Factors of Coal Spontaneous Combustion in Wuda Mine Goaf［J］. China Safety Science Journal, 2006, 111(A4).

［585］Morgan RPC. Field studies of sediment transport by overland flow ［J］. Earth Surface Processes, 1980, 5: 307 - 316.

［586］NISHIDA H, SUZAKI T. Nitrate - mediated control of root nodule symbiosis［J］. Curr Opin Plant Biol, 2018, 44: 129 - 136.

［587］Oostwoud Wijdenes D. J. and Bryan R.. Gully - head erosion processes on a semi - arid valley floor in Kenya: a case study into temporal variation and sediment budgeting［J］. Earth Surface Processes and Landforms, 2001, 26(09): 911 - 933.

［588］Peng X, Dai Q, Li C, et al. Role of underground fissure flow in near - surface rainfall - runoff process on a rock mantled slope in the Karst Rocky Desertification Area［J］. Engineering Geology, 2018, 243: 10 – 17.

[589] Pingcang Z, Dongbing C. Process and Regulation of Soil and Water Loss of Slope Farmland in South China[J]. Journal of Yangtze River Scientific Research Institute, 2017, 34(03):35 – 39

[590] Poesen J, Nachtergaele J, Verstraeten G, et al. Gully erosion and environmental change:importance and research needs[J]. Catena, 2003, 50: 91 – 133.

[591] Rapp A, Axelsson V, Berry L, et al. Soil erosion and sediment transport in the Morogoro River catchement, Tanzania [J]. Geografiska Annaler, 1972, 54A(3/4): 125 – 155.

[592] REN G, YANG H, DONG H, et al. Safety assessment for gypsum mine goaf collapse[J]. Journal of Liaoning Technical University, 2013.

[593] Rijsdijk A, Sampurno Bruijnzeel L A, Kukuh Sutoto C. Runoff and sediment yield from rural roads, trails and settlements in the upper Konto catchment, East Java, Indonesia [J]. Geomorphology, 2007, 87: 28 – 37.

[594] SHAN A Q, CHEN S Z, FENG L L. Study on mechanisms of treating mine wastewater by goaf and the methods of recycling mine wastewater in Jining No. 2 coal mine[J]. Procedia Earth & Planetary Science, 2009, 1(1): 1242 – 1246.

[595] Sidorchuk A. Stages in gully evolution and self – organized criticality[J]. Earth Surface Processes and Landforms, 2006, 31(11): 1329 – 1344.

[596] Stavi I, Perevolotsky A, Avni Y. Effects of gully formation and headcut retreat on primary production in an arid rangeland: Natural desertification in action [J]. Journal of Arid Environments, 2010, 74(02): 221 – 228.

[597] Su Z A, Xiong D H, Dong Y F, et al. . Simulated headward erosion of bank gullies in the Dry – hot Valley Region of southwest China[J]. Geomorphology, 2014, (204):532 – 541.

[598] Uda T. Beach erosion arising from artificial land modification[J]. Journal of Disaster Research, 2007,2(01): 29 – 36.

[599] Vente J D, Poesen J, Verstraeten G. The application of semi – quantitative methods and reservoir sedimentation rates for the prediction of basin sediment yield in Spain[J]. Journal of Hydrology, 2005, 305(1 – 4): 63 – 86

[600] WANG Y, WANG D, SHI G, et al. Optimal Design for Effective Coverage of Wireless Sensor Networks in Coal Mine Goaf[J]. Sensor Letters, 2011, 9(5): 1952 – 1956.

[601] Wischmeier W H, Smith D D. Rainfall energy and its relationship to soil loss [J]. Transaction of American Geophysical Union, 1958, 39(2): 285 – 291.

[602] Wischmeier W H, Smith DD. Predicting rainfall erosion losses [M]. USDA. Handbook, No. 537, 1978.

[603] Xie Y, Liu B Y, Nearing M A. Practical Thresholds for separating erosive and non – erosive

附录一　参考文献

storms[J]. Transaction of the ASAE, 2002, 45(6): 1843 – 1847

[604] Xiong D, Yan D, Long Y, et al.. Simulation of morphological development of soil cracks in Yuanmou Dry – hot Valley Region, Southwest China[J]. Chinese Geographical Science, 2010, 20(02): 112 – 122.

[605] Xu C, Yang Z, Qian W, et al. Runoff and soil erosion responses to rainfall and vegetation cover under various afforestation management regimes in subtropical montane forest[J]. Land Degradation & Development, 2019, 30(14): 1711 – 1724.

[606] XU X, CHEN Z, DENG L, et al. Proposal for Efficient Routing Protocol for Wireless Sensor Network in Coal Mine Goaf[J]. Wireless Personal Communications, 2014, 77(3):1699 – 1711.

[607] Yunus R M, David J W, Martin F L. A storm tide beach erosion model for the Adelaide Coast, Australia[J]. Rural and Environmental Engineering, 1999, 36:10 – 19.

[608] ZHAO X H, WANG Z D, WANG Z L, et al. The Study of Event – Driven Clustering Routing Algorithm for WSN in the Coal Mine Goaf[J]. Advanced Materials Research, 2011, 204 – 210: 932 – 937.

[609] Zheng H, Chen F, Ouyang Z Y, et al. Impacts of reforestation approaches on runoff control in the hilly red soil region of Southern China [J]. Journal of Hydrology, 2008, 356(1 – 2):174 – 184.

[610] Zhong, B., Peng, S., Zhang, Q., et al. Ecological economics for the restoration of collapsing gullies in Southern China[J]. Land Use Policy. 2013, 32, 119 – 124.

[611] Zhou X, Chen M, Liang C. Optimal schemes of groundwater exploitation for prevention of seawater intrusion in the Leizhou Peninsula in southern China[J]. Environmental Geology, 2003, 43(08): 978 – 985.

[612] Zhu Q, Chen X W, Fan Q X, et al. A new procedure to estimate the rainfall erosivity factor based on Tropical Rainfall Measuring Mission (TRMM) data [J]. Science China Technological Sciences, 2011, 54(9): 2437 – 2445.

附录二　植物名录

A

艾叶 *Artemisia argyi* Lévl. et Van.

桉树 *Eucalyptus robusta* Smith

B

巴戟天 *Morinda offcinalis* How

巴西豇豆 *Vigna brasiliensis* Mart. *ex* Benth.

芭茅 *Miscanthus floridulus*（Lab.）Warb. ex Schum. et Laut.

白背黄花稔 *Sida rhombifolia* Linn.

白车轴草 *Trifolium repens* L.

白花刺参 *Morina nepalensis* D. Don var. *alba*（Hand. – Mazz.）Y. C. Tang

白腊条 *Salix inamoena* Hand. – Mazz.

白蜡 *Fraxinus chinensis* Roxb.

白茅 *Imperata cylindrica*（L.）Raeusch.

白榆 *Celtis pumila* Pursh

百慕大草 *Cynodon transvaalensis* X *Cynodon dactylon*

百喜草 *Paspalum notatum* Flugge

柏木 *Cupressus funebris* Endl.

板栗 *Castanea mollissima* Bl.

荸荠 *Eleocharis dulcis*（Burm. f.）Trin. ex Hensch.

蓖麻 *Ricinus communis* Linn.

变叶翅子树 *Pterospermum proteus* Burkill

遍地黄金 *Arachis pintoi* Krapov. & W. C. Greg.

滨柃 *Eurya emarginata*（Thunb.）Makino

菠萝 *Ananas comosus*（Linn.）Merr.

C

菜豆 *Phaseolus vulgaris* Linn.

菜豆树 *Radermachera sinica*（Hance）Hemsl.

苍耳 *Xanthium strumarium* L.

藏柏 *Cupressus torulosa* D. Don

草地羊茅 *Festuca pratensis* Huds.

草豆寇 *Alpinia katsumadai* Hayata

草莓 *Fragaria* × *ananassa* Duch.

草木樨 *Melilotus officinalis*（Linn.）Pall.

草珊瑚 *Sarcandra glabra*（Thunb.）Nakai

侧柏 *Platycladus orientalis*（L.）Franco

茶 *Camellia sinensis*（Linn.）O. Kuntze

茶杆竹 *Pseudosasa amabilis*（McClure）Keng f.

菖蒲 *Acorus calamus* L.

常春藤 *Hedera nepalensis* var. *sinensis*（Tobl.）Rehd.

常春油麻藤 *Mucuna sempervirens* Hemsl.

车前 *Plantago asiatica* Ledeb.

车桑子 *Dodonaea viscosa* Sm.

池杉 *Taxodium ascendens* Brongn.

赤桉 *Eucalyptus camaldulensis* Dehnh.

臭椿 *Ailanthus altissima*（Mill.）Swingle

川楝 *Melia toosendan* Sieb. et Zucc.

垂柳 *Salix babylonica* Linn.

垂叶榕 *Ficus benjamina* Linn.

慈姑 *Sagittaria trifolia* subsp. *leucopetala*（Miq.）Q. F. Wang

慈竹 *Neosinocalamus affinis*（Rendle）Keng f.

刺柏 *Juniperus formosana* Hayata

刺槐 *Robinia pseudoacacia* Linn.

D

大桉 *Eucalyptus grandis* Hill ex Maiden

大豆 *Glycine max*（Linn.）Merr.

大叶黄杨 *Buxus megistophylla* Lévl

大叶千斤拔 *Flemingia macrophylla*（Willd.）Merr.

大叶相思 *Acacia auriculiformis* A. Cunn. ex Benth.

大翼豆 *Macroptilium lathyroides*（Linn.）Urban

单叶蔓荆 *Vitex rotundifolia* L. f.

单叶木蓝 *Indigofera polygaloides* M. B. Scott

灯心草 *Juncus effusus* Linn.

地锦 *Parthenocissus tricuspidata*（Siebold & Zucc.）Planch.

地石榴 *Ficus tikoua* Bur.

地毯草 *Axonopus compressus*（Sw.）Beauv.

滇刺枣（台湾青枣）*Ziziphus mauritiana* Lam.

滇合欢 *Albizia simeonis* Harms

顶果木 *Acrocarpus fraxinifolius* Wight ex Arn.

杜松 *Juniperus rigida* S. et Z.

杜英 *Elaeocarpus decipiens* Hemsl.

杜仲 *Eucommia ulmoides* Oliver

钝叶黄檀 *Dalbergia obtusifolia*（Baker）Prain

E

鹅耳枥 *Carpinus turczaninowii* Hance

二球悬铃木 *Platanus × acerifolia*（Aiton）Willd.

F

番茄 *Lycopersicon esculentum* Mill.

番石榴 *Psidium guajava* Linn.

粉葛 *Pueraria lobata*（Willd.）Ohwi var. *thomsonii*（Benth.）van der Maesen

枫香 *Liquidambar formosana* Hance

枫杨 *Pterocarya stenoptera* C. DC.

凤凰木 *Delonix regia*（Bojer）Raf.

凤眼蓝 *Eichhornia crassipes*（Mart.）Solms

佛手 *Citrus medica* var. *sarcodactylis*（Noot.）Swingle

富贵竹 *Dracaena sanderiana* Mast.

G

甘蓝 *Brassica oleracea* var. *capitata L.*

甘薯 *Dioscorea esculenta*（Lour.）Burkill

甘蔗 *Saccharum officinarum* Linn.

柑橘 *Citrus reticulata* Blanco

高粱 *Sorghum bicolor*（L.）Moench

高羊茅 *Festuca elata* Keng ex E. Alexeev

葛藤 *Pueraria lobata*（Willd.）Ohwi

狗牙根 *Cynodon dactylon*（Linn.）Pers.

枸杞 *Lycium chinense* Mill.

构树 *Broussonetia papyrifera*（Linn.）L'Hér. ex Vent.

菰 *Zizania latifolia*（Griseb.）Turcz. ex Stapf

谷子 *Setaria italica*（Linn.）Beauv.

鬼针草 *Bidens pilosa* Linn.

桂花 *Osmanthus fragran*（Thunb.）Lour.

H

海桐 *Pittosporum tobira*（Thunb.）Ait.

旱稻 *Oryza sativa* Linn.

旱柳 *Salix matsudana* Koidz.

合欢 *Albizia julibrissin* Durazz.

荷花 *Nelumbo* spp.

核桃 *Juglans regia* Linn.

黑麦草 *Lolium perenne* Linn.

黑松 *Pinus thunbergii* Parl.

红椿 *Toona ciliata* Roem.

红花红木 *Bixa orellana* Linn.

红花檵木 *Loropetalum chinense* var. *rubrum* P. C. Yieh

红瑞木 Cornus alba L.

红树 Rhizophora apiculate Bl.

厚荚相思 Acacia crassicarpa Benth.

厚朴 Magnolia officinalis Rehd. et Wils.

厚藤 Ipomoea pes－caprae（L.）Sweet

胡麻 Sesamum indicum Linn.

胡枝子 Lespedeza bicolor Turcz.

虎尾草 Chloris virgata Sw.

互花米草 Spartina alterniflora Lois.

花椒 Zanthoxylum bungeanum Maxim.

花菱草 Eschscholtzia californica Cham.

花叶芦竹 Arundo donax 'Versicolor'

华山松 Pinus armandii Franch.

华西柳 Salix occidentali－sinensis N. Chao

画眉草 Eragrostis pilosa（Linn.）Beauv.

槐树 Sophora japonica Linn.

皇竹草 Pennisetum × sinese Roxb

黄背草 Themeda triandra Forsk.

黄菖蒲 Iris pseudacorus Linn.

黄瓜 Cucumis sativus Linn.

黄花菜 Hemerocallis citrina Baroni

黄花蒿 Artemisia annua Linn.

黄花槐 Sophora xanthantha C. Y. Ma

黄花月见草 Oenothera glazioviana Mich.

黄荆 Vitex negundo Linn.

黄连木 Pistacia chinensis Bunge

黄栌 Cotinus coggygria Scop.

黄茅 Heteropogon contortus（Linn.）P. Beauv. ex Roem. et Schult.

黄檀 Dalbergia hupeana Hance

黄栀 Gardenia jasminoides Ellis

黄珠子草 Phyllanthus virgatus Forst. f.

灰毛豆 Tephrosia purpurea（L.）Pers.

火棘 Pyracantha fortuneana（Maxim.）Li

火炬树 Rhus typhina Nutt

火炬松 Pinus taeda L.

藿香蓟 Ageratum conyzoides Sieber ex Steud.

J

加杨 Populus × canadensis Moench

夹竹桃 Nerium oleander L.

假杜鹃 Barleria cristata L.

假俭草 Eremochloa ophiuroides（Munro）Hack.

剑麻 Agave sisalana Perrine ex Engelm.

结缕草 Zoysia japonica Steud.

金合欢 Acacia farnesiana（L.）Willd.

金鸡菊 Coreopsis basalis（A. Dietr.）S. F. Blake

金丝柳 Salix alba 'Tristis'

金丝桃 Hypericum monogynum L.

金叶桧 Sabina chinensis 'Aurea'

金叶女贞 Ligustrum × vicaryi Hort

金银花 Lonicera japonica Thunb.

金针菇 Flammulina filiformis（Z. W. Ge，X. B. Liu & Zhu L. Yang）P. M. Wang, Y. C. Dai, E. Horak & Zhu L. Yang

锦鸡儿 Caragana sinica（Buc'hoz）Rehder

韭菜 Allium tuberosum Rottler ex Spreng.

桔梗 Platycodon grandiflorus（Jacq.）A. DC.

巨菌草 Pennisetum giganteum Ten. ex Steud.

绢毛相思 Acacia holosericea G. Don

决明子 Senna obtusifolia（L.）H. S. Irwin & Barneby

K

肯氏相思 Acacia cunninghamii Steud.

孔颖草 Bothriochloa pertusa（L.）A. Camus

苦刺 Solanum deflexicarpum C. Y. Wu et S. C. Huang

苦楝 Melia azedarach Linn.

宽叶雀稗 Paspalum wettsteinii Hack.

阔荚合欢 *Albizia lebbeck*（L.）Benth.

L

辣椒 *Capsicum annuum* L.

辣木 *Moringa oleifera* Lam.

蓝桉 *Eucalyptus globulus* Labill.

狼尾草 *Pennisetum alopecuroides*（L.）Spreng.

类地毯草 *Axonopus affinia* A.

类芦 *Neyraudia reynaudiana*（Kunth）Keng

梨 *Pyrus* spp.

黧蒴锥 *Castanopsis fissa*（Champ. Ex Benth.）Rehd. et Wils.

李 *Prunus salicina* Lindl.

荔枝 *Litchi chinensis* Sonn.

栎类 *Quercus* spp.

连翘 *Forsythia suspensa*（Thunb.）Vahl

莲藕 *Nelumbo nucifera* Gaertn.

楝树 *Melia azedarach* Linn.

菱角 *Trapa natans* L.

柳 *Salix* spp.

柳杉 *Cryptomeria fortunei* Hooibrenk ex Otto et Dietr.

龙柏 *Sabina chinensis* ´Kaizuka´

龙葵 *Solanum nigrum* Linn.

龙舌兰 *Agave americana* Linn.

龙须草 *Poa sphondylodes* Trin.

龙眼 *Dimocarpus longan* Lour.

窿缘桉 *Eucalyptus exserta* F. v. Muell.

芦荟 *Aloe vera* var. *chinensis*（Haw.）Berg.

芦苇 *Phragmites australis*（Cav.）Trin. ex Steud.

芦竹 *Arundo donax* L.

栾树 *Koelreuteria paniculata* Laxm.

轮叶蒲桃 *Syzygium grijsii*（Hance）Merr. et Perry

罗汉松 *Podocarpus macrophyllus*（Thunb.）Sweet

萝卜 *Raphanus sativus* Linn.

络石 *Trachelospermum jasminoides*（Lindl.）Lem.

落花生 *Arachis hypogaea* Linn.

落羽杉 *Taxodium distichum*（L.）Rich.

绿豆 *Vigna radiata*（Linn.）Wilczek

绿竹 *Bambusa oldhamii* Munro

M

麻疯树(小桐子)*Jatropha curcas* Linn.

麻栎 *Quercus acutissima* Carruth.

麻竹 *Dendrocalamus latiflorus* Munro

马棘 *Indigofera pseudotinctoria* Matsum.

马铃薯 *Solanum tuberosum* L.

马桑 *Coriaria nepalensis* Wall.

马尾黄连 *Thalictrum foliolosum* DC.

马尾松 *Pinus massoniana* Lamb.

马占相思 *Acacia mangium* Willd.

麦冬 *Ophiopogon japonicus*（Linn. f.）Ker – Gawl.

蔓草虫豆 *Cajanus scarabaeoides*（L.）Thouars ex Graham

芒 *Miscanthus sinensis* Anderss.

芒果 *Mangifera indica* Linn.

猫尾草 *Uraria crinita*（L.）Desv. ex DC.

毛叶合欢 *Albizia mollis*（Wall.）Boiv.

毛竹 *Phyllostachys heterocycla*（Carr.）Mitford cv. Pubescens

美人蕉 *Canna indica* L.

美洲黑杨 *Populus deltoides* Bartr. ex Marsh.

魔芋 *Amorphophallus rivieri* Durieu

木豆 *Cajanus cajan*（L.）Millsp.

木芙蓉 *Hibiscus mutabilis* Linn.

木荷 *Schima superba* Gardn. et Champ.

木槿 *Hibiscus syriacus* Linn.

木麻黄 *Casuarina equisetifolia* J. R. Forst. & G. Forst.

木棉 *Bombax malabaricum* DC.

木薯 *Manihot esculenta* Crantz

N

南丰蜜橘 *Citrus reticulata* Blanco cv. Kinokuni

南洋杉 *Araucaria cunninghamii* Mudie

尼泊尔桤木 *Alnus nepalensis* D. Don

拟金茅 *Eulaliopsis binata*（Retz.）C. E. Hubb.

柠檬桉 *Eucalyptus citriodora* Hook. f.

牛鞭草 *Hemarthria sibirica*（Gand.）Ohwi

牛角瓜 *Calotropis gigantea*（Linn.）Dry. ex W. T. Aiton

女贞 *Ligustrum lucidum* Ait.

O

欧亚香花芥 *Hesperis matronalis* L.

藕 *Nelumbo nucifera* Gaertn.

P

泡火绳 *Eriolaena wallichii* DC.

泡桐 *Paulownia fortunei*（Seem.）Hemsl.

椪柑 *Citrus reticulata* 'Ponkan'

枇杷 *Eriobotrya japonica*（Thunb.）Lindl.

平菇 *Pleurotus ostreatus*（Jacq.）P. Kumm.

坡柳 *Salix myrtillacea* Anderss.

铺地木蓝 *Indigofera endecaphylla* Jacquem. ex Poir.

普渡天胡荽 *Hydrocotyle hookeri* subsp. *handelii*（H. Wolff）M. F. Watson et M. L. Sheh

Q

桤木 *Alnus cremastogyne* Burk.

漆树 *Toxicodendron vernicifluum*（Stokes）F. A. Barkley

脐橙 *Citrus sinensis* Osb. var. *brasliliensis* Tan-aka

千金拔 *Flemingia philippinensis* Merr. et Rolfe

千屈菜 *Lythrum salicaria* Linn.

牵牛 *Pharbitis nil*（L.）Roth

荞麦 *Fagopyrum esculentum* Moench.

青香树 *Pistacia weinmannifolia* J. Poiss. ex Franch.

秋英 *Cosmos bipinnata* Cav.

楸 *Catalpa bungei* C. A. Mey

球柱草 *Bulbostylis barbata*（Rottb.）C. B. Clarke

R

忍冬 *Lonicera japonica* Thunb.

任豆 *Zenia insignis* Chun

肉桂 *Cinnamomum cassia* Presl

乳浆大戟 *Euphorbia esula* Linn.

S

赛葵 *Malvastrum coromandelianum*（Linn.）Garcke

三角槭 *Acer buergerianum* Miq.

三芒草 *Aristida adscensionis* Linn.

伞房决明 *Senna corymbose*（Lam.）H. S. Irwin & Barneby

桑树 *Morus alba* L.

沙棘 *Hippophae rhamnoides* Linn.

山杜英 *Elaeocarpus sylvestris*（Lour.）Poir.

山合欢 *Albizia kalkora*（Roxb.）Prain

山黄豆 *Desmodium multiflorum* DC.

山黄麻 *Trema tomentosa*（Roxb.）Hara

山鸡椒 *Litsea cubeba*（Lour.）Pers.

山麻柳 *Sorbus sargentiana* Koehne

山毛豆 *Tephrosia candida* DC.

山葡萄 *Vitis amurensis* Rupr.

山药 *Dioscorea polystachya* Turcz.

杉木 *Cunninghamia lanceolata*（Lamb.）Hook.

珊瑚树 *Viburnum odoratissimum* Ker – Gawl.

蛇目菊 *Sanvitalia procumbens* Lam

生菜 *Lactuca sativa* var. *ramosa* Hort.

湿地松 *Pinus elliottii* Engelm.

石斑木 *Rhaphiolepis indica*（L.）Lindl. ex Ker

石楠 *Photinia serrulata* Lindl.

柿 *Diospyros kaki* Thunb.

柿树 *Diospyros kaki* Thunb.

双花草 *Dichanthium annulatum*（Forssk.）Stapf

双穗雀稗 *Paspalum paspaloides*（Michx.）Scribn.

水葱 *Scirpus validus* Vahl.

水稻 *Oryza sativa* Linn.

水柳 *Homonoia riparia* Lour.

水芹 *Oenanthe javanica*（Bl.）DC.

水莎草 *Cyperus serotinus* Rottb.

水杉 *Metasequoia glyptostroboides* Hu & W. C. Cheng

水松 *Glyptostrobus pensilis*（Staunt.）Koch

水烛 *Typha angustifolia* L.

睡莲 *Nymphaea tetragona* Georgi

思茅黄檀 *Dalbergia assamica* Benth.

思茅松 *Pinus kesiya* var. *langbianensis*（A. Chev.）Gaussen ex Bui

松树 *Pinus* spp.

苏丹草 *Sorghum sudanense*（Piper）Stapf

苏门答腊金合欢 *Acaciella glauca*（L.）L. Rico

苏木 *Caesalpinia sappan* Linn.

酸豆 *Tamarindus indica* L.

酸味子 *Antidesma japonicum* Sieb. et Zucc.

酸枣 *Ziziphus jujuba* var. *spinosa*（Bunge）Hu ex H. F. Chow

梭鱼草 *Pontederia cordata* L.

T

塔柏 *Sabina chinensis* Pyramidalis'

台湾雀稗 *Paspalum formosanum* Honda

台湾相思 *Acacia confusa* Merr.

桃 *Amygdalus persica* Linn.

藤枝竹 *Bambusa lenta* Chia

天门冬 *Asparagus cochinchinensis*（Lour.）Merr.

天人菊 *Gaillardia pulchella* Foug.

甜橙 *Cituras sinensis*（L.）Osbeck

甜高粱 *Sorghum bicolor*（L.）Moench

甜根子草 *Saccharum spontaneum* Linn.

铁刀木 *Senna siamea*（Lam.）H. S. Irwin & Barneby

铁芒萁 *Dicranopteris linearis*（Burm. f.）Underw.

铁橡栎 *Quercus cocciferoides* Hand. – Mazz.

W

瓦氏葛藤 *Haymondia wallichii*（DC.）A. N. Egan & B. Pan bis

豌豆 *Pisum sativum* Linn.

万寿菊 *Tagetes erecta* Linn.

苇状羊茅 *Festuca arundinacea* Schreb.

尾叶桉 *Eucalyptus urophylla* S. T. Blake

蕹菜 *Ipomoea aquatica* Forsk.

乌桕 *Sapium sebifera*（L.）Roxb.

无花果 *Ficus carica* Linn.

无芒雀麦 *Bromus inermis* Leyss.

五角枫 *Acer pictum* subsp. *mono*（Maxim.）Ohashi

X

西瓜 *Citrullus lanatus*（Thunb.）Matsum. et Nakai

喜树 *Camptotheca acuminata* Decne.

细叶桉 *Eucalyptus tereticornis* Smith

仙茅 *Curculigo orchioides* Gaertn.

相思子 *Abrus precatorius* L.

香椿 *Toona sinensis*（A. Juss.）Roem.

香附子 *Cyperus rotundus* Linn.

香根草 *Vetiveria zizanioides*（Linn.）Nash

香菇 *Lentinula edodes*（Berk.）Pegler

香蕉 *Musa nana* Lour.

香蒲 *Typha orientalis* Presl.

香须 *Albizia odoratissima*（Linn. f.）Benth.

香叶天竺葵 *Pelargonium graveolens* L'Hér.

香樟 *Cinnamomum camphora*（Linn）Presl.

向日葵 *Helianthus annuus* Linn.

橡皮树 *Ficus elastica* Roxb. ex Hornem.

小冠花 *Securigera varia*（L.）Lassen

小花扁担木 *Grewia biloba* var. *parviflora*（Bunge）Hand. – Mazz.

小麦 *Triticum aestivum* L.

小叶冬青 *Ilex yunnanensis* var. *parvifolia*（Hayata）S. Y. Hu

斜茎黄芪 *Astragalus laxmannii* Jacq.

新诺顿豆 *Neonotonia wightii*（Graham ex Wight & Arn.）J. A. Lackey

新银合欢 *Leucaena leucocephala*（Lam.）de Wit cv. Salvador

杏 *Armeniaca vulgaris* Lam.

薜荔 *Ficus pumila* Linn.

雪松 *Cedrus deodara*（Roxb.）G. Don

荨麻 *Urtica fissa* E. Pritz.

Y

鸭茅 *Dactylis glomerata* Linn.

鸭舌草 *Monochoria vaginalis*（Burm. f.）C. Presl

鸭跖草 *Commelina communis* L.

烟草 *Nicotiana tabacum* Linn.

盐肤木 *Rhus chinensis* Mill.

羊蹄甲 *Bauhinia purpurea* L.

杨 *Populus* spp.

杨梅 *Morella rubra* Lour.

杨树 *Populus* spp.

杨桐（黄瑞木）*Adinandra millettii*（Hook. et Arn.）Benth. et Hook. f.

野古草 *Arundinella hirta*（Thunb.）Tanaka

野牡丹 *Melastoma malabathricum* L.

野葡萄 *Vitis heyneana* Roem. & Schult.

意大利杨 *Populus euramevicana* cv. 1 – 214′

银胶菊 *Parthenium hysterophorus* Adans.

银杏 *Ginkgo biloba* L.

印度黄檀 *Dalbergia sissoo* DC.

印度豇豆 *Vigna unguiculata*（Linn.）Walp.

印楝 *Azadirachta indica* A. Juss.

樱桃 *Cerasus pseudocerasus* G. Don

迎春花 *Jasminum nudiflorum* Lindl.

硬秆子草 *Capillipedium assimile*（Steud.）A. Camus

油菜 *Brassica napus* L.

油茶 *Camellia oleifera* Abel.

油松 *Pinus tabuliformis* Carrière

油桃 *Amygdalus persica* var. *nectarina* Sol.

油桐 *Vernicia fordii*（Hemsl.）Airy Shaw

柚 *Citrus maxima*（Burm.）Merr.

余甘子 *Phyllanthus emblica* Linn.

榆树 *Ulmus pumila* L.

羽芒菊 *Tridax procumbens* Linn.

玉兰 *Magnolia denudata* Desr.

玉米 *Zea mays* Linn.

鸢尾 *Iris tectorum* Maxim.

元宝枫 *Acer truncatum* Bunge

圆叶牵牛 *Pharbitis purpurea*（Linn.）Voigt

月季 *Rosa chinensis* Jacq.

云南草寇 *Alpinia blepharocalyx* K. Schum.

云南石梓 *Gmelina arborea* Roxb.

云南松 *Pinus yunnanensis* Franch.

云南樟 *Cinnamomum glanduliferum*（Wall.）Nees

云杉 *Picea asperata* Mast.

Z

枣 *Ziziphus jujuba* Mill.

泽泻 *Alisma plantago – aquatica* Linn.

窄冠刺槐 *Robinia pseudoacacia* L. cl. Zhaiguan

樟树 *Cinnamomum camphora* (L.) J. Presl

长春藤 *Hedera nepalensis* var. *sinensis* (Tobl.) Rehd.

长萼猪屎豆 *Crotalaria calycina* Schrank

长叶水麻 *Debregeasia longifolia* (Burm. f.) Wedd.

鹧鸪草 *Eriachne pallescens* R. Br.

珍珠相思 *Acacia podalyriifolia* A. Cunn. ex G. Don

知风草 *Eragrostis ferruginea* (Thunb.) Beauv.

中华红叶杨 *Populus* Zhonghua Hongye′

中华猕猴桃 *Actinidia chinensis* Planch.

肿柄菊 *Tithonia diversifolia* A. Gray

诸葛菜 *Orychophragmus violaceus* (L.) O. E. Schulz

猪屎豆 *Crotalaria pallida* Blanco

竹节草 *Chrysopogon aciculatus* (Retz.) Trin.

竹类 *Bambusoideae* spp.

竹叶花椒 *Zanthoxylum armatum* DC.

苎麻 *Boehmeria nivea* (L.) Hook. f. & Arn.

柱花草 *Stylosanthes guianensis* (Aubl) Sw.

锥栗 *Castanea henryi* (Skan) Rehd. et Wils.

紫花苜蓿 *Medicago sativa* L.

紫荆 *Cercis chinensis* Bunge

紫茉莉 *Mirabilis jalapa* Linn.

紫穗槐 *Amorpha fruticosa* Linn.

紫藤 *Wisteria sinensis* (Sims) Sweet

紫薇 *Lagerstroemia indica* Linn.

紫叶李 *Prunus cerasifera* ′Pissardii′

棕榈 *Trachycarpus fortunei* (Hook.) H. Wendl.